一流规划教材

中国科学技术大学研究生教育创新计划项目经费支持

研究生系列教材
物理、信息科学

光电子技术

OPTOELECTRONIC TECHNOLOGY

第2版

王安廷　明　海　张国平　编著

中国科学技术大学出版社

内 容 简 介

本书以导波光学为线索，系统介绍介质波导与集成光学、纤维光学与技术以及半导体光电子器件，同时结合各章节内容分别阐述光的发射、耦合、调制、偏转、传感、放大、探测、处理、存储和显示等光电子技术和原理，并说明各种物理效应间的内在联系. 书中除选取一些比较成熟的光电子技术外，还介绍了一些20世纪80年代以来新发展的光电子技术.

本书可作为光学、光学工程、光电信息科学与工程等专业的高年级本科生和低年级研究生的教材，也可作为有关专业及涉足交叉学科的教师和科研工作者的参考资料.

图书在版编目(CIP)数据

光电子技术/王安廷，明海，张国平编著. --2版. --合肥：中国科学技术大学出版社，2025.6
ISBN 978-7-312-05118-0

Ⅰ. 光…　Ⅱ. ①王…　②明…　③张…　Ⅲ. 光电子技术—高等学校—教材　Ⅳ. TN2

中国版本图书馆 CIP 数据核字(2021)第 144408 号

光电子技术
GUANG DIANZI JISHU

出版　中国科学技术大学出版社
安徽省合肥市金寨路 96 号，230026
http://press.ustc.edu.cn
https://zgkxjsdxcbs.tmall.com
印刷　合肥市宏基印刷有限公司
发行　中国科学技术大学出版社
开本　787 mm×1092 mm　1/16
印张　25.5
字数　651 千
版次　1998 年 1 月第 1 版　2025 年 6 月第 2 版
印次　2025 年 6 月第 2 次印刷
定价　80.00 元

前　言

光电子技术是“光子”技术与“电子”技术相结合的产物，是继微电子技术后兴起的又一门高新技术，目前已成为信息科学的重要支柱.

本书分为介质波导与集成光学、纤维光学与技术、半导体光电子器件三部分，以导波光学为基础着重介绍相关基本概念、原理和方法，同时介绍光的发射、耦合、调制、偏转、传感、传输、放大、探测、处理、存储和显示等光电子技术.

本书主要面向光学、光学工程、光电信息科学与工程等专业的高年级本科生和低年级研究生，也可供光学科技工作者参考.

本书第1章、第5～13章由明海、王安廷编写；第2～4章由张国平编写；最后全书由明海统稿和定稿. 本次修订由王安廷负责，增加了许多新发展的光电子技术. 作为应用实例，书中还包含了作者在该领域多年的研究成果. 另外，陈瑞山、张晓强、马凤华、江新化、王书路和吴云霞等参与习题编写以及图表绘制工作，在此向他们表示诚挚的谢意.

由于作者水平有限，错误和不妥之处难免，欢迎读者斧正.

作　者

2025年3月

于中国科学技术大学

目　　录

前言 ………………………………………………………………………………（ⅰ）

第1章　绪论 ………………………………………………………………（1）

第2章　平面介质波导 ……………………………………………………（6）
2.1　平面介质波导的射线光学理论 ………………………………………（6）
2.2　平面波导的波动分析 …………………………………………………（13）
2.3　渐变折射率分布的平面波导 …………………………………………（24）
2.4　均匀介质的条形波导 …………………………………………………（28）
2.5　表面等离子体波和金属包覆波导 ……………………………………（32）
2.6　光波导的制备和特性测试 ……………………………………………（40）

第3章　光耦合器和波导调制器 …………………………………………（52）
3.1　光耦合器 ………………………………………………………………（52）
3.2　波导耦合器 ……………………………………………………………（58）
3.3　耦合的理论分析 ………………………………………………………（62）
3.4　光调制器中的物理效应 ………………………………………………（83）
3.5　电光波导调制器 ………………………………………………………（88）
3.6　声光波导调制器 ………………………………………………………（95）
3.7　磁光波导调制器 ………………………………………………………（98）
3.8　电吸收波导调制器 ……………………………………………………（100）

第4章　集成光学 …………………………………………………………（102）
4.1　无源光波导器件 ………………………………………………………（102）
4.2　有源光波导器件 ………………………………………………………（112）
4.3　光集成技术 ……………………………………………………………（120）
4.4　表面等离子体波导器件及微纳集成 …………………………………（126）
4.5　光子晶体波导及器件 …………………………………………………（130）

第5章　普通光纤的基础理论 ……………………………………………（136）
5.1　阶跃折射率光纤的光线理论 …………………………………………（136）
5.2　偏射光线的传播 ………………………………………………………（144）
5.3　光纤波导中的模式理论 ………………………………………………（146）

5.4 阶跃光纤的标量近似分析 …… (154)

第6章 梯度折射率纤维透镜 …… (159)
6.1 梯度折射率纤维透镜的折射率分布 …… (159)
6.2 聚焦纤维中的光纤轨迹 …… (162)
6.3 成像特性 …… (166)
6.4 梯度折射率纤维透镜的像差及测量 …… (174)
6.5 梯度折射率纤维透镜的应用 …… (176)

第7章 光纤的基本特征及测试 …… (181)
7.1 光纤的传输损耗 …… (181)
7.2 光纤损耗的测量 …… (185)
7.3 光纤的色散和脉冲展宽 …… (188)
7.4 光纤脉冲展宽的测量 …… (190)
7.5 光纤的偏振与双折射 …… (194)
7.6 光纤拍长和偏振模色散测量 …… (199)

第8章 光纤传感技术 …… (203)
8.1 强度调制光纤传感器 …… (204)
8.2 相位调制光纤传感器 …… (208)
8.3 频率调制光纤传感器 …… (214)
8.4 波长调制光纤传感器 …… (217)
8.5 偏振态调制 …… (220)
8.6 光纤陀螺 …… (224)

第9章 光纤器件 …… (229)
9.1 光纤激光器及放大器的结构和发展 …… (229)
9.2 稀土掺杂光纤的光谱 …… (231)
9.3 稀土掺杂光纤激光与放大过程 …… (235)
9.4 光纤激光技术 …… (241)
9.5 光纤放大技术 …… (248)
9.6 光纤 ASE 光源 …… (252)
9.7 光学频率梳 …… (254)
9.8 光敏光纤光栅 …… (256)

第10章 光纤中的非线性效应 …… (267)
10.1 光纤中的非线性转换效率 …… (267)
10.2 光纤中的克尔效应 …… (268)
10.3 光纤中的自相位调制和方波自成形 …… (269)
10.4 光脉冲在光纤中的压缩 …… (272)
10.5 非线性薛定谔方程 …… (274)

10.6　孤子激光器 …… (276)
10.7　受激散射非线性效应 …… (278)
10.8　光纤中的四波混频 …… (281)

第 11 章　半导体光发射器件 …… (283)
11.1　半导体发光二极管 …… (283)
11.2　半导体激光器特性 …… (290)
11.3　同质结和异质结激光器 …… (299)
11.4　分布反馈式半导体激光器 …… (306)
11.5　量子阱半导体激光器 …… (309)
11.6　面发射半导体激光器 …… (313)
11.7　高功率半导体激光器 …… (315)

第 12 章　光电探测器 …… (321)
12.1　光电探测器的性能和噪声 …… (321)
12.2　光电导探测器 …… (325)
12.3　光伏探测器 …… (331)
12.4　CCD 阵列探测器 …… (341)
12.5　光热探测器 …… (350)

第 13 章　光的存储与显示 …… (355)
13.1　光盘存储 …… (355)
13.2　超高密度光存储 …… (361)
13.3　立体显示技术 …… (378)

习题 …… (391)

参考文献 …… (398)

第1章　绪　　论

光电了技术使现代信息科学面貌一新，已成为当今世界竞争极为激烈的高技术领域之一. 随着人类社会向信息化过渡，光电子技术的应用已遍及国民经济的各个部门以及人类日常的工作和生活. 由于目前人们对“光电子”的内涵理解尚不一致，所以有必要介绍一下什么是光学、光电子学和光电子技术，使读者对它们及其知识结构有个清楚的认识.

光学是物理学的一个分支. 经典光学以电磁辐射本身为研究对象，研究光的本性、光的传播现象和光与物质的相互作用. 经典光学主要由几何光学、物理光学和光谱学三部分组成. 经典光学对于自然科学的发展曾有过巨大贡献，特别是对现代物理学的建立起着奠基性作用. 然而经典光学是建立在自发辐射的光源的基础之上的，因此它的应用乃至于它本身的发展都受到了很大的限制.

自从 1960 年人类发明了激光，古老的光学从此焕发了青春. 激光的能量在空间、时间和光谱上高度集中，因此其具有高亮度、高方向性、高单色性和高相干性等优异特性. 随着激光研究的不断深入，形成了以激光研究为中心的现代光学. 今天的光学已渗透到各个科学技术与应用领域，成为一门蓬勃发展的新兴技术，不少分支已形成相当规模的新兴产业.

光电子学是光学与电子学相结合的产物，是信息科学的一个重要方面. 20 世纪 60 年代以前，虽然对光电现象的研究已有了相当的成就，也出现了不少实用的光电子器件，但光学和电子学仍然是两门独立的学科. 随着 20 世纪 60 年代激光的出现，人们对光与物质相互作用过程的研究变得空前活跃，促使半导体电子学、导波光学、非线性光学等一系列新学科的涌现. 20 世纪 70 年代，由于半导体激光器和光导纤维技术的重要突破，以光纤通信、光纤传感、光盘信息存储与显示及光信息处理等为代表的光信息技术的蓬勃发展，不仅从深度和广度上促进了相应各学科的知识互相渗透，而且还和数学、物理、材料等基础学科交叉形成新的边缘领域. 到了 20 世纪 80 年代，由于对超晶格量子阱结构材料工艺的深入研究，超大功率量子阱阵列激光器被研制出来；量子阱结构材料中的三次非线性光学现象，导致半导体光学双稳态功能器件迅速发展；光纤的非线性光学效应和色散特性形成的光学孤立子，又进一步推动了对特种光纤的研究，并于 20 世纪 80 年代末期成功研制了稀土掺杂光纤激光器和放大器，将有源和无源光电子功能器件与光纤波导融成一体. 光敏光纤光栅的研究，促进了一维光子集成的全光纤回路成为现实……在这种多学科综合发展的推动下，现代光学中的光源激光化、手段电子化以及采用现代电子中的理论模式和现代电子学中以光计算为典型代表的电子学处理方法的光学化，使得一门新的综合性交叉学科从现代信息科学领域中脱颖而出，这就是光电子学. 它是研究把光子作为信息和能量载体的科学，主要研究光的产生运动和转化的规律，以及光频电磁场与物质中电子相互作用和能量相互转换的学科，因而也可以把它理解为“利用光的电子学”.

光电子(或光子)技术是"光学(子)"技术与"电子"技术相结合的产物，是继微电子技术之后，将光学技术、激光技术、电子技术和机电制造技术结合为一体的又一门高技术，涉及光的产生、传输、处理、探测等技术.它将电子学使用的电磁波频率提高到光频，产生了电子学所不可能实现的许多功能，是信息科学的重要技术支柱.

随着现代科学技术的迅速发展，在空间科学、国防体系、生命科学、遥感及管理科学等领域中都拥有巨量科学信息，要求在有限的时间、空间，甚至实时地进行准确处理.以智能化超高速计算机系统和综合业务数字通信网为代表的超高速、大容量信息处理和传输将成为未来信息科学发展的两个重大方向.这一战略目标向微电子学提出了挑战.而微电子技术在实现超高速、超大容量、超低功耗的集成系统方面遇到了根本困难.

作为信息载体，光子与电子相比，具有许多优越性：由于光子载波的频率(10^{14} Hz)比电子载波频率($<10^{10}$ Hz)高，因此频带宽得多，光子的信息传输容量比电子的信息传输容量大约 10^4 倍；光子间没有互扰，可以并行传输和并行处理，采用密集波分复用(DWDM)技术的光纤通信，其传输速率现在已达到 Tbit/s；光开关器件的速度可达到飞秒(fs)，比电子器件的速度(ps)高 2～3 个数量级；电子存储只存储强度信息，光子存储却可存储强度、相位和偏振信息，还可以实现多维光存储(如全息存储等).因此，光电子技术便成了实现上述战略目标的重要手段.

从一个完整的光信息系统来说，光电子技术应包括光发射、光的控制或信号加载、光信号的传输、光信号的处理和接收等几个基本的部分.每一部分均需大量的光电子器件以实现其各自的功能.如光的控制和信号加载涉及开关、偏转、调制、传感和复用等功能；光信号的传输包括波导、耦合、隔离、偏振、中继和反馈等部分；光信号的处理和接收涉及解调、整形、放大、探测、存储和显示等技术.光电子技术经过多年的发展，特别是掺铒光纤放大器和波分复用技术的使用，使全光传输光通信系统快速建立起来；电子互联网正在向光纤互联网和"光纤到户"迅速发展.广泛使用的电子计算机，已大量采用光盘存储、激光打印、激光扫描和液晶显示等外部设备；在日常生活中，人们已经大量使用太阳能电池、LED 照明、数码相机和液晶电视等.目前光纤通信已产业化，光纤传感技术也日趋成熟，半导体光逻辑功能器件和光集成技术取得重大进展，使光计算和光信息处理成为十分活跃的研究课题.

全世界光电子技术产业已达到相当大的规模，光子产业无论在通信网络和多媒体信息社会的应用都扮演核心角色.美、日、欧等发达国家和地区，以至亚太新兴国家与地区都对光电子技术寄予厚望，把光电子视为半导体电子产业之后应优先发展的产业，希望掌握这个推动 21 世纪经济发展的关键技术.从各类国际光电子会议可以清楚地看到，占 80%以上的各类激光器件、光电子器件以及它们的应用仪器产品早已把经典的光学仪器远远抛在后面，而且展出的产品每年都不断翻新，门类繁多.仪器高度自动化、智能化，并且涉及如此广泛的应用领域，使人们强烈地感受到新兴的光电子技术诱人的生命力和极其巨大的经济效益.20 世纪 90 年代以后，光电子技术不断渗透到社会的各个行业，形成多个发展潜力巨大的市场和产业.图 1.1 示出目前光电子产业的主要分类、主要产品以及光电子产业和各应用领域关系.由图可见，目前光电子产业包括激光、光通信、光信息、光传感、光存储、光显示、半导体照明、光伏和传统的光学产业，它已广泛应用于工业和农业生产、医疗卫生、海陆空交通、能源工程、环境保护、军事技术、科学研究、商业活动、文化娱乐等，几乎遍及人类生活的各个领域.

世界光电子产业正呈现出新的发展趋势：光通信向超大容量、高速率和全光网方向发展，超大容量 DWDM 的全光网络将成为主要的发展趋势；光显示向真彩色、高分辨率、高清晰度、大屏幕和立体显示方向发展；光存储将更多地采用新技术和新材料，开发出新一代高密度、高速光存储技术和系统；光输出/输入产品向多功能、高速化、低成本方向发展；光器件的发展趋势是小型化、高可靠性、多功能、模块化和集成化；激光技术向全固化、超短波长、微加工和高可靠性等方向发展，激光技术与其他学科融合及其应用领域范围不断扩大；光子计算与光信息处理产业、全光通信产业、光子集成器件产业和光传感器产业等，将成为未来光电子产业发展的重要组成.

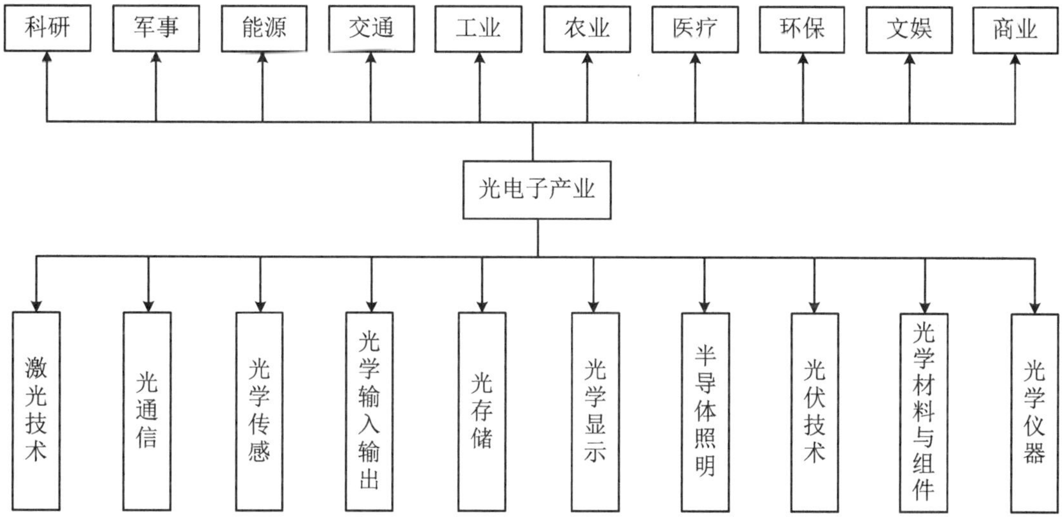

图 1.1　光电子产业的分类及其应用领域

我国光电子技术几乎与发达国家同时起步，是与国际水平差距相对较小的一个领域，有许多成果处于国际先进水平. 早在 20 世纪 60 年代开始，我国就在长春、上海、北京、合肥等地开展了激光技术的研究，70 年代在武汉开展了光通信技术的研究，到 90 年代，激光加工、光存储(主要是影碟)、光通信等产业得到迅速发展，光电子产业初步形成规模. 国内有关研究机构和生产企业在光电子器件、部件和子系统(如激光器、探测器、光收发模块、EDFA、无源光器件等)许多方面的开发生产，打破了国外产品在市场上的垄断，占据了国内市场较大的份额，一些产品进入了国际市场，具备了“整体跟进，重点突破”的能力. 随着经济的发展和生活水平的提高，人民对光电子产品的需求量将不断上升. 我国处在加速工业化的发展阶段，信息化程度还不高，传统产业的改造和升级换代的任务艰巨，这就为光电子信息技术和产业的发展，创造了广阔的国内市场. 当前，发达国家出现了资本、技术向发展中国家转移的趋势. 日本、韩国的显示器开始减少本土的生产，向中国转移. 国际大企业集团也纷纷在中国寻找投资合作机会，许多跨国集团把研究开发中心转向中国. 加入 WTO 后，中国正在成为亚洲和世界的制造中心，我国光电子产业的总产值每年以两位数的速度增长，这些将为我国光电子信息产业的发展提供良好的国际机遇.

我国光电信息产业在迅速发展的同时，还存在一些突出问题. 一是光电子产业所需要的规模化目前还没有实质性突破，缺少具有国际竞争力的龙头企业. 二是科研虽有一定水平，但大规模生产的工艺技术和元器件综合水平与国际先进水平差距较大，特别是半导体芯片技术. 三是具有自主知识产权的核心技术和名牌产品不多，国际竞争力不强. 当前，国际上光电子产业已进入加速发展阶段,如果我们不抓紧跟进,就会失去大好时机,拉大我国与先进国家的差距,不仅影响经济建设,也会涉及国家安全.解决我国光电信息产业存在的问题已成当务之急.

从光学、电学、光电子技术发展的趋势来看(图 1.2),与电子学的发展速度相比,现代光学的发展比电子学晚半个世纪.这是因为在激光发明之前,人们只使用自发辐射的光源,光学的研究和应用受到很大的限制.自从有了激光光源,光学才突飞猛进发展起来.直到 1970 年,人们研制出微米尺寸的半导体激光器、探测器等光电子器件和直径几微米的石英光纤,并发明了微米尺寸的集成光学技术,为光纤通信的发展创造了有利条件,从此光电子学应运而生.但光电子技术比微电子技术发展晚了 10 年.21 世纪要求电子计算机芯片的尺寸小到纳米量级;要求光存储的密度达到 1 $\mathrm{Tbit/in^2}$,即要求存储单元的尺寸达到 25 nm;要求光通信的速率将达到 Tbit/s,要求有 1000×1000 的开关阵列,几毫伏电压驱动的电光调制器,以及低损耗的半导体光源,这就要求光子器件的尺寸小到 20~50 nm.此外纳米尺度的精细加工也需要尺寸为数十纳米的激光光源.众所周知,要使器件的尺寸小于波长,光电子技术和微电子都面临同样的新突破,突破光波的衍射极限.近年来的研究进展表明,硅纳米光电子技术已崭露头角,基于金属微纳结构的表面等离子激元在纳米电子学和纳米光子学之间构架了一座桥梁,使人们有信心看到:将"纳米光子器件"与"纳米电子器件"共同集成于一块硅片上,实现真正的光电合一的纳米光电子技术.到那时,光电结合的纳米信息科学技术,将会同纳米材料技术、纳米能源技术和纳米生物技术一起,为人类共同打造一个"纳米科学技术"的新时代.

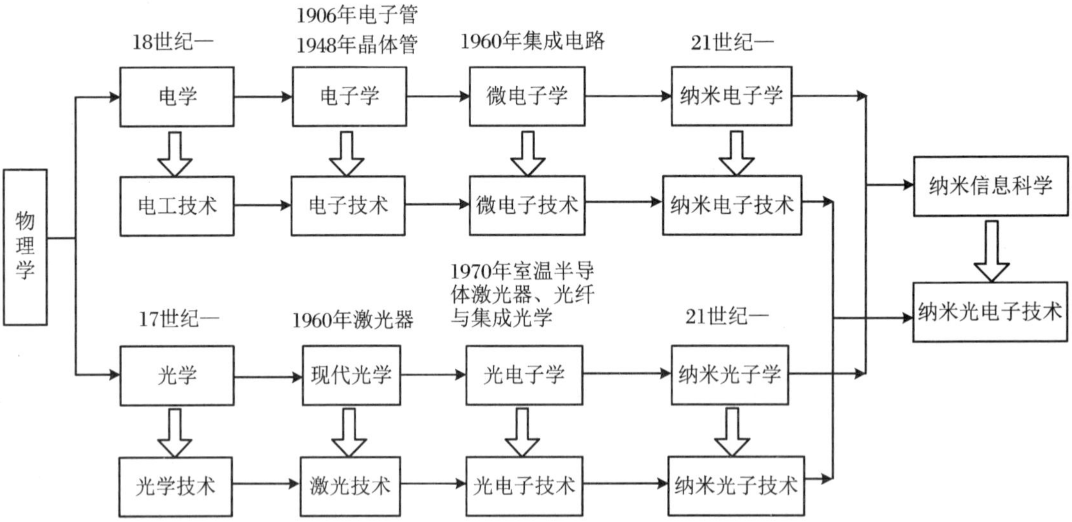

图 1.2　光电子技术发展路线图

光电子技术作为现代信息技术的一个分支,它形成了一个知识高度密集、发展更新极快的技术领域.因此,单纯从技术观点考虑,试图通过一门课或一本书面面俱到地讲清楚它的全貌是异常困难的,更何况在技术飞速发展的今天,也许刚写进书本的东西过不多久就被更新的技术所取代.

本书根据学科性质和技术特点,以导波光学为基础,首先介绍简单的平面介质波导,然后结合各章节内容分别介绍光的发射、耦合、调制、偏转、传感、传输、放大、探测、存储和显示等光电子技术和原理,并阐明各种物理效应间的内在联系,以便读者对光电子技术的全貌有清晰的了解,并形成比较系统、完整合理的知识结构.

因为基础知识反映科学的基本规律,能诱发人的创造性思维,所以本书着重讲解基础知识——基本的物理概念、技术原理和理论方法,同时又尽可能结合实际,除了选取一些比较成熟的光电子技术之外,还介绍了一些新发展的光电子技术,如光纤传感、光纤激光器和放大器、光敏光纤光栅、光纤非线性效应、光子晶体、表面等离子体波、半导体照明、分布反馈和量子阱光电器件、光伏技术、CCD 阵列探测器、高密度存储和现代光学显示等,试图在读者的脑海里播下一些光电子技术的种子.

第 2 章　平面介质波导

介质波导是集成光学中用于限制和传导光的基本结构，是把各分立元件联结起来的光通路．介质波导中光的传输特性是集成光学研究的基本内容之一．光纤是圆形截面的介质波导，而集成光学中的介质波导往往是平面薄膜或条形的平面结构波导．本章主要介绍平面波导，首先用射线光学给出介质波导的一些基本概念，然后介绍介质波导的简要电磁理论，最后介绍光波导的制备和测试技术．光纤将留在后续章节中讨论．

2.1　平面介质波导的射线光学理论

图 2.1 表示了最简单的平面介质波导，它由三层介质组成，折射率为 n_f 的平面薄膜夹在折射率较低的衬底（折射率为 n_s）和覆盖层（折射率为 n_c）之间．它们的折射率有下列关系：

$$n_f > n_s \geqslant n_c$$

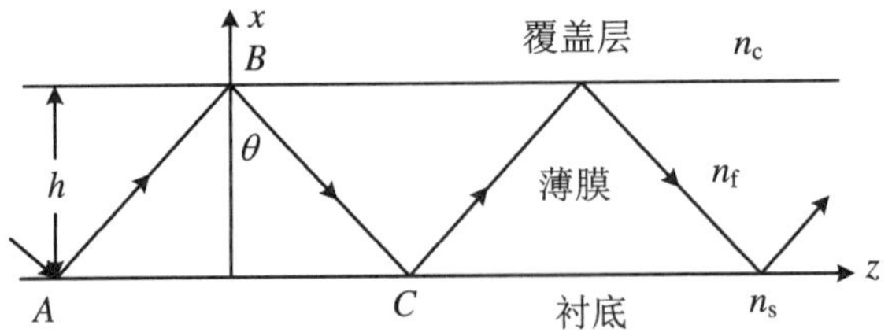

图 2.1　平面介质波导示意图

当 $n_s = n_c$ 时为对称型平面波导结构，当 $n_s > n_c$ 时为非对称型平面波导结构．中间一层为波导薄膜，厚度一般为 1～10 μm，光在其中传播．薄膜和衬底折射率之间的差值在 10^{-3}～10^{-1} 范围内，覆盖层常常为空气，$n_c = 1$．表 2.1 列举了几种介质波导所用材料及其折射率．此外还有薄膜层内的折射率是渐变的介质波导．在集成光学中，平面薄膜波导仅用于将光限制在一定区域内的情况，具体用途如声光调制器、光耦合器等．

光射线也即光线，用它来代表光能量传输的方向（即坡印廷矢量的方向）和路径的方法，称为射线光学或几何光学．几何光学是波长趋近于零，即 $\lambda \to 0$、光频率 $\omega \to \infty$ 这一极限情况的一个光学分支学科，是波动光学的近似表述．射线光学对平面波导的描述虽然没有光的电磁理论描述得全面和准确，但它具有简明直观、容易理解和便于分析的优点，可以清楚地给出介质波导中的一些基本概念.下面我们介绍射线光学对平面波导的描述.

表 2.1　几种介质波导材料及其折射率

材　　料	折　射　率	类　型	工作波长(μm)
GaAs 和 GaAlAs 双异质结构	GaAs　$n_f = 3.6$ GaAlAs　$n_s = 3.55$ GaAlAs　$n_c = 3.55$	对称型	0.90
溅射玻璃	$n_f = 1.62$ $n_s = 1.515$ $n_c = 1$(空气)	非对称型	0.633
外扩 $LiNbO_3$	$n_f = 2.215$ $n_s = 2.214$ $n_c = 1$	非对称型	0.80
外扩 $LiTaO_3$	$n_f = 2.16$ $n_s = 2.15$ $n_c = 1$	非对称型	0.80

光线进入图 2.1 所示的薄膜层,在薄膜和衬底、薄膜和覆盖层之间的分界面上发生反射.当入射角 θ 大于薄膜-覆盖层分界面的临界角 θ_c 和薄膜-衬底分界面的临界角 θ_s 时,光线在这两个界面发生全内反射,光线在 z 方向沿 Z 形路径传播,被限制在薄膜层内.这样传播的光波称为波导的导波,或称为导模.对于非对称型波导,$n_s > n_c$,相应的临界角 $\theta_s > \theta_c$.当光线的入射角满足 $\theta_c < \theta < \theta_s$ 时,光线在薄膜-覆盖层分界面上为全内反射,在薄膜-衬底分界面不为全反射,有一部分光被折射后进入衬底,在这样两个分界面上多次反射和折射后,光最终穿过衬底而逸出波导结构,即光没有受到限制,称为衬底辐射模.显然,当 $\theta < \theta_c < \theta_s$ 时,光在两个界面上都不发生反射,只有部分反射,光将辐射到覆盖层和衬底中去,称为辐射模.这两种情况分别表示在图 2.2(a)和(b)中.

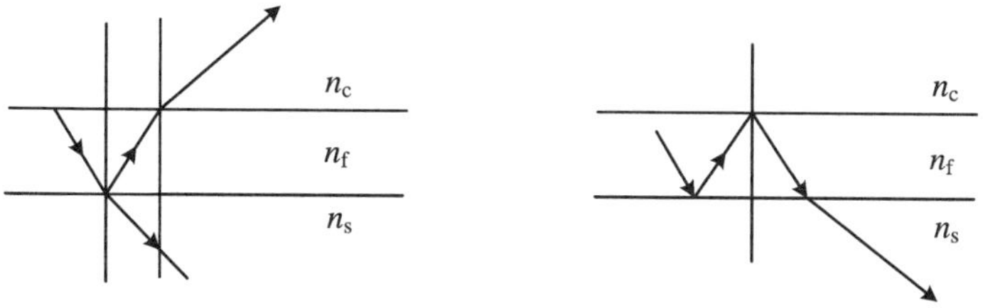

(a) 辐射模的光线图像　　(b) 衬底辐射模的光线图像

图 2.2　平面波导中辐射模的光线图像及衬底辐射模的光线图像

由上述可见,分界面上光的反射和折射在波导限制光的过程中起着重要作用,下面列出它们的一些结果.

在薄膜-覆盖层分界面上,光在薄膜一侧的入射角若为 θ,对于振动垂直于入射面的分量即 s 分量,这里也称为 TE 偏振分量,其反射系数由菲涅耳公式表示为

$$R_{TE} = \frac{n_f \cos\theta - \sqrt{n_c^2 - n_f^2 \sin^2\theta}}{n_f \cos\theta + \sqrt{n_c^2 - n_f^2 \sin^2\theta}} \tag{2.1}$$

对于 TM 偏振(即光波磁场垂直于入射面的分量)则有

$$R_{\mathrm{TM}}=\frac{n_c^2\cos\theta-n_f\sqrt{n_c^2-n_f^2\sin^2\theta}}{n_c^2\cos\theta+n_f\sqrt{n_c^2-n_f^2\sin^2\theta}} \tag{2.2}$$

当入射角满足

$$\sin\theta_c=n_c/n_f \tag{2.3}$$

时，反射系数 R_{TE} 和 R_{TM} 为 1，发生全反射，θ_c 称为临界角.

同理，在薄膜-衬底分界面上的菲涅耳反射系数为

$$R_{\mathrm{TE}}=\frac{n_f\cos\theta-\sqrt{n_s^2-n_f^2\sin^2\theta}}{n_f\cos\theta+\sqrt{n_s^2-n_f^2\sin^2\theta}} \tag{2.4}$$

$$R_{\mathrm{TM}}=\frac{n_s^2\cos\theta-n_f\sqrt{n_s^2-n_f^2\sin^2\theta}}{n_s^2\cos\theta+n_f\sqrt{n_s^2-n_f^2\sin^2\theta}} \tag{2.5}$$

相应的临界角为

$$\sin\theta_s=n_s/n_f \tag{2.6}$$

当 $\theta\leqslant\theta_c$ 或 $\theta\leqslant\theta_s$ 时，反射系数 R 都为实数，反射光波无位相变化. 当 $\theta>\theta_c$ 或 $\theta>\theta_s$ 时，R 为复数，且 $|R|=1$，即发生内全反射. 这时在入射处，反射光位相相对于入射光产生了相移，R 可写成 $R=\exp(2\mathrm{j}\phi)$，其相移值 ϕ 也可由菲涅耳反射公式得到. 在薄膜-覆盖层分界面上，有

$$\tan\phi_{\mathrm{TE}}=\frac{\sqrt{n_f^2\sin^2\theta-n_c^2}}{n_f\cos\theta} \tag{2.7}$$

$$\tan\phi_{\mathrm{TM}}=\frac{n_f^2}{n_c^2}\,\frac{\sqrt{n_f^2\sin^2\theta-n_c^2}}{n_f\cos\theta} \tag{2.8}$$

在薄膜-衬底分界面上，有

$$\tan\phi_{\mathrm{TE}}=\frac{\sqrt{n_f^2\sin^2\theta-n_s^2}}{n_f\cos\theta} \tag{2.9}$$

$$\tan\phi_{\mathrm{TM}}=\frac{n_f^2}{n_s^2}\,\frac{\sqrt{n_f^2\sin^2\theta-n_s^2}}{n_f\cos\theta} \tag{2.10}$$

图 2.3 表明了溅射玻璃所构成的非对称波导结构的相移图. 由图可见，相移从临界角处的 0°增大到掠入射时的 180°；在临界角处相移的斜率都为无穷大，在 $\theta=90°$时，相移的斜率将各取确定的值，界面两侧折射率差值越小，斜率则越大.

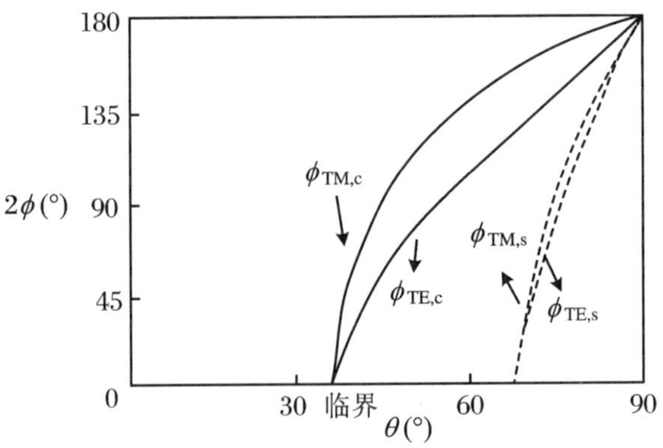

图 2.3 ϕ 对 θ 的关系曲线

实线为 $n_f=1.62$ 到 $n_c=1$ 界面的情况，

虚线为 $n_f=1.62$ 到 $n_s=1.515$ 界面的情况.

由前面分析知道，导波的图像是光线在薄膜层内按 Z 形路线在膜层内传播. 这些光波是单色相干光，令其角频率为 ω，在自由空间的波长为 λ_0. 那么，光波在薄膜层中的波矢为

$$k = \frac{2\pi}{\lambda} = \frac{2\pi}{\lambda_0} n_{\mathrm{f}} = k_0 n_{\mathrm{f}} \tag{2.11}$$

这些光波的场分布可表示为

$$\exp[-\mathrm{j}k_0 n_{\mathrm{f}}(\pm x\cos\theta + z\sin\theta)]$$

对于平面介质波导，Z 形图像表明，波矢在 z 方向上的分量为

$$\beta = k_0 n_{\mathrm{f}} \sin\theta \tag{2.12}$$

β 称为传播常数. 由于导波在薄膜层的上界面（$x=h$）和下界面（$x=0$）上来回全反射，在 x 方向上形成驻波，因此，导波在薄膜层上下界面来回一次的位相移动必须满足横向谐振条件.

在图 2.1 中，设光波从 A 点出发. 对于厚度为 h 的薄膜，光波从 A 点横向穿过薄膜层到达其上界面（薄膜-覆盖层界面）的 B 点时，其相移 $\Delta\phi = k_0 n_{\mathrm{f}} h\cos\theta$；在上界面上全反射后的相移为 $-2\phi_{\mathrm{c}}$；然后光波再次横向穿过薄膜层，到达其下界面（薄膜-衬底界面）的 C 点，这时引入的相移仍为 $\Delta\phi = k_0 n_{\mathrm{f}} h\cos\theta$；光波在下界面上全反射的相移为 $-2\phi_{\mathrm{s}}$. 因此，光波在薄膜层上下界面来回一次的总相移为 $2\Delta\phi - 2\phi_{\mathrm{s}} - 2\phi_{\mathrm{c}}$，横向谐振条件可表示为

$$2k_0 n_{\mathrm{f}} h\cos\theta - 2\phi_{\mathrm{s}} - 2\phi_{\mathrm{c}} = 2m\pi, \quad m = 0,1,2,3,\cdots \tag{2.13a}$$

或者

$$k_0 n_{\mathrm{f}} h\cos\theta - \phi_{\mathrm{s}} - \phi_{\mathrm{c}} = m\pi, \quad m = 0,1,2,3,\cdots \tag{2.13b}$$

式中，m 为整数，表示导波的模数；ϕ_{s} 和 ϕ_{c} 的值由式(2.7)～(2.10)确定. 式(2.13a)意味着，对于某一波长为 λ_0 的单色光入射到一定厚度 h 的波导层中，满足横向谐振条件的入射角 θ 只能取一些离散角度值

$$\theta_m = \arccos\left(\frac{m\pi + \phi_{\mathrm{s}} + \phi_{\mathrm{c}}}{k_0 n_{\mathrm{f}} h}\right) \tag{2.14}$$

若入射角 θ 为定值，满足横向谐振条件的波长也只能取一些离散值

$$\lambda_{0,m} = \frac{2\pi n_{\mathrm{f}} h\cos\theta}{m\pi + \phi_{\mathrm{s}} + \phi_{\mathrm{c}}} \tag{2.15}$$

由前面的分析知道，沿 z 方向的分量仍为行波 $\exp(-\mathrm{j}k_0 n_{\mathrm{f}} z\sin\theta)$，光波振幅沿 z 方向无变化，位相随 z 为线性变化. 它沿 z 的传播常数由式(2.12)表示，相应的相速度可由下式给出：

$$v_{\mathrm{p}} = \frac{\omega}{\beta} = \frac{\omega}{k_0 n_{\mathrm{f}} \sin\theta} \tag{2.16}$$

由式(2.13)可知，传播常数 β 是频率和薄膜厚度 h 的函数，所以式(2.13)是一个色散方程. 沿 z 方向传播的光其传播常数 β 介于衬底和薄膜的平面波传播常数之间：

$$k_0 n_{\mathrm{s}} < \beta < k_0 n_{\mathrm{f}} \tag{2.17}$$

为了进一步理解波导中的导波模式，下面分对称型和非对称型波导来讨论.

在对称波导中，$n_{\mathrm{s}} = n_{\mathrm{c}}$，临界角 $\theta_{\mathrm{s}} = \theta_{\mathrm{c}}$. 由式(2.7)或式(2.9)可计算出全反射中的位相随入射角 θ 的变化曲线，如图 2.4 所示. 同时也将相移 $k_0 n_{\mathrm{f}} h\cos\theta$ 随 θ 的变化曲线表示在图上. 图的下部为基模的情况，中部和上部分别表示了 $m=1$ 和 $m=2$ 的情况. 在图的下部这两条相移曲线的交点（A）给出了基模（$m=0$）的 Z 形路径的角度和相应的传播常数 β. 当薄膜为定值时，ω 越低，即 λ 越大时，基模的 Z 形角度 θ 越小，β 也就越小，但其最小值由

$\beta = k_0 n_f \sin\theta_c = k_0 n_s$ 算出. 这样可作出基模的色散特性曲线，即 ω-β 曲线，如图 2.5 所示. 由图 2.4 可知，不管 h/λ 怎么小，两条相移曲线也总有一个交点（如点 A 所示）. 这意味着对称波导没有基模截止问题. 图 2.4 中部表示了 $m=1$ 的 1 阶模的情况. 两条相移曲线交点 B_1 可给出 1 阶模的 Z 形路径的角度 θ 及相应的传播常数 β. 这样也可以得到 1 阶模和其他各模的 ω-β 曲线（图 2.5）. 显然，对一定波长 λ_0 的光波，薄膜厚度越大，所承载的导模数目也就越多. 例如对 1 阶模，当 h 变小时，若 $2k_0 n_f h\cos\theta_c < 2\pi$，则两相移曲线便不能相交得到 B_1. 因此，波导不存在 1 阶模，而只有基模一个导模. 那么，1 阶模的最小频率即截止频率为

$$2k_0 n_f h\cos\theta_c = 2\pi$$

即

$$\omega_1 = \frac{\pi c}{h\sqrt{n_f^2 - n_c^2}}$$

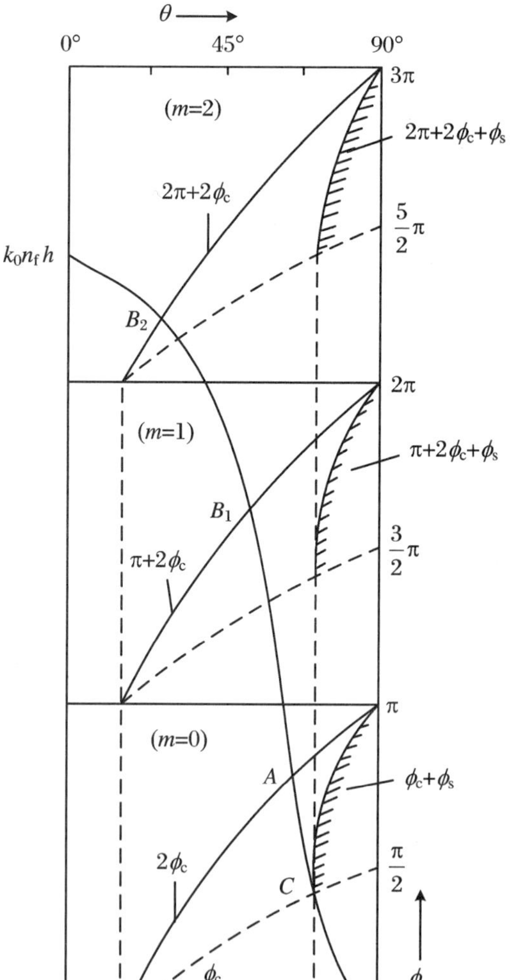

图 2.4　对称型和非对称型波导的基模和 $m=1,2$ 阶模的色散方程示意图

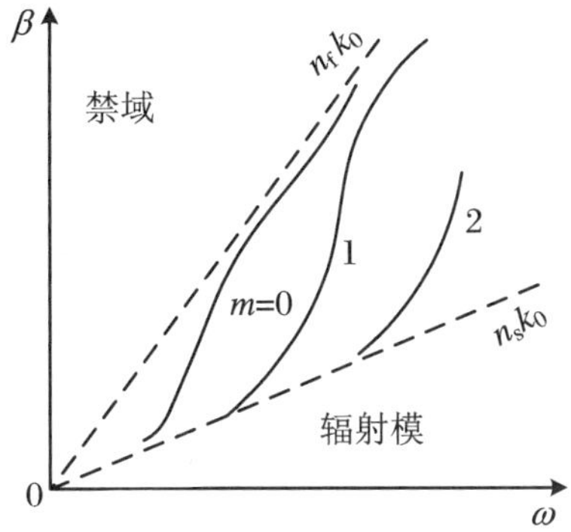

图 2.5　介质波导的基模、1 阶模和 2 阶模的 ω-β 曲线

式中，c 为真空中光速. m 阶模的截止频率为

$$\omega_m = \frac{m\pi c}{h\sqrt{n_f^2 - n_c^2}}, \quad n_c = n_s \tag{2.18}$$

对称型波导中允许存在的导模数目近似为

$$m = \frac{2h\sqrt{n_f^2 - n_c^2}}{\lambda_0} \tag{2.19}$$

同样对 TM 模也可作出相似的分析.

非对称型波导的 TE 模与对称型波导的 TE 模有一些较大的差别. 首先看基模的情形，参照图 2.4，相移曲线 $\phi_c + \phi_s(\phi_c \neq \phi_s, \theta_c \neq \theta_s)$ 的最小值不为零，它是 $\theta = \theta_s$ 时的薄膜-覆盖层上全反射所产生的位相变化. 当 $k_0 n_f h\cos\theta_s < \phi_c(\theta = \theta_s)$ 时，两相移曲线不会相交；只有当 $k_0 n_f h\cos\theta_s > \phi_c$ 才有交点 C，才有基模存在，基模的截止频率为

$$\omega_0 = \frac{1}{h\sqrt{n_f^2 - n_s^2}}\tan^{-1}\sqrt{\frac{n_s^2 - n_c^2}{n_f^2 - n_s^2}} \tag{2.20}$$

显然，非对称型波导的第 m 阶模的截止频率为

$$k_{0,m} n_f h\cos\theta_s = m\pi + \phi_c$$

即

$$\omega_m = \omega_0 + \frac{m\pi c}{h\sqrt{n_f^2 - n_s^2}} \tag{2.21}$$

这样便可以得到非对称型波导中允许存在的导模数目为

$$m \approx 2h\frac{\sqrt{n_f^2 - n_s^2}}{\lambda_0} \tag{2.22}$$

由分析知，非对称型波导与对称型波导不相同，不仅它的高阶导模有截止情况，而且连基模也存在截止情况，即它不总是能承载导模的. 对于实用波导，$n_f + n_s \approx 2n_f$，代入式(2.22)可以得出厚度为 h 的非对称波导承载 m 阶导模的必要条件为

$$n_f - n_s = \Delta n \geqslant \frac{m^2\lambda_0^2}{8n_f h^2} \tag{2.23}$$

由于 Δn 正比于 $\lambda_0{}^2$，所以一定几何结构的波导，要传输较长波长的光，薄膜和衬底的折射率差必须按波长平方倍增大. 若传输一定模式的导波，波导厚度减小时所要求的折射率差值应增大. 显然，式(2.23)对于基模($m = 0$)不符合，这可以令 $m = 2M + 1$，$M = 0, 1, 2, \cdots$(正

整数)来修改,即

$$\Delta n = n_f - n_s \geqslant \frac{(2M+1)^2 \lambda_0^2}{8 n_f h^2}$$

由此可见,1 阶模($M=1$)所要求的折射率差是基模($M=0$)所要求的 9 倍.这一点给波导的制备带来了方便,只要控制折射率差就可以使波导只承载基模.例如,$\lambda_0 = 1\ \mu m$,$h = 2\ \mu m$ 的波导分别用 GaAs,Ta_2O_5,SiO_2 这三种材料来制成,承载基模和 1 阶模所要求的 Δn 为

	$M=0$	$M=1$
GaAs($n_f=3.6$)	$\Delta n \geqslant 0.0087$	$\Delta n \geqslant 0.0781$
Ta_2O_5($n_f=2.0$)	$\Delta n \geqslant 0.015$	$\Delta n \geqslant 0.141$
SiO_2($n_f=1.5$)	$\Delta n \geqslant 0.021$	$\Delta n \geqslant 0.188$

由上面的数值可以看出,对于一定厚度的波导,其 1 阶模和基模所要求的折射率差相距较远,这样在工艺上就比较容易达到基模所要求的 Δn 而没有高阶模.

仿效对称型波导,由图 2.4 和式(2.14)、式(2.15)用全反射中的相移公式也可得到非对称型波导的色散曲线,如图 2.5 所示.

前面的分析告诉我们,光在薄膜层两个界面的内全反射在波导限制光中起重要作用,在那里把全反射点看作是在光的入射点上,反射点有一个相移.但实际上不是这样,1947 年 Goos(古斯)和 Hänchen(汉欣)曾做了实验,证明反射点离入射点有一段距离.这段距离称为古斯-汉欣位移,如图 2.6 中的 $2z_c$ 和 $2z_s$.

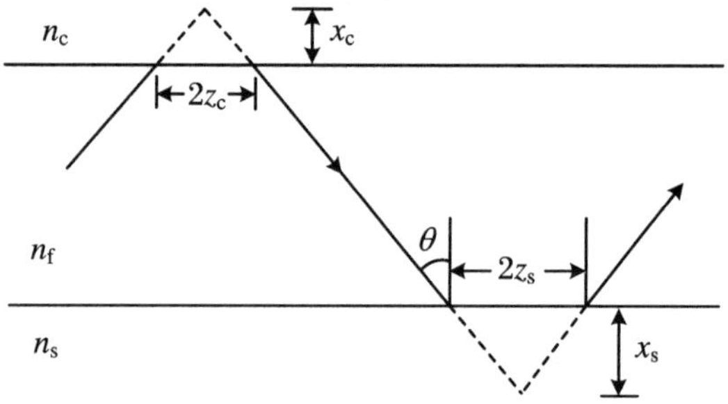

图 2.6 古斯-汉欣位移

导模沿 z 方向的传播常数 $\beta = k_0 n_f \sin\theta$,它代表了导模沿 z 传播单位距离后所历经的位相移动.全反射中的位相变化为 ϕ,反射点相对于入射点在 z 方向的移动距离为 ϕ/β,古斯-汉欣位移可写成下列形式:

$$z = \frac{d\phi}{d\beta} \tag{2.24}$$

参照图 2.6,在薄膜和覆盖层界面上 TE 模的位移为

$$z_c = \frac{d\phi_{TE}}{d\beta} = \frac{d\phi_{TE}/d\theta}{d\beta/d\theta}$$

由式(2.7)经过烦琐的运算得到

$$z_c = \frac{\tan\theta}{\sqrt{\beta^2 - k_0^2 n_c^2}} \tag{2.25}$$

光线通过交界面在 x_c 处进行全反射,由图 2.6 的几何关系知道

$$x_c = z_c c\tan\theta = \frac{1}{\sqrt{\beta^2 - k_0{}^2 n_c^2}} \tag{2.26}$$

例如,表 2.1 中溅射玻璃构成的波导,取 $\theta = \theta_c = \arcsin \dfrac{1}{1.62} = 38.2^\circ$,$2z_c = 2\tan\theta / \sqrt{k_0^2 n_f^2 \sin^2\theta - n_c^2 k_0^2} = 2.63\ \mu\text{m} \approx 4\lambda_0$,$x_c = z_c/\tan\theta = 1.67\ \mu\text{m} \approx 2.6\lambda_0$.这就是说,光波可深入到覆盖层内波长 λ_0 数量级的距离,这是我们在基础光学中所熟知的结果.

在薄膜-衬底界面上也有

$$z_s = \frac{d\phi_{TE}}{d\beta} = \frac{\tan\theta}{\sqrt{\beta^2 - {k_0}^2 n_s^2}} \tag{2.27}$$

$$x_s = z_s \cot\theta = \frac{1}{\sqrt{\beta^2 - k_0^2 n_s^2}} \tag{2.28}$$

同理,对于 TM 波可得到相似的结果.

从上面的分析,我们还可以得到几个有意义的结果.在介质波导中,由于光波深入覆盖层和衬底内一定深度,使薄膜厚度增加了,其有效厚度为

$$h_{eff} = h + x_c + x_s \tag{2.29}$$

介质波导的薄膜层外还存在着电磁场,这和金属波导将电磁场完全封闭在波导里面不相同.介质波导的覆盖层和衬底有场存在,这对于相邻波导之间的耦合将是十分重要的(参见第 3 章).导模在覆盖层和衬底存在的光波场是沿深度作指数衰减的,x_c 和 x_s 都恰好是光波场振幅衰减到 1/e 的深度.这是我们在基础光学中学习过的.但是,并没有沿 x 方向到覆盖层和衬底里的净的光能流.

本节我们利用射线光学给出了介质波导中导模光线行进的图像、导模的色散曲线和截止条件,也给出了全反射中的古斯-汉欣位移和波导薄膜的有效厚度,这些结果将在本书下面各节中不断地被引用.当然,关于导模分布等只有波动理论才能解释,这便是下一节的内容.

2.2　平面波导的波动分析

介质波导中的光可作为经典电磁场处理,它服从麦克斯韦方程.随时间变化的无源电磁场的麦克斯韦方程为

$$\nabla \times \boldsymbol{E} = -\frac{\partial \boldsymbol{B}}{\partial t} \tag{2.30}$$

$$\nabla \times \boldsymbol{H} = \frac{\partial \boldsymbol{D}}{\partial t} \tag{2.31}$$

式中,$\boldsymbol{E}(t)$,$\boldsymbol{B}(t)$,$\boldsymbol{H}(t)$和 $\boldsymbol{D}(t)$分别为随时间变化的电场、磁感应、磁场和电位移矢量.只有两个独立的方程(2.30)和方程(2.31)还不足以解出 $\boldsymbol{E}$,$\boldsymbol{H}$,$\boldsymbol{B}$ 和 $\boldsymbol{D}$,还需知道电磁场所在空间的物质方程

$$\boldsymbol{D} = \varepsilon \boldsymbol{E} \tag{2.32}$$

$$\boldsymbol{B} = \mu \boldsymbol{H} \tag{2.33}$$

这里,ε 和 μ 分别是介电常数和磁导率.在各向异性介质中,ε,μ 是张量;在各向同性介质中,ε,μ 为标量,若为均匀介质则 ε 和 μ 是常数标量.

电磁场随时间作周期性变化，可写成下面的形式：

$$\begin{cases} \boldsymbol{E}(t) = \boldsymbol{E}\exp(\mathrm{j}\omega t) + \boldsymbol{E}^*\exp(-\mathrm{j}\omega t) \\ \boldsymbol{H}(t) = \boldsymbol{H}\exp(\mathrm{j}\omega t) + \boldsymbol{H}^*\exp(-\mathrm{j}\omega t) \end{cases} \tag{2.34}$$

其中，* 号表示复数共轭. 将式(2.34)代入式(2.30)和式(2.31)便得到下述复振幅形式的麦克斯韦方程：

$$\nabla\times\boldsymbol{E} = -\mathrm{j}\omega\mu\boldsymbol{H} \tag{2.35}$$

$$\nabla\times\boldsymbol{H} = \mathrm{j}\omega\varepsilon\boldsymbol{E} \tag{2.36}$$

介质波导薄膜层与覆盖层，及与衬底的分界面上，物质常数 ε 和 μ，也就是折射率 $n=\sqrt{\mu_r\varepsilon_r}$ 发生了突变. 电磁场在这些分界面上须遵守边界条件，这是我们在电磁理论中已经知道的，为阅读方便简述如下：当折射率 n_1 和 n_2 两种介质的分界面上没有面电荷和面电流分布时，界面两边的电场 $\boldsymbol{E}_1$ 和 $\boldsymbol{E}_2$，磁场 $\boldsymbol{H}_1$ 和 $\boldsymbol{H}_2$ 等的边界条件为

$$\begin{cases} \hat{n}\times(\boldsymbol{E}_1-\boldsymbol{E}_2) = 0 \\ \hat{n}\times(\boldsymbol{H}_1-\boldsymbol{H}_2) = 0 \\ \hat{n}\cdot(\boldsymbol{B}_1-\boldsymbol{B}_2) = 0 \\ \hat{n}\cdot(\boldsymbol{D}_1-\boldsymbol{D}_2) = 0 \end{cases} \tag{2.37}$$

其中，$\hat{n}$ 为界面上法线方向的单位矢量. 上面的边界条件表明：两种介质的电场 $\boldsymbol{E}$ 和磁场 $\boldsymbol{H}$ 沿界面的分量(即切向分量)相等，即连续；两种介质中的电位移 $\boldsymbol{D}$ 和磁感应矢量 $\boldsymbol{B}$ 沿法线的分量在交界面上连续.

介质波导中的光波分布必须满足波动方程和上述的边界条件. 由麦克斯韦方程可以化简得到下述波动方程：

$$\begin{cases} \nabla^2\boldsymbol{E} = \mu_0\varepsilon\dfrac{\partial^2\boldsymbol{E}}{\partial t^2} \\ \nabla^2\boldsymbol{H} = \mu_0\varepsilon\dfrac{\partial^2\boldsymbol{H}}{\partial t^2} \end{cases} \tag{2.38}$$

式中，由于介质波导材料的磁导率和真空的相等，$\mu=\mu_0$；介电常数 ε 也近似看作不随空间位置而变化，式(2.38)则主要适用于各向同性的均匀介质.

光波的电磁场作简谐振荡，它的时间行为是已知的，即 $\dfrac{\partial}{\partial t}=\mathrm{j}\omega$，$\dfrac{\partial^2}{\partial t^2}=-\omega^2$. 则式(2.38)的波动方程变成为

$$\nabla^2\boldsymbol{E}+\omega^2\mu_0\varepsilon\boldsymbol{E} = 0$$

$$\nabla^2\boldsymbol{H}+\omega^2\mu_0\varepsilon\boldsymbol{H} = 0$$

或者写成

$$\begin{cases} \nabla^2\boldsymbol{E}+k^2\boldsymbol{E} = 0 \\ \nabla^2\boldsymbol{H}+k^2\boldsymbol{H} = 0 \end{cases} \tag{2.39}$$

式中，∇^2 为拉普拉斯算符，$k^2=\omega^2\mu_0\varepsilon=k_0^2n^2$，$k_0^2=\omega^2\mu_0\varepsilon_0$ 为自由空间的波数，$k_0=\dfrac{2\pi}{\lambda_0}$. 式(2.39)称为亥母霍兹(Helmholtz)方程.

在平面波导中，光只在一个方向上受到限制，我们将它选在 x 方向，如图 2.7 所示. 平面波导的折射率也只随 x 方向有变化，为 $n(x)$，相应的光场也是 x(和 z)的函数，光场不随 y

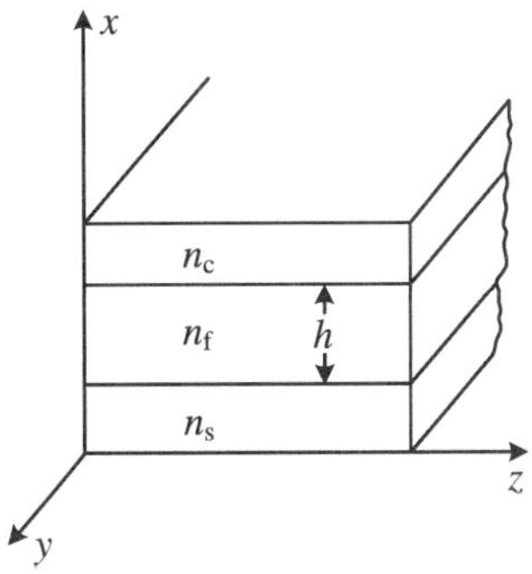

图 2.7　平面波导分析中的坐标选取

坐标变化. 这样, $\frac{\partial}{\partial y}=0$, 可以简化亥姆霍兹方程. 为了简便, 我们仿效 2.1 节中关于光波在分界面上反射的那样, 分为横电模(TE)和横磁模(TM). TE 模场为只有 E_y 的电场, 即垂直于两入射平面, 它没有其他的电场分量 E_x 或 E_z. 由光的电磁知识知道, $\boldsymbol{E}$, $\boldsymbol{H}$ 和传播方向三者相互正交, 所以 TE 模没有 H_y 的磁场分量, 只有 H_x 和 H_z 分量. TM 模场中磁场只有 H_y 的分量, 没有 H_x 和 H_z 的分量, 同样其电场没有 E_y, 而有 E_x 和 E_z 分量. TE 和 TM 模场的各分量沿 z 方向变化是已知的形式, $\frac{\partial}{\partial z}=-\mathrm{j}k_z=-\mathrm{j}\beta$, $\beta=k_0 n_f \sin\theta$; 并在 y 方向无变化, $\frac{\partial}{\partial y}=0$. 这样, 亥姆霍兹方程得到了极大的简化.

我们先由式(2.35)和式(2.36)得到电磁场各分量之间的关系. 对于 TE 模有

$$\begin{cases}\beta E_y=-\omega\mu_0 H_x\\ \dfrac{\partial E_y}{\partial x}=-\mathrm{j}\omega\mu_0 H_z\\ -\mathrm{j}\beta H_x-\dfrac{\partial H_z}{\partial x}=\mathrm{j}\omega\varepsilon E_y\end{cases}\tag{2.40}$$

对于 TM 模有

$$\begin{cases}\beta H_y=\omega\varepsilon E_x\\ \dfrac{\partial H_y}{\partial x}=\mathrm{j}\omega\varepsilon E_z\\ \mathrm{j}\beta E_x+\dfrac{\partial E_z}{\partial x}=\mathrm{j}\omega\mu_0 H_y\end{cases}\tag{2.41}$$

现在我们再来看波动方程或电磁场复振幅所遵守的亥姆霍兹方程. 对于 TE 波的方程推导如下:

由式(2.40)的第二式得到

$$\frac{\partial^2 E_y}{\partial x^2}=-\mathrm{j}\omega\mu_0\frac{\partial H_z}{\partial x}$$

因为

$$\frac{\partial H_z}{\partial x}=-\mathrm{j}\beta H_x-\mathrm{j}\omega\varepsilon E_y=\frac{\mathrm{j}\beta^2 E_y}{\omega\mu_0}-\mathrm{j}\omega\varepsilon E_y$$

将上面两式代入亥姆霍兹方程便得到如下结果:

$$\frac{\partial^2 E_y}{\partial x^2}+(k_0^2 n^2-\beta^2)E_y=0\tag{2.42}$$

利用相同的过程, 得到对于 TM 波的方程为

$$\frac{\partial^2 H_y}{\partial x^2}+(k_0^2 n^2-\beta^2)H_y=0\tag{2.43}$$

由上面两式可以解得 E_y 或 H_y. 从式(2.40)和式(2.41)便可以得到其他的电磁场分量.

下面集中分析 TE 波，因为它的分析方法和结果也同样可应用于 TM 波.

现在分析 TE 波.我们应该注意到 2.1 节由射线光学获得的一些结果，导模沿 x 方向有振荡，呈驻波；往 z 正方向传输的位相因子为 $\exp(-\mathrm{j}\beta z)$，时间因子为 $\exp(\mathrm{j}\omega t)$；在覆盖层和衬底里有光的电磁场存在，它们随深入的距离作指数衰减.同时根据波动方程式(2.42)可知，其解应为正弦、余弦或指数形式.对于非对称型波导，电磁场在 x 方向上的分布对薄膜的中线也不对称，即最大值(或零值)不在中线上，场的表示式中应有一个位相角 ϕ_0.

综合以上考虑，E_y 可以写为

$$E_{y,m}=\begin{cases}E_\mathrm{c}\exp[-k'_{\mathrm{c}x}(x-h)], & x>h\text{，覆盖层}\\ E_\mathrm{f}\cos(k_{\mathrm{f}x}x-\phi_0), & 0<x<h\text{，薄膜}\\ E_\mathrm{s}\exp(k'_{\mathrm{s}x}x), & x<0\text{，衬底}\end{cases} \tag{2.44}$$

式中，m 表示导模的阶数，E_c，E_f，E_s 分别表示覆盖层、薄膜和衬底里的电场强度.式(2.44)必须满足亥姆霍兹方程，将它们代入式(2.42)并经化简后为

$$\begin{cases}k_0^2n_\mathrm{c}^2-\beta^2=-k'^2_{\mathrm{c}x}\\ k_0^2n_\mathrm{f}^2-\beta^2=k_{\mathrm{f}x}^2\\ k_0^2n_\mathrm{s}^2-\beta^2=-k'^2_{\mathrm{s}x}\end{cases} \tag{2.45}$$

对平面波导而言，分界面在 $x=0$ 和 h 处.由式(2.37)，电磁场必须满足的边界条件是：沿分界面的切向分量 E_y 和 H_z 连续.从(2.40)的第二式知，H_z 正比于 $\dfrac{\partial E_y}{\partial x}$，所以边界条件又可看作是 E_y 和其对位置的导数 $\dfrac{\partial E_y}{\partial x}$ 连续.具体表示如下：

$x=0$ 处：

$$\begin{aligned}E_\mathrm{f}\cos(-\phi_0)&=E_\mathrm{s}\\ k_{\mathrm{f}x}E_\mathrm{f}\sin\phi_0&=k'_{\mathrm{s}x}E_\mathrm{s}\end{aligned} \tag{2.46a}$$

$x=h$ 处：

$$\begin{aligned}E_\mathrm{c}&=E_\mathrm{f}\cos(k_{\mathrm{f}x}h-\phi_0)\\ k'_{\mathrm{c}x}E_\mathrm{c}&=k_{\mathrm{f}x}E_\mathrm{f}\sin(k_{\mathrm{f}x}h-\phi_0)\end{aligned} \tag{2.46b}$$

由式(2.46a)得到

$$\tan\phi_0=\frac{k'_{\mathrm{s}x}}{k_{\mathrm{f}x}}=\frac{\sqrt{n_\mathrm{f}^2\sin^2\theta-n_\mathrm{s}^2}}{n_\mathrm{f}\cos\theta}=\tan\phi_{\mathrm{s,TE}}$$

因此，ϕ_0 是薄膜-衬底分界面上反射系数位相半角即 ϕ_s.

由式(2.46b)可以得到

$$\tan(k_{\mathrm{f}x}h-\phi_0)=\frac{k'_{\mathrm{c}x}}{k_{\mathrm{f}x}}=\frac{\sqrt{n_\mathrm{f}^2\sin^2\theta-n_\mathrm{c}^2}}{n_\mathrm{f}\cos\theta}=\tan\phi_{\mathrm{c,TE}}$$

式中，$k_{\mathrm{f}x}h-\phi_0$ 为薄膜-覆盖层分界面上反射系数位相半角即 ϕ_c.由上面可以得到

$$\tan(k_{\mathrm{f}x}h-\phi_\mathrm{s})=\tan\phi_\mathrm{c}$$

由三角函数的周期性便可写成

$$\tan(k_{\mathrm{f}x}h-\phi_\mathrm{s}-m\pi)=\tan\phi_\mathrm{c}$$

其中，m 为正整数.则导波的色散方程为

$$k_{\mathrm{f}x}h-\phi_\mathrm{s}-\phi_\mathrm{c}=m\pi \tag{2.47a}$$

或者

$$k_0 n_f \cos\theta - \phi_s - \phi_c = m\pi \tag{2.47b}$$

这和射线光学分析的结果相同.

对于不同的 m,即不同阶数的模,由式(2.47)和波导的结构参数 n_f,n_c,n_s 及 h 可求出 θ,ϕ_c,ϕ_s 及相应的 β,k_{fx},k'_{sx},k'_{cx} 来.再用式(2.44)找出各层中 E_y(即 E_f,E_s,E_c)的相互关系,便知道了各阶导模的电场强度 $E_{y,m}$ 的分布.利用 H_x 和 H_z 与 E_y 的关系式(2.40),两个磁场分量 H_x 和 H_z 也能确定出来.

例如,对于 $m=0$ 的横电基模 TE_0

$$\theta_0 = \cos^{-1}\left(\frac{\phi_s + \phi_c}{k_0 n_f h}\right)$$

$$\beta_0 = k_0 n_f \sin\theta_0$$

$$k_{fx}|_0 = \sqrt{k_0^2 n_f^2 - \beta^2} = k_0 n_f \cos\theta_0 = \frac{\phi_s + \phi_c}{h}$$

$$k'_{cx}|_0 = k_0\sqrt{n_f^2 \sin^2\theta_0 - n_c^2}$$

$$k'_{sx}|_0 = k_0\sqrt{n_f^2 \sin^2\theta_0 - n_s^2}$$

有

$$E_{y,0} = \begin{cases} E_c \exp\left[-k_0\sqrt{n_f^2\sin^2\theta_0 - n_c^2}(x-h)\right], & x > h \\ E_f \cos\left(\dfrac{\phi_s+\phi_c}{h}x - \phi_s\right), & 0 < x < h \\ E_s \exp\left[k_0\sqrt{n_f^2\sin^2\theta_0 - n_s^2}\,x\right], & x < 0 \end{cases} \tag{2.48}$$

其中

$$\begin{cases} E_s = E_f \cos\phi_s \\ E_c = E_f \cos\phi_c \end{cases} \tag{2.49}$$

由上面的分析可知,基模电场振幅分布在薄膜层内为正弦型函数.由于非对称型波导,振幅极大值处 x_M 不在薄膜层的中线上,而位于

$$\frac{\phi_s + \phi_c}{h}x_M - \phi_s = 0, \quad x_M = \frac{\phi_s}{\phi_s + \phi_c}h$$

显然,如果是对称型波导 $n_c = n_s$,$\phi_c = \phi_s$,基模振幅极大处恰好为薄膜的中线,$x_M = h/2$.在覆盖层和衬底里,基模的电场振幅随深度呈指数型衰减.电场振幅值衰减为分界面上的 1/e 时的深度分别为

$$x_c = \frac{1}{k_0\sqrt{n_f^2\sin^2\theta_0 - n_c^2}}$$

$$x_s = \frac{1}{k_0\sqrt{n_f^2\sin^2\theta_0 - n_s^2}}$$

它们和古斯-汉欣位移分析中得到的结果(式(2.26)及式(2.28))相同.

同理,可以得到 $m=1,2,3,\cdots$各阶的 TE 模分布.图 2.8 表示 $m=0,1,2,3$ 时的 TE_m 的电场振幅 $E_{y,m}$ 的分布,也可称为它们的场形图.

上面得到了 TE 模的电磁场分布,下面来讨论 TE 模在平面波导中沿 z 方向传输功率的大小.

一个 TE 模在 x 方向的单位长度内向 z 方向传输的功率为

$$P = -\int_{-\infty}^{\infty} E_y H_x \mathrm{d}x \tag{2.50}$$

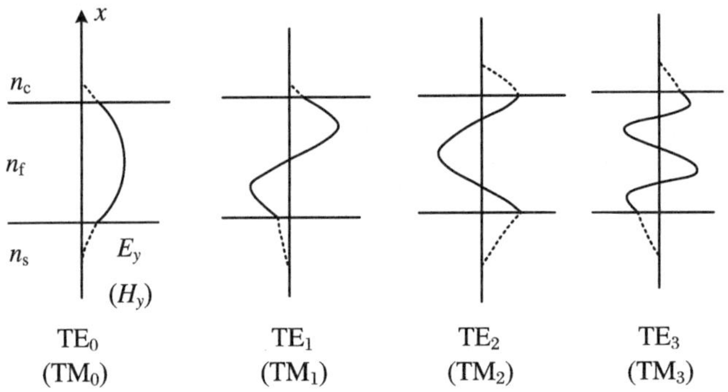

图 2.8　$m=0,1,2,3$ 时的 TE_m，TM_m 的场形图

TE_m 的振幅为 $E_{y,m}$；TM_m 的振幅为 $H_{y,m}$.

由式(2.40)可知

$$H_x = -\frac{\beta}{\omega\mu_0}E_y$$

因此

$$P = \frac{\beta}{\omega\mu_0}\int_{-\infty}^{\infty} E_y^2 \mathrm{d}x \tag{2.51}$$

应该分覆盖层、薄膜和衬底三层来积分

$$P = \frac{\beta}{\omega\mu_0}\left\{\int_0^h E_f^2\cos^2(k_{fx}x - \phi_0)\mathrm{d}x + \int_h^{\infty} E_c^2\exp[-2k'_{cx}(x-h)]\mathrm{d}x + \int_{-\infty}^0 E_s^2\exp(2k'_{sx}x)\mathrm{d}x\right\} \tag{2.52}$$

上式右边第一项是薄膜层内的传输功率，其积分为

$$\int_0^h E_y^2\cos^2(k_{fx}x - \phi_0)\mathrm{d}x = \frac{1}{2}E_f^2 h + \frac{1}{2}E_f^2\left[\frac{\sqrt{n_f^2\sin^2\theta - n_s^2}}{k_0(n_f^2 - n_s^2)} + \frac{\sqrt{n_f^2\sin^2\theta - n_c^2}}{k_0(n_f^2 - n_c^2)}\right]$$

同理，第二项积分为

$$\int_h^{\infty} E_c^2\exp[-2k'_{cx}(x-h)]\mathrm{d}x = \frac{E_c^2}{2k'_{cx}} = \frac{1}{2}E_f^2\frac{n_f^2\cos^2\theta}{k_0(n_f^2 - n_c^2)\sqrt{n_f^2\sin^2\theta - n_c^2}}$$

第三项积分为

$$\int_{-\infty}^0 E_s^2\exp(2k'_{sx}x)\mathrm{d}x = \frac{E_s^2}{2k'_{sx}} = \frac{1}{2}E_f^2\frac{n_f^2\cos^2\theta}{k_0(n_f^2 - n_s^2)\sqrt{n_f^2\sin^2\theta - n_s^2}}$$

将三项积分相加，传输功率为

$$\begin{aligned} P &= \frac{\beta}{\omega\mu_0}\left[\frac{1}{2}E_f^2 h + \frac{1}{2}E_f^2\left(\frac{1}{k_0\sqrt{n_f^2\sin^2\theta - n_s^2}} + \frac{1}{k_0\sqrt{n_f^2\sin^2\theta - n_c^2}}\right)\right] \\ &= \frac{1}{2}E_f H_f h_{eff} \end{aligned} \tag{2.53}$$

由此得到的 h_{eff}，与射线法得到的波导有效厚度一样. 同时表明在衬底和覆盖层里的电磁场没有沿 x 方向的净能流，只有沿 z 方向的能流. 但是这种能流是沿两个分界面在光疏介质里波长范围内传输的，所以有时称导波为表面波.

下面我们考察平面波导的横磁波. 它具有 H_y，E_x 和 E_z 三个分量，都满足亥姆霍兹方程. 边界条件是在 $x=0$ 和 h 处的 H_y，E_z 连续. 由式(2.41)和 E_z 正比于$\frac{\partial H_y}{\partial x}$，边界条件便

是 H_y 和它的位置导数$\frac{\partial H_y}{\partial x}$在分界面上连续. 这样，$H_y$ 所要满足的亥姆霍兹方程及边界条件都和 TE 波中的 E_y 完全相同，所以不必对 H_y 的场形重新推导一遍，H_y 的场分布与 E_y 的式(2.48)和式(2.49)相同，色散方程的形式也相同. 计算中应将 ϕ_0 和 $k_{fx}h_0-\phi_0$ 改为 TM 波的反射相移半角 ϕ_s 和 ϕ_c，即

$$\tan\phi_0=\left(\frac{n_f}{n_s}\right)^2\frac{k'_{sx}}{k_{fx}}=\left(\frac{n_f}{n_s}\right)^2\frac{\sqrt{n_f^2\sin^2\theta-n_s^2}}{n_f\cos\theta}\tag{2.54}$$

$$\tan(k_{fx}h-\phi_0)=\left(\frac{n_f}{n_c}\right)^2\frac{\sqrt{n_f^2\sin^2\theta-n_c^2}}{n_f\cos\theta}\tag{2.55}$$

单位宽度内波导传输的功率仍是

$$P=\frac{1}{2}E_fH_fh_{eff}$$

TM_m($m=0,1,2,3,\cdots$)的场形图便和 TE_m 的一样，这已在图 2.8 中标明.

至此，我们已对平面波的导模(或称表面波模、正规模等)作了比较详细的介绍. 导模存在的条件是：$k_0n_s<\beta<k_0n_f$. 下面对其他情况来进行波动理论的分析，为了避免烦琐，只分析 TE 波型.

现在回到式(2.42)所表示的亥姆霍兹方程上来.

(1) 当 $\beta>k_0n_f$ 时

$$\frac{1}{E_y}\frac{\partial^2E_y}{\partial x^2}=\beta^2-n_i^2k_0^2>0,\quad i=f,c,s$$

其解在薄膜、覆盖层和衬底中都为指数函数，由 E_y 和$\frac{\partial E_y}{\partial x}$在分界面上连续的边界条件可得 E_y 的具体分布，如图 2.9 所示. 离开薄膜层后场值在两侧按 x 的指数增大，这是没有实际物理意义、不真实的波场，即图 2.5 中所表示的禁区.

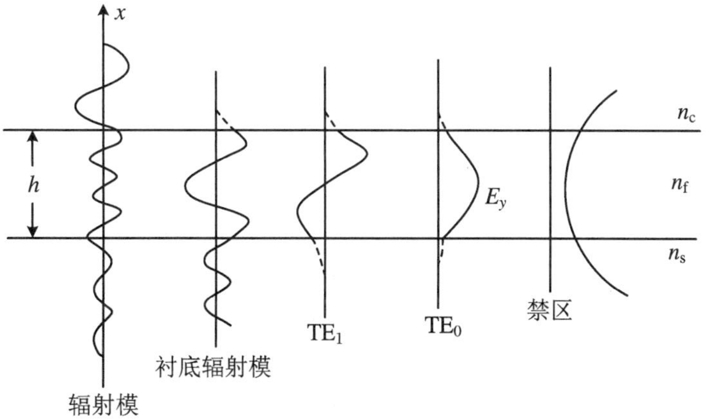

图 2.9　波导中的各种模式

(2) 当 $k_0n_s<\beta<k_0n_f$ 时

这是前面已分析过的导波情况，为了对比 TE_0 和 TE_1 的场形又将它们重新画在图 2.9 上.

(3) 当 $k_0n_c<\beta<k_0n_s$ 时

这时所对应的情况是 $\theta_c<\theta<\theta_s$，薄膜中光线在上交界面上为全反射，下交界面上为部分反射，为衬底辐射模.它的电场在覆盖层仍应是指数衰减，在薄膜中由于来回反射仍然发生，是驻波，可用余弦函数表示.在衬底中由于光束的多次透入便相互干涉也形成驻波，也可用余弦函数表示.因此，场形可写成下面的形式：

$$E_y=\begin{cases}E_c\exp[-k'_{cx}(x-h)], & x>h\\ E_f\cos[k_{fx}(x-h)+\phi_0], & 0<x<h\\ E_s\cos[k_{sx}x+\phi_1], & x<0\end{cases}\tag{2.56}$$

它们都必须满足亥姆霍兹方程，由此可得

$$\begin{cases}k_{fx}^2+\beta^2=k_0^2n_f^2\\ \beta^2-k_0^2n_c^2=k'^2_{cx}\\ k_{sx}^2+\beta^2=k_0^2n_s^2\end{cases}\tag{2.57}$$

这时的边界条件仍然是 E_y 和 $\dfrac{\partial E_y}{\partial x}$ 在 $x=0$ 和 $x=h$ 处连续.

在 $x=0$ 处：

$$\begin{cases}E_f\cos(\phi_0-k_{fx}h)=E_s\cos\phi_1\\ k_{fx}E_f\sin(\phi_0-k_{fx}h)=k_{sx}E_s\sin\phi_1\end{cases}\tag{2.58a}$$

在 $x=h$ 处：

$$\begin{cases}E_c=E_f\cos\phi_0\\ k'_{cx}E_c=k_{fx}E_f\sin\phi_0\end{cases}\tag{2.58b}$$

由式(2.58b)得

$$\tan\phi_0=k'_{cx}/k_{fx}$$

由式(2.58a)得

$$\tan(\phi_0-k_{fx}h)\cot\phi_1=k_{sx}/k_{fx}\tag{2.59}$$

该式为 TE 辐射模的色散方程，它不能利用三角函数的周期性，即不具有离散的模，而是连续的模谱.

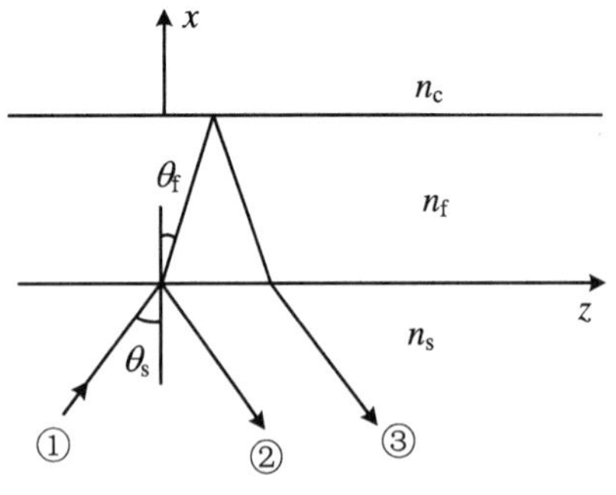

图 2.10　衬底辐射模的形成

如果取薄膜层内入射角 θ 为连续变化的值，或者说光线由衬底折射到薄膜内的角度不断变化，由式(2.57)可得到相应连续变化的 k_{fx}，k_{sx}，k'_{cx} 和 ϕ_c.这时总能从色散方程(2.59)中得到 ϕ_1，也就是说辐射模必然具有连续谱(参见图 2.5).以上面的计算值和用推导导模场形相同的方法也可以得出辐射模的场形图.在图 2.9 中表示了这种衬底辐射模.

从基础光学的角度来看，衬底辐射模可以看作是入射到衬底-薄膜分界面的平面波(图 2.10 中标为①)与此界面上的反射光②以及透过后的薄膜-覆盖层分界面的全反射再透过下交界面的光波③之间的干涉所形成的.它们可写成

$$E_{y①}=A_1\exp[-jk_s(x\cos\theta_s+z\sin\theta_s)]$$
$$E_{y②}=A_2\exp[jk_s(x\cos\theta_s-z\sin\theta_s)]$$
$$E_{y③}=A_3\exp[jk_s(x\cos\theta_s-z\sin\theta_s)-j\phi]$$

式中，A_2，A_3 与 A_1 的关系可由界面的反射系数和透射系数给出，为简单起见，这里假定 $A_2=A_3=A_1$；ϕ 由薄膜中的几何光程和全反射中的相移确定.三个光束的合成振幅为

$$E_y \propto \exp(-\mathrm{j}k_s z\sin\theta_s)\cos\left(k_x x\cos\theta_s+\frac{\phi}{2}\right)$$

可见，在衬底里的场沿 x 为余弦函数形式.同样可获得薄膜中的场也为余弦函数.虽然衬底里的场也为驻波，但上、下两个界面的反射光波却不能再返回薄膜而向衬底中辐射.

（4）当 $\beta<n_s k_0, n_c k_0$，即 $\theta<\theta_c<\theta_s$ 时

这时平面光波从衬底或覆盖层以较小的角度向薄膜中入射，在上下两个界面上都不发生全反射，因而波导对光失去了限制作用.由于入射光和两个界面上的反射光波之间的干涉，在三层中都呈现驻波，场分布都为余弦函数形式，图 2.9 的左边表示了这种辐射模的情形.辐射模也具有连续谱.

至此，我们已讨论了传播常数为实数的各种模式的情况，下面讨论 β 为复数的情况.

（5）当 $\beta=a+\mathrm{j}b$ 的复数时

这时在波导里沿 z 方向的一束平面波可写成

$$\exp(-\mathrm{j}\beta z)=\exp(bz)\cdot\exp(-\mathrm{j}az)=\exp(-\mathrm{j}k_{fz}z) \tag{2.60a}$$

它沿 x 的波矢为

$$k_{fx}^2=k_f^2-k_{fz}^2=(n_f^2k_0^2-a^2+b^2)-\mathrm{j}2ab \tag{2.60b}$$

那么，k_{fx} 也为复数

$$k_{fx}=c+\mathrm{j}d$$

其中，c，d 与 a，b 有下述关系：

$$\begin{cases}2ab=-2cd\\(a+\mathrm{j}b)^2+(c+\mathrm{j}d)^2=k_0^2n_f^2\end{cases} \tag{2.60c}$$

因此，这种平面波具有如下形式：

$$\begin{aligned}A(x,z)&=A_0\exp[-\mathrm{j}(k_{fx}x+k_{fz}z)]\\&=A_0\exp(dx+bz)\cdot\exp[-\mathrm{j}(cx+az)]\end{aligned} \tag{2.61}$$

式中

$$cx+az=\text{常数} \tag{2.62a}$$

的面代表等位相面，它的法线（即波矢方向）与 x 轴夹角为

$$\theta=\arctan\left(-\frac{a}{c}\right) \tag{2.62b}$$

而

$$dx+bz=\text{常数} \tag{2.62c}$$

的面代表等振幅面，它和 x 轴的夹角为

$$\psi=\arctan\left(-\frac{d}{b}\right) \tag{2.62d}$$

这种波的等相面和等幅面不为同一平面，等相面上各处振幅不相等，称为非均匀平面波，如图 2.11 所示.图中虚线是非均平面波的等相面（或称波前），实线代表等幅面.

非均匀平面波在两种介质的分界面上也发生反射和折射，其反射系数由式（2.1）和式（2.2）或式（2.4）和式（2.5）表示.为阅读方便，在此重写：

$$R_{TE}=\frac{n_1\cos\theta_1-n_2\cos\theta_2}{n_1\cos\theta_1+n_2\cos\theta_2}=\frac{k_1\cos\theta_1-k_2\cos\theta_2}{k_1\cos\theta_1+k_2\cos\theta_2}$$

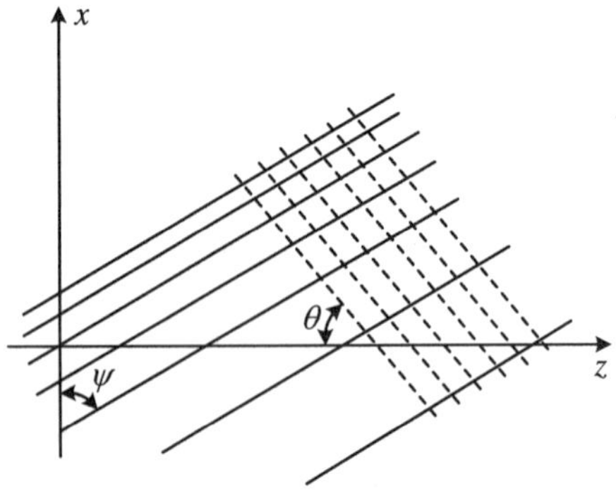

图 2.11　非均匀平面波

当分界面的法线取为 x 轴，上式中的 $k_i\cos\theta_i$ 是 k_i 在 x 方向的分量，则有

$$R_{\mathrm{TE}} = \frac{k_{1x} - k_{2x}}{k_{1x} + k_{2x}} \tag{2.63}$$

由折射定律可知

$$n_1\sin\theta_1 = n_2\sin\theta_2$$

$$n_1k_0\sin\theta_1 = n_2k_0\sin\theta_2$$

若光线在 xz 平面内，上式可写成

$$k_{1z} = k_{2z} = k_z \tag{2.64}$$

即两侧的波矢沿界面的分量相等. 这样便得下列波矢关系式：

$$k_1^2 = k_0^2n_1^2 = k_{1x}^2 + k_z^2$$

$$k_2^2 = k_0^2n_2^2 = k_{2x}^2 + k_z^2$$

因为 k_z 为复数，k_{1x}和k_{2x}也为复数，可令它们为

$$k_{1x} = a_1 + \mathrm{j}b_1$$

$$k_{2x} = a_2 + \mathrm{j}b_2$$

则式(2.63)变成

$$R_{\mathrm{TE}} = \frac{(a_1 - a_2) + \mathrm{j}(b_1 - b_2)}{(a_1 + a_2) + \mathrm{j}(b_1 + b_2)} \tag{2.65}$$

该式告诉我们，$|R_{\mathrm{TE}}|$ 总小于 1，且不为 1，即不会有全反射. 即使入射角 $\theta_1 > \theta_c$ 时，仍有 $|R_{\mathrm{TE}}| < 1$，有波泄漏到光疏介质中去而产生泄漏模.

若令复传播常数 $\beta = k_z = c + \mathrm{j}d$，$k_{2x} = a_2 + \mathrm{j}b_2$，因为 $k_{2x}^2 + k_z^2 = k_2^2 = k_0^2n_2^2$，则有 $a_2b_2 = -cd$. 当非均匀平面波的入射方向由第三象限($-x$，$-z$)指向第一象限($+x$，$+z$)时，c 和a_2 为正实数；沿 z 正方向振幅逐步变小，d 为负实数. 这样 b_2 必然为正实数，对照式(2.61)可知，泄漏模的振幅将沿 x 轴递增.

一个辐射源向外辐射电磁波，其振幅一般随距离递减，它的递减速度和点源发生的球面波相当，这种辐射条件用数学语言表示为

$$\lim_{R\to\infty} R\left(\frac{\partial u}{\partial R} - \mathrm{j}ku\right) = 0 \tag{2.66}$$

该式称为索末菲辐射条件. 泄漏模不满足这一条件，称它为波导非正常模，它具有在 x 轴方向既有相移，振幅又随 x 递增的特点.

由上面的分析知道，波导中的泄漏模也可用导模的式(2.44)表示，即写成

$$E_y = \begin{cases} E_c\exp[-k'_{cx}(x-h)], & x > h \\ E_f\cos(k_{fx}x - \phi_0), & 0 < x < h \\ E_s\exp(k'_{sx}x), & x < 0 \end{cases} \tag{2.67}$$

将它们代入亥姆霍兹方程，其结果和式(2.45)相同

$$\begin{cases} k_0^2n_c^2 - \beta^2 = -k'^2_{cx} \\ k_0^2n_f^2 - \beta^2 = k_{fx}^2 \\ k_0^2n_s^2 - \beta^2 = -k'^2_{sx} \end{cases} \tag{2.68}$$

在 $x=0$ 和 h 处再次应用E_y 和$\dfrac{\partial E_y}{\partial x}$连续的边界条件,可得到

$$\begin{cases}\tan\phi_0 = \dfrac{k'_{sx}}{k_{fx}} \\ \tan(k_{fx}h - \phi_0) = \dfrac{k'_{cx}}{k_{fx}}\end{cases} \tag{2.69}$$

由式(2.68)知,对连续变化的 k'_{sx},可以得到 β,k_{fx},k'_{cx},它们都为复数.但是,泄漏模是具有分立谱还是连续谱尚不能由式(2.69)一目了然地看出.为简便起见,以对称型波导来分析.将 $x=0$ 点取在薄膜层中线上,式(2.67)和式(2.69)分别为

$$E_y = \begin{cases}E_c\exp\left[-k'_{cx}\left(x-\dfrac{h}{2}\right)\right], & x>\dfrac{h}{2} \\ E_f\cos(k_{fx}x-\phi_0), & -\dfrac{h}{2}<x<\dfrac{h}{2} \\ E_s\exp\left[k'_{sx}\left(x+\dfrac{h}{2}\right)\right], & x<-\dfrac{h}{2}\end{cases}$$

$$\begin{cases}\tan\left(k_{fx}\dfrac{h}{2}-\phi_0\right)=\dfrac{k'_{cx}}{k_{fx}} \\ \tan\left(k_{fx}\dfrac{h}{2}+\phi_0\right)=\dfrac{k'_{sx}}{k_{fx}} \\ \phi_0 = 0\end{cases}$$

因此

$$k_{fx}\tan\left(k_{fx}\frac{h}{2}\right) = k'_{cx} = k'_{sx} \tag{2.70}$$

对于连续变化的 k'_{cx}值,相应连续变化的 k_{fx}值中只有几个值可满足上面方程,泄漏模便具有离散的频谱.

(6) 当 β 为虚数时

波导在这种情况下的模式分析可直接应用泄漏模的结果.

由式(2.68)知,如果 β 为虚数,k_{fx}便是实数,而 k'_{cx}和k'_{sx}是虚数.则式(2.61)变成

$$A(x,z) = A_0\exp(+\beta z)\exp(-jk_{fx}x)$$
$$\theta = 0$$

这是等相面垂直于 x 轴的非均匀平面波,是从衬底垂直射入薄膜所构成的,称为消失模.

考察式(2.70),因为 k_{fx}为实数,方程左边便为实数,它的右边 k'_{cx}/k_{fx}为虚数,因此消失模不满足式(2.70),同样也不会满足式(2.69),即消失模不是离散谱.再考察式(2.59),$\tan\phi_0=\dfrac{k'_{cx}}{k_{fx}}=$虚数,$\phi_0$ 是虚数.$\tan(\phi_0-k_{fx}h)\cot\phi_1=k_{sx}/k_{fx}=$实数,其中 $k_{fx}h$ 为实数,因此总可以找到一个 $\cot\phi_1$ 的值与 $\tan(\phi_0-k_{fx}h)$相乘是一个实数$\dfrac{k_{sx}}{k_{fx}}$,因而满足式(2.59),即消失模具有连续谱.

为了便于查阅,我们将平面波导的模式特性列在表2.2中.

表 2.2　平面波导的模式

模　式	条　件	谱	成　　因	场 形 分 布
导模	$k_0 n_s < \beta < k_0 n_f$	离散式(2.47)	两界面全反射,呈驻波	$E_c \exp[-k'_{cx}(x-h)], x>h$ $E_f \cos(k_{fx}x-\phi_0), 0<x<h$ $E_s \exp(k'_{sx}x), x<h$
衬底辐射模	$k_0 n_c < \beta < k_0 n_s$	连续式(2.59)	一个界面全反射,另一个界面部分反射	$E_c \exp[-k'_{cx}(x-h)], x>h$ $E_f \cos[k_{fx}(x-h)+\phi_0], 0<x<h$ $E_s \cos(k_{sx}x+\phi_1), x<0$
辐射模	$\beta < k_0 n_s$, $\beta < k_0 n_c$	连续	两个界面部分反射	$E_c \cos[k_{cx}(x-h)+\phi_2], x>h$ E_f,E_s 同第二栏
泄漏模	β 为复数	离散式(2.70)	非均匀平面波的部分反射	同第一栏
消失模	β 为虚数	连续式(2.59)	非均匀平面波由衬底垂直入射的部分反射	同第一栏
禁区	$\beta > k_0 n_f$	没有实际物理意义		

2.3　渐变折射率分布的平面波导

前面两节讨论了折射率 n 为常数的均匀介质平面波导.本节讨论波导层具有渐变折射率分布的情况,即折射率 $n(x)$在波导截面内是逐渐变化的.这里主要讨论 $n(x)$随位置坐标的三种变化形式:抛物型、指数型和双曲线型.它们在波导层的中线上折射率都为最大值,向两侧逐渐变小.下面假定 $n(x)$的分布伸展到无限远,不考虑与衬底及覆盖层的边界所产生的影响.渐变折射率的平面波导对光的限制作用来自两方面,即两界面的反射和波导的透镜作用.所谓忽略边界的影响就是只考虑波导的透镜作用.

我们仍然只讨论 TE 模,它的电场分量 E_y 满足亥姆霍兹方程

$$\frac{\mathrm{d}^2 E_y}{\mathrm{d}x^2} + (k_0^2 n^2 - \beta^2) E_y = 0$$

这里,n 是坐标 x 的函数.

2.3.1　$n^2(x)$为抛物型分布

$n^2(x)$为抛物型分布时,波导截面上的折射率变化可用图 2.12 表示,中线($x=0$)处的折射率最大,$n(0)=n_f$.图中虚线是覆盖层及衬底的折射率 n,它是均匀的.折射率分布具体写为

$$n^2(x) = n_f^2\left(1 - \frac{x^2}{x_0^2}\right) \tag{2.71}$$

在 x 比较小时，可写成如下近似式：

$$n(x) \approx n_f\left(1 - \frac{x^2}{2x_0^2}\right) \tag{2.72}$$

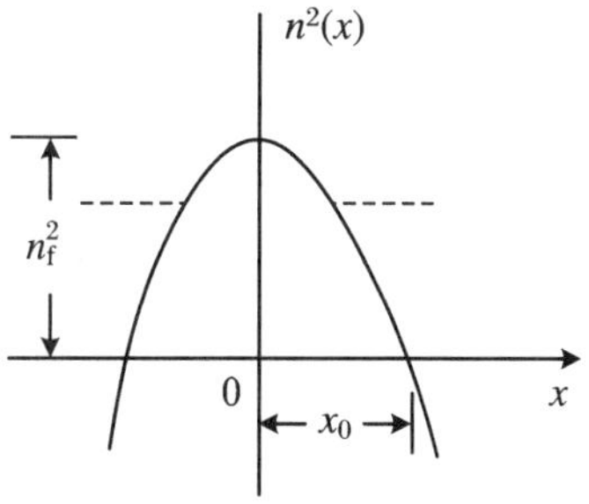

图 2.12　抛物型折射率分布

将式(2.71)代入亥姆霍兹方程

$$\frac{d^2E_y}{dx^2} + \left[k_0^2 n_f^2\left(1 - \frac{x^2}{x_0^2}\right) - \beta^2\right]E_y = 0$$

整理后为

$$\frac{d^2E_y}{dx^2} + \left[(k_0^2 n_f^2 - \beta^2) - \frac{k_0^2 n_f^2}{x_0^2}x^2\right]E_y = 0 \tag{2.73}$$

这一微分方程和量子力学中谐振子的薛定谔波动方程一样，因此它的解也应是厄米多项式

$$E_{y,m} = H_m\left(\frac{\sqrt{2}x}{w}\right)\exp\left(\frac{-x^2}{w^2}\right) \tag{2.74}$$

式中，H_m 是厄米多项式，其定义为

$$H_m(x) = (-1)^m\exp(x^2)\frac{d^m}{dx^m}\exp(-x^2) \tag{2.75}$$

光束半径 w 为

$$w^2 = \frac{\lambda x_0}{\pi n_f} \tag{2.76}$$

厄米多项式的最低阶几项为

$$\begin{cases} H_0(x) = 1 \\ H_1(x) = 2x \\ H_2(x) = 4x^2 - 2 \\ H_3(x) = 8x^3 - 12x \end{cases} \tag{2.77a}$$

相应的几个低阶 TE 模为

$$\begin{cases} \mathrm{TE}_0: & E_{y,0} = \exp\left(\frac{-x^2}{w^2}\right) \\ \mathrm{TE}_1: & E_{y,1} = \frac{2\sqrt{2}x}{w}\exp\left(\frac{-x^2}{w^2}\right) \\ \mathrm{TE}_2: & E_{y,2} = \left(\frac{8x^2}{w^2} - 2\right)\exp\left(\frac{-x^2}{w^2}\right) \\ \mathrm{TE}_3: & E_{y,3} = 4\sqrt{2}\left(\frac{4x^3}{w^3} - \frac{3x}{w}\right)\exp\left(\frac{-x^2}{w^2}\right) \end{cases} \tag{2.77b}$$

图 2.13 画出了它们的场形图. 由图可见，基模($m = 0$)在 $x = w$ 处的场值为最大值的 $1/e$，也就是说它的光能量是集中在 $|x| \leqslant w$ 的区域内，束半径 $w = \sqrt{\lambda x_0/(\pi n_f)}$ 这个量就表示了这种波导对基模光的限制程度. n_f 较大和 x_0 较小(即抛物线较陡)的波导对基模光的限制就大，反之亦然. 比较 TE_0 到 TE_3 的场分布可知，m 代表场值的节点($E_{y,m} = 0$)数目；当阶数 m 增大时，模的场值和能量从波导轴区(中线附近)向外弥散也增大，换言之，当这种弥散足够大，使得衬底和覆盖层中包含较多的模场能量时，考虑到衬底和覆盖层的折射率影响，式(2.71)不再是波导折射率分布的较好近似，相应的场分布表示式的近似程度就较差. 因此，对低阶模而言式(2.74)是较好的近似，对高阶模近似程度较差.

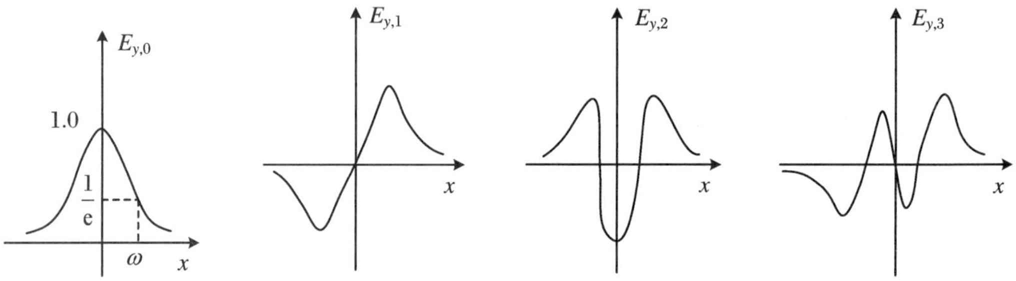

图 2.13　折射率为抛物型分布的平面波导的 E_y 分布

由式(2.74)知道，E_y 具有离散的场值，因此它必为离散谱.仿效量子力学中的方法，相应的模阶数必须满足下列条件：

$$\beta_m^2 = k_0^2 n_f^2 - (2m+1)\frac{k_0 n_f}{x_0} \tag{2.78}$$

该式表明：x_0 大的波导所具有的导模之间的距离较小，所承载的模式就多；x_0 小的波导承载的模数就少.这与均匀平面波导的结论相似.

2.3.2　$n^2(x)$为指数型分布

图 2.14 是这种指数型折射率分布的示意图，在中线处为 $n^2(0) = n_s^2 + 2n_s\Delta n$，$\Delta n = \dfrac{n^2(0) - n_s^2}{2n_s}$，并假定 $n_s = n_c$. $n^2(x)$写成下面的形式：

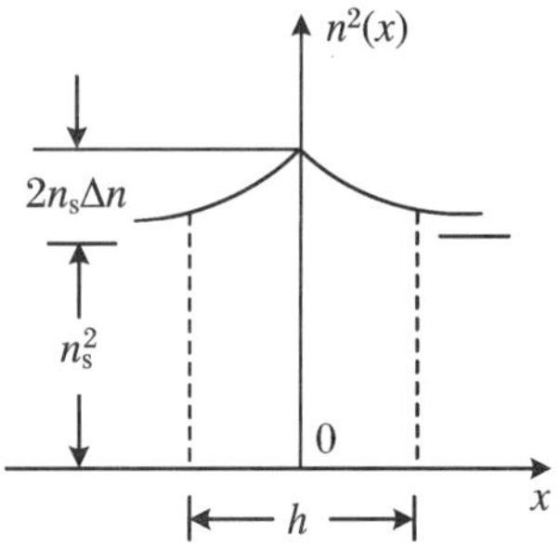

图 2.14　指数型 $n^2(x)$的分布

$$n^2(x) = n_s^2 + 2n_s\Delta n\exp\left(-\frac{2|x|}{h}\right) \tag{2.79}$$

Δn 一般较小，上式可近似为

$$n(x) \approx n_s + \Delta n\exp\left(-\frac{2|x|}{h}\right) \tag{2.80}$$

将式(2.79)代入波动方程得到

$$\frac{d^2E_y}{dx^2} + \left[k_0^2 n_s^2 + 2k_0^2 n_s\Delta n\exp\left(-\frac{2|x|}{h}\right) - \beta^2\right]E_y = 0 \tag{2.81}$$

当 $x>0$ 时，式中的$|x|$改为x.先作下列代换：

$$X = k_0 h\sqrt{2n_s\Delta n}\exp\left(-\frac{x}{h}\right),\quad m^2 = h^2(\beta^2 - k_0^2 n_s^2) \tag{2.82}$$

将上式代入式(2.81)并整理后可得到

$$\frac{d^2E_y}{dX^2} + \frac{1}{X}\frac{dE_y}{dX} + \left(1 - \frac{m^2}{X^2}\right)E_y = 0 \tag{2.83}$$

这是标准的贝塞耳方程，其中 m 是方程的阶数或解的阶数，也就是表示 E_y(TE 模)的阶数.

为了简便取 m 为整数，其解为

$$E_y = J_m(X) = J_m\left\{k_0 h\sqrt{2n_s\Delta n}\exp\left(-\frac{x}{h}\right)\right\} \tag{2.84}$$

几个低阶模的场分布为

$$m = 0,\quad TE_0:\quad E_{y,0} = J_0(X)$$

$$m = 1,\quad \mathrm{TE}_1:\quad E_{y,1} = J_1(X)$$
$$m = 2,\quad \mathrm{TE}_2:\quad E_{y,2} = J_2(X)$$
$$m = 3,\quad \mathrm{TE}_3:\quad E_{y,3} = J_3(X)$$

对给定的波导参数 $h, n_s, \Delta n, k_0$，用式(2.84)可计算出各模的场分布.

由式(2.82)可以直接得到各模的传播常数

$$\beta_m^2 = k_0^2 n_s^2 + \frac{m^2}{h^2} \tag{2.85}$$

波导厚度 h 越小，模间隔便越大.由(2.22)式知，其最高模阶数近似为

$$M \approx \frac{k_0 h}{\pi}\sqrt{n^2(0) - n_s^2} = \frac{2h}{\lambda_0}\sqrt{2n_s\Delta n}$$

最后应当指出，它和抛物型分布一样，只有电磁场集中在薄膜中心区域的情况下，上面各项结果才是较好的近似.

2.3.3　$n^2(x)$为双曲线型分布

$n^2(x)$用下式表示：

$$n^2(x) = n_s^2 + \frac{2n_s\Delta n}{\cosh^2\left(\dfrac{2x}{h}\right)} \tag{2.86}$$

在中线 $n^2(0) = n_s^2 + 2n_s\Delta n$，$\Delta n = \dfrac{n^2(0) - n_s^2}{2n_s}$，并假定 $n_s = n_c$.图 2.15 表示了它的分布图像.当 Δn 较小时上式可近似为

$$n(x) \approx n_s + \frac{\Delta n}{\cosh^2\left(\dfrac{2x}{h}\right)} \tag{2.87}$$

式中，$\cosh\left(\dfrac{2x}{h}\right) = \dfrac{1}{2}\left[\exp\left(\dfrac{2x}{h}\right) + \exp\left(-\dfrac{2x}{h}\right)\right]$，$h$ 为波导层厚度.

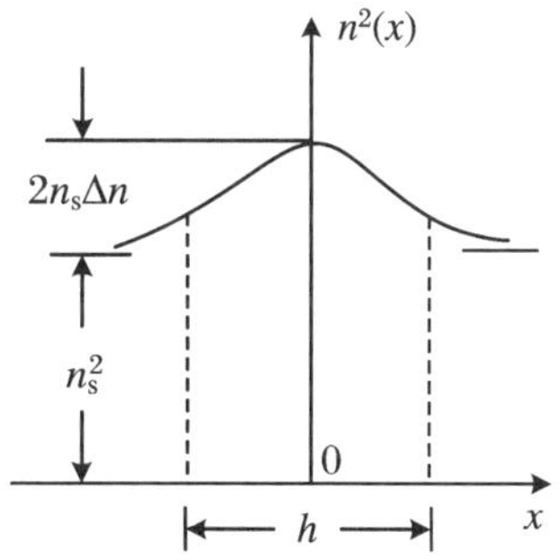

图 2.15　$n^2(x)$为双曲线型分布的示意图

利用式(2.86)和亥姆霍兹方程可以求解出这种波导的导模.但由于过程烦琐，这里直接引入求解的结果.

这种波导所承载的导模最高阶数

$$M \approx \frac{2h}{\lambda_0}\sqrt{2n_s\Delta n}$$

导模的传播常数是

$$\beta_m^2 = k_0^2 n_s^2 + \frac{4(M - m)^2}{h^2} \tag{2.88}$$

模场分布为

$$E_{y,m} = \frac{U_m\left(\dfrac{2x}{h}\right)}{\cosh^2\left(\dfrac{2x}{h}\right)} \tag{2.89}$$

其中，U_m 为超几何函数，当 m 为偶数时

$$U_m\left(\frac{2x}{h}\right) = 1 - \frac{1}{2}m(2M - m)\sinh^2\left(\frac{2x}{h}\right)/(1\cdot 1)!$$

$$+\frac{1}{4}m(m-2)(2M-m)(2M-m-2)\sinh^4\left(\frac{2x}{h}\right)/(1\cdot 3\cdot 2!)$$

$$+\cdots \tag{2.90a}$$

当 m 为奇数时

$$U_m\left(\frac{2x}{h}\right)=\sinh\left(\frac{2x}{h}\right)\left[1-\frac{1}{2}(m-1)(2M-m-1)\sinh^2\left(\frac{2x}{h}\right)/(3\cdot 1!)\right.$$

$$+\frac{1}{4}(m-1)(m-3)(2M-m-1)(2M-m-3)\times\sinh^4\left(\frac{2x}{h}\right)/(3\cdot 5\cdot 2!)$$

$$\left.+\cdots\right] \tag{2.90b}$$

几个低阶模的具体形式为

$$E_{y,0}=1\Big/\cosh^2\left(\frac{2x}{h}\right)$$

$$E_{y,1}=\sinh\left(\frac{2x}{h}\right)\Big/\cosh^2\left(\frac{2x}{h}\right)$$

$$E_{y,2}=\left[1-2(M-1)\sinh^2\left(\frac{2x}{h}\right)\right]\Big/\cosh^2\left(\frac{2x}{h}\right)$$

$$E_{y,3}=\left[1-\frac{2}{3}(M-2)\sinh^2\left(\frac{2x}{h}\right)\right]\sinh\left(\frac{2x}{h}\right)\Big/\cosh^2\left(\frac{2x}{h}\right)$$

从上面 $n(x)$ 三种形式的波导中，分析得到了 E_y，由式(2.40)便可获得各自的 H_x，H_z 磁场分量.

对于 TM 模的分析也可同样进行，不过它的亥姆霍兹方程稍有不同

$$\left\{\frac{\mathrm{d}^2}{\mathrm{d}x^2}+(k_0^2n^2-\beta^2)-n(x)\left[\frac{1}{n(x)}\right]''\right\}\left[\frac{H_y}{n(x)}\right]=0 \tag{2.91}$$

式中，“″”是对 x 的二次微分. 当 $n(x)$ 的梯度较小时，TE 模的解可以当作 TM 模的近似解.

2.4 均匀介质的条形波导

以上讨论的平面介质波导只在 x 方向对光施加了限制. 如果在 y 方向也对光施加限制，便成为条形波导，它常用于半导体激光器或调制器中. 图 2.16 表示出四种条形波导，光或多或少地被限制在 $n_f(>n_c,n_s,n_1)$ 的材料中.

这些波导结构使原来的一维问题(在平面波导中)变成了二维问题，因此分析也就复杂得多. 到目前为止，并未得出严格的解析结果，这里只作一些简要的分析.

在 xy 截面内，条形波导可划分为 9 个区域，如图 2.17. 假定光能量集中在波导里(n_f)传输，图 2.17 阴影区中的场值可以略去，剩下我们感兴趣的 1,2,3,4 和 5 区. 在 y 方向上的 1 区(n_f)，2 区(n_c)和 4 区(n_s)可以看作构成了非对称波导，薄膜层厚度为 h_y；同理，在 x 方向上构成了对称型平面波导. 为了方便将坐标原点取在薄膜的中心.

在 y 方向上的平面波导，由 2.2 节的结果知道，导模在膜中的场是沿 y 轴为余弦函数，在衬底和覆盖层(4 区和 2 区)里场沿 y 轴为指数衰减. 在 x 方向上的波导，在薄膜中导模的

场值便是沿 x 轴为余弦函数变化，在 3 和 5 区里也是沿 x 轴为指数衰减. 在相邻两区域的四个界面上，即 $x=\pm h_x/2, y=\pm h_y/2$ 处两边的场必须满足边界条件. 因此，在 2 区中的场除了沿 y 轴指数衰减外，沿 x 轴必须也为余弦函数变化，否则它和 1 区的场无法满足边界条件. 同理，4 区中的场沿 x 轴为余弦函数，3 和 5 区中的场沿 y 轴为余弦函数.

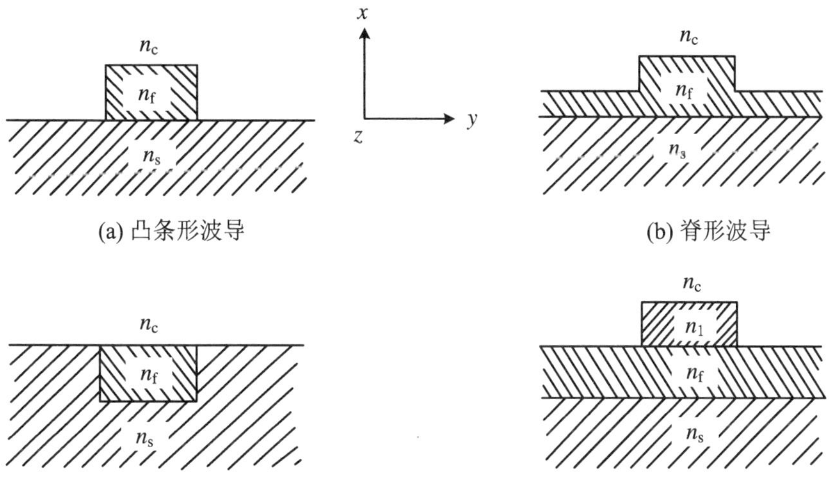

(a) 凸条形波导　(b) 脊形波导

(c) 掩埋形波导　(d) 条载形波导

图 2.16　四种条形波导

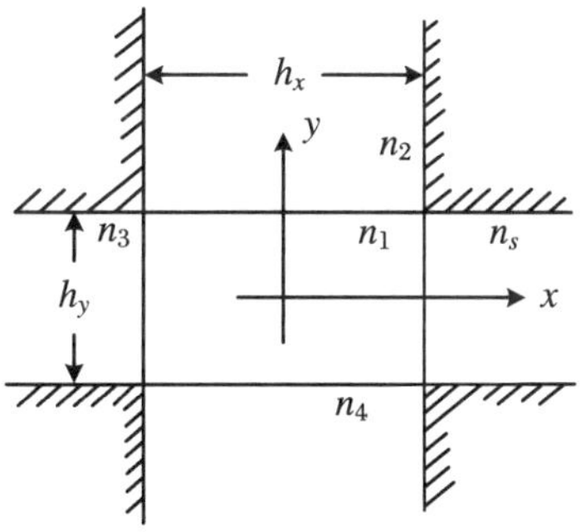

图 2.17　条形波导分区域及其坐标

由这样的分析，我们可以写出各区域里场的近似表示式

$$
\begin{cases}
H_{1x} = \exp(-\mathrm{j}k_z z)H_1\cos(k_x x+\phi_1)\cos(k_y y+\phi_2)\\
H_{2x} = \exp(-\mathrm{j}k_z z)H_2\cos(k_x x+\phi_1)\exp(-k'_{2y}y)\\
H_{3x} = \exp(-\mathrm{j}k_z z)H_3\cos(k_y y+\phi_2)\exp(k'_{3x}x)\\
H_{4x} = \exp(-\mathrm{j}k_z z)H_4\cos(k_x x+\phi_1)\exp(k'_{4y}y)\\
H_{5x} = \exp(-\mathrm{j}k_z z)H_5\cos(k_y y+\phi_2)\exp(-k'_{5x}x)
\end{cases}
\tag{2.92}
$$

式中，k_z 是 z 方向上的波矢分量，即为传播常数 β，由反射定律知道各区的 k_z 相同，所以用统一的 k_z 表示；$H_1 \sim H_5$ 为常数振幅值；ϕ_1 和 ϕ_2 分别为 x 和 y 方向上的初始位相角，它们表示电磁场极值的位置，对于对称型波导（如 3，1，5 区）它们为零，而非对称型（如 2，1，4 区），它们不为零. 将式(2.92)中各式代入亥姆霍兹方程，可以得到与式(2.45)一样的结果：

$$\begin{cases} k_0^2 n_f^2 - k_z^2 = k_x^2 + k_y^2, & 1\text{区} \\ k_0^2 n_c^2 - k_z^2 - k_x^2 = -k_{2y}'^2, & 2\text{区} \\ k_0^2 n_c^2 - k_z^2 - k_y^2 = -k_{3x}'^2, & 3\text{区} \\ k_0^2 n_s^2 - k_z^2 - k_x^2 = -k_{4y}'^2, & 4\text{区} \\ k_0^2 n_c^2 - k_z^2 - k_y^2 = -k_{5x}'^2, & 5\text{区} \end{cases} \tag{2.93}$$

在 $x=\pm\frac{h_x}{2}$，$y=\pm\frac{h_y}{2}$交界面上应用上述的边界条件，相切界面的电磁场分量连续. 在 $x=\pm\frac{h_x}{2}$处，用 H_x 和$\frac{\partial H_x}{\partial x}$的连续条件.

在 $x=\frac{h_x}{2}$处：

$$H_1\cos\left(k_x\frac{h_x}{2}+\phi_1\right)\cos(k_y y+\phi_2) = H_5\cos(k_y y+\phi_2)\exp\left(-k_{5x}'\frac{h_x}{2}\right)$$

$$H_1 k_x\sin\left(k_x\frac{h_x}{2}+\phi_1\right)\cos(k_y y+\phi_2) = k_{5x}' H_5\cos(k_y y+\phi_2)\exp\left(-k_{5x}'\frac{h_x}{2}\right)$$

所以

$$\tan\left(\frac{k_x h_x}{2}+\phi_1\right)=\frac{k_{5x}'}{k_x} \tag{2.94a}$$

在 $x=-\frac{h_x}{2}$处：

$$H_1\cos\left(-k_x\frac{h_x}{2}+\phi_1\right)\cos(k_y y+\phi_2) = H_3\cos(k_y y+\phi_2)\exp\left(k_{3x}'\frac{h_x}{2}\right)$$

$$H_1 k_x\sin\left(-k_x\frac{h_x}{2}+\phi_1\right)\cos(k_y y+\phi_2) = k_{3x}' H_5\cos(k_y y+\phi_2)\exp\left(k_{3x}'\frac{h_x}{2}\right)$$

也有

$$\tan\left(\frac{k_x h_x}{2}-\phi_1\right)=\frac{k_{3x}'}{k_x} \tag{2.94b}$$

应用三角函数的周期性得

$$\tan\left[\frac{k_x h_x}{2}+\phi_1+\left(m-\frac{1}{2}\right)\pi\right]=-\cot\left(\frac{k_x h_x}{2}+\phi_1\right)=-\frac{k_x}{k_{5x}'}$$

$$\tan\left[\frac{k_x h_x}{2}-\phi_1+\left(m-\frac{1}{2}\right)\pi\right]=-\cot\left(\frac{k_x h_x}{2}-\phi_1\right)=-\frac{k_x}{k_{3x}'}$$

上面两式取反三角函数后相加便得到

$$k_x h_x = m\pi-\arctan\left(\frac{k_x}{k_{3x}'}\right)-\arctan\left(\frac{k_x}{k_{5x}'}\right) \tag{2.95}$$

其次，再用 $y=\pm\frac{h_y}{2}$处的边界条件，H_x，$E_z=\frac{\mathrm{j}}{w\varepsilon_0 n^2}\frac{\partial H_x}{\partial y}$连续，这样会有下面各式：

$y=\frac{h_y}{2}$时：

$$H_1\cos(k_x x+\phi_1)\cos\left(k_y\frac{h_y}{2}+\phi_2\right)=H_2\cos(k_x x+\phi_1)\exp\left(-k_{2y}'\frac{h_y}{2}\right)$$

$$-\mathrm{j}\frac{k_y H_1}{w\varepsilon_0 n_{\mathrm{f}}^2}\cos(k_x x+\phi_1)\sin\left(k_y\frac{h_y}{2}+\phi_2\right)$$

$$= -\mathrm{j}\frac{k'_{2y}H_2}{w\varepsilon_0 n_c^2}\cos(k_x x + \phi_1)\exp\left(-k'_{2y}\frac{h_y}{2}\right)$$

上面二式相除得

$$\tan\left(k_y\frac{h_y}{2} + \phi_2\right) = \frac{n_f^2}{n_c^2}\frac{k'_{2y}}{k_y} \tag{2.96a}$$

同理，$y = -\dfrac{h_y}{2}$时得

$$\tan\left(k_y\frac{h_y}{2} - \phi_2\right) = \frac{n_f^2}{n_s^2}\frac{k'_{4y}}{k_y} \tag{2.96b}$$

以及

$$k_y h_y = n\pi - \arctan\left(\frac{n_c^2 k_y}{n_f^2 k'_{2x}}\right) - \arctan\left(\frac{n_s^2 k_y}{n_f^2 k'_{4y}}\right) \tag{2.97}$$

从式(2.93)可以给出式(2.95)和式(2.97)中的 k'_{3x}，k'_{5x}，k'_{2y}和k'_{4y}如下：

$$k'_{2y} = \sqrt{k_0^2(n_f^2 - n_c^2) - k_y^2}$$

$$k'_{4y} = \sqrt{k_0^2(n_f^2 - n_s^2) - k_y^2}$$

$$k'_{3x} = k'_{5x} = \sqrt{k_0^2(n_f^2 - n_c^2) - k_x^2}$$

式(2.95)和式(2.97)是条形平面波导的色散方程，其中 m，n 为正整数. 上面的色散方程需用数值求解. 在给定 h_x，h_y，n_1，n_2，n_3，n_4，n_5 和波长 λ_0 的条形波导中，先由式(2.95)、式(2.97)计算出 k_x，k_y，再求出 k_z（即 β），以及它们的场分布. 注意 arctan 都取第一象限的值.

在上面的分析中，已暗含了条形波导中以 E_y，H_x 分量为主，它们在1区和2，4区的两界面上为TE模，但在1区和3，5区的两个界面为TM模. 也就是说，条形波导中常常是它们的混合波型. 以 E_y，H_x 为主要场分量记为E_{mn}^y模，以 H_y，E_x 为主要场分量的记为$E_{m,n}^x$模. 上标 y，x 是模式的电场振动方向，下标 m，n 是电磁场沿 x 轴和 y 轴变化极值的数目，如主模（或基模）E_{11}^y的场值在 x，y 轴上各有一个极大值.

从上面的分析，我们可以得到一些重要的结论.

(1) 在条形波导芯区(n_1)内，导模沿 x，y 轴都作余弦变化，在其他区域内，沿一个轴为余弦变化，沿另一个轴作指数衰减. 衰减的快慢由 k'_{2y}，k'_{4y}，k'_{3x}和k'_{5x}决定，折射率愈大的区域，衰减愈慢，这些波矢的倒数是衰减到1/e处的深度. 图2.18是 E_{11}^y主模的场形图. 在 y 方向为非对称波导，其极大值不在中心；在 x 方向为对称波导，其极大值在中心.

(2) k'_{2y}，k'_{4y}，k'_{3x}，k'_{5x}中有任一个为零时，导模截止，成为辐射模. 例如 $k'_{4y} = 0$，由式(2.98)可知，$k'_{4y} = k_0\sqrt{(n_f^2 - n_s^2) - k_y^2/k_0^2} = 0$，$k_y^2 = k_0^2(n_f^2 - n_s^2)$. 假定光线在1，4区交界面上的入射角为 θ，则 $k_y^2 = k_0^2 n_f^2 \sin^2\theta$，$\sin^2\theta = n_s^2/n_f^2$，$\theta = \sin^{-1} n_s/n_f$，即为临界角. 换言之，任一界面上的入射角小于临界角时，波导截止，因此折射率越大的区域越容易发生截止.

如果 $n_2 = n_3 = n_4 = n_5$，则截止同时发生.

(3) 由色散方程(2.95)和方程(2.97)知道，主模的 k_x，k_y 最小，相应的 k'_{2y}和k'_{3x}（或者k'_{4y}和k'_{5x}）便最大，因而最不容易截止. 欲使只有主模传输而不存在其他高阶模，就必须使它们截止. 例如 $n_3 = n_5 = n_c$，第二阶模为 E_{21}^y，$m = 2$，$n = 1$. E_{21}^y 截止时，$k'_{3x} = k'_{5x} = 0$，式(2.97)变成了

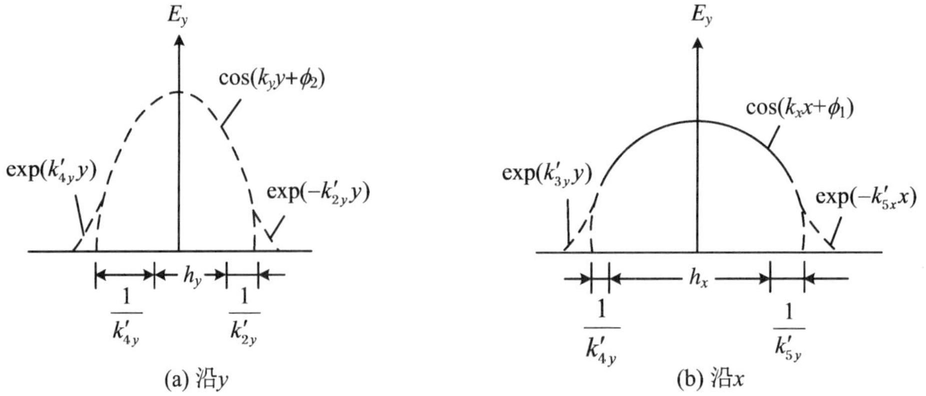

图 2.18　主模 E_{11}^{y} 沿 y 和沿 x 的分布

$$\begin{cases} k_x h_x = 2\pi - 2\arctan\infty \\ k_x = \dfrac{\pi}{h_x} \end{cases} \tag{2.98}$$

由式(2.98)中的下式

$$k_x^2 = k_0^2(n_f^2 - n_c^2) = \left(\frac{\pi}{h_x}\right)^2$$

则得到

$$h_x = \frac{\lambda_0}{2\sqrt{n_f^2 - n_c^2}} \tag{2.99}$$

这和式(2.19)相似.因此,要保证条形波导单模传输,波导的宽度不应超过式(2.99)所给出的值,折射率差愈大,所允许的宽度愈小.

对 E_{mm}^{x} 模也可进行类似的分析,此处不再重复.

2.5　表面等离子体波和金属包覆波导

前几节介绍的介质光波导,其制作材料可以看作是理想的无损耗的介质,而低损耗的射频传输线和微波波导一般是由金属线、金属条或金属管制成的.在低频条件下,金属可以看作是理想的导体,虽然由于在紫外区域电子等离子体振荡的响应,金属无法在光频范围内保持为良好的导体,但仍可以制成低损耗的金属波导和金属介质包覆波导.这是因为在这两类结构中,电磁场在金属中以倏逝场形式存在的;另外,对一般的贵金属(如金、银、铝等)来说,在可见光和近红外区域,其复介电常数的实部相对于虚部来说,往往是一个较大的负数,即有

$$\varepsilon = \varepsilon_{re} + i\varepsilon_{im}, \quad \varepsilon_{re} < 0, |\varepsilon_{re}| \gg \varepsilon_{im} \tag{2.100}$$

金属的这种光学性质,使得金属和介质的界面处可传输表面等离子体波(surface plasma wave,SPW),使夹于两介质中间的金属薄膜可传输长程表面等离子体波(long-range surface plasma wave).这两类表面波具有不同于光波导的独特性质,例如,有效折射率的存

在范围大，具有强的增强效应等.金属表面波的传输不仅丰富了传统导波光学的研究内容，还使金属介质波导不仅在集成光学领域，而且在非线性光学、生物学和分子学等领域获得日益广泛的应用.近年来，电子束刻蚀和自组装等纳米制备技术，以及暗场和近场显微等纳米表征技术的发展，促使表面等离子波研究的进一步复苏，出现了一系列超越光衍射极限的物理预言、实验结果和超小型的亚微米光器件的设想.一门研究金属表面纳米结构与光相互作用的新兴学科“等离子体激元学”(plasmonics)正在快速形成.

2.5.1　波在导体中的传播

一般情况下，金属是良导体，它具有很高的电导率.所以，在研究金属的光学性质时，必须考虑电导率的影响.

设均匀各向同性非磁媒质的介电常数为 $\varepsilon_0\varepsilon$，磁导率为 $\mu_0\mu$，电导率为 σ，其中 ε 和 μ 分别为相对介电常数和相对磁导率.对于非铁磁介质有 $\mu=1$，利用物质方程，可得如下形式的麦克斯韦方程：

$$\begin{cases} \nabla\times\boldsymbol{H}=\sigma\boldsymbol{E}+\varepsilon_0\varepsilon\dfrac{\partial\boldsymbol{E}}{\partial t} \\ \nabla\times\boldsymbol{E}=-\mu_0\dfrac{\partial\boldsymbol{H}}{\partial t} \\ \nabla\cdot\boldsymbol{E}=\dfrac{\rho}{\varepsilon_0\varepsilon} \\ \nabla\cdot\boldsymbol{H}=0 \end{cases} \tag{2.101}$$

对第一个方程两边取散度，再将第三个方程代入可得

$$\frac{\partial\rho}{\partial t}+\frac{\sigma}{\varepsilon_0\varepsilon}\rho=0 \tag{2.102}$$

积分后可得

$$\rho=\rho_0\mathrm{e}^{-t/\tau} \tag{2.103}$$

式中

$$\tau=\frac{\varepsilon_0\varepsilon}{\sigma} \tag{2.104}$$

称为弛豫时间.由此可见，对于任何电导率为 σ 的媒质，电荷密度 ρ 都随时间按指数衰减.由于金属的电导率很大，弛豫时间非常小，其典型的数量级是 10^{-18}s，比光频周期(可见光的约为 10^{-15}s)要短得多，因此可假定金属中 ρ 总是零.

对式(2.101)中的第二个方程两边取旋度，再代入第一个方程，考虑到电荷密度 ρ 总是零，由此可得电场 E 满足的波动方程为

$$\nabla^2\boldsymbol{E}=\mu_0\sigma\frac{\partial\boldsymbol{E}}{\partial t}+\varepsilon_0\mu_0\varepsilon\frac{\partial^2\boldsymbol{E}}{\partial t^2} \tag{2.105}$$

对于频率为 ω 的谐波，$\boldsymbol{E}=\boldsymbol{E}_0\mathrm{e}^{-\mathrm{j}\omega t}$，式(2.105)变为

$$\nabla\boldsymbol{E}+\hat{k}^2\boldsymbol{E}=0 \tag{2.106}$$

式中

$$\hat{k}^2=\frac{\omega^2}{c^2}\left(\varepsilon+\mathrm{j}\frac{\sigma}{\omega\varepsilon_0}\right) \tag{2.107}$$

只要令

$$\hat{\varepsilon} = \varepsilon + \mathrm{j}\frac{\sigma}{\omega\varepsilon_0} \tag{2.108}$$

则式(2.106)在形式上与介质中的亥姆赫兹方程相同，但其相对介电常数是复数. 由式(2.106)和式(2.107)可见，平面波在导电媒质中传播的基本方程与在透明介质中传播的区别仅在于实常数 ε 和 k 被复常数 $\hat{\varepsilon}$ 和 $\hat{k}$ 所代替.

2.5.2 表面等离子体波

1. 表面等离子体波的存在条件

考虑如图 2.19 所示的两种半无限大、各向同性介质构成的简单界面. 设表面等离子波沿 z 轴方向传播，取 x 轴沿界面法向，零点取在界面处. $x>0$ 处为介质 1，其介电常数为 $\varepsilon_1(\omega)$；$x<0$ 处为介质 2，其介电常数为 $\varepsilon_2(\omega)$. 设两种介质都是非铁磁介质，即有 $\mu_1=\mu_2=\mu_0$. 根据麦克斯韦方程和电磁场边界条件，可得两种介质中电场分量之间的关系：

$$E_{1y}^0 = E_{2y}^0 \tag{2.109}$$

$$E_{1z}^0 = E_{2z}^0 \tag{2.110}$$

$$\frac{\varepsilon_1}{\alpha_1}E_{1z}^0 = -\frac{\varepsilon_2}{\alpha_2}E_{2z}^0 \tag{2.111}$$

$$\alpha_1 E_{1y}^0 = -\alpha_2 E_{2y}^0 \tag{2.112}$$

图 2.19　两种半无限大介质构成的简单界面

式中，衰减系数 α_1 和 α_2 分别为

$$\begin{cases}\alpha_1^2 = \beta^2 - k_0^2\varepsilon_1\\ \alpha_2^2 = \beta^2 - k_0^2\varepsilon_2\end{cases} \tag{2.113}$$

由式(2.109)至式(2.112)可得出以下三个结论：

(1) 由于 α_1 和 α_2 都是正实数，则由式(2.109)和式(2.112)可知

$$E_{1y}^0 = E_{2y}^0 = 0 \tag{2.114}$$

说明表面等离子体波一定是 TM 波.

(2) 由式(2.110)和式(2.111)可得

$$\frac{\varepsilon_1}{\alpha_1} = -\frac{\varepsilon_2}{\alpha_2} \tag{2.115}$$

说明表面等离子体波只能存在于界面两侧介质的介电常数符号相反的情况.

(3) 由式(2.113)和式(2.114)，可得表面等离子体波的有效折射率为

$$\frac{\beta}{k_0} = \sqrt{\frac{\varepsilon_1\varepsilon_2}{\varepsilon_1+\varepsilon_2}} \tag{2.116}$$

根据上述第二个结论可知，在图 2.19 所示的结构中，如果两种介质中有一种是金属，由于金属介电常数的实部是负数，因此，这样的结构满足表面等离子体波存在的条件. 表面等

离子体波的电场分布如图 2.20 所示.

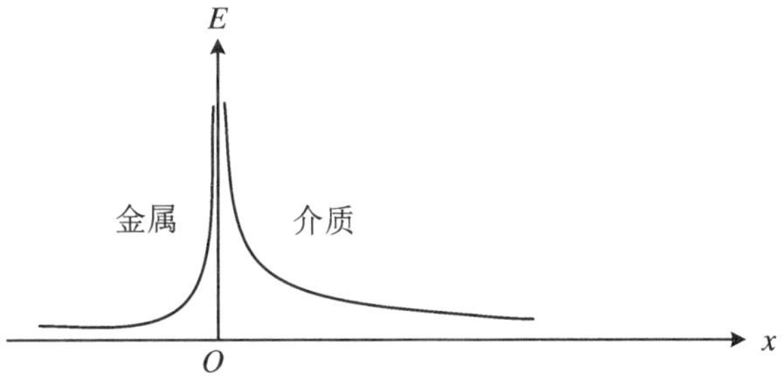

图 2.20　表面等离子体波的电场分布

2. 表面等离子体波的激发

根据以上分析，金属和介质的界面满足表面等离子体波存在的条件. 奥托(Otto)和克莱切曼(Kretschmann)等人研究了金属和介质界面处于表面等离子体波的光学激励问题. 他们采用了如图 2.21 所示的棱镜耦合方式，在这两种方式中，棱镜材料的折射率必须足够大，从而可通过调整在棱镜底面的入射角，使入射光(TM 波)在界面方向的波矢分量等于表面等离子体波的波矢. 调整间隙或金属膜的厚度 d，能有效地激励这种表面等离子体波，从而使大部分入射光的能量耦合到表面等离子体波中，而由棱镜底面全反射光强明显地下降，形成一个吸收峰. 这种激励方式称为衰减全反射(attenuated total reflection，ATR)技术.

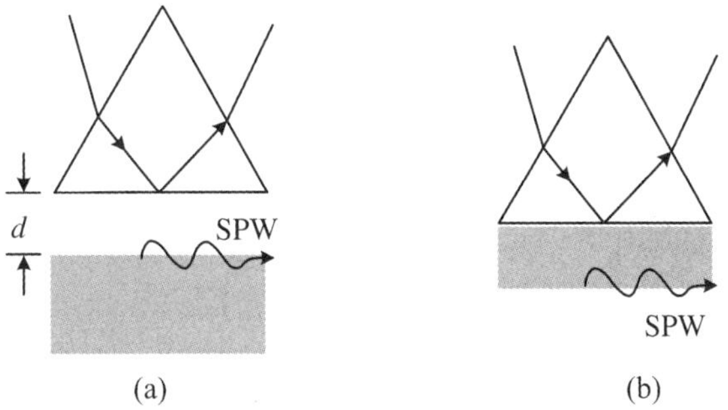

图 2.21　表面等离子体的棱镜耦合激发方式

下面以克莱切曼的方法为例，推导这种实验结构下的反射率公式. 考虑如图 2.22 所示的实际结构和坐标系统. 设棱镜和介质的介电常数分别为 ε_2 和 ε_0，金属薄膜的介电系数为 $\varepsilon_1=\varepsilon_{r1}+\mathrm{j}\varepsilon_{i1}$，薄膜厚度为 d. 表面等离子体波沿 z 方向传播，在棱镜底面上的光线入射角为 θ_2. 根据表面等离子体波的性质，可设磁场分布为

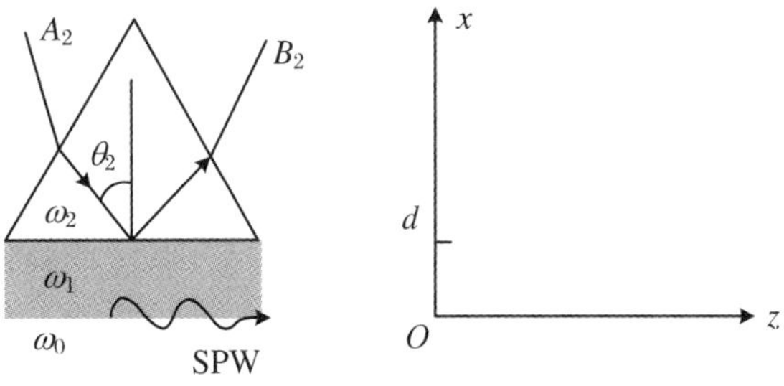

图 2.22　实际的衰减全反射结构和坐标系统

$$H_y(x) = \begin{cases} A_2 e^{\alpha_2(x-d)} + B_2 e^{-\alpha_2(x-d)}, & x > d \\ A_1 e^{\alpha_1 x} + B_1 e^{-\alpha_1 x}, & 0 < x < d \\ A_0 e^{\alpha_0 x}, & x < 0 \end{cases} \tag{2.117}$$

其中

$$\begin{cases} \alpha_i = (\beta^2 - k_0^2 \varepsilon_i)^{1/2}, \quad i = 0,1,2 \\ \beta = k_0 \sqrt{\varepsilon_2} \sin\theta_2 \end{cases} \tag{2.118}$$

由于在棱镜中光场呈振荡形式,所以 α_2 是虚数.而在金属薄膜中,由于 ε_1 是复数,故 α_1 也是复数.利用 TM 波的 H_y 和 $\frac{1}{\varepsilon}H_y$ 在 $x=0$ 和 $x=d$ 处连续的条件,可得反射率公式:

$$R = \left|\frac{B_2}{A_2}\right|^2 = \left|\frac{\gamma_{12} + \gamma_{01} e^{-2\alpha_1 d}}{1 + \gamma_{12}\gamma_{01} e^{-2\alpha_1 d}}\right|^2 \tag{2.119}$$

其中

$$\gamma_{01} = \frac{\varepsilon_0\alpha_1 - \varepsilon_1\alpha_0}{\varepsilon_0\alpha_1 + \varepsilon_1\alpha_0}, \quad \gamma_{12} = \frac{\varepsilon_1\alpha_2 - \varepsilon_2\alpha_1}{\varepsilon_1\alpha_2 + \varepsilon_2\alpha_1} \tag{2.120}$$

在确定了实验结构及有关参数之后,就可利用式(2.119)计算反射率 R 与入射角 θ_2 之间的关系曲线,如图 2.23 所示,图中取 $\varepsilon_0 = 1.0$, $\varepsilon_1 = -18.0 + j0.7$, $\varepsilon_2 = 3.24$, $d = 50.0$ nm, $\lambda = 632.8$ nm.由图可见,当入射角 θ_2 为一定值 θ_{ATR}时,反射率 R 达到最小值,这时入射光线在 z 方向的波矢分量正好等于表面等离子体波的传播常数 β_{ATR},表面等离子体波被光激发,入射光的能量转移到金属薄膜与介质的界面上.衰减全反射曲线的半宽度反映了能量的耗散,即由金属介电系数的虚部引起的能量的吸收.

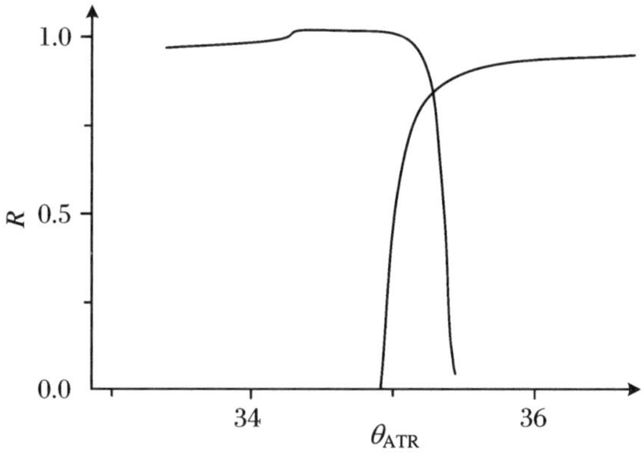

图 2.23　衰减全反射曲线

由于金属薄膜的介电常数和厚度是与实验条件有关的参量,因此在实验中,往往需要通过测量确定这两个参量.目前常用的方法有双波长激发法,即用两种波长的激光进行实验,可得到两个不同的衰减全反射衰减峰,然后通过计算机拟合确定金属介电系数的实部、虚部和厚度.在对称金属薄膜介质结构中,还可以传输损耗更小的长程表面等离子体波.

2.5.3　非对称金属包覆介质波导

由于金属介电常数虚部的作用,光在以金属为传输介质的结构中难以传输宏观意义上的距离.长程表面等离子波被冠以"长程"两字,其意义是指传输距离大于光波长.但如此短的传输距离仍无法满足许多用于光通信目的的集成光学元器件的需要.虽然如此,仍有一些需要金属电极或需要负介电系数材料的集成光学元器件,在这些元器件中,光仍以导波形式约束在无吸收的介质中传输,而金属仅作为包覆层或外包覆层出现.这类结构称为金属包覆或金属外包覆介质波导.

非对称金属包覆介质波导又称单面金属包覆介质波导,其结构如图 2.24 所示.除了包覆层是金属之外,与三层介质波导没有什么差别.因此色散方程为

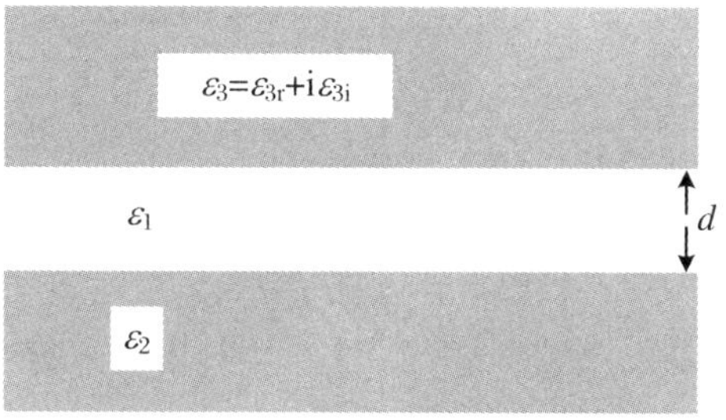

图 2.24　非对称金属包覆介质波导

$$\kappa_1 d = m\pi + \varphi_{12} + \varphi_{13}, \quad m = 0,1,2,\cdots \tag{2.121}$$

其中

$$\begin{cases} \varphi_{12}^{\mathrm{TE}} = \arctan\left(\dfrac{\alpha_2}{\kappa_1}\right) \\ \varphi_{13}^{\mathrm{TE}} = \arctan\left(\dfrac{\alpha_3}{\kappa_1}\right) \end{cases} \tag{2.122}$$

$$\begin{cases} \varphi_{12}^{\mathrm{TM}} = \arctan\left(\dfrac{\varepsilon_1}{\varepsilon_2} \cdot \dfrac{\alpha_2}{\kappa_1}\right) \\ \varphi_{13}^{\mathrm{TM}} = \arctan\left(\dfrac{\varepsilon_1}{\varepsilon_3} \cdot \dfrac{\alpha_3}{\kappa_1}\right) \end{cases} \tag{2.123}$$

且有

$$\begin{cases} \kappa_1 = (k_0^2\varepsilon_1 - \beta^2)^{1/2} \\ \alpha_2 = (\beta^2 - k_0^2\varepsilon_2)^{1/2} \\ \alpha_3 = (\beta^2 - k_0^2\varepsilon_3)^{1/2} \end{cases} \tag{2.124}$$

分析时先略去金属介电常数的虚部,在实数域中求解模式本征方程,即令 $\varepsilon_3 = \varepsilon_{3r} < 0$ 且设 $|\varepsilon_{3r}| > \varepsilon_1 > \varepsilon_2$,则可得如下性质:

(1) 导模有效折射率的存在范围仍为

$$\sqrt{\varepsilon_2} < \frac{\beta}{k_0} < \sqrt{\varepsilon_1} \tag{2.125}$$

在以金属为衬底、空气为覆盖层的介质波中,导模有效折射率的存在范围比介质波导要大得多.

(2) 由于 $\varepsilon_3 < 0$, $\varphi_{13}^{\mathrm{TM}} < 0$,可以证明,对于确定的光频 ω 和薄膜厚度 d,第 m 阶 TE 模所具有的 β 值小于同阶的 TM 模所具有的 β 值,即有 $\beta^{\mathrm{TM}} > \beta^{\mathrm{TE}}$,这与全介质波导的情况正好相反.

(3) 基于同样的理由,与全介质波导相比,金属包覆介质波导中,同阶的 TE 模和 TM 模的色散曲线分离程度较大.这个性质对制备波导偏振器件具有现实的意义.

(4) 非对称金属包覆波导中的 $\mathrm{TM_0}$ 模是一个特殊的模式,其色散曲线如图 2.25 所示,其性质总结在表 2.3 中.其他模式的色散性质基本上类似于全介质平面波导.

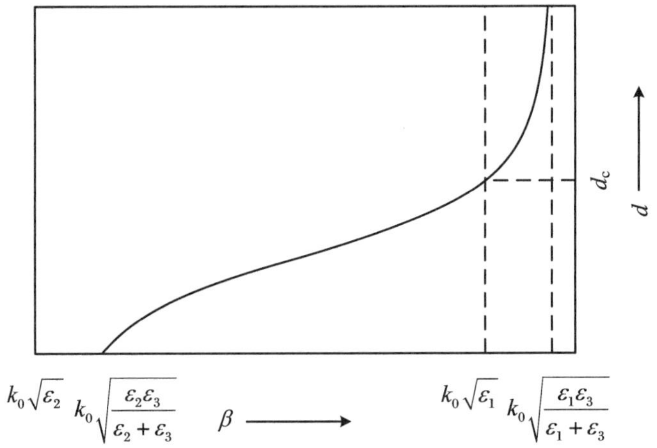

图 2.25　TM_0 模色散曲线

表 2.3　非对称金属包覆介质波导中 TM_0 模的色散性质

d	$\dfrac{\beta}{k_0}$	波型
0	$\sqrt{\dfrac{\varepsilon_2\varepsilon_3}{\varepsilon_2+\varepsilon_3}}$	表面等离子波
$0<d<d_c$	$\sqrt{\dfrac{\varepsilon_2\varepsilon_3}{\varepsilon_2+\varepsilon_3}}<\dfrac{\beta}{k_0}<\sqrt{\varepsilon_1}$	导波
$d_c<d<\infty$	$\sqrt{\varepsilon_1}<\dfrac{\beta}{k_0}<\sqrt{\dfrac{\varepsilon_1\varepsilon_3}{\varepsilon_1+\varepsilon_3}}$	表面等离子波

2.5.4　对称金属包覆介质波导

对称金属包覆介质波导又称为双面金属包覆介质波导，其结构如图 2.26 所示．利用式(2.121)，并忽略金属介电常数的虚部，可得模式本征方程为

$$\text{TE 模：}\quad \kappa_1 d = m\pi + 2\arctan\left(\frac{\alpha_2}{\kappa_1}\right) \tag{2.126a}$$

$$\text{TM 模：}\quad \kappa_1 d = m\pi + 2\arctan\left(\frac{\varepsilon_1\alpha_2}{\varepsilon_2\kappa_1}\right) \tag{2.126b}$$

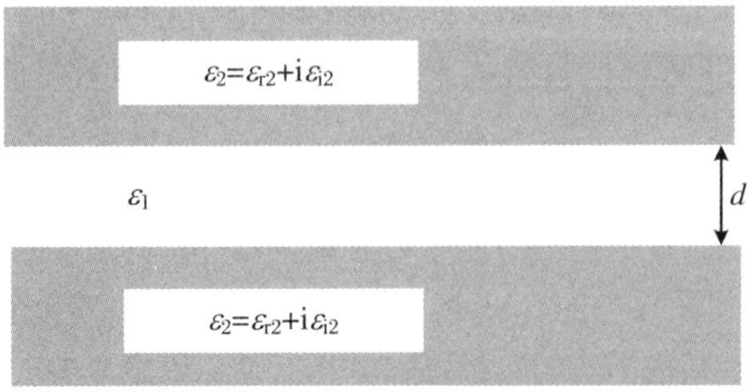

图 2.26　对称金属包覆介质波导

式中，κ_1 和 α_2 的定义由式(2.124)给出.由式(2.126)可知，对称金属包覆介质波导的主要性质有：

(1) 导模有效折射率的存在范围是

$$0 < \frac{\beta}{k_0} < \sqrt{\varepsilon_1} \tag{2.127}$$

与式(2.125)比较，由式(2.127)表示的范围显然比任何全介质波导和非对称金属包覆介质波导导模有效折射率存在范围都大.

(2) 由式(2.126)可以证明，对于给定的光频 ω 和薄膜厚度 d，第 m 阶 TE 模的 β 值小于同阶的 TM 模的 β 值.该性质与单面金属包覆介质波导相同，而完全不同于全介质波导的情况.

(3) 除了 TM_0 模外，每个模式都有截止厚度 d_s.截止时，有 $\beta \to 0$，则根据式(2.126)可得

$$\text{TE 模：}\quad k_0 d_s^{TE} = \frac{m\pi}{\sqrt{\varepsilon_1}} + \frac{2}{\sqrt{\varepsilon_1}} \arctan\sqrt{-\frac{\varepsilon_{r2}}{\varepsilon_1}} \tag{2.128a}$$

$$\text{TM 模：}\quad k_0 d_s^{TM} = \frac{m\pi}{\sqrt{\varepsilon_1}} - \frac{2}{\sqrt{\varepsilon_1}} \arctan\sqrt{-\frac{\varepsilon_1}{\varepsilon_{r2}}} \tag{2.128b}$$

显然，对于同阶模有 $d_s^{TE} > d_s^{TM}$.

(4) TM_0 模和 TM_1 模是两个特殊的模式.根据式(2.126b)，令 $m = 0$，则有

$$\kappa_1 d = 2\arctan\left(\frac{\varepsilon_1 \alpha_2}{\varepsilon_2 \kappa_1}\right) \tag{2.129}$$

由此得到 TM_0 模的有效折射率存在范围为

$$\sqrt{\frac{\varepsilon_1 \varepsilon_2}{\varepsilon_1 + \varepsilon_2}} < \frac{\beta}{k_0} < \infty \tag{2.130}$$

上式表明，TM_0 模的有效折射率处于导模有效折射率的存在范围之外.所以，可以断定，TM_0 模是表面模.

同样根据式(2.126b)，令 $m = 1$，经过运算可以得到 TM_1 模的模式本征方程为

$$\kappa_1 d = 2\arctan\left(-\frac{\varepsilon_2 \kappa_1}{\varepsilon_1 \alpha_2}\right) \tag{2.131}$$

显然，在 $0 < \beta/k_0 < \sqrt{\varepsilon_1}$ 的有效折射率范围内，上述方程有解，这时 TM_1 模是导模.在 $\sqrt{\varepsilon_1} < \beta/k_0 < \sqrt{\dfrac{\varepsilon_1 \varepsilon_2}{\varepsilon_1 + \varepsilon_2}}$ 范围内，TM_1 模是两个界面上的表面等离子波.由此可知，TM_1 模的有效折射率存在范围是

$$0 < \frac{\beta}{k_0} < \sqrt{\frac{\varepsilon_1 \varepsilon_2}{\varepsilon_1 + \varepsilon_2}} \tag{2.132}$$

综合式(2.130)和式(2.132)可知，在对称金属包覆介质波导中，包括表面模在内的所有约束模式的有效折射率的存在范围是

$$0 < \frac{\beta}{k_0} < \infty \tag{2.133}$$

TM_0 和 TM_1 两模的性质总结见表 2.4.

表 2.4　对称金属包覆介质波导中 TM_0 模和 TM_1 模的色散性质

$\frac{\beta}{k_0}$	d	波型
$0<\frac{\beta}{k_0}<\sqrt{\varepsilon_1}$	$d_s<d<d_c$	TM_1 导波
$\sqrt{\varepsilon_1}<\frac{\beta}{k_0}<\sqrt{\frac{\varepsilon_1\varepsilon_2}{\varepsilon_1+\varepsilon_2}}$	$d_s<d<\infty$	TM_1 表面等离子波
$\sqrt{\frac{\varepsilon_1\varepsilon_2}{\varepsilon_1+\varepsilon_2}}<\frac{\beta}{k_0}<\infty$	$0<d<\infty$	TM_0 表面等离子波

利用式(2.126),可画出如图 2.27 所示的对称金属包覆介质波导的色散曲线,图中实线表示 TM 模,虚线表示 TE 模.

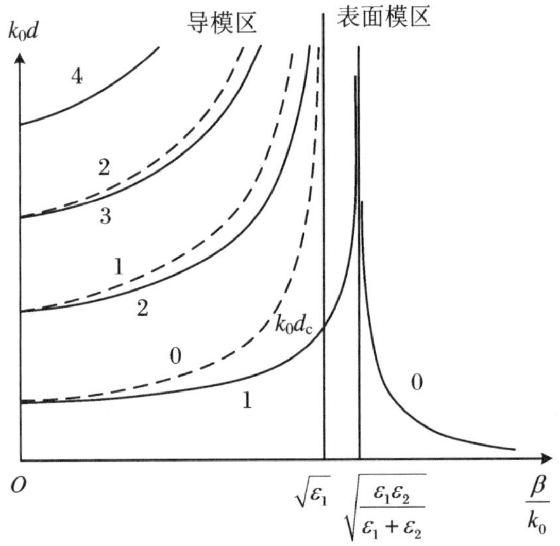

图 2.27　对称金属包覆介质波导的色散曲线

2.6　光波导的制备和特性测试

在本节中,我们介绍光波导制备的一些重要技术基础知识,以及波导参数和特性的测试方法.

制备光波导应使其几何结构符合设计的要求,使各层具有不同的预定折射率 n_c,n_f,n_s 和预定的膜层厚度 h.光波导所用材料可分为无源材料和有源材料两类.有源材料可以制作波导,同时还可以做成激光器、光探测器以及光调制器等功能性元件,它们是一些半导体材料.迄今能在同一种材料上同时获得光的发射、调制和探测等全部光学功能的仅有 GaAs(砷化镓). 不能用来制作激光器的波导材料称为无源材料,它只能做成波导用于导光.

这里,我们先来比较一下波导中的膜层和一般的光学薄膜在要求上的差别. 第一,经典光学中的薄膜如增透膜、增反膜、干涉滤光膜等,它们只需要膜层的光学厚度(折射率和几何厚度的乘积)精确或符合要求,而无须很精确地知道或控制膜层的几何厚度和折射率. 但是,光波导中的薄膜则同时需要知道或精确地控制各层的几何厚度和折射率. 例如,从导波的色散方程

$$k_0 n_f h \cos\theta - \phi_s - \phi_c = m\pi$$

可以清楚地看到,它不仅要求 h 精确,而且 n_f, n_s, n_c 也必须同时精确地知道. 第二,经典光学薄膜的大多数应用情况是光束垂直或近乎垂直入射到薄膜上,尽管某些场合下光束会多次通过膜层,但薄膜中的总光程还是非常短的,光在膜层中的损耗无须作特别的考虑. 在波导中光是沿膜面在层内传输,光程可达厘米量级,必须考虑在膜层中的损耗. 第三,经典光学薄膜对衬底除要求光滑外(一般通过光学抛光来实现)没有其他要求,因为光不在衬底中传播(如增反膜等)或者通过的距离很小(如增透膜等). 但在波导中情况则不相同,导模在薄膜、衬底和覆盖层中传播,因此,波导不仅要求各层的分界面平滑,而且要求这三层的材料必须有很好的光学质量. 当然,光波导和微波波导的差别更为明显,两者的几何尺寸相差 10^4 量级,也就是光波导的几何尺寸允许误差只为微波波导的$1/10^4$. 同时,金属波导是闭合的,它的外围无电磁场;光波导不闭合,它的外围有电磁场.

由于上述这些重要差别,人们认为光波可直接沿用现成的光学制膜技术的初始想法不得不逐步改变,逐渐发展了新材料和新的淀积制膜技术.

2.6.1　无源波导器件的制备

制作光波导层的方法可分两类:一类是把材料淀积到衬底上制得薄膜;另一类是用某些化学反应或物理反应在衬底本身产生一层具有较高折射率的膜层. 前一类方法制备的光波导,薄膜和衬底折射率是不连续的,为阶跃变化(如 2.2 节中分析的波导);后一类方法制备的光波导,折射率是渐变型的(如 2.3 节中分析的波导).

第一类方法中有溅射、等离子体聚合、旋涂或浸渍法;第二类方法有质子轰击、离子注入和离子迁移. 下面仅介绍其中一些方法的原理.

1. 等离子体放电溅射

这种方法是在一个真空室内放置阳极、阴极靶(待溅射材料)和待镀膜的衬底(如图 2.28 所示). 当真空室内气压达到 10^{-6} Torr 时,通入气体(如 Ar, Ne). 阴极和阳极之间加数千伏电压,放电中所产生的气体离子轰击阴极靶. 待溅射材料在气体离子轰击下被打出靶而淀积到待镀膜的衬底上,形成了薄膜.

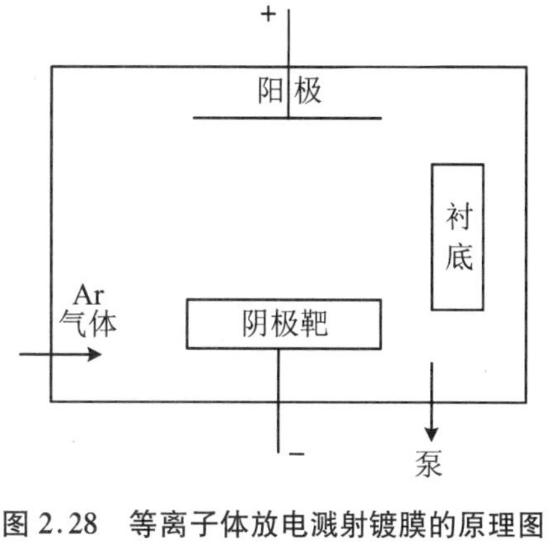

图 2.28　等离子体放电溅射镀膜的原理图

轰击的气体离子穿透靶材料的表面,将它们的动能传递给靶的晶格,可使某些原子脱离其平衡位置. 这些脱离平衡位置的原子靠近表面,则它们就有可能离开表面,但更可能是它们从下向上击中表面原子使它们飞离表面. 晶格原子离开其平衡位置需要的能量约为 20 eV 量级,原子飞

离表面所需要的能量只需 3～5 eV. 在离子轰击的过程中，具有一定能量的原子在缓慢积累，飞出的溅射原子也变多，衬底上形成的薄膜逐渐增厚，这可使溅射镀膜的膜层具有低损耗和耐久性.

当靶材料为二氧化硅（SiO_2）、五氧化二钽（Ta_2O_5）这类介质时，它们被溅射淀积到衬底上就形成介质平板波导层. 靶材料也可以是钽、铌这类金属，真空中充入氧和氩的混合气体，金属被溅射时与氧生成金属化合物，在衬底上便淀积出 Ta_2O_5 和 Nb_2O_5 的介质薄膜. 在适当的反应气体中用金属靶溅射淀积出金属化合物如金属氧化物和氮化物膜层的方法，称为反应溅射. 由反应溅射制得的 Ta_2O_5 和 Nb_2O_5 介质波导，其损耗可低到 1～2 dB/cm.

在等离子体放电溅射中，离子不仅轰击靶面，也同时轰击真空室中的支撑组件和金属支架，甚至整个真空钟罩，从而使膜层受到污染，波导传输损耗增大. 这是等离子体放电法的缺点.

2. 离子束溅射法

图 2.29 是离子束溅射法的示意图. 在这种设备中，用离子枪产生一束平行束直接轰击

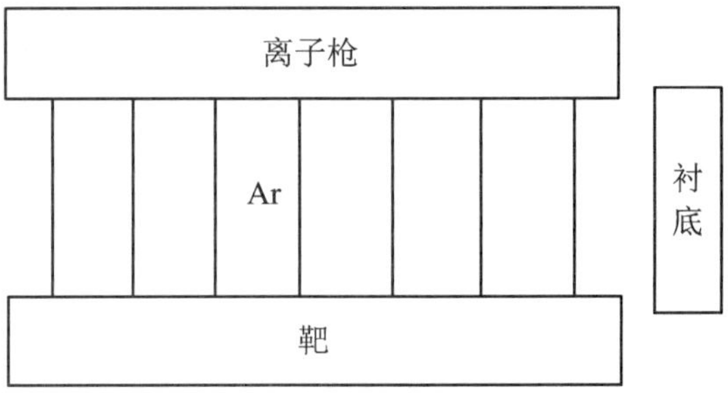

图 2.29　离子束溅射法示意图

靶面，而靶放置在高真空中. 平行离子束直径一般为毫米量级. 离子束沿靶面进行扫描，就起到了均匀离子束的作用. 显然，由于离子束只轰击靶面，不会有等离子体放电法的污染问题. 离子束溅射不仅可以淀积介质波导薄膜，而且可以在波导层上刻制各种周期性和非周期性图样，这些图样结构的制作对于波导耦合器、半导体激光器来说都十分重要. 在本节最后部分将介绍这些精细加工的方法.

3. 等离子体聚合

在真空室中，通过含有低分子量有机化合物的气体进行放电，它们会发生聚合，在适当的工艺条件下可在衬底上形成光滑、清洁、无针孔的薄膜，这种薄膜厚度范围大约从 20 nm 到几微米左右. 在进行等离子体聚合的真空室内，有上、下两个电极板. 上电极接地，下电极接十几兆赫兹的振荡电源，下电极由恒温池的循环水冷却. 当真空抽到压强为 2×10^{-6} Torr 或更低一些时，氩气由真空室上部入口进入室内，并继续抽真空，同时将有机化合物导入氩气流中. 这些有机物为环乙烷、丙酮、乙烯-1、异丙基硅烷、乙烯基三甲基硅烷（VTMS）和六甲基乙硅醚（HMOS）等. 放电时，含有不饱和基的分子如 $(CH_3)_3SiOSi(CH_3)_3$ 产生破裂或电离，再同另一个未饱和分子相连接，形成具有二维和三维结构的化合物. 由于这种高度交联结构，聚合物薄膜有很好的热稳定性，且不与弱酸、碱和大多数有机溶剂发生作用.

等离子体聚合产生的有机硅膜具有极低的损耗，如 $\lambda=632.8$ nm 的 TE_0 模的损耗低到 0.04 dB/cm.

4. 旋涂和浸渍法

许多有机物材料可采用集成电路工艺中涂光刻胶的方法涂到衬底上，形成光波导薄膜，这种方法称为旋涂法.具体地说是将衬底夹持在转盘上，有机物胶状溶液滴在衬底上，转盘高速旋转后可在衬底上得到均匀的有机物薄膜.亦可将衬底浸入有机物溶液中，然后缓慢将衬底竖直提出溶液，待有机溶液挥发后，可在衬底表面上形成一层均匀的有机物薄膜，这就是浸渍法.它的一个优点是能极快地制取大面积均匀薄膜，但其厚度无法精确控制；另一个优点是可在薄膜中掺杂，也可以制出双折射薄膜.用于制作有机物光波导膜的有机溶液有：光刻胶-丙酮溶液、环氧树脂-特定化合物溶液、有机玻璃-三氯甲烷溶液、聚氨酯-二甲苯溶液等.

5. 离子迁移法

将硝酸铊加热到300 ℃成熔融体，然后把钠玻璃平板作为衬底放入.在玻璃片上施加一电场，阴极附近有熔融盐，玻璃部分地浸没在熔融盐中，盐中插有铂电极作为阳极.SiO_2 中的钠离子在电场作用下移向玻璃表面并进入熔体，铊离子则进入玻璃取代原来的钠离子.这样，在玻璃上形成了缺少钠而扩散进铊的表面层（如图2.30虚线以上部分所示），使该层的折射率增大，从而形成了表面波导结构.

在玻璃片上先制作一层掩模，它能阻挡 Tl^+ 扩散进入玻璃，然后在该掩模上刻蚀出窄线条，再由离子迁移法能制取条形波导.

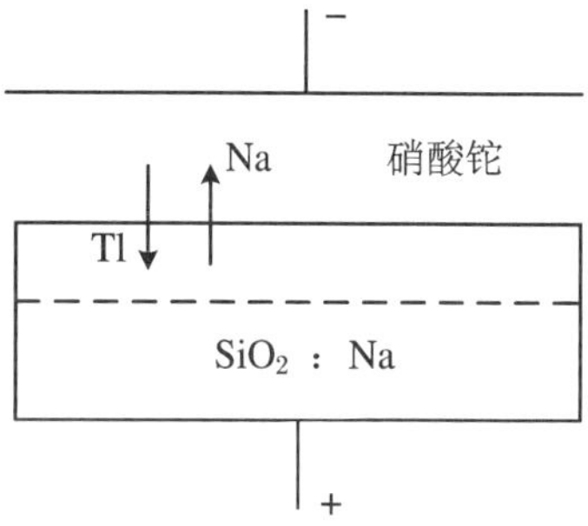

图2.30　离子迁移法示意图

6. 离子注入和质子轰击法

它们与离子束溅射相仿，离子也打到靶材料表面，但不是造成靶材料的溅射，而是注入靶中.这时离子的能量不再是数十电子伏特，而是高得多，在几万至一兆电子伏特之间.

由于注入离子衬底中逐渐失去能量，故其浓度呈一高斯分布，在衬底表面形成高折射率层便成为波导结构.注入离子分布的极大值处的表面深度与靶材料、离子类型及其能量有关.惰性气体贯穿深度的典型计算值列入表2.5中.

表2.5　惰性气体贯穿深度的计算值

能量(keV)	深　　度(nm)			
	Ne^+	Ar^+	Kr^+	Xe^+
50	120	58	34.5	30
100	295	118	63.2	49.5
150	386	204	69	68.5
200	480	275	117	88
300	678	428	175	124

由表2.5可见，能量越大离子注入深度越深；相同能量时轻离子注入的深度较深.折射率的变化与单位体积中注入离子的数目有关.

2.6.2 有源光波导器件的制备

在半导体衬底上形成的单片光集成线路中,外延生长是制作有源波导的最常用方法.这是因为外延生长层的化学成分可以变化,从而可调节波导的折射率和透明波长的范围.

1. 外延生长波导的基本特性

在单片半导体光集成线路中,存在必须克服的波长不相容的基本问题.半导体具有特征光发射波长,对应其带隙能量,这个波长近似地同其吸收边波长相等.因此,如果在半导体衬底上制作发光二极管或激光器,则其发射的光将在由同样衬底材料形成的波导内被强烈吸收.而且,这种光不能被该衬底上形成的探测器有效地检测,因为其波长对应吸收边的尾部.为了制作可以工作的光集成线路,吸收和发射的有效带隙能量在光路的不同部件内必须是不一样的,使得

$$E_{g波导} > E_{g发射器} > E_{g探测器} \tag{2.134}$$

三元(或四元)材料的外延生长可以提供产生必要的带隙改变以及折射率变化的方便手段.一般来说,0.1 eV 数量级的带隙改变可以通过改变生长层 10%的原子组分来产生,附带出现折射率的相应变化.经过精心设计,可以制作出在发射波长处具有低损耗的波导以及有效的探测器.外延生长技术已在 $Ga_{1-x}Al_xAs$ 材料中得到广泛应用,它是目前集成光学中最常用的材料.

2. $Ga_{1-x}Al_xAs$ 外延生长波导

在 GaAs 衬底上制作光集成线路的 $Ga_{1-x}Al_xAs$ 外延层生长,通常是在管形炉内在 700~900 ℃的温度下通过液相外延(liquid phase epitaxy,LPE)进行的.人们已经开发出不少行之有效的方法,其中许多体积相当小(约 0.1 cm^3)的熔融体被容纳在可动的石墨舟组件上,使得衬底可以从一个熔融体连续地输送到下一个熔融体而生长多层结构.

各层中有不同 Al 浓度的多层 $Ga_{1-x}Al_xAs$ 结构的外延生长,如图 2.31 所示,可以用于制作对波长大于带隙(吸收边)波长的光透明的波导,通过选择 Al 浓度 x 可以使波导在所希望的波长处是透明的,并能得到低至 1 dB/cm 的光损耗.

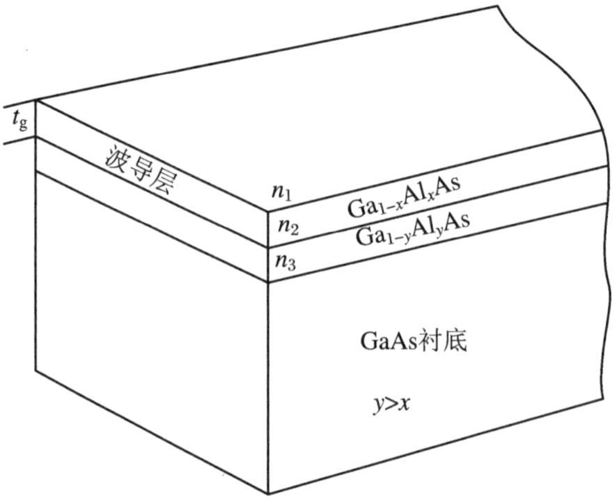

图 2.31 $Ga_{1-x}Al_xAs$ 平面波导

在波导设计中,波导层 Al 的浓度一经选定,下一步便是选择限制层中的 Al 浓度 y.

增加 $Ga_{1-x}Al_xAs$ 中 Al 的浓度会引起折射率的减小，其对应关系如图 2.32 所示，可以由经验决定的 Sellmeier 方程表示：

$$n^2 = A(x) + \frac{B}{\lambda_0^2 - C(x)} - D(x)\lambda_0^2 \tag{2.135}$$

式中，x 是 Al 原子在 $Ga_{1-x}Al_xAs$ 中的原子份额，A，B，C，D 是由表 2.6 给出的 x 的函数. 因为 n 对 x 的曲线呈稍微的非线性，Al 浓度不相等的两层之间的折射率差不仅依赖于浓度差，还与浓度的绝对值有关.

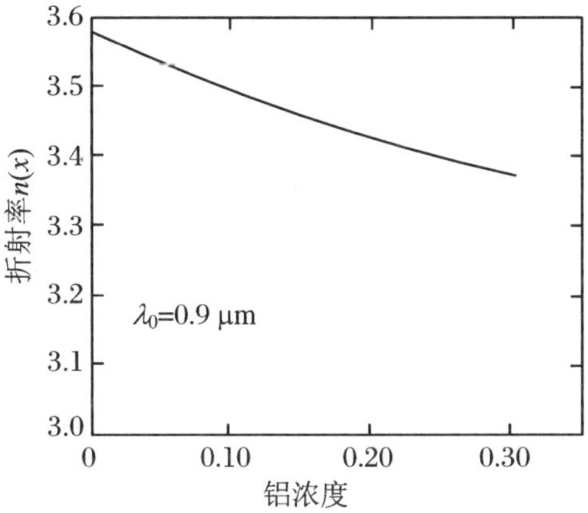

图 2.32　$Ga_{1-x}Al_xAs$ 的折射率随 Al 浓度的变化

由外延生长生成的 $Ga_{1-x}Al_xAs$ 多层波导已经有分立和集成的形式用于多种光学器件. 例如，将 $Ga_{1-x}Al_xAs$ 外延波导用于制作较早的限制场激光器之一，用来制作 10.6 μm 波长的红外光调制器和光束偏转器，它们也用在 1 μm 波长的光集成线路中.

表 2.6　Sellmeier 方程系数

材　料	A	B	C	D
GaAs	10.906	0.97501	0.27969	0.002467
$Ga_{1-x}Al_xAs$	$10.906-2.92x$	0.97501	$(0.52886-0.735x)^2$，　$x\leqslant 0.36$	$0.002467\cdot(1+1.41x)$
			$(0.30386-0.105x)^2$，　$x\geqslant 0.36$	

3. 其他Ⅲ-Ⅴ族、Ⅱ-Ⅵ族和Ⅳ族材料的外延波导

因为晶格常数分别为 5.64 Å 和 5.66 Å 的 GaAs 和 AlAs 材料晶格匹配很好，大部分外延生长的工作都是围绕 $Ga_{1-x}Al_xAs$ 进行的. 然而其他Ⅲ-Ⅴ族和Ⅱ-Ⅵ族材料同样令人感兴趣，例如 $Ga_{1-x}In_xAs$ 材料，由于 In 的加入使 GaAs 带隙移动，从而使吸收边移向长波. 这意味着 $Ga_{1-x}In_xAs$ 光集成线路的发射器和探测器的工作波长可以通过加入 In 而移向长波，而更纯的 GaAs 可以用于制作波导以减小吸收. 这样的光路在与光纤-光学器件相结合时特别有用，因为玻璃光纤的最小吸收波长大约在 1.2 μm 处. 不过，由于 InAs 的晶格常数 6.06 Å 与 GaAs 的晶格常数 5.64 Å 两者匹配得不够好，这种失配在不同 In 浓度的层间界面上产生较大的晶格应变，从而增加了光散射并使导模引入相位畸变.

上述问题通过四元化合物 $Ga_{1-x}In_xAs_yP_{1-y}$ 的使用而得到缓解，因为这种四元化合物提供了附加的自由度，可以在波长和晶格匹配两方面都达到最佳. 因此，目前工作波长为 1300

nm 和 1550 nm 的 InGaAsP 异质结激光器已得到普遍应用，而且还可以制作出 2550 nm 波长的 InGaAsP 激光器. 这类激光器与 InGaAsP 波导（以及光探测器）的集成为许多光集成线路提供了基础.

近年来，外延生长还被应用于 SiGe 波导的制作.

4. 分子束外延

除了液相外延外，半导体的多层结构还可以通过气相外延（vapor phase epitaxy，VPE）、分子束外延（molecular beam epitaxy，MBE）等技术来生长，其中 MBE 可以提供最大面积衬底的外延生长.

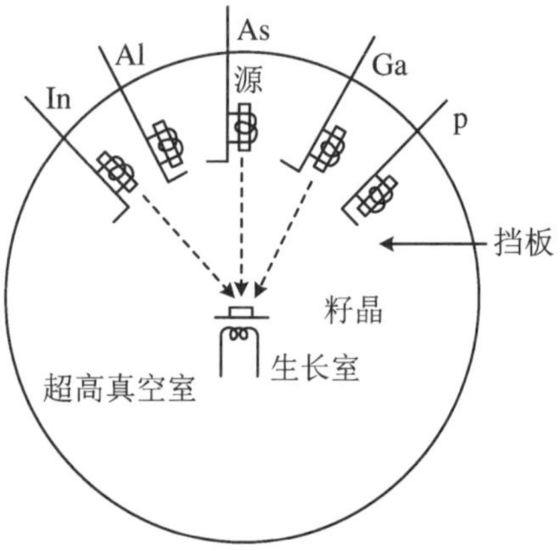

图 2.33　MBE 生长室简图

MBE 生长室的示意如图 2.33 所示. 图中给出了 GaAlAs 或 GaInAsP 的生长源，这些源由带加长遮板的电阻加热小坩埚构成，坩埚的一端留有开口以产生定向热加速原子束. 因为原子或分子都不是带电粒子，因此它们只能通过热激发加速. 已加速分子（或原子）束生长时，成分原子被输送到衬底表面. 每个生长源都有一个远程控制开关，这样粒子束就可以在生长周期中按照预设的不同时刻被打开或关闭. 整个装置密闭在一个超高真空室中，这样原子就不会受到空气分子的散射.

与 LPE 生长相比，MBE 最核心的优势是它可以自如地控制纯度、掺杂和厚度. 为了更好地控制纯度，MBE 系统通常由负载室、生长室和分析室三个独立的分室组成. 这样的布局还可以增加系统的晶圆产量，因为当后一个衬底片装入准备生长时，前一个晶圆还可以继续生长. 远程控制传输机械用于将晶圆从一个室传送至另一个室. 通过精心设计，在 2 英寸直径的晶圆上，掺杂浓度以及膜层厚度的不均匀性可以达到 ± 1%. MBE 还可以生长小于 10 nm 的层厚，可以应用于量子阱器件的多层超晶格的制作.

5. 金属有机化学气相沉积

另一个应用于光电器件制作的外延生长技术是金属有机化学气相沉积（metal-organic chemical vapor deposition，MOCVD），有时也称为金属有机气相外延（metal-organic vapor phase epitaxy，MOVPE）. 在 MOCVD 中，成分原子在生长反应炉中以气流形态被传递到衬底. PH_2，AsH_2，TEGa，TEIn 和 THAl 是常用的金属有机气体. 典型的衬底生长温度是 750 ℃，比 LPE 的温度要低. 生长的反应器可以是类似在掺杂扩散中使用的简单的管式电炉. 但是，调节气流量必须使用非常复杂（而且昂贵）的控制阀、过滤器和排气口，同时还必须保证安全，因为金属有机气体有剧毒而且运载气体（H_2）易爆. 尽管不便，但 MOCVD 在光电器件制作中仍越来越盛行，因为它和 MBE 一样可以对掺杂浓度和膜层厚度提供精确控制. 通过 MOCVD 可以生长量子阱结构，还可以被用于大面积的衬底晶圆，从而使 MOCVD 在激光器、LED 和其他光电器件的批量生产中非常具有吸引力.

2.6.3　波导器件上图样的制备

集成光学有时要求在波导上制备各种图样，这些图样结构对光波产生衍射、反射或耦合等作用，完成特定的功能．这些图样有周期性和非周期性之分．

周期性图样一般为等间距的条纹图样，它们可利用光的干涉条纹来制备．如图 2.34 所示，波长为 λ_0 的两平行光束以夹角为 2θ 相交时，干涉条纹间距为

$$d = \frac{\lambda_0}{2n\sin\theta} \tag{2.136}$$

在空气中曝光时，条纹周期 d 的最小值大于 $\lambda_0/2$．将光致抗蚀剂置于匹配液中曝光时，d 可以小于 $\lambda_0/2$．例如用 $\lambda_0 = 325$ nm 的 He-Cd 激光束曝光，匹配液的 $n = 1.5$，d 最小可达 110 nm．

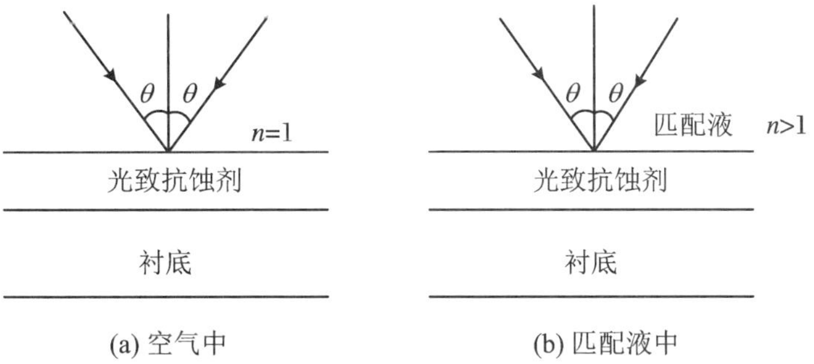

图 2.34　全息术制作周期性图样空气中曝光在匹配液中曝光

上面所述的光干涉法就是全息术曝光法，它是目前在波导上制作微米和亚微米间距条纹所常用的方法．光致抗蚀剂有正性和负性之分，正性光致抗蚀剂（即光刻胶）在显影中曝过光的部分被洗去，仅留下未曝光的部分；负性光刻胶则正好相反，光致抗蚀剂所形成的条纹是浮雕型的．光致抗蚀剂图样本身或作为光学元件用，或在其后刻蚀过程中作掩膜作．所谓刻蚀过程是用离子束或化学腐蚀的方法将光致抗蚀剂上的图样转移（或刻制）到衬底上．离子刻蚀就是用离子束来加工，它用的设备和 2.6.1 节的离子束溅射法一样，离子束由离子枪产生并调成准直．离子束轰击时，掩膜中有光致抗蚀剂处对离子起阻挡作用，而无光致抗蚀剂处离子束对衬底材料直接产生溅射．这样光刻胶上的周期性图样便刻蚀到衬底的表面上．由于离子束可以用一定角度斜入射到掩膜上，因此能刻蚀成闪耀光栅．离子束刻蚀具有刻制的线条平直、光滑等优点．化学腐蚀是通过化学作用将直接暴露在溶液处的衬底逐渐腐蚀溶解，而有光刻胶的地方则起着掩护作用不被腐蚀．化学腐蚀所得到的线条不如离子刻蚀的精细平直和光滑．为便于参阅，表 2.7 中列出了一些光刻胶及其性能．

表 2.7　光致抗蚀剂

材　　料	最小厚度（μm）	记录波长范围（nm）	灵敏度（J/cm^2）	分辨率（c/mm）
Shipley AZ-1350（POS）	<1.0	UV～500	10^{-1}（441.6 nm）	>1500
Shipley AZ-111（POS）	1.0	UV～500	10^{-9}（441.6 nm）	<1000
Micro-image Isofine（POS）	0.4～1.0	285～485	～10^{-2}	1000
GAF PR-115（POS）	～1.0	UV～500	～10^{-2}（400 nm）	～1000

续表

材　　料	最小厚度 (μm)	记录波长范围(nm)	灵敏度 (J/cm^2)	分辨率 (c/mm)
Kodak KAR3(POS)	~1.0	315~465	10^{-2}(400 nm)	>1500
Micro-image Isofine resist(NEG)	0.8	300~515	~10^{-2}	400
Kodak KPR(NEG)	1.0	260~465	10^{-2}(400 nm)	400
Kodak KOR(NEG)	~1.0	250~550	5×10^{-1}(488 nm)	~1000
Horizons LHST(NEG)	0.9	UV~550	5×10^{-3}(488 nm)	>500

波导上的非周期性图样是不能靠全息术曝光来产生的,它要采用半导体集成电路中的掩模工艺来制备.即在半导体材料上涂敷光刻胶,用图形缩微对其曝光,经显影后在光刻胶上获得所需的掩模,同样经离子束等刻蚀过程在半导体材料上得到非周期性图样.但是.光波导工艺上的要求与集成电路中的光刻技术有两个明显的差别,这就是光波导要求非常平滑的边缘和刻线有大的纵横比.由于这两点差别,集成电路的光刻技术不能直接用到光波导工艺中.例如,制备一个 6 mm 长、2 μm 宽的光波导,若用照相缩微方法将 2 mm 宽的线条缩成 2 μm 宽的掩模条,缩微比为 1000,则该线条要 6 m 长,不能一次缩成,必须采用分步重复缩微来解决.波导边缘的光滑度要在数十纳米之内,这么小的公差是分步重复照相法无法满足的.只有利用聚焦激光束或聚焦电子束来描绘图样,才能满足十分平滑的大纵横比线条的要求.

电子束写入图样是用电子束按所需图样扫描使抗蚀剂曝光而完成的.电子束的波长很短,可获得很小的聚焦点,也就是有很高的分辨本领.但由于电磁透镜的像差这种焦点会增大,一般可聚焦成直径为数十纳米的光斑.电子束扫描范围为几个毫米,它所刻蚀的线条尚没有全息术光刻的精细.电子束写入图样的抗蚀剂也有正、负之分.

激光束写入图样是用聚焦激光束按所需图样对光刻胶曝光而写入的,通常只有移动样品才行.因此,写入的线条边缘的平滑度与样品移动过程的质量、抗蚀剂灵敏度的均匀性和显影过程的均匀性有关.激光束写入的光致抗蚀剂和全息术曝光所使用的相同.

2.6.4　波导质量的检测

用淀积或其他方法制得的光波导,需要对它的质量进行测量,主要测量波导层厚度、折射率和波导的衰减等特性参数.

1. *厚度测量*

为了测量波导薄膜的几何厚度,在衬底上需要有一个由未镀膜到镀膜的阶跃过渡区域.膜厚是在这一阶跃区域上测量的,在这一阶跃区域很短距离内薄膜由零达到其全厚度.膜厚可由干涉法和接触法测量.干涉测量膜厚是由迈克尔逊干涉仪或泰曼-格林干涉仪来进行的,用此阶跃区域作为一个反射镜,干涉仪的另一臂为平面参考反射镜,在干涉场获得干涉条纹.这是一种等厚干涉条纹,阶跃的高度则由测量干涉条纹的位移来确定.如图 2.35 所示,在阶跃区两侧为平直条纹,但同序级条纹相互产生位移.若两侧同序级条纹移动了 Δn 个条纹间距,则膜厚为

$$h = \Delta n \lambda_0 / 2 \tag{2.137a}$$

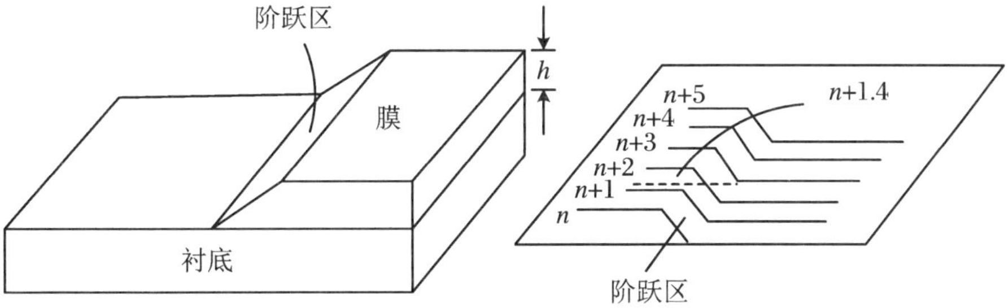

(a) 样品　　(b) 干涉条纹

图 2.35　干涉法测量波导膜厚样品干涉条纹

式中，λ_0 为观测波长的真空值. 例如，图 2.35(b)所示的条纹情况，$\Delta n = (n+3)-(n+1.4) = 1.6$，取 $\lambda_0 = 0.5\ \mu\text{m}$，则 $h = 0.4\ \mu\text{m}$. 一般这种测量用干涉显微镜来进行，测量精度为数十纳米. 在测量中经常出现另一组干涉条纹，它是由薄膜顶面的反射光束和来自衬底反射通过薄膜的光束相互干涉形成的. 在阶跃区域内随膜厚变小，干涉条纹的序级也下降，所以条纹位移方向与前一组的相反. 这时膜厚为

$$h = \frac{\lambda}{2}\Delta n \tag{2.137b}$$

这里，λ 为膜中的波长值.

接触测量膜厚用画针记录，其方法是让钻石记录画针半球形端点拖曳越过阶跃区域，记录针的移动由电子系统探测放大后记录在纸上. 这种测量原则上能给出很精确的读数，同时也能给出阶跃区域的截面轮廓. 但是，特别对于软性薄膜，记录针会穿透到薄膜中去，使厚度测量精度不高.

2. *膜层折射率的测量*

这里仅介绍 Abeles 法，它是通过薄膜的布儒斯特角来确定其折射率的. 同时测量未镀膜衬底和已镀膜衬底的反射率曲线，这时入射光为平行入射面的线偏振光. 若衬底、膜层和空气的折射率分别为 $n_s, n_2, n_1 = 1$，空气和衬底的振幅反射率为

$$r_{p1,s} = \frac{n_s \cos i_1 - \cos i_s}{n_s \cos i_1 + \cos i_s} = \frac{\tan(i_1 - i_s)}{\tan(i_1 + i_s)} \tag{2.138}$$

其中，i_1 为空气中的入射角，i_s 为衬底中的折射角. 空气和膜层的振幅反射率为

$$r_{p1,2} = \frac{n_f \cos i_1 - \cos i_2}{n_f \cos i_1 + \cos i_2} = \frac{\tan(i_1 - i_2)}{\tan(i_1 + i_2)} \tag{2.139}$$

同理，膜层和衬底界面的振幅反射率为

$$r_{p2,s} = \frac{n_s \cos i_2 - n_f \cos i_s}{n_s \cos i_2 + n_f \cos i_s} = \frac{\tan(i_2 - i_s)}{\tan(i_2 + i_s)} \tag{2.140}$$

当光线以布儒斯特角 $i_b = \arctan n_f$，从空气入射到膜层时，p 分量在膜层上表面不反射，由膜层下表面反射，其振幅反射率可由式(2.140)求出. 当光线以 i_b 入射到镀膜的衬底上，其反射也可由式(2.138)求得，$r_{p1,s} = r_{p2,s}$. 因此，实验上测量的未镀膜衬底和已镀膜衬底的 p 分量反射率曲线的交点就是膜层的布儒斯特角 i_b，其正切值为薄膜的折射率. 当薄膜与衬底的折射率相差很大时，这种方法能较简便地给出结果. 但是，若薄膜折射率略高或略低于衬底折射率时，两反射率曲线靠得很近，i_b 的精度不高. 尽管这样，由于该方法装置较简

单,它常用于快速低精度的折射率测量中.

3. 波导衰减的测量

虽然膜层折射率和厚度的测量很重要,但波导的衰减是评定其质量的更基本的量.光波在波导中传输,散射、吸收和辐射等损耗会使光强度逐渐减弱.对于这些损耗可用波导的衰减系数 α 来描述,光强度随波导长度一般为指数式下降,则

$$I(z) = I_0\exp(-\alpha z) \tag{2.141}$$

其中,I_0 为入射到波导中的初始光强度,$I(z)$是光波传输到 z 距离处的光强度,α 为波导衰减系数,单位是 cm^{-1}.所谓散射损耗是由于波导中的杂质或结构上的不均匀性(如膜层中折射率涨落、界面不平滑、清洁度不高等),光波受到散射使光束逸出波导而造成损耗.光波被材料中的点阵离子、杂质离子或电子吸收,造成了吸收损耗.辐射损耗可由前面的波导模式来计算.

测量波导衰减的基本方法是测量随波导长度变化的传输功率.可用图 2.36 所示的方法来测量波导的衰减,用透镜把激光束汇聚到波导的端面,对不同长度的波导样品,测量从波导另一端透射出来的光.假定长度为 z_1,z_2 的波导的透射光强度分别为 I_1 和 I_2,入射到波导中的光强度为 I_0,衰减系数便可求出

$$az_1 = \ln\frac{I_0}{I_1},\quad az_2 = \ln\frac{I_0}{I_2}$$

则

$$a = \frac{\ln\dfrac{I_1}{I_2}}{z_2 - z_1} \tag{2.142}$$

可见,光强度透过率的对数值与波导长度呈线性关系.实验中是不测量 I_0 的,即不去了解激光束有多少能量耦合到光波导中.因此,保持耦合到波导中的光强度 I_0 是十分重要的.为了减少耦合不稳定对测量的影响以便提高测量精度,可对不同长度的波导都进行数次测试.如果耦合是稳定的,则这些数据点会处在一直线上;如果耦合不稳定,则数据点将是零散的.将基本处于一条直线上的点连接起来,该直线的斜率便是衰减系数 a,这样,耦合不稳定造成的测量误差可大为减小.

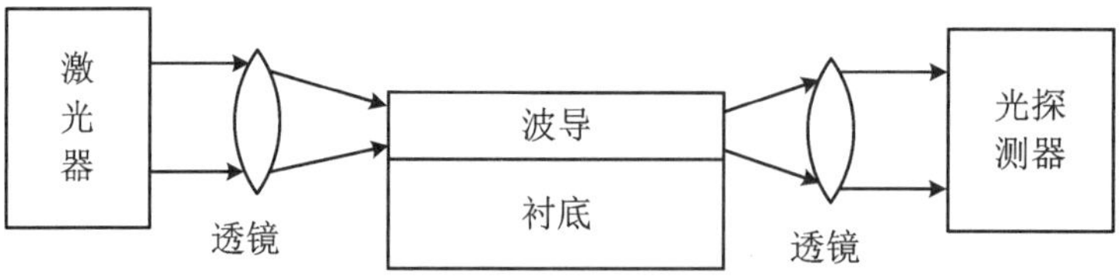

图 2.36　波导衰减测量的装置框图

除了耦合不稳定外,还有光在传输中会沿 y 方向(平行于膜层面的横向)扩展,输出端透镜不能把光波很好汇聚起来,造成测量误差.同时这种方法中要制作许多不同长度的波导样品,每个样品的质量及端面情况是难以做到相同的,也会使测量造成误差.减少这些误差的一种比较好的方法,是用棱镜把光耦合到波导中,由另一个棱镜从波导中将光耦合出来,如图 2.37 所示.棱镜耦合的原理请参见下章内容.测量中输入耦合棱镜固定不变,即输入耦合稳定不变,只移动输出耦合棱镜,可测量透射率随两棱镜间距 z 的变化关系.采取适当措施

使输出耦合棱镜沿一直线平滑移动，测试结果会比较准确. 由下一章的耦合理论将知道，棱镜材料的折射率应大于波导材料的折射率，因此对于高折射率波导这种方法难以找到合适的棱镜，所以适用于较低折射率的波导.

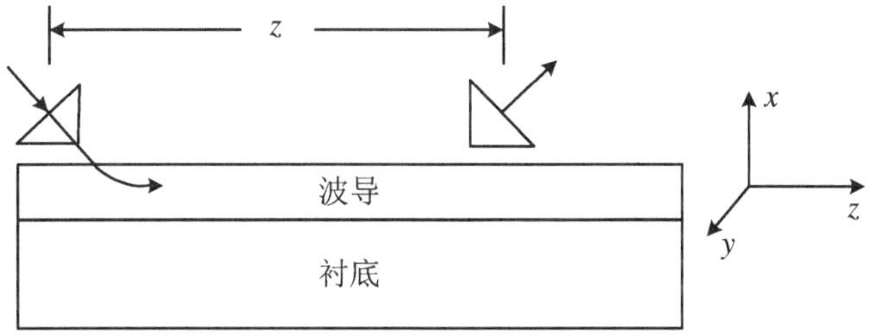

图 2.37　棱镜耦合法测量波导损耗

第 3 章　光耦合器和波导调制器

在第 2 章中，我们对光波在波导中传输时出现的各种现象及其模式特性进行了较详细的分析，获得了许多关于波导的基本概念. 无论是无源波导器件或者有源波导器件都需要将光束引入波导形成一个模或多个模传输，以及将光波从波导中引出，完成这种作用的器件称为光耦合器. 将光能从一个波导转移到另一个形状或大小不同的波导中去，即将波导相互连接并有效地工作. 完成这些作用的是波导耦合器，本章第 1～3 节将重点讨论光波导的耦合问题.

光调制器是一类把信息调制到光波导上以供传输和处理的器件，它可使光波的强度（振幅）、位相、偏振和波长（频率）等特性受到调制. 光调制器又可分为体调制器和光波导调制器两类. 体调制器的体积较大，光波导调制器则是制作在薄膜或条形波导上的，所以体调制器在所需的调制电压和消耗的调制功率方面远远大于光波导调制器，因此目前光波导调制器受到普遍的重视.

本章第 4～8 节将对光波导调制器进行详细讨论，首先简要介绍光调制器所涉及的物理效应，然后结合体调制器阐明光调制器的基本原理，最后再分析各种光波导调制器.

3.1　光耦合器

光耦合器是将激光束转换成波导中的传输光波或把波导中的传输光波转换成出射光束的器件. 对平面波导而言有两类光耦合器：一类是横向耦合器，即把光束聚焦在波导敞开的端面，这一类耦合器也叫做直接的或端面对接的耦合器；另一类是纵向耦合器，光束是倾斜入射到波导上，即入射到波导层的上表面，包括棱镜耦合器、光栅耦合器和尖劈耦合器. 下面重点讨论几种纵向耦合器.

3.1.1　棱镜耦合器

图 3.1 是棱镜耦合器的示意图. 棱镜的折射率较高，为 n_p. 入射光从棱镜射入，与棱镜斜面法线所成入射角为 θ. 棱镜底面与折射率为 n_f，厚度为 h_f 的波导薄膜相平行，中间有一层空气间隙，其厚度为 h_a，其他参数表示在图中. 欲使宽度为 $2W$ 的入射光束能由棱镜耦合到波导中，并激发起波导中的导模，需要解决下面几个问题：① 入射光束由棱镜反射，在棱镜中建立起驻波场，同时应有场分布深入到下方的空气隙层以及波导薄膜内；② 深入到空

气隙层和膜层中的场分布的能流方向应在波导导模的传播方向 z 上；同时由于导模有确定传播常数，因此要求棱镜中沿 z 方向的传播常数和导模的相同，即两者的位相互相匹配；③ 在上述两条件满足的情况下，棱镜与波导间的耦合应有相当的长度，即要选择入射光束的合适宽度 $2W$ 使耦合最佳.

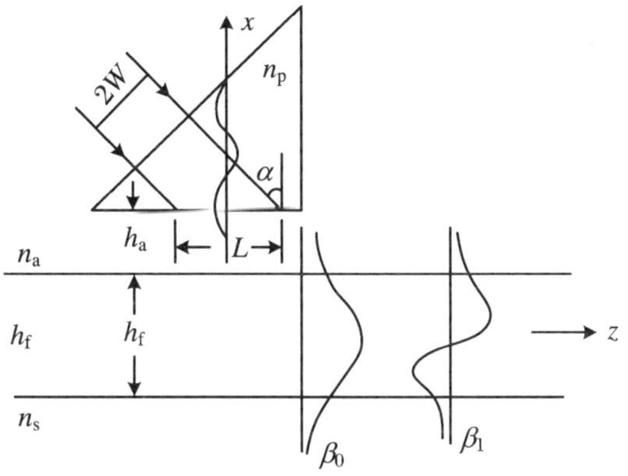

图 3.1　棱镜耦合器

入射光由棱镜斜面折射至底面上，当底面入射角 α 超过临界角 α_c 时

$$\alpha > \alpha_c = \sin^{-1}\left(\frac{n_a}{n_p}\right) \tag{3.1}$$

便发生内全反射.棱镜内为驻波场，在空气隙区内也有场深入.令入射到棱镜底面的光波为

$$A_0\exp[\mathrm{j}k_p(x\cos\alpha - z\sin\alpha)]$$

反射光便为

$$rA_0\exp[\mathrm{j}k_p(-x\cos\alpha - z\sin\alpha)]$$

则棱镜中的光场为

$$A_0\exp(-\mathrm{j}k_p z\sin\alpha)[\exp(\mathrm{j}k_p x\cos\alpha) + r\exp(-\mathrm{j}k_p x\cos\alpha)]$$

在全反射时，反射率 $r=1$，上面的光场为

$$2A_0\cos(k_p x\cos\alpha)\exp(-\mathrm{j}k_p z\sin\alpha) \tag{3.2}$$

它在 x 方向上为驻波场，z 方向为行波，其位相变化为

$$k_p\sin\alpha = \frac{2\pi}{\lambda_0}n_p\sin\alpha \tag{3.3}$$

同样，折射光场为

$$A_0 t\exp[\mathrm{j}k_a(x\cos\alpha' - z\sin\alpha')] = A_0 t\exp(\mathrm{j}k_a x\cos\alpha')\exp(-\mathrm{j}k_a z\sin\alpha')$$

其中，t 为透射率.

$$k_a = \frac{2\pi}{\lambda_0}n_a \tag{3.4}$$

$$\sin\alpha' = \frac{n_p}{n_a}\sin\alpha \tag{3.5}$$

那么

$$\cos\alpha' = \frac{n_p}{n_a}\sqrt{\frac{n_a^2}{n_p^2} - \sin^2\alpha}$$

当 $\alpha > \alpha_c$ 时，$\cos\alpha'$ 为虚数，$\cos\alpha' = \mathrm{j}\dfrac{n_p}{n_a}\sqrt{\sin^2\alpha - \dfrac{n_a^2}{n_p^2}}$.这时折射光的分布为

$$A_0 t\exp\left(-k_a \frac{n_p}{n_a}\sqrt{\sin^2\alpha - \frac{n_a^2}{n_p^2}}x\right)\exp\left(-jk_a \frac{n_p}{n_a}z\sin\alpha\right) \tag{3.6}$$

它在 x 方向为指数衰减，称为倏逝波或消逝场；z 方向仍为行波，其位相变化和式(3.3)相同.也就是说棱镜耦合器在底面发生全反射时，在下方的空气隙内确实存在着光场，振幅沿 x 为指数下降，光能沿 z 方向传播.由2.2节知道，波导中的导模在空气隙内也有沿 x 为指数衰减、光能沿 z 传播的场.导模和入射光场的相互重叠，导致了两者之间的耦合.导模和棱镜入射光波中的任一个波，均可以通过倏逝波的微扰作用而建立起另一个波，即可以将棱镜中的光波耦合入波导形成导模，也可以将波导中的导模由棱镜耦合出来.但是这种耦合必须满足位相匹配条件，也就是要求棱镜中沿 z 方向的光波位相变化与波导中导模的位相变化相等：

$$\frac{2\pi}{\lambda_0}n_p\sin\alpha = \beta_m \tag{3.7}$$

式中，λ_0 为真空中的光波波长，β_m 为波导中要耦合的预定模式的传播常数.不同阶数 m 的导模的传播常数 β_m 不同，要求不同的入射角 α(或 θ).这意味着对于某一确定波长的入射光束，只需要改变入射角，即可在波导中建立起不同的导波模式.因此，α 又称为同步角.

在棱镜耦合器中，若用耦合系数 K 表示棱镜和一个预定导模之间的耦合情况，它们相互作用长度 L 使耦合最佳的条件是

$$KL = \frac{\pi}{2} \tag{3.8}$$

由图3.1的几何关系

$$L = \frac{2W}{\cos\alpha}$$

得

$$K = \frac{\pi\cos\alpha}{4W} \tag{3.9}$$

耦合长度 L 是入射光束在棱镜底部的截距.为了实现最佳耦合，还应使入射光束的边沿恰好与棱镜的顶角相交.在图3.1中，入射光束边沿画成与顶角不相交，还有一个区域，光波经耦合将从波导返回到棱镜中去.因此，棱镜耦合器是一种临界耦合器.

由上面的分析可知，棱镜耦合器必须选择合适的入射角(应大于临界角)，使棱镜中光波位相与波导中导模的位相匹配；光束边沿与棱镜的顶角恰好相交，并有合适的光束宽度，才能获得较好的耦合.我们还应该注意到，棱镜和波导间的空气隙愈大，它们的倏逝波相互重叠便愈小，即耦合常数 K 愈小，一般说来，h_a 为入射光波长的1/4～1/8.

下面我们考虑棱镜材料对折射率的要求.由于在棱镜底部要发生全反射，则 $n_p>n_a$.在平面介质波导中导模的传播常数应满足式(2.17)，即

$$k_0 n_s < \beta_m < k_0 n_f = \frac{2\pi}{\lambda_0}n_f$$

欲满足位相匹配条件式(3.7)，即

$$\frac{2\pi}{\lambda_0}n_p\sin\alpha = \beta_m \approx \frac{2\pi}{\lambda_0}n_f$$

因为 $\sin\alpha<1$，则要求 $n_p>n_f$.这表明用棱镜耦合器来激发波导中的基模时，必须采用比波导折射率更高的材料来制作棱镜.由于很难找到光学上透明、折射率很高(如大于2或3)的

材料来作棱镜，所以棱镜耦合器多用于玻璃波导和某些薄膜的混合集成光路中.

关于棱镜耦合器的进一步分析我们将在 3.3 节中讲述.

3.1.2　光栅耦合器

除棱镜耦合器外，纵向耦合器还有光栅耦合器，如图 3.2 所示. 入射光束投射到波导表面的光栅上，光栅空间周期为 d，光束将发生反射和透射. 由于衍射作用，透射光束各级次的衍射角 α 可由光栅方程得到

$$\sin\alpha_l = \sin\theta + l\frac{\lambda_0}{d},\quad l = 0, \pm 1, \pm 2\cdots \tag{3.10}$$

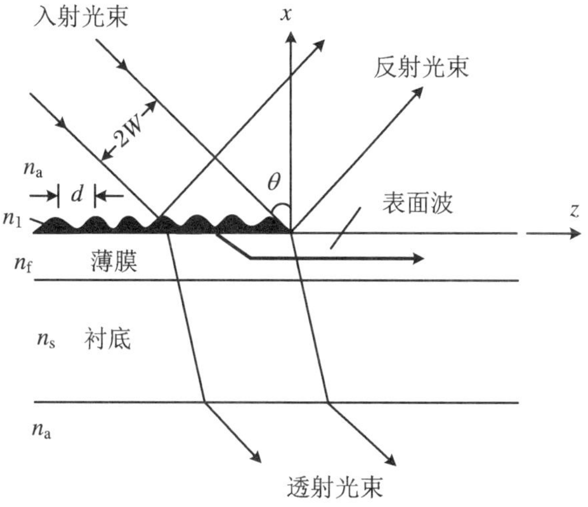

图 3.2　光栅耦合器示意图

各级衍射光波沿 z 方向的位相变化为

$$\beta_l = \frac{2\pi}{\lambda_0}n_1\sin\alpha_l = \frac{2\pi}{d}ln_1 + \frac{2\pi}{\lambda_0}n_1\sin\theta$$

当它和 m 阶导模的传播常数 β_m 相同时便达到位相匹配

$$\beta_l = \beta_m \tag{3.11}$$

由于导模要求

$$\beta_m > \frac{2\pi}{\lambda_0}n_1$$

当 l 取某一正值（这里是将 l 级衍射光由零级偏向 $+z$ 方向作为正级次）时，可使(3.11)式的位相条件得到满足，从而入射光束可以在波导中激发起导模.

显然，当波导表面没有光栅时，入射光束沿 z 方向的位相变化最大为 $2\pi n_1/\lambda_0$，而导模要求 $\beta_m > 2\pi n_1/\lambda_0$，不能达到位相匹配，不可能产生耦合.

耦合器上的光栅可以直接制作在波导薄膜上，也可以制作在涂敷于薄膜表面的光致抗蚀剂上，这些工艺我们已在 2.6 节作了介绍. 光栅耦合器应用广泛，既可作输入耦合器，也可作输出耦合器，同时也可用作波导的分束器.

光栅耦合器具有以下特点：① 对光束入射角度敏感，只有取某些合适的入射角，才能满足位相匹配条件，或者说只要合适地选取 l，d，λ_0 和 θ 值都可能达到位相匹配. 这一优点也是它的缺点，因为精确的入射角便要求高度准直的入射光束，这对于气体激光束容易做到，

但对于集成光学中的常用光源——半导体激光束则很难，是因为它的发散角比较大. ② 光栅耦合器是一种平面构形，比较容易采用 2.6 节所述的刻蚀技术，在未来集成光学应用中它可能是最有希望的一种耦合器. ③ 光栅耦合器中相当大部分的能量（主要是零级）由薄膜透射而损耗在衬底中；同时，若 α 不能很小，由于存在高阶衍射分量也会产生光能损耗.

我们将在 3.3 节对这种耦合器进行进一步分析.

3.1.3 对称金属包覆介质波导的直接耦合方法

与全介质波导和非对称金属包覆介质波导不同，对称金属包覆介质波导的有效折射率可在 0～∞之间变化，利用这个特点可将光束直接从自由空间射向波导的金属表面，在入射光与导模传播常数匹配的情况下，可实现光能与部分导模能量的耦合.

对于图 3.3(a)所示的平面介质波导或非对称金属包覆介质波导，不失一般性，可设 $n_1 > n_0 > n_2$（对于金属覆盖层，在可见光和近红外波段，$n_2 < 1$），则该波导有效折射率的取值范围是 $n_0 < \beta/k_0 < n_1$. 光束若从覆盖层直接入射，则根据波矢匹配条件，应有 $k_0 n_2 \sin\theta_2 = \beta$，则要求 $\sin\theta_2 > 1$，显然这种耦合是不可能的.

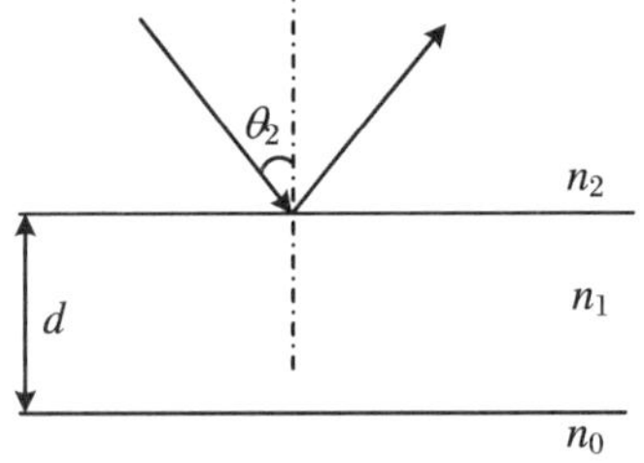

(a) 平面介质波导

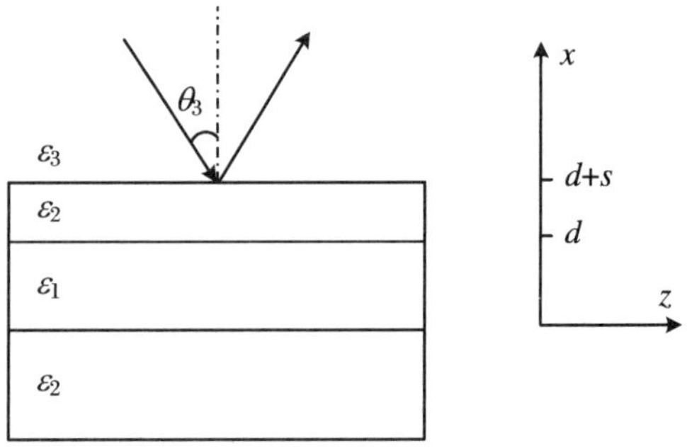

(b) 对称金属包覆介质波导

图 3.3 波导直接耦合示意图

为了使光束耦合进波导，可以采取前两节介绍的棱镜耦合或光栅耦合等方法. 不过，对于图 3.3(b)所示的对称金属包覆介质波导，若设上层金属膜的厚度为 s，则根据对称金属包覆介质波导的色散特性可知，除 TM_0 模和 TM_1 模外，导模有效折射率的取值范围为

$$0 < \frac{\beta}{k_0} < \sqrt{\varepsilon_1}$$

当光束直接从上层金属膜的自由空间（$n_3 = 1$）入射时，可以激发 $\beta/k_0 < n_3$ 的模式.

3.1.4 其他耦合器

1. 劈形耦合器

图 3.4 是劈形耦合器的结构示意图，它常用于将光束耦合出波导. 这种耦合器是将波导的一小部分做成尖劈形状，其起始端到劈尖的波导层厚度逐渐变薄. 图中左方为正常波导区，导模在波导中走 Z 形路径传输，入射角大于临界角发生全反射. 光波进入劈形区后，入射角愈来愈小，达到临界角后的各次反射将不产生全反射，光波便从波导中耦合出来. 这是几何光学的解释. 由第 2 章可知，劈形区的厚度逐渐变小，当光波达到劈形某些地区时，$n_f h$ 的乘积不能满足横向共振条件

$$2k_0 n_f h\cos\theta - 2\phi_s - 2\phi_c = 2m\pi$$

即导模发生截止，光波就开始耦合出来.

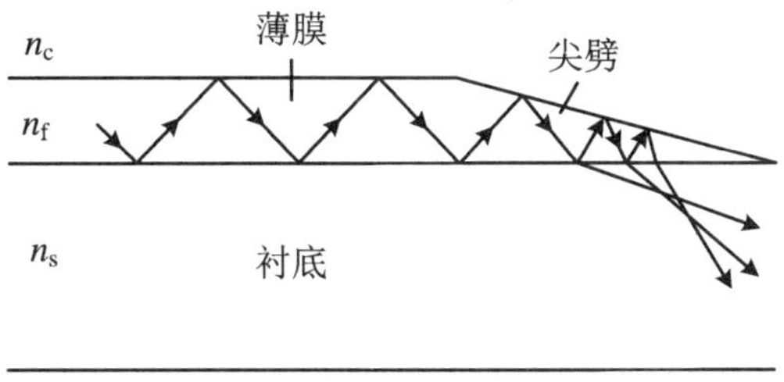

图 3.4　劈形耦合器

劈形耦合器可以把光波从波导中有效地耦合出来，不需要如同棱镜、光栅耦合器的位置或入射角的精确调整.但是，它不能将光波有效地耦合进入波导.这是因为从劈形区耦合出来的光波是各次反射中部分射出的，即不是从同一处射出的，而是沿劈形长度方向具有一定分布的发散光束.因此，要把光波耦合入波导，入射光束也要具有同样的发散分布，激光束是很难具有这种分布的.

2. 全息耦合器

全息术是20世纪60年代伴随激光而发展起来的一门新兴技术.它利用干涉和衍射原理可以记录光波信息(振幅和位相分布)并能精确重现这些信息.要使光束能有效地耦合到波导中，无论是棱镜耦合器还是光栅或者劈形耦合器都要求入射光束的振幅分布和它们耦合输出的光束分布具有相同的形状.这一要求实际上很难实现.全息术具有的精确再现光波分布的特性可以实现这一点.全息耦合器的原理表示在图3.5中.波导中的导波 A 自左向右传输，遇到波导薄膜表面的光栅(或棱镜等其他耦合器)耦合出光束 A'.让 A'光束入射到全息底板上，同时用一束参考光束 R 垂直入射到底板上，使底板感光的是 R 和 A'光束的干涉条纹，其分布可写成

$$I = |R + A'|^2 = |R|^2 + |A'|^2 + R^* A' + RA'^* \tag{3.12}$$

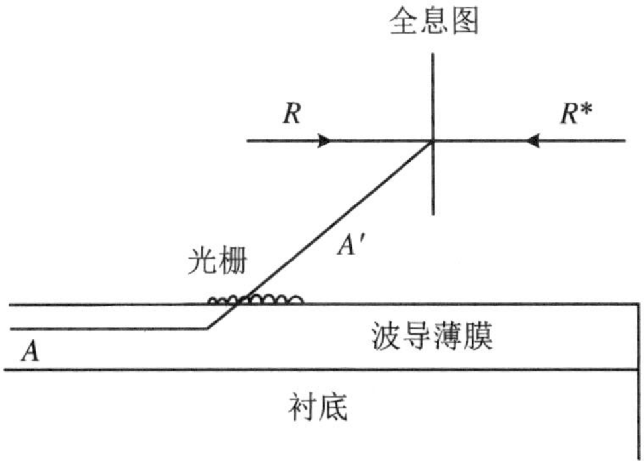

图 3.5　全息耦合器

曝光过的底板经显影后就是记录了耦合输出光束的全息图.全息图的振幅透射率与光强分布成正比

$$t \propto I$$

若用光束 R 来照明全息图，其透射光场为

$$u \propto Rt = R|R|^2 + R|A'|^2 + |R|^2 A' + R^2 A'^*$$

其中第三项 $|R|^2 A'$ 便是被记录的光束 A'，只差一个常数 $|R|^2$. 若用光束 R^* 来照明全息图，其透射光场为

$$u' \propto R^* t = R^*(|R|^2 + |A'|^2) + R^{*2} A' + |R|^2 A'^* \tag{3.13}$$

式中第四项便再现 A'^* 光束，它和 A' 有相同的分布，沿 A' 的逆向行进. A'^* 光束入射到光栅等耦合器上便可较有效地耦合入波导，激发起导模. 因为此时的入射光束与耦合输出光束具有相同的分布，这是全息耦合器突出的优点. 进而，波导上的光栅也不必是规则刻划线，全息图在记录和再现中会自动地与这种不规则性配合. 显然全息图和波导之间也有位置对准等问题. 全息术还可以制作滤波器、多光束成形、具有指定特性的波导连接器等，在集成光学中有潜在的应用前景.

3.2 波导耦合器

本章第一节讨论了光束与平面介质波导的耦合方法和原理，集成光学也同样需要波导之间相互耦合的器件. 下面给出波导耦合器结构和原理的简要情况，它们的理论分析将在下一节中给出.

3.2.1 平面波导间的耦合器

图 3.6 是这种耦合器的几种结构示意图. 图 3.6(a)是波导薄膜互相平行叠合，它们的折射率 n_1 和 n_3 大于夹在它们中间的介质层的折射率 n_2. n_1 和 n_3 波导层的导模在中间层 n_2 中都有倏逝波，所以出现了两平面波导之间的耦合. 由 3.1 节的内容知道，两波导在中间层应有相同的传播常数(即位相匹配)，同时耦合长度满足 $KZ = \pi/2$ 时，两波导能产生较佳的耦合.

图 3.6(b)是两个带尖劈的波导薄膜 n_1 和 n_3，有共同衬底 n_s. 两薄膜尖劈相互不重叠，由折射率为 n_2 的第三个膜层相连接. 导模在薄膜 n_1 由左边传到尖劈，能量便发射到外部区域. 由于 $n_2 > n_s$，尖劈处的 n_1 和 n_2 的界面的全反射光遭破坏，光波进入 n_2 而不进入衬底. 光能以表面波在 n_2 中进入 n_3 薄膜，所以，这种耦合原理和 3.1.4 节中的尖劈耦合器相同. 当采用相当平坦的尖劈薄膜时，其耦合效率几乎为 100%.

图 3.6(c)是两个平面波导通过光栅层相互耦合. 波导 1 和波导 2 表面有光栅，波导 1 的导模由左边经光栅可耦合到波导 2 中，反之亦然. 它和图 3.6(a)结构相似，但这种耦合器中的两个波导不共相同的衬底. 当满足 3.1.2 小节光栅耦合器的条件时也可获得较佳的耦合.

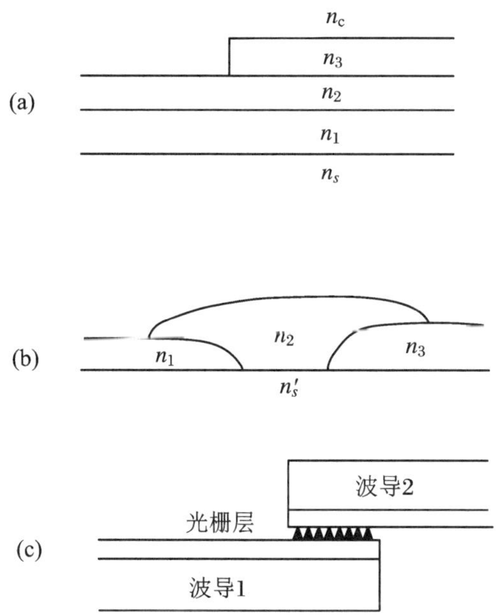

图3.6　两平面波导间的耦合器

3.2.2　平面波导和条形波导间的耦合器

大多数集成光学的器件都采用条形波导，即2.4节中所述的条形或脊形波导，这样必须将平面波导（激光束先耦合到平面波导中）中的导模耦合到条形波导中去.图3.7表示喇叭形过渡耦合和棱镜耦合两种方法.

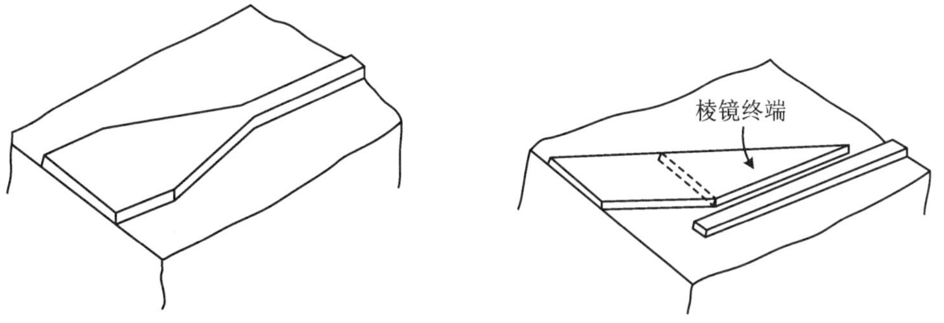

(a) 喇叭形过渡耦合　　(b) 棱镜耦合

图3.7　平面波导与条形波导之间的耦合

图3.7(a)是平面波导逐渐减少宽度直至条形波导的宽度为止，在两波导之间形成喇叭形过渡的连接区.由于喇叭形区域不同于平面波导，表面波在该区域中会有损耗.如果让喇叭区足够长或改变该区域的形状，会使损耗减小.50 μm宽的平面波导同3 μm宽的条形波导耦合时，喇叭区若为2 mm长，预计有90%的耦合效率.

图3.7(b)是平面波导的终端用棱镜与条形波导相耦合.由3.1.1节知道，这种耦合器要求两波导间的空气隙必须有规定的厚度，才能获得较高的耦合效率.

3.2.3 条形波导之间的耦合器

图3.8是条形波导间的耦合器.这种耦合器是由一对相互平行的条形波导构成的,波导宽度为W,厚度为h,波导材料的折射率为n_f,波导周围介质折射率为n_3,两波导间距为S.两波导的导波在内部沿y方向呈余弦式分布,在外部呈指数式衰减.两波导的倏逝波相互重叠而发生耦合.两波导要靠得很近,倏逝波才有明显的重叠,因此S一般为波导中光波长的数倍.

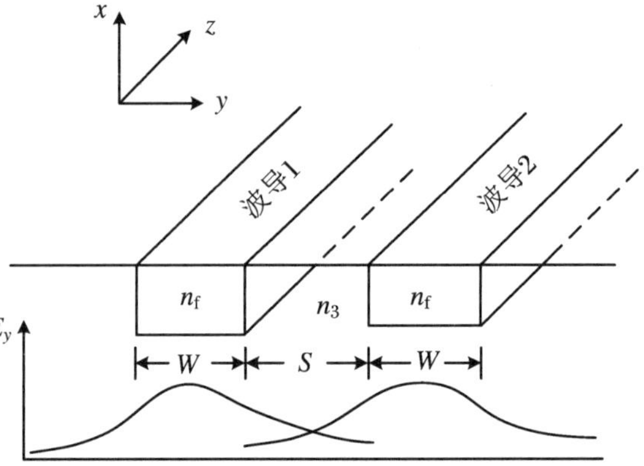

图3.8 条形波导定向耦合器

当两个条形波导间发生耦合的导波位相常数相同,即位相匹配时,光波可以从波导1完全耦合入波导2.如果这对条形波导较长,当光波在波导2中沿z方向继续传播时,光波又会被耦合到波导1中,光波会交替地在波导1和2中传输.只要控制好耦合长度,就能使光波从一个波导耦合到另一个波导而不再返回,便成为定向耦合器.

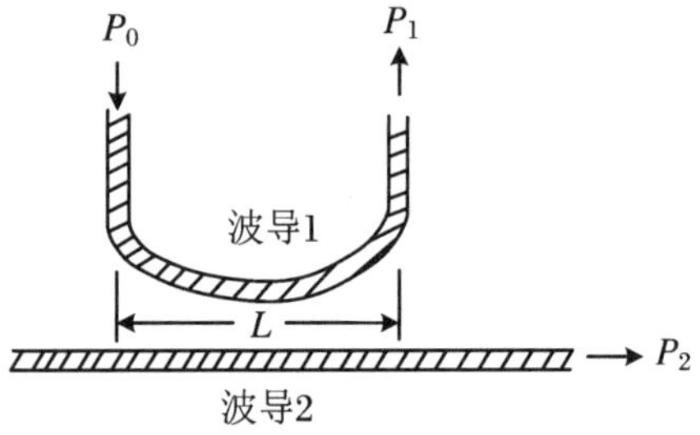

图3.9 尖劈定向耦合器

条形波导的定向耦合器要求波导的横截面足够均匀以及整个耦合长度上它们的间距S应为一个常数,否则能量无法完全由一个波导耦合到另一个波导中去.这对制造提出了极其苛刻的误差要求.可以用图3.9的尖劈耦合区域结构来降低在误差或尺寸上的要求.适当调节耦合长度L,可把输入功率P_0分成相等或不相等的P_1和P_2输出,同时也可获得近乎完全的能量耦合.

3.2.4 波导至光纤的耦合器

将光能量由平面波导或者条形波导传输到光纤中,或者反过来将光能量由光纤传输到平面波导或条形波导中是一个具有极其重要的实用意义的问题.因为半导体激光器(包括异质结激光器和分布反馈式的半导体激光器)是光纤通信的最常用光源,它们都为波导结构,而光波是在光纤中传输的,两者之间的连接问题无疑在实用上是极为重要的.这种耦合器的困难主要在于光纤芯径比较小,它和波导连接时,很难做到既牢固又使耦合效率足够高.

图3.10是目前正在研究的波导至光纤耦合器的几种结构.图3.10(a)是将高折射率液

滴定在薄膜波导上，此处的波导条件遭到了破坏，在 θ 角方向上有能量漏出.把光纤插入该液滴中并让它沿 θ 角取向就能收集到这种能量.这种耦合效率虽然可达50%，但作为永久性设置是不能令人满意的.

图3.10(b)采用了3.1.4节中的尖劈耦合器.光纤插入衬底的圆柱小孔中，并用合适折射率的胶密封住.小孔端面成半球，其位置正好能收集表面波通过尖劈区域辐射出来的光束能量.半球面两边的衬底和胶层会对光束起会聚作用.使光场与光纤波场很好地匹配，可获得很高的耦合效率.但目前这种耦合只能用于多模光纤，尚不能用于单模光纤.

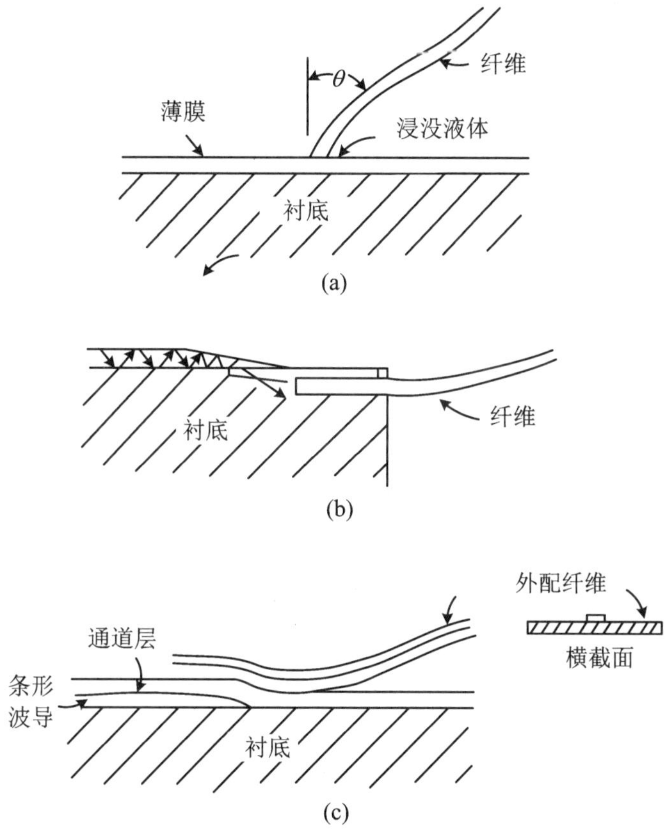

图3.10　波导至光纤的耦合

用条形波导定向耦合和尖劈耦合相结合的方法便产生了图3.10(c)的结构.光纤是矩形而不是圆形的特殊光纤，它被装配在折射率较低的外配矩形光纤上.将外配光纤夹在条形波导顶面使它们相耦合.为了提高耦合效率，条形波导的端面应适当地变薄呈劈形，同时在条形波导和外配光纤间附加上一层低折射率膜，称为通道层.在通道层中，条形波导和光纤之间的能量通过倏逝波耦合；波导的尖劈端面可以加强这种耦合.

光纤之间的连接或耦合问题是光纤用于通信及其他工业用途的极重要的实际问题之一，目前已有了一些很好的解决方法，这留待在光纤技术部分讨论.

3.3 耦合的理论分析

本章前面两节介绍了各种光耦合器和波导耦合器的结构和基本原理，它们大多是通过波导外部介质中存在的倏逝波相互耦合的.本节首先简要地给出波导的耦合波方程，计算耦合系数，然后再对棱镜和光栅耦合器作进一步的分析.

3.3.1 介质光波导的耦合波方程

我们采用图3.11所示的两个圆形波导耦合系统.下面的推导可适用于任意形状的波导. S_1 和 S_2 分别代表波导1和波导2的表面，F_1 和 F_2 为两个波导的内部区域，F'为它们的外部区域，a,b,c 与 a_1,b_1,c_1 分别代表所取封闭面(如图虚线所示)的各相应部分.波导区域 F_1 和 F_2 中的介质折射率分别为 n_1 和 n_2，实用情况常常是 $n_1=n_2$，F'区中的介质折射率为n_3.

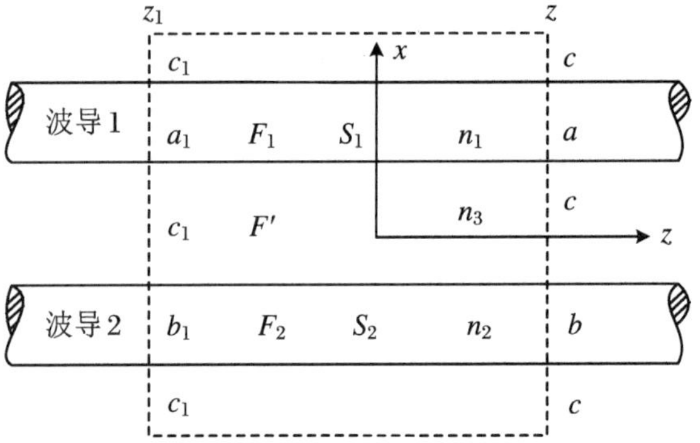

图3.11 波导耦合系统

我们假定两波导间仅通过倏逝波相互耦合，即相互干扰是微弱的；各波导的传播特性由自身条件确定，不受另一波导影响.

当只有波导1或只有2存在时，模式的场分布由第2章知识可写成

$$\boldsymbol{E}_1=\boldsymbol{E}_1^{(1)}=\hat{\boldsymbol{E}}_1^{(1)}\exp(-\mathrm{j}\beta_1 z),\quad r\in F_1 \tag{3.14a}$$

$$\boldsymbol{E}_1=\boldsymbol{E}_1^{(2)}=\hat{\boldsymbol{E}}_1^{(2)}\exp(-\mathrm{j}\beta_1 z),\quad r\in F' \tag{3.14b}$$

$$\boldsymbol{H}_1=\boldsymbol{H}_1^{(1)}=\hat{\boldsymbol{H}}_1^{(1)}\exp(-\mathrm{j}\beta_1 z),\quad r\in F_1 \tag{3.14c}$$

$$\boldsymbol{H}_1=\boldsymbol{H}_1^{(2)}=\hat{\boldsymbol{H}}_1^{(2)}\exp(-\mathrm{j}\beta_1 z),\quad r\in F' \tag{3.14d}$$

或者

$$\boldsymbol{E}_2=\boldsymbol{E}_2^{(1)}=\hat{\boldsymbol{E}}_1^{(1)}\exp(-\mathrm{j}\beta_2 z),\quad r\in F_2 \tag{3.15a}$$

$$\boldsymbol{E}_2=\boldsymbol{E}_2^{(2)}=\hat{\boldsymbol{E}}_2^{(2)}\exp(-\mathrm{j}\beta_2 z),\quad r\in F' \tag{3.15b}$$

$$\boldsymbol{H}_2=\boldsymbol{H}_2^{(1)}=\hat{\boldsymbol{H}}_2^{(1)}\exp(-\mathrm{j}\beta_2 z),\quad r\in F_2 \tag{3.15c}$$

$$\boldsymbol{H}_2 = \boldsymbol{H}_2^{(2)} = \hat{\boldsymbol{H}}_2^{(2)}\exp(-\mathrm{j}\beta_2 z),\quad r \in F' \tag{3.15d}$$

式中,下角标 1,2 表示波导 1 和波导 2,上角标(1)和(2)表示所属区域 F_1(或 F_2)和 F',r 为坐标值;β_1 和 β_2 表示沿 z 方向两波导的传输常数;$\hat{\boldsymbol{E}}$,$\hat{\boldsymbol{H}}$ 表示横向电磁场的分布及大小,它们可以用 $\hat{\boldsymbol{E}}(x,y)$,$\hat{\boldsymbol{H}}(x,y)$或者 $\hat{\boldsymbol{E}}(x)$,$\hat{\boldsymbol{H}}(y)$及 $\hat{\boldsymbol{E}}(y)$,$\hat{\boldsymbol{H}}(x)$来表示,它们只代表单模的场,因为实际上有效耦合只存在于相同传播常数的模式之间,也就是说,常常在相同模式之间才能进行有效耦合.下面的推导仅限于单模,因为单模的解答很容易推广到多模的情况.

根据前面的第二条假定,两个波导同时存在时模式的分布为

$$\boldsymbol{E}_m = A_1(z)\boldsymbol{E}_1 + A_2(z)\boldsymbol{E}_2 \tag{3.16a}$$

$$\boldsymbol{H}_m = A_1(z)\boldsymbol{H}_1 + A_2(z)\boldsymbol{H}_2 \tag{3.16b}$$

上式表明:由于互相有干扰,各个波导中传播的模式幅度随距离 z 有变化,但各自的模式分布形式不变.由此可写出各区域中的场分布

$$\begin{cases}\boldsymbol{E}_m = A_1(z)\boldsymbol{E}_1^{(1)}, & r \in F_1 \\ \boldsymbol{H}_m = A_1(z)\boldsymbol{H}_1^{(1)}, & r \in F_1 \\ \boldsymbol{E}_m = A_1(z)\boldsymbol{E}_1^{(2)}, & r \in F' \quad (\text{波导 1 附近}) \\ \boldsymbol{H}_m = A_1(z)\boldsymbol{H}_1^{(2)}, & r \in F' \quad (\text{波导 1 附近})\end{cases} \tag{3.16c}$$

$$\begin{cases}\boldsymbol{E}_m = A_2(z)\boldsymbol{E}_2^{(1)}, & r \in F_2 \\ \boldsymbol{H}_m = A_2(z)\boldsymbol{H}_2^{(1)}, & r \in F_2 \\ \boldsymbol{E}_m = A_2(z)\boldsymbol{E}_2^{(2)}, & r \in F' \quad (\text{波导 2 附近}) \\ \boldsymbol{H}_m = A_2(z)\boldsymbol{H}_2^{(2)}, & r \in F' \quad (\text{波导 2 附近})\end{cases} \tag{3.16d}$$

上面各分式中的 $A_1(z)$和 $A_2(z)$是随 z 变化的幅值系数,$\boldsymbol{E}_1$,$\boldsymbol{E}_2$ 和 $\boldsymbol{H}_1$,$\boldsymbol{H}_2$ 为已知模式的场分布,因此只要求得 $A_1(z)$和 $A_2(z)$,则耦合波导的场分布 $\boldsymbol{E}_m$ 和 $\boldsymbol{H}_m$ 就可以得到.电场 $\boldsymbol{E}_1$(或 $\boldsymbol{E}_2$)与磁场 $\boldsymbol{H}_1$(或 $\boldsymbol{H}_2$)所用的幅度系数 $A_1(z)$(或$A_2(z)$)是相同的,这是因为我们已假定了各波导传输的电磁场保持各自原有特点的缘故.

式(3.16c)中的第一式、第二式的 $\boldsymbol{E}_m$ 和$\boldsymbol{H}_m$,以及式(3.14a)和式(3.14c)中的 $\boldsymbol{E}_1$ 和 $\boldsymbol{H}_1$ 是由 S_1,a_1 和 a 所构成的封闭体积内麦克斯韦方程的解.在该封闭体积内介质无损耗并为简谐振荡时,下面各式成立:

$$\nabla \times \boldsymbol{E}_1^{(1)*} = \mathrm{j}\omega\mu \boldsymbol{H}_1^{(1)*} \tag{3.17a}$$

$$\nabla \times \boldsymbol{H}_1^{(1)*} = -\mathrm{j}\omega\epsilon \boldsymbol{E}_1^{(1)*} \tag{3.17b}$$

$$\nabla \times (A_1(z)\boldsymbol{E}_1^{(1)}) = -\mathrm{j}\omega\mu(A_1(z)\boldsymbol{H}_1^{(1)}) \tag{3.17c}$$

$$\nabla \times (A_1(z)\boldsymbol{H}_1^{(1)}) = \mathrm{j}\omega\epsilon(A_1(z)\boldsymbol{E}_1^{(1)}) \tag{3.17d}$$

式中,* 号表示复共轭值.运用矢量恒定式可得

$$\begin{aligned}&\nabla\cdot(A_1\boldsymbol{E}_1^{(1)}\times\boldsymbol{H}_1^{(1)*} - A_1\boldsymbol{H}_1^{(1)}\times\boldsymbol{E}_1^{(1)*})\\ &= \boldsymbol{H}_1^{(1)*}\cdot\nabla\times(A_1\boldsymbol{E}_1^{(1)}) - A_1\boldsymbol{E}_1^{(1)}\cdot\nabla\times\boldsymbol{H}_1^{(1)*}\\ &\quad - \boldsymbol{E}_1^{(1)*}\cdot\nabla\times(A_1\boldsymbol{H}_1^{(1)}) + A_1\boldsymbol{H}_1^{(1)}\cdot\nabla\times\boldsymbol{E}_1^{(1)*}\\ &= 0\end{aligned}$$

再利用高斯定理我们得到

$$\begin{aligned}&\int_V \nabla\cdot[(A_1\boldsymbol{E}_1^{(1)})\times\boldsymbol{H}_1^{(1)*} - (A_1\boldsymbol{H}_1^{(1)})\times\boldsymbol{E}_1^{(1)*}]\mathrm{d}V\\ &= \int_S [A_1\boldsymbol{E}_1^{(1)}\times\boldsymbol{H}_1^{(1)*} - A_1\boldsymbol{H}_1^{(1)}\times\boldsymbol{E}_1^{(1)*}]\cdot\mathrm{d}\boldsymbol{S}\end{aligned}$$

$$= 0 \tag{3.18}$$

式中,积分面积 $S = a + a_1 + S_1$,以此代入式(3.18),则得到

$$\left[\int_{a} - \int_{a_1}\right](A_1 \boldsymbol{E}_1^{(1)} \times \boldsymbol{H}_1^{(1)*} - A_1 \boldsymbol{H}_1^{(1)} \times \boldsymbol{E}_1^{(1)*}) \cdot \boldsymbol{i}_z \mathrm{d}S$$

$$+ \int_{S_1}(A_1 \boldsymbol{E}_1^{(1)} \times \boldsymbol{H}_1^{(1)*} - A_1 \boldsymbol{H}_1^{(1)} \times \boldsymbol{E}_1^{(1)*}) \cdot \boldsymbol{i}_{r1} \mathrm{d}S = 0 \tag{3.19a}$$

这里,$\boldsymbol{i}_z$ 代表沿 z 方向的单位矢量,$\boldsymbol{i}_{r1}$ 代表垂直于 S_1 表面的单位矢量.

同样对 c, c_1, S_1, S_2 及 $\pm\infty$ 的面积所围成的 F' 区域进行运算,可得到

$$\left(\int_{c} - \int_{c_1}\right)[(A_1 \boldsymbol{E}_1^{(2)} + A_2 \boldsymbol{E}_2^{(2)}) \times \boldsymbol{H}_1^{(2)*}$$

$$- (A_1 \boldsymbol{H}_1^{(2)} + A_2 \boldsymbol{H}_2^{(2)}) \times \boldsymbol{E}_1^{(2)*}] \cdot \boldsymbol{i}_z \mathrm{d}S$$

$$- \int_{S_1}(A_1 E_1^{(2)} \times \boldsymbol{H}_1^{(2)*} - A_1 \boldsymbol{H}_1^{(2)} \times \boldsymbol{E}_1^{(2)*}) \cdot \boldsymbol{i}_{r_1} \mathrm{d}S$$

$$- \int_{S_2}(A_2 \boldsymbol{E}_2^{(2)} \times \boldsymbol{H}_1^{(2)*} - A_2 \boldsymbol{H}_2^{(2)} \times \boldsymbol{E}_1^{(2)*}) \cdot \boldsymbol{i}_{r_2} \mathrm{d}S = 0 \tag{3.19b}$$

式中,$\boldsymbol{i}_{r_2}$ 为垂直于 S_2 面的单位矢量.将式(3.19a)和式(3.19b)相加,由于 S_1 边界上电磁场切向分量连续,S_1 面的积分相互抵消,其结果为

$$\left(\int_{c} + \int_{a}\right)(A_1 \boldsymbol{E}_1 \times \boldsymbol{H}_1^{*} - A_1 \boldsymbol{H}_1 \times \boldsymbol{E}_1^{*}) \cdot \boldsymbol{i}_z \mathrm{d}S$$

$$- \left(\int_{c_1} + \int_{a_1}\right)(A_1 \boldsymbol{E}_1 \times \boldsymbol{H}_1^{*} - A_1 \boldsymbol{H}_1 \times \boldsymbol{E}_1^{*}) \cdot \boldsymbol{i}_z \mathrm{d}S$$

$$- \int_{S_2}(A_2 \boldsymbol{E}_2^{(2)} \times \boldsymbol{H}_1^{(2)*} - A_2 H_2^{(2)} \times \boldsymbol{E}_1^{(2)*}) \cdot \boldsymbol{i}_{r_2} \mathrm{d}S = 0 \tag{3.19c}$$

该式中略去了$\int_c (A_2 \boldsymbol{E}_2^{(2)} \times \boldsymbol{H}_1^{(2)*}) \cdot \boldsymbol{i}_z \mathrm{d}S$ 这类的积分项,因为它们都是波导外的电磁场,数值甚小,它们的乘积为二阶小量的缘故.

若以 P_0 和 P_{10} 分别代表通过波导横截面 a, b, c 的平均功率和峰值功率,则有

$$P_{10} = 4P_0 = \int_{c+a+b}(\boldsymbol{E}_1 \times \boldsymbol{H}_1^{*} - \boldsymbol{H}_1 \times \boldsymbol{E}_1^{*}) \cdot \boldsymbol{i}_z \mathrm{d}S$$

$$= \int_{c_1+a_1+b_1}(\boldsymbol{E}_1 \times \boldsymbol{H}_1^{*} - \boldsymbol{H}_1 \times \boldsymbol{E}_1^{*}) \cdot \boldsymbol{i}_z \mathrm{d}S$$

利用这种功率表示,并令 $z = z_1$ 和 z 处的幅度系数分别为 $A_1(z_1)$ 和 $A_1(z)$,则式(3.19c)变成

$$P_{10}[A_1(z) - A_1(z_1)] - A_1(z)\int_{b}(\boldsymbol{E}_1^{(2)} \times \boldsymbol{H}_1^{(2)*} - \boldsymbol{H}_1^{(2)} \times \boldsymbol{E}_1^{(2)*}) \cdot \boldsymbol{i}_z \mathrm{d}S$$

$$+ A_1(z_1)\int_{b_1}(\boldsymbol{E}_1^{(2)} \times \boldsymbol{H}_1^{(2)*} - \boldsymbol{H}_1^{(2)} \times \boldsymbol{E}_1^{(2)*}) \cdot \boldsymbol{i}_z \mathrm{d}S$$

$$- \int_{S_2}(A_2 \boldsymbol{E}_2^{(2)} \times \boldsymbol{H}_1^{(2)*} - A_2 \boldsymbol{H}_2^{(2)} \times \boldsymbol{E}_1^{(2)*}) \cdot \boldsymbol{i}_{r_2} \mathrm{d}S = 0$$

式中,第二项、第三项仍为二阶小量可以略去,则上式可近似为

$$P_{10}[A_1(z) - A_1(z_1)] = \int_{S_2}(A_2 \boldsymbol{E}_2^{(2)} \times \boldsymbol{H}_1^{(2)*} - A_2 \boldsymbol{H}_2^{(2)} \times \boldsymbol{E}_1^{(2)*}) \cdot \boldsymbol{i}_z \mathrm{d}S$$

$$= \int_{C_b}\int_{z_1}^{z}[A_2(z')\boldsymbol{E}_2^{(2)} \times \boldsymbol{H}_1^{(2)*} - A_2(z')\boldsymbol{H}_2^{(2)} \times \boldsymbol{E}_1^{(2)*}] \cdot \mathrm{d}C_b \mathrm{d}z'$$

这里，C_b 是 z 为常数时 S_2 表面上的周界线，dC_b 为周界线的微分长度. 当 $z \to z_1$ 时可得到下面的微分表示式

$$P_{10}\frac{dA_1(z)}{dz} = A_2(z)\int_{C_b}(\boldsymbol{E}_2^{(2)} \times \boldsymbol{H}_1^{(2)*} - \boldsymbol{H}_2^{(2)} \times \boldsymbol{E}_1^{(2)*}) \cdot dC_b$$

将式(3.14b)、式(3.14d)和式(3.15b)、式(3.15d)代入可得到

$$\begin{aligned} P_{10}\frac{dA_1(z)}{dz} &= A_2(z)\exp[j(\beta_1 - \beta_2)z] \times \int_{c_b}(\hat{\boldsymbol{E}}_2^{(2)} \times \hat{\boldsymbol{H}}_1^{(2)*} - \hat{\boldsymbol{H}}_2^{(2)} \times \hat{\boldsymbol{E}}_1^{(2)*}) \cdot dC_b \\ &= A_2(z)K_{21}'\exp[j(\beta_1 - \beta_2)z] \end{aligned} \tag{3.20a}$$

其中，K_{21}' 为耦合系数，代表 $A_2(z)$ 引起 $A_1(z)$ 变化的比例系数，表达式为

$$K'_{21} = \int_{C_b}(\hat{\boldsymbol{E}}_2^{(2)} \times \hat{\boldsymbol{H}}_1^{(2)*} - \hat{\boldsymbol{H}}_2^{(2)} \times \hat{\boldsymbol{E}}_1^{(2)*}) \cdot dC_b \tag{3.20b}$$

β_1 和 β_2 分别为 $\boldsymbol{E}_1$ 和 $\boldsymbol{E}_2$ 模式的传播常数.

同理我们也可得到下列方程：

$$P_{20} = \frac{dA_2(z)}{dz} = A_1(z)K_{12}'\exp[j(\beta_2 - \beta_1)z] \tag{3.20c}$$

$$K'_{12} = \int_{C_a}(\hat{\boldsymbol{E}}_1^{(2)} \times \hat{\boldsymbol{H}}_2^{(2)*} - \hat{\boldsymbol{H}}_1^{(2)} \times \hat{\boldsymbol{E}}_2^{(2)*}) \cdot dC_a \tag{3.20d}$$

$$P_{20} = \int_{c+a+b}(\boldsymbol{E}_2 \times \boldsymbol{H}_2^* - \boldsymbol{H}_2 \times \boldsymbol{E}_2^*) \cdot \boldsymbol{i}dS \tag{3.20e}$$

式中，C_a 是 z 为常数时波导 1 的周界线，dC_a 为其周界微分长度. 它和 dC_b 一样，数值为微分长度，方向由 S_2 或 S_1 界面内指向外.

若令 $K_{21} = -j\dfrac{K'_{21}}{P_{10}}$，$K_{12} = -j\dfrac{K'_{12}}{P_{20}}$，式(3.20a)和式(3.20c)可改写为

$$\frac{dA_1(z)}{dz} = jA_2(z)K_{21}\exp[j(\beta_1 - \beta_2)z] \tag{3.21a}$$

$$\frac{dA_2(z)}{dz} = jA_1(z)K_{12}\exp[j(\beta_2 - \beta_1)z] \tag{3.21b}$$

这就是 $\boldsymbol{E}_1$ 和 $\boldsymbol{E}_2$ 模式之间的耦合波方程. 再令

$$a_1 = A_1(z)\exp(-j\beta_1 z) \tag{3.22a}$$

$$a_2 = A_2(z)\exp(-j\beta_2 z) \tag{3.22a}$$

则式(3.21)变成常见的耦合波方程

$$\frac{da_1}{dz} = -j\beta_1 a_1 + ja_2K_{21} \tag{3.23a}$$

$$\frac{da_2}{dz} = -j\beta_2 a_2 + ja_1K_{12} \tag{3.23b}$$

耦合系数 K_{12}，K_{21} 的表示式为

$$K_{21} = -j\frac{\int_{C_b}[\hat{\boldsymbol{E}}_2^{(2)} \times \hat{\boldsymbol{H}}_1^{(2)*} - \hat{\boldsymbol{H}}_2^{(2)} \times \hat{\boldsymbol{E}}_1^{(2)*}] \cdot dC_b}{\int_{c+a+b}[\boldsymbol{E}_1 \times \boldsymbol{H}_1^* - \boldsymbol{H}_1 \times \boldsymbol{E}_1^*] \cdot \boldsymbol{i}_z dS} \tag{3.24a}$$

$$K_{12} = -j\frac{\int_{C_a}[\hat{\boldsymbol{E}}_1^{(2)} \times \hat{\boldsymbol{H}}_2^{(2)*} - \hat{\boldsymbol{H}}_1^{(2)} \times \hat{\boldsymbol{E}}_2^{(2)*}] \cdot dC_a}{\int_{c+a+b}[\boldsymbol{E}_2 \times \boldsymbol{H}_2^* - \boldsymbol{H}_2 \times \boldsymbol{E}_2^*] \cdot \boldsymbol{i}_z dS} \tag{3.24b}$$

耦合系数 K_{12} 与 K_{21} 之间具有一定的关系，假定介质为无损耗的，由式(3.22a)和式(3.22b)可知，通过波导 1 和波导 2 横截面传输的平均功率应分别为 $|a_1|^2$ 和 $|a_2|^2$，两波导中的平均传输总功率和($|a_1|^2+|a_2|^2$)是不随 z 变化的，即

$$\frac{\mathrm{d}}{\mathrm{d}z}(|a_1|^2+|a_2|^2)=\frac{\mathrm{d}}{\mathrm{d}z}(a_1a_1{}^*+a_2a_2^*)=0$$

将耦合波方程(3.23)代入上式可得到

$$K_{12}=K_{21}^* \tag{3.25}$$

假定两个耦合波导为对称结构，即图 3.11 中 $n_1=n_2$，两波导形状大小相同，则式(3.24)的 $\hat{E}_1$，$\hat{H}_1$ 和 $\hat{E}_2$，$\hat{H}_2$ 是对称相等的，故有

$$K_{12}=K_{21} \tag{3.26}$$

再与式(3.25)比较可见，两个相同的耦合波导，在无损耗时的耦合系数 K_{12} 与 K_{21} 为彼此相等的实数.

由于两波导之间存在耦合，$A_1(z)$ 和 $A_2(z)$ 都随 z 变化，$A_2(z)$ 的增大必然伴随着 $A_1(z)$ 的变小. 由式(3.21b)可有

$$A_2(z)=\mathrm{j}K_{12}\int_0^z A_1(z)\exp[\mathrm{j}(\beta_2-\beta_1)z]\mathrm{d}z \tag{3.27}$$

式中，β_1 和 β_2 是两波导中的传播常数. 在 $z=0$ 处 $A_2(0)=0$，但在 $z=L$ 处 $A_2(L)$ 就具有一定幅度的电磁波了.

若 $\beta_2\neq\beta_1$，即两个模传播常数不相同，由于 $\beta_1\propto k_0n_1$，$\beta_2\propto k_0n_2$，它们是很大的值，也就是说实际耦合长度 L 会比波长大很多，$\exp[\mathrm{j}(\beta_2-\beta_1)z]$ 的位相将历经很多个周期变化，其实部 $\cos(\beta_1-\beta_2)z$ 和虚部 $\sin(\beta_1-\beta_2)z$ 与 $A_1(z)K_{12}$ 的乘积所形成的函数是周期振荡形式，式(3.27)的积分值不能累积到有效数值. 因此，不同模式(或不同传播常数)之间不能获得有效的耦合.

当 $\beta_2=\beta_1=\beta$ 时

$$A_2(z)=\mathrm{j}K_{12}\int_0^z A_1(z)\mathrm{d}z \tag{3.28}$$

这时没有快速周期变化的因子，积分可得到有效值，即两波导对于相同模式可得到有效的耦合. 假定式(3.21)的解

$$A_1=B_1\exp(-\mathrm{j}Kz)+B_2\exp(\mathrm{j}Kz)$$

则有

$$A_2=-\frac{K}{K_{21}}B_1\exp(-\mathrm{j}Kz)+\frac{K}{K_{21}}B_2\exp(\mathrm{j}Kz)$$

由式(3.22)得到

$$a_1(z)=[B_1\exp(-\mathrm{j}Kz)+B_2\exp(\mathrm{j}Kz)]\exp(-\mathrm{j}\beta z) \tag{3.29a}$$

$$a_2(z)=\frac{K}{K_{21}}[-B_1\exp(-\mathrm{j}Kz)+B_2\exp(\mathrm{j}Kz)]\exp(-\mathrm{j}\beta z) \tag{3.29b}$$

将式(3.29)代入式(3.23b)得系数 K：

$$K=\sqrt{K_{12}\cdot K_{21}} \tag{3.30}$$

在 $z=0$ 处

$$a_1=a_1(0) \tag{3.31a}$$

$$a_2=a_2(0) \tag{3.31b}$$

因此，系数 B_1 和 B_2 为

$$B_1 = \frac{1}{2}\left[a_1(0) - \frac{1}{2}\sqrt{\frac{K_{21}}{K_{12}}}a_2(0)\right]$$

$$B_2 = \frac{1}{2}\left[a_1(0) + \frac{1}{2}\sqrt{\frac{K_{21}}{K_{12}}}a_2(0)\right]$$

式(3.29)变成为

$$a_1(z) = \left[a_1(0)\cos(Kz) + \mathrm{j}\sqrt{\frac{K_{21}}{K_{12}}}a_2(0)\sin(Kz)\right]\exp(-\mathrm{j}\beta z) \tag{3.32a}$$

$$a_2(z) = \left[a_2(0)\cos(Kz) + \mathrm{j}\sqrt{\frac{K_{12}}{K_{21}}}a_1(0)\sin(Kz)\right]\exp(-\mathrm{j}\beta z) \tag{3.32b}$$

为了清楚看出 $a_1(z)$ 和 $a_2(z)$ 变化的物理图像，可假定 K_{12}，K_{21} 为实数，那么 $K=\sqrt{K_{12}K_{21}}$ 也为实数，同时取 $a_2(0)=0$，由式(3.32)得到

$$a_1(z) = a_1(0)\cos(Kz)\exp(-\mathrm{j}\beta z) \tag{3.33a}$$

$$a_2(z) = \mathrm{j}\sqrt{\frac{K_{12}}{K_{21}}}a_1(0)\sin(Kz)\exp(-\mathrm{j}\beta z) \tag{3.33b}$$

该式表明两波导中场的幅度是变化的，功率在两波导间不断交替地变化．在通常情况下(或假定为对称耦合波导)，$\sqrt{\frac{K_{12}}{K_{21}}}\approx 1$，上式简化为

$$a_1(z) = a_1(0)\cos(Kz)\exp(-\mathrm{j}\beta z) \tag{3.34a}$$

$$a_2(z) = \mathrm{j}a_1(0)\sin(Kz)\exp(-\mathrm{j}\beta z) \tag{3.34b}$$

这时各波导内传输功率 P_1 和 P_2 为

$$P_1 = |a_1(0)|^2\cos^2(Kz) \tag{3.35a}$$

$$P_2 = |a_1(0)|^2\sin^2(Kz) \tag{3.35b}$$

功率随 z 的变化表示在图 3.12 中，沿 z 方向的传输功率在两波导间周期性地交替变化．显然，要使能量由波导 1 全部耦合到波导 2 中，耦合距离应满足

$$\sin^2(KL) = 1,\quad KL = m\frac{\pi}{2},m\ \text{为奇数} \tag{3.36}$$

这便是前面式(3.8)给出的最佳耦合长度．还应当看到，两波导间的模式位相有 $\pi/2$ 的差别．

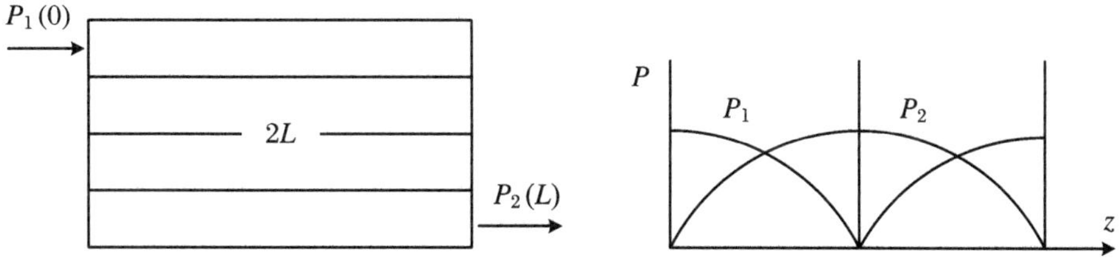

图 3.12　耦合波导间的功率转换

前面的分析是假定电磁波在耦合波导中传输是无损耗的过程．在有损耗时，传播常数 β 则为复数

$$\beta = \beta_0 - \mathrm{j}\alpha$$

我们可近似地认为，有损耗时耦合特性基本不变，而只是 $a_1(z)$ 和 $a_2(z)$ 随 z 而衰减．式(3.34)可写成

$$a_1(z) = a_1(0)\cos(Kz)\exp(-\mathrm{j}\beta_0 z)\exp(-\alpha z)$$
$$a_2(z) = \mathrm{j}a_1(0)\sin(Kz)\exp(-\mathrm{j}\beta_0 z)\exp(-\alpha z)$$

这时,图 3.12 中的周期性转换功率现象也将随 z 变大而衰减.

下面给出 GaAs 波导耦合器的实验.实验样品为两对波导,各波导的深度、宽度以及两波导间距均为 3 μm.各对中两波导的耦合长度 $L=1$ mm,且 $KL\approx\pi/4$.图 3.13 是波导实验样品断面,小方块表示波导,黑点表示端射式耦合入射的光斑位置.图右边是示波器显示的波导端面输出的光强分布.由于 $KL\approx\pi/4$,因此入射光斑无论是射在哪一个波导上,或射在两波导之间,或者靠近其中任一波导,经过 1 mm 长的耦合传输后,光功率几乎是平均地分配在两个波导中的,图右边的输出光强分布情况清楚地表明了这一点.若将上述的波导样品取长度 $L=2.1$ mm,即 $KL\approx\pi/2$,这种耦合器的耦合效率可达到 100%.图 3.14 表示了这样的实验情况.由图可见,当光束入射在两波导之间(即 $a_1(0)=a_2(0)$)时,大量的光能量未能耦合到波导中.输出端光强较弱,但是在两波导中分配平均.当入射光束在右波导或左波导上,输出端光束全部由左波导或右波导射出.

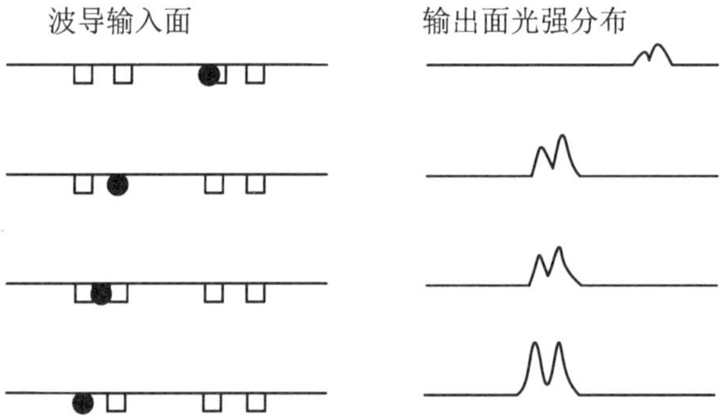

图 3.13　条形波导定向耦合器的输出光强分布随耦合入射光斑位置的变化

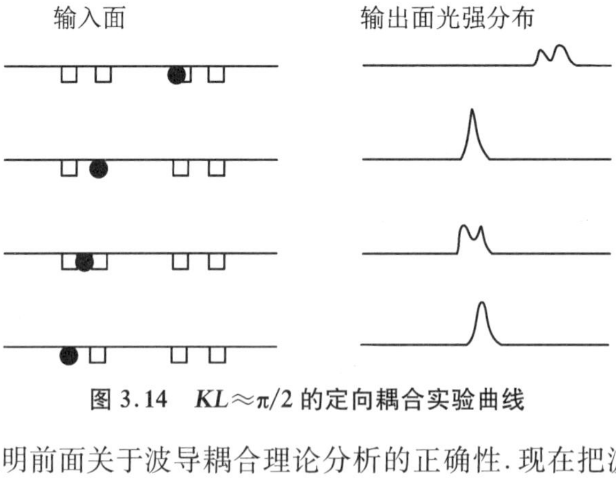

图 3.14　$KL\approx\pi/2$ 的定向耦合实验曲线

这些实验结果说明前面关于波导耦合理论分析的正确性.现在把波导耦合的特性归纳如下:

(1) 两条形波导间由倏逝波进行弱耦合时,耦合特性由耦合波方程式(3.23)描述.耦合波方程是描述耦合现象的基本方程,它不仅适用于计算光波导的耦合问题,而且也适用于计算其他一些电磁波的耦合问题和一些机械振动的耦合问题等.因此,式(3.23)所描述的耦合特性是具有普遍意义的.

(2) 波导介质无损耗时，$K_{12}=K_{21}^{*}$；对于对称波导而言，$K_{12}=K_{21}=$实数.

(3) 两波导间只有相同传播常数($\beta_1=\beta_2=\beta$)的模之间才能进行有效的耦合. 光功率在两波导之间周期性地转换，其周期 $L\approx\pi/(2K)$. 传播常数不同($\beta_1\neq\beta_2$)的模式之间不能进行有效的耦合.

(4) 波导介质有损耗时，耦合特性基本不变，但两波导中导模的幅度随 z 而衰减.

3.3.2 光波导耦合系数

在 3.3.1 的分析中可以看到，只要耦合系数能求得，一些耦合问题的分析也就容易进行了. 波导间是通过倏逝波相互作用的，而倏逝波则由波导结构和介质情况(如图 3.11 中的 n_1，n_2 和 n_3 等)确定，所以耦合系数 K_{12}或 K_{21}也必然由这些因素所决定. 除式(3.24)的定义外，本节给出物理意义较明确的用极化电流推导的耦合系数公式以及一些计算例子.

在波导 1 中的模式电磁场 a_1，$\hat{\boldsymbol{E}}_1$ 也深入到波导外围和波导 2 中，它引起介质的极化，这种极化过程是随激发场一同向前的，其传播常数也为 β_1，这便在波导 2 中激发起附加的极化电流；波导 2 的电磁场也在波导 1 中激发起这种附加极化电流.

波导 1 的电磁场在波导 2 的区域中可写成

$$\begin{aligned}\nabla\times\boldsymbol{H}_1^{(2)}&=\varepsilon_0{n_3}^2\frac{\partial\boldsymbol{E}_1^{(2)}}{\partial t}\\&=\varepsilon_0{n_2}^2\frac{\partial\boldsymbol{E}_1^{(2)}}{\partial t}+\frac{\partial}{\partial t}\boldsymbol{E}_1^{(2)}(\varepsilon_0{n_3}^2-\varepsilon_0{n_2}^2)\end{aligned}\tag{3.37}$$

该式与具有电流源时的麦克斯韦方程

$$\nabla\times\boldsymbol{H}=\varepsilon_0 n^2\frac{\partial\boldsymbol{E}}{\partial t}+\boldsymbol{J}\tag{3.38}$$

相比较表明：可认为 $\boldsymbol{E}_1^{(2)}$ 在介质 $\varepsilon_0 n_2^2$ 中传播，但附加了一个电流源$\frac{\partial}{\partial t}\boldsymbol{E}_1^{(2)}(\varepsilon_0 n_3^2-\varepsilon_0 n_2^2)$，$\boldsymbol{E}_1^{(2)}(\varepsilon_0 n_3^2-\varepsilon_0 n_2^2)$为电极化分量，通常称为微扰极化，此电流源也就称为极化电流. 由此可见，$\boldsymbol{F}_2$ 区域为波导 2 介质占有时，原有的电磁场，即 $\boldsymbol{F}_2$ 处为 n_3 介质的电磁场不变，仅在波导 2 的区域内附加上一极化电流源 $\boldsymbol{J}_{n1}$.

$$\begin{aligned}\boldsymbol{J}_{n1}&=\frac{\partial}{\partial t}\boldsymbol{E}_1^{(2)}\varepsilon_0({n_3}^2-n_2^2)\\&=\frac{\partial}{\partial t}\boldsymbol{E}_1^{(2)}\Delta\varepsilon=\mathrm{j}\omega\boldsymbol{E}_1^{(2)}\Delta\varepsilon\end{aligned}\tag{3.39}$$

电磁场 $\boldsymbol{E}_1^{(2)}$，$\boldsymbol{H}_1^{(2)}$ 随 z 变化的幅度系数为 $a_1(z)$，$\boldsymbol{J}_{n1}$也应为 $\mathrm{j}\omega a_1(z)\hat{\boldsymbol{E}}_1^{(2)}\Delta\varepsilon$. 波导 2 中的电场为 $a_2(z)\hat{\boldsymbol{E}}_2^{(1)}$，它与电流密度 $\boldsymbol{J}_{n1}$作用，从而使得 $\boldsymbol{E}_2^{(1)}$ 和 $\boldsymbol{E}_1^{(2)}$ 之间交换功率，引起波导中传播功率的变化，即发生了耦合. $\mathrm{d}V$ 体积中 $\hat{\boldsymbol{E}}_2^{(1)}$ 电场给极化电流的功率为 $\mathrm{d}P_0$

$$\begin{aligned}\mathrm{d}P_0=&-\frac{1}{4}[a_2(z)\hat{\boldsymbol{E}}_2^{(1)}\cdot a_1^*(z)(-\mathrm{j}\omega\hat{\boldsymbol{E}}_1{}^{(2)*}\Delta\varepsilon)\\&+a_2^*(z)\hat{\boldsymbol{E}}_2^{(1)*}\cdot a_1(z)\mathrm{j}\omega\hat{\boldsymbol{E}}_1^{(2)}\Delta\varepsilon]\mathrm{d}V\end{aligned}\tag{3.40}$$

在 V 体积中总功率变化量 ΔP_0 为

$$\Delta P_0 = -\frac{1}{4}\int_V [a_2(z)\hat{\boldsymbol{E}}_2^{(1)} \cdot a_1^*(z)(-\mathrm{j}\omega\hat{\boldsymbol{E}}_1^{(2)*}\Delta\varepsilon) + a_2^*(z)\hat{\boldsymbol{E}}_2^{(1)*} \cdot a_1(z)\mathrm{j}\omega\hat{\boldsymbol{E}}_1^{(2)}\Delta\varepsilon]\mathrm{d}V \tag{3.41}$$

显然，ΔP_0 变化量必然引起波导 1 中传输功率发生相同的变化

$$\begin{aligned}\Delta P_0 &= P_1(z = z') - P_1(z)\\ &= -\frac{1}{4}\int_z^{z'}\int_S 2\mathrm{Re}[a_2(z)\hat{\boldsymbol{E}}_2^{(1)} \cdot a_1^*(z)(-\mathrm{j}\omega\hat{\boldsymbol{E}}_1^{(2)*})\Delta\varepsilon]\mathrm{d}x\mathrm{d}y\mathrm{d}z\end{aligned}$$

其微分形式为

$$\frac{\mathrm{d}P_1(z)}{\mathrm{d}z} = -\frac{1}{4}\int_S 2\mathrm{Re}[a_2\hat{\boldsymbol{E}}_2^{(1)} \cdot a_1^*(-\mathrm{j}\omega\hat{\boldsymbol{E}}_1^{(2)*})\Delta\varepsilon]\mathrm{d}x\mathrm{d}y \tag{3.42}$$

由式(3.23a)可得到

$$\begin{aligned}\frac{\mathrm{d}P_1}{\mathrm{d}z} &= \frac{\mathrm{d}|a_1|^2}{\mathrm{d}z} = a_1^*\frac{\mathrm{d}a_1}{\mathrm{d}z} + a_1\frac{\mathrm{d}a_1^*}{\mathrm{d}z}\\ &= a_1^*(-\mathrm{j}\beta_1 a_1 + \mathrm{j}a_2K_{21}) + a_1(\mathrm{j}\beta_1 a_1^* + \mathrm{j}a_2^*K_{21}^*)\\ &= 2\mathrm{Re}[\mathrm{j}a_1^*a_2K_{21}]\end{aligned} \tag{3.43}$$

该式与式(3.42)比较便有

$$\begin{aligned}K_{21} &= \frac{\omega\varepsilon_0}{4}\int_S \hat{\boldsymbol{E}}_2^{(1)} \cdot \hat{\boldsymbol{E}}_1^{(2)*}(n_3^2 - n_2^2)\mathrm{d}S\\ &= \frac{\omega\varepsilon_0}{4}\int_{S_2} \hat{\boldsymbol{E}}_2 \cdot \hat{\boldsymbol{E}}_1^*(n_3^2 - n_2^2)\mathrm{d}S\end{aligned} \tag{3.44a}$$

其中，$\Delta\varepsilon = \varepsilon_0({n_3}^2 - {n_2}^2)$只在波导 2 处不为零，所以积分域为波导 2 的面积 S_2. 同样可以得到另一个耦合系数 K_{12}：

$$K_{12} = \frac{\omega\varepsilon_0}{4}\int_{S_1} \hat{\boldsymbol{E}}_1 \cdot \hat{\boldsymbol{E}}_2^*(n_3^2 - n_1^2)\mathrm{d}S \tag{3.44b}$$

下面我们计算薄膜波导的耦合系数. 若薄膜表面取为 yz 平面，膜厚为 h，导波沿 z 传输，两波导相距为 D，两波导为对称相等结构(如图 3.15 所示). 它们的折射率都为 n_1，周围介质为 n_2. 对于 TE 模而言，这种对称波导的电场只有 $\boldsymbol{E}_y$，由式(2.67)波导 1 的场为

$$E_{1y} = \begin{cases} A_1\cos(k_{1x}x), & 0 \leqslant |x| \leqslant \dfrac{h}{2}\\ A_1\cos\left(k_{1x}\dfrac{h}{2}\right)\exp\left[-k'_{2x}\left(|x| - \dfrac{h}{2}\right)\right], & \dfrac{h}{2} \leqslant |x| \leqslant \infty \end{cases} \tag{3.45}$$

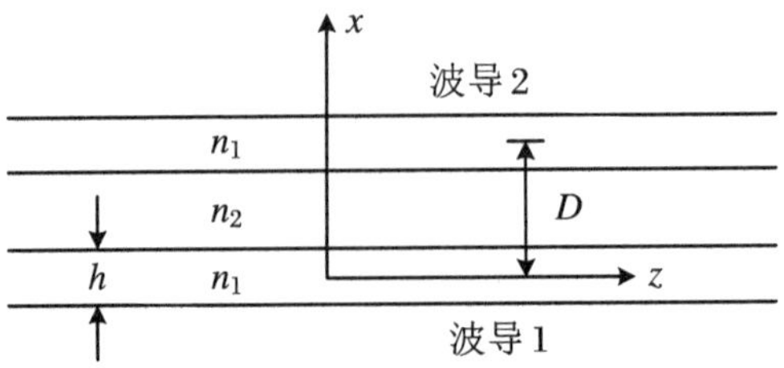

图 3.15　耦合薄膜波导结构

同样，波导 2 的场分布为

$$E_{2y}=\begin{cases}A_2\cos[k_{1x}(D-x)], & 0\leqslant|D-x|\leqslant\dfrac{h}{2}\\ A_2\cos\left(k_{1x}\dfrac{h}{2}\right)\exp\left[-k'_{2x}\left(|D-x|-\dfrac{h}{2}\right)\right], & \dfrac{h}{2}\leqslant|D-x|<\infty\end{cases}\tag{3.46}$$

其中，k_{1x}，k'_{2x}由(2.68)式可知

$$k_{1x}^2=k_0^2n_1^2-\beta^2\tag{3.47a}$$

$$k'^2_{2x}=\beta^2-k_0^2n_2^2\tag{3.47b}$$

$$\tan\left(k_{1x}\frac{h}{2}\right)=\frac{k'_{2x}}{k_{1x}}\tag{3.47c}$$

在 y 方向单位长度横截面上，各个模式通过的平均功率为

$$\begin{aligned}P_0&=\frac{1}{4}P_{10}=\frac{1}{4}\int_{-\infty}^{\infty}(\boldsymbol{E}_1\times\boldsymbol{H}_1^*-\boldsymbol{H}_1\times\boldsymbol{E}_1^*)\cdot\boldsymbol{i}_x\mathrm{d}x\\&=\frac{1}{2}\int_{-\infty}^{\infty}E_yH_x^*\,\mathrm{d}x=\frac{\beta}{\omega\mu_0}\int_0^{\infty}|E_y|^2\mathrm{d}x\end{aligned}\tag{3.48}$$

将式(3.45)代入上式积分后得到

$$P_0=\frac{\beta^2}{\omega\mu_0}\cdot\frac{A_1^2}{2}\left(\frac{h}{2}+\frac{1}{k'_{2x}}\right)$$

$$A_1=\left[\frac{2\omega\mu_0P_0}{\beta\left(\dfrac{h}{2}+\dfrac{1}{k'_{2x}}\right)}\right]^{\frac{1}{2}}\tag{3.49a}$$

通常 P_0 归一化为 $P_0=1$，所以

$$A_1=\left[\frac{2\omega\mu_0}{\beta\left(\dfrac{h}{2}+\dfrac{1}{k'_{2x}}\right)}\right]^{\frac{1}{2}}\tag{3.49b}$$

同样可得到 A_2 与 A_1 的表示式相同.

由于耦合波导为对称结构，则由式(3.44)可得

$$\begin{aligned}K_{21}=K_{12}&=\frac{\omega\varepsilon_0}{4}\int_{S_1(\text{或}S_2)}(n_2^2-n_1^2)E_{1y}E_{2y}\mathrm{d}S\\&=\frac{\omega\varepsilon_0A_1A_2}{4}\int_{-h/2}^{h/2}(n_2^2-n_1^2)\cos\left(k_{1x}\frac{h}{2}\right)\cos(k_{1x}x)\\&\quad\times\exp\left[-k'_{2x}\left(D-x-\frac{h}{2}\right)\right]\mathrm{d}x\\&=\frac{k_{1x}^2k'^2_{2x}}{\beta\left(1+k'_{2x}\dfrac{h}{2}\right)(k_{1x}^2+k'^2_{2x})}\exp[-k'_{2x}(D-h)]\end{aligned}\tag{3.50}$$

上面薄膜波导的耦合系数计算，是在薄膜波导为无穷大宽度，耦合作用为均匀分布的假定下得到的.

3.3.3　棱镜耦合器的分析

图 3.1 所示的棱镜耦合器可以看作是多层介质耦合系统(图 3.16(a)). 波导介质 n_1 中的波束 A_1，B_1 和棱镜介质 n_3 中的波束 A_3，B_3 通过空气间隙或其他介质 n_2 进行耦合. 具体地说，图 3.16(b)中入射到波导下表面($x=0$)的光束 A_1，它产生反射束 B_1，在 $z=z_n$ 时

由上表面($x=d$)处又有反射束 $A_1{}'$,并在棱镜介质 n_3 中产生漏泄波束 $B_3{}'$;图 3.16(c)中 $z=z_n$ 处入射到棱镜底面($x=d+h_a$)处的 A_3 产生反射波束 $B_3{}''$,在波导中激发起泄漏波束 $A_1{}''$.因此,在 $z=z_n$ 处向波导下表面的入射束为$A_1(z_n)=A_1{}'+A_1{}''$,棱镜底面的反射束为 $B_3=B_3{}'+B_3{}''$.B_1 也由 $A_1{}'$和$A_1{}''$的反射束组成$B_1=B_1{}'+B_1{}''$.显然若知道 A_1 和 A_3,B_3 和 A_1(或 A_3)之间的变化关系,棱镜耦合器的情况也就清楚了.下面先分析各个波束,即各界面的反射情况,然后给出 $B_3(z)$,$A_1(z)$和 $A_3(z)$的关系.

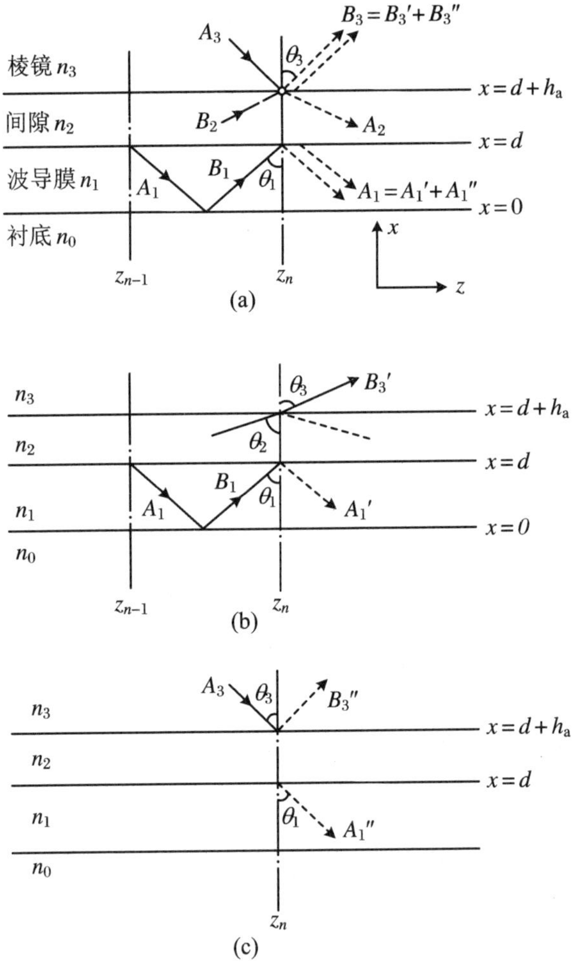

图 3.16　棱镜耦合分析简图

对于 TE 平面波,场分量为 E_y,H_x,H_z.令 A_1,B_1 等代表 E_y,可写成下列形式:

$$\exp[\mathrm{j}(\omega t-k_{xi}x-\beta z)],\quad \begin{cases} i=0\text{ 代表衬底} \\ i=1\text{ 代表波导 } n_1 \\ i=2\text{ 代表间隙 } n_2 \\ i=3\text{ 代表棱镜 } n_3 \end{cases} \tag{3.51}$$

式中,β 为传播常数($\beta=k_0n_i\sin\theta_i$),耦合中各波束沿 z 传播速度相同,所以 $\exp[\mathrm{j}(\omega t-\beta z)]$因子是共同的,可以略去;$k_{xi}=k_0n_i\cos\theta_i$,$A_i$ 波束逆着 x 方向以 $\exp(\mathrm{j}k_{xi}x)$表示,B_i 波束顺着x 方向以 $\exp(-\mathrm{j}k_{xi}x)$表示.各介质中的场分量为

在棱镜介质 n_3 中

$$E_{y3} = B'_3\exp[-\mathrm{j}k_{x3}(x-d-h_a)] \tag{3.52a}$$

$$H_{z3} = \frac{\mathrm{j}}{\omega\mu}\frac{\partial E_y}{\partial x} = \rho B'_3 n_3\cos\theta_3\exp[-\mathrm{j}k_{x3}(x-d-h_a)] \tag{3.52b}$$

在间隙 n_2 中

$$E_{y2} = B_2\exp[-k'_{x2}(x-d)] + A_2\exp[k'_{x2}(x-d)] \tag{3.53a}$$

$$\begin{aligned}H_{z2} = &-\rho\frac{\mathrm{j}k'_{x2}}{k_0}B_2\exp[-k'_{x2}(x-d)]\\ &+\rho\frac{\mathrm{j}k'_{x2}}{k_0}A_2\exp[k'_{x2}(x-d)]\end{aligned} \tag{3.53b}$$

式中,$\rho = k_0/(\omega\mu)$. 在 3.1.1 节中我们已知知道,间隙中的场为指数衰减形式,该式与式(3.6)相一致.

在波导介质 n_1 中

$$E_{y1} = B_1\exp[-\mathrm{j}k_{x1}(x-d)] + A'_1\exp[\mathrm{j}k_{x1}(x-d)] \tag{3.54a}$$

$$\begin{aligned}H_{z1} = &\rho B_1 n_1\cos\theta_1\exp[-\mathrm{j}k_{x1}(x-d)]\\ &-\rho A'_1 n_1\cos\theta_1\exp[\mathrm{j}k_{x1}(x-d)]\end{aligned} \tag{3.54b}$$

在衬底 n_0 中

$$E_{y0} = A_0\exp(k'_{x0}x) \tag{3.55a}$$

$$H_{z0} = -\rho\frac{\mathrm{j}k'_{x0}}{k_0}A_0\exp(k'_{x0}x) \tag{3.55b}$$

类同第2章的式(2.45),上述各波矢为

$$\begin{cases}\beta = k_0 n_3\sin\theta_3\\ k_{x3}^2 = k_0^2 n_3^2 - \beta^2\\ k'^2_{x2} = \beta^2 - k_0^2 n_2^2\\ k_{x1}^2 = k_0^2 n_1^2 - \beta^2\\ k'^2_{x0} = \beta^2 - k_0^2 n_0^2\end{cases} \tag{3.56}$$

它们都为正实数,为书写简便,采用下列符号:

$$\tan\phi_{10} = \frac{k'_{x0}}{k_{x1}},\quad \tan\phi_{12} = \frac{k'_{x2}}{k_{x1}},\quad \tan\phi_{32} = \frac{k'_{x2}}{k_{x3}} \tag{3.57}$$

我们在讨论薄膜波导界面反射时曾得到

$$\frac{B_1}{A_1} = \exp(\mathrm{j}2\phi_{10}) \tag{3.58a}$$

$$\frac{A'_1}{B_1} = \exp(\mathrm{j}2\phi_{12}),\quad h_a = \infty \tag{3.58b}$$

波导横向共振条件为

$$2k_{x1}d - 2\phi_{10} - 2\phi_{12} = 2m\pi,\quad m = 0,1,2,\cdots \tag{3.59}$$

由 $x = d$ 和 $x = d + h_a$ 处的边界条件,切向电磁场连续,可以得到下列关系:

$$B_1 + A'_1 = B_2 + A_2 \tag{3.60a}$$

$$B_1 - A'_1 = \frac{\mathrm{j}k'_{x2}}{k_{x1}}(-B_2 + A_2) \tag{3.60b}$$

$$B'_3 = B_2\exp(-k'_{x2}h_a) + A_2\exp(k'_{x2}h_a) \tag{3.60c}$$

$$B_3' = \frac{jk_{x2}'}{k_{x3}}[-B_2\exp(-k_{x2}'h_a) + A_2\exp(k_{x2}'h_a)] \tag{3.60d}$$

由它们可得下列方程组：

$$\frac{B_2}{A_2} = \exp(2k_{x2}'h_a)\left[\frac{\frac{jk_{x2}'}{k_{x3}} - 1}{1 + \frac{jk_{x2}'}{k_{x3}}}\right] \tag{3.61a}$$

$$\frac{B_2}{A_2} = \frac{B_1\left(\frac{jk_{x2}'}{k_{x1}} - 1\right) + A_1'\left(\frac{jk_{x2}'}{k_{x1}} + 1\right)}{B_1\left(\frac{jk_{x2}'}{k_{x1}} + 1\right) + A_1'\left(\frac{jk_{x2}'}{k_{x1}} - 1\right)} \tag{3.61b}$$

其解为

$$\begin{aligned}\Gamma_1 = \frac{A_1'}{B_1} &= r_1\exp(j2\phi_{12}') \\ &= \frac{(\tan\phi_{32} - \tan\phi_{12}) + j[\tanh(k_{x2}'h_a)][1 + \tan\phi_{32}\tan\phi_{12}]}{(\tan\phi_{32} + \tan\phi_{12}) + j[\tanh(k_{x2}'h_a)][1 - \tan\phi_{32}\tan\phi_{12}]}\end{aligned} \tag{3.62}$$

Γ_1 代表图 3.16 中入射波 B_1 和反射波 A'之间的反射系数.

考察式(3.61)，$(1 - jk_{x2}'/k_{x3})/(1 + jk_{x2}'/k_{x3}) = \exp(-j2\phi_{32})$，$(1 - jk_{x2}'/k_{x1})/(1 + jk_{x2}'/k_{x1}) = \exp(-j2\phi_{12})$，又可得到

$$\begin{aligned}\Gamma_1 = \frac{A_1'}{B_1} &= r_1\exp(j2\phi_{12}') \\ &= \exp(j2\phi_{12})\frac{1 + \exp(-2k_{x2}'h_a)\exp[j(2\phi_{32} - 2\phi_{12})]}{1 - \exp(-2k_{x2}'h_a)\exp[j(2\phi_{32} + 2\phi_{12})]}\end{aligned}$$

由于分子和分母中的实部都很接近于 1，可近似为

$$\Gamma_1 \approx \exp(j2\phi_{12})\frac{1 + j\exp(-2k_{x2}'h_a)\sin 2(\phi_{32} - \phi_{12})}{1 - j\exp(-2k_{x2}'h_a)\sin 2(\phi_{32} + \phi_{12})} \tag{3.63}$$

$$\phi_{12}' \approx \phi_{12} + \exp(-2k_{x2}'h_a)\sin 2\phi_{12}\cos 2\phi_{32} \tag{3.64}$$

若 B_3'和 B_1 两波束的振幅传输(透射)系数为 T，它们的功率传输比为$|T|^2 = TT^*$. 由透射率的定义可知 B_1 和 B_3'波束沿 x 方向通过 yz 平面的单位面积上传输功率分别为

$$\frac{1}{2}\mathrm{Re}(E_{y1}H_{z1}^*) = \frac{1}{2}\rho n_1\cos\theta_1 B_1B_1^*$$

$$\frac{1}{2}\mathrm{Re}(E_{y3}H_{z3}^*) = \frac{1}{2}\rho n_3\cos\theta_3 B_3'B_3'^*$$

可见

$$T = \frac{(\rho n_3\cos\theta_3)^{\frac{1}{2}}B_3'/\sqrt{2}}{(\rho n_1\cos\theta_1)^{\frac{1}{2}}B_1/\sqrt{2}} = \frac{\sqrt{n_3\cos\theta_3}B_3'}{\sqrt{n_1\cos\theta_1}B_1}$$

将式(3.60)中的 B_3'/B_1 代入上式可以得到

$$T = \frac{1}{\cosh(k_{x2}'h_a)}\cdot\frac{2(\tan\phi_{32}\tan\phi_{12})^{\frac{1}{2}}}{(\tan\phi_{32} + \tan\phi_{12}) + j[\tanh(k_{x2}'h_a)][1 - \tan\phi_{32}\tan\phi_{12}]} \tag{3.65}$$

在 $\exp(-2k_{x2}'h_a) \ll 1$ 时，其近似为

$$|T|^2 \approx 4\exp(-2k_{x2}'h_a)\sin 2\phi_{12}\sin\phi_{32} \tag{3.66}$$

可以证明

$$|\Gamma_1|^2 + |T|^2 = 1 \tag{3.67}$$

Γ_1 为复数,表示波导薄膜的反射系数;T 也为复数,表示波导中波束对外在棱镜一方的耦合传输系数.薄膜一侧有棱镜介质时,ϕ_{12}受到影响变成稍有不同的 ϕ'_{12},衬底一侧未受影响仍为 ϕ_{10},式(3.59)要改写为

$$2k_{x1}d - 2\phi_{10} - 2\phi'_{12} = 2m\pi \tag{3.68}$$

这是棱镜耦合时波导的色散方程.由于一般 $\exp(-2k'_{x2}h_a) \ll 1$,故 $\phi'_{12} \approx \phi_{12}$.这说明棱镜耦合仅引起波导模式的微小变化.因此可认为棱镜耦合系统波导的传播情况和一般薄膜波导一样,这时可认为 $A_1 \approx B'_1$.

同理,也可以得到 A_3,B''_3和 A''_1三个波束的关系为

$$\begin{aligned}\Gamma_3 &= \frac{B''_3}{A_3} = r_3\exp(\mathrm{j}2\phi_{32}) \\ &= \frac{(\tan\phi_{12} - \tan\phi_{32}) + \mathrm{j}[\tanh(k'_{x2}h_a)][1 + \tan\phi_{32}\tan\phi_{12}]}{(\tan\phi_{12} + \tan\phi_{32}) - \mathrm{j}[\tanh(k'_{x2}h_a)][1 - \tan\phi_{32}\tan\phi_{12}]}\end{aligned} \tag{3.69}$$

A''_1对 A_3 束的传输系数也为

$$T = \frac{(n_1\cos\theta_1)^{\frac{1}{2}}A''_1}{(n_3\cos\theta_3)^{\frac{1}{2}}A_3} \tag{3.70}$$

与式(3.65)相等.同样也有$|\Gamma_3|^2 + |T|^2 = 1$.

现在我们来讨论耦合中各波束的变化.在 z_n 处的B_3 束是由 A_3 的反射 B''_3和 B_1 的传输波束 B'_3形成的,同理 A_1 也为 A'_1和 A''_1所形成:

$$[B_3]_n = [B'_3]_n + [B''_3]_n = \Gamma_3[A_3]_n + T[B_1]_n \tag{3.71a}$$

$$[A_1]_n = [A'_1]_n + [A''_1]_n = \Gamma_1[B_1]_n + T[A_3]_n \tag{3.71b}$$

式中,下标代表 z_n 处的波束.由反射关系得到

$$[B_1]_n = [A_1]_{n-1}\exp(\mathrm{j}2k_{x1}d - \mathrm{j}2\phi_{10}) \tag{2.72}$$

再利用 $\Gamma_1 = r_1\exp(-\mathrm{j}2\phi'_{12})$,由式(3.71b)得到

$$[A_1]_n = T[A_3]_n + r_1[A_1]_{n-1}\exp[\mathrm{j}(2k_{x1}d - 2\phi_{10} - \phi'_{12})] \tag{3.73}$$

由于导模应满足式(3.68),上式简化为

$$[A_1]_n = T[A_3]_n + r_1[A_1]_{n-1} \tag{3.74}$$

上式两边同减$[A_1]_{n-1}$,并由于 $z_n - z_{n-1} = 2d\tan\theta_1$ 在光频波段很小时可得到微分方程

$$\begin{gathered}[A_1]_n - [A_1]_{n-1} = T[A_3]_n - (1 - r_1)[A_1]_{n-1} \\ \frac{\mathrm{d}A_1(z)}{\mathrm{d}z} = \frac{1}{2d\tan\theta_1}\{T[A_3] - (1 - r_1)[A_1(z)]\}\end{gathered} \tag{3.75}$$

上述方程的 T,r_1 都可由计算求得,解此方程可以得到棱镜耦合系统波导中波束的变化规律.$A_1(z)$是以 $\dfrac{T[A_3]}{2d\tan\theta_1}$ 的速度增长,即由棱镜中入射束 A_3 耦合输入能量,同时以 $\dfrac{(1 - r_1)A_1(z)}{2d\tan\theta_1}$的速度衰减,亦即 $A_1(z)$将能量耦合输出到棱镜中.

当入射束 A_3 是均匀平面波,间隙厚度 h_a 各处相同时,T,r_1 为常数,式(3.75)可有解析解.令 $z = 0$ 处 $A_1(0) = (0)$,在 $z = 0$ 到 l 距离上A_3 为常数,则解式(3.75)可得

$$[A_1(z)] = \frac{T[A_3]}{1 - r_1}\left\{1 - \exp\left[-\frac{(1 - r_1)z}{2d\tan\theta}\right]\right\}, \quad z < l \tag{3.76}$$

对于 $B_3(z)$束，由式(3.71)可得

$$[B_3]=\Gamma_3[A_3]+T[B_1]=\Gamma_3[A_3]+T\left(\frac{[A_1]-T[A_3]}{\Gamma_1}\right)$$

$$=\Gamma_3[A_3]\left(1-\frac{T^2}{\Gamma_1\Gamma_3}+\frac{T^2}{\Gamma_1\Gamma_3(1-r_1)}\left\{1-\exp\left[-\frac{(1-r_1)z}{2d\tan\theta_1}\right]\right\}\right)$$

由式(3.62)、式(3.65)和式(3.69)可知

$$\frac{T^2}{\Gamma_1\Gamma_3}=-\frac{TT^*}{1-TT^*}$$

以此代入前式可得到

$$[B_3(z)]=\Gamma_3[A_3]\left(1-\frac{TT^*}{1-TT^*}\cdot\frac{1}{1-r_1}\left\{r_1-\exp\left[-\frac{(1-r_1)z}{2d\tan\theta_1}\right]\right\}\right),\quad z<l \tag{3.77}$$

式中，$r_1\approx1$，$|T|^2=1-|\Gamma_1|^2$，所以

$$1-r_1=\frac{1-r_1^2}{1+r_1}\approx\frac{TT^*}{2}=\frac{|T|^2}{2}$$

式(3.76)和式(3.77)可写成

$$\left|\frac{[A_1(z)]}{[A_3]}\right|\approx\frac{2}{|T|}\left[1-\exp\left(-\frac{|T|^2z}{4d\tan\theta_1}\right)\right],\quad z<l \tag{3.78}$$

$$\left|\frac{[B_3(z)]}{[A_3]}\right|\approx\left[-1+2\exp\left(-\frac{|T|^2z}{4d\tan\theta_1}\right)\right],\quad z<l \tag{3.79}$$

由此可见，在 $z=0$ 到 l 这段距离中波束耦合的情况可完全由式(3.75)求出. $A_1(z)$随 z 指数增长，$B_3(z)$则为指数下降，如图 3.17 所示.

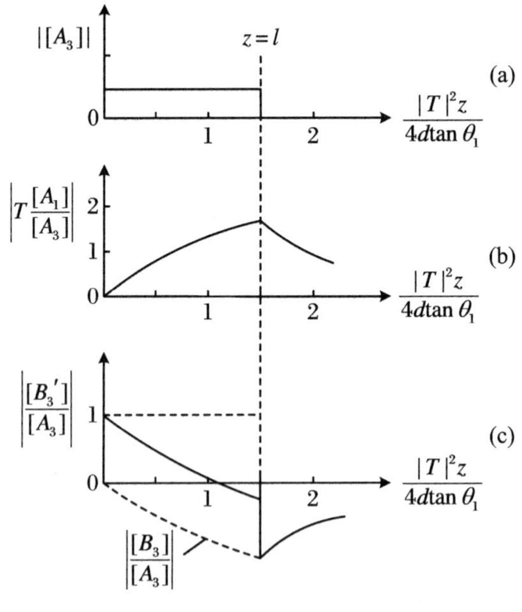

图 3.17 棱镜薄膜波导耦合系统各波束幅度的变化

在 $z>l$ 的距离上，无入射波束 A_3，即$[A_3(z)]=0$，式(3.75)的解为

$$[A_1(z)]=[A_1(l)]\exp\left[-\frac{(1-r_1)(z-l)}{2d\tan\theta_1}\right]$$

$$\approx [A_1(l)]\exp\left[-\frac{|T|^2(z-l)}{4d\tan\theta_1}\right],\quad z>l$$

$$[B_3(z)]=\frac{T}{\Gamma_1}[A_1(z)] \tag{3.80a}$$

由式(3.80a)、式(3.76)等可得到

$$[B_3(z)]=-\frac{2}{\Gamma_3{}^*}[A_3]\left[1-\exp\left(1-\frac{|T|^2 l}{4d\tan\theta_1}\right)\right]$$

$$\cdot\left\{\exp\left[-\frac{|T|^2(z-l)}{4d\tan\theta_1}\right]\right\},\quad z>l \tag{3.80b}$$

以上各式是对棱镜耦合波导系统的分析.在图3.16中,入射束 A_3 为均匀强度的平面波,波导中的波束$[A_1]$随 z 指数增大;在 z 很大时会趋于饱和,输入波导的能量会很低.$[B_3'']$是 A_3 在 $n_3\sim n_2$ 界面上的反射束,在 $z\leqslant l$ 段上为常数;$[B_3']$是波导中的$[B_1]$泄漏到棱镜 n_3 中的波束,这两者位相相反,因而构成了图3.17(c)所示的变化($z<l$).在 $z=l$ 点,A_3 和 B_3''消失,B_3'保持基本不变,因此 B_3 在该点上发生了突变.

在 $z=l$ 点处,波导薄膜内沿 z 方向的传输功率为

$$P_1=\frac{1}{2}\int_{-\infty}^{\infty}\mathrm{Re}(E_yH_x{}^*)\mathrm{d}x$$

$$=2[A_1(l)][A_1(l)]^*\,d\tan\theta_1 \tag{3.81}$$

这里因子2是由于在 z 方向上有 A_1 和 B_1 两个波束,$\tan\theta_1$ 是由于 E_{y1} 和 H_{x1} 夹角的缘故.在 $z=0$ 到 $z=l$ 段上棱镜入射功率为

$$P_3=l[A_3][A_3]^* \tag{3.82}$$

因而棱镜薄膜波导系统的耦合效率为

$$\eta=\frac{P_1}{P_3}=\frac{8d\tan\theta_1}{|T|^2 l}\left[1-\exp\left(-\frac{|T|^2 l}{4d\tan\theta_1}\right)\right]^2 \tag{3.83}$$

由$\dfrac{\mathrm{d}\eta}{\mathrm{d}l}=0$得到

$$l\approx 5d\tan\theta_1|T|^2 \tag{3.84}$$

从式(3.84)可计算出最佳传输效率时的 l 值.将式(3.84)的值代入式(3.83),最佳耦合效率略大于80%.间隙厚度 h_a 的变化会引起$|T|^2$的变化(见式(3.66)),采取变化 h_a 等措施,耦合效率在理论上可达到100%.

以上的分析都是假定入射波$[A_3]$为均匀平面波进行的.实际上,$[A_3]$常常是高斯型分布,其结果会略有不同,但基本特点及其具体数据都接近于均匀平面波的分析结果.

3.3.4 光栅耦合器分析

我们将图3.2的光栅耦合器重画成图3.18的结构.n_0 是衬底的折射率,n_1 是波导薄膜的折射率,膜上方介质折射率为 n_2.薄膜的上表面上有栅状结构,为矩形状光栅,它的周期为 d,槽宽为 W,光栅范围为 L,光栅平行于 y 轴.薄膜上表面为 $x=0$.槽底为 $x=g$,膜下表面在 $x=t$ 处.3.1.2节已指出,波导中传输的模式 $\boldsymbol{E}_0$ 通过光栅区会在 n_2 中激发起辐射模式 $\boldsymbol{E}_1$,从而构成了输出耦合器.通过光栅,$\boldsymbol{E}_1$ 也会在波导中激发导模,即为输入耦合器.本节将分析由于光栅的存在,$\boldsymbol{E}_0$ 和 $\boldsymbol{E}_1$ 之间的关系以及耦合效率等问题.

$\boldsymbol{E}_0$ 和 $\boldsymbol{E}_1$ 可以写成下列形式:

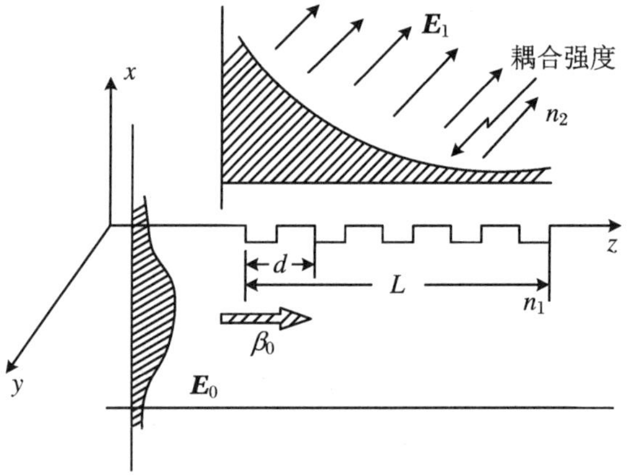

图 3.18 光栅耦合器结构

$$E_0(x,y,z,t) = A_0(x,y)\exp(-j\beta_0 z)\exp(j\omega t) \tag{3.85a}$$

$$E_1(x,y,z,t) = A_1(x,y)\exp(-j\beta_1 z)\exp(j\omega t) \tag{3.85b}$$

它们应当满足麦克斯韦方程,由于光栅使折射率产生了微扰变化 $\Delta n^2(x,y,z)$,它等于波导作周期变化的折射率平方值减去波导未作周期变化的折射率平方值 $n^2(x,y,z)$. 所以,麦克斯韦方程为

$$\nabla \times \boldsymbol{H} = \frac{\partial}{\partial t}(\varepsilon_0 n^2 \boldsymbol{E}) + \frac{\partial}{\partial t}(\varepsilon_0 \Delta n^2 \boldsymbol{E}) \tag{3.86a}$$

$$\nabla \times \boldsymbol{E} = -\frac{\partial}{\partial t}(\mu \boldsymbol{H}) \tag{3.86b}$$

式中多了一项$\frac{\partial}{\partial t}(\varepsilon_0 \Delta n^2 \boldsymbol{E})$,称之为激发源,$\varepsilon_0 \Delta n^2 \boldsymbol{E}$ 称为激发电极化. 当导模 $\boldsymbol{E}_0$ 在光栅区传播时,所引起的电极化 $\boldsymbol{P}$ 为

$$\boldsymbol{P} = \varepsilon_0 \Delta n^2(x,y,z)\boldsymbol{E}_0(x,y,z,t) \tag{3.87}$$

$\Delta n^2(x,y,z)$是一个空间周期函数,因此 $\boldsymbol{P}$ 是一个分布激发源,即分布在光栅的每个栅条上. 这个激发源构成了 $\boldsymbol{E}_0$ 和 $\boldsymbol{E}_1$ 之间的耦合作用.

单位体积上激发源 $\boldsymbol{P}$ 贡献给 $\boldsymbol{E}_1$ 电场的功率流为

$$\boldsymbol{P}'_{0\to 1} = \boldsymbol{E}^*(x,y,z,t)\frac{\partial}{\partial t}\boldsymbol{P}(x,y,z,t)$$

一个光波周期 $T = 2\pi/\omega$ 的平均功率流为

$$P''_{0\to 1} = \frac{\omega}{2\pi}\int_0^T P'_{0\to 1}\mathrm{d}t = \mathrm{Re}\left\{\frac{1}{2}\omega\varepsilon_0 \Delta n^2(x,y,z)\boldsymbol{A}_1^* \cdot \boldsymbol{A}_0 \exp[j(\beta_1 - \beta_0)z]\right\} \tag{3.88}$$

$\boldsymbol{E}_0$ 流入 $\boldsymbol{E}_1$ 的总功率为

$$\begin{aligned} P_{0\to 1} &= \int_V P''_{0\to 1}\mathrm{d}V \\ &= \int_V \mathrm{Re}\left\{\frac{1}{2}\omega\varepsilon_0 \Delta n^2(x,y,z)\boldsymbol{A}_1^* \cdot \boldsymbol{A}_0 \exp[j(\beta_1 - \beta_0)z]\right\}\mathrm{d}x\mathrm{d}y\mathrm{d}z \end{aligned} \tag{3.89}$$

由于 $\Delta n^2(x,y,z)$是沿 z 方向的周期变化,在 xy 面上为均一,在 $z = 0$ 到 $z = L$ 的长度内上面的积分可写成比例形式

$$P_{0\to1} \propto \int_0^L \Delta n^2(x,y,z)\exp[\mathrm{j}(\beta_1-\beta_0)z]\mathrm{d}z \tag{3.90}$$

对于矩形光栅，Δn^2 可写成傅里叶级数

$$\Delta n^2(x,y,z) = \sum_{l=-\infty}^{\infty} a_l(x,y)\exp\left(-\mathrm{j}2\pi\frac{l}{d}z\right) \tag{3.91}$$

上式代入式(3.90)后为

$$P_{0\to1} \propto \sum_{l=-\infty}^{\infty}\int_0^L a_l(x,y)\exp\left[\mathrm{j}\left(\beta_1-\beta_0-2\pi\frac{l}{d}\right)z\right]\mathrm{d}z \tag{3.91'}$$

光栅结构的总长度 $L \gg d$. 由于 $\left(\beta_1-\beta_0-l\dfrac{2\pi}{d}\right)$ 是 $\dfrac{2\pi}{\lambda}$ 的数量级，$\exp\left[\mathrm{j}\left(\beta_1-\beta_0-l\dfrac{2\pi}{d}\right)z\right]$ 随 z 变化是迅速变化的周期函数，只有下列条件成立时式(3.91′)才有一定数值：

$$\beta_1-\beta_0 = l\frac{2\pi}{d},\quad l=\pm1,\pm2,\cdots \tag{3.92}$$

这是3.1.2节中的式(3.11)的位相匹配条件.

如果 $\boldsymbol{E}_1$ 与 z 轴成 θ 角方向辐射，β_1 可写成

$$\beta_1 = \frac{2\pi}{\lambda_0}n_2\cos\theta$$

令 $\beta_0=\dfrac{2\pi}{\lambda_g}$，$\lambda_g$ 为波导中导模的波长，式(3.92)变为

$$\frac{1}{\lambda_g}-\frac{n_2}{\lambda_0}\cos\theta = -\frac{l}{d},\quad l=\pm1,\pm2,\cdots \tag{3.92'}$$

该式便于我们确定光栅耦合器的入射角或辐射角 θ；或者 θ 给定时，易于求出光栅的周期 d.

由上面的分析可知，有效的耦合只能发生在相位匹配的第 l 项谐波(或第 l 级衍射分量)上. 当然，$a_l(x,y)$ 必须有适当大小的值，当光栅第 l 级缺级时($a_l=0$)，耦合作用也消失. 换而言之，除位相匹配外，$P_{0\to1}$ 必须有一定的值，使(3.91′)式积分不为零

$$\int_S a_l(x,y)\boldsymbol{A}_1^*\cdot\boldsymbol{A}_0\mathrm{d}x\mathrm{d}y \neq 0 \tag{3.93}$$

要了解光栅耦合的作用，还需仿照波导模式分析，求解光栅存在时波导薄膜的电磁场分布. 对照图3.18，$n^2(x,z)$ 可重新写成

$$n^2(x,z) = n_g^2(x) + \sum_{\substack{q=-\infty\\ q\neq0}}^{\infty} N_q(x)\exp\left(\frac{\mathrm{j}2\pi qz}{d}\right) \tag{3.94}$$

其具体形式为

$$n_g^2(x) = \begin{cases} n_2^2, & x<0 \\ n_3^2 = N_0(x) = \dfrac{1}{d}\displaystyle\int_{-d/2}^{d/2} n^2(x,z)\mathrm{d}z, & 0<x<g \\ n_1^2, & g<x<t \\ n_0^2, & x>t \end{cases} \tag{3.95}$$

这里，N_0 为傅里叶级数的常数项，对于条形光栅为

$$N_0 = n_3^2 = \frac{Wn_2^2+(d-W)n_1^2}{d} \tag{3.96}$$

其他级数项($q\neq0$)为

$$N_q(x)=\begin{cases}0, & x<0\text{ 或者 }x>g\\ -\dfrac{n_1^2-n_2^2}{\pi q}\sin\left(\dfrac{\pi qW}{d}\right), & 0<x<g\end{cases} \tag{3.97}$$

波导薄膜表面上有光栅周期结构，其电场 E_y 应是各空间谐波的叠加

$$E_y(x,z)=\sum_{m=-\infty}^{\infty}\varepsilon_m(x)\exp(-\mathrm{j}\beta_m z) \tag{3.98}$$

式中

$$\beta_m=\beta_0+m\frac{2\pi}{d} \tag{3.99}$$

无光栅结构时，只有 $\varepsilon_0(x)$，其他 $\varepsilon_m=0$，$\varepsilon_0(x)$的传播常数也恰好为 β_0. $E_y(x,z)$应满足麦克斯韦方程

$$\frac{\partial^2 E_y}{\partial x^2}+\frac{\partial^2 E_y}{\partial z^2}+k_0{}^2n^2(x,z)E_y=0 \tag{3.100}$$

将式(3.94)、式(3.98)代入上式得到

$$\frac{\mathrm{d}^2\varepsilon_m(x)}{\mathrm{d}x^2}+[k_0^2n_g^2(x)-\beta_m^2]\varepsilon_m=-k_0^2\sum_{\substack{q=-\infty\\ q\neq m}}^{\infty}N_q(x)\varepsilon_{m+q}(x),\quad m=\pm 1,\pm 2,\cdots \tag{3.101}$$

其中 $m=q$ 项已并入 n_g^2 中. 根据式(3.95)，上式可写成四个区域：

$$\frac{\mathrm{d}^2\varepsilon_{m2}}{\mathrm{d}x^2}+[k_0^2n_2^2-\beta_m^2]\varepsilon_{m2}=0,\quad x<0 \tag{3.102a}$$

$$\begin{aligned}\frac{\mathrm{d}^2\varepsilon_{m3}}{\mathrm{d}x^2}+[k_0^2n_3^2-\beta_m^2]\varepsilon_{m3}&=F_m(x)\\&=-k_0^2\sum_{\substack{q=-\infty\\ q\neq m}}^{\infty}N_q(x)\varepsilon_{m+q}(x),\quad 0<x<g\end{aligned} \tag{3.102b}$$

$$\frac{\mathrm{d}^2\varepsilon_{m1}}{\mathrm{d}x^2}+[k_0^2n_1^2-\beta_m^2]\varepsilon_{m1}=0,\quad g<x<t \tag{3.102c}$$

$$\frac{\mathrm{d}^2\varepsilon_{m0}}{\mathrm{d}x^2}+[k_0^2n_0^2-\beta_m^2]\varepsilon_{m0}=0,\quad x>t \tag{3.102d}$$

考察上述方程，它们类似于薄膜波导的情况，只多了一个 $0<x<g$ 的区域，该区中有 $F_m(x)$ 的激发源. 方程(3.102)的精确求解比较困难，通常只能求其近似解. 第一次近似是假定 $F_m=0$，即把光栅耦合系统看作是衬底 n_0、薄膜 n_1、附加层 $n_g(x)$ 以及覆盖层 n_2 的结构，仿效波导分析可得近似解 ε_0 和 β_0. 此时的 ε_0 和 β_0 与无光栅结构的场有所差别，与 $F_m\neq 0$ 时的场也不相同. 这时在 $0<x<g$ 区域内的方程为

$$\frac{\mathrm{d}^2\varepsilon_0}{\mathrm{d}x^2}+[k_0^2n_g^2(x)-\beta_0^2]\varepsilon_0=0 \tag{3.103}$$

这时四个区域的场为

$$\varepsilon_0=\begin{cases}\varepsilon_{02}=C_{02}\exp(-\mathrm{j}K_{02}x), & x<0\\ \varepsilon_{03}=C_{02}\left[\cos(K_{03}x)-\mathrm{j}\dfrac{K_{02}}{K_{03}}\sin(K_{03}x)\right], & 0<x<g\\ \varepsilon_{01}=C_{01}\left\{\cos[K_{01}(t-x)]-\mathrm{j}\dfrac{K_{00}}{K_{01}}\sin[K_{01}(t-x)]\right\}, & g<x<t\\ \varepsilon_{00}=C_{01}\exp[\mathrm{j}K_{00}(x-t)], & x>t\end{cases} \tag{3.104}$$

其中

$$K_{0i}^2 = k_0^2 n_i^2(x) - \beta_0^2, \quad i = 0,1,2,3 \tag{3.105}$$

由式(3.104)看到,加光栅结构后的第一次近似解为:在覆盖和衬底中仍为指数变化的场,薄膜仍为正弦或余弦表示的场,在附加层 $n_g(x)$ 内也为正弦或余弦表示的场.因此,ε_0 仍然接近薄膜波导原有的模式.

在 $x = g$ 处电磁场的切向分量应连续,即 E_y 和$\partial E_y/\partial x$ 连续,则有

$$\begin{aligned} &C_{02}\left[\cos(K_{03}g) - \mathrm{j}\frac{K_{02}}{K_{03}}\sin(k_{03}g)\right] \\ &\quad = C_{01}\left\{\cos[K_{01}(t-g)] - \mathrm{j}\frac{K_{00}}{K_{01}}\sin[K_{01}(t-g)]\right\} \\ &C_{02}[-K_{03}\sin(K_{03}g) - \mathrm{j}K_{02}\cos(K_{03}g)] \\ &\quad = C_{01}\{K_{01}\sin[K_{01}(t-g)] + \mathrm{j}K_{00}\cos[K_{01}(t-g)]\} \end{aligned} \tag{3.106}$$

所以

$$\frac{\dfrac{\mathrm{j}K_{02}}{K_{03}}\tan(K_{03}g) - 1}{K_{03}\tan(K_{03}g) + \mathrm{j}K_{02}} = \frac{1 - \dfrac{\mathrm{j}K_{00}}{K_{01}}\tan[K_{01}(t-g)]}{K_{01}\tan[K_{01}(t-g)] + \mathrm{j}K_{00}} \tag{3.107}$$

将式(3.105)代入上方程,可求得 β_0 和其他传播常数 K_{0i}.把这些数值代入$x = g$的边界方程(3.106),令 $C_{01} = 1$,则可求得 C_{02}.这时便解得了 ε_0 模式的场分布.用 ε_0 代替 $\varepsilon_{m+q}(x)$,式(3.101)可写成

$$\frac{\mathrm{d}^2\varepsilon_m}{\mathrm{d}x^2} + (k_0{}^2 n_g^2 - \beta_m{}^2)\varepsilon_m = -k_0{}^2 N_{-m}\varepsilon_0(x) \tag{3.108}$$

它也可写成类似于式(3.102)的四个方程,这时 $K_{mi}^2 = k_0^2 n_i^2 - \beta_m^2$,$\beta_m = \beta_0 + \dfrac{2\pi m}{d}$,因而也可以解得 $\varepsilon_m(x)$的场分布,这就是我们所要求的第一次近似解.

用第一次近似解 $\varepsilon_m(x)$代入式(3.101),重复求解可得到更为精确的二次近似解.通常第一次近似解即可满足一般要求.

用第一次近似的 β_0 及传播常数 K_{m0},K_{m2}

$$K_{m2}^2 = k_0^2 n_2^2 - \beta_m^2 = k_0^2 n_2^2 - \left(\beta_0 + \frac{2\pi m}{d}\right)^2 \tag{3.109a}$$

$$K_{m0}^2 = k_0^2 n_2^2 - \beta_m^2 = k_0^2 n_0^2 - \left(\beta_0 + \frac{2\pi m}{d}\right)^2 \tag{3.109b}$$

来考察 n_2 和 n_0 中的场分布

$$\begin{aligned} \varepsilon_{m2} &= C_{m2}\exp(-\mathrm{j}K_{m2}x) \\ &= C_{m2}\exp\left[-\mathrm{j}\sqrt{k_0{}^2 n_2^2 - \left(\beta_0 + \frac{2\pi m}{d}\right)^2}\,x\right], \quad x < 0 \end{aligned} \tag{3.109c}$$

$$\begin{aligned} \varepsilon_{m0} &= C_{m1}\exp[-\mathrm{j}K_{m0}(x-t)] \\ &= C_{m1}\exp\left[-\mathrm{j}\sqrt{k_0{}^2 n_0^2 - \left(\beta_0 + \frac{2\pi m}{d}\right)^2}\,(x-t)\right], \quad x > t \end{aligned} \tag{3.109d}$$

对于某些 m 值,$K_{m2}^2 > 0(\beta_m^2 < k_0^2 n_2^2)$或 $K_{m0}^2 > 0(\beta_m^2 < k_0^2 n_0^2)$,$\varepsilon_{m2}$和 ε_{m0}为平面波形式,ε_m 通过光栅向外辐射功率,构成辐射模式,即通过光栅耦合输出.对于其他 m 值,K_{m2},K_{m0}为虚数,是指数衰减波型,功率限制在薄膜内传播.由式(3.109a)和式(3.109b)可见,满足辐射条件的 m 值不多,一般只有一个或两个.这些 m 的空间谐波ε_m 向外辐射功率为

$$P_m = \frac{1}{2}\mathrm{Re}(E_{my}H_{mz}^*) = \frac{1}{2}\mathrm{Re}\left\{\varepsilon_m \exp[-\mathrm{j}(K_{m2}x+\beta_m z)]\left(\frac{\mathrm{j}}{\omega\mu_0}\frac{\partial E_{my}}{\partial x}\right)^*\right\}$$

因此，在 $x=0$ 边界上向 n_2 的辐射功率为

$$P_m = \frac{1}{2\omega\mu_0}|\varepsilon_m(0)|^2\mathrm{Re}(K_{m2}) = \frac{1}{2\omega\mu_0}|\varepsilon_m(0)|^2\mathrm{Re}\left[\sqrt{k_0^2n_2^2-\left(\beta_0+\frac{2\pi m}{d}\right)^2}\right] \quad (3.110)$$

式中，只在某些 m 值使 K_{m2} 为实数时，P_m 才为实数.式(3.110)的 P_m 是 y 方向单位长度上由 n_1 向 n_2 介质辐射的功率值. n_1 向 n_0 介质辐射的功率也有类似的表达式，不过它不能产生耦合，因此没有必要去多加讨论.

在波导中传播的 $\varepsilon_0(x)$ 模由于光栅作用产生了某些 m 值的辐射模，使 $\varepsilon_0(x)$ 衰减.辐射模各空间谐波的总功率应为 $\sum\limits_{m=-\infty}^{+\infty}P_m$，$\varepsilon_0(x)$ 模的功率为 $\frac{\beta_0}{2\omega\mu_0}\int_{-\infty}^{+\infty}|\varepsilon_0(x)|^2\mathrm{d}x$.若 $\varepsilon_0(x)$ 的衰减形式为 $I(z) = I_0\exp(-\alpha z)$，则有

$$\alpha = \frac{\sum\limits_{m=-\infty}^{+\infty}P_m}{\frac{\beta_0}{2\omega\mu_0}\int_{-\infty}^{+\infty}|\varepsilon_0(x)|^2\mathrm{d}x} \quad (3.111)$$

在光栅耦合段 L 内，向某个 m 的空间谐波的辐射功率为 $P_m\int_0^L\exp(-\alpha z)\mathrm{d}z$，则耦合效率为

$$\eta = \frac{P_m\int_m^L\exp-(\alpha z)\mathrm{d}z}{\frac{\beta_0}{2\omega\mu_0}\int_{-\infty}^{+\infty}|\varepsilon_0(x)|^2\mathrm{d}x} = \frac{\frac{1}{\alpha}[1-\exp(-\alpha L)][|\varepsilon_m(0)|^2\mathrm{Re}(K_{m2})]}{\beta_0\int_{-\infty}^{+\infty}|\varepsilon_0(x)|^2\mathrm{d}x} \quad (3.112)$$

综上所述，光栅耦合器的空间谐波辐射方向 θ，辐射功率 P_m 和耦合效率 η 分别由式(3.92′)、式(3.110)和式(3.112)表示，由上述公式可得到其数值解.图 3.19 是矩形光栅的耦合情况，纵坐标是辐射功率 P_m（以 α(cm^{-1})表示)，横坐标是薄膜的厚度.光栅结构参数也表示在图上.

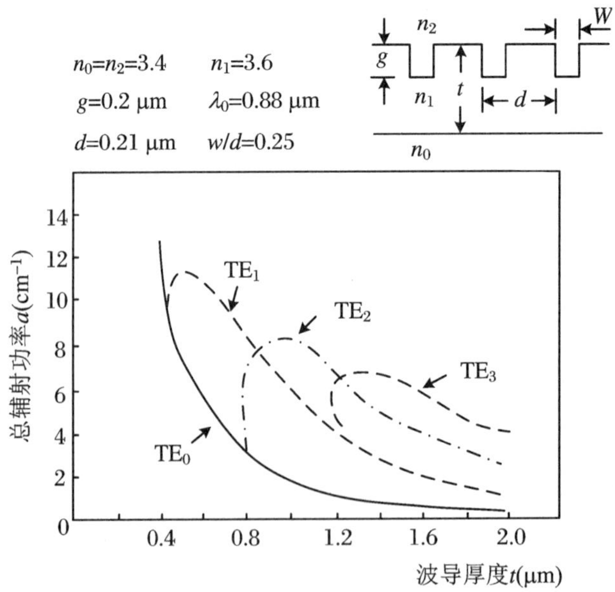

图 3.19　辐射功率与波导厚度 t 的关系曲线

以上我们分析计算了光栅输出耦合时薄膜波导的辐射功率与耦合效率，由互易性可知，光栅输入耦合效率也将为同样数值.

3.4　光调制器中的物理效应

光调制器中普遍采用的物理效应包括电光效应、声光效应、磁光效应和电吸收效应等几种类型，本节将简要叙述这几种物理效应.

3.4.1　电光效应

一些光学介质（如晶体）在外加电场的作用下，其光学性质会发生变化，这种现象称为电光效应. 光学性质的变化可以是介质的折射率变化，也可以是介质的吸收、散射特性发生变化. 这里我们主要讨论由电场引起的折射率变化. 当介质的折射率与外加电场振幅呈线性变化时，这种电光效应称为线性电光效应或者普克尔效应. 普克尔效应只出现在没有对称中心的晶体中. 当介质的折射率与外加电场振幅的二次方成正比时，这种电光效应称为二次电光效应或者克尔效应.

一般光学介质的普克尔效应比较强，而克尔效应则非常弱，只有某些液体中的克尔效应较明显. 因此，在光波导调制器中，通常不采用克尔效应，而广泛使用普克尔效应.

晶体的光学性质由它的折射率椭球描述，在没有外加电场时，折射率椭球可表示为

$$\frac{x^2}{n_{x0}^2} + \frac{y^2}{n_{y0}^2} + \frac{z^2}{n_{z0}^2} = 1 \tag{3.113}$$

当外加电场 E（分量为 E_x，E_y 和 E_z）时，一些晶体不仅原主轴折射率 n_{x0}，n_{y0} 和 n_{z0} 的大小会发生变化，而且主轴的取向也可能发生转动. 这样，在原晶体主轴系统中折射率椭球可写成

$$\frac{x^2}{n_{x1}^2} + \frac{y^2}{n_{y1}^2} + \frac{z^2}{n_{z1}^2} + \frac{2xy}{n_4^2} + \frac{2xz}{n_5^2} + \frac{2xy}{n_6^2} = 1 \tag{3.114}$$

方程中折射率的变化值大小定义为

$$\Delta\left(\frac{1}{n_i^2}\right) = \sum_{j=1}^{3} r_{ij}E_j \tag{3.115}$$

这里，$i = 1, 2, \cdots, 6$；$j = 1, 2, 3$ 分别对应于 E_x，E_y，E_z；r_{ij} 为线性电光系数.

电光系数共有 18 个，它们不为零的数目直接与晶体的对称性质有关，表 3.1 列出了光波导调制器常用的一些电光晶体的电光系数. r_{1j}，r_{2j}，r_{3j}，$j = 1, 2, 3$ 的 9 个电光系数表示沿原主轴的外场 E_x，E_y，E_z 分别引起了原主轴射率 n_{x0}，n_{y0}，n_{z0} 大小的变化；r_{4j}，r_{5j} 和 r_{6j} 的 9 个电光系数主要表示外场引起了原主轴的转动，并有相应的主轴折射率变化. 下面以光波导调制器中常用的电光晶体 KDP（KH_2PO_4），$LiNbO_3$ 和 GaAs 为例来说明其光学性质.

KDP 晶体的光轴（z 轴）为 4 重对称轴，即绕 z 轴旋转 $\pi/2$ 晶体内部结构重复出现一次. 另外，它还有两个相互垂直的 2 重对称轴，称为 x 和 y 轴，它们都垂直于 z 轴. KDP 晶体为单轴晶体，加外电场后变为双轴晶体，其电光系数由表 3.1 只有 $r_{52} = r_{41}$ 和 r_{63} 不为零. $LiNbO_3$ 晶体有一个 3 重对称轴（光轴）和一个过光轴的对称面. 它为单轴晶体，电光系数只

有 $r_{13}=r_{23}$，$-r_{12}=-r_{61}=r_{22}$ 及 r_{33}，$r_{42}=r_{51}$ 不为零. GaAs 具有四面体结构的对称性，不加外电场时为各向同性，加外电场后变为单轴晶体，电光系数只有 $r_{63}=r_{52}=r_{41}$ 不为零.

表 3.1　一些电光材料及其参数

材　料	电光系数 (10^{-12} m/V，室温)	折　射　率
KDP	$r_{41}=8.6$ $r_{63}=10.6$	$n_o=1.51$ $n_e=1.47$　(0.55 μm)
GaAs	$r_{41}=1.6$	$n_o=3.34$　(10.6 μm)
$LiNbO_3$	$r_{33}=30.8$ $r_{13}=8.6$ $r_{22}=3.4$ $r_{42}=28$	$n_o=2.29$ $n_e=2.20$　(0.55 μm)
GaP	$r_{41}=0.97$	$n_o=3.31$　(0.55 μm)
$LiTaO_3$(30°C)	$r_{33}=30.3$ $r_{13}=5.7$	$n_o=2.175$ $n_e=2.180$　(0.55 μm)
$BaTiO_3$ (30°C)	$r_{33}=23$ $r_{13}=8.0$ $r_{42}=820$	$n_o=2.437$ $n_e=2.365$　(0.55 μm)

KDP 晶体在外电场作用下，由单轴晶体变成双轴晶体，其折射率椭球为

$$\frac{x^2}{n_o^2}+\frac{y^2}{n_o^2}+\frac{z^2}{n_e^2}+2r_{41}E_xyz+2r_{41}E_yxz+2r_{63}E_zxy=1 \tag{3.116a}$$

若外电场 $E=E_z(E_x=E_y=0)$，电光效应下的折射率椭球(简称为电致折射率椭球)为

$$\frac{x^2}{n_o^2}+\frac{y^2}{n_o^2}+\frac{z^2}{n_e^2}+2r_{63}E_zxy=1 \tag{3.116b}$$

电光效应由该式中第四项表示，它引起了原主轴 x 和 y 的转动，z 轴不发生变化. 令 $x'y'z'$ 为新的主轴坐标系统(称为电致双折射主轴)，它和原主轴 xyz 的关系为

$$\begin{cases} x=x'\cos\theta+y'\sin\theta \\ y=-x'\sin\theta+y'\cos\theta \\ z=z' \end{cases} \tag{3.117}$$

将上式代入式(3.116b)得到

$$x'^2\left(\frac{1}{n_o^2}-2r_{63}E_z\sin\theta\cos\theta\right)+y'^2\left(\frac{1}{n_o^2}+2r_{63}E_z\sin\theta\cos\theta\right)$$
$$+\frac{z'^2}{n_e^2}+2r_{63}E_z(\cos^2\theta-\sin^2\theta)x'y'=1$$

当 $\theta=45°$ 时，电致折射率椭球变成正则形式：

$$\frac{x'^2}{n_{x'}^2}+\frac{y'^2}{n_{y'}^2}+\frac{z'^2}{n_{z'}^2}=1 \tag{3.118}$$

其中

$$\begin{cases} \dfrac{1}{n_{x'}^2} = \dfrac{1}{n_o^2} - r_{63}E_z \\ \dfrac{1}{n_{y'}^2} = \dfrac{1}{n_o^2} + r_{63}E_z \\ n'_z = n_z = n_e \end{cases} \tag{3.119a}$$

一般情况下，$r_{63}E_z \ll \dfrac{1}{n_o^2}$，式(3.119a)的 $n'_x n'_y$ 可近似为

$$\begin{cases} n'_x = n_o + \dfrac{1}{2}n_o^3 r_{63}E_z \\ n'_y = n_o - \dfrac{1}{2}n_o^3 r_{63}E_z \end{cases} \tag{3.119b}$$

由上面的分析知道，电场 E_z 的作用引起折射率椭球绕 z 轴转动 45°，$n'_x \neq n'_y$，由单轴晶体变成了双轴晶体. 对于 $E = E_x$ 或 $E = E_y$ 的情况也可进行同样的分析.

现在讨论光波通过 KDP 晶体所获得的附加位相差的情况. 平行于 x 轴振动的光波沿 z 轴入射，当 $E_z = 0$ 时，光为 o 光，不分解为两种光振动，光通过晶体后无位相差. 当 z 方向加电压 V 时，x 和 y 轴转动 45°成为 x' 和 y'，且 $n_{x'} \neq n_{y'}$，那么光振动分解为沿 x' 和 y' 轴的两个分量. 若晶体沿 z 轴长为 L，输出面上 x' 和 y' 两个光波分量的位相差为

$$\delta = \frac{2\pi}{\lambda_0}(n_{x'} - n_{y'})L$$

由式(3.119b)得到

$$\delta = \frac{2\pi}{\lambda_0} n_o^3 r_{63} V \tag{3.120}$$

可见，线性电光效应产生的附加位相差与外场呈线性关系. 使位相差为 π 的外场电压称为半波电压 $V_{\lambda/2}$，由式(3.120)可知

$$V_{\lambda/2} = \frac{\lambda_0}{2n_o^3 r_{63}} \tag{3.121}$$

这里，外加电场沿着光的传播方向，称为纵向电光效应，半波电压与晶体长度无关.

若 KDP 晶体切成长方体，平行于 x'，y'，$z'(z)$ 轴的棱边长分别为 L_1，L_2，L_3，光沿 y' 轴传播，仍加外场 E_z. 入射到 $x'z$ 平面上的线偏振光将分解成 x' 和 z 方向振动的两个分量，相应的折射率分别为 $n_{x'} = n_o + n_o^3 r_{63} E_z/2$，$n_{z'} = n_e$. 在 y' 方向上光通过长度 L_2 后两分量的位相差为

$$\begin{aligned} \delta &= \frac{2\pi}{\lambda_0}\left(n_o - n_e + \frac{1}{2}n_o^3 r_{63}E_z\right)L_2 \\ &= \frac{2\pi}{\lambda_0}(n_o - n_e)L_2 + \frac{\pi}{\lambda_0}n_o^3 r_{63} V\left(\frac{L_2}{L_3}\right) \end{aligned} \tag{3.122}$$

其中，第一项为自然双折射引起的位相差，如果选择长度 L_2 使光程差 $(n_o - n_e)L_2$ 为 λ_0 的整数倍，则位相差完全由电光效应所产生. 半波电压为

$$V_{\lambda/2} = \frac{\lambda_0}{n_o^3 r_{63}}\left(\frac{L_3}{L_2}\right) \tag{3.123}$$

式中，L_2/L_3 为纵横比，增大该比值可以降低半波电压. 这里外场和光传播方向互相垂直，称为横向电光效应.

同样，对 $LiNbO_3$ 晶体的电光效应也可以作类似的分析.

GaAs 是光波导调制器的重要材料，它也具有电光效应. 当晶体 GaAs 中加电场 E_x, E_y, E_z 时，其折射率椭球方程为

$$\frac{x^2 + y^2 + z^2}{n_o^2} + 2r_{41}(E_z xy + E_y xz + E_x yz) = 1 \tag{3.124}$$

其中 x, y, z 为 GaAs 的主轴系统. 为简化，假定外电场 $\boldsymbol{E}$ 加在主轴系统的(111)矢量方向，则 $E_x = E_y = E_z = E/\sqrt{3}$. 式(3.124)变为

$$\frac{x^2 + y^2 + z^2}{n_o^2} + \frac{2}{\sqrt{3}} r_{41} E(xy + yz + xz) = 1 \tag{3.125}$$

取电致折射率主轴系统为 x', y', z'，通过计算可得

$$\begin{cases} x' = -\dfrac{1}{\sqrt{6}}x - \dfrac{1}{\sqrt{6}}y - \dfrac{2}{\sqrt{6}}z \\ y' = -\dfrac{1}{\sqrt{2}}x + \dfrac{1}{\sqrt{2}}y \\ z' = \dfrac{1}{\sqrt{3}}(x + y + z) \end{cases} \tag{3.126}$$

主轴系统下的折射率椭球为

$$(x'^2 + y'^2)\left(\frac{1}{n_o^2} - \frac{r_{41}E}{\sqrt{3}}\right) + \left(\frac{1}{n_o^2} + \frac{2r_{41}E}{\sqrt{3}}\right)z'^2 = 1 \tag{3.127}$$

或者

$$\frac{x'^2 + y'^2}{n_{x'}^2} + \frac{z'^2}{n_{z'}^2} = 1 \tag{3.127$'$}$$

在 $r_{41}E \ll \dfrac{1}{n_o^2}$ 的条件下，电致主轴折射率近似为

$$\begin{cases} n_{x'} = n_{y'} = n_o + \dfrac{n_o^3 r_{41} E}{2\sqrt{3}} \\ n_{z'} = n_o - \dfrac{n_o^3 r_{41} E}{\sqrt{3}} \end{cases} \tag{3.128}$$

由上式可见，$n_{z'} < n_{x'}(n_{y'})$，电致双折射类似于负单轴晶体，其光轴为 z'，它在原主轴的(111)方向上. 若电场 $\boldsymbol{E}$ 加在(111)方向上，光波沿 x'轴传播，入射光便分解成沿 y'和 z'的两个振动，相应的折射率为 $n_{y'}$和 $n_{z'}$，通过晶体 L 距离后两种振动光波之间的位相差为

$$\delta = \frac{2\pi}{\lambda_0}(n_{y'} - n_{z'})L = \frac{\sqrt{3}\pi}{\lambda_0} n_o^3 r_{41} EL$$

若(111)方向上晶体厚度为 d，$E = V/d$，V 为外场电压，δ 为

$$\delta = \frac{\sqrt{3}\pi}{\lambda_0} n_o^3 r_{41} \frac{L}{d} V \tag{3.129}$$

则 GaAs 晶体也为横向调谐方式. 式(3.120)和式(3.129)是线性电光效应各种应用的基础.

3.4.2 声光效应

某些固体和液体由于机械变形，分子之间的作用力发生改变而引起介电系数 ε 改变，从而表现出折射率的改变. 这种效应称为弹光效应(有时也称为光弹效应). 折射率的变化也可由压电效应产生，由一个电场作用到材料上使它产生变形.

声波是弹性波，它在声光介质中传播时，使介质产生弹性应变，也会出现弹光效应，介质的密度和折射率随声波信号成比例变化，这就是声光效应.因此弹光效应是声光效应的基础.

描述声光(或弹光)效应的方法与电光效应相类似，引入弹光系数.仿效式(3.114)和式(3.115)中，可以写出因应变而畸变了的折射率椭球方程和应变弹光系数

$$\frac{x^2}{n_{x1}^2}+\frac{y^2}{n_{y1}^2}+\frac{z^2}{n_{z1}^2}+\frac{2xy}{n_4^2}+\frac{2xz}{n_5^2}+\frac{2yz}{n_6^2}=1 \tag{3.130}$$

$$\Delta\left(\frac{1}{n_i^2}\right)=\sum_{j=1}^{6}P_{ij}S_j \tag{3.131}$$

式中，P_{ij} 为弹光系数，共有36个，S_j 表示应变分量，$j=1,2,\cdots,6$. x,y,z 为原折射率主轴.弹光系数也与晶体的对称性有关，其不为零的数目可因对称性而减少.

当弹性声波在介质中传播时，可求得介质中的弹性应变 S_j，经过弹光系数 P_{ij} 可确定声光效应所产生的介质折射率的变化.这种变化通常很小，属于微扰性质，其典型值大约为 $\frac{\Delta n}{n}=10^{-4}$ 数量级.Pinnow 推导出折射率变化与声功率之间的下述关系式：

$$\Delta n=\sqrt{\frac{P_a n^6 P^2}{2\rho v_a^3 A}}=\sqrt{\frac{P_a M_2}{2A}} \tag{3.132}$$

式中

$$M_2=\frac{n^6 P^2}{\rho v_{\mathrm{a}}^3}$$

这里 P 为相应的弹光系数分量，v_{a} 是声速，ρ 为介质密度，n 为折射率，P_{a} 为总的声功率，A 是垂直于声波传播方向上的声波截面积，M_2 就是常用的声光材料质量指标.

3.4.3　磁光效应

某些磁性材料在外加磁场作用下，对外呈现出磁性，当光波通过这种磁化后的介质时，其传播特性将发生变化，这种效应称为磁光效应.磁光效应包括磁致旋光效应(即法拉第效应)、克尔效应、磁致双折射效应等，其中最重要的是法拉第效应.

法拉第效应最简单的表现形式是外加磁场引起线偏振光的偏振方向发生旋转.立方晶体或各向同性介质的法拉第效应，可理解为沿磁场强度方向传播的右旋圆偏振光与左旋圆偏振光之间的折射率差，线偏振光可表示成右旋圆偏振光和左旋圆偏振光之和.如果用 n_+ 和 n_- 分别表示右旋和左旋圆偏振光的有效折射率，则法拉第效应可表示成合成线偏振光的振动方向旋转了角度 θ

$$\theta=\frac{\pi(n_+-n_-)L}{\lambda_0}$$

式中，L 为磁光作用长度.

通常给出材料磁化到饱和磁化强度时单位长度的法拉第磁光值，这称为法拉第旋光率 θ_{F}

$$\theta_{\mathrm{F}}=KM_{\mathrm{s}}\cos\gamma \tag{3.133}$$

式中，M_{s} 为饱和磁化强度，K 为孔脱(Kundt)常数，γ 是光传播方向与磁化强度方向之间的夹角.

在外加磁场 H 的作用下，沿磁场强度方向传播的线偏振光的法拉第旋转角可以写为

$$\theta = \theta_F \frac{\chi_m H}{M_s} L = \frac{\theta_F HL}{H_s} \tag{3.134}$$

式中，χ_m 为磁化率，H_s 为饱和磁场强度. 法拉第旋光效应的旋转方向只与磁场方向有关，而与光波传播方向的正逆无关. 这是磁致旋光现象与自然旋光现象的不同之处，即磁致旋光现象是一个不可逆的光学过程.

磁光材料在可见光区一般并不透明，因而多用于近、中红外区，但即使在这些光谱区，具有较大法拉第旋转角的磁光材料仍有很强的光吸收. 目前最常用的磁光材料是钇铁石榴石(YIG)晶体，它在波长 1.2～4.5 μm 之间的吸收率很低($\alpha \leqslant 0.03\ \mathrm{cm}^{-1}$)，而且有较大的法拉第旋转角，这个波长范围包含了光纤传输的最佳范围(1.1～1.52 μm)和某些固体激光器的波长范围. 但它在可见光区域一般不透明，只能用于近、中红外区域，因此它的应用受到很大的局限.

3.4.4 电吸收效应

电吸收效应实际上是利用 Franz-Keldysh 效应和量子约束 Stark 效应，工作在半导体材料的吸收边界波长处. 在半导体材料上施加反向电场，所引起的光波吸收端位置红移的现象，即称为弗朗兹-凯尔迪什(Franz-Keldysh)效应.

如图 3.20 所示为 PIN 结构的半导体材料，其中 I 层由多量子阱(MQW)波导构成. I 层对光的吸收损耗与外加的偏置电压有关，即通过改变施加在 PIN 结构材料上的偏置电压，使得 MQW 的吸收边界波长发生变化，从而改变输出光的强弱. 图中(a)和(b)分别给出了 PIN 加反向偏压和反向偏置电压为零的两种情况下势垒的变化. 当外加电压使得 PIN 反向偏置时，随着偏置电压的增加，MQW 的吸收边移向长波长，原入射光束波长处的吸收系数变大，此时输出光束的功率变小，即入射光被 I 层吸收. 反之，当偏置电压为零时，势垒消失，入射光不被 I 层吸收而是让其通过，这时输出光束的功率变大.

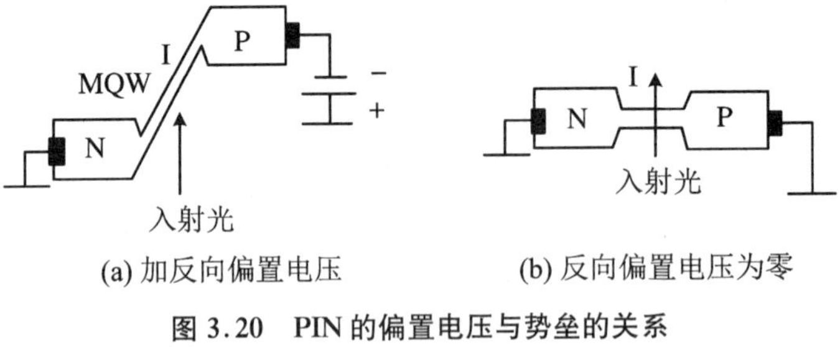

图 3.20　PIN 的偏置电压与势垒的关系

3.5　电光波导调制器

前面几节介绍了电光、声光、磁光和电吸收效应. 下面我们讨论以这四种物理效应为基础的光波导调制器，为便于分析，我们首先对这几种物理效应所对应的体调制器作了简要介绍. 这里只作原理性解释和简单的分析，更深入的分析可参考集成光学方面有关文献.

3.5.1　电光调制器

电光调制器是基于电光效应，利用交变电场使晶体的折射率发生变化，从而改变光通过晶体的传播方向或光强度的方法．实用的电光调制器均采用普克尔效应，主要以偏振调制形式工作．

1．电光振幅调制器

典型的电光振幅调制器如图 3.21 所示．它由两个正交的偏振器和放在两者之间的电光晶体组成，偏振片 P_1 和 P_2 的偏振方向分别与 x 和 y 轴平行．这里假设电光晶体为 KDP，x 和 y 轴为其主轴，z 轴为光轴，晶体沿 z 轴的长度为 L．当沿 z 轴施加电压 V 时，晶体的电致双折射主轴 x' 和 y' 与原主轴方向成 45°角．光沿光轴 z 传播，平行于 P_1 振动、振幅为 A_0 的光波在晶体中分解为平行于 x' 和 y' 轴的两个振动，通过距离 L 后各自的附加位相分别为 $\phi_{x'}$ 和 $\phi_{y'}$，在晶体的出射面上两个振动光波可写成

$$\begin{cases} e_{x'} = \dfrac{A_0}{\sqrt{2}}\exp[\mathrm{j}(\omega t - \phi_{x'})] \\ e_{y'} = \dfrac{A_0}{\sqrt{2}}\exp[\mathrm{j}(\omega t - \phi_{y'})] \end{cases} \tag{3.135}$$

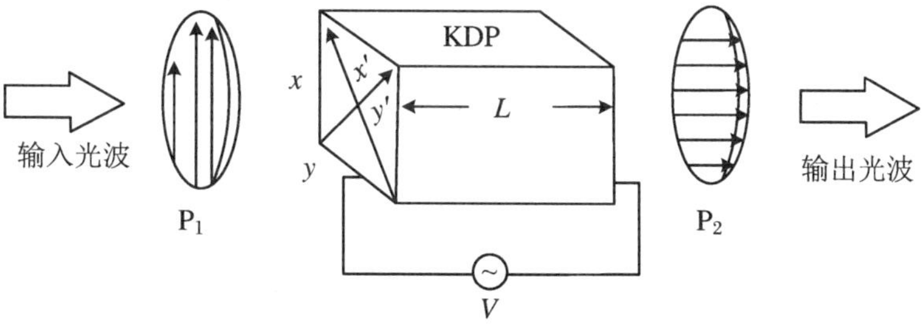

图 3.21　电光振幅调制器

由前面的分析可知，附加位相差 δ 为

$$\delta = \phi_{x'} - \phi_{y'} = \frac{2\pi}{\lambda_0} n_o^3 r_{63} V = \frac{\pi V}{V_{\lambda/2}} \tag{3.136}$$

这时检偏器 P_2 输出的光场为

$$e_y = \frac{1}{\sqrt{2}}(e_{y'} - e_{x'})$$

输出光强为

$$I = |e_y|^2 = I_0 \sin^2\left(\frac{\delta}{2}\right) = I_0 \sin^2\left(\frac{\pi}{2}\frac{V}{V_{\lambda/2}}\right) \tag{3.137}$$

式中，$I_0 = A_0^2$，该式为外加电场引起的光强透过率的变化，输出光波为调幅波．若外加调制信号 $V = V_m \sin(\omega_m t)$，则式(3.137)变为

$$I = I_0 \sin^2\left[\frac{\pi}{2}\frac{V_m}{V_{\lambda/2}\sin(\omega_m t)}\right] \tag{3.138}$$

根据上述关系可以画出调制器的调制特性曲线，如图 3.22 所示．由图可见，曲线上近似线性区域的中心在 $\delta = \pi/2$ 处．为了使调制器工作在透过率曲线的近似线性区域，可在外加调制信号中加入直流偏置电压 $V_{\lambda/2}/2$，或者在电光晶体前放置一个 1/4 波片，使其快慢轴分

别与 x' 和 y' 轴平行，从而使两个振动光波之间产生 $\pi/2$ 的固定位相差，于是式(3.136)变成

$$\delta = \frac{\pi}{2} + \frac{\pi V_m}{V_{\lambda/2}}\sin(\omega_m t) \tag{3.139}$$

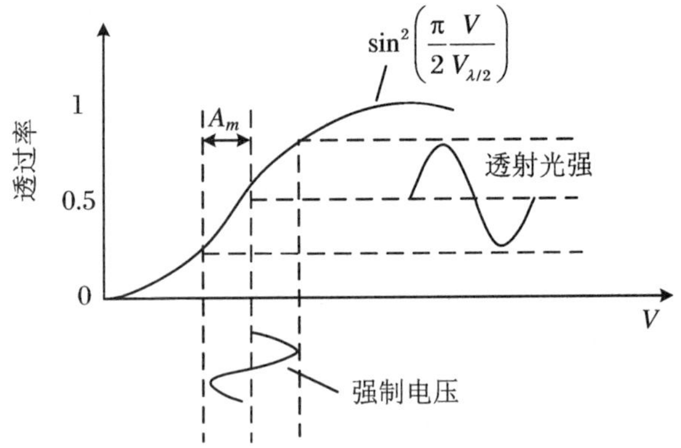

图 3.22 电光振幅调制器的调制曲线

输出光强为

$$I = \frac{I_0}{2}\{1 + \sin[A_m \sin(\omega_m t)]\} \tag{3.140}$$

当 $A_m = \pi V_m / V_{\lambda/2} \ll 1$ 弧度时，上式近似为

$$I = \frac{1}{2} I_0 \{1 + [A_m \sin(\omega_m t)]\} \tag{3.141}$$

因此，小信号作用时，调制器输出光强的变化规律与调制信号电压相同.

2. 电光位相调制器

电光效应不仅可用于调制光振幅，也可用于调制光波的位相. 图 3.23 是利用 KDP 晶体进行电光位相调制的原理图. 偏振器 P 平行于 x' 轴，外加电场 E_z 不改变光波的偏振状态，只使输出光波的位相发生变化. 若入射光为

$$e_i = A_0 \exp(\mathrm{j}\omega t)$$

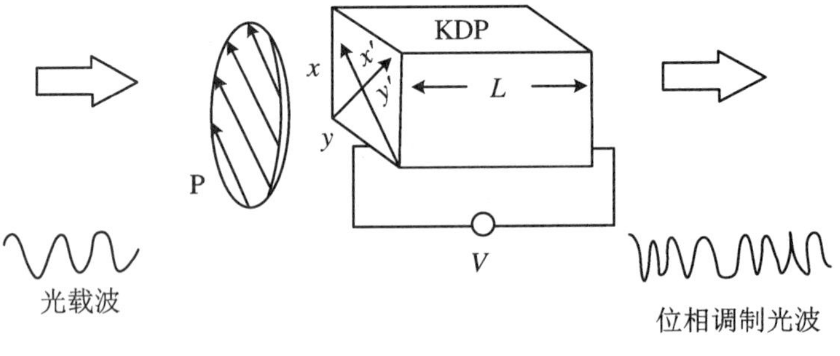

图 3.23 电光位相调制器原理图

输出光波便为

$$\begin{aligned} e_o &= A_0 \exp\left[\mathrm{j}\left(\omega t - \frac{2\pi}{\lambda_0} n_{x'} L\right)\right] \\ &= A_0 \exp\left\{\mathrm{j}\left[\omega t - \frac{\pi}{\lambda_0} n_o^3 r_{63} V_m \sin(\omega_m t)\right]\right\} \end{aligned}$$

式中略去了常数位相 $2\pi n_o L/\lambda_0$，$V_m \sin \omega_m t$ 为调制电压，并令 $A_m = \pi n_o^3 r_{63} V_m/\lambda_0$，输出调相光波可以写成

$$e_o = A_0 \exp\{j[\omega t - A_m \sin(\omega_m t)]\} \tag{3.142}$$

这样，输出光波的位相受到了外场的调制，其位相调制度为 A_m.

考察式(3.142)的位相调制光波，可用贝塞耳函数对它分解，得

$$\begin{aligned} e_o &= A_0 \exp(j\omega t)\exp[-jA_m \sin(j\omega t)] \\ &= A_0 \exp(j\omega t)\left[\sum_{q=-\infty}^{\infty} J_q(A_m)\exp(jq\omega_m t)\right] \\ &= A_0 \sum_{q=-\infty}^{\infty} J_q(A_m)\exp[j(\omega + q\omega_m)t] \end{aligned} \tag{3.142$'$}$$

其中，q 为整数. 通过位相调制，光波产生了一系列边带，它们的频率为 $\omega + q\omega_m$，每个边带所携带的能量正比于 $J_q^2(A_m)$.

以上两种调制器的调制电压均是沿 z 轴方向(即光波传播方向)加的，即纵向调制方式. 由于实现这种方式的设备不易制作，通常用横向调制方式.

3. 横向电光调制器

图 3.24 是一个横向电光晶体调制器的原理图，这里选用 GaAs 作为调制晶体. 图中 x'，y'和 z'为晶体的电致折射率主轴，z'为光轴，调制电压 V 沿 z'轴加在晶体上. 偏振器 $P_1 \perp P_2$，P_1 的振动方向与 y'和 z'轴成 45°角. 光波沿 x'轴传播，在晶体内分解为沿 y'和 z'的两个振动. 根据式(3.129)，通过晶体 L 距离后，两个振动光波之间的位相差为

$$\delta = \frac{2\pi}{\lambda_0}(n_{y'} - n_{z'})L = \frac{\pi}{\lambda_0}\sqrt{3} n_o^3 r_{41} V \frac{L}{d}$$

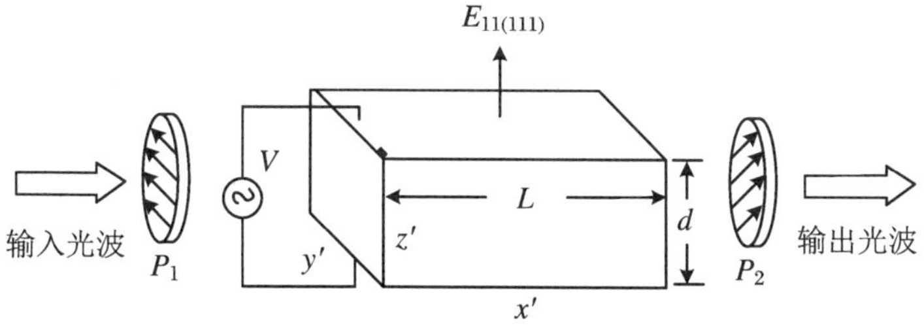

图 3.24　横向电光晶体调制器原理图

相应的，输出光波的光强 I_o 与入射光波的光强 I_i 之比为

$$\frac{I_o}{I_i} = \sin^2\left(\frac{\delta}{2}\right) = \sin^2\left(\frac{\sqrt{3}\pi L}{2\lambda_0 d} n_o^3 r_{41} V\right) \tag{3.143}$$

这样，我们便完成了电光晶体的横向振幅调制.

3.5.2　单波导电光调制器

光波导调制器多采用电光效应，与体电光调制一样，电光波导调制本质上是光的位相调制，附加某些措施后，也可以得到光的强度(幅度)调制或偏振调制. 所不同的是，体调制器中光波为不同偏振方向的平面波，而波导调制器中光波则为 TE 波和 TM 波.

图 3.25 是在一个单波导结构上构成的电光调制器，波导薄膜为电光晶体材料. 在调制电压作用下，电光效应使得薄膜的折射率发生改变，并跟随调制电压变化. 在输入端激发起

TE 波或者 TM 波，光波沿 z 方向通过波导薄膜后，其位相也随调制电压而变化，波导输出的便是一束位相调制光波.

为了实现偏振调制，在图 3.25 中使输入光波的偏振方向与 x 轴成 45°角，这时在输入端应同时激发起 TE 波和 TM 波，两种波型所对应的折射率不一样，因此输出光波的偏振方向会发生变化.调制电压引起波导薄膜的各主轴折射率发生变化，从而影响各个波型的传输相速度.适当选取电光晶体的取向，使得调制电压对两种波型相速度的影响不同（如对 TM 波的相速度无影响），则输出光波的偏振方向将随调制电压而变化，从而实现了偏振调制.如果在光波导的输出端加上检偏器，便可以得到幅度调制.

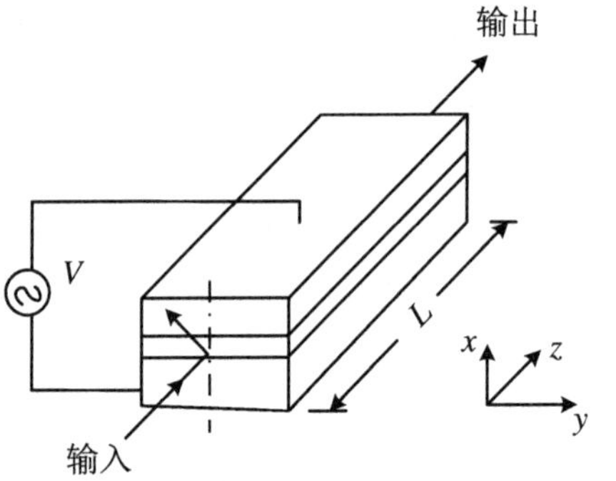

图 3.25　单波导电光调制器

偏振调制和幅度调制需要用偏振敏感的探测器或者加入检偏器.在集成光学中，光栅耦合器和棱镜耦合器均为偏振敏感器件，同时也作为检偏器；也可在波导上淀积一层对偏振敏感的薄膜，从而选出单一偏振方向的光束.

因此，图 3.25 所示的薄膜波导电光调制中，在调制电压作用下，采取一定的措施，可分别得到位相、偏振和幅度调制.这些调制的获得是基于调制电压作用下的模式耦合原理，下面对此作一简要的分析.

任何电光晶体构成的波导，没有外电场时，其模场 $\boldsymbol{E}(r,t)$满足如下的波动方程：

$$\nabla^2 \boldsymbol{E}(r,t) = \mu\varepsilon \frac{\partial^2 \boldsymbol{E}(r,t)}{\partial t^2}$$

加上调制电压后，引入了微扰电极化 $\boldsymbol{P}(r,t)$，此时的模场 $E_P(r,t)$应满足的波动方程为

$$\nabla^2 \boldsymbol{E}_P(r,t) = \mu\varepsilon \frac{\partial^2 \boldsymbol{E}_P(r,t)}{\partial t^2} + \mu \frac{\partial^2 \boldsymbol{P}(r,t)}{\partial t^2}$$

下面我们结合薄膜波导的 TE 和 TM 波型进行分析.仿照第 3 章中的耦合波方程方法，在位相匹配条件下（$\beta_{\mathrm{TE}} \approx \beta_{\mathrm{TM}}$），我们可以写出调制电压作用下的 TE 与 TM 模耦合方程应为

$$\begin{cases} \dfrac{\mathrm{d}A_l}{\mathrm{d}z} = \mathrm{j}KB_m \exp(\mathrm{j}\delta z) \\ \dfrac{\mathrm{d}B_m}{\mathrm{d}z} = \mathrm{j}KA_l \exp(-\mathrm{j}\delta z) \end{cases} \tag{3.144}$$

式中，A_l 和 B_m 分别代表 TE_l 和 TM_m 模的振幅，l，m 为模式的级次，$\delta = \beta_{l,\mathrm{TE}} - \beta_{m,\mathrm{TM}} \approx 0$ 为 TE_l 与 TM_m 模传播常数之差，K 为耦合系数.上式表明，在电光薄膜波导调制情况下 TE_l 模与 TM_m 模之间的耦合效应可由一般形式的耦合波方程描述，而耦合系数 K 则由电

光晶体特性与调制电场决定.假设调制电场 E_M 为一均匀分布的常数值,电光系数 r 亦假设为常数,晶体的折射率为 n_0,则耦合系数 K 可写为

$$K = \frac{1}{2}k_0 n_0^3 r E_M \tag{3.145}$$

令

$$\begin{cases} a_l = A_l(z)\exp(-\mathrm{j}\beta_{l,TE}z) \\ b_m = B_m(z)\exp(-\mathrm{j}\beta_{m,TM}z) \end{cases} \tag{3.146}$$

则式(3.144)的耦合波方程变为

$$\begin{aligned} \frac{\mathrm{d}a_l}{\mathrm{d}z} &= -\mathrm{j}\beta_{l,\mathrm{TE}}a_l + \mathrm{j}b_m K \\ \frac{\mathrm{d}b_m}{\mathrm{d}z} &= -\mathrm{j}\beta_{m,\mathrm{TM}}b_m + \mathrm{j}a_l K \end{aligned} \tag{3.147}$$

这是更常见的耦合波方程形式.在以下边界条件下:

$$a_l(0) = 1,\quad b_m(0) = 0$$

求解方程(3.147)可得其解为

$$a_l = \left[\cos(gz) - \mathrm{j}\frac{\delta}{2g}\sin(gz)\right]\exp\left[-\mathrm{j}\left(\beta_{l,\mathrm{TE}} - \frac{\delta}{2}\right)z\right] \tag{3.148a}$$

$$b_m = \mathrm{j}\frac{K}{g}\sin(gz)\exp\left[-\mathrm{j}\left(\beta_{m,\mathrm{TM}} + \frac{\delta}{2}\right)z\right] \tag{3.148b}$$

式中

$$g^2 = K^2 + \left(\frac{\delta}{2}\right)^2 \tag{3.148c}$$

耦合效率 η 为 TM_m 模的功率 $|b_m|^2$ 与 TE_l 模的入射功率 $|a_l(0)|^2$ 之比,即

$$\eta = \left|\frac{b_m(L)}{a_l(0)}\right|^2 = \left(\frac{K}{g}\right)^2\sin^2(gL) \tag{3.149}$$

式中 L 为耦合长度.在位相匹配条件下,$\delta\approx 0\ll K$,则模式之间功率全部转移的最佳耦合长度为

$$L = \frac{\pi}{2K}$$

若位相不匹配,$\delta\neq 0$,由式(3.149)可知,这时的耦合效率将减弱;若 $\delta\gg K$,则耦合效率趋近于零,得不到有效的模式耦合.

上述的模式耦合分析,是假定耦合发生在 TE_l 和 TM_m 两个模式之间的,实际上只要位相匹配条件得到满足,任意的两个模式之间均可发生有效的耦合,具有相似的耦合波方程.

现在我们用上述的模式耦合理论来解释薄膜波导的电光调制.

上述分析中令 $\delta=0$,则 $g=K$,说明入射光波为 TE 模时,在电光调制波导中光波分解为 TE 和 TM 两个模式,各自占有的功率大小随调制电压而变化,这便是电光波导的偏振调制.在输出端加上检偏器后,便得到幅度调制.若 $\delta\neq 0$ 且 $\delta\gg K$,则 TM 模得不到有效的能量耦合,输出光波只包含 TE 模,不过,由(3.148a)式可以看出,输出的 TE 模其位相已受到了调制.

3.5.3　双通道波导电光调制器

电光调制也可以在条形波导结构中实现,这时所需的调制功率比薄膜波导形式更为节

省.由第3章可知,两个靠得很近的条形波导能够将光能量同步地从一个波导传递到另一个波导,起着方向耦合器的功能.因此,只要两个条形波导采用电光晶体,加上两个电极便可构成双通道波导电光调制器.

图3.26是双通道条形波导方向耦合器的示意图.两个条形波导彼此平行,长度均为 L,两波导之间的间隙要足够小,使得两个波导的倏逝波能互相重叠.波导上的电极用于加调制电压.波导设计成在未加电压时,波导1的输入光波能量将耦合到波导2中输出,例如耦合效率为100%.显然,加了调制电压后,波导的介电常数发生了变化,引起波导中传输导模的相速度也发生变化,即两波导的位相匹配条件遭到破坏,波导1中的光能量不再能够有效地耦合到波导2中,输出光波的能量将随调制电压值变化,输出幅度得到了调制.

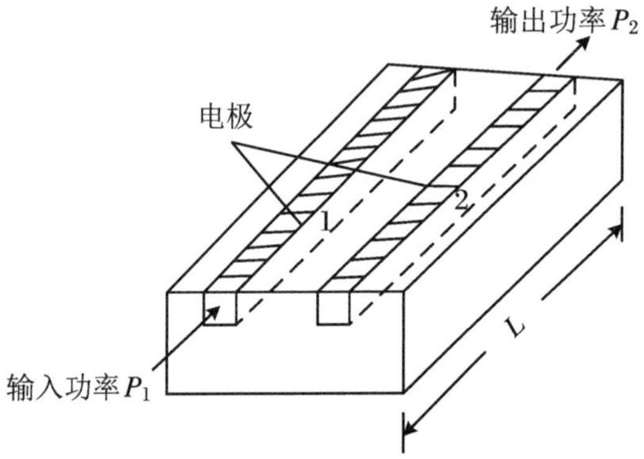

图3.26　双通道条形波导方向耦合调制器

由图3.26的波导结构可见,它的电容量会比体调制器或薄膜波导调制器小得多,一般为皮法量级,因而调制速度可以很快,达到亚纳秒量级,即调制频率可达到GHz量级.

由前面所述,在波导未加调制电压时,$\delta=\beta_1-\beta_2=0$,β_1 和 β_2 分别是两个条形波导内的传播常数,经过距离 L 的耦合,波导1的功率全部转移到波导2.由式(3.36),得

$$L=\frac{\pi}{2K}$$

这里 K 为两条形波导间的耦合系数.

波导加上电压后,$\delta=\beta_1-\beta_2\neq0$,功率全部转移的条件遭到破坏.这时,我们仍可以用式(3.147)的耦合波方程来描述两个波导的模式 a_1 和 a_2 之间的耦合,只不过方程(3.147)中的 a_l,b_m 分别由 a_1 和 a_2 代替,传播常数分别为 β_1 和 β_2.利用初始条件

$$a_1(0)=1,\quad a_2(0)=0$$

方程的解仍由式(3.148)表示.

由式(3.148)可见,在下列条件下:

$$gL=\left[K^2+\left(\frac{\delta}{2}\right)^2\right]^{\frac{1}{2}}L=\pi \tag{3.150}$$

可以得到

$$a_1(L)=1,\quad a_2(L)=0$$

即波导2完全没有耦合功率,能量又全部由波导1输出.把耦合长度 $L=\dfrac{\pi}{2K}$ 代入式(3.150),有

$$\delta L=\sqrt{3}\pi \tag{3.151}$$

可见，对于一个已知其耦合长度为 L 的耦合器，只要使外加电压造成的位相失配 δ 能满足上述关系，就可以起到 100% 的调制作用. 由于耦合输出功率随调制电压在波导 1 和波导 2 之间转移，故称这种器件为波导方向耦合调制器，实际上它也起到光开关作用.

下面以图 3.27 所示的调制结构为例进行计算分析. 图 3.27 是用 GaAs 晶体的 PN 结做成的波导方向耦合器. 晶体主轴系统的矢量(001)垂直于波导纵向平面，矢量$(\bar{1}10)$则垂直于波导横截面. GaAs 晶体在这种取向情况下，不加电压时，其折射率相当于各向同性介质的情况，其值为 $n_0=3.48$. 波导的设计按不加电压时功率由波导 1 全部耦合到波导 2 来进行. 加外电场 E_y 后，沿 y 方向振动的光波的折射率仍为 n_0，沿 x 方向振动的光波的折射率变为 $n_0+\Delta n$，其中

$$\Delta n = \frac{1}{2} n_0^3 r_{41} E_y$$

从而得到方向耦合调制作用.

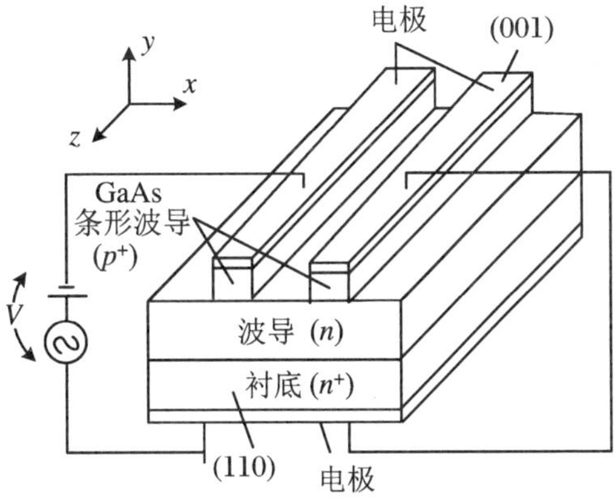

图 3.27　PN 结 GaAs 条形波导方向耦合器

假定 $\lambda_0=1\ \mu\text{m}$，$L=10\ \text{mm}$，传播常数之差 $\delta=\frac{2\pi}{\lambda_0}\Delta n$. 将这些数值代入式(3.151)，可得到所需的 Δn 值，$\Delta n\approx 0.87\times10^{-4}$. 若波导厚度为 4 μm，从表 3.1 知 GaAs 的电光系数 $r_{41}=1.6\times10^{-12}\ \text{m/V}$，由 $\Delta n=\frac{1}{2}n_0^3 r_{41}E_y$ 得到 $E_y\approx2.6\times10^6\ \text{V/m}$，所需外加电压约为 10 V. 因此，GaAs 类的波导所需的调制电压是很低的.

3.6　声光波导调制器

3.6.1　声光调制器

利用声光效应制成的调制器即为声光调制器. 有效的声光调制建立在声波产生光的衍射效应上. 由于声波的应变场引起介质折射率的周期性变化，声波在介质中建立起一个光学位相光栅. 光通过这种介质时，便产生由于声光互作用引起的光衍射.

声波与光波相互作用有一个特征长度 L_0：

$$L_0 = \frac{\Lambda^2}{\lambda} \tag{3.152}$$

式中，Λ 和 λ 分别为声波和光波在介质中的波长.根据声光互作用长度的不同，声光调制器存在两种可能的工作状态：拉曼-奈斯方式和布拉格方式.下面分别描述.

1. 拉曼-奈斯型调制器

当声光互作用长度 $L \leqslant L_0/2$ 时，声光介质对入射光的作用相当于一个平面位相光栅，对入射光波产生多级衍射，如图 3.28 所示.这便是拉曼-奈斯型调制器.平行光入射时，各级衍射光的角度 θ_m 满足

$$\sin\theta_m = \frac{m\lambda_0}{\Lambda}, \quad m = 0, \pm 1, \pm 2, \cdots \tag{3.153}$$

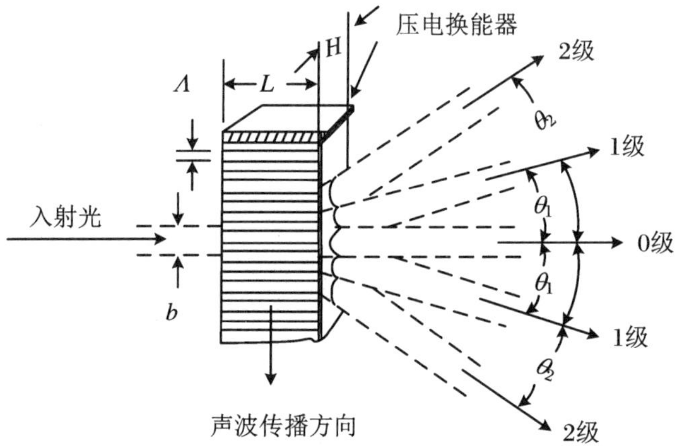

图 3.28　拉曼-奈斯型声光调制器

光通过调制器后，在 z 方向引入的相移为

$$\Delta\phi = \frac{2\pi L \Delta n}{\lambda_0}\sin\left(\frac{2\pi y}{\Lambda}\right) = \Delta\phi_0 \sin\left(\frac{2\pi y}{\Lambda}\right) \tag{3.154}$$

式中，Δn 为声致折射率变化，由式(3.132)决定.相移的幅值 $\Delta\phi_0$ 为

$$\Delta\phi_0 = \left(\frac{2\pi L}{\lambda_0}\right)\Delta n = \frac{\sqrt{2}\pi}{\lambda_0}\sqrt{\frac{P_a M_2 L}{H}} \tag{3.155}$$

式中，H 为压电换能器的宽度.

各级衍射光的强度由下述关系给出：

$$\frac{I}{I_i} = \begin{cases} \dfrac{[J_m(\Delta\phi_0)]^2}{2}, & |m| > 0 \\ [J_0(\Delta\phi_0)]^2, & m = 0 \end{cases} \tag{3.156}$$

式中，J 为贝塞耳函数，I_i 是无声波时的透射光强度.

拉曼-奈斯调制器把出射光分散到各个衍射级，每级衍射光强度均很低，调制度小，而且工作频率较低，因此实用中不常用作光调制器.

2. 布拉格型调制器

当声光互作用长度 $L \geqslant 2L_0$ 时，声光介质对入射光的作用相当于一个体光栅，光波要发生多次衍射后才离开声波场.在某一特定入射角(布拉格角 θ_B)下，各级衍射光的位相使得

除 0 级和 +1 级(或 −1 级)衍射光外,其他所有各级衍射光几乎都相消为零,如图 3.29 所示.这称为布拉格调制器.

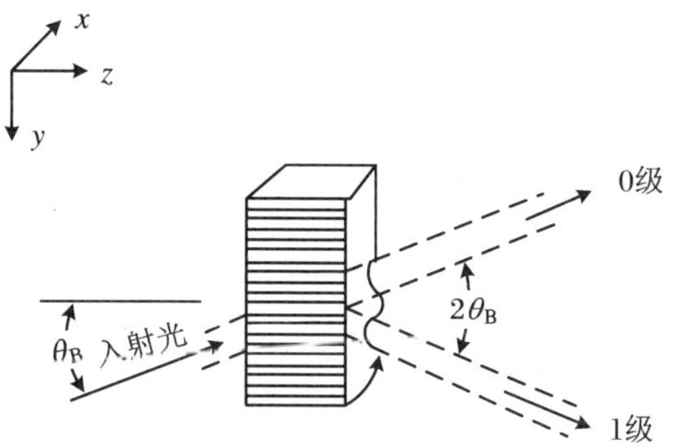

图 3.29　布拉格型声光调制器

布拉格角 θ_B 由下式确定:

$$\sin\theta_B = \frac{\lambda}{2\Lambda} \tag{3.157}$$

我们注意到,入射光和 1 级衍射光之间的角度为 $2\theta_B$.对于布拉格调制器,0 级和 1 级衍射光的强度分别为

$$\begin{cases} I_0 = I_i\cos^2\left(\dfrac{\Delta\phi_0}{2}\right) \\ I_1 = I_i\sin^2\left(\dfrac{\Delta\phi_0}{2}\right) \end{cases} \tag{3.158}$$

布拉格调制器的衍射效率高,调制度大,而且调制带宽可以很宽,因此实用中的声光调制器多采用布拉格型.

3.6.2　声光波导调制器

光波导调制器同样可以利用声光效应.声光波导调制器的原理与声光体调制器的基本相同,不过,由于声波和光波被限制在很小体积的波导内,声光波导调制器便具有驱动功率小的优点.

图 3.30 为声光波导调制器的示意图.折射率为 n_f 的声光材料淀积在折射率 n_s 的衬底上,形成波导薄膜,其中 $n_f > n_s$.叉指形电极淀积在覆盖波导薄膜的那部分衬底表面上作为换能器,电极在衬底上激发起沿 y 方向传播的声表面波.声波通过覆盖着波导薄膜的那部分衬底区域,通过机械接触,将声表面波在衬底表面产生的应变耦合到波导薄膜内,从而导致了波导薄膜的折射率发生周期性变化.用光栅耦合器以布拉格角 θ_B 引入导波光,在 $2\theta_B$ 角度方向便可观察到布拉格衍射的输出光波.这样,叉指换能器的电压便可对输出光波进行调制.当然,声光波导调制也可以采用拉曼-奈斯方式工作.

当采用诸如 $LiNbO_3$ 和 ZnO 这类压电和电光材料作为衬底时,由于声表面波伴随的压电电场可以相当大,以至于由电光效应产生的折射率改变也相当重要.事实上,y 切割 $LiNbO_3$ 衬底上沿 z 方向传播的声表面波所伴随的电光效应作用要比声光效应大得多.电光效应的作用既可以是对声光效应的叠加,也可以是对声光效应的抵消.因此,这类波导调制器,常常是声光和电光的混合器件.

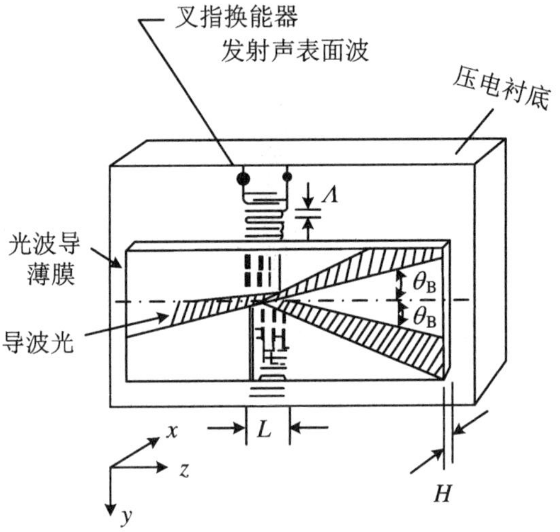

图 3.30 声光波导调制器

应该指出的是,声光波导调制器除了采用布拉格和拉曼-奈斯两种工作方式外,还可以用其他的方法,例如用声波诱导波导内某些导模之间的耦合,或者诱导导模和辐射模之间的耦合等,后一种情形指的是光耦合入或耦合出波导.这方面的详细分析需要声光作用下的耦合模式理论,其耦合波方程应该与电光调制下波导的耦合波方程具有相同的形式,不同的是耦合系数 K 这时应由波导的声光特性和调制声场来确定.因此,这里便不再叙述了.

3.7 磁光波导调制器

3.7.1 磁光调制器

磁光调制器主要是利用磁光效应中的法拉第效应.制作磁光调制器时,为了获得线性调制,常用方法是利用直流磁场使介质趋近于饱和磁化状态,然后再用信号磁场使磁场强度方向“倾斜”,从而调制光的偏振方向.

图 3.31 是磁光调制器的一个示意图.磁光介质(如 YIG 或掺 Ga 的 YIG 棒)放在沿光轴方向 z 的光路上,它的两端放置有起偏器、检偏器.高频螺旋形线圈环绕在磁光棒上,受调制信号的控制,用以提供平行于 z 轴的信号磁场.直流激励场 H_{DC}施加在 x 方向上,其强度足以使晶体饱和磁化.工作时,高频信号电流通过线圈就会感生出平行于光传播方向的磁场,入射光通过磁光介质时,由于法拉第旋光效应,其偏振方向发生旋转.由式(3.134),旋转角可表示为

$$\theta = \frac{\theta_F L}{H_s} H_0 \sin(\omega t) \tag{3.159}$$

式中,$H_0 \sin(\omega t)$为调制磁场,受调制信号电流驱动.检偏器的光强透过率为

$$T = \sin^2\theta = \sin^2\left[\frac{\theta_F L}{H_s}H_0\sin(\omega t)\right] \tag{3.160}$$

因此,只要用调制信号控制磁场强度的变化,就可使光的偏振方向发生相应的变化,最终获得一束强度变化的调制光.

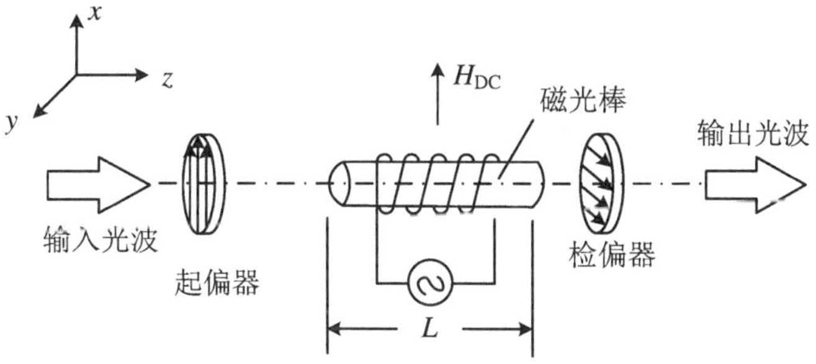

图 3.31　磁光调制器示意图

3.7.2　磁光波导调制器

在光波导结构中,利用磁光效应对导波光的特性进行调制,就构成了磁光波导调制器.有关磁光波导模转换器和调制器的理论论述较多,但实验方面的报导较少,磁光波导调制器还没有达到产品化水平.

任何一种分析光波导的各向异性对光传播影响的方法,都可以应用到通过外场引入各向异性或者改变各向异性状况的场合中.因此,磁光波导调制器的理论分析也可以采用前述的调制光波导的模式耦合理论,这里便不再详细讨论了.

图 3.32 为磁光波导调制器的实验装置示意图.当光沿 z 方向传播时,z 方向的磁场分量便引起法拉第旋光.在体材料中,法拉第旋光使光的偏振方向绕 z 轴旋转某一角度 θ;在波导中这一效应形成了 TE 模和 TM 模之间的耦合,其能量转移效率由式(3.149)可得

$$\frac{I_{TM}}{I_{TE}} = \left(\frac{K}{g}\right)^2\sin^2(gL) \tag{3.161}$$

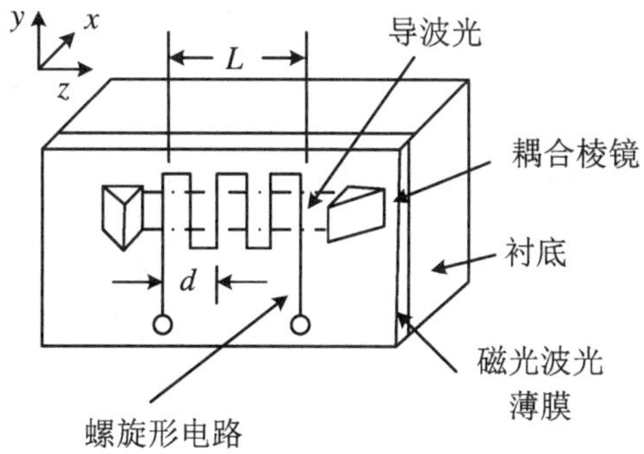

图 3.32　磁光波导调制器示意图

耦合系数 $K = \gamma\theta_F$,其中 θ_F 为法拉第旋光角,γ 为实际旋转的调制深度.

为了得到一定能量的转移,必须使 TE 模和 TM 模的相速度匹配,即 $\delta = \beta_{TE} - \beta_{TM}$ 必须很小或者等于零.然而实验中的薄膜波导本身无法满足这个条件,具有周期结构的波导在某种条件下可以达到位相匹配.为此,让信号电流流过图中的螺旋形电路,得到一周期变化的

磁场.选择周期 d,达到位相匹配时它应满足

$$\frac{2\pi}{d}=\delta \tag{3.162}$$

工作时,外加的直流激励磁场平行于波导平面并与 z 轴成 45°角.流过螺旋形电路的调制电流使净磁场发生旋转,因而磁场在 z 方向的分量将随调制电流而变化.采用薄膜棱镜耦合器把光从波导中耦合出来,就可观察到 TE 模到 TM 模的转换.当式(3.162)中位相匹配条件得到满足,并且光波是在由式(3.36)给出的临界耦合长度 L 的距离内进行相互作用时,全部光波能量就可由一个模耦合到另一个模,实现磁光波导的模式耦合调制.

3.8 电吸收波导调制器

电吸收调制器(EAM)是一种由 PIN 结构半导体材料构成的光调制器件,其中 I 层由多量子阱波导构成.图 3.33 给出了一种电吸收波导光调制器的结构.图中,I 层对光的吸收与外加的调制电压有关,变化规律如图 3.34 所示.当调制电压使 PIN 反向偏置时,由于入射光被 I 层吸收,使得输出光强被调制.EAM 的光电转换特性可用下式表示:

$$T(V)=\exp[-\Gamma L\alpha(V)] \tag{3.163}$$

式中,T 为调制器的光透过率;Γ 为多量子阱(MQW)材料有源区和波导区的重叠程度(约 16%);L 为波导区长度;$\alpha(V)$为在外加反向偏压 V 的情况下 MQW 波导的吸收系数.表 3.2 给出了几种有代表性的电吸收光调制器的特性.

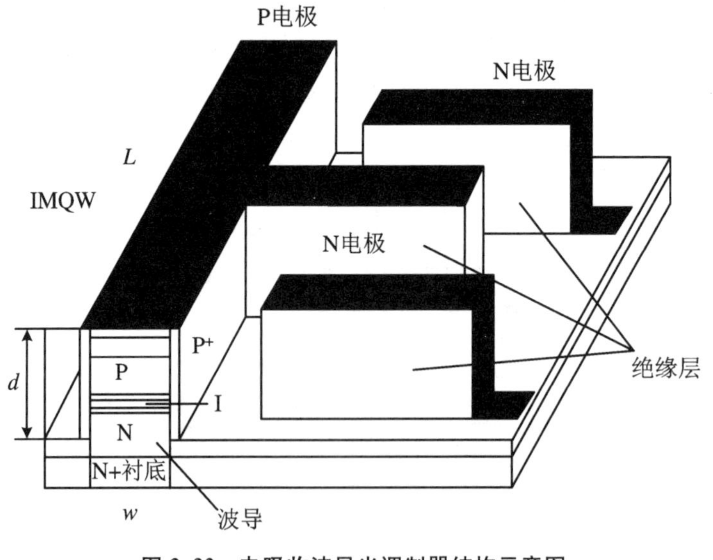

图 3.33 电吸收波导光调制器结构示意图

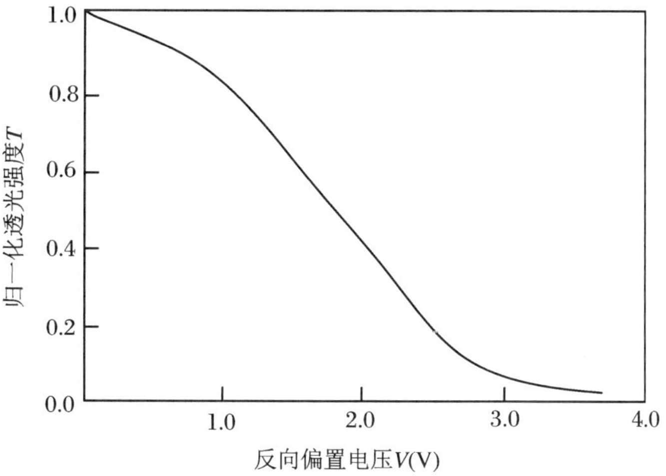

图 3.34　EAM 透光率 T 与反向偏压 V 的关系

表 3.2　几种有代表性的电吸收光调制器的特性

	器件 A	器件 B	器件 C
有源区结构	体材料 InGaAsP	MQW-InGaAsP	MQW-InGaAs/InAlAs
光波导结构	半导体掩埋	脊形	聚酰亚胺掩埋型
有源区	选择性 MOCVD	MOCVD	MOCVD
插入损耗(dB)	3	3	7
调制电压(V)	2	1.2	2.6
3dB 带宽(GHz)	3.7	27	40
器件长度(μm)	300	100	1000
调制区长度(μm)	300	100	50

虽然 EAM 在高速和啁啾特性方面不如 $LiNbO_3$ 调制器，但 EAM 也有许多优点，它易与半导体激光器集成在一起，制成体积小、结构紧凑的单片集成组件，而且所需的驱动电压也较低．通过这种调制器与激光器进行单片集成，不仅可以发挥调制器本身的优点，调制器与激光器之间亦不需要光耦合装置，可以降低损耗，从而保证了调制器的高可靠性和高效率．

第4章　集成光学

1969年，贝尔实验室的S.E.Miller首次提出光集成的概念，经过几十年的发展，取得了长足的进展.特别是近十年来，光通信向高速、大容量的方向发展，对于光集成器件的要求越来越迫切；同时，随着半导体制作技术的飞速发展，光集成器件不断涌现，有些器件已逐步成熟，开始从实验室走向实用化.可以预期，光集成器件将在光通信、光传感、光计算等领域大量使用，新的集成度更高的器件将逐渐取代现有的分立元件.

什么是集成光学呢？集成光学是研究平面光学器件及系统集成的理论、技术、制作与应用的学科，其理论基础是导波光学，以及光波导与物质的相互作用.集成光学的技术基础是材料、薄膜及微加工技术.集成光学研究开发光通信、光传感以及光计算等技术所用的光集成线路，包括光子集成线路、光电子集成线路等.其研究内容广延至包括光纤、二维平面波导与三维条形波导等组成的集成光路以及微光机电集成等系统.

光波导是光集成的核心.大部分光集成器件，包括如光分路器、光耦合器、光开关、光调制器等无源光器件，以及如半导体发光器件、光放大器、光探测器等有源光器件，都是以光波导为基础的.各种光集成的结构，都是围绕光波导而展开的.

4.1　无源光波导器件

无源光器件包括连接器、光分路(分束)器、光耦合器、光环路器、光隔离器、滤波器、偏振器件等.不同的无源光器件所应用的工作原理、制作工艺和技术各不相同，涉及精密加工、光学加工、微细加工等领域.本节主要介绍集成的无源光波导器件.

4.1.1　光分路器与光耦合器

光分路器是一种对光波按一定的分配比例进行分路(分配)的光器件.光耦合器是利用传输中的光信号在特殊结构的耦合区发生耦合，并进行光信号再分配的光器件.这两种光器件用于光传输系统中的光功率多路重新分配，或从传输干路上按比例取出部分功率用于监控.根据器件原理和结构的不同，光分路器与光耦合器常有光纤型、Y分叉波导型、定向耦合器、星形耦合(分束)器和多模干涉型等.对于分束路数多于8路时，大多数采用平面波导技术来制作.

1. Y分叉光分路器

$1\times N$，$2\times N$，$N\times N$为常见的光分路器，$1\times N$分路器规格主要1×2，1×4，1×8，1×16，

1×32 和 1×64 路.大分路数(>8 路)的光分路器常用 Y 分叉级联构成 $1\times N$ 平面波导结构分路器(如图 4.1),在这种结构中,基本单元是 Y 分叉,它的性能决定了整个分路器的性能,也可以用多模干涉(MMI)、星形耦合器等结构构成 $1\times N$ 和 $N\times N$ 的光分路器.

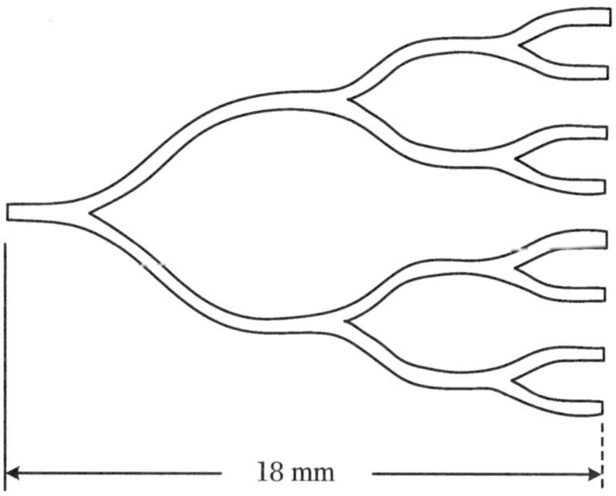

图 4.1　1×8 平面波导结构分路器

最常见的 Y 分叉类型是 S 弯曲 Y 分叉,如图 4.2 所示.S 弯曲结构一般为正弦或余弦型,可用下列函数表示:

$$y = \frac{h}{l}x - \frac{h}{2\pi}\sin\left(\frac{2\pi x}{l}\right) \tag{4.1a}$$

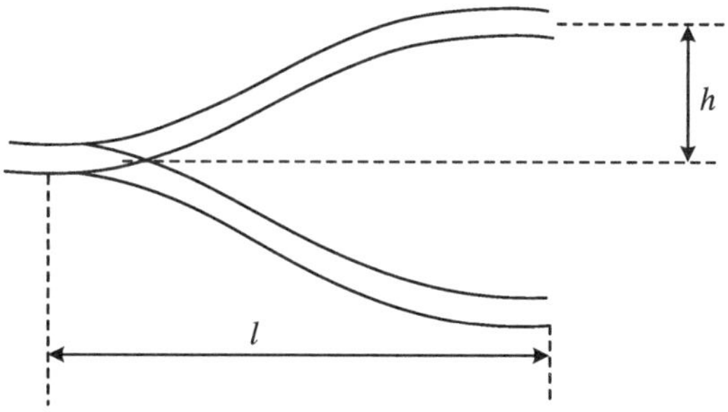

图 4.2　S 弯曲 Y 分叉

或

$$y = \frac{h}{2} - \frac{h}{2\pi}\cos\left(\frac{2\pi x}{l}\right) \tag{4.1b}$$

式中,l 是 Y 分叉的长度,h 为高.S 弯曲的曲率半径为

$$R = \frac{l^2}{2\pi h}\frac{1}{\sin(2\pi x/l)} \tag{4.2a}$$

或

$$R = \frac{2l^2}{\pi^2 h}\frac{1}{\cos(\pi x/l)} \tag{4.2b}$$

采用双圆形过渡的 Y 分叉,当两个圆的半径相同时,弯曲波导的半径可表示为

$$R = R_{\min} = \frac{l^2 + h^2}{4h} \tag{4.3}$$

Y 分叉的长度:

$$l = \sqrt{4hR_{\min} - h^2} \approx \sqrt{4hR_{\min}} \tag{4.4}$$

以上三种 Y 分叉有相同的最小曲率半径和高度时，其长度比为 1.25∶1.11∶1.

正弦或余弦型 Y 分叉的弯曲波导上，每一点的一阶、二阶导数连续，曲线光滑，导模变换损耗小. 双圆形 Y 分叉的弯曲波导在拼接处曲率突变，会带来模场失配损耗.

2. 多模干涉型分路器

多模干涉耦合器的基本原理是多模波导的自映像现象，利用这种自映像原理，可以将一束输入光耦合到多个输出波导中形成光耦合器(图 4.3). 或者，多束输入光输入到多模波导中，各自形成多个自映像，由于这些自映像不同的相位关系，它们相互干涉，形成光合束器. 它具有结构紧凑、插入损耗低、频带较宽、分光均匀、制作工艺简单和容差性好等优点，可构成 $1\times N$ 和 $N\times N$ 光分路器，尤其适合于分支数比较大的分路器.

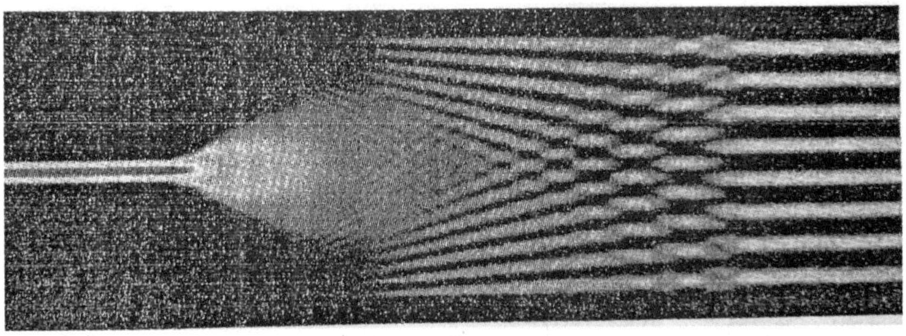

图 4.3　利用多模波导的自映像效应的 MMI 光波导分路器

3. 定向耦合器

定向光耦合器是构成光功率分路器的另一种重要结构，其典型结构如图 4.4 所示. 图(a)是由 2 条单模波导构成的定向耦合器，图(b)是把耦合区做成能够传输 2 个模的波导耦合器，图(c)是以 3 条波导为基础形成的定向耦合器. 定向耦合器的分光比是通过耦合长度的调整来实现的. 定向耦合器对波长较为敏感，器件的带宽一般为 10 nm.

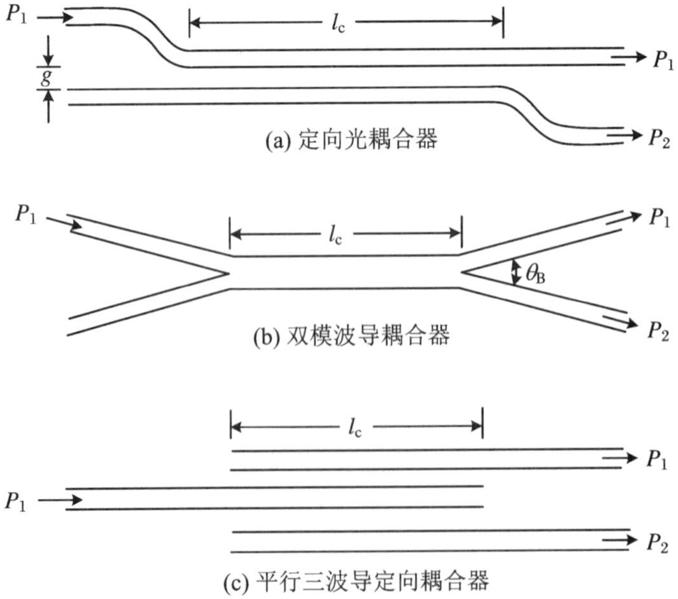

图 4.4　定向耦合器典型结构

4. 星形耦合器

星形耦合器是一种利用分割光波波阵面方式实现光功率分配的波导器件.它由输入波导、平板波导区和输出波导构成,平板波导区设计成罗兰圆结构,输入波导和输出波导的末端相对,分别位于两个圆周上.用星形耦合器可实现 $1\times N$ 和 $N\times N$ 光分路器.星形耦合器已被广泛应用于阵列波导光栅(AWG)器件中.图 4.5 为 $N\times N$ 路的星形耦合分路器的示意图.

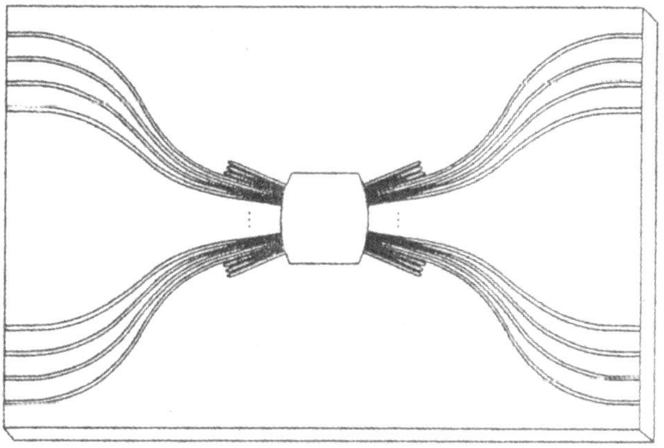

图 4.5 $N\times N$ 路星形耦合分路器示意图

4.1.2 光波导滤波器

光波导滤波器是对光波波长与频谱进行处理与控制用的器件.光波导滤波器的基本原理包括多光束干涉、衍射光栅、法布里-珀罗谐振器、布拉格光栅与长周期光栅等.在集成光波导中,人们基于马赫-泽德干涉仪结构实现了双光束干涉,基于刻蚀光栅或是阵列波导光栅实现了衍射光栅效应,基于光微环或光微盘谐振腔实现了法布里-珀罗谐振器所具有的滤波功能,通过在光波导上设置周期性结构分布实现了布拉格光栅和长周期光栅.

从功能上分类,光波导滤波器包括带通滤波器、通带均衡器、光波分复用/解复用器、梳状带通滤波器、色散补偿器等.

1. 基于马赫-泽德干涉仪的光滤波器

基于马赫-泽德干涉仪(MZI)结构的光滤波器基本结构如图 4.6 所示,所采用的光波导一般为单模波导.图中,3 dB 耦合器可以采用 Y 分路器、1×2 多模干涉耦合器或定向耦合器等波导结构,2×2 干涉耦合器结构可以采用 2×2 非对称 X 结、2×2 多模干涉耦合器和定向耦合器等波导结构.

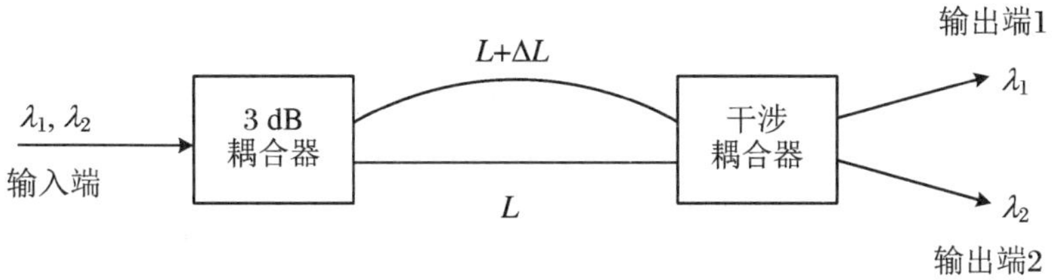

图 4.6 MZI 结构光滤波器的示意图

通常，当 MZI 结构两臂的光波相位差满足条件

$$\Delta\varphi_1 = 2\pi \frac{\Delta L n_{\text{eff}}}{\lambda_1} = 2m\pi, \quad m \text{ 取整数} \tag{4.5a}$$

时，波长为 λ_1 的光波将从输出端 1 输出，而输出端 2 无输出. 式中，ΔL 为 MZI 结构两臂的长度差，n_{eff} 为单模光波导的有效折射率. 而当 MZI 结构两臂的光波相位差满足条件

$$\Delta\varphi_2 = 2\pi \frac{\Delta L n_{\text{eff}}}{\lambda_2} = (2m+1)\pi, \quad m \text{ 取整数} \tag{4.5b}$$

时，波长为 λ_2 的光波将从输出端 2 输出，而输出端 1 无输出.

对于不同波长 λ 的光波，更为一般的光波输出强度表达式为

$$\text{输出端 1} \quad I_1(\lambda) = \frac{1}{2}\left[1 + \cos\left(2\pi \frac{\Delta L n_{\text{eff}}}{\lambda}\right)\right] \tag{4.6a}$$

$$\text{输出端 2} \quad I_2(\lambda) = \frac{1}{2}\left[1 - \cos\left(2\pi \frac{\Delta L n_{\text{eff}}}{\lambda}\right)\right] \tag{4.6b}$$

MZI 结构光滤波器的滤波谱表现为循环的通带，这一循环通带的间隔称为滤波谱的自由光谱区（free spectral range，FSR）. 基于频率的 FSR 可以表示为

$$FSR_f = \frac{c}{2\Delta L n_{\text{eff}}} \tag{4.7}$$

式中，c 为真空中的光波传播速度.

通过 MZI 结构的级联，可以构成光波解复用器. 在多级级联结构中，后一级的 MZI 结构的两臂波导长度差设计为前一级的 1/2，从而使后一级的自由光谱区为前一级的 2 倍. 采用多级级联结构，可以设计具有不同滤波特性要求的光滤波器. 图 4.7 为通带边为 8 GHz、通带顶内起伏＜0.22 dB、阻带边为 16 GHz、阻带衰减达 −38.1 dB 的线性相位切比雪夫（Chebyshev）带通滤波器.

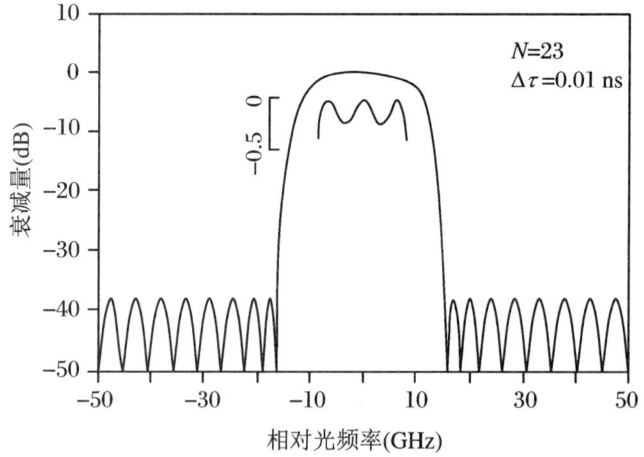

图 4.7　基于多级级联结构的线性相位切比雪夫滤波器的谱特性

2. 基于光微环谐振器的光滤波器

采用单微环谐振器的光滤波器基本结构如图 4.8 所示. 图中的光波导一般为单模波导，利用波导间消逝场耦合方式实现微环与两个输入/输出光波导间的耦合.

下路通道光强传递函数为

$$|D(\theta)|^2 = \frac{K_1^2K_2^2}{(1-T_1T_2)^2+4T_1T_2\sin^2(\theta/2)} \tag{4.8}$$

主通道的光强传递函数为

$$|B(\theta)|^2 = \frac{T_1^2+T_2^2-2T_1T_2\cos\theta}{1+(T_1T_2)^2-2T_1T_2\cos\theta} \tag{4.9}$$

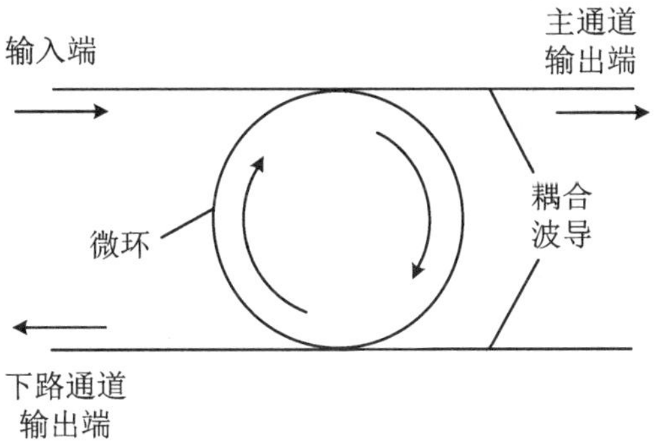

图 4.8 采用单微环谐振器的光滤波器结构示意图

只有一根输入/输出波导发生光波能量交换的光微环谐振器,即构成一个全通滤波器,如图4.9所示.此时,若不考虑光波在波导中传输损耗,输出端的归一化输出光强总是维持为1,而相位变化可以表示为

$$\varphi_r(\theta) = \arctan\left[\frac{(1+K_1^2)\sin\theta}{2\rho-\cos\theta(1+K_1^2)}\right] \tag{4.10}$$

利用微环谐振器的相位色散特性,可以设计制作基于光微环谐振器的光延时器、光色散补偿器等集成光学滤波器件.

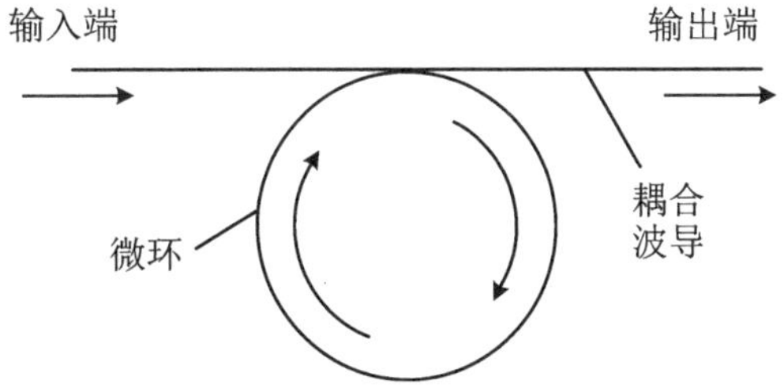

图 4.9 基于光微环谐振器的全通滤波器示意图

鉴于单级光微环谐振器光滤波器的谱特性并不能够满足实际应用中的“平顶且滚降”的特点,故通常采用多级结构,如图4.10所示.控制环-环和环-输入/输出波导间的耦合,可以

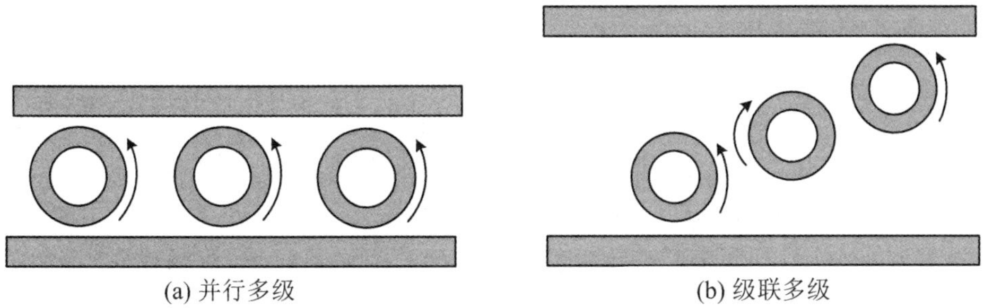

图 4.10 两种典型的多级微环光滤波器结构

实现所需要的带通滤波特性.对于多级微环谐振器结构光滤波器的合成设计,可以同样采用 Z 变换和数字滤波器的分析方法.

4.1.3 光波分复用器/解复用器

波分复用(wavelength division multiplexing,WDM)技术即利用单模光纤宽带特性,将不同波长的光信号复合在一起传输,是一种可以将一根光纤当作多根光纤来使用的有效的扩容方法.在波分复用技术中,实现光信号的波长复用/解复用的光器件称为波分复用器件,是波分复用系统的关键器件.实现波分复用的器件有多种,分有源和无源两类.其中无源波分复用器件是主流,有色散型、滤波型、耦合型和混合型等.对于粗波分复用(波长间隔>1.6 nm),以光纤耦合型和多层薄膜干涉滤波型为主;而对于密集波分复用(波长间隔≤0.8 nm),则以阵列波导光栅型器件为常见.

阵列波导光栅(array waveguide grating,AWG)的概念由荷兰 Delft 大学的 Smit 于 1988 年首先提出.AWG 采用了透射光栅衍射原理,它的结构由输入波导、平面波导、阵列波导和输出波导构成.其结构实际上由阶梯光栅的演变而来,即将阶梯光栅分离成若干个阵列波导,并结合罗兰(Rowland)圆凹面光栅结构,形成高干涉级的透射光栅,具备非常高的分辨率.

图 4.11(a)为 AWG 的结构示意图,由输入/输出条形波导、平面波导区以及阵列波导光栅区组成.输入/输出条形波导用于波分复用前后光波与光纤的耦合.阵列波导光栅区是由一系列相邻长度成等差 ΔL 的条形波导阵列组合,用于对同一波长光产生一定相位差,在输出平面波导区域形成衍射叠加,相当于光栅的作用.在输出平面波导区,不同波长的光会聚在各自的输出条形波导位置,达到按波长分离的目的.整个器件称为阵列波导光栅,已在光纤通信系统中用作波分复用器件.

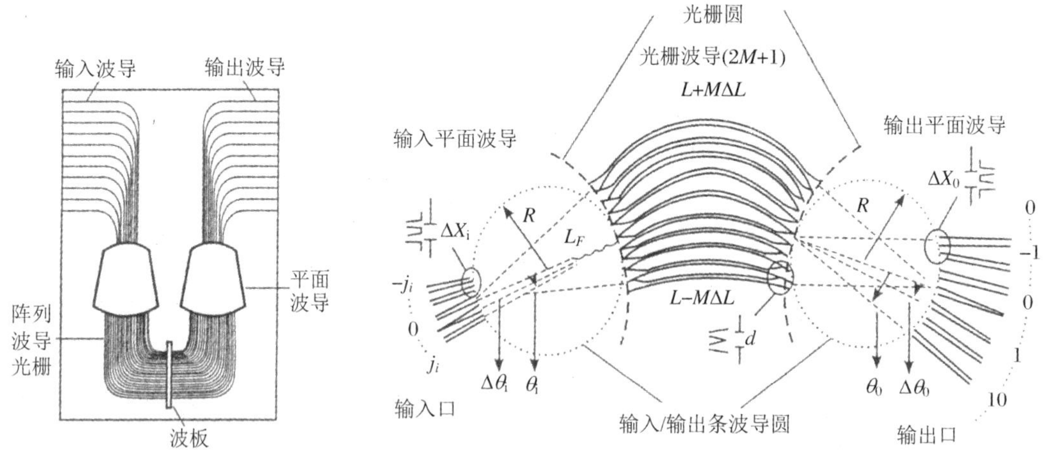

(a) $N\times N$ AWG结构示意图　　(b) AWG的输入/输出波导和阵列波导的位置关系

图 4.11　阵列波导光栅结构

图 4.11(b)是 AWG 原理图.在平面波导区域中,输入/输出条形波导以中心对称形式处于半径为 R 的圆弧上,相邻条形波导的间隔为 $\Delta X_{\mathrm{i,o}}$,其中,i,o 分别代表输入和输出条形波导.在平面波导区域中,阵列光栅条形波导以中心对称形式处于半径为 L_{F} 的圆弧上,相邻条

形波导的间隔为 d. n_s和 n_c分别是平面波导与条形波导的有效折射率.

根据衍射干涉理论,相对于中心位置输入条形波导,一般位置输入的波长为 λ 的阵列波导光栅方程为

$$N_s d\sin\theta_i + n_c\Delta L + n_s d\sin\theta_o = m\lambda \tag{4.11}$$

式中,$\theta_i = i\Delta X_i/L_F$ 为光波输入平面波导的衍射角,$\theta_o = j\Delta X_o/L_F$ 为光波输出平面波导的衍射角,L_F为平面波导区的焦距,m 为光栅的衍射级数,i,j 分别为输入、输出条形波导编号.对于中心条形波导输入的情况,有

$$n_c\Delta L + n_s d\sin\theta_o = m\lambda \tag{4.12}$$

定义中心波长为 λ_0,则有

$$n_c\Delta L = m\lambda_0 \tag{4.13}$$

由此可得 m 与 ΔL 之间的关系.对式(4.11)两边微分,并考虑波导材料的色散,以及群折射率 $n_g = n_c - \dfrac{\lambda dn_c}{d\lambda}$,在 $\theta_i = \theta_o = 0$ 时,可得到衍射角与光频率之间的关系:

$$\frac{d\theta}{df} = -\frac{m\lambda^2}{n_s dc}\frac{n_g}{n_c} \tag{4.14}$$

由 $\Delta\theta = (d\theta/df)\Delta f$,$\Delta\theta = \Delta x/L_F$等关系,可得到频率信道间距 Δf 的表达式:

$$\Delta f = \frac{\Delta x}{L_F}\frac{n_s dcn_c}{m\lambda^2 n_g} \tag{4.15}$$

同样,可以导出 AWG 的自由光谱范围(FSR)为

$$FSR = \frac{c}{n_g\Delta L} \tag{4.16}$$

典型的 40 路 AWG 器件技术参数见表 4.1.图 4.12 为典型的 64 路 AWG 的特性曲线.在光纤通信系统中,AWG 技术除了用作波分复用器以外,还可用于光分插复用多路光互联系统中;与其他电光器件相结合,还可构成多波长光开关阵列等功能器件.

表 4.1　典型的 40 路 AW 器件的技术参数

参数	高斯型	平坦型
波段	C 或 L 波段	C 或 L 波段
信道间隔(GHz)	100	100
插入损耗(dB)	≥2.5～4.5	5～7.5
1 dB 带宽(nm)	≥0.21	≥0.37
3 dB 带宽(nm)	≥0.24	≥0.6
均匀性(dB)	1.0～1.5	1.0～1.5
相邻信道串扰(dB)	26～28	27～30
非相邻信道串扰(dB)	33～35	33～35
偏振相关损耗(dB)	0.2～0.5	0.2～0.5
回波损耗(dB)	≥40	≥40
工作温度范围(℃)	－5～＋65	－5～＋65

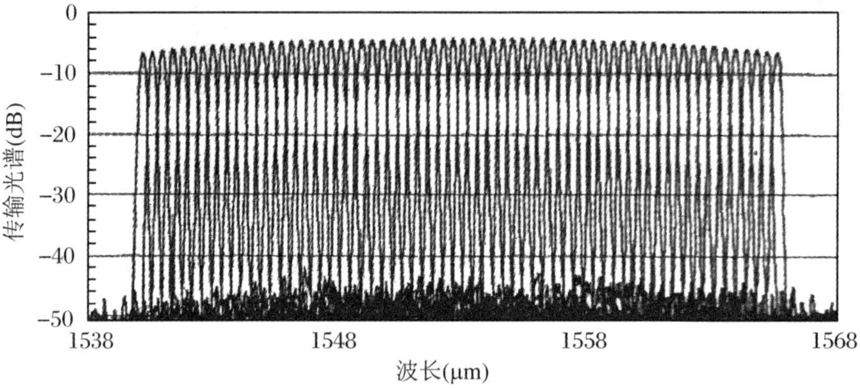

图 4.12　64 路 AWG 的特性曲线

4.1.4　偏振相关器件

偏振器是一种对光的偏振态进行控制的器件.单模光纤中的光波一般表现为非偏振模式.在光波导中 TE 模和 TM 模的传输特性是不同的,因而大部分光波导功能器件,即使是与偏振无关的器件,也工作于线偏振模式.为获得良好的器件特性,正交模必须被分离为偏振模,需要起偏器及模式分离器.偏振相关器件常利用双折射晶体、磁光材料等构成偏振器,以及利用波导传输特性制作偏振器和模式分离器件等.

1. 光波导偏振器

在金属包覆介质波导中,利用金属对 TE 模和 TM 模吸收的显著差异来设计波导型偏振器件.例如,在采用 K^+ 交换制作的单模玻璃波导上,若制作 5 nm 长的金属铝薄膜的覆盖层,它对 TE 模的吸收损耗为 2～3 dB,而对于 TM 模则为 20～30 dB.

波导偏振器件也可利用对 TE 模和 TM 模截止条件的不同,采用在波导上覆盖各向异性的薄膜晶体来实现.如图 4.13,在 Z 切割 $LiNbO_3$(LN)晶体表面以扩 Ti 工艺制作的条形波导表面溅射一层 Nb_2O_5(折射率为 n_c)材料薄膜,当 LN 的 n_o、n_e与 Nb_2O_5的 n_c之间满足 $n_o > n_c > n_e$时,波导中的 TM 模(对应 n_e)成为覆盖层辐射膜,TE 模(对应 n_o)可顺利通过波导输出,构成 TE 模起偏器.

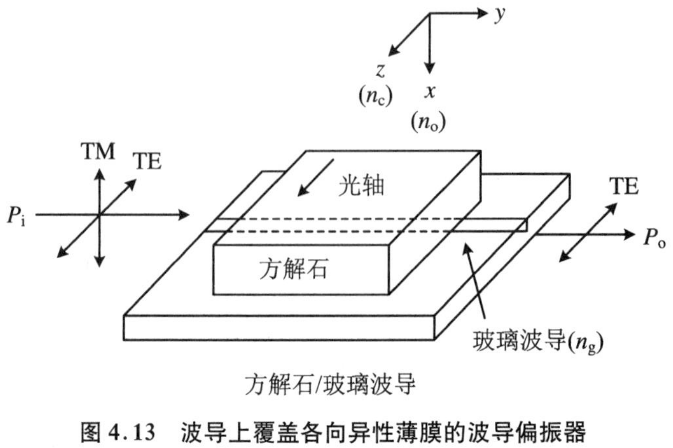

图 4.13　波导上覆盖各向异性薄膜的波导偏振器

2. 模式分离器

在各向同性材料波导中,由于色散作用,各偏振模的传输特性亦是不同的.在各向异性材料构成的波导中,各偏振模的模式分离效应可得到加强.模式分离器可利用波导模式耦合、模式分离效应和单偏振波导结构来实现.

图 4.14 利用波导之间 TE 模、TM 模耦合系数的不同,可以构成波导模式分离器.例如,由条形波导 a,b 及中间介质组成的方向耦合器,条形波导 a,b 的传播常数分别为 β_a,β_b.调整中间介质,使两波导中 TE 模的传播常数相等,TM 模的传播常数严重失配,且使耦合器的长度为 TE 模半拍耦合长度的奇数倍.这样由波导 a 射入的 TE 模由波导 b 输出、TM 模留在波导 a 中,实现偏振模分离.

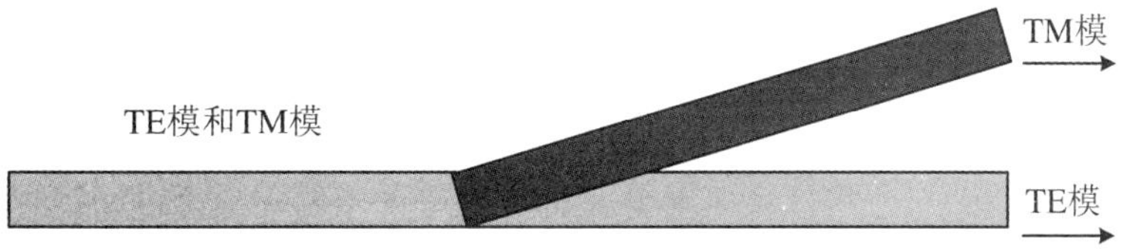

图 4.14 利用方向耦合器的模式分离器

图 4.15 为一种利用单偏振的 Y 分叉结构的模式分离器.它在 Z 切割的 $LiNbO_3$ 材料上,采用 Ni 扩散方法制作非对称 Y 分叉的 TE 模与 TM 模分离器,输入波导支持 TE 模和 TM 模,通过控制扩散浓度(如二次扩散)等方法,让 Y 分叉的上臂只支持 TM 模,而下臂只支持 TE 模,实现模式分离.

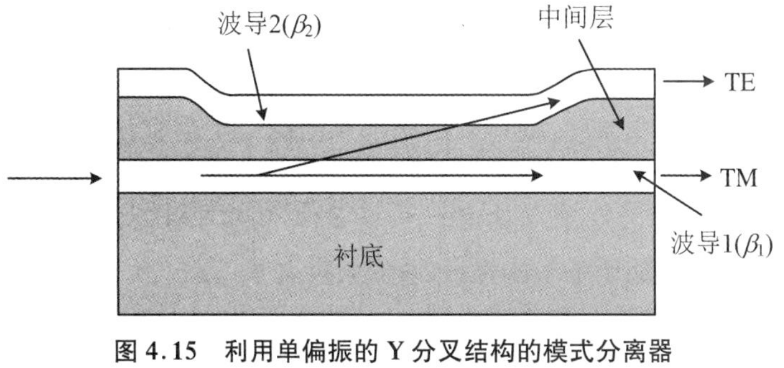

图 4.15 利用单偏振的 Y 分叉结构的模式分离器

4.1.5 其他无源光器件

在无源光器件中,还有光连接器、光隔离器、光环路器、波导透镜等.光连接器起到两个光器件之间的连接作用,目前主要先采用光纤同光波导器件连接,然后直接利用光纤连接器进行.直接用波导进行的连接只有在多单元器件集成芯片上,一般用直波导、锥形过渡波导和直角反射波导来实现.

目前还没有一种直接采用光波导来实现光隔离器和光环路器的较好方法,通常是利用磁光材料光路非可逆的特性来制作.

透镜具有聚焦、扩束、准直、成像以及傅里叶变换等功能.波导透镜则在平面波导中执行以上功能,是集成光学信息处理中的重要元件.波导透镜分为模折射率透镜与衍射透镜两种,以后者的应用较为常见.基于周期性结构光衍射原理构成平面波导中透镜作用的装置,称为衍射波导透镜.衍射波导透镜有两种:菲涅耳透镜和光栅透镜.这两种透镜被广泛应用于传统光学中，设计、加工灵活，可扩展至波导透镜.与普通透镜相比，波导透镜的设计、制作有一定难度.

4.2 有源光波导器件

本节所涉及的有源光波导器件，是指其功能实现需要有外加的驱动及控制信号源或功率消耗源的波导器件.它包括光被导调制器、光波导开关、可调光衰减器、可调光滤波器、波导光放大器等.

4.2.1 光波导调制器

光调制是将传输信号加载到光载波上的过程.实现光调制的方法，有直接对光源进行调制的直接调制方式和通过光调制器对光波进行调制的外调制方式.

对光调制器的主要要求是：调制带宽大、调制电压/驱动功率低、插入损耗小等.此外，还要求器件尺寸小，对数字通信，要求有大的调制深度；对模拟信号传输，要求有高线性的调制特性；在高速通信中，要求调制中的啁啾小.

直接调制方式就是直接把信号通过光源加载到光波上，常见的是调制半导体激光器的偏置电流，得到按信号变化幅度的调幅光波.它具有简单易行、成本低廉等优点，但是在调制带宽上受到限制，并且存在一定程度的啁啾问题.目前在光通信中相对低速的调制均采用此方法.

外调制方法的基本工作原理，就是采用外部调制信号来改变光波所通过调制器材料的折射率或吸收，从而改变通过光调制器的连续波激光的振幅、相位、频率或偏振等，实现对光波的信号调制.

简单地将调制信号施加于某一体材料，改变其折射率特性或吸收特性，就构成了一个基于体材料的光调制器.这种光调制器的调制电压/功率较大，不易实现高速调制；器件尺寸较大，不利于实际应用.采用集成光波导技术可以获得具有低调制电压/功率、大调制带宽和较小尺寸的光调制器，是目前高速调制的主要技术手段.

用于实现光调制功能的主要物理效应包括电光效应、声光效应、磁光效应、电吸收效应等，基于这些物理效应制作的波导调制器已在第3章进行了详细的阐述，这里不再赘述.下面补充介绍两种同样基于电光效应、分别采用马赫-泽德干涉结构和定向耦合型结构的波导调制器.

1. 马赫-泽德干涉型光调制器

马赫-泽德干涉型光调制器是利用M-Z基本干涉结构，对其中一臂或两臂进行相位调制，使通过两臂的光的相位差得到调制，经相干后相位差变为光强度的调制.

图4.16所示为一个基于$LiNbO_3$的MZI光调制器.在到达输出Y分支点前两分支导波光产生了$2\Delta\phi$的相位差.在电极长度为l、波导有效厚度为d的情况下，由于外加电压V而产生的相位差由下式给出：

$$2\Delta\phi = \pi\frac{V}{V_\pi} \tag{4.17}$$

式中，$V_\pi = \dfrac{\lambda_0 d}{2\Gamma n_0^3 \gamma_{33} l}$ 为半波电压；λ_0为工作波长，γ_{33}为电光系数，Γ 为 MZI 两臂被调制光波导的重叠系数. 设输入光功率 P_i在输入 Y 分支波导被分为两部分，其复电场振幅分别为 E_A和E_B. 设到达输出 Y 分支点的两路导波光的相位差为 $2\Delta\phi$，其输出光功率 P_o为

$$\begin{aligned} P_o &= \frac{1}{2}(|E_A| - |E_B|)^2 + 2|E_A|\cdot|E_B|\cos^2\Delta\varphi \\ &= \frac{P_i}{2}\left[\frac{1-\sqrt{\gamma_p}}{1+\sqrt{\gamma_p}} + 4\frac{\sqrt{\gamma_p}}{1+\sqrt{\gamma_p}}\cos^2\left(\frac{\pi}{2}\cdot\frac{V}{V_\pi}\right)\right] \end{aligned} \tag{4.18}$$

器件的消光比为

$$E_r = 10\lg\frac{(P_o)\max}{(P_i)\min} = 10\lg\left(\frac{1+\sqrt{\gamma_p}}{1-\sqrt{\gamma_p}}\right)^2 \tag{4.19}$$

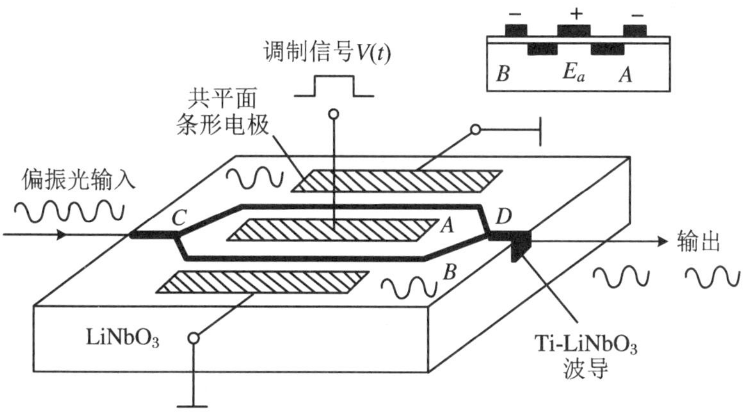

图 4.16 MZI 型光强度调制器

例如，设光调制器工作波长 $\lambda_0 = 0.6328\ \mu$m，$d = 10\ \mu$m，$l = 10$ mm，当 $\Gamma \approx 0.3$ 时，$V_\pi \approx$ 6 V. 若输入光功率分配比 $\gamma_p \approx 1$，则理论上 MZI 光调制器的消光比可达到无穷大；即使是 $\gamma_p = 2$，消光比的计算值也可以达到 15 dB.

由于用于实现 3 dB 耦合和干涉功能的 Y 分支器的分叉角很小，通常都小于 1°，这给工艺带来一定难度，不但容易引起光功率的损耗，而且器件的一致性也难以保证. 为此，也可以采用基于定向耦合器结构或多模干涉结构的 3 dB 耦合器.

2. 定向耦合型光调制器

当两条平行光波导相互接近至几个光波长时，将构成定向耦合器结构. 利用电光效应等，可以改变定向耦合器的光耦合长度，从而实现输出光强度的变化，即光强度调制.

图 4.17(a)给出了单节电极情况下定向耦合型光调制器的示意图. 分析可知，只有当初始无外加调制信号，而器件的工作状态恰好处于交叉状态时，光从输入波导才能完全耦合至另一波导输出；否则仅靠外加调制信号，光波将无法实现从输入波导完全耦合至另一波导输出. 这就意味着，单节电极的定向耦合型光调制器若应用于光开关，则无法获得高消光比. 使用多节电极则可改变这一特性. 通常使用双节电极，此时的结构称为 $\Delta\beta$ 型定向耦合型光调制器，图 4.17(b)给出了其示意图. 恰当地设计耦合长度，器件可以实现高消光比的交叉态.

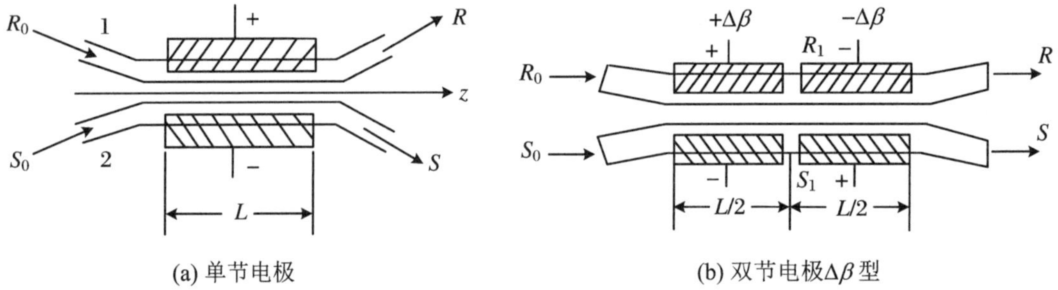

图 4.17　定向耦合型光调制器示意图

图 4.18 所示是由钛(Ti)扩散工艺制作在 z 切 y 传输 $LiNbO_3$ 衬底上的定向耦合型光调制器,它可以有效地利用 $LiNbO_3$ 材料的最大电光系数 γ_{33}. 电极直接制作在光波导的上方,为了减少电极材料对导波的吸收损耗,在电极与光波导之间必须制作电介质缓冲层,厚度为 200～500 nm. 缓冲层太薄,隔离效果不好;太厚,则影响调制效率,使半波电压增大. 此外,电介质缓冲层材料分子结构的不完整性将引起工作点的直流漂移,因此在缓冲层的制作中需予以特别关注.

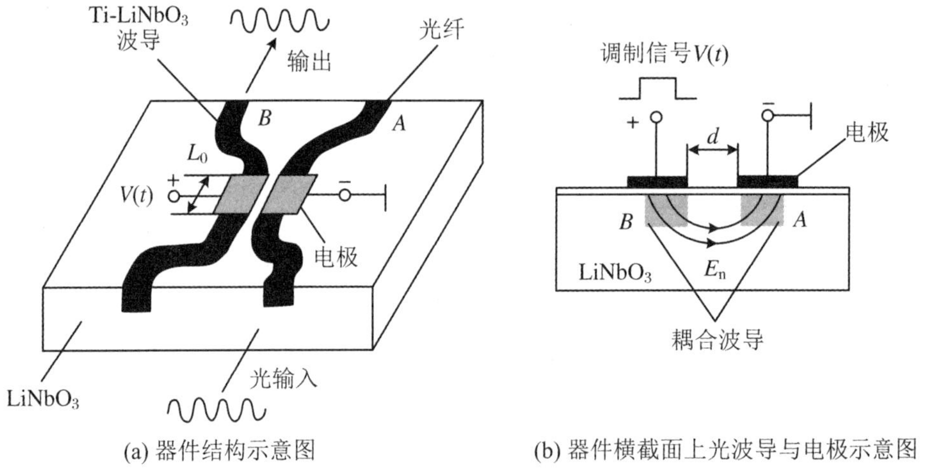

图 4.18　定向耦合型光波导调制器

4.2.2　光波导开关

光波具有三个自由度,即空间、频率(或波长)和时间. 根据对光波自由度利用的方式,光开关技术也被分为空分型、波分多路型、时分多路型和自由空间型四种主要形式. 虽然这些光开关整体结构上有所不同,但是其中的光开关单元是类似的.

对光开关的要求是:插入损耗低、开关速度快、串音低、隔离度高、回波损耗小、消光比大,且重复性好、寿命长、尺寸紧凑、价格低廉. 从系统应用角度看,还要求光开关特性具有偏振无关性,与光波波长的相关性也要小.

要实现光开关功能,可以采用的方法多种. 传统的机械式光开关虽然有较多的应用,但是无论在速度、驱动功耗、体积等方面都不具优势. 采用微机械方法可以获得高消光比、偏振无关、体积小的开关器件,而且在构成大规模阵列方面也具有相当大的优势,但是器件在开关速度和驱动电压方面尚有不足.采用集成光波导技术可以制作高速、较大规模的开关器件.

可用于实现单元光波导开关的主要物理现象有电光效应(铌酸锂、化合物半导体、有机聚合物)、热光效应(有机聚合物、二氧化硅、硅)、带填充效应(半导体)和量子限制斯塔克效应(quantum confined Stark effect,QCSE)等.

1. 定向耦合型光开关

定向耦合型光开关的工作原理与同类型的光调制器相似,但通常采用 $\Delta\beta$ 定向耦合器结构.

图 4.19 所示为由五个 $\Delta\beta$ 定向耦合器构成的 4×4 光开关阵列.

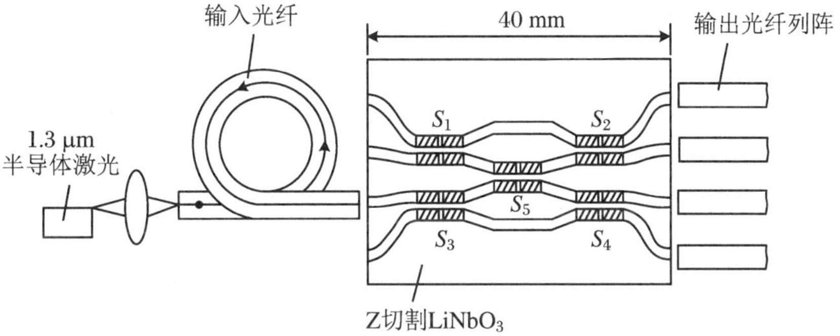

图 4.19 $\Delta\beta$ 定向耦合器型 4×4 光开关阵列

2. MZI 型光开关

MZI 型光开关的工作原理与同类型的光调制器一样,也是采用 MZI 结构,不同的是其输出端必须采用 2×2 的耦合结构.这种 2×2 的耦合结构,可以采用定向耦合器结构、多模干涉结构和非对称 X 结结构等,如图 4.20 所示.

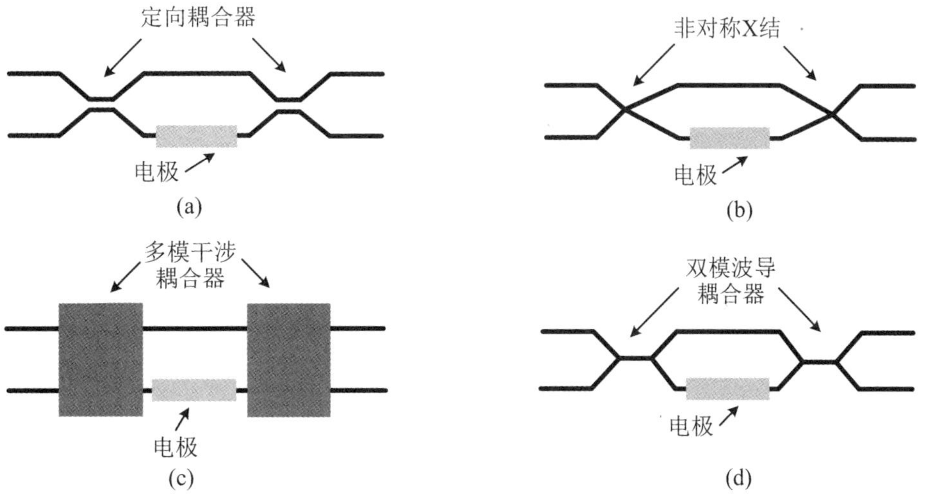

图 4.20 MZI 型 2×2 波导光开关

3. 全内反射型光开关

在交叉光波导或 Y 型分叉光波导的交叉部分,利用电光效应、载流子注入效应、量子限制斯塔克效应和热光效应等物理效应控制交叉光路的折射率，在可控的折射率界面上，使输入导波光透过界面或产生全反射，从而制作成全内反射（TIR）型光开关. 图 4.21 为全内反射型光开关示意图.

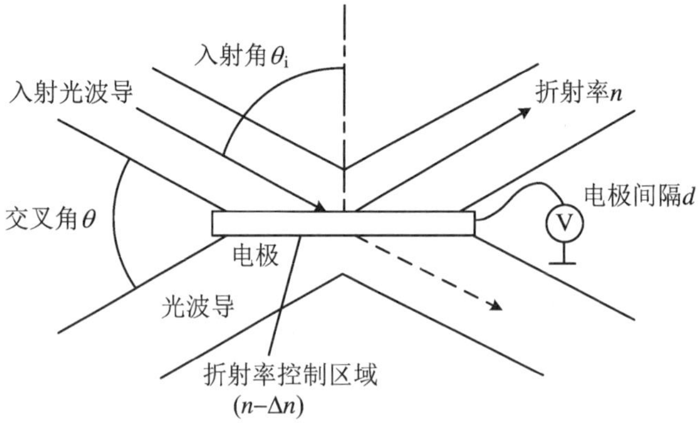

图 4.21 利用光功率反射/透射的光开关

设交叉光波导的交叉角为 θ，光波导的有效折射率为 n，在相应物理效应的作用下全反射区的有效折射率的变化为 Δn，令入射角为 θ_i，由菲涅尔公式得出产生全反射的临界角 $\theta_c = \arcsin(1-\Delta n/n)$，并使 $\theta_i \gg \theta_c$.

根据光波导所用的材料，对全内反射区的控制可以是一次电光效应、载流子电注入效应、光注入效应、量子限制斯塔克效应或是热光效应. 无论利用何种物理效应，TIR 型光开关具有结构紧凑、尺寸小、易集成化等特点，因而是一种应用十分广泛的开关单元.

4. 门控型光开关

与上述定向耦合波导型光开关、MZI 型光开关相对应，采用图 4.22 所示的门控型集成光路同样可以构成 2×2 光开关. 门控型光开关主要由光分路器、光合路器和光门组成. 控制光路的光门大体上有两类器件：一是利用半导体吸收系数变化的器件（所利用的物理现象是弗朗兹-凯尔迪什效应和量子限制斯塔克效应）；二是利用半导体光放大器（semiconductor optical amplifier，SOA）. 由于在 SOA 器件中不注入电流时吸收光，而在注入电流时不仅导通光且具有增益，所以利用 SOA 的门控型光开关结构紧凑、开关速度快.

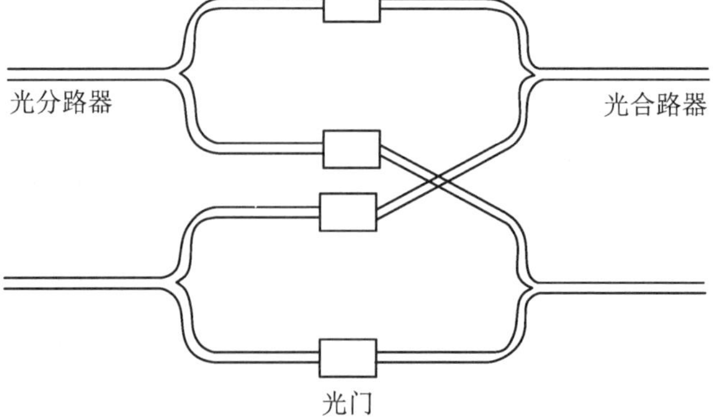

图 4.22 利用光功率的吸收/透过（增益）的光开关

4.2.3 可调光衰减器

光衰减器是改变光信道中信号强弱的光器件,可起到光信号的预校正、信道均衡、光自动增益均衡等作用.光衰减器分固定和可变两大类.

固定光衰减器是将光信号的能量按预定的要求进行衰减,常见的有用位移、反射、吸收等方式固定地改变光信号的能量.

可变型光衰减器(variable optical attenuator,VOA)可以根据信号强弱按反馈信号实时进行控制,在多个信道和波分复用系统中起到信道均衡和预校正等作用.VOA是光通信系统中重要的有源器件.VOA重要的技术参数是衰减的动态范围、插入损耗、偏振相关损耗、功耗和速度等.

从原理上看,光调制器和光开关所采用的一些器件结构也可以做光波导型VOA,如定向耦合器结构、全内反射结构等,也可以根据自身特性需要,设计出其他结构类型.波导型VOA的性能有较大的差异,基于MZI型的VOA为波导干涉型代表结构,如图4.23所示.若是利用电光效应,由于是通过施加电场改变电光材料的折射率来控制,可实现*ns*量级的变化速度.利用载流子注入效应的吸收型电光VOA器件采用SOI材料,用PIN二极管结构将载流子注入到波导区中,并用多个二极管来减少器件每个截面所需的电流,这些二极管用电串联来减少器件的电流损耗.利用全内反射原理的多模波导结构具有结构简单、工艺制作方便和易于阵列化的特点.

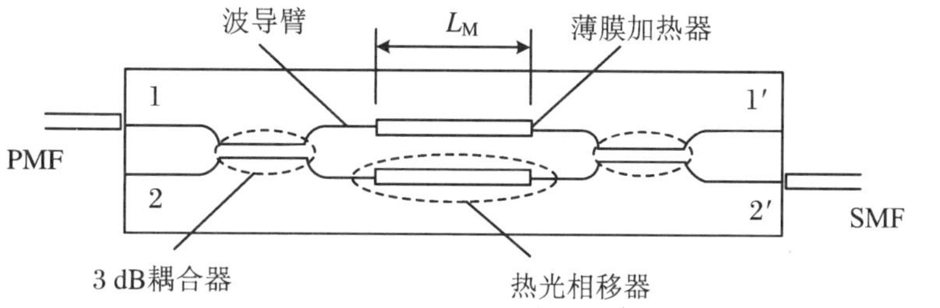

图4.23 基于MZI型结构的VOA示意图

4.2.4 波导型可调光滤波器

可调光滤波器在光通信和光信息处理中有着重要地位.实现可调光滤波器的方法有很多,包括传统体结构的Bragg光栅和F-P谐振腔结构等.采用集成光波导器件是实现可调光滤波器的又一重要方法.

4.1.2节介绍了固定滤波特性的波导型光滤波器.具有可调滤波特性的波导型光滤波器,它的基本滤波特性与具有固定滤波特性的光滤波器类似,可以采用多光束干涉、衍射光栅、F-P谐振器、布拉格光栅与长周期光栅等结构.可调特性的实现,则是利用各种折射率效应,包括电光效应、声光效应、热光效应等.

可调光滤波器的主要技术参数是光谱特性、可调范围、调节速度、插入损耗、隔离度等.

1. 基于MZI结构的可调光滤波器

在MZI结构的一个臂上进行光波相位控制,如图4.24所示,可实现输出端的滤波特性可调.其中的光波相位控制可以利用材料的各种折射率效应,如热光效应、弹光效应等.

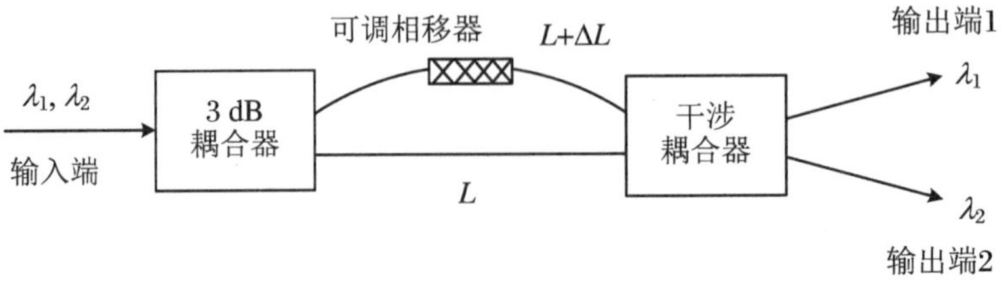

图 4.24　基于 MZI 结构的可调光滤波器示意图

2. 波导型声光可调滤波器

图 4.25 为与偏振光无关的波导声光可调谐滤波器的示意图.波导声光可调谐滤波器由两个同样的 TE-TM 模耦合器与共线声光作用波导区组成.TE-TM 模耦合器的长度设计成 TE 模耦合长度偶数倍与 TM 模耦合长度奇数倍的最小公倍数.由第一个 TE-TM 模耦合器的上方输入 $\lambda_1,\lambda_2,\lambda_3,\cdots$ 多个波长,均经耦合器分离为上方 TE 模、下方 TM 模,分别进入上、下不同条形波导.在共线声光作用波导区内,加在叉指换能器上的电信号频率一定时,只有某一特定导波光的波长(例如 λ_1),满足共线声光作用布拉格条件,此特定波长波导的模式发生转换 TE⇔TM,即上方的条形波导中 TE→TM、下方的条形波导中 TM→TE.在进入第二个 TE-TM 模耦合器后,TE 模留在下方,上方的 TM 模耦合至下方,重新合成与偏振无关的 λ_1,从下方波导选中输出.其他未选中的波长,经过第二个 TE-TM 模耦合器合成后从上方波导输出.只要改变加在叉指换能器上的电信号频率,改变 SAW 波长,就有可能选中其他波长的光,实现可调谐滤波功能.

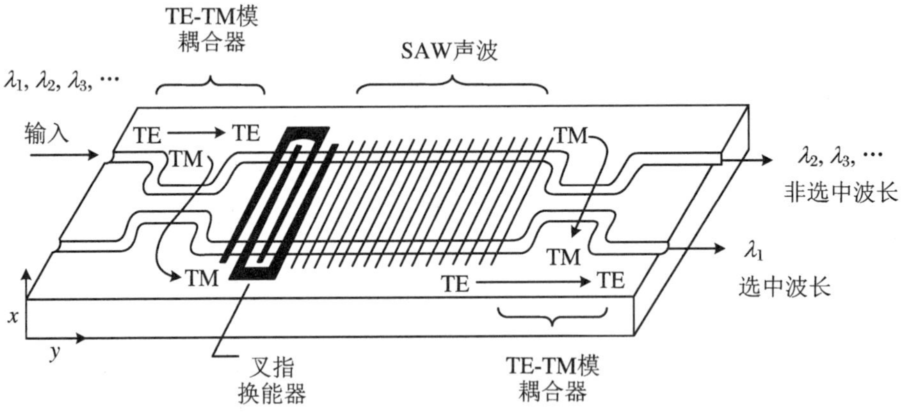

图 4.25　波导声光可调谐滤波器示意图

与其他电光效应等可调谐滤波器相比较,声光波导可调谐滤波器具有调谐范围大、分辨率好、效率高及体积小等优点,目前市场上已经有此类器件.为保证 TE-TM 模耦合器能准确分离 TE、TM 模,可以在耦合器波导上方设计电极,加上直流电压,利用电光效应微调波导折射率,达到 TE、TM 模的高分离率.

3. 基于光栅的可调光滤波器

在光波导上制作周期为 Λ 的光栅,当满足以下相位匹配条件时,基模将与具有有效折射率 n_e 的模式发生耦合,光栅表现出其对中心波长 λ_0 的光波的滤波功能:

$$\frac{n_0 - n_e}{\lambda_0} = \frac{1}{\Lambda} \tag{4.20}$$

式中，n_0为基模的有效折射率.光栅可以采用Bragg光栅，也可以是长周期光栅.利用材料的热光效应、弹光效应、电光效应等，可以实现基于光栅的可调谐光滤波器.

4. 基于光微环谐振器的可调光滤波器

在采用光微环谐振器的光滤波器基本结构中，控制微环的折射率变化，改变微环谐振器的谐振频率，也可以实现可调光滤波器.如图4.26所示，基于光微环谐振器的光滤波器中加入可调移相器，即可通过热光效应等实现微环光路的光程变化.

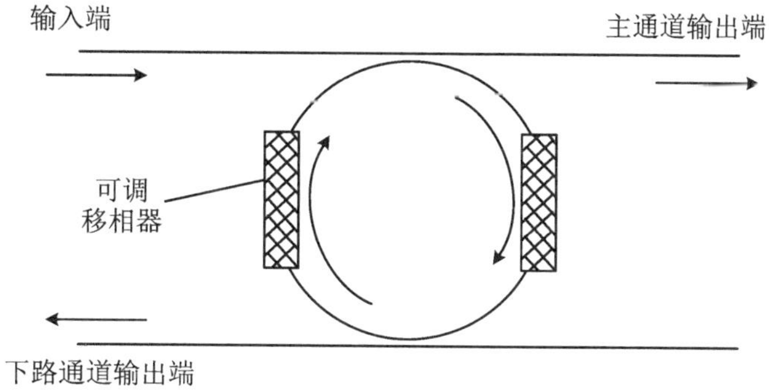

图4.26 基于光微环谐振器的可调光滤波器示意图

4.2.5 波导光放大器

在波导中实现光放大，目前主要的方式是在化合物半导体材料中实现的电泵浦光放大，以及在玻璃或SiO_2等材料中掺入稀土元素实现光泵浦光放大.

1. 半导体光放大器

所有靠近阈值或在阈值以下偏置的激光器都可以实现光放大.半导体光放大器(semiconductor optical amplifier,SOA)自20世纪80年代起得到广泛的研究.由于传统的半导体激光器是由解理面构成的F-P腔，这种SOA器件又称为F-P光放大器.

若减小端面反射引起的反馈，就可以制作行波型SOA.减少反射率的方法有三种：① 在两反射界面镀增透膜；② 采用条状有源区与解理面倾斜一定角度的结构设计；③ 在有源层解理端面插入透明窗口.

增益饱和是光放大器放大能力的一种限制因素，其物理原因是增益系数与功率之间的依赖关系.一般当入射光功率远小于饱和功率时的增益被称为小信号增益，且与光功率无关；当入射光功率增大至可以与饱和功率相比拟时，放大系数随信号功率的增加而降低，这称为增益饱和现象.SOA的输出饱和光功率为5～10 mW.

SOA器件的噪声系数比较大，5～7 dB，其原因有三：一是来自粒子数反转系数的影响；二是由自由载流子吸收或散射损耗引起的非谐振内部损耗；三是解理面反射率的影响.

SOA对光波偏振态非常敏感，即不同的偏振模式有不同的增益，对TE模和TM模的增益差可达5～8 dB.为了改善SOA器件的偏振灵敏度，从器件设计上要优化有源区的宽度和厚度，使其大体相等；或使用大光腔结构，可使得增益变化小于1 dB；在器件使用上，可以使用两个放大器或让光波两次通过同一放大器等.

SOA的优势在于可与光器件、波导器件实现单片集成，特别是采用多量子阱材料情况下与半导体激光器、电吸收调制器单片集成，采用薄膜波导材料情况下与光调制器、光开关的单片集成等.

2. 玻璃基光放大器

掺铒光纤放大器(EDFA)具有增益大、输出功率高及噪声小等优点,在光纤主干网以及部分城域网中发挥着重要作用.但是,它体积大、成本高、功能相对单一,难以满足城域网、局域网等系统的应用要求.

稀土掺杂波导放大器,具有阵列化、多功能、体积小及成本低等优点,在城域网、局域网以及光纤到户等系统应用中具有明显优势和良好前景.将稀土掺杂波导放大器和EDFA结合起来使用,优势互补,相得益彰,可以广泛地满足光纤通信各个层次网络建设的需要.

掺铒波导放大器(EDWA)是稀土掺杂波导放大器的一种,如图4.27所示.在稀土掺杂的玻璃衬底上,以二次离子交换等微加工方法,在表面形成多路埋入式条形光波导有源区.将泵浦光引入有源区,使通过有源区的多通道多路信号光得到增益放大,构成阵列型波导光放大器.EDWA与分路器等无源波导器件结合,可构成无损型波导分路器、无损型阵列波导光栅等.在玻璃端面设置反射型谐振腔,可构成掺铒波导激光器(EDWL)阵列.

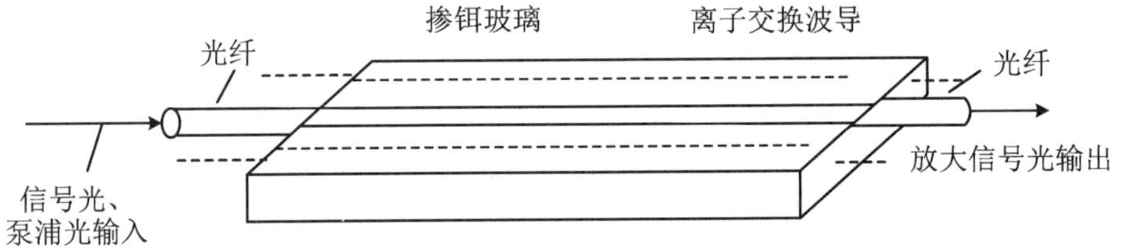

图4.27 掺铒波导放大器结构示意图

4.3 光集成技术

自20世纪60年代末提出集成光学的概念以来,光集成技术一直是光子技术发展的重要目标之一.它希望能将各种有源光器件、无源光器件,甚至相关的驱动电路等完全集成在一块芯片上.

由于技术上的多重因素影响,真正意义上的多功能光集成到目前为止还是有限的.要实现多功能单片集成,则要求各种功能能够在同一种材料,通过兼容的工艺过程实现.然而,目前的材料技术和工艺水平还很难做到,因此完全的单片光集成芯片目前仍是个奢望.但是,经过这些年的努力,应该说已经取得了较大进展,包括光功能器件的单片集成、不同芯片与技术间的混合集成、微光机电集成系统、以及三维集成光学器件等.

4.3.1 光电集成技术

光电集成技术是指将各种光波导器件、光电器件和电子器件集成在一起的技术.其中:

(1) 光波导器件.包括集成光路的连线器以及具有某些光功能的器件,如光开关、光调制器、光耦合器和光滤波器等.

(2) 光电器件.包括半导体发光器件(LD和LED)、光探测器和半导体光放大器等.

(3) 电子器件.包括Si、GaAs、InP等电子器件,以及驱动电路、前置放大器等.

目前,光电集成技术主要包括光子集成线路和光电集成线路两种.光子集成线路(photonic integrated circuits,PIC)是将光波导器件和光电器件(半导体激光器、光探测器和光放大器等)集成在一块衬底上.光电集成线路(opto electronic integrated circuits,OEIC)是将电子器件和光电器件集成在一块衬底上.PIC 和 OEIC 目前一方面朝着各自的领域在深入和发展,另一方面这两种技术又正在相互融合,即将电子器件、光电器件和光波导器件综合集成,这是实现光系统集成化的重要方向.

1. 多波长半导体激光器阵列

光纤通信中波分复用技术要求有多波长光源,为此需要将不同波长的激光器集成在一起.利用分布反馈(DFB)激光器的振荡波长主要取决于光栅周期的特点,可以制成多波长激光器阵列.这种多波长激光器阵列与合波器、光放大器集成,可以作为 WDM 光源.

制作多波长 DFB 激光器阵列有两个关键技术:一是在同一衬底上制作不同周期的衍射光栅;二是衍射光栅周期和有源层增益峰值相匹配.采用电子束曝光法和窄线选择式 MOVPE 生长技术可以满足上述要求.

图 4.28 所示的多波长光源由 20 个 DFB 激光器组成,经过输入口为 20 个、输出口为 4 个的波导耦合器合波后,再传到光放大器,使光得到放大而输出.

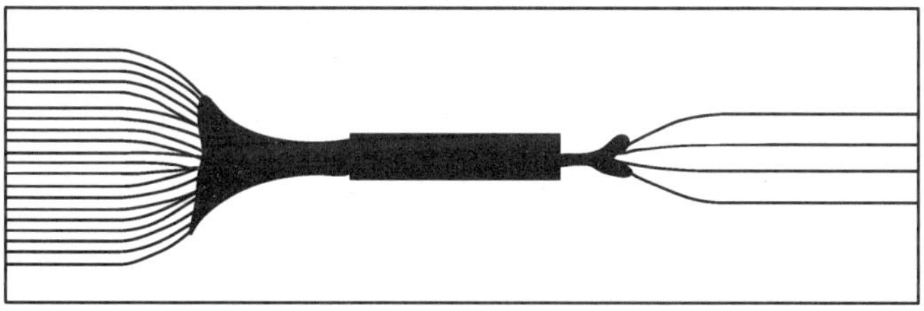

图 4.28 WDM 用多波长集成光源

2. OEIC 光发射机

图 4.29 给出了一个 OEIC 四通道光发射机结构图.该线路通过分子束外延技术制备在一块半绝缘的 GaAs 衬底上,其中包含四个具有微解理腔面的条形结构单量子阱 GaAlAs 激光器构成的阵列,每个激光器都配有一套含三个场效应管(FET)的驱动电路以及一个用于检测输出功率的光电二极管.激光器具有相对较低的 15～29 mA 的阈值电流,微分量子效率为 50%～60%,发射波长为 834 nm,FET 为肖特基势垒栅型器件.此类 OEIC 通过电子器件与光电器件的单片集成,可将寄生电容和电感降到最小,从而可以达到较高的工作频率.

3. OEIC 光接收机

光接收机的探测和放大功能也可以用 OEIC 形式实现.图 4.30 是一个典型的 OEIC 光接收机结构图.该线路在一块半绝缘 InP 衬底上单片集成了 PIN 光电二极管探测器和肖特基势垒栅型 FET 放大器.该器件设计为 5 V 工作,简化了与标准 5 V 逻辑电路的互连.器件的 3 dB 带宽为 240 MHz,跨阻为 965 Ω.

与分立元件线路相比,速度的提高使得 OEIC 在光通信系统、光信号处理和光传感应用中很有吸引力.结合了光发射和光接收功能的光收发机同样可以被制作成 OEIC 的形式.

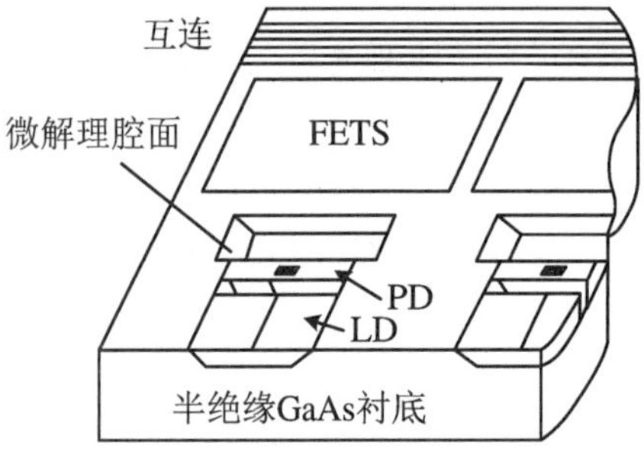

(a) 整体构造图

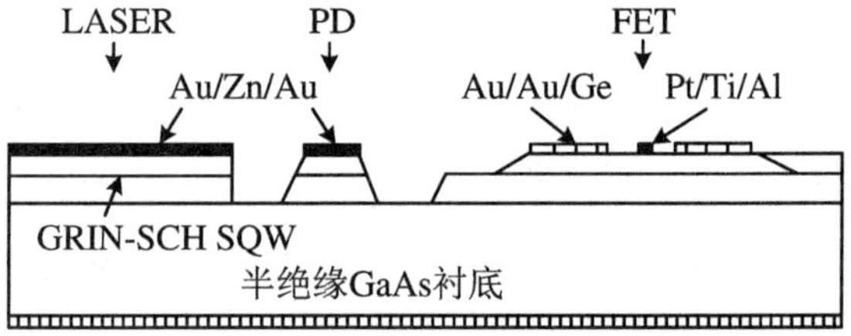

(b) 沿激光腔横截面的器件结构

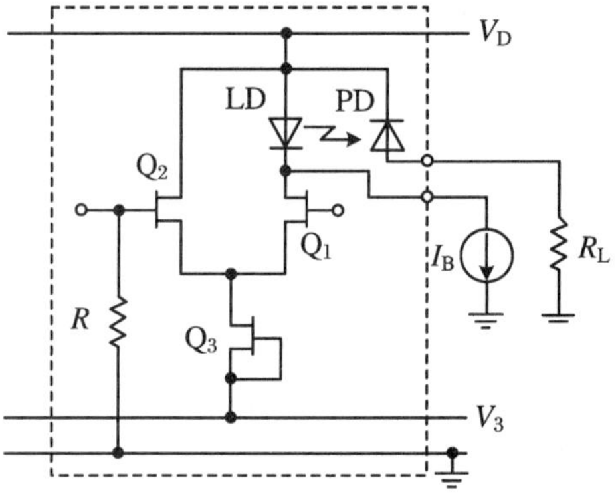

(c) OEIC发射机电路图(虚线部分为一个通道的集成单片)

图 4.29 四通道 OEIC 光发射机结构图

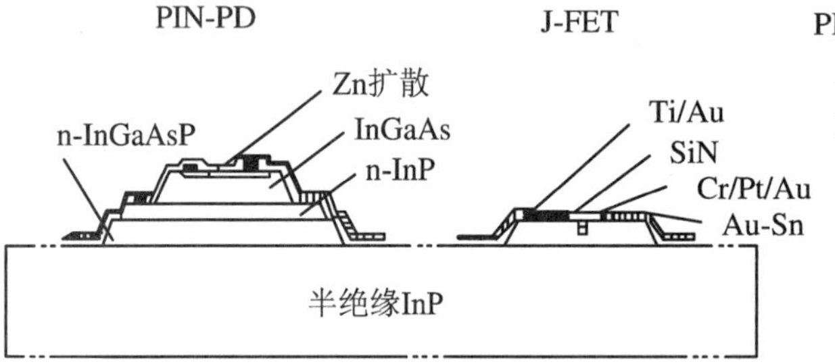

(a) 芯片横截面

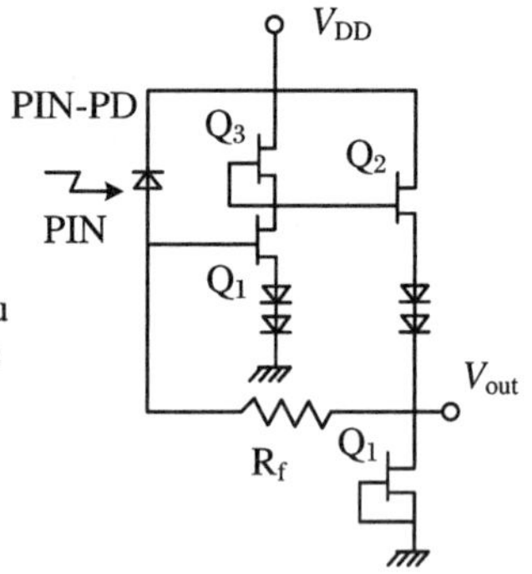

(b) 电路图

图 4.30 OEIC 光接收机结构图

4. 混合集成光路

对于某些微型光器件，由于衬底材料相互不匹配或者工艺上的限制不能实现单片集成，可以采用混合封装(hybrid packaging)方法，将光波导器件、光路和体型光器件等若干微型器件封装在一个管壳内，构成能够执行某个完整光学功能的光学系统，这就是混合集成光路. 它也是解决光电器件微型化的一种补充方法.

混合集成光路的优点是比较简单、实用，其缺点是不易解决光波导元器件与体型光器件之间的有效耦合连接，难以实现大规模集成. 因此，混合集成光路是一种过渡性质的功能集成光路.

图 4.31 所示的是用作光纤通信收发一体化光端机的混合集成光路. 在硅基 SiO_2(石英)

平面上以微加工技术构成耦合器、Y型分支等无源光波导器件.在端面封装连接1.5 μm激光器、光敏二极管等体型有源器件,以及反射镜、光纤等无源器件.自光纤输入的1.3 μm光波经波导耦合器后部分输出,另一部分经Y型分支波导后到达光电二极管,被下载接收.激光器产生的1.5 m光经反射后由Y型分支波导逆向传输至波导耦合器,耦合至光纤以后上载输出.选择合适的材料和元器件,构成一个完整的实用光学器件,这是混合集成光路的优势.

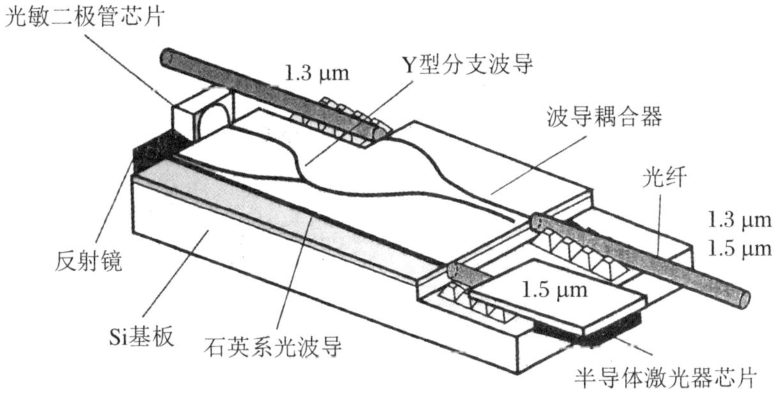

图4.31 收发一体化光端机示意图

4.3.2 微光机电系统集成技术

微光机电系统(micro-opto-electro-mechanical systems,MOEMS)集成技术是采用微机械加工技术和微电子技术将机械结构、电子电路和光学元件等进行集成制作的技术.采用这一技术,可以构成所需要的片上微系统.

MOEMS所建立起来的各种微细加工技术,是在半导体微电子制作工艺基础上发展起来的,除半导体微电子工艺技术外,主要还包括了体微机械工艺技术、表面微机械工艺技术、深反应离子刻蚀技术、键合和光刻电铸成型等.

MOEMS技术的应用特点表现为:① 对光波而言,小的机械运动可以带来光波传输上大的变化;② 对机械结构而言,光子作用于镜面的光压相对于其可执行部件的驱动力是可以忽略的,所以机械结构设计中不需要考虑光波作用的影响.

采用MOEMS集成技术,可以研制各种基本光学结构,包括高品质镜面、折射率透镜、二元光学透镜、衍射光栅等;可以应用于具有执行部件的可动光学器件,如微机械光开关、可调光滤波器、可调光衰减器和光谱分析器等;可以进行片上光学系统的集成制作.

基于MOEMS技术进行光集成的一个重要基础是微光学平台的建立.这种微光学平台利用MOEMS技术的加工工艺手段,将各种光学结构与元件制作在某一基片(典型的是硅片)上并定位,实现所需要的光学系统.这种微光学平台技术的特点是:① 平台上的光学元件系统定位是在设计时便完成的,光学元件的结构与定位同时进行,这对系统设计提出了高要求,但简化了系统调试与光路对准;② 整个微系统具有好的抗震动性能;③ 可以利用微机械驱动结构进行光路调整等,从而应用于光投影、光扫描、光路空间切换等功能;④ 可以采用与半导体微电子工艺兼容的大规模生产标准制作过程,所以可以进行低成本、大批量生产.

微光学平台技术中,包括基本机械结构、驱动器、光学调节架、基本光学元件结构等,都可以利用表面微机械技术得以实现.

图 4.32(a)为一个光开关应用的例子,图 4.32(b)为一个由垂直于硅片表面的两个平面透镜构成的 F-P 标准具.微光学平台技术更重要的应用是光子集成.图 4.33 所示是采用微光学平台技术制作的光盘读写头光学系统,其中集成有半导体激光器光源、菲涅耳(Fresnel)波带片、可转动分束镜、45°反射镜、光探测器等.

(a) 光开关芯片　　(b) F-P标准具

图 4.32　微光学平台技术示意图

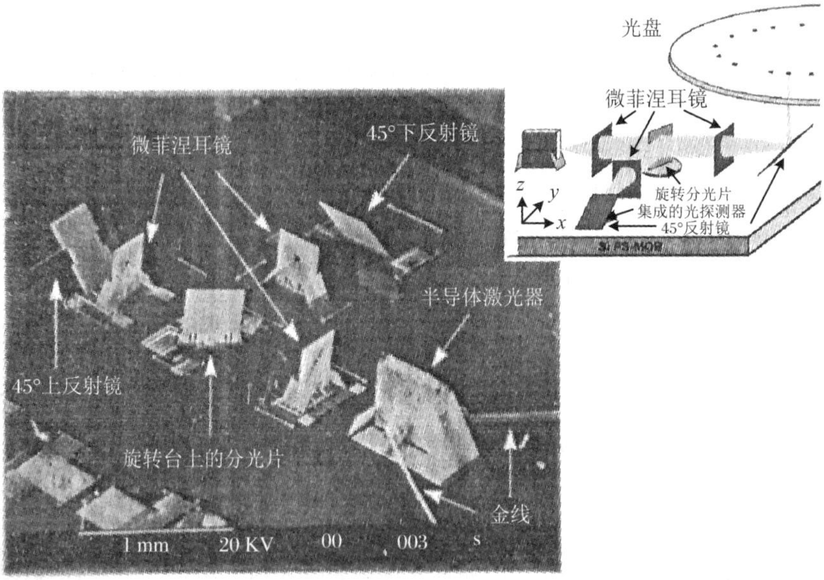

图 4.33　基于微光学平台技术的光盘读写头

4.3.3　三维集成技术

传统的集成光学器件结构绝大多数是基于二维平面上制作的,因此,在光集成芯片上的信道数受到水平间隔的限制,如一方面因需要满足输入输出端面光纤连接或为防止信道之间的耦合,相邻输出波导必须留有一定的间隔,从而大大限制了基于二维平面上的集成光学器件信道数;另一方面,大容量数据流、图像处理、人工视觉、神经网络、光学并行逻辑运算和集成电路芯片的光互连等许多应用领域需要进行二维、三维空间的光信息处理.三维集成光学器件已成为集成光学技术发展的重要趋势之一.

三维集成器件概念是针对器件的输入/输出而言,输入/输出端分布在基片两端的二维平面上,在三维空间都可实现输入/输出才算真正的三维集成.集成光学向三维空间发展,可以有效扩大单个芯片上的信道数,增加集成密度,提高器件稳定性,而且可以缓和二维平面结构的路由困难及大量输入/输出光纤连接或电子连接困难等问题.集成光学器件从平面结构向三维立体结构发展,是充分利用集成光学器件体积小、速度快、集成度高等优势的必然结果,在将来高密集集成光子系统中有着广泛的应用前景.图 4.34 给出了三维集成光波导器件结构示意图.

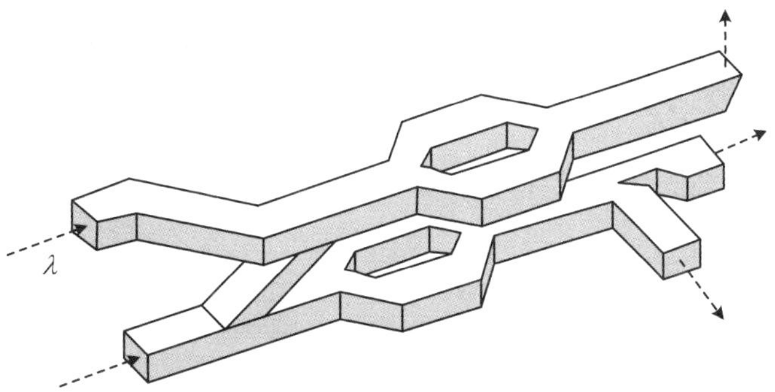

图 4.34 三维集成光波导器件结构示意图

三维集成光器件的输入/输出面不再是一维分布,而至少是二维分布.因此三维集成光学器件的制作技术与传统的波导技术有所不同,除充分利用传统的基于平面波导器件工艺技术外,在垂直方面进行的键合、堆载、外延和熔合技术,直接利用三维空间波导制作技术——如阴影反应离子刻蚀、偏移光刻、灰度光刻、光刻漂白、浮雕、复制技术等,以及近年来发展起来的飞秒激光直接写入波导技术,给人们提供了一种简便制作三维集成光学器件的有效方法.

在材料方面,由于有机聚合物波导材料具有可塑性强的特点,使得有机聚合物波导在三维集成光学研究中具有独特的优势,是三维集成光学研究的热点.另外三维光子晶体的发展给三维集成光学器件研究开辟了一条新的途径.

目前已报道的三维集成光学研究成果有二维输出分布的波导分束器、空间光调制器、波分复用器件,以及在垂直方面延伸的波导偏振分束器、光开关等器件.图 4.35(a)给出了采用飞秒激光直接写入技术在玻璃材料上研制的二维空间分布的光分束器,图 4.35(b)是利用阴影离子刻蚀灰度光刻技术研制的有机聚合物材料二维分布的 1×4 光分束器,它由一个垂直方向非对称 Y 型分支和两个水平方向的 Y 型分支组成.图 4.35(c)为直接利用二维的 MMI 器件得到 3×3 二维分布的光分束器.在其他器件方面,有利用空间多波导构成的空间定向耦合器的报道(如图 4.35(d)),最近还实现了在垂直方面的 Y 型分叉形数字热光光开关,如图 4.35(e).

随着技术的发展和研究的深入,人们期待真正意义上的三维空间集成光子技术在不久的将来能得以实现.

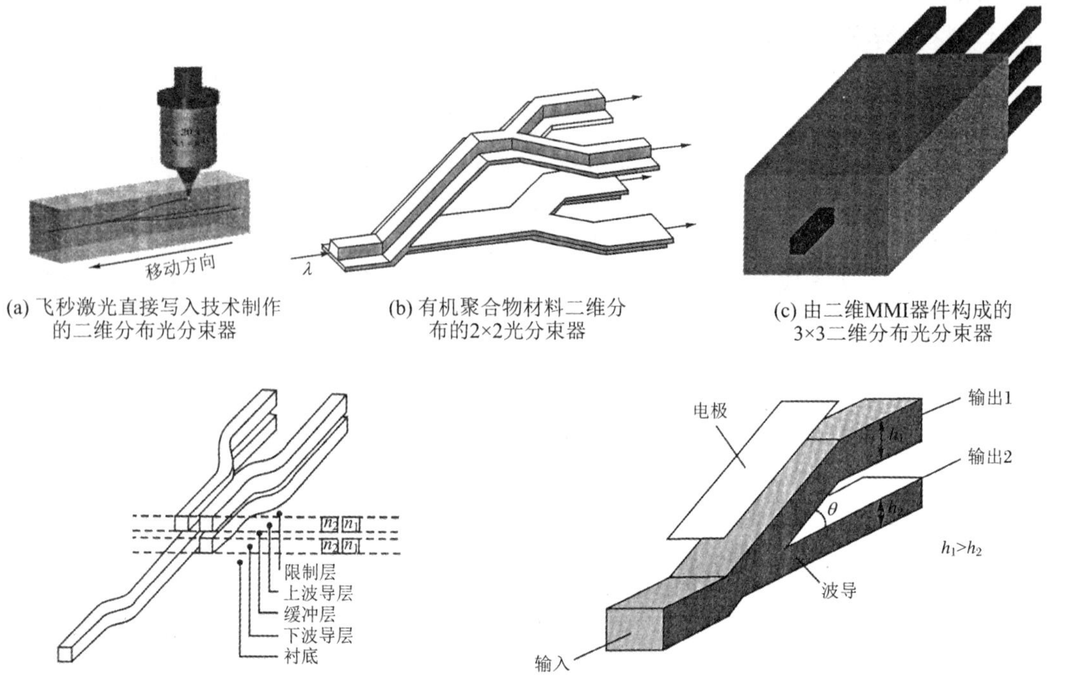

(a) 飞秒激光直接写入技术制作的二维分布光分束器

(b) 有机聚合物材料二维分布的2×2光分束器

(c) 由二维MMI器件构成的3×3二维分布光分束器

(d) 空间多波导构成的空间定向耦合器

(e) 垂直耦合的Y分叉数字热光光开关

图 4.35　几种典型的三维集成光学器件

4.4　表面等离子体波导器件及微纳集成

在过去的几十年中，摩尔定律一直引导着集成电子学的发展. 如今，晶体管的栅级长度已经缩小到了几十纳米. 然而，典型集成光波导的横向尺寸，一般仍在几个波长（微米）量级，这严重影响了光子器件的集成度，并导致光子器件的制作成本相对较高. 从集成电子学的发展来看，减小光子器件的尺寸以及提高集成度，将会是推动光子学发展的关键.

为了减小光波导尺寸，最直接的方法就是采用超高折射率差结构. 例如，在硅纳米光波导中折射率差约为 2，其截面尺寸通常为数百纳米. 但需要注意的是，对于这种具有超高折射率差的介质光波导，其工作机理仍然是基于芯层-包层截面上的全内反射，因而光波导截面尺寸仍然受到衍射极限的限制，其模式尺寸将由芯层材料中的等效波长所限制.

如果考虑另一种情况，即光波导的芯层或包覆层为金属结构. 由于金属材料介电常数 ε 为复数，从而可以打破衍射极限的约束，即可将光波约束在小于波导芯层等效波长的空间区域内. 在这种情况下，光在波导中是以所谓的“表面等离子体波（SPW）”的形式来进行传输. 目前利用 SPW 来对光波在亚波长尺寸上进行控制与操纵已成为当前国际上研究热点之一，其中利用 SPW 来制作高集成度的纳米光子芯片，可以实现真正的纳米光集成.

第 2.5 节考虑的是金属-介质单界面中的表面等离子体波，是一种理想情况. 在实际的光子集成应用中,结构要复杂一些,常采用两种基本的三层异质结构:① 金属薄膜嵌入介质材料中,形成介质-金属-介质(insulator-metal-insulator,IMI)结构;② 在金属材料中引入一条介质的缝隙,形成金属-介质-金属(metal-insulator-metal,MIM)结构.在 IMI 和 MIM 这两种基本的等离子体波导结构中,中间层的厚度往往都比较小,使得两个金属-介质界面非常接近,从而两个界面的 SPW 之间会发生耦合,其场分布存在奇对称与偶对称两种状态.

需要指出的是,虽然 MIM 结构的损耗较大,但它却是能提供真正亚波长空间约束的结构,并且它所支持模式的传输长度也能满足大部分情况下微纳光子器件的需要.下面所研究的波导大部分都是基于有亚波长约束能力的 MIM 结构的.要想既能充分利用 MIM 结构的亚波长约束能力,又能使光的能量传输得足够远,需要采取其他措施,例如在 MIM 结构中引入增益介质来补偿损耗等.

4.4.1 金属纳米颗粒阵列波导

虽然金属纳米颗粒中的表面等离子体与前面所描进的金属/介质界面上的表面等离子体有所不同,但金属纳米颗粒阵列波导仍然是最近几年表面等离子体波导中的一种,并且它与 MIM 及 IMI 类型的平面波导器件有所不同,因此本小节单独对其进行介绍.

近年来由于通用化学方法制备金属纳米颗粒在合成技术上的突破以及一些微加工技术的发展,例如电子束光刻、聚焦离子束刻蚀等,使得金属纳米颗粒阵列的制作及研究成为可能.金属纳米颗粒中的表面等离子体与块状金属材料/介质界面上的表面等离子体不同,在外界光的照射下金属颗粒中的电子也会发生群体移动,从而使得金属颗粒中的电子密度发生重新排布,这样就在金属颗粒界面内外分别重新产生电场,形成表面等离子体,如图 4.36 所示.由于金属颗粒界面将自由电子束缚于金属颗粒内,所以电子的群体移动也就被局限于金属纳米颗粒中,而这时产生的表面等离子体被称为局域化表面等离子体.金属纳米颗粒局域化表面等离子体的性质跟金属种类、颗粒形状及环境介质都有很大关系.

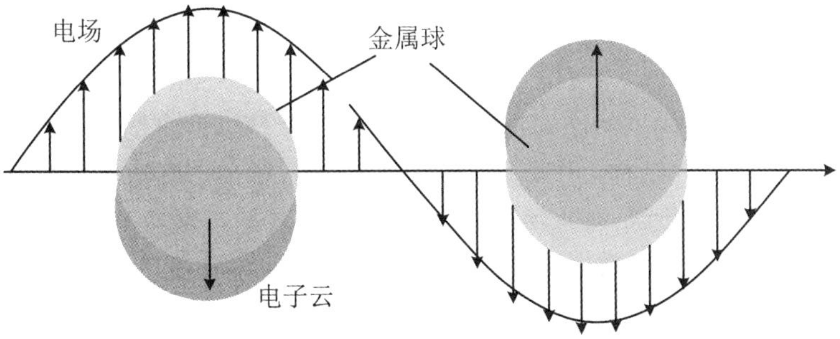

图 4.36 金属纳米颗粒内等离子激发示意图

电子云可以在外界电场作用下发生偏移.

金属颗粒局域化表面等离子体的存在使得颗粒外表面处近场范围内的电场非常强,这时每个金属颗粒可以被看作为一个电偶极子.当另一个金属粒子被置于存在局域化表面等离子体的某个金属颗粒的近场范围内时,由于电磁相互作用,电场将激发该纳米颗粒的电子振荡,从而实现该颗粒的局域化表面等离子体的激发并使得能量得到传输.能量在接下来排列的纳米颗粒之间的传递以此类推.基于这种原理,人们考虑使用金属纳米颗粒阵列来实现对光的传输.在阵列中,每个纳米颗粒的直径都远小于激发波长.当粒子间距 d 为波长数量级时，相邻纳米颗粒的相互作用与 $1/d$ 相关；而当粒子间距 d 远小于波长时，近场作用与 $1/d^3$ 相关.这种与粒子间距有关的相互作用会促使整个金属颗粒阵列形成本征模式，从而可以使用这种阵列结构作为光波导.在这种阵列结构中，在垂直于表面阵列的方向上表面等离子体场分布被束缚在金属颗粒上.

由于化学方法制备的纳米颗粒会杂乱无章，很难做到规则排序，因此在实验中实现表面等离子体传输的纳米阵列波导首先是通过电子束曝光技术制作的.图 4.37(a)给出了具有 60°拐角的金属颗粒阵列波导，其中金属颗粒直径为 50 nm，间距为 75 nm.为了激发表面等离子体，采用扫描近场显微镜的光纤探针作为局域场光源，并采用荧光成像方法来探测表面等离子体沿纳米颗粒阵列的传输，如图 4.37(b)中所示.具体做法是：在金属颗粒上表面沉积可发荧光的聚苯乙烯纳米球，表面等离子体沿着金属颗粒传输时会激发荧光并且传到远场，从而可以在远场探测所接收到的荧光强度来近似表示表面等离子体的强度.

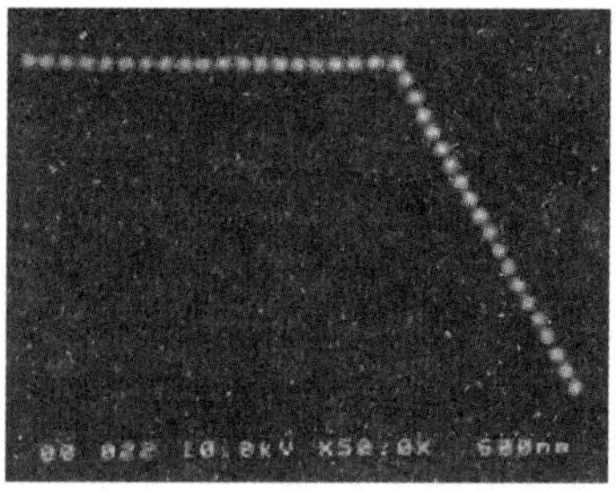

(a) 采用电子束曝光技术所制备的纳米颗粒阵列

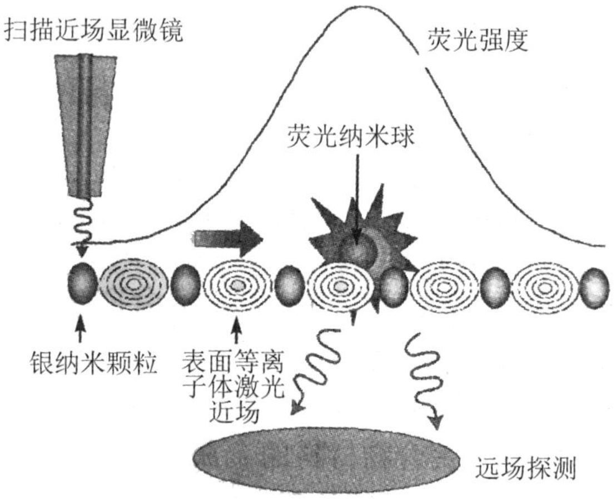

(b) 利用荧光方法探测表面等离子体的传输示意图

图 4.37 金属纳米颗粒阵列及表面等离子体波

金属纳米颗粒阵列结构虽然能够提供对光波在横向上的亚波长约束，但无论理论还是实验结果都表明，这种波导结构由于金属的内在吸收而伴随着非常大的损耗，使得在光波段其传输长度只有亚微米数量级.如此大的损耗限制了金属纳米颗粒阵列结构在光子集成中的进一步应用.此外，这种颗粒阵列的形状使之难以与其他波导相互集成.

4.4.2 长程表面等离子体器件

与金属纳米颗粒阵列波导相比，基于金属薄膜的表面等离子体器件则在损耗上有较大优势，并且也易于实现平面集成.当金属薄膜厚度非常小时，所支持的表面等离子体模式将分为两种.随着金属薄膜厚度的减小，其中一种模式的传输常数虚部将趋向于零，表明这个模式有着非常小的损耗及较长的传输距离，因而人们称这个模式为“长程表面波”模式.长程表面波伴随的损耗相对较小，并且其模式呈偶对称分布而容易被光纤等介质波导激发，因而在光子集成中有很好的应用前景.

随着近年来微加工技术的快速发展，人们对长程表面波开展了广泛的研究，在实验上实现了各种波导及器件，例如以 SiO_2-Au-SiO_2 的条形结构实现直波导、S 形弯曲、Y 分束器、耦合器及布拉格光栅等,利用热光效应在嵌入聚合物材料的金属条上分别实现了光调制器及光开关,如图 4.38 所示.可见,目前长程表面等离子体波在光子集成器件方面的应用已取得长足的进展.

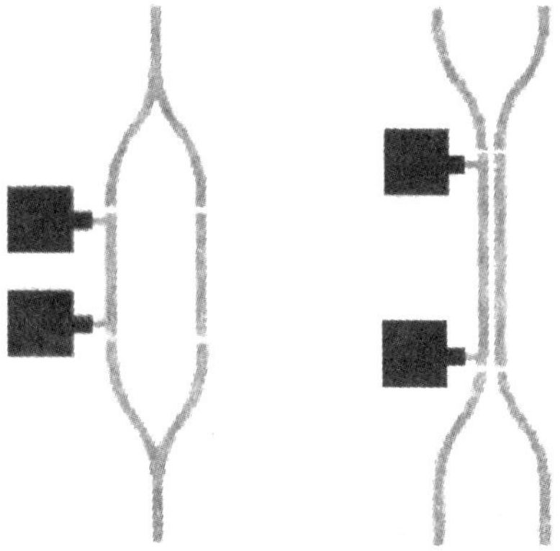

(a) MZI调制器　　(b) 定向耦合器

图 4.38　基于长程表面等离子体波的集成光子器件

4.4.3　MIM 波导及器件

虽然长程表面等离子体波的损耗随着金属膜层厚度的减小而减小,从而能获得较长的传输长度,但却是以牺牲表面等离子体波的亚波长约束特性为代价的.理论上这种支持长程表面等离子体波的 IMI 结构并不能有效地对光提供亚波长的约束能力.随着金属膜层厚度的减小,长程表面等离子体波的场分量以倏逝波的形式向两边的介质中扩散至几个波长的数量级甚至更大,形成一种准平面波模式,从而形成较大的模式尺寸.于是,人们开始探寻其他类型的表面等离子体波导结构,特别是在金属中夹介质层的金属-介质-金属结构.

MIM 结构对光的约束能力很强,其缺点是损耗比长程表面等离子体波大得多.于是,研究人员在保证亚波长约束的前提下,以降低损耗为目的,在 MIM 结构的基础上设计了各种类型的亚波长表面等离子体波导,包括不同金属的异质结构波导、金属矩形槽波导、金属 V 形槽波导等.

金属槽表面等离子体波导是国际上较早提出的基于 MIM 结构的表面等离子体波导类型之一,其结构示意图以及一些实际制作的波导如图 4.39 所示.这种结构比较易于实际加工,它由一个刻入金属薄膜中的槽构成,上包层再涂敷上一层 PMMA 聚合物,用于匹配缓冲层折射率以及充当保护作用.

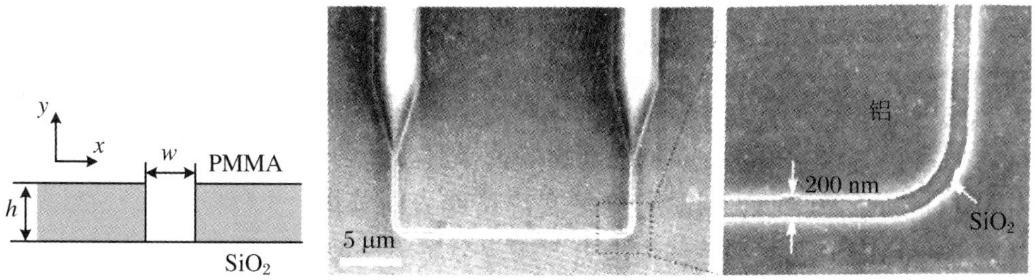

(a) 波导截面示意图　　(b) 波导的SEM图片

图 4.39　矩形金属槽结构表面等离子体波导

另外一种备受关注的表面等离子体波导为V形槽表面等离子体波导,这种波导结构具有较低的损耗、亚波长约束以及能无弯曲损耗地通过90°弯曲等特点.图4.40中从左到右分别给出基于V形槽表面等离子体波导的Y分束器、马赫-泽德干涉仪及波导谐振环耦合系统的SEM照片以及利用扫描近场光学显微镜扫描模式时所得到的近场分布图.另外,也有实验报道了基于V形槽表面等离子体波导的分/插复用器及布拉格光栅滤波器,从而实现了表面等离子体波的滤波特性.

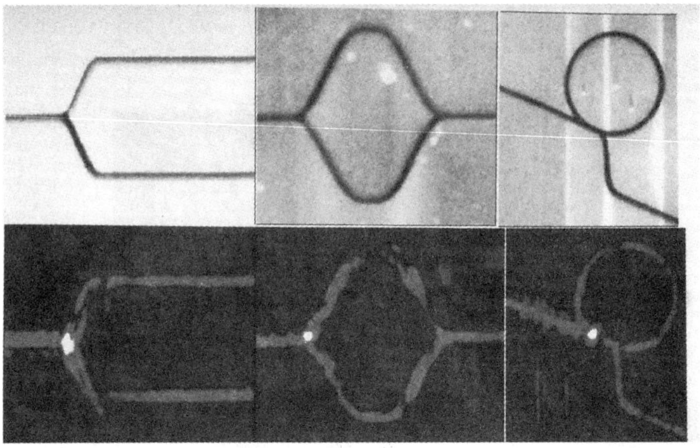

图4.40 基于V形槽表面等离子体波导的Y分束器、MZI及波导谐振环

上半图为三种结构的SEM照片,下半图为对应的扫描近场光学显微镜图片.

表面等离子体对光提供很好的亚波长约束,但最大的问题是损耗,因而光波导长度受到限制.一种有效方法是将表面等离子体波导与介质波导混合集成,即在需要亚波长约束的部分使用表面等离子体波导,而在对光约束要求不高并且长度较长的地方仍然使用介质波导,从而既能发挥表面等离子体强约束的优点,又部分避免了其损耗问题.

总的来说,表面等离子体波导在光集成器件的应用方面具有很大的潜力,但这一领域还有很多问题没有解决,需要研究人员的进一步努力.

4.5 光子晶体波导及器件

传统的平面光波导基于全内反射原理,而光子晶体波导通常是利用光子带隙对光的传输限制,通过在光子晶体中引入线缺陷,将光约束在其中传输.光子晶体波导可以实现无泄漏模损耗传输,实现超大空间色散、超低损耗90°弯曲传输,其波导尺寸可比传统波导小2～3个数量级.目前,利用光子晶体波导已成功设计与制作出分路器、波分复用/解复用器、分插复用器、光开关等各种新型光子器件.光子晶体波导可把多个光子器件高度集成在同一基底上,这对高密度集成具有很大的意义.

4.5.1 光子晶体波导

光子晶体也称为光子带隙材料,它是一类由人工设计和制造的介质常数具有一定周期性分布的结构，其结构分布和半导体内原子的分布非常类似.在半导体材料中，原子在空间呈周期性分布，这种晶格结构会影响在其中运动的电子的性质，对电子的波函数实现调制，形成能带结构.与之相似，当电磁波在光子晶体中传播时，会由于存在布拉格散射而受到调制，形成光子能带结构.能带与能带之间会出现光子带隙，即禁带.频率处于光子带隙内的光子，被禁止在光子晶体中传播.光子带隙是光子晶体最重要的特性，所以光子晶体又被称为“光学半导体”.

根据空间周期性，光子晶体可以分为一维光子晶体、二维光子晶体和三维光子晶体.其中一维光子晶体是周期排列的多层介质膜结构，这种结构最为简单，但其带隙通常随着入射光角度的改变而变化，因而限制了它的应用范围.二维光子晶体是指在两个方向上具有周期性的结构，从而可以获得平面内的禁带.三维光子晶体由于在三个方向上都具有周期性结构，因而具有全方向禁带，但是其制作过程很复杂，工艺难度较大.相比之下，二维平板光子晶体能够实现光子晶体的多数特性要求，同时可以利用标准的平面光波导技术来制作，因而受到极大关注和广泛应用.

在二维平板光子晶体中引入线缺陷，就形成了光子晶体平板波导.光子晶体平板波导的基本工作原理是在垂直方向通过全内反射实现限制，在平面内则是通过光子带隙实现光的限制.光子晶体波导理论上不存在损耗，这将有利于实现高集成度器件.

能在传统光波导上实现的功能器件基本都能通过光子晶体平板波导来实现.图4.41给出几种基本的光子晶体波导功能单元.

图4.41(a)所示为光子晶体弯曲波导.光子晶体波导具有优良的弯曲效应.传统波导是基于全内反射原理，由于在波导弯曲处全内反射条件可能不再满足，形成部分光波能量泄漏，使传输效率降低.因此，传统波导的弯曲半径必须足够大才能使损耗足够小，这将导致整个器件尺寸过大.而光子晶体弯曲波导中，由于光子晶体的禁带效应，光场只能沿缺陷传播，所以不管如何转弯，都能达到很高的传输效率.因此，光子晶体波导的这种效应对提高集成度有很大的应用价值.

图4.41(b)所示为光子晶体波导Y分束器.基于传统波导的Y分束器的分束角受辐射损耗的限制，通常必须在几度以内.因此，为了能将能量输出到两个分开的波导中，整个器件的横向尺寸需要比较长.而基于光子晶体波导的Y分束器的扩散角可以达到120°，使得整个结构的尺寸仅为几微米.

图4.41(c)所示为光子晶体波导定向耦合器.它是由两组线缺陷组成，中间间隔一个或数个周期性介质结构.与基于传统波导的定向耦合器相比，由于光子晶体的色散特性，光子晶体波导定向耦合器的尺寸可以非常紧凑.

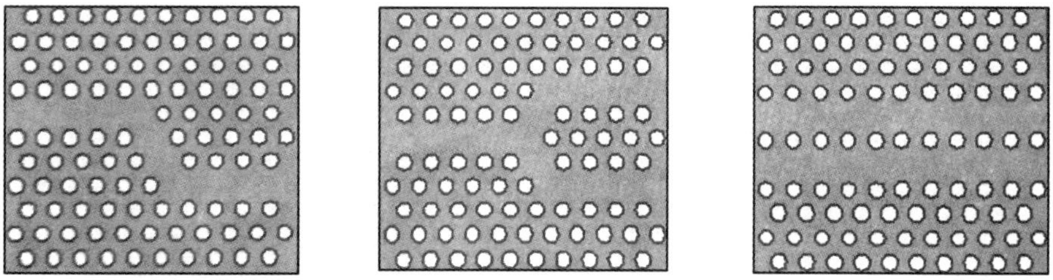

(a) 弯曲波导　　(b) Y分束器　　(c) 定向耦合器

图4.41　二维光子晶体波导的几种基本结构

除了以上几种光子晶体基本功能单元外，高效率的输入/输出是光器件实用的前提.通常为实现单模传输，光子晶体波导为单列线缺陷结构，此时光子晶体波导的宽度仅为数百纳米，比光纤的芯径小几个数量级.如果采用直接耦合，耦合效率非常低，并且很难对准.因此，应采用光子晶体模式转换器提高耦合效率.为了实现高效率的耦合，可采用锥形结构(如图4.42所示)，即在光子晶体波导与传统波导连接处，使光子晶体波导的宽度向介质波导宽度慢慢过渡，这样通过模斑的逐渐匹配可以实现高效率的耦合.通过合理设计，这种模式耦合器的耦合效率可以高达90%以上.

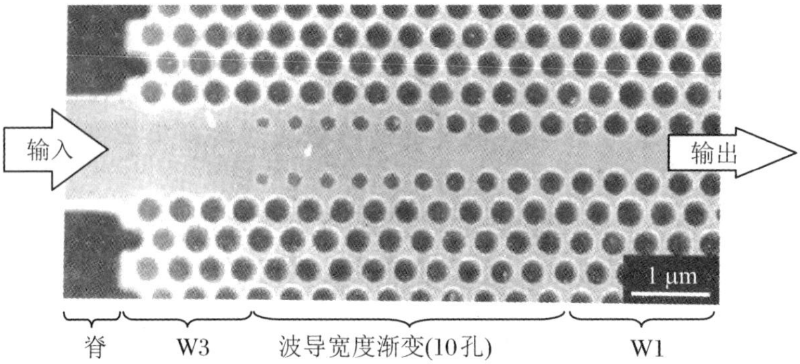

图4.42　光子晶体波导模式转换器示意图

利用光子晶体弯曲、Y分支、定向耦合器、交叉等基本单元，就可以实现更复杂的光子功能器件，如复用/解复用器、光开关、滤波器等.

4.5.2　基于光子晶体波导的集成器件

1. 光子晶体分路器

光分路器是光纤网络系统中必不可少的器件.集成型光分路器可以提高器件性能，减小分路器的尺寸，并降低成本.近年来，人们相继提出了基于光子晶体Y分支波导、光子晶体定向耦合器以及光子晶体多模干涉耦合器的光分路器.

4.5.1节介绍了利用光子晶体波导可实现高效率的Y分支波导的设计.图4.43所示为基于光子晶体Y分支波导的分路器.图中基本的光子晶体波导结构为三列线缺陷光子晶体

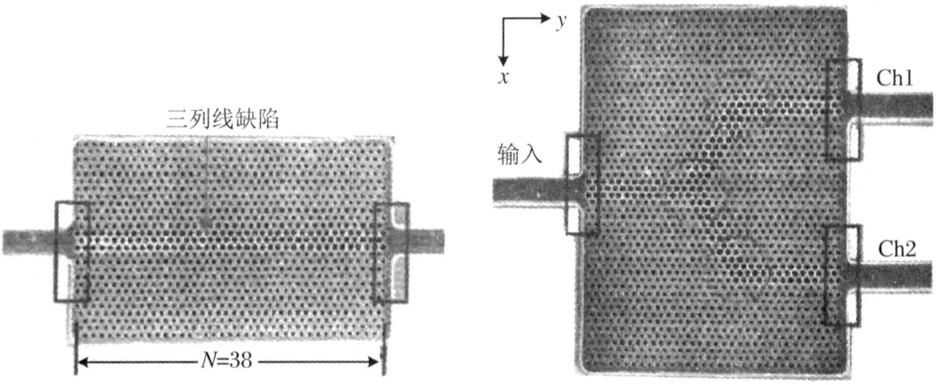

(a) 由三列线缺陷组成的光子晶体波导的扫描电镜照片　(b) Y分支分路器的扫描电镜照片

图4.43　基于光子晶体Y分支波导的分路器

波导，Y 分束器由 120°Y 分支和两个 60°的弯曲波导组成，在 1640～1689 nm 带宽内，损耗为 0.5～1 dB，整个器件的尺寸仅为 3 μm×3 μm，比基于传统波导的 Y 分束器小 2～3 个数量级.

光子晶体型定向耦合器由两组线缺陷组成，中间间隔一个或数个周期性介质结构. 利用光子晶体定向耦合器可以实现任意分光比的分路器. 图 4.44 所示为光子晶体定向耦合器型分路器的扫描电镜照片. 光子晶体波导由一列线缺陷组成，在定向耦合器前采用 10 个周期长度的光子晶体波导使模式稳定传输. 该 3 dB 分路器的损耗为 1 dB 左右，整个器件尺寸在 20 μm 左右.

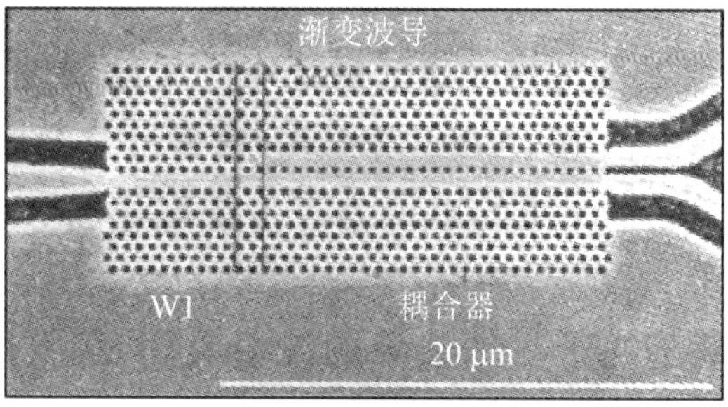

图 4.44 光子晶体定向耦合器型分路器

基于自成像效应的 MMI 耦合器具有结构紧凑、频带宽、容差性能好等优点，在集成光学器件中应用广泛. 研究证明，在光子晶体多模波导中同样存在自成像效应，与基于普通波导的 MMI 耦合器相比，光子晶体 MMI 器件具有更小的尺寸，更有利于大规模集成. 分路器由单模输入波导、多模波导及输出波导组成. 所谓的多模波导是由数列线缺陷组成，存在多个模式，这些模式在多模波导中相互干涉，从而在不同的位置形成输入场的一个或者多个像. 对于 1×2 的 3 dB 分路器，只要选择多模波导的长度在二重像的位置，就可以实现分路器. 图 4.45 所示为 FDTD 模拟的光在整个器件中的传播图，可以看到很好地实现了 1×2 分路器功能.

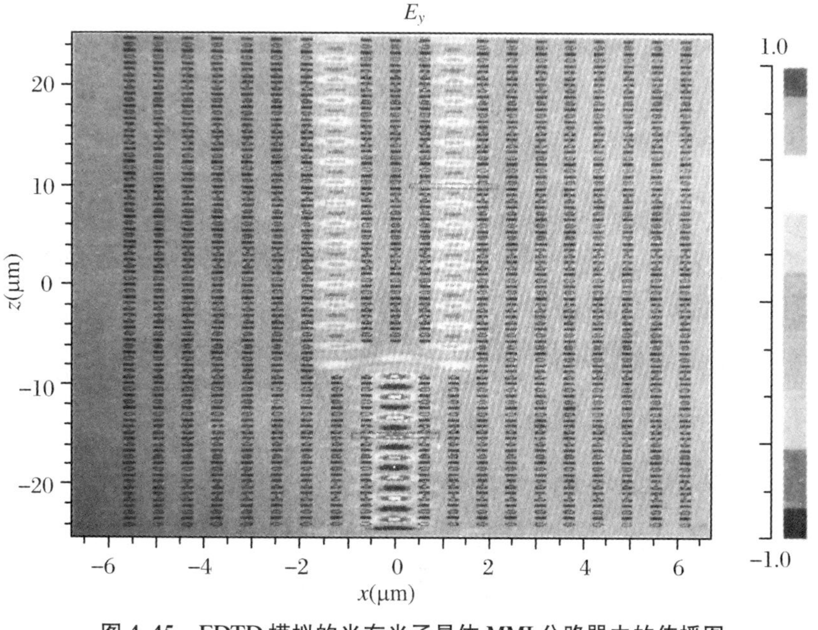

图 4.45 FDTD 模拟的光在光子晶体 MMI 分路器中的传播图

2. 光子晶体波分复用器

波分复用/解复用器是波分复用光通信系统中的关键器件.目前主要的波分复用/解复用器采用的是光纤光栅、AWG 等结构,通常尺寸为厘米或者毫米量级,不利于进一步提高集成度.光子晶体的出现为进一步缩小波分复用器件的尺寸提供了可能.

图 4.46 所示为一种基于光子晶体波导的波分复用/解复用器的扫描电镜照片. d_1, d_2, d_3, d_4 所示区域分别采用不同大小的空气孔,由于空气孔直径的改变,对应的光子晶体结构的能带结构发生改变,从而不同的波长将从各个输出波导输出(见图 4.46 中 λ_1, λ_2, λ_3, λ_4).

图 4.46 基于光子晶体波导的波分复用/解复用器

图 4.47 所示为另一种基于光子晶体的波分复用/解复用器结构,该器件利用了光子晶体的超棱镜(super prism)现象.不同波长的入射光在通过超强色散的光子晶体超棱镜后,相互之间的衍射分散角很大,再利用光子晶体波导将分离开来的光束收集起来,从而实现波分复用.该结构的传输效率为 $-12 \sim -4.4$ dB,通道间串扰为 $19.4 \sim 26$ dB.

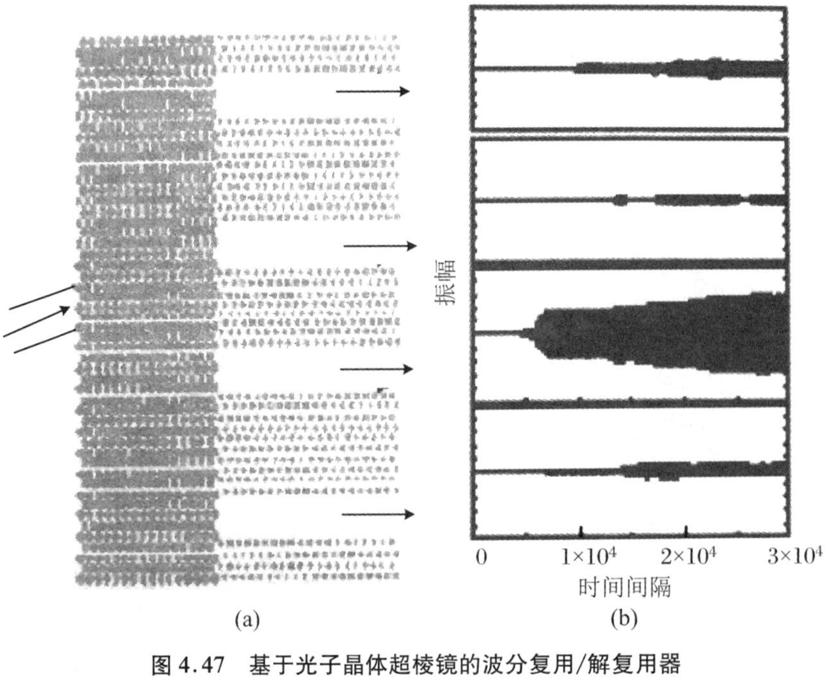

图 4.47 基于光子晶体超棱镜的波分复用/解复用器

3. 光子晶体光开关

光开关是全光高速信息处理的关键元件.利用光子晶体可以实现紧凑型光开关.图4.48所示为基于光子晶体MZI结构的热光光开关.MZI的一个臂连接有加热电极,通过热光效应控制开关的通断,消光比可达到−14 dB,π相位变化所需功率为42 mW.

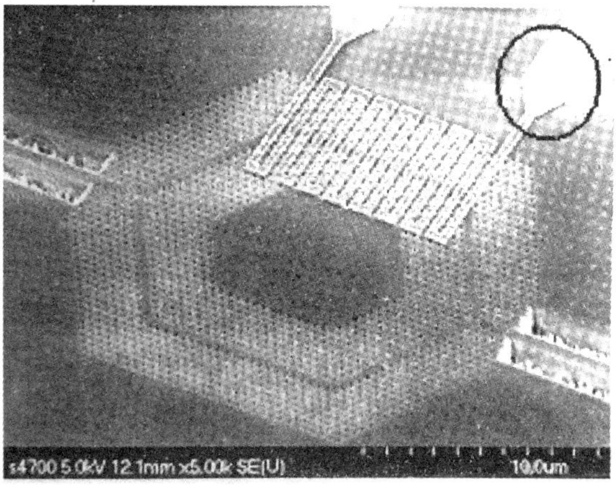

图4.48 基于光子晶体MZI结构的光开关(SEM照片)

基于光子晶体波导可以实现导光、分光、滤光以及波分复用等很多功能.光子晶体的光子局域化、超强色散等性能,非常有利于光路集成.用光子晶体做成的光子集成芯片,有可能像集成电路对电子的控制一样对光子进行控制,从而实现全光信息处理,在全光通信网、光量子信息、光子计算机等诸多领域有着诱人的应用前景.

第5章　普通光纤的基础理论

5.1　阶跃折射率光纤的光线理论

光纤有多种类型，其中最基本的一种是折射率具有阶跃分布的光纤，为了和其他光纤相区别，我们通常把它称为普通光纤.

5.1.1　子午光线的传播

普通光纤具有双层结构，中间是高折射率的纤维芯，周围是低折射率的纤维包层，芯和包层间具有良好的光学界面.当纤维的直径是入射光波长的很多倍时，可以用几何光学的方法来讨论它的传光原理.

和平面波导一样，光纤的圆柱介质波导的导波机理在于光的全反射，但用射线光学来分析它的传光特性要比分析平面波导复杂得多.在平面波导里，射线只有一种，它们都是经过波导中线，然后在上、下两边界之间来回反射的，其路径呈锯齿形，光线的轨迹都在一个平面内，只需用光线在界面的入射角 θ 就足以描述光线的方位.然而在圆柱波导中，由于界面是柱面形，光线可以在一个平面内，也可以不在一个平面内.在任何一根光纤中，通过光纤中心轴的任何平面称为子午面，而位于子午面内的光线就称为子午光线.根据光的反射定律，入射光线和反射光线始终在同一平面内.因此，子午光线经过多次全反射后仍在原入射面内，子午光线是平面曲线.另一种光线不在一个平面里，不经过波导的轴，它们碰到边界时作内部全反射，也和遇到平面边界一样，反射角等于入射角，这类空间曲线称为偏射线.

现在先用子午线分析最简单的问题，其中之一是光纤的数值孔径.数值孔径在一定程度上代表光纤容易不容易被激发，容易不容易作光束耦合的性质.

如图5.1所示，n_1，n_2 分别是纤芯和包层的折射率，n_0 为光纤周围介质折射率.设光线通过光纤波导端面中心点 A 入射，进入波导后按子午光线传播，根据折射定律，则

$$n_0\sin\theta_0 = n_1\sin\theta_1 = n_1\cos\varphi \tag{5.1}$$

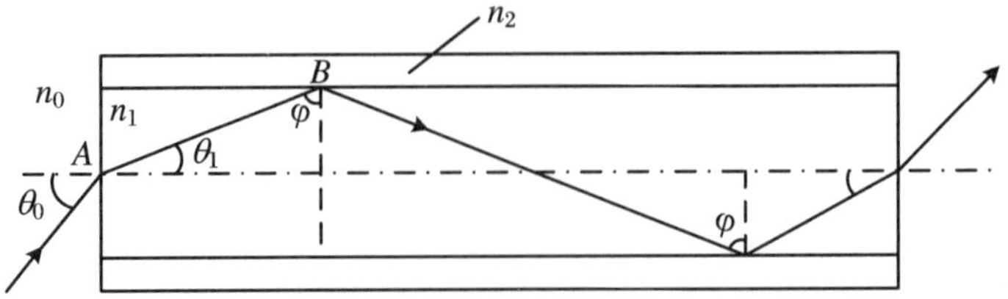

图5.1　光纤的传光原理

当入射角 φ 大于界面临界角,即

$$\sin\varphi > \frac{n_2}{n_1} \tag{5.2}$$

时,光线在波导内部作全反射.为了得到导波,外面激发的角度 θ_0 必须满足关系式

$$\sin\theta_0 = \frac{n_1}{n_2}\sqrt{1-\sin^2\varphi} \leqslant \frac{1}{n_0}\sqrt{n_1^2-n_2^2} \tag{5.3}$$

在一般情况下,$n_0=1$(空气),则子午光线对应的最大入射角为

$$\sin\theta_{\max} = \sqrt{n_1^2-n_2^2} = N.A. \tag{5.4}$$

$N.A.$ 称为光纤的数值孔径,它决定了子午光线孔径角的最大值 $\theta_{\max}$,即代表光纤的集光本领.因为纤芯和包层的折射率通常相差很小,即相对折射率差 $\Delta=\frac{n_1^2-n_2^2}{2{n_1}^2}\ll 1$,所以可取 $n_1^2-n_2^2=2n_1^2\Delta$.由式(5.4)得

$$N.A. = n_1\sqrt{2\Delta} \tag{5.5}$$

该式说明若纤芯和包层的折射率差大,相对折射率差也大,数值孔径 $N.A.$ 值就大.作为激光传输用的光纤波导,相对折射率差 Δ 值通常在 1%～5%之内.例如,若 $\Delta=0.01$,$n_1=1.5$,则最大孔径对偏射光线也是适用的.

5.1.2　几何程长和全反射次数

在许多情形下需要知道某光线在光纤中所传播路程的长度,为此引入光纤每单位长度上的几何程长 l_m 这一物理量.知道 l_m 再乘上光纤的总长度,便可得出某光线在该光纤中所传播的总路程长度.一般来说,光线在光纤中经过的光路长度大于光纤的长度.

如图 5.2 所示,与路程 AB 相对应的纤维长度是 AE,所以有

$$l_m = \frac{AB}{AE} = \sec\theta_1 \tag{5.6}$$

当 $n_0=1$ 时,上式化为

$$l_m = \frac{1}{\sqrt{1-\sin^2\theta_1}} = \frac{n_1}{\sqrt{n_1^2-\sin^2\theta_0}} \tag{5.7}$$

由式(5.7)看出,当 n_1 一定时,l_m 只决定于光线的外部激发角 θ_0,而与光纤本身的粗细无关.

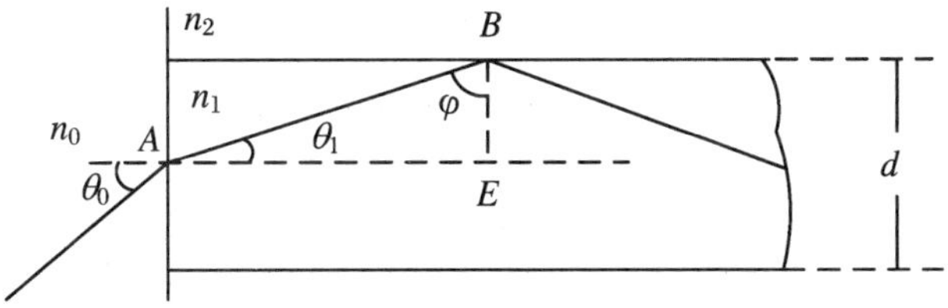

图 5.2　光纤长度与路程的关系

在某些情况下还需要知道某光线经过光纤反射了多少次,为此引入光纤每单位长度上的反射次数 μ_m,知道了 μ_m,再乘以光纤的长度,即可得出总反射次数.由图 5.2 可见

$$\mu_m = \frac{1}{2AE} = \frac{\tan\theta_1}{d} = \frac{1}{d\tan\varphi} = \frac{\sin\theta_1}{d\sqrt{1-\sin^2\theta_0}} = \frac{\sin\theta_0}{d\sqrt{n_1^2-\sin^2\theta_0}} \tag{5.8}$$

式中，d 是纤芯的直径，推导中假定 $n_0=1$.

由式(5.8)可以看出，n_1 和 θ_0 一定时，μ_m 反比于光纤的直径 d，d 越小，μ_m 就越大.

5.1.3 光纤弯曲对子午光线传播的影响

光纤的特点之一是可以弯曲，因而研究弯曲的光纤在传播光线时，有哪些不同是有实际意义的.

如图 5.3 所示，子午光线由光纤直部和弯部的界面上 X 点进入弯部，弯部的 O 点在光纤轴线上，$OC=R$ 为弯部的曲率半径，d 为纤维的直径，φ_0，φ_1，φ_2 各为子午光线在直部、弯部外表面和弯部内表面的入射角，可以考察弯曲部分中子午光线的传播情况.

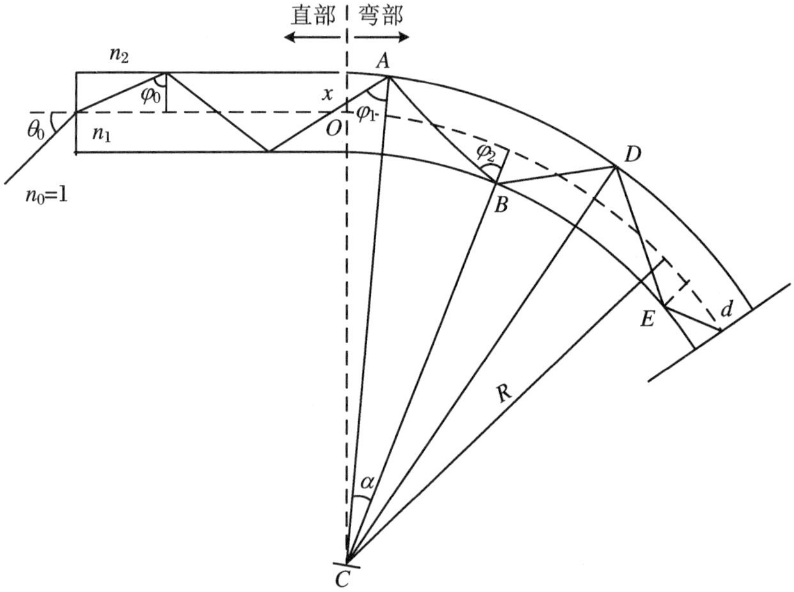

图 5.3 光纤弯曲时光线的传播

弯曲部分的 φ_1，φ_2 角不等于 φ_0 角，可以证明 $\varphi_2 \geqslant \varphi_0$，而 $\varphi_1 \leqslant \varphi_0$，所以 φ_1 有可能变得小于临界角，这时光线就要逸出外表面. 证明如下：设 X 点离 O 点的坐标为 x，$d/2 \geqslant x \geqslant -d/2$，在△$AXC$ 中应用正弦定理

$$\sin\varphi_1 = \frac{CX}{CA}\sin\angle AXC = \frac{R+x}{R+d/2}\sin\varphi_0 \tag{5.9}$$

在上式中，因为 $d/2 \geqslant x \geqslant -d/2$，所以 $\sin\varphi_1 \leqslant \sin\varphi_0$ 即 $\varphi_1 \leqslant \varphi_0$.

在△ABC 内应用正弦定理有

$$\sin\varphi_2 = \frac{CA}{CB}\sin\varphi_1 = \frac{CA}{CB}\frac{CX}{CA}\sin\varphi_0 = \frac{R+x}{R-d/2}\sin\varphi_0 \tag{5.10}$$

同样，因为 $d/2 \geqslant x \geqslant -d/2$，所以有 $\sin\varphi_2 \geqslant \sin\varphi_0$，即 $\varphi_2 \geqslant \varphi_0$. 因此，当 R 小到一定程度时，原来在直部能产生全反射的子午光线，到了弯部，便要从芯线弯曲部分外侧面逸出.

R 的减少还可能产生另外一种情形：子午光线只在外表面反射，而不在内表面反射. 如图 5.4 所示. 这时意味着 $\sin\varphi_2$ 已经增大到 1，在式(5.10)中，以 $\sin\varphi_2=1$ 代入，可解出

$$R = \frac{x\sin\varphi_0 + d/2}{1-\sin\varphi_0} \tag{5.11}$$

当 R 的值比式(5.11)中的值还要小时，便会发生子午光线只在外表面反射而不到内表面反射的情形.

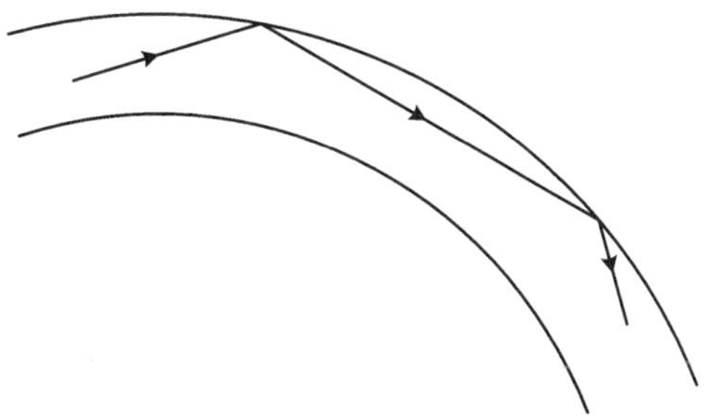

图 5.4　子午线在外表面反射

现在我们讨论光纤弯曲后对 $\theta_{\max}$ 的影响. 在式(5.9)中，当 $x = -d/2$ 时，φ_1 与 φ_0 相差为最大，即

$$\sin \varphi_1 = \frac{R - d/2}{R + d/2}\sin \varphi_0 \tag{5.12}$$

当 φ_1 等于临界角，$\sin \varphi_1 = n_2/n_1$（φ_2 恒大于 φ_1），这时可以计算相应的 $\theta_{\max}$ 如下：

$$\sin \theta_{\max} = n_1 \cos \varphi_0 = \left[n_1^2 - \left(\frac{R + d/2}{R - d/2} \right)^2 n_2^2 \right]^{\frac{1}{2}} \tag{5.13}$$

一般情形中，$R \gg d$，上式可化为

$$\sin \theta_{\max} = \left[n_1^2 - \left(1 + 2\frac{d}{R} \right) n_2^2 \right]^{\frac{1}{2}} \tag{5.14}$$

可见，光纤弯曲会使 $\theta_{\max}$ 值减小，即数值孔径 $N.A.$ 减小，从而使光纤的集光本领减弱. R 越小，减弱越多. 一般情况 $R \gg d$，因而在弯曲不太大、弯曲次数不太多时，可忽略弯曲的影响. 但是弯曲总要损失光能，对于长距离使用的通讯传输光纤，应尽量避免不必要的弯曲，实际光纤在制造时，形成的微弯也会导致光能损失.

5.1.4　光纤端面倾斜效应

研究光纤的端面倾斜对传播子午线的影响有两方面意义：

(1) 某些光纤束需要把整个光纤束的端面做成某种曲面状.

(2) 实际制造的光纤的端面与光纤轴线有一定的不垂直度.

现在我们来讨论光纤端面倾斜的影响. 如图 5.5 所示，光纤的输入端面的法线 NN' 与轴线 OO' 有一个不为零的夹角 α，并且 NN' 在图面的子午面内. 如果选取其他的截面，则由于

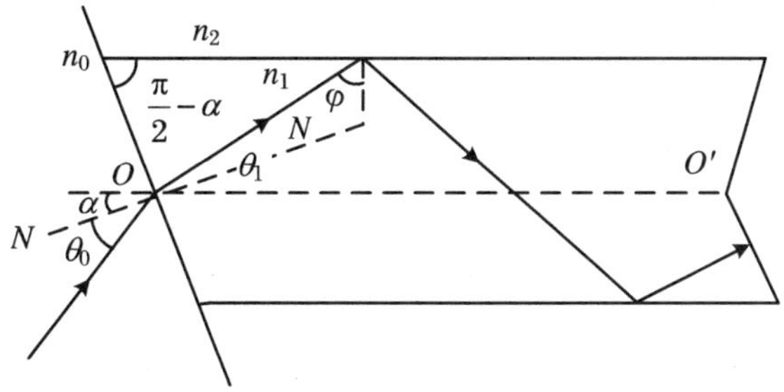

图 5.5　端面倾斜的光纤

NN′不在所选的截面之内，入射光线便成了斜光线，而不沿着所选平面来传播；另一方面，图中所选的面（即纸面内）也正好是端面倾斜后影响最大的一个平面，如果将这个截面和过轴 OO' 并与纸面相垂直的截面来比较，结果在后一截面内，端面倾斜的影响实际最小.

下面讨论光纤端面倾斜时，最大光束孔径角 θ_{max} 与数值孔径 $N.A.$ 关系.从图 5.5 中可以看出

$$\frac{\pi}{2} - \alpha = \theta_1 + \varphi \tag{5.15}$$

由折射定律

$$n_0 \sin\theta_0 = n_1(\cos\alpha\cos\varphi - \sin\alpha\sin\varphi) \tag{5.16}$$

当 φ 角等于临界角时，有

$$\sin\varphi = \frac{n_2}{n_1} \tag{5.17}$$

$$\cos\phi = \left(1 - \frac{n_2^2}{n_1^2}\right)^{\frac{1}{2}} = \frac{1}{n_1}(n_1^2 - n_2^2)^{\frac{1}{2}} \tag{5.18}$$

代入式（5.16）后可得

$$n_0 \sin\theta_{max} = (n_1^2 - n_2^2)^{\frac{1}{2}} \cos\alpha - n_2 \sin\alpha \tag{5.19}$$

将式（5.19）和式（5.4）进行比较，就看出端面倾斜角 $\alpha \neq 0$ 时对 θ_{max} 的影响，$\alpha = 0$ 时，式（5.19）便回到式（5.4）.

现在来讨论由法线另一侧入射的子午光线，如图 5.6 所示，这时有

$$\frac{\pi}{2} + \alpha = \theta_1 + \varphi \tag{5.20}$$

$$\theta_1 = \frac{\pi}{2} - (\varphi - \alpha) \tag{5.21}$$

由折射定律得

$$n_0 \sin\theta_0 = n_1(\cos\alpha\cos\varphi + \sin\alpha\sin\varphi) \tag{5.22}$$

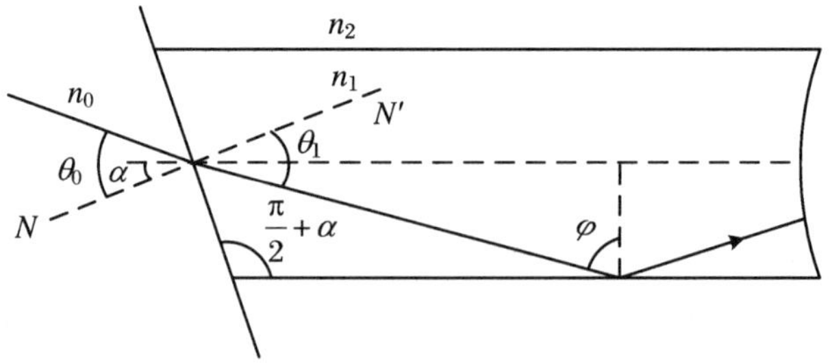

图 5.6　从倾斜端面另一侧入射

于是可以求出

$$n_0 \sin\theta_{max} = (n_1^2 - n_2^2)^{\frac{1}{2}} \cos\alpha + n_2 \sin\alpha \tag{5.23}$$

把式（5.19）和式（5.23）合写成

$$n_0 \sin\theta_{max} = N.A.\cos\alpha \mp n_2 \sin\alpha \tag{5.24}$$

当 $n_0 = 1$ 时式（5.24）变成

$$\sin\theta_{max} = N.A.\cos\alpha \mp n_2 \sin\alpha \tag{5.25}$$

式（5.25）说明了 θ_{max} 和 $N.A.$ 的关系.在图 5.6 中，当 $\theta_{max} = \pi/2$ 时，如果全反射正好能产

生,则相当于光纤集光本领最大的情形,根据式(5.25),得到

$$N.A. = \frac{1 \pm n_2 \sin\alpha}{\cos\alpha} \tag{5.26}$$

这是端面倾斜的光纤能够收集朗伯光源所发生的全部光流时,$N.A.$ 的最大值,由式(5.26)可见数值孔经 $N.A.$ 在数值上是大于 1 的.

同样,光纤出射端面的倾斜会引起出射光线角度的变化.对于正常的非倾斜出射端面,其出射光线对于光纤中心轴是对称的.出射端面的倾斜使这种对称性破坏了.从图 5.7 中可以看出,原来平行于光纤中心轴的光线不再是以与端面垂直的方向出射,而是偏折了一个角度 θ.如果倾斜角度为 α,则偏折角 θ 可写为

$$\theta = \arcsin\left(\frac{n_1}{n_0}\sin\alpha\right) - \alpha \tag{5.27}$$

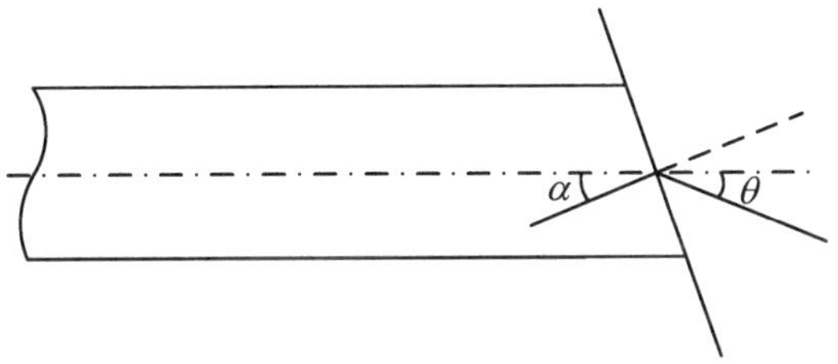

图 5.7　出射端面倾斜时光线的偏折

由于光纤出射端面的倾斜使光线的出射光锥偏折的现象,我们用图 5.8 来形象说明.实际上我们也能观察到这个结果.有时往往在光纤中心轴附近的一侧观察不到出射光,而把视线偏一个角度后就能看到出射的光.

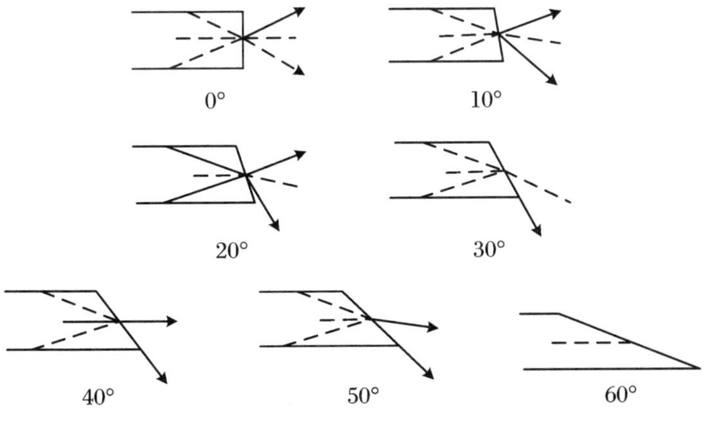

图 5.8　出射端面倾斜不同角度,出射光线的偏折

5.1.5　圆锥形光纤

如果直圆柱形光纤两端的直径不相等,并且其直径随长度线性变化,这样的光纤称为圆锥形光纤.严格地说,每根光纤两端的直径都不可能完全相等,只是差别大小而已,但是这种直径的差别对光的传播是有影响的,尤其对于有些特殊应用这种影响不能不考虑,因而对直圆柱形光纤的直径变化有时就规定了一个规范,不能超越,否则就不能应用.另一方面,一定

锥度的锥形光纤有聚光的能力,光线从大端入射,在小端出射光强度会提高.下面我们讨论光在圆锥形光纤中传播的特性.

图 5.9 表示的是子午光线通过锥形光纤的光路.设 ω 为锥形光纤的锥角.由图可知,在锥形光纤中,光线在纤芯和包层界面内壁上的反射角随反射次数增加而逐渐减小.当光线以 θ 角入射于锥形光纤的大端时,折射角为 θ_1,在锥角 $\omega=0$ 时,纤芯和包层界面内壁上的反射如下的数学式来表示角 $\psi=90^\circ-\theta_1$.由于锥角 $\omega>0$,所以光线在内壁上发生第一次反射后,反射角就减小 $\omega/2$,从第二次反射开始,以后每次反射后,反射角就减小 ω.这个关系可以用

$$\begin{cases} \psi_1 = 90^\circ - \theta_1 - \dfrac{\omega}{2} \\ \psi_2 = 90^\circ - \theta_1 - \dfrac{3}{2}\omega \\ \psi_3 = 90^\circ - \theta_1 - \dfrac{5}{2}\omega \\ \quad\vdots \\ \psi_n = 90^\circ - \theta_1 - \dfrac{(2n-1)}{2}\omega \end{cases} \tag{5.28}$$

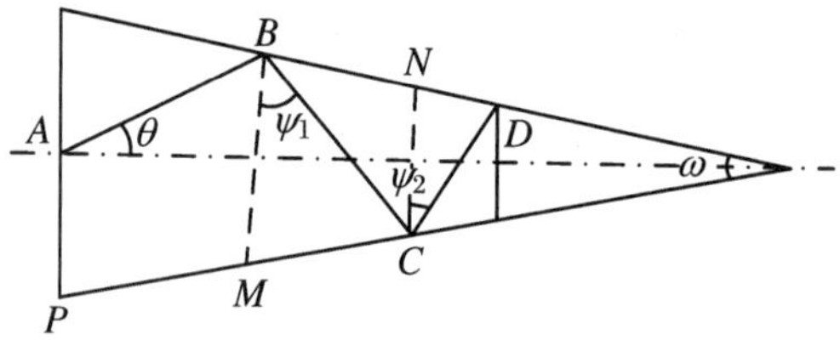

图 5.9 锥形光纤

又 $n_0\sin\theta = n_1\sin\theta_1$

$$\theta_1 = \arcsin\left(\frac{n_0}{n_1}\sin\theta\right) \tag{5.29}$$

将式(5.29)代入式(5.28)可得

$$\psi_n = 90^\circ - \arcsin\left(\frac{n_0}{n_1}\sin\theta\right) - \frac{(2n-1)}{2}\omega \tag{5.30}$$

式(5.30)说明,当光线从锥形光纤的大端入射时,全反射条件很容易被破坏.因为在光纤中发生全反射的条件是 $\psi\geqslant\psi_c$,而锥形光纤的反射角 ψ_n 是一直在减少,所以总会在某一次反射后,全反射条件不满足了.光线也就会从光纤的侧壁逸出去.即使在锥角 ω 很小的情况下,只要反射次数足够多,就会在某一次反射后出现 $\psi_n<\psi_c$,而使全反射条件受到破坏.同时,由于内壁上的反射角逐步减小,光线从锥形纤大端入射时,小端的出射光出现发散,这是由于此时出射光锥角比入射的大.反之,当光线从锥形光纤小端入射时,从纤芯和包层界面内壁上的反射角经每次反射后就会增加,所以大多数的光线都会满足全反射条件,这是和上面的情况相反的.同样,此时相应的出射光锥角比入射的小,因而出射光有会聚作用.图 5.10 就表示了这两种结果.

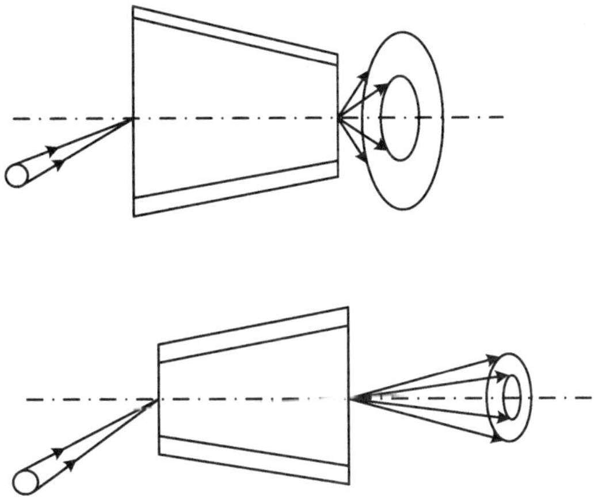

图 5.10　锥形光纤大端与小端进光的比较

5.1.6　光纤的集光本领

数值孔径是表征光纤集光能力大小的一个参数.数值孔径越大即孔径角越大,光纤的集光能力就越强,也就是说能进入光纤的光通量就越多.

光纤和普通的光学透镜相比,它的数值孔径大是一个显著的特点.设光学透镜的口径为 d,焦距为 f,如图 5.11 所示,则它的数值孔径可表示为

$$N.A._{透} = n_0\sin\varphi_m = \frac{d}{2f} = \frac{1}{2\left(\frac{f}{d}\right)} \tag{5.31}$$

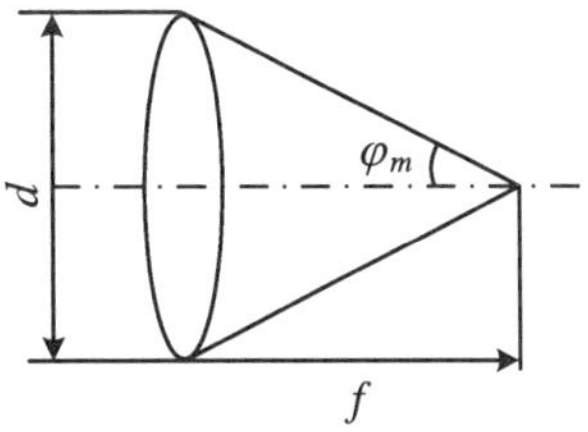

图 5.11　透镜的数值孔径

上式说明了光学透镜的数值孔径由 f/d 决定(f/d 为 f 数. d/f 称为相对孔径).如对于 $f/d=1.9$ 和 $f/d=2.8$ 的透镜,当 $n_0=1$ 时,孔径角分别为 15°和 11°左右,数值孔径分别为 0.26 和 0.18.但是光纤的数值孔径可以做得很大.只要选取合适的芯材料和包层材料,其数值孔径可以达到 1.即在 $n_0=1$ 时,孔径角可达到 90°,这种情况在光学透镜系统中是很难做到的.

从式(5.4)可知,由于 $\sqrt{n_1^2-n_2^2}$ 的数值可以大于 1,从数学上来说,θ_{max} 的值只可能为 90°,但从物理意义上来说,表明光纤的集光能力特别强,不但在 $n_0=1$ 时 θ_{max} 可以达到 90°,而且在 $n_0>1$ 时,θ_{max} 仍有可能达到 90°,这在实际的应用中是很有意义的.

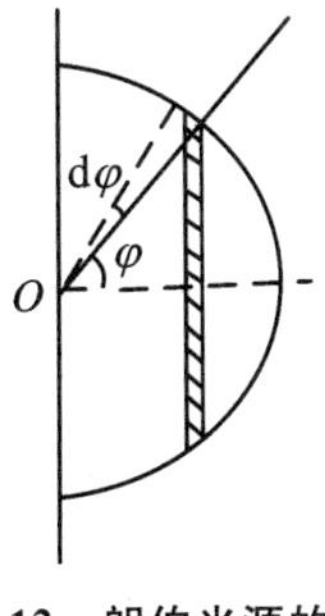

图 5.12　朗伯光源的发光

现在我们来计算光纤对朗伯光源发出的光的聚集能力.如图 5.12 所示,朗伯光源处于半径为 r 的半球面的球心 O 处,则通过立体角 φ 到 $\varphi+\mathrm{d}\varphi$(图中的环形阴影区域)的光通量 $\mathrm{d}F$ 为

$$\mathrm{d}F = \frac{I_0\cos\varphi}{r^2}\mathrm{d}S \tag{5.32}$$

式中,$\mathrm{d}S$ 是阴影区域的面积,$\mathrm{d}S = r\mathrm{d}\varphi\cdot 2\pi r\cdot\sin\varphi$,于是可得

$$\mathrm{d}F = 2\pi I_0\sin\varphi\cos\varphi\mathrm{d}\varphi \tag{5.33}$$

由于光纤的可接收角范围是 $0\sim\theta_{max}$，对式(5.33)积分后有

$$F = \int_0^{\theta_{max}} 2\pi I_0 \sin\varphi\cos\varphi \mathrm{d}\varphi = \pi I_0 \sin^2\theta_{max} \tag{5.34}$$

由于从面光源 O 点发出的总光能流为 πI_0，所以光纤的集光效率为 $\sin^2\theta_{max}$.

由上面的讨论可以看出，光纤的数值孔径和集光本领有密切的关系，当 $N.A.\leqslant 1$ 时，子午光线的集光本领与数值孔径 $N.A.$ 的平方成正比；当 $N.A.\geqslant 1$ 时，集光本领达到最大值1.由于光纤的 $N.A.$ 可以比光学镜头的大得多，所以与一般光学镜头比较，光纤的集光本领高.

5.2 偏射光线的传播

入射到光纤端面上的光束，除了子午光线外，还有很多偏射光线.所谓偏射光线就是一些和光纤中心轴既不平行，也不相交的光线，它们的光纤中心轴是异面直线，所以对于偏射光线的讨论必须在三维空间内进行.

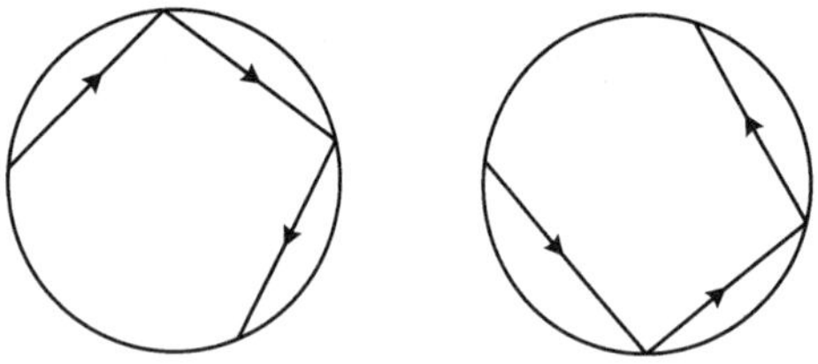

图 5.13 斜光线在光纤端面上的投影

由于偏射光线和光纤中心轴不在一个平面内，因而偏射光线在光纤中进行一次全反射，平面的方位就要改变一次.其光路轨迹是空间的螺旋折线，在端面上的投影如图5.13所示.它可以是左旋折线，也可以是右旋折线，并且这些螺旋折线和光纤的中心轴是等距的.

5.2.1 全反射条件

如图5.14所示，QK 为入射在光纤内的斜光线，QK 和光纤中心轴 OO' 是既不平行，又不相交的异面直线.H 为 K 在横截面(或端面)上的投影.$\angle QKH=\varphi$ 是斜光线和光纤轴之间的夹角，$\angle KQT=\psi$ 为斜光线在光纤内壁上的入射角，$\angle HQT=\gamma$，是斜光线在入射点横截面上的投影 QH 和法线 QT 之间的夹角，称为轴倾角.$HT\perp OT$，则 QT 垂直于 KHT 平面.这样，$\triangle QTH$，$\triangle QKT$，$\triangle QKH$ 均为直角三角形.在 $\triangle QTH$ 中

$$QT = QH\cos\gamma$$

在 $\triangle QKH$ 中

$$QK = \frac{QH}{\sin\psi}$$

在 $\triangle QKT$ 中

$$\cos\psi = \frac{QT}{QK} = \cos\gamma\sin\varphi \tag{5.35}$$

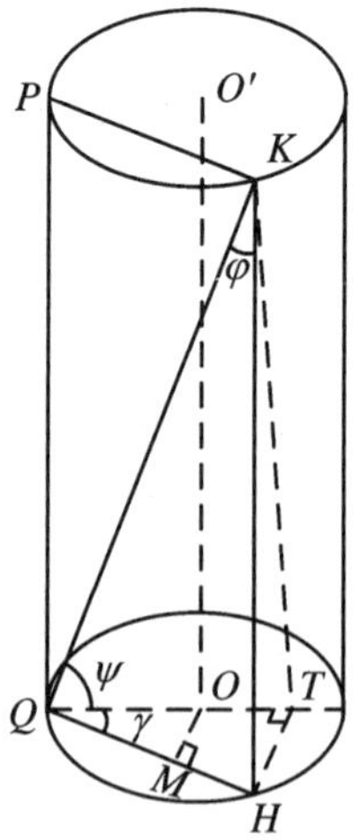

图 5.14 斜光线的全反射条件

上式说明了这三个角度之间的关系.显然光线在光纤内壁发

生全反射时 ψ 是不变的，由于 $\sin\psi = n_2/n_1$，而 $\cos\psi = \sqrt{1-\left(\frac{n_2}{n_1}\right)^2}$，这样就可以得到斜光线的全反射条件为

$$\cos\gamma\sin\varphi = \sqrt{1-\left(\frac{n_2}{n_1}\right)^2} \tag{5.36}$$

因此，在光纤中传播的斜光线必须满足如下条件：

$$\cos\gamma\sin\varphi \leqslant \sqrt{1-\left(\frac{n_2}{n_1}\right)^2} \tag{5.37}$$

如果用光线在光纤端面上入射角 θ 来代替折射角 φ，则上式可以改写成

$$\sin\theta\cos\gamma \leqslant \frac{1}{n_0}\sqrt{n_1{}^2 - n_2^2} \tag{5.38}$$

如果入射光线是子午光线，则 QH 和 QT 相重合，$\gamma = 0$，公式变成

$$\sin\varphi \leqslant \sqrt{1-\left(\frac{n_2}{n_1}\right)^2}$$

$$\sin\theta \leqslant \frac{1}{n_0}\sqrt{n_1^2 - n_2^2} \tag{5.39}$$

我们从公式(5.38)就可以得到斜光线的数值孔径为

$$N.A._{\text{斜}} = n_0\sin\theta_{\max} = \frac{\sqrt{n_1^2 - n_2^2}}{\cos\gamma} \tag{5.40}$$

由于 $\cos\gamma\leqslant 1$，因而斜光线的数值孔径要比子午光线的数值孔径大．由于 γ 的数值依赖于入射角 θ 的取向，所以在斜光线的情况下，$\theta_{\max}$总有可能为 90°，但此时相应的 φ_M 的数值应满足下式：

$$\sin\varphi_M = \frac{n_0}{n_1}$$

上式(5.40)可以得到轴倾角 γ，令其为 γ_0 即有

$$\cos\gamma = \cos\gamma_0 = \frac{\cos\varphi_c}{\sin\varphi_{\max}} \tag{5.42}$$

在全反射的条件下，φ 的取值范围为 $\varphi_c \leqslant \varphi \leqslant \varphi_{\max}$．

讨论偏射光线的传播，可以使我们理解所谓子午孔径外的黑带现象．如果我们用 $\varphi_c \leqslant \varphi \leqslant \varphi_{\max}$范围内的平行光线入射于光纤的内壁，则 γ 角的取值就是 γ_0 到 90°的范围，这样，在光纤端面上就出现黑带现象．

利用公式(5.42)还可以求出在全反射时偏射光线到光纤中心轴之间的距离．在图 5.14 中，作 $OM \perp QH$，又 $OM \perp KH$，所以 OM 垂直于偏射光线 QK 所在的平面，而 OM 也就是偏射光线至光纤中心轴的距离，D 为光纤芯径．

在$\triangle OQM$ 中

$$\sin\gamma = \frac{OM}{D/2} = \frac{2OM}{D}$$

$$\cos\gamma = \left[1-\left(\frac{2OM}{D}\right)^2\right]^{\frac{1}{2}} \tag{5.43}$$

如果 $\gamma = \gamma_0$，则 OM 即为我们所要求的斜光线到光纤中心轴的最小距离，利用 $\sin\varphi_c$ 和 $\sin\varphi_{\max}$的关系，上式可改写为

$$\frac{n_1}{n_0}\sqrt{\frac{n_1^2 - {n_2}^2}{{n_1}^2}} = \sqrt{1 - \left(\frac{2OM}{D}\right)^2}$$

化简后可得

$$OM = \frac{D}{2n_0}\sqrt{n_0^2 - {n_1}^2 + n_2^2} \tag{5.44}$$

上式说明在发生全反射时，偏射光线至光纤中心轴有一个最小距离 OM. 这个距离和光纤的直径，纤芯和包层的折射率及所在介质的折射率有关. 如果入射光线在光纤上位移时，γ 也发生变化，在光纤界面内壁上的全反射条件却仍是不变的.

5.2.2 光路长度和全反射次数

现在我们来求偏射光线通过光纤时的几何程长的全反射次数. 由图 5.14 可知，单位长度中的几何程长为

$$l_{斜} = \frac{QK}{KH} = \sec\varphi \tag{5.45}$$

比较式(5.45)和式(5.6)，可以看出两者是相同的，即 $l_{斜} = l_m$. 在 θ 角相等的情况下，斜光线和子午光线在光纤中的光路长度相同.

同样，单位长度内的全反射次数可写为

$$\eta_{斜} = \frac{1}{KH} \tag{5.46}$$

由于

$$KH = \frac{QH}{\tan\varphi} = \frac{D\cos\gamma}{\tan\varphi} \tag{5.47}$$

代入式(5.46)可得

$$\eta_{斜} = \frac{\tan\varphi}{D\cos\gamma} \tag{5.48}$$

比较式(5.48)和式(5.8)，可得

$$\eta_{斜} = \frac{\eta_m}{\cos\gamma} \tag{5.49}$$

上式说明偏射光线的全反射次数总是比子午光线多，它是和轴倾角 γ 密切相关的. 在 $\gamma = 0$ 时，即在子午光线情况时，式(5.49)和式(5.8)是一致的.

5.3 光纤波导中的模式理论

用几何光学分析方法讨论光线在普通光纤中的传播特性，这种分析方法虽然具有简单和直观的优点，但它仅是波动理论的初步近似. 因为，当光纤的直径减小到和入射光波长同数量级时，光的干涉和衍射等波动性质十分明显，这时，每根光纤都可以看作为光波的一个导管. 其中，仅具有确定空间和时间分布的电磁场分量(模)才能在光纤中传播. 这个模和光纤参数、入射光频率和包层的性质等因素有关，并且是满足光纤的一定边界条件的麦克斯韦

方程组的一个解.在光纤波导中,除了有限数目的导模以外,还有无限多个辐射模.前者的位相常数构成有限数目的分立谱,后者的位相常数构成无限数目的连续谱.

在包层无限厚的普通光纤波导结构中,光纤波导仅由折射率为 n_1 的芯和折射率为 n_2 的包层(无限延拓)组成.只要光纤波导的包层厚度远大于电磁波的穿透深度,这样的光纤就可以当作包层无限厚的光纤来处理.现在,我们从麦克斯韦方程出发,讨论它的本征值方程和光波场解.

5.3.1　标量波动方程式

光是一种电磁波,因此,光在介质中传播应满足介质中的麦克斯韦方程组,采用麦克斯韦方程组成形式为

$$\nabla \times \boldsymbol{E} = -\frac{\partial \boldsymbol{B}}{\partial t} \tag{5.50a}$$

$$\nabla \times \boldsymbol{H} = \frac{\partial \boldsymbol{D}}{\partial t} + \boldsymbol{j} \tag{5.50b}$$

$$\nabla \cdot \boldsymbol{D} = \rho \tag{5.50c}$$

$$\nabla \cdot \boldsymbol{B} = 0 \tag{5.50d}$$

这里,$\boldsymbol{j}$ 表示电流密度矢量,ρ 是标量电荷密度.在无源场的情况下,$\boldsymbol{j}=0$,$\rho=0$.对于均匀的、各向同性物质,$\boldsymbol{B}=\mu_0\mu_r\boldsymbol{H}$,$\boldsymbol{D}=\varepsilon_0\varepsilon_r E$.$\mu_0$ 是介质的相对磁化率,在非磁性材料中 $\mu_r=1$,ε_r 是相对介电常数.因此,当光在内部没有场源、均匀的各向同性介质中传播时,麦克斯韦方程组可简化为

$$\nabla \times \boldsymbol{E} = -\frac{\partial \boldsymbol{H}}{\partial t} \tag{5.51a}$$

$$\nabla \times \boldsymbol{H} = \varepsilon_0\varepsilon_r\frac{\partial \boldsymbol{E}}{\partial t} \tag{5.51b}$$

$$\nabla \cdot \boldsymbol{H} = 0 \tag{5.51c}$$

$$\nabla \cdot \boldsymbol{E} = 0 \tag{5.51d}$$

为了应用上的方便,我们将麦克斯韦方程改写成另外一种形式.对方程(5.51a)取旋度后,我们得到

$$\begin{aligned}\nabla \times (\nabla \times \boldsymbol{E}) &= \nabla \times \left(-\mu_0\frac{\partial \boldsymbol{H}}{\partial t}\right) \\ &= -\mu_0\frac{\partial}{\partial t}(\nabla \times \boldsymbol{H}) = -\varepsilon_0\varepsilon_r\mu_0\frac{\partial^2 \boldsymbol{E}}{\partial t^2}\end{aligned} \tag{5.52}$$

代入矢量恒等式

$$\nabla \times (\nabla \times \boldsymbol{E}) = \nabla(\nabla \cdot \boldsymbol{E}) - \nabla^2 \boldsymbol{E} \tag{5.53}$$

就可以将方程(5.52)改写成

$$\nabla^2 \boldsymbol{E} - \mu_0\varepsilon_0\varepsilon_r\frac{\partial^2 \boldsymbol{E}}{\partial t^2} = 0 \tag{5.54}$$

解此波动方程式,得一复数形式的特解

$$\boldsymbol{E}(x,y,z,t) = \boldsymbol{E}_0 e^{i(\omega t - \boldsymbol{k}\cdot\boldsymbol{r})} \tag{5.55}$$

式中,ω 表示光波的频率,k 称为波矢,它的方向代表了式(5.55)所表示的平面波的传播方向,大小表示位相传播的速度,$k^2=\omega^2\mu_0\varepsilon_0\varepsilon_r$,$\varepsilon_r=n^2$,$\varepsilon_0\mu_0=\dfrac{1}{c^2}$,$n$ 是介质的折射率,c 是真

空中的光速.对光波的磁场 $\boldsymbol{H}$,用同样方法得

$$\boldsymbol{H}(x,y,z,t)=\boldsymbol{H}_0 e^{i(\omega t-\boldsymbol{k}\cdot\boldsymbol{r})} \tag{5.56}$$

由方程式(5.55)和(5.56)表示的平面波满足

$$\frac{\partial}{\partial t}\equiv i\omega,\quad \frac{\partial^2}{\partial t^2}\equiv-\omega^2 \tag{5.57}$$

于是,波动方程(5.54)可简化为

$$\nabla^2\boldsymbol{E}+k^2\boldsymbol{E}=0 \tag{5.58}$$

对磁场有同样的结果

$$\nabla^2\boldsymbol{H}+k^2\boldsymbol{H}=0 \tag{5.59}$$

方程(5.58)和(5.59)称为亥姆霍兹方程,是讨论光在介质中传播问题的基本方程,在直角坐标系(x,y,z)中,$\boldsymbol{E}$ 和 $\boldsymbol{H}$ 的 x,y,z 分量均满足亥姆霍兹方程的标量形式

$$\nabla^2\psi+k^2\psi=0 \tag{5.60}$$

光在有限大小的介质中传播,或在一个由折射率不同的几种介质所组成的物质中传播时,必须考虑不同介质组成的界面处电磁场应满足的边界条件

$$\boldsymbol{n}\cdot(\boldsymbol{B}_1-\boldsymbol{B}_2)=0 \tag{5.61a}$$

$$\boldsymbol{n}\cdot(\boldsymbol{D}_1-\boldsymbol{D}_2)=0 \tag{5.61b}$$

$$\boldsymbol{n}\times(\boldsymbol{E}_1-\boldsymbol{E}_2)=0 \tag{5.61c}$$

$$\boldsymbol{n}\times(\boldsymbol{H}_1-\boldsymbol{H}_2)=0 \tag{5.61d}$$

上式中的 $\boldsymbol{n}$ 表示界面的法线方向.亥姆霍兹方程和边界条件以及麦克斯韦方程组是研究光纤波导的基本出发点.

5.3.2 光纤波导中模式

对于圆柱形的光纤,取柱坐标比较合适.如图 5.15 所示,光纤的轴向为 z,纤芯半径为 a,折射率为 n_1,包层折射率为 n_2,且 $n_1>n_2$.在整个波导结构中,折射率分布均匀,没有自由电荷及传导电流,属各向同性介质.因此,能够沿光波导传输的波型或模式的场分布必须满足齐次亥姆霍兹方程(5.58)和方程(5.59),在 $r=a$ 处满足的边界条件为

$$\begin{cases} E_{z(1)}=E_{z(2)}, & E_{\varphi(1)}=E_{\varphi(2)} \\ H_{z(1)}=H_{z(2)}, & H_{\varphi(1)}=H_{\varphi(2)} \end{cases} \tag{5.62}$$

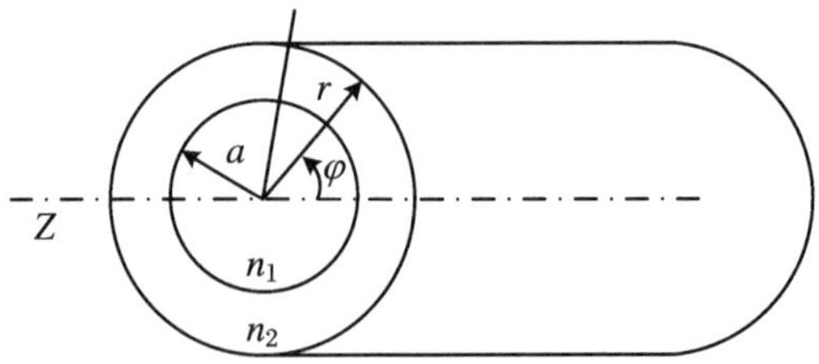

图 5.15　光波导的坐标系

式中,下标(1)和(2)分别代表纤芯和包层区域.根据规则波导理论,只要求出纵向分量 E_z,H_z,横向场分量就可利用 E_z,H_z 求出.而 E_z,H_z 满足标量亥姆霍兹方程

$$\nabla^2E_z+k^2E_z=0 \tag{5.63a}$$

$$\nabla^2H_z+k^2H_z=0 \tag{5.63b}$$

下面我们以 E_z 为例求解式(5.63),H_z 可按同样方法处理.为书写方便,以下皆用 E 表示

E_z.在圆柱坐标中,方程(5.63)可写成

$$\frac{\partial^2 E}{\partial r^2}+\frac{1}{r}\frac{\partial E}{\partial r}+\frac{1}{r^2}\frac{\partial^2 E}{\partial \varphi^2}+\frac{\partial^2 E}{\partial z^2}+k^2 E=0 \tag{5.64}$$

用分离变量法,令

$$E(r,\varphi,z)=E(r)E(\varphi)E(z) \tag{5.65}$$

将式(5.65)代入式(5.64)并同除以 $E(r,\varphi,z)$得到

$$\frac{1}{E(r)}\left(\frac{\partial^2 E(r)}{\partial r^2}+\frac{1}{r}\frac{\partial E(r)}{\partial r}\right)+\frac{1}{E(\varphi)}\frac{1}{r^2}\frac{\partial^2 E(\varphi)}{\partial \varphi^2}+\frac{1}{E(z)}\frac{\partial^2 E(z)}{\partial z^2}+k^2=0 \tag{5.66}$$

可见决定 $E(z)$的方程是

$$\frac{1}{E(z)}\frac{\partial^2 E(z)}{\partial z^2}+(k^2-x^2)=0 \tag{5.67}$$

令

$$\beta^2=k^2-x^2 \tag{5.68}$$

则

$$\frac{1}{E(z)}\frac{\partial^2 E(z)}{\partial z^2}+\beta^2=0 \tag{5.69}$$

式中,β 为纵向传输常数,x 为横向位相常数.这是一个齐次常微分方程,如果我们只取沿 z 方向传播的波,则式(5.69)的解为

$$E(z)=A_1\exp(-\mathrm{j}\beta z) \tag{5.70}$$

式(5.66)即变成

$$\frac{r^2}{E(r)}\frac{\partial^2 E}{\partial r^2}+\frac{r}{E(r)}\frac{\partial E(r)}{\partial r}+r^2x^2+\frac{1}{E(\varphi)}\frac{\partial^2 E(\varphi)}{\partial \varphi^2}=0 \tag{5.71}$$

可见决定 $E(\varphi)$的方程是

$$\frac{\partial^2 E(\varphi)}{\partial \varphi^2}+m^2E(\varphi)=0 \tag{5.72}$$

上式也是齐次常微分方程,其解是

$$E(\varphi)=A_2\cos(m\varphi+\psi_m) \tag{5.73}$$

式中,$m=0,1,2,\cdots$;ψ_m 是初位相.则式(5.66)变成

$$\frac{\partial^2 E}{\partial r^2}+\frac{1}{r}\frac{\partial E(r)}{\partial r}+E(r)\left(x^2-\frac{m^2}{r^2}\right)=0 \tag{5.74}$$

这就是著名的贝塞尔方程.它的解可以是各阶贝塞尔函数.因为它是一个二阶微分方程,它必定有两个相互无关的解.这两个相互无关的解,可以有许多方法进行选择.但任何能在光波导中传输的独立波型必须满足条件:$r<a$ 时,$E(r)$有限;$r>a$ 时,$E(r)\to 0$.因此,根据贝塞尔函数的性质,我们所能选取的解只能是

$$E(r)=\begin{cases}A_3J_m(x_1r), & r<a\\ A_4K_m(x_2r), & r>a\end{cases} \tag{5.75}$$

$$x_1{}^2=k_1{}^2-\beta^2,\quad x_2{}^2=\beta^2-k_2{}^2$$

式中,J_m 是贝塞尔函数,K_m 是第二类修正贝塞尔函数.x_1 和 x_2 分别代表纤芯内的横向位相常数和包层内的衰减系数.将式(5.70)、式(5.73)和式(5.75)代入式(5.65),最后我们得到

$$\begin{cases}E_z(r,\varphi,z,t)=A_mJ_m(x_1r)\cos(m\varphi+\psi_m)\exp[-\mathrm{j}(\beta z-\omega t)]\\ H_z(r,\varphi,z,t)=B_mJ_m(x_1r)\cos(m\varphi+\theta_m)\exp[-\mathrm{j}(\beta z-\omega t)]\end{cases},r<a \tag{5.76}$$

$$\begin{cases} E_z(r,\varphi,z,t) = C_m K_m(x_2 r)\cos(m\varphi + \psi_m)\exp[-\mathrm{j}(\beta z - \omega t)] \\ H_z(r,\varphi,z,t) = D_m K_m(x_2 r)\cos(m\varphi + \theta_m)\exp[-\mathrm{j}(\beta z - \omega t)] \end{cases}, r > a \tag{5.77}$$

$$\begin{cases} {x_1}^2 = {k_1}^2 - \beta^2 \\ {x_2}^2 = \beta^2 - {k_2}^2 \\ k^2 = \omega^2 \mu_0 \varepsilon_0 \varepsilon_{\mathrm{r}} \end{cases} \tag{5.78}$$

将波动方程沿轴向 z 的解代入方程(5.58)式和(5.59)式，在圆柱坐标下，场的横向分量按下列关系求出：

$$\begin{cases} E_r = \dfrac{-\mathrm{j}}{k^2 - \beta^2}\left[\beta \dfrac{\partial E_z}{\partial r} + \dfrac{\omega\mu}{r}\dfrac{\partial H_z}{\partial \varphi}\right] \\ E_\varphi = \dfrac{-\mathrm{j}}{k^2 - \beta^2}\left[\dfrac{\beta}{r}\dfrac{\partial E_z}{\partial \varphi} - \omega\mu \dfrac{\partial H_z}{\partial r}\right] \\ H_r = \dfrac{-\mathrm{j}}{k^2 - \beta^2}\left[\beta \dfrac{\partial H_z}{\partial r} - \dfrac{\omega\varepsilon}{r}\dfrac{\partial E_z}{\partial \varphi}\right] \\ H_\varphi = \dfrac{-\mathrm{j}}{k^2 - \beta^2}\left[\dfrac{\beta}{r}\dfrac{\partial H_z}{\partial \varphi} + \varepsilon\mu \dfrac{\partial E_z}{\partial r}\right] \end{cases} \tag{5.79}$$

现在我们利用边界条件式(5.61)来确定式(5.76)和式(5.77)中的常数 A_m, B_m, C_m, D_m. 为简单计算，令 $W = x_2 a$, $U = x_1 a$，当 $r = a$ 时，电场切向分量连续，即

$$A_m J_m(U) = C_m K_m(W) \tag{5.80}$$

$$A_m \frac{m\beta}{U^2} J_m(U)\sin(m\varphi + \psi_m) + B_m \frac{\mu\omega}{U} J_m{}'(U)\cos(m\varphi + \theta_m)$$
$$= - C_m \frac{m\beta}{W^2} K_m(W)\sin(m\varphi + \psi_m) - D_m \frac{\mu\omega}{U^2} K_m{}'(W)\cos(m\varphi + \theta_m) \tag{5.81}$$

$r = a$ 时，磁场切向分量连续，即

$$B_m J_m(U) = D_m K_m(W) \tag{5.82}$$

$$A_m \frac{{k_1}^2}{\mu\omega U} J'_m(U)\cos(m\varphi + \psi_m) - B_m \frac{m\beta}{U^2} J_m(U)\sin(m\varphi + \theta_m)$$
$$= - C_m \frac{{k_2}^2}{\mu\omega W} K_m{}'(W)\cos(m\varphi + \psi_m)$$
$$+ D_m \frac{m\beta}{W^2} K_m(W)\sin(m\varphi + \theta_m) \tag{5.83}$$

式中，$J_m{}'$ 和 $K_m{}'$ 分别为 J_m 和 K_m 的一阶导数. 式(5.80)至式(5.83)组成四元一次方程

$$\begin{cases} a_1 A_m + 0B_m - c_1 C_m + 0D_m = 0 \\ a_1 A_m + b_2 B_m + c_2 C_m + d_2 D_m = 0 \\ 0A_m + b_3 B_m + 0C_m - d_3 D_m = 0 \\ a_4 A_m - b_4 B_m + c_4 C_m - d_4 D_m = 0 \end{cases}$$

当其系数行列式

$$\Delta = \begin{vmatrix} a_1 & 0 & -c_1 & 0 \\ a_2 & b_2 & c_2 & d_2 \\ 0 & b_3 & 0 & -d_3 \\ a_4 & -b_4 & c_4 & -d_4 \end{vmatrix} = 0$$

时,方程组有无穷解.将式(5.80)至式(5.83)代入上式并整理后得

$$\frac{(\eta_1+\eta_2)(k_1^2\eta_1+k_2^2\eta_2)}{m^2\beta^2\left(\frac{1}{U^2}+\frac{1}{W^2}\right)^2}=-\frac{\sin(m\varphi+\psi_m)\sin(m\varphi+\theta_m)}{\cos(m\varphi+\psi_m)\cos(m\varphi+\theta_m)} \tag{5.84}$$

式中

$$\begin{cases}\eta_1=\dfrac{J'_m(U)}{UJ_m(U)}\\ \eta_2=\dfrac{K'_m(W)}{WK_m(W)}\end{cases} \tag{5.85}$$

因式(5.84)左边与角度无关,故欲使式(5.84)成立则必须有

$$\psi_m-\theta_m=\pm\frac{\pi}{2} \tag{5.86}$$

将式(5.86)代入式(5.84)得

$$(\eta_1+\eta_2)(k_1^2\eta_1+k_2^2\eta_2)=m^2\beta^2\left(\frac{1}{U^2}+\frac{1}{W^2}\right)^2 \tag{5.87}$$

式(5.78)和式(5.87)决定了波导模式的传播常数 β,式(5.78)决定了 β 值的上、下限,而式(5.87)则描述了在这个限度之内 β 随频率变化的规律,通常称为色散关系,各模式的截止条件可从(5.87)式导出.

至此尚没有求出 A_m,B_m,C_m,D_m 四个常数.实际上,只要不关心场的绝对值,也就没有必要求出这些常数的具体值.在此我们用一个相对参量 P 来表示场分量的相对值.当 E_z,H_z 均不为零时,将式(5.80)、式(5.81)代入式(5.82)并两边同除以 $J_m(U)$,整理后有

$$P=-\frac{\mu\omega}{\beta}\frac{B_m\cos(m\varphi+\theta_m)}{A_m\sin(m\varphi+\psi_m)}=\frac{m\left(\frac{1}{U^2}+\frac{1}{W^2}\right)}{\eta_1+\eta_2} \tag{5.88}$$

利用此关系,纤芯($r<a$)中的纵向分量可写成

$$\begin{cases}E_z=J_m(x_1r)F_c\\ H_z=-\dfrac{\beta}{\mu\omega}PJ_m(x_1r)F_s\end{cases} \tag{5.89}$$

$$\begin{cases}F_c=A_m\cos(m\varphi+\psi_m)\exp[-\mathrm{j}(\beta z-\omega t)]\\ F_s=A_m\sin(m\varphi+\psi_m)\exp[-\mathrm{j}(\beta z-\omega t)]\end{cases} \tag{5.90}$$

再利用式(5.89)、式(5.90)及式(5.79),则纤芯中的横场分量可写成

$$\begin{cases}E_r=-\mathrm{j}\left(\dfrac{\beta}{x_1}\right)\left[J'_m(x_1r)-P\left(\dfrac{mJ_m(x_1r)}{x_1r}\right)\right]F_c\\ E_\varphi=-\mathrm{j}\left(\dfrac{\beta}{x_1}\right)\left[PJ'_m(x_1r)-\left(\dfrac{mJ_m(x_1r)}{x_1r}\right)\right]F_s\\ H_r=\mathrm{j}\left(\dfrac{k_1^2}{\mu\omega x_1}\right)\left[P\left(\dfrac{\beta^2}{k_1^2}\right)J'_m(x_1r)-\dfrac{mJ_m(x_1r)}{x_1r}\right]F_s\\ H_\varphi=-\mathrm{j}\left(\dfrac{k_1^2}{\mu\omega x_1}\right)\left[J_m{}'(x_1r)-P\left(\dfrac{\beta^2}{k_1^2}\right)\left(\dfrac{mJ_m(x_1r)}{x_1r}\right)\right]F_c\end{cases} \tag{5.91}$$

式(5.89)至式(5.91)表示了光波导中的“混杂”模场分量.沿用微波理论中的习惯,当 $P=-1$ 时,称为 HE_{mn} 模;当 $P=+1$ 时,称为 EH_{mn} 模.m 表示贝塞尔函数的阶数,n 表示 $J_m(x_1r)=0$ 时根的序号,其物理意义分别表示场在角度方向和半径方向变化的次数.“混杂”模的基

本特点是 E_z, H_z 均不为零. 当 E_z, H_z 分别为零时，则称为横电模(TE_{0n})和横磁模(TM_{0n})，其场分布分别为

TE_{0n}模($E_z = 0$)：

$$\begin{cases} E_z = 0, E_r = 0, E_\varphi = 0 \\ E_\varphi = B_0 \dfrac{j\omega\mu}{x_1} J'_0(x_1 r)\exp[-j(\beta z - \omega t)] \\ H_z = B_0 J_0(x_1 r)\exp[-j(\beta z - \omega t)] \\ H_r = B_0 \dfrac{-j\beta}{x_1} J'_0(x_1 r)\exp[-j(\beta z - \omega t)] \end{cases} \tag{5.92}$$

TM_{0n}模($H_z = 0$)：

$$\begin{cases} E_z = A_0 J_0(x_1 r)\exp[-j(\beta z - \omega t)] \\ E_r = A_0 \dfrac{-j\beta}{x_1} J'_0(x_1 r)\exp[-j(\beta z - \omega t)] \\ E_\varphi = 0, H_z = 0, H_r = 0 \\ H_\varphi = A_0 \dfrac{-j\omega\varepsilon}{x_1} J'_0(x_1 r)\exp[-j(\beta z - \omega t)] \end{cases} \tag{5.93}$$

5.3.3 截止条件

以上所讨论的各种模式仅是光波导中可能存在的模式，某一模式是否实际存在于光波导中，则要根据它所特有的截止条件来判断. 对于结构一定的(即 n_1, n_2 及 a 值一定)光波导，每一种可能存在的模式都有自己的截止条件. 当传输频率一定时，只有其截止频率低于传输频率的那些模式才能存在. 下面即对各种模式的截止条件予以推导.

从式(5.76)和式(5.77)可知，当 $x_2 r \to \infty$ 时，$K_m(x_2 r) \approx \exp(-x_2 r)$. 如果 x_2 是实数，表明包层中的场随 r 增大而单调地减小，这是传输模的情况. 如果当 $x_2 \approx 0$ 时，包层中的场不再单调减小，表明它不再是传输模，即传输模被截止. 这样，在色散关系式中令 $x_2 = 0$ 即可求得其截止条件.

对 TE_{0n}模或 TM_{0n}模，因为 $m = 0$，所以式(5.87)变成

$$\left(\frac{J'_0(U)}{UJ_0(U)} + \frac{K'_0(W)}{WK_0(W)}\right) \cdot \left(k_1^2 \frac{J'_0(U)}{UJ_0(U)} + k_2^2 \frac{K'_0(W)}{WK_0(W)}\right) = 0 \tag{5.94}$$

对 TE_{0n}模

$$\frac{J'_0(U)}{UJ_0(U)} + \frac{K'_0(W)}{WK_0(W)} = 0 \tag{5.95}$$

对 TM_{0n}模

$$\frac{k_1^2}{k_2^2} \cdot \frac{J'_0(U)}{UJ_0(U)} + \frac{K'_0(W)}{WK_0(W)} = 0 \tag{5.96}$$

显然，当 $W \to 0$ 时，式(5.95)和式(5.96)都要求 $J_0(U) = 0$，这就是 TE_{0n}和 TM_{0n}模的截止条件. 因为 $J_0(U)$是个振荡函数，它有许多根，例如 $n = 1$ 时，$U_{01} = 2.41$；说明当纤芯半径 a 的值使 $U_{01} \leqslant 2.41$ 时，TE_{01}模和 TM_{01}模就截止而不复存在了. 同样，$n = 2$ 时，$U_{02} = 5.52$ 时；当 a 值使 $U_{02} \leqslant 5.52$ 时，TE_{02}和 TM_{02}模就截止而不复存在.

对 HE_{mn}和 EH_{mn}模，因为 $m \neq 0$，所以情况要复杂得多. 故略去繁琐的数学运算，只给出

如下结论：

HE_{1n} 模：$J_1(U)=0$，当 $n=1$ 时，$U_{11}=0$，说明它没有截止限制，所以称 HE_{11} 模为光波导中的优势模（即该模总是存在）.

$HE_{mn}(m\geqslant 2)$ 模：

$$\left[\left(\frac{n_1}{n_2}\right)^2+1\right]J_{m-1}(U)=\frac{U}{m-1}J_m(U) \tag{5.97}$$

这时模式截止条件与折射率 n_1,n_2 值有关.利用公式 $\frac{(m-1)J_{m-1}(U)}{U}=\frac{1}{2}[J_{m-2}(U)+J_m(U)]$ 可将式(5.97)化简为 $\frac{J_{m-2}(U)}{J_m(U)}=\frac{n_2^2-n_1^2}{n_2^2+n_1^2}$. 当 $n_1\approx n_2$ 时，即纤芯和包层折射率差很小时，即得到 $J_{m-2}(U)=0$.

对 EH_{mn} 模，$(m\geqslant 1)$，$J_m(U)=0$ 但 $(U\neq 0)$ 的根算起.如 EH_{11} 模，$U_{11}=3.83$. 这说明当纤芯半径 a 值使 $U_{11}\leqslant 3.83$ 时 EH_{11} 模就截止而不能存在了.

几个低阶模的截止条件列于表 5.1.

表 5.1　低阶模的截止条件

m	$n=1$	$n=2$	$n=3$	$n=4$	$n=5$	模式
0	2.405	5.520	8.654	11.792	14.931	TE，TM
1	0	3.832	7.016	10.173	13.324	HE
1	3.832	7.016	10.173	13.324	16.471	EH
2	5.136	8.417	11.620	14.796	17.960	EH
3	6.380	9.761	13.015	16.223	19.409	EH
4	7.588	11.065	14.700	17.616	20.827	EH

现进一步讨论上述截止条件的物理意义.从式(5.78)可求得

$$x_2^2=\frac{\omega^2}{c^2}(n_1^2-n_2^2)-x_1^2 \tag{5.98}$$

式中，ω 是光波频率，c 是光速.当 $x_2^2=0$ 时，令 $\omega=\omega_c$，称为截止频率.因为 $x_1=U_{mn}/a$，所以

$$\omega_c=\frac{U_{mn}c}{a\sqrt{n_1^2-n_2^2}} \tag{5.99}$$

该式说明了截止频率与光波导参量之间的关系.在纤芯半径 a，纤芯与包层的折射率 n_1 和 n_2 一定时，如果光波频率 $\omega\leqslant\omega_c$，则相应的模式就不能在波导中传播.

对 TE_{01}（或 TM_{01}）模：

$$\omega_c=\frac{2.41c}{a\sqrt{n_1^2-n_2^2}}$$

对 HE_{11} 模，$\omega_c=0$ 此式表明 HE_{11} 模没有截止频率.因此，HE_{11} 模是光纤波导中的优势模，称为基模.它的单模工作频率范围是

$$0<\omega<\frac{2.41c}{a\sqrt{n_1^2-n_2^2}} \tag{5.100}$$

上式可以改写为 $0<\frac{\omega a\sqrt{n_1^2-n_2^2}}{c}<2.41$，令

$$V = \frac{\omega a}{c}\sqrt{n_1^2 - n_2^2} \tag{5.101}$$

通常把 V 称为光纤波导归一化频率参量.显然当 $V<2.41$ 时,光波导中只有 HE_{11} 模,并称为单模光纤波导.当 $V>2.41$ 时其他高阶模就出现,V 值愈大,出现的模式就愈多,称为多模光纤波导.

对式(5.87)求解,可得到各模式传播常数 β 与归一化频率参量 V 的关第曲线,如图 5.16 所示.图中曲线明显反映出,随着 V 值增大传输模式不断增多的情况.

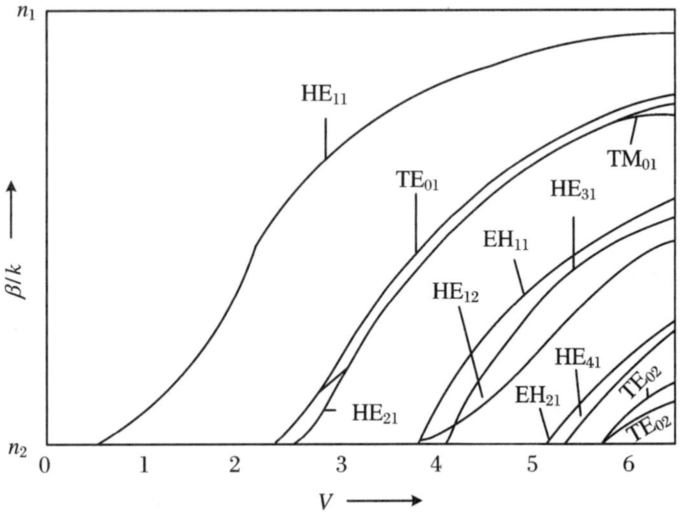

图 5.16 归一化传播常数 β/k 与参量 V 的关系曲线

5.4 阶跃光纤的标量近似分析

在分析光纤时,一般采用的近似方法之一为标量近似法.阶跃光纤的标量近似法是假设光纤里的横向电场(E_r, E_φ)或横向磁场(H_r, H_φ)的幅度满足标量亥姆霍兹方程.实际上,已知只有直角坐标系里各分量或圆柱坐标系里的 E_z, H_z 分量才严格满足亥姆霍兹方程.现在假设 E_r, E_φ 能够满足,就是假定它们的分布彼此相同,相对关系到处不变,横向电场的极化(偏振)方向到处相同(即偏振方向不变).

在近似弱传导下,即相对折射率差很小

$$\Delta = \frac{n_1^2 - n_2^2}{2n_1^2} \approx \frac{n_1 - n_2}{n_1} \ll 1 \tag{5.102}$$

以及入射角很小(即与光纤轴平行)的光纤里,传导模的一般理论将大大简化,并能得到好的计算精度.

在近似弱传导下,普通光纤的数值孔径可以近似表示成

$$N.A. = n_1(2\Delta)^{\frac{1}{2}} \tag{5.103}$$

光纤的归一化频率是

$$V = \sqrt{U^2 + W^2} = \sqrt{a^2(n_1^2 - n_2^2)}k_0 = n_1 k_0 a(2\Delta)^{\frac{1}{2}} \tag{5.104}$$

式中，a 是纤芯半径，k_0 为自由空间的波数.

这时纤芯和包层交界处的边界条件是在两种介质的交界处，标量本身连续，标量在与边界正交的方向上的变化率连续，就是横向场的幅度和它的幅度沿 r 方向上的变化（即$\partial/\partial r$）边续.

近似方程可使许多重要问题如模式的传输系数、截止条件、单模传输条件、多模传输时模式数量、各模式在纤芯、包层的功率及交界面的功率密度等，得到简便的计算公式，这是近似方法的优点.

5.4.1　波动方程的解及特征方程

设阶跃光纤中传播一平面电磁波，传播方向与光纤轴线（即 z 轴）方向一致，记为

$$\Psi(r,\varphi,z) = \Psi_0(r,\varphi)\mathrm{e}^{\mathrm{j}(\omega t-\beta z)} \tag{5.105}$$

式中，ω 为角频率，β 为传播常数，$\Psi_0(r,\varphi)$为横向场.

根据标量近似法的假定，$\Psi_0(r,\varphi)$满足标量亥姆霍兹波动方程式(5.60)，式(5.60)的圆柱坐标系表示为

$$\frac{1}{r}\frac{\partial}{\partial r}\left(r\frac{\partial \Psi_0}{\partial r}\right) + \frac{1}{r^2}\frac{\partial^2 \Psi_0}{\partial \varphi^2} + (k^2 - \beta^2)\Psi_0 = 0 \tag{5.106}$$

根据分离变量法，设上式的解为

$$\Psi_0(r,\varphi) = R(r)\Phi(\varphi) \tag{5.107}$$

将式(5.107)代入式(5.106)，得

$$\frac{\mathrm{d}^2 R}{\mathrm{d}r^2} + \frac{1}{r}\frac{\mathrm{d}R}{\mathrm{d}r} + \left(k^2 - \beta^2 - \frac{m^2}{r^2}\right)R = 0 \tag{5.108}$$

$$\frac{\mathrm{d}^2 \Phi}{\mathrm{d}\varphi^2} + m^2\Phi = 0 \tag{5.109}$$

式(5.109)的解为

$$\Phi(\varphi) = \mathrm{e}^{\pm \mathrm{j}m\varphi} \tag{5.110}$$

式(5.110)为椭圆极化（偏振）波，也可如 5.3 节中那样用线极化波 $\cos(m\varphi)$或 $\sin(m\varphi)$来表示.

式(5.108)在纤芯是一个 m 阶的贝塞尔函数，以 $J_m(Ur/a)$表示，对于包层，考虑到横向场是由界面起，沿径向按指数函数衰减的，应取第二类修正贝塞尔函数，以 $K_m(Wr/a)$表示. 由式(5.105)的标量解表示为

$$\Psi(r,\varphi,z) = J_m\left(\frac{Ur}{a}\right)\mathrm{e}^{\mathrm{j}(\omega t-\beta z\pm m\varphi)},\quad r < a \tag{5.111}$$

$$\Psi(r,\varphi,z) = AK_m\left(\frac{Wr}{a}\right)\mathrm{e}^{\mathrm{j}(\omega t-\beta z\pm m\varphi)},\quad r > a \tag{5.112}$$

应用边界条件即可导出特征方程，阶跃光纤的边界条件是在 $r = a$ 处，横向场幅度 Ψ 本身和沿边界的法线上的变化率$\partial\Psi/\partial r$ 连续. 由式(5.111)、式(5.112)有

$$J_m(U) = AK_m(W) \tag{5.113}$$

$$UJ'_m(U) = WAK'_m(W) \tag{5.114}$$

由贝塞尔函数的递推公式

$$UJ'_m(U) + mJ_m(U) = UJ_{m-1}(U) \tag{5.115}$$

$$mK'_m(W) + WK'_m(W) = -WK_{m-1}(W) \tag{5.116}$$

$$\frac{UJ_{m-1}(U)}{J_m(U)} = -\frac{WK_{m-1}(W)}{K_m(W)} \tag{5.117}$$

式(5.117)是阶跃光纤波导的一种特征方程.这是一个超越方程,由它可以求解 U 或 W,β 进而可确定常数 A.

5.4.2 截止条件和传输模

由修正的第二类修正贝塞尔函数性能可知,当 $W>0$ 时,$K_m(Wr/a)$将很快衰减到零,适合于描述阶跃光纤包层中光的传输.这样射入光纤的光将局限于纤芯中传播.当 $W<0$ 时,$K_m(Wr/a)$不再衰减,意味着光在包层中传播,而纤芯中光波便截止.因此,$W=0$ 表示截止的临界条件(从几何光学的观点看,截止的临界状态即为入射光波的入射角等于全反射临界角的情况).

当 $W=0$ 时,由式(5.117)得

$$J_{m-1}(U) = 0 \tag{5.118}$$

例如:当 $m=0$ 时,便有 $J_{-1}(U)=0$,其根为

$$U=0,3.832,7.016,10.173,13.324,16.470,\cdots$$

即当 U 等于上列值时,导模(正规模)将截止.对应于这一系列截止时的 U 值,是一组标量模式,用 Ψ_{0l} 表示.第二个角标"0"代表 $m=0$;第二个角标代表第几根,用 l 表示,如 Ψ_{00},Ψ_{01},Ψ_{02},….

Ψ_{00}模是主模,它的截止值 $U=0$.考虑到 $W=0$,则归一化频率

$$V = U^2 + W^2 = a^2k_0^2(n_1^2 - n_2^2) = 0$$

即

$$k_0 = \frac{2\pi}{\lambda} = 0 \tag{5.119}$$

当 $\lambda=\infty$ 时,式(5.119)成立,这表明 Ψ_{00}模没有低频截止,任何频率都可以传输.

当 $m=1$ 时,有 $J_0(U)=0$,其根的系列值为

$$U=2.405,5.520,8.654,11.792,14.931,\cdots$$

对应的标量模式为 ψ_{1l}模.

当 $m=2$ 时,有 $J_1(U)=0$,其根系列值为

$$U=3.832,7.016,10.173,13.324,16.470,\cdots$$

当 U 等于上列值时,导波截止(注意不要取 $U=0$ 的根).对应的模式为 Ψ_{2l}模.

许多地方采用 LP_{mn} 来表示上述 Ψ_{ml} 波型,LP 为 Linearly Polarized 的英文缩写,代表线极化波,即波的极化不随时间而变化的波型.一般的波型属于这一类,角标 $n=l+1$.当 m,n,l 为正整数时,LP_{01}对应 Ψ_{00},LP_{02}对应 Ψ_{01},LP_{11}对应 Ψ_{10},….

5.4.3 标量模与精确模的比较

用标量近似法解得的模式是简并模.这是因为分析时假设 E_r,E_φ 同 E_z 一样都满足标量亥姆霍兹方程,由于这种近似将本来分离的精确模式简并起来了.实际上,精确模式应当是分离的.一般 LP 模式与 HE,EH 模式有线性关系,即

$$\Psi_{ml}(\mathrm{LR}_{mn}) = \mathrm{HE}_{m+1,n} \pm \mathrm{EH}_{m-1,n} \tag{5.120}$$

例如

$$\Psi_{10}(\mathrm{LP}_{11}) = \mathrm{HE}_{21} + \mathrm{EH}_{01}$$

EH_{01}是一种对称的模，它其实可能是 TE_{01}或 TM_{01}模，LP_{11}是四重简并模.

$$\Psi_{00}(\mathrm{LP}_{01}) = \mathrm{HE}_{11} \pm \mathrm{EH}_{-11} = \mathrm{HE}_{11}$$

表 5.2　模对照表

V 值的范围	近似解的模式		精确解的模式	模式总数量
0→2.4048	Ψ_{00}	LP_{01}	HE_{11}	2
2.4048→3.8317	Ψ_{10}	LP_{11}	TE_{01}，TM_{01}，HE_{21}	6
3.8317→5.1356	Ψ_{01}，Ψ_{20}	LP_{02}，LP_{21}	HE_{12}，EH_{11}，HE_{31}	12
5.1356→5.5201	Ψ_{01}，Ψ_{30}	LP_{02}，LP_{31}	EH_{21}，HE_{41}	16
5.5201→6.3802	Ψ_{11}，Ψ_{30}	LP_{12}，LP_{31}	TM_{02}，TE_{02}，HE_{23}	20
6.3802→7.0156	Ψ_{11}，Ψ_{40}	LP_{12}，LP_{41}	EH_{31}，HE_{51}	24
7.0156→7.5883	Ψ_{21}，Ψ_{02}，Ψ_{40}	LP_{22}，LP_{03}，LP_{41}	HE_{13}，EH_{12}，HE_{32}	30

5.4.4　标量模的功率

光纤中导模的场不是完全地束缚在纤芯中，而是部分地透入包层. 当光纤工作在远离截止条件时，透入包层的导模场将迅速衰减. 但光纤工作在邻近截止条件，或者工作在截止条件时，受导模场几乎不能在纤芯区域传输. 这样，计算各模式在纤芯和包层里的功率是有实际意义的. 从计算可知光功率在纤芯的分布.

已知标量模为式(5.111)和式(5.112)，则在纤芯和包层的功率 P_{1mn}，P_{2mn}分别为

$$\begin{aligned} P_{1mn} &= \int_0^a \Psi_{mn}^2 2\pi r \mathrm{d}r = 2\pi a^2 \int_0^1 J_m^2(U_x) x \mathrm{d}x \\ &= \pi a^2 [J_m^2(U) - J_{m-1}(U) J_{m+1}(U)] \end{aligned} \tag{5.121}$$

式中作了变换 $x = r/a$，$\mathrm{d}x = (1/a)\mathrm{d}r$，$J_m(Ur/a) = J_m(Ux)$，便于应用已有的贝塞尔函数的积分公式.

$$\begin{aligned} P_{2mn} &= \int_0^\infty \Psi_{mn}^2 2\pi r \mathrm{d}r = 2\pi a^2 \int_0^\infty K_m^2(W_x) x \mathrm{d}x \\ &= \pi a^2 [K_{m-1}(\omega) K_{m+1}(W) - K_m^2(W)] \end{aligned} \tag{5.122}$$

总功率为两者之和为

$$P_{mn} = P_{1mn} + P_{2mn} \tag{5.123}$$

一般定义纤芯里的功率与总功率之比为波导效率 η_{mn}，则

$$\eta_{mn} = \frac{P_{1mn}}{P_{mn}} \tag{5.124}$$

注意：式(5.121)、式(5.122)、式(5.123)不是真正的功率，但它们的相对关系是正确的. 要求纤芯、包层里的真正功率，必须知道真实的总功率，然后乘以效率 η_{mn}才能获得.

5.4.5　光纤的传输模数

一般地，光纤中传播的模式可能很多，除主模和若干低阶模外，还有在传播过程中从有

用的主模转换为杂散的高阶模，它们传播路径不同，有些在包层中损耗掉，有些穿过包层辐射出去.

从理论分析得知，如阶跃光纤折射率差 $\Delta \ll 1$，$V \gg 2.4$，大部分模式没有截止，光纤中传播模式总数近似于

$$N \approx \frac{1}{2} V^2 \tag{5.125}$$

式中，V 为归一化频率.

例如 $n_1 = 5$，$\Delta = 0.01$，$\lambda = 1\ \mu\text{m}$，$2a = 60\ \mu\text{m}$，则

$$V = 2\pi \frac{a}{\lambda} \sqrt{n_1^2 - n_2^2} \approx 2\pi \frac{a n_1}{\lambda} \sqrt{2\Delta} = 40$$

$$N = \frac{V^2}{2} = 800$$

这表示，这种阶跃光纤为多模光纤，模数为 800.

由于单模光纤的归一化频率 V 必须小于 2.41，纤芯半径与数值孔径的乘积（$a\sqrt{n_1^2 - n_2^2}$）必须很小.若 $\lambda = 0.83\ \mu\text{m}$，$N.A.$ 取 0.23，单模光纤的纤芯半径 a 必须小于1.4 μm.这表明，单模光纤必须使用较小的 $N.A.$ 才能获得较合理的纤芯尺寸.

第6章　梯度折射率纤维透镜

在光学系统中用“非均匀介质”的可能性已经研究了很多年.早在1905年伍德(R.W.Wood)提出一种轴对称的折射率分布透镜,并利用浸渍技术实际制成了透明胶的圆柱体.伍德还证明了如与轴垂直切割,尽管两端面是平面,根据折射率沿径向是减函数还是增函数,它分别起到会聚、发散透镜的作用.

1951年米卡良详细描述了轴对称的梯度折射率纤维的折射率分布,并给出了子午精确分布式.它能把子午光纤周期性地无像差地会聚.

尽管科学家们一直在进行探索,但由于制作实用的梯度折射率透镜似乎是不可能的,因此对于这个课题直到20多年以前还没有引起人们的兴趣.20世纪60年代后期,玻璃方面的技术人员发现离子交换可以改变玻璃的折射率,并用这种技术成功地制得梯度折射率纤维.这个技术上的突破使得“非均匀介质”重新引起人们的注意.研究表明,径向的梯度折射率纤维透镜在光学、通信和信息处理等领域内具有重要应用.同时表明,无论是径向变化还是轴向变化的梯度折射率介质,都为透镜设计者制作新的光学系统和改进光学系统开辟了一个新的领域.作为纤维光学的延伸,它已经发展成一门梯度折射率光学学科.

6.1　梯度折射率纤维透镜的折射率分布

聚焦纤维是一种对光线能起会聚作用的梯度折射率纤维.它的折射率是离纤维轴逐渐减小的.这里把纤维轴定为 z 轴.为使这种纤维成像,通过纤维的所有光线的光程必须都相同.这个条件可用下式表示:

$$\int_s n(r)\mathrm{d}s = \text{常数} \tag{6.1}$$

式中,$\mathrm{d}s$ 为离轴距离为 r 的光线轨迹的长度元,如图6.1所示.显然光线通过聚焦时的轨迹是弯曲的,由折射定律得

$$n(0)\cos\theta_0 = n(r)\cos\theta = n(r_0) \tag{6.2}$$

式中,$n(0)$ 为纤维轴上折射率,r_0 为光线离轴线最大距离,θ 是光线与 z 轴之间的夹角,$n(r_0)$ 是光线最大振幅处的折射率.

为了计算式(6.1)这个积分,可将式(6.2)改写为

$$\frac{1}{\cos^2\theta} = \frac{n^2(r)}{n^2(0)\cos^2\theta_0} \tag{6.3}$$

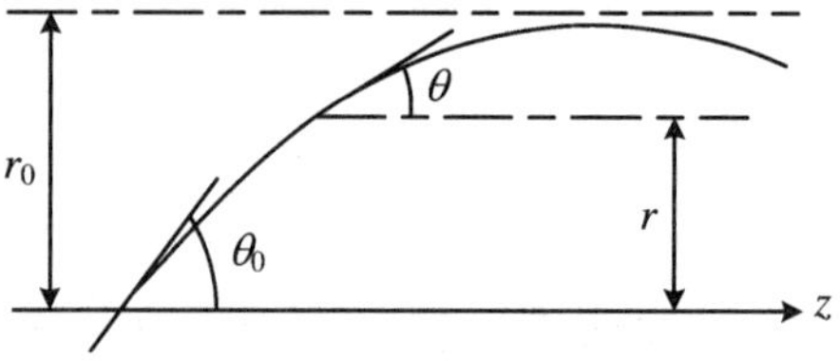

图 6.1　光线通过聚焦纤维的轨迹

由于$\frac{dr}{dz}$表示路径曲线在某点切线的斜率,所以有

$$\frac{dr}{dz} = \tan\theta = \left(\frac{1}{\cos^2\theta} - 1\right)^{\frac{1}{2}} \tag{6.4}$$

$$\left(\frac{dr}{dz}\right)^2 = \frac{n^2(r)}{n^2(0)\cos^2\theta_0} - 1 \tag{6.5}$$

由此可求得光线的微元 ds,因为

$$ds^2 = dr^2 + dz^2 = dr^2\left[1 + \left(\frac{dz}{dr}\right)^2\right] \tag{6.6}$$

将方程(6.5)代入式(6.6)可得

$$ds = \frac{n(r)dr}{[n^2(r) - n^2(0)\cos^2\theta_0]^{\frac{1}{2}}} \tag{6.7}$$

因为光线在纤维中的轨迹是弯曲的,如果是一种正弦振荡,即

$$r = r_0\sin(\sqrt{A}z) \tag{6.8}$$

式中,$\sqrt{A}=\frac{2\pi}{l}$,l 为周期长度.这里

$$\frac{dr}{dz} = r_0\sqrt{A}\cos(\sqrt{A}z) \tag{6.9}$$

考虑到 $z=0$ 时,$\tan\theta_0=\left(\frac{dr}{dz}\right)_{z=0}=r_0\sqrt{A}$.所以

$$\left(\frac{dr}{dz}\right)^2 = r_0^2A\cos^2(\sqrt{A}z) = \tan^2\theta_0 - r^2A \tag{6.10}$$

而由式(6.5)和式(6.10)有

$$\frac{n^2(r)}{n^2(0)\cos^2\theta_0} = \frac{\sin^2\theta_0}{\cos^2\theta_0} + \frac{\cos^2\theta_0}{\cos^2\theta_0} - \frac{r^2A\cos^2\theta_0}{\cos^2\theta_0} \tag{6.11}$$

由此可得

$$n^2(r) = n^2(0)(1 - r^2A\cos^2\theta_0) \tag{6.12}$$

将式(6.7)和式(6.12)代入式(6.1),则有

$$\int_s n(r)ds = 4n(0)\int_0^{r_0}\frac{(1 - r^2A\cos^2\theta_0)dr}{(\sin^2\theta_0 - r^2A\cos^2\theta_0)^{1/2}} \tag{6.13}$$

令 $\sin\beta=\sqrt{A}r\cot\theta_0$,则式(6.13)变换后再进行积分,结果是

$$\begin{aligned}\int_s n(r)ds &= \frac{4n(0)}{\sqrt{A}\cos\theta_0}\int_0^{\frac{\pi}{2}}(1 - \sin^2\theta_0\sin^2\beta)d\beta \\ &= \frac{2\pi n(0)}{\sqrt{A}}\cdot\frac{\left(1 - \frac{1}{2}\sin^2\theta_0\right)}{\cos\theta_0}\end{aligned} \tag{6.14}$$

这个结果显然不是一个常数，而是随着不同的 θ_0 而改变. 如果考虑近轴光线，有 $\cos\theta_0 \approx 1$，而 $\sin\theta_0 \ll 1$，故式(6.14)就为

$$\int_s n(r)\mathrm{d}s = \frac{2\pi n(0)}{\sqrt{A}} = n(0)l \tag{6.15}$$

说明在轴上一点所发出的近轴光线聚焦在 $z = l$ 的一点. 对于近轴情况，方程(6.12)折射率分布函数为

$$n(r) = n(0)(1 - Ar^2)^{\frac{1}{2}} \approx n(0)\left(1 - \frac{1}{2}Ar^2\right) \tag{6.16}$$

上式分布称为抛物线型分布，所以通常我们说，用作波导的梯度折射率光纤的折射率是按抛物线分布沿径向递减的.

如果假定折射率分布是一种双曲线函数形式，即

$$\begin{aligned} n(r) &= n(0)\mathrm{sech}(\sqrt{A}r) \\ &= n(0)\left(1 - \frac{1}{2}Ar^2 + \frac{5}{24}A^2r^4 - \frac{61}{720}A^3r^6 + \cdots\right) \end{aligned} \tag{6.17}$$

用这种分布函数，方程(6.1)就为

$$\int_s n(r)\mathrm{d}s = 4\int_0^{r_0} \frac{n(0)\mathrm{sech}^2(\sqrt{A}r)\mathrm{d}r}{[\mathrm{sech}^2(\sqrt{A}r) - \cos^2\theta_0]^{\frac{1}{2}}} \tag{6.18}$$

在上式中，令 $x = \tanh(\sqrt{A}r)$，则式(6.18)就为

$$\begin{aligned} \int_s n(r)\mathrm{d}s &= \frac{4n(0)}{\sqrt{A}}\int_0^{\tanh(\sqrt{A}r_0)} \frac{\mathrm{d}x}{(\sin^2\theta_0 - x^2)^{\frac{1}{2}}} \\ &= \frac{4n(0)}{\sqrt{A}}\sin^{-1}\left[\frac{\tanh(\sqrt{A}r_0)}{\sin\theta_0}\right] \end{aligned} \tag{6.19}$$

由方程(6.2)和方程(6.17)有

$$\cos\theta_0 = \frac{n(r_0)}{n(0)} = \mathrm{sech}(\sqrt{A}r_0) \tag{6.20}$$

所以

$$\tanh(\sqrt{A}r_0) = [1 - \mathrm{sech}^2(\sqrt{A}r_0)]^{\frac{1}{2}} = \sin\theta_0 \tag{6.21}$$

因此式(6.19)就变为

$$\int_s n(r)\mathrm{d}s = \frac{4n(0)}{\sqrt{A}} \cdot \frac{\pi}{2} = \frac{2\pi n(0)}{\sqrt{A}} = n(0)l \tag{6.22}$$

很显然，该式对 θ_0 为任何值的光纤均符合. 说明轴上点所发出的任何子午光线均聚焦在沿轴距离 l 处. 式(6.17)为子午精确分布式. 很清楚，当 $\sqrt{A}r \ll 1$ 时，方程(6.17)简化为方程(6.16).

但是对于螺旋光线(即以螺旋形路线通过纤维而离纤维轴距离保持不变的一种光线)，行进路程中的折射率是不变的. 为了满足路程长度不变，光线在面每绕轴一圈时必须沿轴行进距离 l，光线可以在一平面上展成一直线，如图 6.2 所示，路程的长度等于 $(4\pi^2r^2 + l^2)^{\frac{1}{2}}$，所以路程长度不变的条件为

$$n(r)(4\pi^2r^2 + l^2)^{\frac{1}{2}} = n(0)l \tag{6.23}$$

即

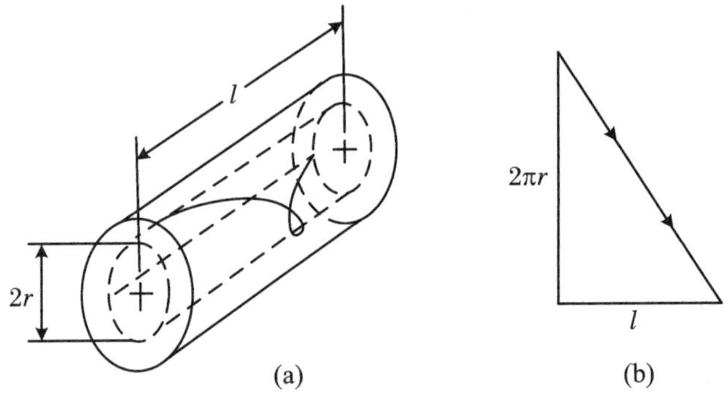

图 6.2　螺旋形空间光线及展开

$$n(r)=\frac{n(0)}{[1+(2\pi r/l)^2]^{\frac{1}{2}}}=n(0)(1+Ar^2)^{-\frac{1}{2}}$$

$$=n(0)\left(1-\frac{1}{2}Ar^2+\frac{3}{8}A^2r^4-\frac{5}{16}A^3r^6+\cdots\right) \tag{6.24}$$

这就是螺旋光线的精确分布式.由此可知,对于子午光线是理想的折射率分布而对于螺旋光线就不是理想的,反过来也一样.所以要建立完全理想的成像系统是不可能的.不过,通常只考虑子午光线,只要不把严格的像差作为问题,即使忽略 r^4 以上的高次项,在计算成像时也没有问题.因此,折射率分布都可近似为二次抛物线分布,和公式(6.16)是相同的,我们常称具有这种折射率分布的光纤为自聚焦光纤.

6.2　聚焦纤维中的光纤轨迹

如上所述,聚焦纤维的折射率分布一般可用式(6.16)的近似式表示

$$n=n_0\left(1-\frac{1}{2}Ar^2\right) \tag{6.25}$$

为使公式简单,上式把折射率沿径向的变化 $n(r)$表示为 n,轴上折射率 $n(0)$表示 n_0,A 是折射率变化特性常数,r 是纤维上某点至轴的距离.为简单起见,这里只讨论近轴的子午光线.

非均匀介质中的光线为方程为

$$\frac{\mathrm{d}}{\mathrm{d}s}\left[n\left(\frac{\mathrm{d}\rho}{\mathrm{d}s}\right)\right]=\nabla n \tag{6.26}$$

式中,ρ 为光线路径上点的位置矢量,s 为沿光线上弧长,∇ 是梯度算符,如图 6.3 所示.现在用直角坐标来讨论,仍取 z 为轴向,对近轴光线,$\mathrm{d}s$ 近似于 $\mathrm{d}z$,则 xOz 平面内的光线方程为

$$n\frac{\mathrm{d}^2x}{\mathrm{d}z^2}=\frac{\partial n}{\partial x}-\frac{\partial n}{\partial z}\cdot\frac{\mathrm{d}x}{\mathrm{d}z} \tag{6.27}$$

柱形纤维中的折射率对 z 轴对称,式(6.25)可改写为

$$n(x)=n_0\left(1-\frac{1}{2}Ax^2\right) \tag{6.28}$$

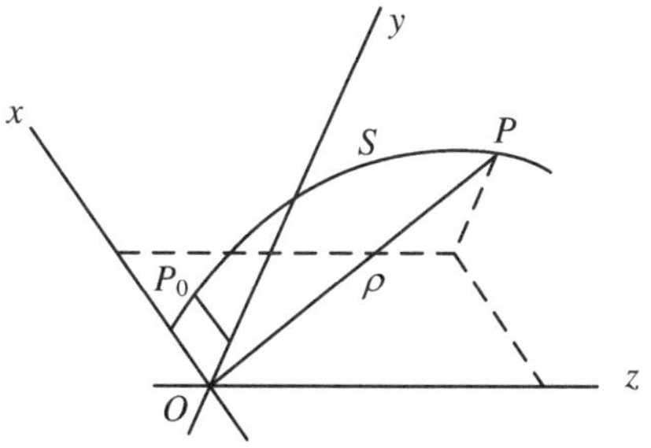

图 6.3　“非均匀介质”中光线方程说明图

因折射率 n 沿轴向 z 不变，即 $\partial n/\partial z=0$，且假定 $\frac{1}{2}Ax^2\ll 1$，由式(6.27)得光纤透镜中的光线方程

$$\frac{d^2x}{dz^2}=-Ax \tag{6.29}$$

它的通解即光线轨迹为

$$x=B\cos(\sqrt{A}z)+C\sin(\sqrt{A}z) \tag{6.30}$$

求导可得光线轨迹曲线的斜率

$$p=\frac{dx}{dz}=-B\sqrt{A}\sin(\sqrt{A}z)+C\sqrt{A}\cos(\sqrt{A}z) \tag{6.31}$$

其中，积分常数 B，C 可由初始条件确定. 设入射光线在聚焦点 $z=0$ 处，以斜率 p_0 入射在 $x=x_0$ 点，则求得 $B=x_0$，$C=p_0/\sqrt{A}$，代入式(6.30)和式(6.31)，则有

$$x=x_0\cos(\sqrt{A}z)+\left(\frac{p_0}{\sqrt{A}}\right)\sin(\sqrt{A}z) \tag{6.32}$$

$$p=-x_0\sqrt{A}\sin(\sqrt{A}z)+p_0\cos(\sqrt{A}z) \tag{6.33}$$

轨迹曲线(6.32)也可改写为

$$x=r\sin(\sqrt{A}z+\phi) \tag{6.34}$$

其中，$r=\sqrt{x_0^2+p_0^2/A}$，$\tan\phi=x_0\sqrt{A}/p_0$.

由此可知，通常情况下子午光线的轨迹是一个初相位不为零的正弦曲线，入射的斜率 p_0 越大，振幅 r 越大；而特性常数 A 越大，振幅 r 越小. 所以，当一般非平行于 z 入射时，为了使光线在轴线附近行进，应使 A 值大一些，也就是要使梯度折射率纤维透镜的折射率变化快一些.

把式(6.32)和式(6.33)表示为矩阵形式

$$\begin{pmatrix} X \\ P \end{pmatrix}=\begin{bmatrix} \cos(\sqrt{A}z) & \dfrac{1}{\sqrt{A}}\sin(\sqrt{A}z) \\ -\sqrt{A}\sin(\sqrt{A}z) & \cos(\sqrt{A}z) \end{bmatrix}\begin{pmatrix} x_0 \\ p_0 \end{pmatrix} \tag{6.35}$$

这就是光线在柱形梯度折射率纤维透镜中轨迹的表达式. 一般叫做梯度折射率纤维透镜的光线矩阵. 此式表明给出了光线的初始条件，位置 x_0 和斜率 p_0，我们就可确定光线在聚焦透镜中的传播情形. 所以，上式是梯度折射率纤维透镜最基本的关系式，由此可求各种光学常数. 下面对两种入射情形作具体讨论.

(1) 光线斜入射在梯度折射率纤维透镜轴上的情形. 在子午平面内，设入射光线和聚焦

纤维轴成 φ 角入射，进入透镜后与轴成 θ_0 角，则有 $x_0=0$，$p_0=\tan\theta_0$，这时光线轨迹方程为

$$x = \frac{\tan\theta_0}{\sqrt{A}}\sin(\sqrt{A}z) \tag{6.36}$$

$$p = \tan\theta_0\cos(\sqrt{A}z) \tag{6.37}$$

可知，这时光线在梯度折射率纤维透镜中的轨迹是初位相位零的正弦曲线，如图 6.4 所示，曲线振幅为

$$r = \frac{\tan\theta_0}{\sqrt{A}} \tag{6.38}$$

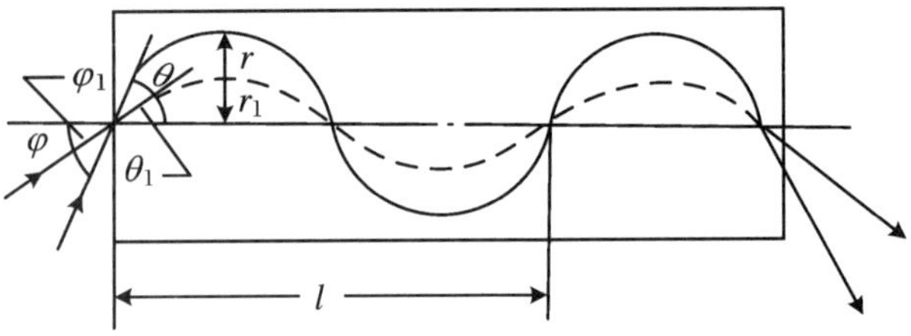

图 6.4　斜入射于轴上时光线的轨迹

周期为

$$l = \frac{2\pi}{\sqrt{A}} \tag{6.39}$$

聚焦纤维端面最大孔径角可以用过轴的光纤来讨论．和普通光纤一样，聚焦纤维的数值孔径也可定义为聚焦纤维端面所处的媒质的折射率 n 与最大接收角正弦的乘积，即

$$N.A. = n\sin\varphi_{\max} = n_0\sin\theta_{\max} \tag{6.40}$$

在聚焦纤维中光线轨迹的最大振幅也只能等于纤维的半径 r_0，即 $r_{\max}=\tan\theta_{\max}/\sqrt{A}=r_0$，故有

$$1+\tan^2\theta_{\max} = 1+r_0^2A = \frac{1}{\cos^2\theta_{\max}} \tag{6.41}$$

$$\sin^2\theta_{\max} = \frac{r_0^2A}{1+r_0^2A} \tag{6.42}$$

所以可得

$$N.A. = n_0\sin\theta_{\max} = \frac{n_0r_0\sqrt{A}}{(1+r_0^2A)^{\frac{1}{2}}} \tag{6.43}$$

若 $r_0^2A\ll1$，则近似有

$$N.A. = n_0r_0\sqrt{A} \tag{6.44}$$

假定聚焦纤维边缘折射率为 n_r，则

$$\Delta n = n_0-n_r = \frac{1}{2}n_0Ar_0^2 \tag{6.45}$$

故有

$$A = \frac{2\Delta n}{n_0r_0^2} \tag{6.46}$$

所以知道了聚焦纤维半径 r_0 和折射率的最大差值 Δn 值及中心折射率 n_0 就能计算特性常数 A 值．显然在折射率差值相等的条件下，纤维直径越小，A 值就越大．由于

$$\tan\theta_{\max} = \sqrt{A}r_0 = \sqrt{\frac{2\Delta n}{n_0}} \tag{6.47}$$

得

$$\sin\theta_{\max} = \sqrt{\frac{2\Delta n}{n_0 + 2\Delta n}} \tag{6.48}$$

所以由式(6.40),有

$$\sin\varphi_{\max} = \frac{n_0}{n}\sqrt{\frac{2\Delta n}{n_0 + 2\Delta n}} \tag{6.49}$$

如果介质为空气,则 $n=1$,且 $\Delta n \ll 1$ 时,可近似有最大接收角

$$\sin\varphi_{\max} = \sqrt{2n_0\Delta n} \tag{6.50}$$

周期长度也可表示为

$$l = \frac{2\pi}{\sqrt{A}} = \sqrt{2}\pi r_0\sqrt{\frac{n_0}{\Delta n}} \tag{6.51}$$

但是,需要指出的是聚焦纤维的数值孔径是随着入射光线的入射位置不同而变化的,也就是说入射在轴上时孔径角最大,入射点离光轴越远,孔径角变得越小,在透镜边缘处为零.考虑到一般情况,数值孔径可表示为

$$N.A. = N.A._{\max}\left(\frac{1 - D^2}{1 - D^2\sin^2\alpha}\right)^{\frac{1}{2}} \tag{6.52}$$

式中,$D = r/r_0$,α 为光线入射与相对轴上子午面的角度.当 $\alpha = 0$,$r = 0$ 时,数值孔径最大.

(2) 光线平行于聚焦纤维轴入射的情形.设光线平行于轴入射在 x_0 点,显然初始斜率 $p_0 = 0$,这时光线的轨迹过程

$$x = x_0\cos\sqrt{A}z \tag{6.53}$$

$$p = -x_0\sqrt{A}\sin(\sqrt{A}z) \tag{6.54}$$

从方程可知,这时光线在聚焦纤维中的轨迹是余弦曲线,其振幅为初始入射位置 x_0,如图6.5所示.如果要得到平行光线出射,则应有

$$p = -x_0\sqrt{A}\sin(\sqrt{A}z) = 0 \tag{6.55}$$

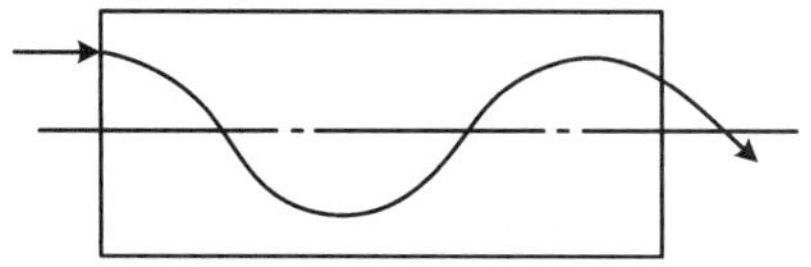

图6.5　平行入射时光线在聚焦纤维中的轨迹

所以

$$z = \frac{n\pi}{\sqrt{A}} \tag{6.56}$$

显然,n 应取正整数.可知当聚焦纤维的长度等于其半周期长的整数倍时,入射平行光线出射时仍为平行光线,如图6.6所示.从图6.6可以看出,当聚焦纤维的长度等于其1/4周期长度的奇数倍时,入射光线若平行于轴,则出射光线将在聚焦纤维出射端的轴心处会聚.反之,若点光源置于1/4周期长度的聚焦纤维端面轴心处,则会出射光线为平行光线.

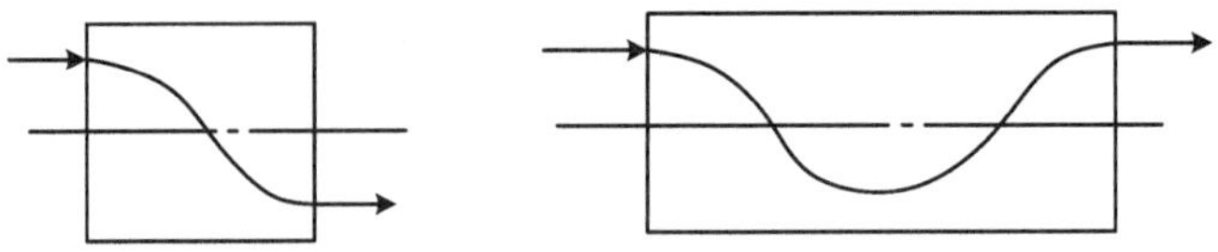

图 6.6　出射光线平行于聚焦纤维轴的情况

6.3　成像特性

上面的讨论可以给人们一个启示，就是这种聚焦纤维确是一种新型的光线传输介质，不同于普通的光纤，光线在聚焦纤维中的轨迹呈现正弦曲线或余弦曲线. 对于沿轴向传播的光线不改变方向，而对于与轴平行和与轴成一定角度的子午光线，聚焦纤维的作用是使光线有规则地与轴相交或离散，就像光学系统中的透镜一样，因此这种聚焦纤维能够聚焦和成像，被称为梯度折射率纤维透镜.

梯度折射率纤维透镜的成像原理可以用图 6.7 来说明. 目标 OM 为物，$O'M'$ 即为像. 设 OM 位于梯度折射率纤维透镜入射端面前的 L_0 处，其高为 x_0，为了方便，取目标的像在纤维轴的另一端处. 我们考虑几条光线的轨迹：沿梯度折射率纤维透镜轴入射的光线，进入梯度折射率纤维透镜后方向不变，沿轴出射；a 光线平行于梯度折射率纤维透镜轴，其入射 0，斜率为 $\tan\varphi_0=-x_0/L_0$ 进入梯度折射率纤维透镜后为 $\tan\theta_0=-x_0/(n_0L_0)$. 如果求得 a，b 光线出射处的位置和斜率，则能得出 a，b 光线出射后的直线方程，然后求得其交点，这样像位置也就确定了. 根据前面所述，a 光线的轨迹方程为

$$x_a = x_0\cos(\sqrt{A}z) \tag{6.57}$$

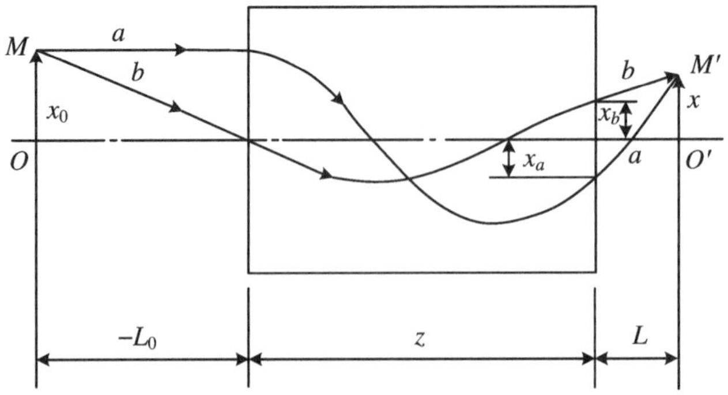

图 6.7　梯度折射率纤维透镜的成像原理

a 光线的斜率方程为

$$p_a = \frac{\mathrm{d}x_a}{\mathrm{d}z} = -x_0\sqrt{A}\sin(\sqrt{A}z) \tag{6.58}$$

a 光线在梯度折射率纤维透镜出射端的位移若为 x_a，斜率为 p'_a，则出射后的斜率按近

轴光线近似 $p'_a = n_0 p_a$，所以 a 光线出射后的直线方程为

$$x' - x_a = p'_a z' \tag{6.59}$$

或

$$x' - x_0 \cos(\sqrt{A}z) = -z' n_0 x_0 \sqrt{A} \sin(\sqrt{A}z) \tag{6.60}$$

设 a，b 光线在梯度折射率纤维透镜外交于(L, x)点，则上式可改写为

$$L n_0 x_0 \sqrt{A} \sin(\sqrt{A}z) + x = x_0 \cos(\sqrt{A}z) \tag{6.61}$$

同样，b 光线的轨迹和斜率方程为

$$x_b = \frac{\tan\theta}{\sqrt{A}} \sin(\sqrt{A}z) = -\frac{x_0}{n_0 L_0 \sqrt{A}} \sin(\sqrt{A}z) \tag{6.62}$$

$$p_b = \frac{\mathrm{d}x_b}{\mathrm{d}z} = \tan\theta \cos(\sqrt{A}z) = -\frac{x_0}{n_0 L_0} \cos(\sqrt{A}z) \tag{6.63}$$

b 光线若在聚焦纤维出射端的位移为 x_b，斜率为 p_b，则出射后的斜率 $p'_b = -\dfrac{x_0}{L_0}\cos(\sqrt{A}z)$，所以 b 光线出射后其直线方程为

$$x'_b - x_b = p'_b z' \tag{6.64}$$

即

$$x'_b + \frac{x_0}{n_0 L_0 \sqrt{A}} \sin(\sqrt{A}z) = -z' \frac{x_0}{L_0} \cos(\sqrt{A}z) \tag{6.65}$$

联立两点处的关系式(6.61)和式(6.66)，用行列式解得两直线的交点坐标 L 和 x 分别为

$$L = \frac{\begin{vmatrix} x_0 \cos(\sqrt{A}z) & 1 \\ -\dfrac{x_0}{n_0 L_0 \sqrt{A}} \sin(\sqrt{A}z) & 1 \end{vmatrix}}{\begin{vmatrix} n_0 \sqrt{A} x_0 \sin(\sqrt{A}z) & 1 \\ \dfrac{x_0}{L_0} \cos(\sqrt{A}z) & 1 \end{vmatrix}} \tag{6.67}$$

$$x = \frac{\begin{vmatrix} n_0 \sqrt{A} x_0 \sin(\sqrt{A}z) & x_0 \cos(\sqrt{A}z) \\ \dfrac{x_0}{L_0} \cos(\sqrt{A}z) & -\dfrac{x_0}{n_0 L_0 \sqrt{A}} \sin(\sqrt{A}z) \end{vmatrix}}{\begin{vmatrix} n_0 \sqrt{A} x_0 \sin(\sqrt{A}z) & 1 \\ \dfrac{x_0}{L_0} \cos(\sqrt{A}z) & 1 \end{vmatrix}} \tag{6.68}$$

所以可求得

$$L = \frac{1}{n_0 \sqrt{A}} \left(\frac{n_0 L_0 \sqrt{A} \cos(\sqrt{A}z) + \sin(\sqrt{A}z)}{n_0 L_0 \sqrt{A} \sin(\sqrt{A}z) - \cos(\sqrt{A}z)} \right) \tag{6.69}$$

$$x = -\frac{x_0}{n_0 L_0 \sqrt{A} \sin(\sqrt{A}z) - \cos(\sqrt{A})z} \tag{7.70}$$

此处，L_0 即为物距，L 为像距，x_0 为物高，x 为像高. 线放大率 m 定义为像高和物高之比，即

$$m = \frac{x}{x_0} = \frac{-1}{n_0 L_0 \sqrt{A} \sin(\sqrt{A}z) - \cos(\sqrt{A}z)} \tag{6.67}$$

运算中的正、负号和通常的几何光学中相似，同样规定：$L>0$ 为实像，$L<0$ 为虚像；$m>0$

为正像，$m<0$ 为倒立像；$|m|>1$ 为放大像，$|m|<1$ 为缩小像. 由此就能从这些基本成像公式来讨论梯度折射率纤维透镜的像的特点.

梯度折射率纤维透镜既然有成像作用，则必有焦点. 假设有一段长度为 z 的梯度折射率纤维透镜，当光线平行于其轴入射时，其初始位置为 $x=x_0$，斜率为 $p=0$，此光线经过纤维透镜传递后，其出射光线和轴线交于一点，此点即为焦点. 同样，可把焦点到主点的距离称为焦距. 下面利用几何光学的理想光具组的概念，来分析自聚焦透镜的焦点和主平面位置，并导出焦距公式，在讨论中，设纤维透镜内部的路径是余弦曲线 AB，射出透镜后的路径是直线 BF，F 即为焦点，将直线 BF 沿反向延长，交 DA 的延长线于 C 点，作 CH 平面垂直于 OO' 轴，此平面即像方主平面，而 $HF=f$ 是自聚焦透镜系统的焦距. 从图 6.8 中可知出射光线的位置为

$$x = x_0\cos(\sqrt{A}z) \tag{6.72}$$

$$p = -x_0\sqrt{A}\sin(\sqrt{A}z) \tag{6.73}$$

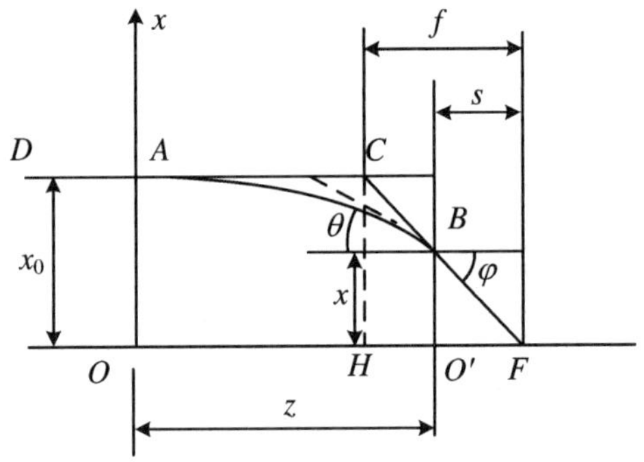

图 6.8　梯度折射率纤维透镜焦点位置的确定

仍考虑近轴光线，且设周围介质为空气，仍有前面已用过的近似关系

$$\tan\varphi = -n_0\tan\theta \tag{6.74}$$

于是有

$$\tan\varphi = -n_0 x_0\sqrt{A}\sin(\sqrt{A}z) \tag{6.75}$$

设焦点位置到出射端面的距离为 s，由 $\tan\varphi = x/s$ 得

$$s = \left|\frac{x}{\tan\varphi}\right| = \frac{1}{n_0\sqrt{A}}\cot(\sqrt{A}z) \tag{6.76}$$

同样可由焦距定义求出焦距 f，由于 $\tan\varphi = x_0/f$，所以得

$$f = \left|\frac{x_0}{\tan\varphi}\right| = \frac{1}{n_0\sqrt{A}\sin(\sqrt{A})z} \tag{6.77}$$

式(6.76)和式(6.77)都说明焦点位置是随着梯度折射率纤维透镜的特征常数 A 和长度 z 而变化的，图 6.9 是方程(6.77)的图解表示.

利用公式(6.69)可以讨论梯度折射率纤维透镜几种特殊成像情况：

(1) 如成像在无限远处，即 $L\to\infty$，则式(6.69)中分母必为零，故有

$$n_0\sqrt{A}[n_0L_0\sqrt{A}\sin(\sqrt{A}z) - \cos(\sqrt{A})z] = 0$$

即

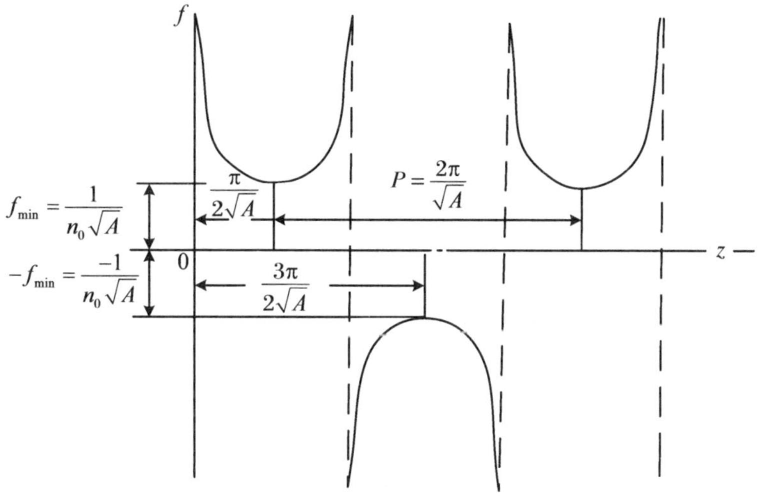

图 6.9　梯度折射率纤维透镜长度和焦距之间的关系

$$L_0=\frac{1}{n_0\sqrt{A}}\cot(\sqrt{A}z) \tag{6.78}$$

显然 L_0 就是焦点的位置 s，说明当物距等于焦点位置 s 时，目标成像于无限远处.

(2) 如成像在出射端面上，即 $L=0$，有

$$L_0=-\frac{1}{n_0\sqrt{A}}\tan(\sqrt{A}z) \tag{6.79}$$

(3) 如成像在主平面位置上，即线放大率 $|m|=1$ 的位置上，则由公式(6.71)可确定物距 L_0，此处用 h 代替 L_0. 若 $m=1$，则

$$\begin{aligned}h&=\frac{\cos(\sqrt{A}z)-1}{n_0\sqrt{A}\sin(\sqrt{A}z)}\\&=-\frac{1}{n_0\sqrt{A}}\tan\left(\frac{\sqrt{A}z}{2}\right)\end{aligned} \tag{6.80}$$

上述的一些公式除了焦距 f 是以主点为基准外，其余的公式都是以端面为基准. 如果把物距 L_0 和像距 L 也表示成以主点为基准的公式，就可得到以主点为基准的物距 L_0' 和像距 L' 为

$$L_0'=L_0-h=\frac{L_0n_0\sqrt{A}\sin(\sqrt{A}z)-\cos(\sqrt{A}z)+1}{n_0\sqrt{A}\sin(\sqrt{A}z)} \tag{6.81}$$

$$L'=L-h=\frac{L_0n_0\sqrt{A}\sin(\sqrt{A}z)-\cos(\sqrt{A}z)+1}{[n_0L_0\sqrt{A}\sin(\sqrt{A}z)-\cos(\sqrt{A}z)]n_0\sqrt{A}\sin(\sqrt{A}z)} \tag{6.82}$$

于是我们还得到

$$\frac{1}{L'}-\frac{1}{L_0'}=\frac{1}{f} \tag{6.83}$$

这和光学透镜成像公式是一致的.

梯度折射率纤维透镜的长度 z 在相当大的程度上决定着它的成像特性，聚焦纤维长度不同，其成像情况也不一样. 现在我们把聚焦纤维透镜一个周期长度分成四个区域和四个特殊点分别来讨论. 关于 $\sqrt{A}z$ 为变量的正弦和余弦曲线我们表示于图 6.10. 利用这个图和式

(6.69)和式(6.70)我们就能定出成像的性质:是实像还是虚像,是正立像还是倒立像,等等.

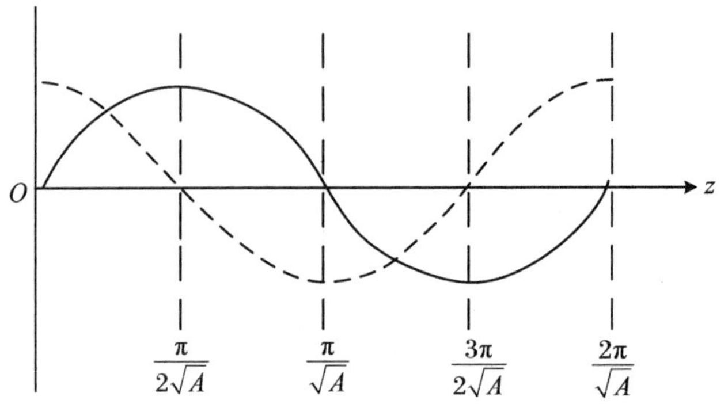

图 6.10　以 z 为变量的正弦和余弦曲线

(1) 在 $0<z<\frac{\pi}{2\sqrt{A}}$ 时,$\sin(\sqrt{A}z)>0$. 当 $\tan(\sqrt{A}z)>\frac{1}{n_0 L_0 \sqrt{A}}$ 时,有 $L>0, m<0$,为倒立的实像;当 $\tan(\sqrt{A}z)<\frac{1}{n_0 L_0 \sqrt{A}}$ 时,有 $L<0, m>0$ 为正立的虚像,如图 6.11 所示. 当 $\tan(\sqrt{A}z)=\frac{1}{n_0 L_0 \sqrt{A}}$,即 $L_0=\frac{1}{n_0 \sqrt{A}}\cot(\sqrt{A}z)$ 时,此时 $L\to\infty$,成像在无限远处.

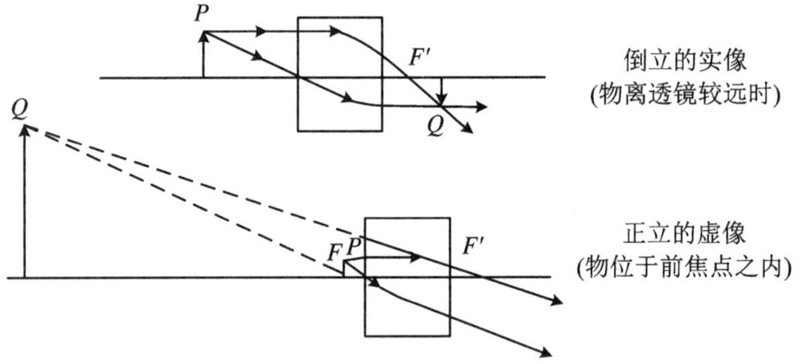

图 6.11　梯度折射率纤维透镜长度小于 1/4 周期的成像

(2) 在 $z=\frac{\pi}{2\sqrt{A}}$ 时,$\sin(\sqrt{A}z)=1$,$\cos(\sqrt{A}z)=0$. 此时有 $L>0, m<0$,为倒立的实像,如图 6.12 所示. 利用这一情形可制成超短焦距透镜,其 $f=\frac{1}{n_0\sqrt{A}}$.

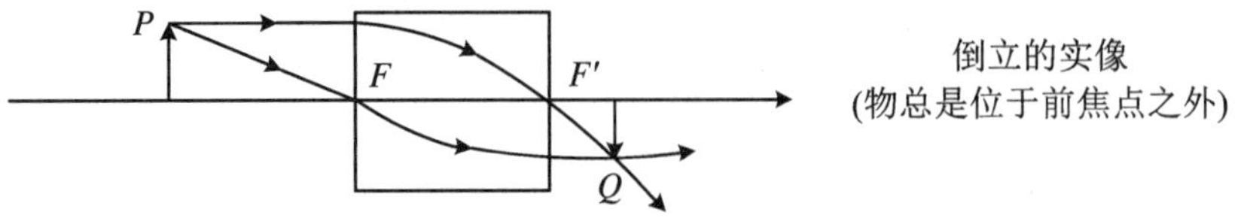

图 6.12　梯度折射率纤维透镜长度等于 1/4 周期的成像

(3) 在 $\frac{\pi}{2\sqrt{A}}<z<\frac{\pi}{\sqrt{A}}$ 时,$\sin(\sqrt{A}z)>0$,$\cos(\sqrt{A}z)<0$. 当 $-\tan(\sqrt{A}z)<n_0 L_0 \sqrt{A}$

时，有 $L<0$，$m<0$，为倒立的虚像；当 $-\tan(\sqrt{A}z)=n_0L_0\sqrt{A}$ 时，即 $L_0=\dfrac{-\tan(\sqrt{A}z)}{n_0\sqrt{A}}$ 时，$L=0$，故成像在出射端面上；当 $-\tan(\sqrt{A}z)>n_0L_0\sqrt{A}$ 时，有 $L>0$，$m<0$，为倒立的实像，如图 6.13 所示.

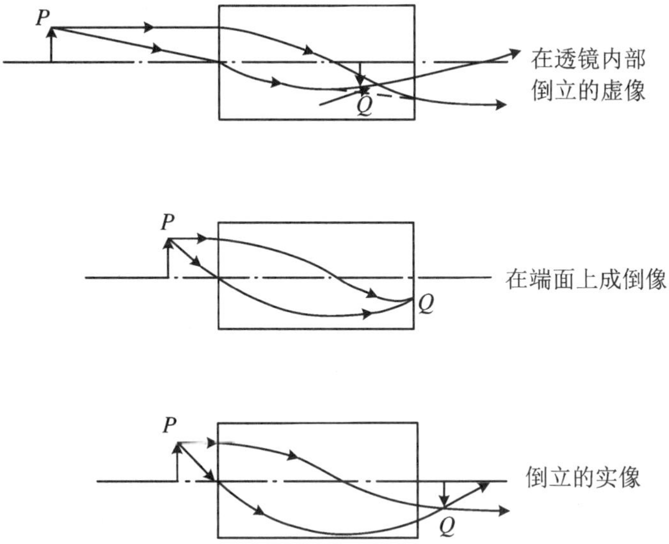

图 6.13　梯度折射率纤维透镜长度在 1/4～1/2 周期之间的成像

(4) 在 $z=\dfrac{\pi}{\sqrt{A}}$ 时，$\sin(\sqrt{A}z)=0$，$\cos(\sqrt{A}z)=-1$. 此时有 $L=-L_0$，$m=-1$，故为倒立的放大率为 1 的虚像. 当 $L_0=0$ 时，$L=0$，$m=-1$，故倒立成像在出射端面，放大率为 1，如图 6.14 所示.

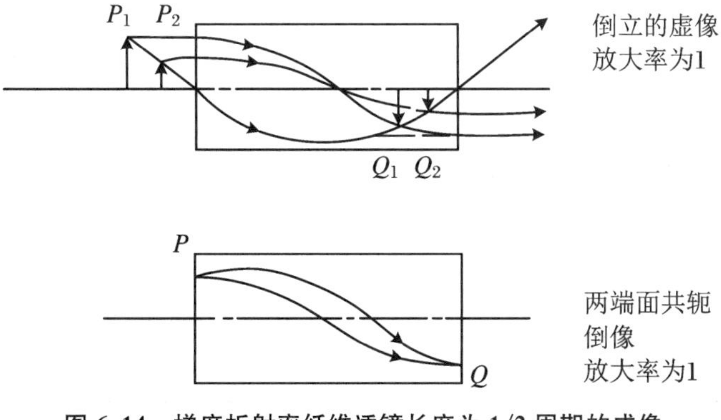

图 6.14　梯度折射率纤维透镜长度为 1/2 周期的成像

(5) 在 $\dfrac{\pi}{\sqrt{A}}<z<\dfrac{3\pi}{2\sqrt{A}}$ 时，$\sin(\sqrt{A}z)<0$，$\cos(\sqrt{A}z)<0$. 当 $\tan(\sqrt{A}z)>\dfrac{1}{n_0L_0\sqrt{A}}$ 时，有 $L>0$，$m>0$，为正立实像；当 $\tan(\sqrt{A}z)<\dfrac{1}{n_0L_0\sqrt{A}}$ 时，有 $L<0$，$m<0$，为倒立的虚像；如图 6.15 所示. 当 $\tan(\sqrt{A}z)=\dfrac{1}{n_0L_0\sqrt{A}}$ 时，同样成像在无穷远处.

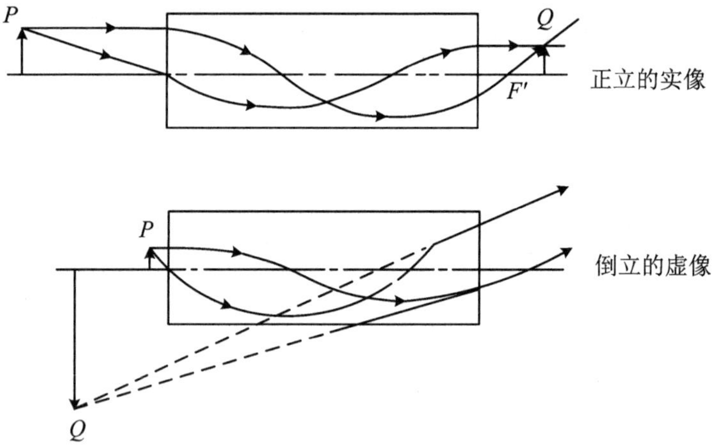

图 6.15　梯度折射率纤维透镜长度在 1/2～3/4 周期之间的成像

(6) 在 $z=\dfrac{3\pi}{2\sqrt{A}}$时，$\sin(\sqrt{A}z)=-1$，$\cos(\sqrt{A}z)=0$. 此时有 $L>0$，$m>0$，为正立的实像. 如图 6.16 所示.

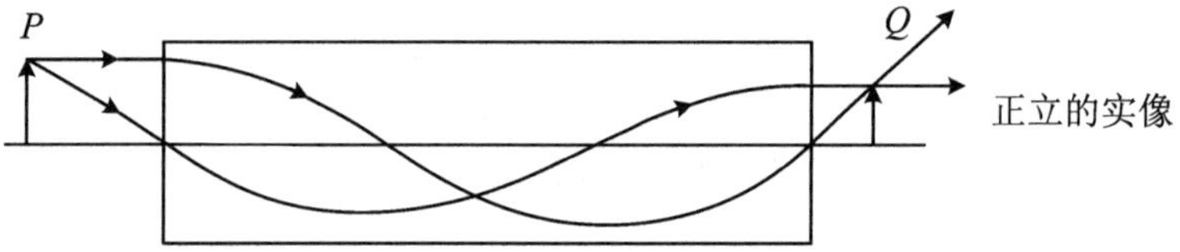

图 6.16　梯度折射率纤维透镜长度为 3/4 周期的成像

(7) 在$\dfrac{3\pi}{2\sqrt{A}}<z<\dfrac{2\pi}{\sqrt{A}}$时，$\sin(\sqrt{A}z)<0$，$\cos(\sqrt{A}z)>0$. 当 $-\tan(\sqrt{A}z)<n_0L_0\sqrt{A}$ 时，有 $L<0$，$m>0$，为正立的虚像. 当 $-\tan(\sqrt{A}z)=n_0L_0\sqrt{A}$时，同样此时成像在端面上，为正像. 当 $-\tan(\sqrt{A}z)>n_0L_0\sqrt{A}$时，有 $L>0$，$m>0$，成正立的实像. 如图 6.17 所示.

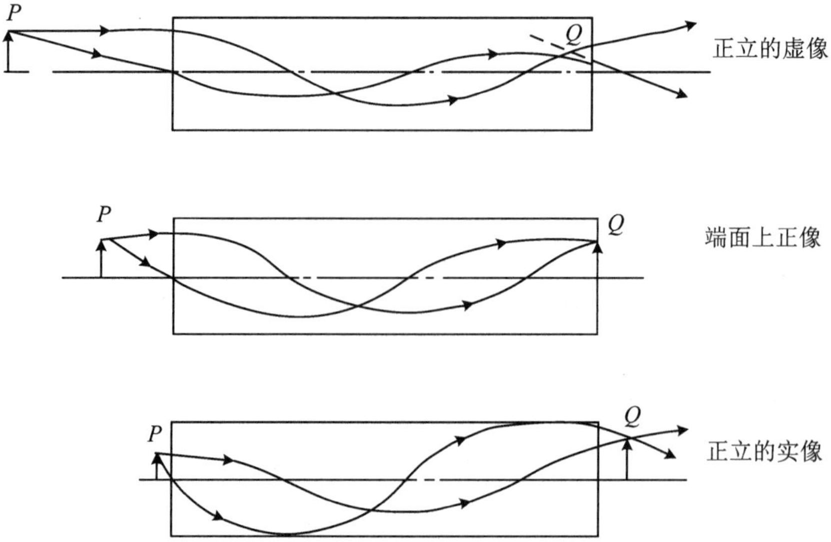

图 6.17　梯度折射率纤维透镜长度为 3/4～1 周期的成像

(8) 在 $z=\frac{2\pi}{\sqrt{A}}$时，$\sin(\sqrt{A}z)=0,\cos(\sqrt{A}z)=1$. 此时有 $L=-L_0<0, m=1$，故为正立的放大率为 1 的虚像；当物距 $L_0=0$，两端面共轭，在端面呈一个放大率为 1 的正像. 如图 6.18 所示.

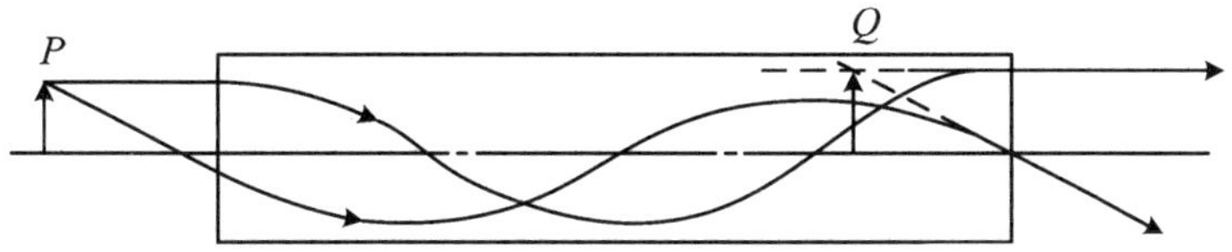

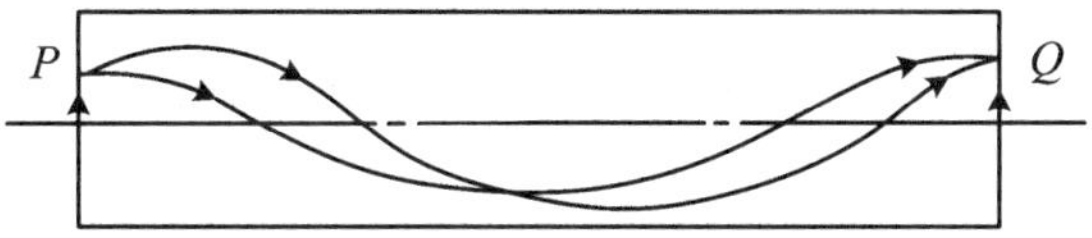

图 6.18　梯度折射率纤维透镜长度为 1 个周期的成像

上面就聚焦纤维的长度、中心折射率、特性常数以及物距和像距组成不等式进行了讨论，但必须注意 $\tan(\sqrt{A}z)$的正负号在不同的区间是不同的. 通过以上研究，还可以看出自聚焦透镜成像的另一些优点：即可以在透镜端面上形成实像，容易获得与物体同样大小的直立实像，能够得出在光学成像上相当于几个球透镜的单个透镜等.

综合梯度折射率纤维透镜的光学参数列于表 6.1，表中的数值是典型的实例.

表 6.1　梯度折射率纤维透镜的光学参数

参　　数	符　　号	典 型 值
中心折射率	n_0	1.60
折射率最大差值	$\Delta n=n_0-n_1$	0.023
特性常数	$A(\mathrm{mm}^{-2})$	0.11
周期长度	$L(\mathrm{mm})$	9.0
焦距	$f(\mathrm{mm})$	2.14
长度	$z(\mathrm{mm})$	6.0
直径	$2r_0(\mathrm{mm})$	1.0
数值孔径	$N.A.$	0.27
孔径角	2ϕ	30°

6.4 梯度折射率纤维透镜的像差及测量

梯度折射率纤维透镜，无论其折射率是抛物线分布

$$n = n(0)\left(1 - \frac{1}{2}Ar^2\right) \tag{6.84}$$

还是双曲函数分布

$$n = n(0)\operatorname{sech}(\sqrt{A}r) \tag{6.85}$$

都不能完善成像. 即使一个轴上物点，梯度折射率纤维透镜也不能使其所形成的像是一个理想的点. 这就是说，梯度折射率纤维透镜并不能使来自物点的全部光线都会聚于一点，而且也不能使像与物的形状完全相似，它总使所形成的像存在着一定的误差. 这种成像误差称之为像差. 前者使像空间的光线不能都会聚于一点的误差可分为球差、慧差、像散和综合高级像差；后者使所成之像与物之形状不完全相似的误差可分为场曲和畸变. 由于介质折射率是波长的函数，色差的存在，使得成像的完善性除了上述五种单色像差之外，还有轴向色差和横向色差. 其中球差和轴向色差是轴向像差，慧差、场曲和像散、畸变，横向色差是横向像差.

限于篇幅这里仅讨论自聚焦透镜的球差. 如图 6.19 所示，从物平面轴上点追迹一条实际光线，求得其在理想像面上的交点，该交点到轴的距离 T'_A 称为这条光线的纵向球差，显然 L'_A 可能是正的也可能是负的. 由图中可见

$$T'_A = L'_A \cdot \tan\theta \tag{6.86}$$

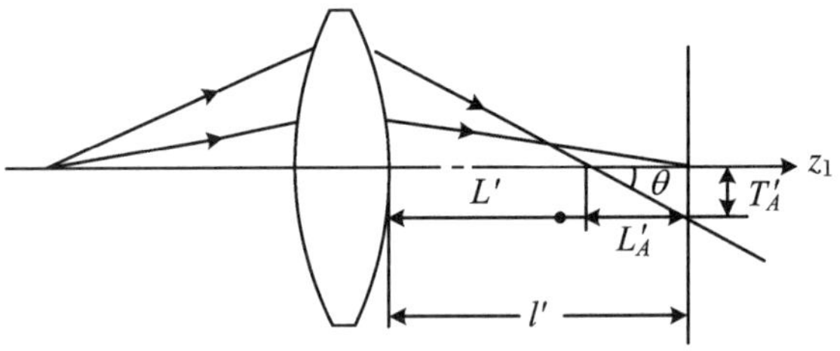

图 6.19 透镜的球差

而

$$L'_A = l' - L' \tag{6.87}$$

其中，l' 为近轴光线与光轴的交点到出射端的距离，L' 为实际光线与光轴交点到出射端的距离.

单独存在球差时的波像差初级项可表示成

$$\omega(x,y) = \frac{B}{4}(x^2 + y^2)^2 + D_0(x^2 + y^2) \tag{6.88}$$

式中，第二项是考虑进离焦时的波面误差.

测量普通光学透镜像差通常有刀口法和哈德曼法，由于自聚焦透镜口径较小，仅有 1～2 mm，用上述方法很不方便，所以这里介绍一种用全息双频光栅测量自聚焦透镜像差的方法.

全息双频光栅是用双曝光技术，在全息干板上记录两套空间频率相差甚微的正弦光栅．这样入射光波面在两套光的±1级衍射方向上就被剪切开一个小量，产生波面剪切干涉．对两套空间周期分别为 d_1 和 d_2 的光栅，定义其拍频的空间周期 d' 为

$$\frac{1}{d'} = \frac{1}{d_2} - \frac{1}{d_1} \tag{6.89}$$

双频光栅对入射光波面的角剪切量有

$$\Delta\theta = \frac{\lambda}{d'\cos\theta} \tag{6.90}$$

若观察屏到光栅的轴间距离为 z，则横向剪切量

$$\Delta x = \frac{\lambda}{d'}z \tag{6.91}$$

对旋转对称光学系统，可只对其中一个方向进行剪切，这时式(6.88)波像差函数可写出

$$\delta z = Ax^4 + Bx^2 \tag{6.92}$$

由剪切引起的在观察屏上某点 x' 处形成干涉的两相干光线 x_1 和 x_2 的光程 $\Delta\rho$（如图6.20a所示）为

$$\Delta\rho = ax'^4 + bx'^2 \tag{6.93}$$

这样就给出了相干光场中光强的分布，并且它随着像差的不同而不同．在观察平面上，暗条纹处每点对应一对光程差为 $\lambda/2$ 奇数倍的相干光线，亮条纹则为偶数倍．其中，暗条纹或亮条纹的位置坐标 x' 按下式求得：

$$x' = \frac{1}{2}(b - \Delta x) \tag{6.94}$$

式中，b 为左右对称条纹的间隔距离(图6.20)，Δx 为横向剪切量．

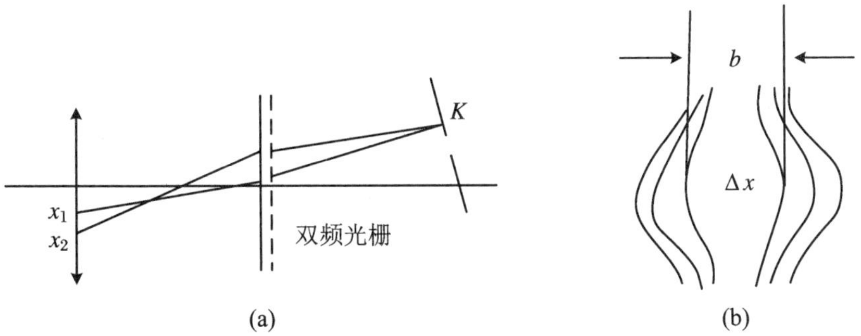

图6.20　双频光栅测透镜像差原理图

通过对第 n 级暗(亮)条纹及其位置坐标 x' 的追迹，可以得出数组成式(6.93)的方程组，两两联立求得组 a_i 和 b_i，最后取式(6.93)中的系数 a 和 b 分别为数组 a_i 和 b_i 的平均值，记为 $\bar{a}$ 和 $\bar{b}$，有

$$\Delta\rho = \bar{a}x'^4 + \bar{b}x'^2 \tag{6.95}$$

这样，对应不同位置坐标 x' 处的干涉视场中的条纹间距 $\Delta x'$ 可以按下面方程计算：

$$\Delta x' \frac{\partial\rho}{\partial x'} = \lambda \tag{6.96}$$

相对于位置坐标 x'，由几何关系可以求 x_1 和 x_2，对应一个 x' 的值，有一组 A，B 的平均值 $\bar{A}$，$\bar{B}$ 则求出球差的函数式

$$\delta z = \bar{A}x^4 + \bar{B}x^2 \tag{6.97}$$

用于测量自聚焦透镜像差的实验装置如图 6.21 所示，He-Ne 激光束直接耦合待测自聚焦透镜 GRIN，双频光栅 DH 放置在自聚焦透镜的焦平面附近，其拍频周期 $d' = 0.008$ mm，平均衍射角 $\bar{\theta} = 27.8°$，K 为观察屏. 当轴间距离 $z = 119.5$ mm 时，横向剪切量 $\Delta x = 9.9$ mm. 图 6.22 是用双频光栅剪切干涉法测量的自聚焦透镜的球差曲线. 该自聚焦透镜的直径是 1.3 mm，数值孔径是 0.15，1/4 周期长度是 12.36 mm. 透镜本身的长度是 11.38 mm. 实验表明，这种测量自聚焦透镜像差的方法是简单、有效和方便的.

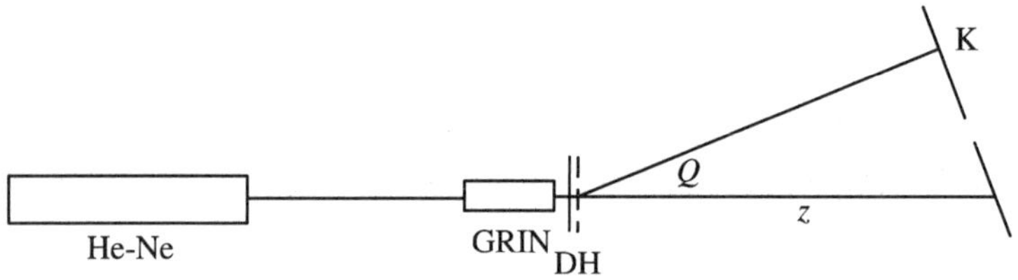

图 6.21　测量自聚焦透镜像差的剪切干涉光路

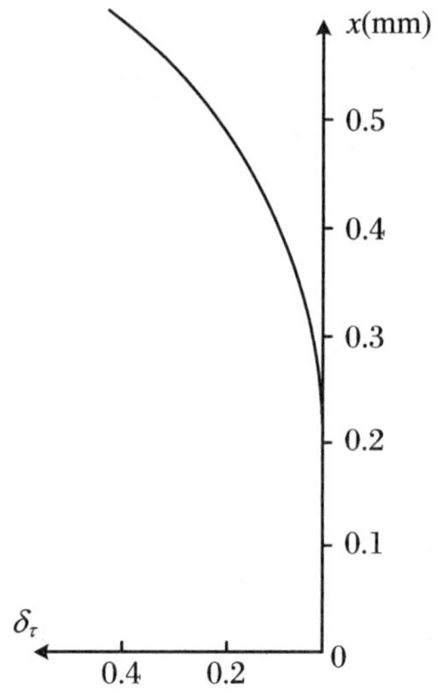

图 6.22　自聚焦透镜的球差曲线

6.5　梯度折射率纤维透镜的应用

随着梯度折射率纤维透镜研究的进一步深入，制作工艺的不断改进和透镜质量的不断提高，梯度折射率纤维透镜的应用也越来越广泛.

梯度折射率纤维透镜与普通球面透镜相比较有许多独特的优点，如可以靠改变材料的组成和离子交换工艺来控制折射率分布，从而设计出低像差透镜；利用改变纤维长度的办法可以得到所需要的各种焦距和成像条件的透镜，甚至还可做成透镜链；它的直径可以做得很小（例如几十微米），而小直径的梯度折射率纤维透镜是柔软可弯的. 利用这种短焦距的微型纤维透镜,可以使光学系统的结构微型化.

由于梯度折射率纤维透镜具有以上独特的性能,因而可被应用在许多不同的光学系统中.例如,准直透镜、摄影物镜、显微物镜以及光通信中的耦合、连接、开关及复印传真机中的纤维透镜阵列等等.

在集成光学中应用的前景也很光明.集成光路就是把激光波的振荡、调制、接收等功能集成在一起,实现光波信号的传输.可在同一元件上做成微型激光器、光波导、光放大器、光开关、光耦合器等,这些都是集成光路中亟待解决的课题.

由于自聚焦平面微透镜阵列具有准直、聚焦、缩束、多重成像的阵列特性,还可提供密集的、规则排列的并行光信息通道,单元透镜直径小,列阵光性均匀,可形成二维图像列阵,它在光信息处理、传输、变换和光计算技术领域有广阔的应用.由于聚焦纤维可以传送图像,它在各种数据处理部门有重要应用.用许多聚焦纤维排列起来可以做微透镜阵列,可以使一个物体成多个图像.由微透镜阵列构成的光纤板称为微透镜板,如改变板的厚度,也可使一个物体通过微透镜成一个图像,进行 1∶1 的图像传送.这在复印机、传真、印刷等领域中都有重要应用.

6.5.1　在光纤通信中的应用

在光纤通信中,除了要有理想的光源、光导纤维和接收元件之外,还要解决各部分之间的光耦合、连接、分路等问题.因梯度折射率纤维透镜端面是平面,它能直接粘到光纤或其他元件上,而得到一个透镜的优点是容易实现小型化;它允许与光纤轴向平行安装、调整方便;对梯度折射率纤维透镜的选取,可使它的数值孔径 $N.A.$ 值略大于光纤的 $N.A.$ 值,这样可覆盖光纤要求的范围,降低损耗.而满足同样要求的均质透镜是很难制造的.

1. 耦合器

为了把半导体激光器输出光有效地耦合到光纤中去.如果采用直接耦合,其最大的耦合效率仅为 20%左右.我们知道,多模光纤数值孔径一般为 0.2.梯度折射率纤维透镜标准型孔径为 0.3,如前所述看,这是容易制造的.如果在激光器发光面和光纤端面之间用梯度折射率纤维透镜耦合就可以把发光面成像到光纤端面上.从而增加光纤端面的光功率密度,使耦合效率提高到 50%.由于一个梯度折射率纤维透镜相当于一组球面透镜,如图 6.23(a)所示,因此它体积小,便于密封在激光器内,使激光器封装起来.把激光器发出的光聚焦到封装管外面,这样有利于和光纤的耦合和拆换.梯度折射率纤维透镜的一个重要特点是如图 6.23(b)中那样作平行透镜对使用.这个光学系统,依靠入射端的透镜,将从输入光纤出射的光变换成平行光,依靠出射端的透镜,再聚焦入射到输出光纤中.在此系统中,由于利用了 1∶1 像变换,即使透镜间有间隙,模式的保存性仍很好,且损耗小.这种带有透镜对的光纤连接

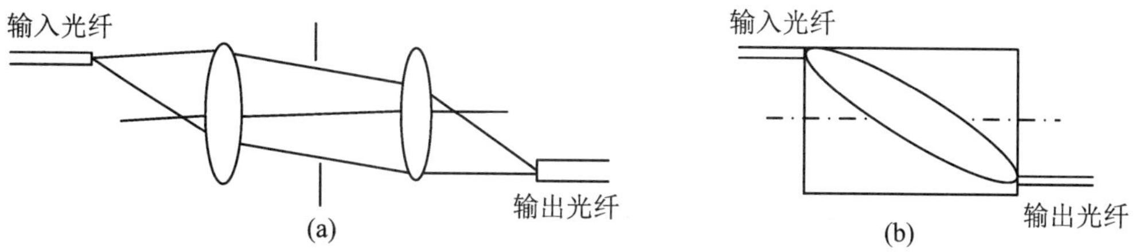

图 6.23　梯度折射率纤维透镜的耦合作用

器，由于有间隙使端面污染等影响减少.由于透镜上制成无反射涂层，在双向通讯等场合，不易接收杂音.同时还可以实现不同种类光纤之间的连接等.但其损耗目前还比原来连接器大(如光纤之间直接接触的连接).其主要原因是透镜的像差，以及透镜本身的吸收损耗.

另外，由于这种连接器梯度折射率纤维透镜之间可以有一定的距离，因此在梯度折射率纤维透镜之间准直光束中可插入衰减器.

如在两个梯度折射率纤维透镜对之间的准直光束中插入偏振器和法拉第旋光器，就可以做成隔离器，隔离器是用来阻止从光纤端面和其他器件反射回来的光束进入光源，使光源稳定从而可提高通信系统的传输质量和可靠性.图 6.24 表示了这种隔离器的基本结构.从左边射入的光束经过梯度折射率纤维透镜成为大致平行的光束，经 $\theta=0^\circ$ 的偏振器后，唯有偏振方向与光轴平行的光能继续前进.其偏振光在法拉第旋光器中旋转 45°，经 $\theta=45^\circ$ 的偏振器和梯度折射率纤维透镜后与光纤耦合，从光纤一端反射回来或从器件发射回来的光经 $\theta=45^\circ$ 的偏振器后即变成与光轴成 45°的偏振光.由于偏振光不能在 $\theta=0^\circ$ 的偏振器中通过，从而起到光隔离的作用.

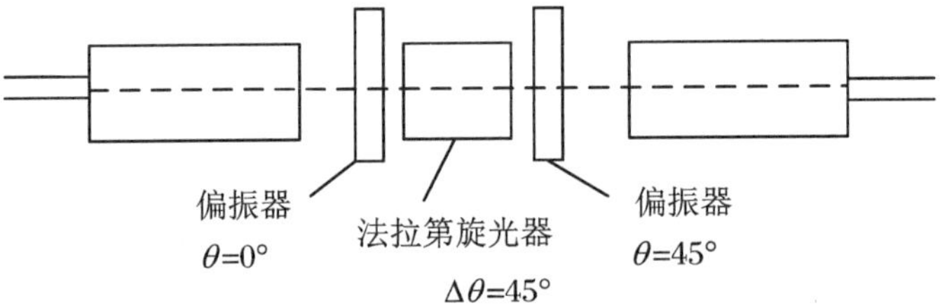

图 6.24　梯度折射率纤维透镜隔离器

梯度折射率纤维透镜还可以用作光开关，光开关是使光信号从一条传输通道转换到另一条传输通道的器件.光开关有多种不同的结构，例如机械式、电光式、电磁光式、声光式.这里介绍棱镜移动机械式开关.它是用棱镜和梯度折射率纤维透镜组成，手动和电动都可.图 6.25 所示的是用全反射棱镜和梯度折射率纤维透镜做成的一组转换开关.图中表示的三根光纤都使用了一个单独的梯度折射率纤维透镜.棱镜移动至上方位置时，光波就在上方光纤和中间光纤中进行耦合；当棱镜转换到虚线轮廓所示的下方位置时，光就在中间光纤和下方光纤之间的耦合.所有这些光路都利用了准直光束性能的优点.因此，移动元件的定位不必要有很高的精度.

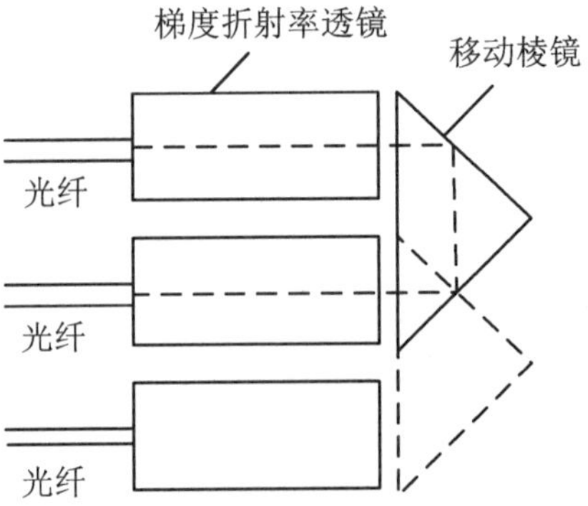

图 6.25　梯度折射率透镜光开关

2. 波分复用器

波分复用器是使大量的信道以不同波长在一根光纤中传播的技术. 目前在光纤通信中使用的较先进的是密集波分复用. 例如在 1.55 μm 波段的 1540～1565 nm 之间其使用 32 个波道,每个波道之间间隔在 1 nm 左右,使光纤通信的传输容量提高几十倍.

根据波长敏感元件,一种是采用干涉滤光片的波分复用器,如图 6.26 所示. 干涉滤波器(干涉膜)型器件是利用滤波器对不同波长具有不同反射率和透光率的原理工作的. 这种结构紧凑、稳定而且容易制作,目前采用较多. 缺点是复用路数不多. 如要增加复用路数,可采用几个这样结构的元件串联起来,但其损耗随复用路数的增多而近似呈线性增加.

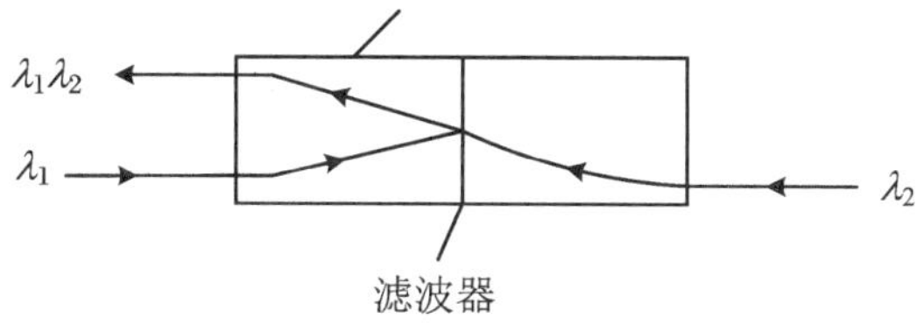

图 6.26　干涉滤光片型波分复用器

衍射光栅型复用器的结构如图 6.27 所示. 梯度折射率纤维透镜一端有光栅,另一端与输入输出光纤对准. 光束从光纤射入梯度折射率纤维透镜后变成准直光束,再射入衍射光栅. 衍射一个角度(各波长角度不同)后再通过梯度折射率纤维透镜变成会聚光,然后分别耦合到不同的输出光纤中. 这种结构的优点不仅是复用路数多,而且介入损耗并不随复用路数的增加而增加,因此在复用路数多时可采用. 它的缺点是仅适用于作分路器,而不能作合路器.

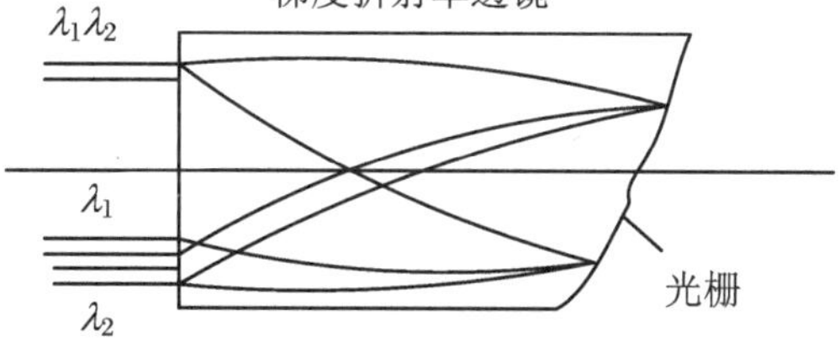

图 6.27　衍射光栅型波分复用器

6.5.2　在复印机中的应用

对于横向放大率 $m=1$ 的梯度折射率纤维透镜,在式(6.71)中,设 $L=L_0$,则有

$$L=-\frac{1}{n_0\sqrt{A}}\tan\frac{\sqrt{A}z}{2} \tag{6.98}$$

这里一旦加上正立、等倍、实像的条件,图 6.28 表示 $\sqrt{A}z$ 与 L 的关系曲线. 从图 6.28 可知,透镜长 $\sqrt{A}z$ 必须介于 π 和 2π 之间,把这种透镜排列成直线形式,就可以进行 1∶1 的图像变换. 以前,一直使用将 3 块球面透镜组合的方法,在传送大幅图像时,就需要将作用距离放大. 为了得到 1∶1 的目标像,其共轭长度一般是焦距的 4 倍. 采用梯度折射率纤维透镜阵列后可大大地缩短其共轭长度,如图 6.29 所示.

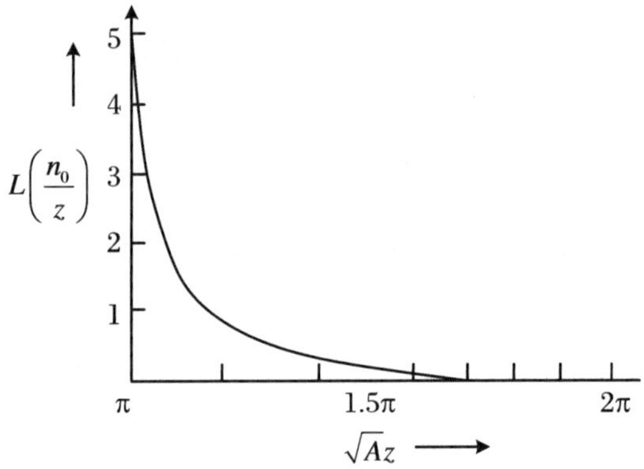

图 6.28　$\sqrt{A}z$ 与 L 的关系曲线

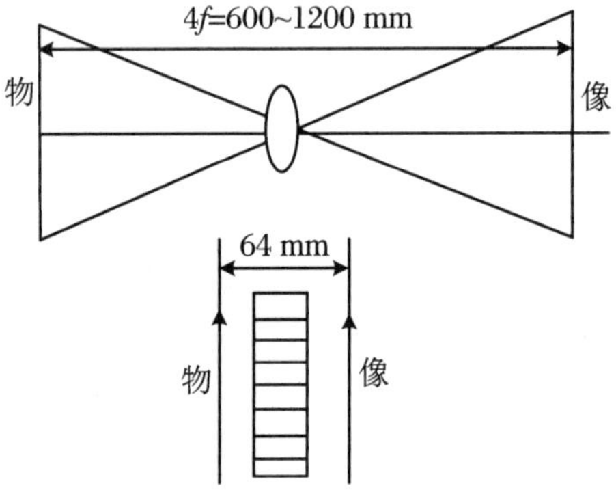

图 6.29　梯度折射率纤维透镜共轭长度

普通球面透镜在透镜外围成像分辨率和清晰度比中心低.而成直线排列梯度折射率纤维透镜阵列在整条直线上成像分辨率是相同的,整个视场的传递函数值就比较均匀,从而可以提高成像质量.

梯度折射率纤维透镜的线状光学元件将提供作用距离短的小型光学系统.以复印机为首,在传真、印刷等 1∶1 成像光学系统的应用领域的应用今后将日益扩大.

第7章　光纤的基本特征及测试

光纤的损耗和色散是宽带通信传输介质的两个十分重要的特征参量.由于存在损耗,在光纤中传输信号的能量将不断衰减,因而使用的光纤长度一般是有限的.为了实现长距离光通信,就得在一定距离(如几千米至几十千米)建立中继站,把衰减了的信号反复增强.而损耗就决定了光信号在光纤中被增强之前可传输的最大距离.但是,两中继站间可允许的距离不仅由光纤的损耗决定,而且还受色散的限制.在光纤中,脉冲色散越小,它所携带的信息容量就越大.例如,假若脉冲的展宽由1000 ns减少到1 ns,则所传输的信息容量将由1 Mbit/s增加到1000 Mbit/s.因此,仔细分析光纤的损耗特性和色散特性是十分重要的.

另外,光纤的偏振、双折射等特性对于光纤在传感技术上的应用,以及光纤中非线性的研究具有重要的意义.本章将在后面对这些性能也进行讨论.

7.1　光纤的传输损耗

在光波导发展初期,过高的传输损耗一直限制着它的实际应用.因为即使完全透明的纯净的玻璃材料,如制作光学透镜的高质量光学玻璃,对光的损耗也很大,其数值大约为1000 dB/km.这样高的衰减值对光纤通信应用来说是难以接受的.通常认为,光纤通信的最低要求是20 dB/km直到是20世纪70年代以后,由材料纯化和制纤工艺的改善,光纤的损耗值逐年下降,目前制作光纤的损耗在1.55 μm波长上已达到0.2 dB/km.

不论是阶跃折射率光纤还是梯度折射率光纤,产生损耗的原因主要是:

(1) 材料的吸收损耗,包括纤芯和包层的物质吸收.

(2) 材料(或物质)散射,也包括纤芯和包层.

(3) 波导散射,即交界面随机的畸变或粗糙所产生的散射.实际上这是由传输波型功率的一部分耦合成辐射模式而引起的损耗,所以是辐射损耗.

(4) 波导弯曲所产生的辐射损耗.

(5) 外套损耗.

下面逐项简述.

7.1.1　材料的吸收损耗

材料吸收所产生的损耗是主要的损耗.早期的水平是1000～4000 dB/km,发现几乎所

有的损耗都是来源于材料吸收.材料吸收又有多种原因:

1. 物质本征吸收

这是物质固有的吸收,并不是由杂质或者缺陷所引起的.物质固有吸收有两个频带,一个在近红外的 8~12 μm 区域里,主要由分子振动所产生,其峰尾在 1.7 μm 引起损耗为 1 dB/km,这是高硅光纤会传输时在 1.8 μm 附近截止的原因.另一个物质固有吸收带在紫外波段,吸收很强时,它的尾巴会拖到 0.7~1.1 μm 波段里去.据说对于锗掺杂硅,在波卡 0.6 μm 处,紫外吸收带的影响小于 1 dB/km.这个波段本征吸收的原因主要由原子跃迁(电子吸带)所产生.

物质的本征吸收是指物质在"理想"状态下的吸收,它决定了材料吸收的最低限度.

2. 过渡族金属离子吸收

过渡族金属有铁、钴、镍、铜、铬等.它们有各自的吸收峰和吸收带,如图 7.1 所示.它们的吸收峰和吸收带也随它们的价状态不同而不同.例如,Fe^{2+} 的吸收峰的波长比较长,而 Fe^{3+} 的却在 0.4 μm 以下.此外,在不同的玻璃里,相同的离子所起的作用也可能不同.

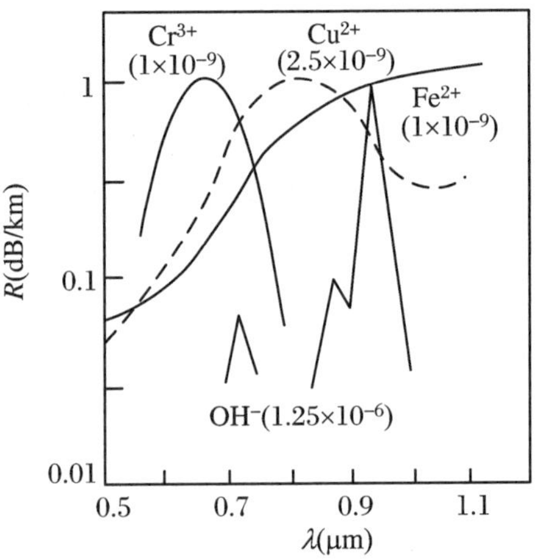

图 7.1 过渡族金属离子吸收

在以往制作光纤时,最害怕这种杂质.在波段中心要求损耗小于 20 dB/km,铁、铜、铬和钒的成分要分别低于 8×10^{-9},9×10^{-9},18×10^{-9} 和 8×10^{-9}.目前,低损耗光纤内的过渡族金属的总成分低于 10^{-8}.

3. OH^- 离子吸收

在熔融石英玻璃,OH^- 的吸收带在 0.5~1.0 μm 范围里.OH^- 的基本吸收峰在 2.7 μm 附近.在 0.95 μm 和 0.72 μm 处是振动损耗的二次和三次谐波.一般,谐波并不正好是基频的谐频,即频率有一点变化.

对于锗掺杂硅玻璃($GeO_2 \cdot SiO_2$)单模纤维,OH^- 的影响在 1.4 μm 附近有一个吸收峰.对于极低损耗的光纤,杂质的影响几乎已经消除,亦即已制作得极纯.对于常规玻璃光纤则可能仍受杂质的影响,但是很难建立杂质与损耗之间的定量关系.

4. 原子缺陷吸收

由于加热过程或者由于强烈的辐射,玻璃材料会受激而产生原子的缺陷,产生损耗.如 Ti^{4+} 变成 Ti^{3+},就会产生每千分贝的损耗.

对于常规玻璃,在 γ 射线的照射下(例如辐射剂量为 3000 rad 时)可以产生 20000 dB/km

损耗.但是有些材料受到的影响比较小,例如锗掺杂硅玻璃,当辐射剂量为 4300 rad 时,在 0.82 μm 的损耗只增加 16 dB/km.背景宇宙辐射对这种波导会产生小而长期的效应.

7.1.2　物质的散射损耗

物质内部的散射,会减小传输功率,产生损耗.物质散射中最重要的为本征散射.它是使波导衰减不能太小的基本限制之一.另外,物质在强场作用下,也会诱发出对入射波的非线性散射,这点将在第 11 章论述.

密度不均匀或者内应力不均匀就引起折射率不均匀,从而产生散射.这种不均匀度与波长相比是小尺寸的.这种散射称为瑞利散射.瑞利散射与波长 λ 的四次方成反比.计算公式为

$$\alpha_{\mathrm{at}} = \frac{8\pi^2}{3\lambda^4}(n^2-1)kT\beta_{\mathrm{co}} \tag{7.1}$$

这里,α_{at}代表衰减系数,β_{co}代表可压缩度,即每单位力所产生的体积压缩;k 是玻尔兹曼常数;T 是跃迁温度(K);n 是折射率.

这种损耗,随着波长加长而很快减小.对于熔融硅玻璃,跃迁温度为 1500 ℃,计算结果是波长为 0.82 μm 时,每千米衰减应为 1.7 dB,与实验结果接近.对于有些玻璃,例如 Li-Al-SiO_2,这种损耗比较小.

掺杂不均匀引起的散射,也属于物质的本征散射.此外,所用的玻璃中有些含有几种氧化物,以改变折射率.而氧化物浓度的不均匀性或起伏,也会引起散射,产生损耗.

衰减的计算公式为

$$\alpha_{\mathrm{at}} \approx \frac{16\pi^3 n}{3\lambda^4}\left(\frac{\mathrm{d}n}{\mathrm{d}c}\right)^2 \overline{\Delta c^2}\,\delta V \tag{7.2}$$

这里,$\overline{\Delta c^2}$是浓度起伏的均方值,c 是起伏尺寸,δV 是有起伏的体积.

一般而言,折射率的起伏是未知的,所以因之而产生的损耗(或散射)是不能计算的.反过来,倒是可以利用散射损耗去得出折射率的起伏.一般观察结果是:假如所加的氧化物是增加折射率的,则产生的起伏往往较大.于是,对于大折射率的玻璃,因氧化物不均匀所引起的损耗往往比密度(或应力)不均匀所引起的要大.但对于典型的高硅玻璃,浓度不均匀的散射损耗约占总散射损耗的 25%.

7.1.3　波导散射损耗

拉制纤维时的不良性,造成纤维尺寸沿轴线起伏,如粗细不匀,截面形状变化等,这种不均匀性同样将引起光的散射.另外,纤芯和包层界面的不光滑、污染等,也将造成严重的散射损耗.

在这里,散射是一种直观的描述.实际上它是由表面畸变所引起的模式转换或模式耦合.一种模式由于交界面的起伏,会产生其他传输模式和辐射模式.这种散射所产生的损耗效应其机理是比较复杂的.例如各种模式的衰减不同,这从均匀波导纤芯和包层里功率分配就可以知道.不同的模式有不同的分配,于是衰减就不同.又如辐射模的衰减显然较大.在长距离的模式变换过程中,衰减小的模式有可能变成衰减大的模式,衰减大的模式也可能反变换成衰减小的模式,但是总起来说,模式的总体产生了额外损耗,即由模式变换而产生了附

加的损耗，这种附加的损耗就是波导散射损耗.

很多人曾经推导了薄膜波导和圆柱波导的这种模式耦合效应，并举例作了计算.例如对于薄膜波导，如果厚度为 5 μm，折射率差 $\Delta=1\%$，交界面的偏离均方根值为 0.9 nm，每千米将产生 10 dB 的辐射损耗.对于圆波导，如果纤芯有规则的直径变化为 0.1%，可以在长 5 cm 的光纤里，把最低模式全部变换成次低模式.

此外，在把光纤组成光缆，以及敷设光缆时，也应尽量减少光纤的畸变，使模式耦合效应引起的损耗减少到可以忽略的程度.

7.1.4 光纤弯曲产后的辐射

光纤弯曲是一个复杂的理论问题，这方面已经发表了大量的文献，方法多种多样，但都是近似的，同时是很烦琐的.我们这里仅仅定性地按速度观点进行分析.电磁波在弯曲部分传输时，要想保持同相位的电场和同相位的磁场在一个平面里，亦即保持导波，则越靠外面的速度越大(即 β 越小)，到一定地点，相速等于所在物质里的光速.超过这一点，电磁波是辐射波(即 $\beta<n_2k_0$，导波成为辐射波).把从这点起一直到无穷远处的能量积分起来，这就是损耗的能量或损耗的功率，从而可求衰减系数 α.

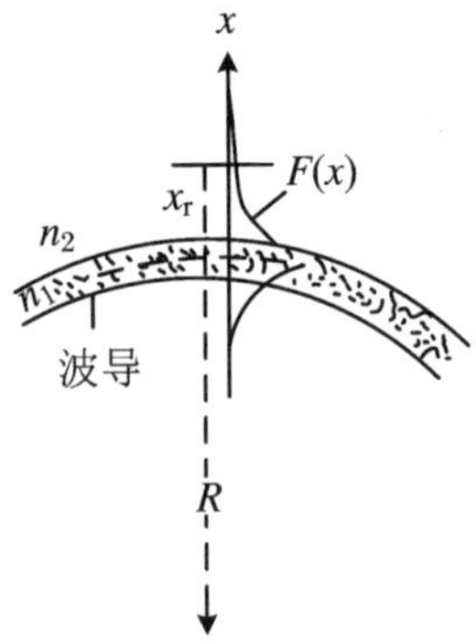

图 7.2 弯曲波导

图 7.2 是弯曲波导的示意图.衰减系数的公式为

$$\alpha_r = C_1\exp(-C_2R) \tag{7.3}$$

式中，α_r 为弯曲产生的衰减系数，C_1，C_2 是常数，与曲率半径无关.衰减与曲率半径 R 的关系表现在指数里.于是当曲率半径变化时，衰减并不作线性变化.图中 $x>R+x$ 的区域为阴影区，代表相速超过光速，成为辐射的区域.R 大小的变化所产生的 α_r 可以相差极大，例如 R 在 1∶2 的范围里变化，衰减可以从很小的值变成极大的值.

仍以薄膜波导为例，假设厚度为 1.18 μm，波长为 0.63 μm，折射率之差为 0.001 时(它用作单模传输，第二个模式在厚度为 4×1.18 μm 时产生)，$x_r\approx16$ μm，C_1 为 10^4，C_2 为 100；在 $R=9$ cm 时，衰减为 9.48 dB/m.如果 R 增大一倍，则衰减将减小到 $\exp(-18)\approx\frac{1}{6.5\times10^7}$，使 α_r 完全可以忽略.

上面举的是薄膜波导的例子，不是光纤的，而且只是把它定性地解释为光纤的弯曲.对于光纤，一般认为曲率半径超过 10 cm，弯曲损耗可以忽略.Δ 大于 0.001，容许的曲率半径可以减小，甚至可以小到 1 cm.

7.1.5 外套损耗

纤芯里的导波和辐射波导的电磁场都要进入到包层.在包层外圈，电磁场并没有消失，还要伸展到外面去，这就要与邻近的光纤耦合，产生串话.为了避免串话，包层外面需要再套一层衰减大的套子，把进入套子的电磁场消灭掉.这样，物质吸收损耗就有三部分，即纤芯里、包层里和外套里的损耗，它们各不相等.对每一个模式又不相同，这是由于功率分配不同的缘故.

如果某一模式(m,n)纤芯的衰减系数为 α_1，包层的为 α_2，则对于均匀波导，由它们两者

引起的总衰减系数 α_{mn} 为

$$\alpha_{mn} = \frac{\alpha_1 P_{\mathrm{comn}} + \alpha_2 P_{\mathrm{cldm}}}{P_{\mathrm{tmn}}} \tag{7.4}$$

式中，P_{comn}，P_{cldm}，P_{tmn} 为某模式(m，n)在纤芯、包层中和总的功率流.

在前面仍然考虑包层是无穷的，功率一分为二，一部分在纤芯里传输，另一部分在包层里传输. 虽然实际上并非如此，但一般在包层的边缘上电磁场已衰减到很小，所以这个近似还是可以的. 对于非均匀光纤情况较复杂，这里就不进行讨论.

近期发现有许多材料，如纯硅石、$B_2O_3 \cdot SiO_2$、$GeO_2 \cdot B_2O_3$、SiO_2 等在1.3 μm附近损耗较低，材料色散也接近零. 更近一些，还发现在 1.55 μm 左右，衰减可以降到 0.28 dB/km，同时适当设计光纤，还可以使色散(在 1.55 μm 处)最小. 这对长距离大容量通信的实现提供了比较好的条件.

图 7.3 示出光纤损耗与波长的关系，其损耗已接近理论极限，即使标准同轴电缆在 2.5 MHz 时，损耗约为 3.8 dB/km. 由此可发现，光纤的损耗是相当低的，这就相应地延长了中继距离.

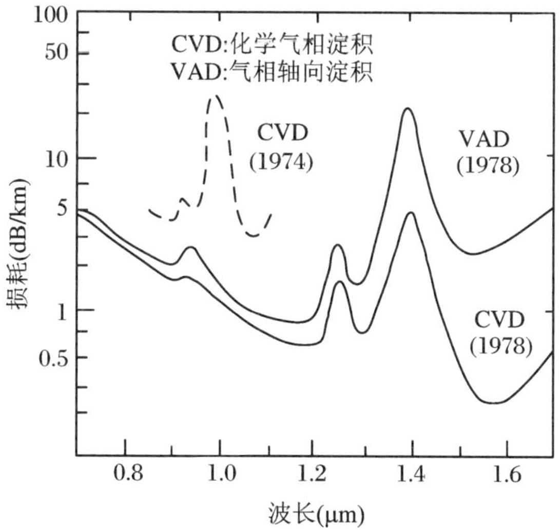

图 7.3　光纤损耗与波长的关系

7.2　光纤损耗的测量

当光束通过一定长度的光纤后，光束的能量就会衰减. 损耗这个量就表示光纤对光能的衰减能力，常用 dB 为单位，它定义为

$$\alpha = \frac{1}{L} 10\lg \frac{I}{I_0} \tag{7.5}$$

式中，I 和 I_0 分别为光纤的输出和输入光通量，所取的光纤长度通常为 1 km. 由于 $I < I_0$，所以 α 为负值负号的含义就是衰减(如果是正值，那含义就是增益). 显然，对于一根一定长度

的光纤,只要正确测量出它的输出和输入的光通量,就可以计算出它的损耗来.同时,由损耗的机理可知,损耗是光波长的函数,对不同的入射光波,光纤的损耗是不一样的.下面我们介绍测量损耗的主要方法.

7.2.1 直接比较法

利用测量装置直接测量光纤输出和输入的光通量,这就是直接比较法.图 7.4 是这种测量方法的原理示意图.光源的发光要求高度稳定,不能忽强忽弱,也就是要求从单色仪输出的光强度不变,或者光源采用特定波长的高稳定激光器(如稳定性好的氦氖激光器等).

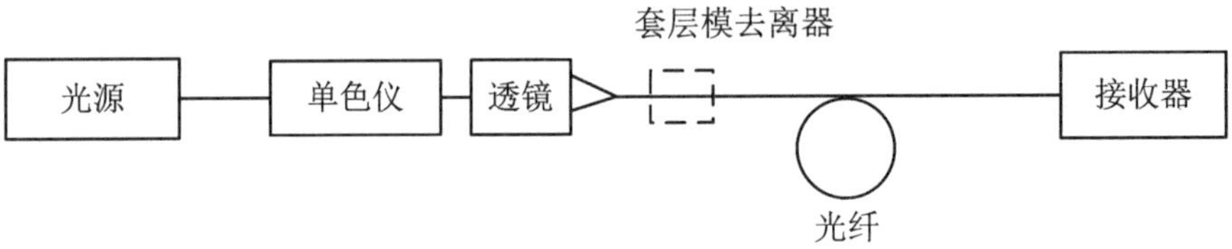

图 7.4 截去法测量原理示意图

测量过程中,先测通过长度为 L 的光纤后的光通量,设为 $I' = \gamma I$,γ 为光纤端面的影响系数.然后在入射端附近把光纤截断,只留下极小一段长为 l 的短纤维,再用同样手段测出它的光通量,设为 $I_0' = \gamma I_0$.这样做的目的是使光纤入射端面所处的条件不改变.必须注意,我们这里假定 $l \ll L$.这种方法测出的数据即为损耗:

$$\alpha = \frac{1}{L}10\lg\frac{I}{I_0} = \frac{1}{L}10\lg\frac{I'}{I_0'} \tag{7.6}$$

用这种方法测量损耗,还要把光纤的出射端和接收光能的硅光电池放在折射率匹配液中,以减少端面损耗,提高测量精度.

另一种直接比较法是用图 7.5 所示的装置.R 和 t 分别为分束器的反射光量和透射光量($R + t = 100\%$),并且 R 和 t 不随波长而改变.如果接收器 A 和 B 所接收到的光能量分别为 I_A 和 I_B,则光纤的损耗为

$$\alpha = \frac{1}{L}10\lg\frac{I_B}{I_A}\cdot\frac{R}{t} \tag{7.7}$$

这两种直接比较法都可以用单色仪来改变入射光的波长,因此就可以测出各种波长时光纤的损耗值.用直接比较方法测出的损耗,其中包括了光源和光纤的耦合损耗在内,这是要注意的.同时,为了在测量过程中避免包层光线的影响,往往在光纤入射端附近加一个包层模剥离器.这种包层模剥离器是一个小的器皿,内盛和包层材料折射率相同的匹配溶液.

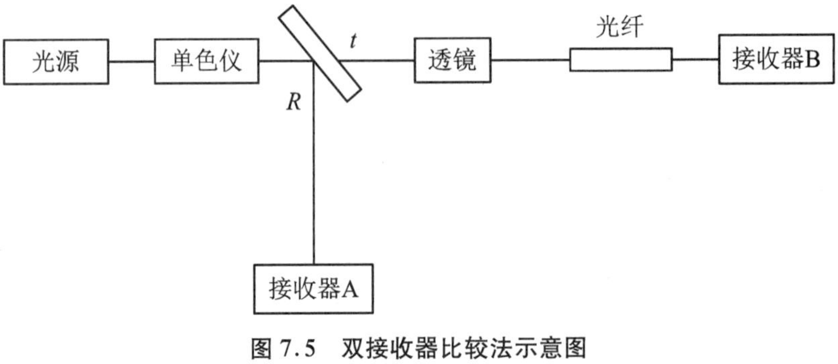

图 7.5 双接收器比较法示意图

7.2.2 背向散射法

在光纤中不可避免地存在着由于折射率或物质不均匀而产生的瑞利散射.瑞利散射光的特点是散射光波长与入射光波长相同,散射光功率与该点入射光功率成正比.散射光沿各方向皆有,但只有小部分在光纤数值孔径内的光会沿光纤轴向传播.如果入射端注入一个大功率窄脉冲信号,则可以在同一端接收一个连续的、随时间越来越弱的背向散射信号.设法有效地接收这一背向散射信号,则可以从中得到光纤的衰减系数.因此称这种方法为背向散射法,用这种方法测量光纤衰减的仪器称为光时域反射计(又称 OTDR).

图 7.6 是 OTDR 的光发射和检测部分示意图.因为需要测量背向散射信号,因此激光器产生的窄脉冲通过分束器再注入光纤,来自光纤端面的反射信号比光纤内背向散射信号强得多.因而需要采用各种方法来控制这种不需要的强信号,图中折射率匹配液盒即是减小光纤端面反射而采取的方法之一.OTDR 中还采用一些特殊设计的电路来控制端面反射信号.背向散射信号是深埋在噪声之中的很弱的信号,一般的检测仪器是不能检测到这一信号的.在 OTDR 中采用取样积分器来提取这一信号,取样积分器能在一个窄的时间隔中对信号重复取样,并对所有信号进行求和,求和过程中随机的噪音信号会被消除,相干的信号会相加增强.而用来取样的时间间隔在被测的整个时间区域上缓慢扫过,从而能把深埋于噪声中全部有用信号检出.

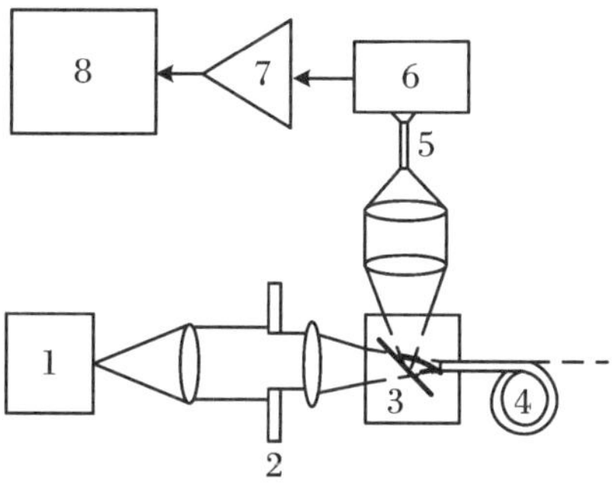

图 7.6　光时域反射计部分结构示意图

1-激光器;2-光阑;3-匹配液盒;4-待测光纤;5-短光纤;
6-检测器;7-放大器;8-数据采集系统.

图 7.7 是用 OTDR 测量的曲线,被测光纤由两根光纤焊接而成,中间的凸起显示了接头处的反射,而曲线尾部的凸起则显示了光纤末端处的反射.由式(7.6)和图 7.7 可以看出 AB 段光纤的衰减系数为

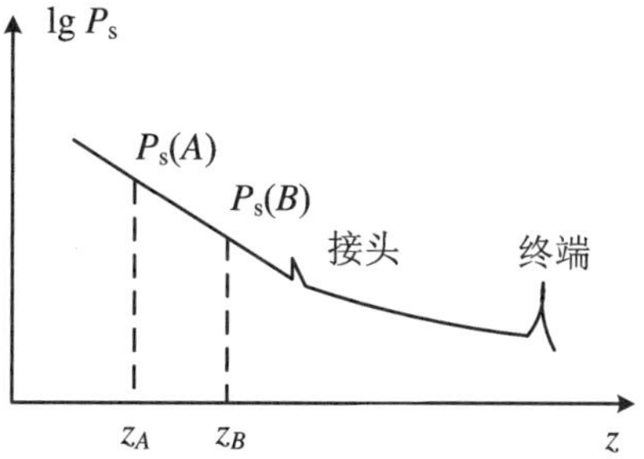

图 7.7　OTDR 测量曲线

$$\alpha(\lambda,L)=\frac{1}{2}\frac{10}{z_B-z_A}\lg\left[\frac{p(\lambda,z_A)}{p(\lambda,z_B)}\right] \tag{7.8a}$$

图中为对数坐标,即 $P_s(A)=10\lg p(\lambda,z_A)$,$P_s(B)=10\lg p(\lambda,z_B)$,$z_B-z_A=L$,所以

$$\alpha(\lambda,L)=\frac{1}{2L}[P_s(A)-P_s(B)] \tag{7.8b}$$

图中曲线的斜率即为衰减系数 α,两段光纤的斜率说明它们具有不同的衰减系数.由于被检测的信号从注入后正向传输到散射后背向传输,两次通过 AB 段光纤,所以光纤长度采用 $2L$.曲线横坐标的长度是通过时间坐标换算来标度的.已知光在真空中的速度 $c=3\times10^8$ m/s,光纤折射率为 $n(\lambda)$,光脉冲在光纤中从 A 点传播到 B 点再由 B 点传播到 A 点,时间间隔为 Δt,那么 A,B 间的长度 $L=c\Delta t/[2n(\lambda)]$,则可把测量得到的时间间隔转变为长度.不难看出,利用 OTDR 的背向散射曲线的分析,很容易确定光纤中的缺陷、断裂点、接头的位置,并能测量光纤的长度.

背向散射法只需在光纤的一端测试,方法又十分简单,很适合现场测量,特别是可用来测光纤长度及确定故障点位置,所以 OTDR 有很广泛的应用.

7.3 光纤的色散和脉冲展宽

前面已经说过,损耗和色散是光通信传输介质的两个重要的特性参量.要实现长距离光通信,光纤必须同时具有低的损耗和小的色散.因为色散限制了经过光纤传输的光信号的调制光谱宽度,所以,可以利用术语"光纤带宽"(或称带宽)来表述光纤的色散性质.

在光纤中,色散有如下三种:

(1) 材料色散.这就是材料本身的折射率随频率而变,于是,不同频率的光波传输的群速度不同,由于这个原因所产生的色散叫做材料色散.

(2) 多模色散.它是由于传输的各模之间的群速度不同所引起色散,这种色散仅出现在多模光纤中,又称模式间色散.

(3) 波导色散.它是模式本身的色散.即对于光纤某一个模式本身,在不同频率下,位相传播常数 β_{mn} 不同,群速不同,引起色散,又称模内色散.

在以上三种色散中,波导色散与材料色散都与发射光的光谱宽度成正比.同时,光谱宽度是由光源本身的光谱宽度和调制边带的宽度组成.在一般情况下,前者的宽度远大于后者.

对于单模传输(HE_{11} 波型),材料色散一般占主导地位,波导色散对它的影响很小.在单模光纤中传输的光脉冲能量可以延伸到一定的光谱区间,其原因部分是信号脉冲本身的傅里叶谱可以引起光脉冲能量延伸,另外,在调制之前光源本身有一定的光谱宽度也是一个重要原因.由于存在色差,在光纤中传输的光谱的不同部分有不同速度,这也可以引起脉冲的展宽.

在多模光纤中,一般说模式间色散占主导地位.多模光纤中模式的群时延和最大相对群时延差引起多模光纤的模式间色散.如果把模式间色散平衡掉,则剩下的是材料和波导色

散，情况与单模传输相似，不同的是这里的波导色散是多模的波导色散.

当光纤工作波长为 0.85 μm 时，对于单模传输，材料色散要比波导色散大一两个量级；对于多模传输，则材料色散与波导色散大致相当.

设信号在光纤中传输，经过 L 长度所需的时间为 τ

$$\tau = \frac{L}{v_g} = L\frac{d\beta}{d\omega} \tag{7.9}$$

式中，τ 称为延时或群时延. 由于上述各种色散的存在，延时会加大. 如果用 $\Delta\tau_n$，$\Delta\tau_w$ 和 $\Delta\tau_m$ 分别代表材料色散、波导色散和多模色散的时延增量，则总的时延增量 $\Delta\tau$ 为

$$\Delta\tau = \Delta\tau_n + \Delta\tau_w + \Delta\tau_m \tag{7.10}$$

在单模光纤波导中，光脉冲群时延差为 $\Delta\tau_g = \Delta\tau_n + \Delta\tau_w$，通常 $\Delta\tau_n > \Delta\tau_w$. 因此，在一般情况下只考虑材料色散而忽略波导色散的影响. 这时，传播常数 $\beta = n_1 k$，代入式(7.9)中

$$\tau_n = L\frac{d\beta}{dw} = \frac{L}{c}\frac{d(n_1 k)}{dk} = \frac{L}{c}\left(n_1 + k\frac{dn_1}{dk}\right) \tag{7.11}$$

如果考虑 $k = w/c = 2\pi/\lambda$ 及 $dk = -2\pi d\lambda/\lambda^2$，则上式变为

$$\tau_n = \frac{L}{c}\left(n_1 - \lambda\frac{dn_1}{d\lambda}\right) \tag{7.12}$$

考虑到材料色散的延时 τ_n 随波长 λ 而变化，对上式求导则得

$$\frac{\Delta\tau_n}{d\lambda} \approx -\frac{L}{c}\cdot\lambda\left(\frac{d^2 n_1}{d\lambda^2}\right) \tag{7.13}$$

如果光脉冲的光谱宽度为 $\Delta\lambda$，则材料色散引起的群时延差为

$$\Delta\tau_n = -\frac{L}{c}\cdot\lambda\left(\frac{d^2 n_1}{d\lambda^2}\right)\Delta\lambda \tag{7.14}$$

式中，λ 为中心波长，$d^2 n_1/d\lambda^2$ 由材料色散特性决定，由于 $d^2 n_1/d\lambda^2$ 值通常很小，加之激光的单色性好，因此，单模光纤波导的传输带宽 $B \approx 1/\Delta\tau_g$ 可达每千米千兆赫量级.

在多模光纤波导中，入射的光脉冲的能量是许多传输模式之间分配的. 每一种模式以各自的速度传播，因此，它们到达终端的时间先后不同，一个窄的脉冲在输出端变成了弥散的脉冲，使合成的输出脉冲宽度展宽.

为了简单计算，我们从射线光学出发来估算 $\Delta\tau_m$ 的大小. 图 7.8 中假定光纤长度为 L，其中光线①沿轴线传播，其时间延迟最短，即 $t_1 = Ln_1/c$，式中 c 为真空中光速，n_1 是纤芯折射率.

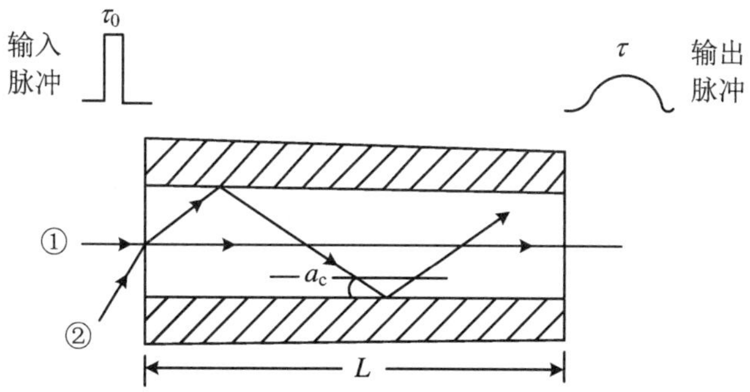

图 7.8　多模光纤波导中的脉冲展宽

光线②刚好满足全反射条件，延迟时间最长，即

$$t_2 = Ln_1 c \cdot \cos\alpha_c \tag{7.15}$$

式中，$\cos\alpha_c = n_2/n_1$，n_2 是包层折射率，所以光线①和②到达终端的延时差为

$$\Delta\tau_m = \frac{L}{c}n_1\left(\frac{n_1}{n_2} - 1\right) \tag{7.16}$$

在 $n_1 \approx n_2$ 的条件下，利用相对折射率差 Δ，上式可简化为 $\Delta\tau_m = Ln_1\Delta/c$，因为 $N.A. = n_1\sqrt{2\Delta}$，由多模色散决定的带宽为

$$B_m \approx \frac{1}{\Delta\tau_m} = \frac{c}{L} \cdot \frac{2n_1}{(N.A.)^2} \tag{7.17}$$

该式说明，多模光纤波导的传输带宽反比于数值孔径的平方和传输距离，取 $n_1 = 1.5$，$\Delta = 0.01$，$L = 1$ km，则 $B \approx 20$ MHz/km，延时差为 50 ns/km.

以上分析是用子午光线进行的，没有考虑偏射线，偏射线比较麻烦，所以上述的分析是近似的. 根据严格的模式理论，在 $n_1 \approx n_2$ 的条件下，多模群延时差 $\Delta\tau_m$ 可表示为

$$\Delta\tau_m = \frac{L}{c}(n_1 - n_2)\left[1 - \frac{\pi}{V}\right] \tag{7.18}$$

式中，V 是归一化频率参量，V 值愈大，光纤波导中的模式数目愈多，显然，当 $V \gg \pi$ 时，上式就过渡到式(7.16).

对于多模光纤，波导越长，时延越长，可传输带宽愈窄，如果用阶跃折射率波导传输多模，则通信容量小；若采用梯度折射率波导可以改善这种情况. 光纤芯折射率呈抛物线型变化，即

$$n(r) = n(0)\left(1 - \frac{\delta}{a^2}r^2\right) \tag{7.19}$$

这里，$n(0)$为芯轴折射率，a 是纤芯半径，δ 是折射率的变化率.

对于这种光纤，由于各种投射角的光线均有可能同时到达空间周期的整数倍的点处，故信号传输的群时延差很小，或者说信号的畸变很小，传输带宽就很宽. 这是自聚焦光纤波导最大的优点.

经理论分析指出，在自聚焦光纤中，最长和最短光程之间每单位长度的群时延差为

$$\Delta\tau_m = \frac{n_1}{c}\left[\frac{(1-\delta)^{\frac{3}{2}}}{(1-3\delta)^{\frac{1}{2}}} - 1\right] \tag{7.20}$$

若取 $n_1 = 1.5$，$\delta = 1\%$，则 $\Delta\tau_m \approx 0.75$ ns/km，这相当于 0.7 GHz/km 的带宽，可见它比多模阶跃型光纤的带宽大得多.

7.4　光纤脉冲展宽的测量

从光的传播原理可知，在光纤中以不同的入射角传播的光线就相当于不同的光波模式. 通过同样长度的光纤时，与光纤轴夹角小的低阶模传播得快，而夹角大的高阶模就传播得慢. 因此，入射角不同的光线到达光纤出射端的时间就有先后，于是就形成了光波模间的时

间延迟.如果输入的光波为一窄脉冲,由于传播的时间延迟,输出的光脉冲就被展宽,这就是色散.色散引起的脉冲展宽,限制了光纤传输的信息容量.可见,光脉冲的展宽是光纤的一个重要参数,对它的测量是十分必要的.

7.4.1　原理

设光纤的入射脉冲为 $x(t)$,出射脉冲为 $y(t)$,脉冲响应为 $h(t)$,则根据数学关系,它们相应的傅里叶变换为

$$\begin{cases} X(\omega) = \dfrac{1}{\sqrt{2\pi}}\displaystyle\int_{-\infty}^{\infty} x(t)e^{j\omega t}dt \\ x(t) = \dfrac{1}{\sqrt{2\pi}}\displaystyle\int_{-\infty}^{\infty} X(\omega)e^{-j\omega t}d\omega \end{cases} \tag{7.21}$$

$$\begin{cases} Y(\omega) = \dfrac{1}{\sqrt{2\pi}}\displaystyle\int_{-\infty}^{\infty} y(t)e^{j\omega t}dt \\ y(t) = \dfrac{1}{\sqrt{2\pi}}\displaystyle\int_{-\infty}^{\infty} Y(\omega)e^{-j\omega t}d\omega \end{cases} \tag{7.22}$$

$$\begin{cases} H(\omega) = \dfrac{1}{\sqrt{2\pi}}\displaystyle\int_{-\infty}^{\infty} h(t)e^{j\omega t}dt \\ h(t) = \dfrac{1}{\sqrt{2\pi}}\displaystyle\int_{-\infty}^{\infty} H(\omega)e^{-j\omega t}d\omega \end{cases} \tag{7.23}$$

同时,$x(t)$,$y(t)$,$h(t)$之间还有下面的线性卷积关系:

$$y(t) = h(t) * x(t) = \int_0^t h(t-\tau)x(\tau)d\tau \tag{7.24}$$

考虑到 $t<0$ 时脉冲不存在,由上面各式可得

$$H(\omega) = \frac{Y(\omega)}{X(\omega)} \tag{7.25}$$

将式(7.25)代入式(7.23),则可得到脉冲响应 $h(t)$为

$$\begin{aligned} h(t) &= \int_0^t H(\omega)e^{-j\omega t}d\omega = \int_0^t \frac{Y(\omega)}{X(\omega)}e^{-j\omega t}d\omega \\ &= \int_0^t \left[\frac{\int_0^t y(t)e^{j\omega t}dt}{\int_0^t x(t)e^{j\omega t}dt}\right]e^{-j\omega t}d\omega \end{aligned} \tag{7.26}$$

脉冲响应 $h(t)$和频率特性的关系也可以用傅里叶变换的公式得到.设脉冲响应 $h(t)$是最常见的高斯分布

$$h(t) = \exp\left[-\left(\frac{2t}{\Delta\tau}\right)^2\right] \tag{7.27}$$

式中,$\Delta\tau$ 是分布的宽度,以此代入式(7.23)可得

$$H(\omega) = \frac{1}{\sqrt{2\pi}}\int_0^t h(t)e^{j\omega t}dt \approx e^{-\left(\frac{\omega\Delta\tau}{4}\right)^2} \tag{7.28}$$

特征频率 f_c 是表示当 $H(\omega)$降低为原值的一半时的频率,利用 f_c,式(7.28)可写为

$$H(\omega) \approx \exp\left[-\left(\frac{\omega}{2\pi f_c}\right)^2 \cdot \ln 2\right] \tag{7.29}$$

上式和式(7.28)相比较,求得特征频率为

$$f_c = \frac{2\sqrt{\ln 2}}{\pi} \cdot \frac{1}{\Delta\tau} = 0.53 \cdot \frac{1}{\Delta\tau} \tag{7.30}$$

所以如果能够测量出特征频率 f_c，就可以得到脉冲响应的宽度 $\Delta\tau$，从而求得脉冲响应 $h(t)$. 反之，测出 $h(t)$，也同样得到 $\Delta\tau$ 和 f_c 的数值.

同时，设入射脉冲 $x(t)$ 和出射脉冲 $y(t)$ 也是高斯分布，即

$$x(t) = \exp\left[-\left(\frac{2t}{\Delta\tau_\lambda}\right)^2\right] \tag{7.31}$$

$$y(t) = \exp\left[-\left(\frac{2t-2t_0}{\Delta\tau_{出}}\right)^2\right] \tag{7.32}$$

$$h(t) = \exp\left[-\left(\frac{2t-2t_0}{\Delta\tau}\right)^2\right] \tag{7.33}$$

式中，t_0 是脉冲的平均传播时间，将上述各式代入卷积关系(7.24)，可求得

$$\Delta\tau_{出}^2 = \Delta\tau_\lambda^2 + \Delta\tau^2 \tag{7.34}$$

这个式子在分离多模色散和其他色散的测量中很有用处.

7.4.2 脉冲比较法

由式(7.26)可知，只要求得入射光脉冲 $x(t)$ 和出射光脉冲 $y(t)$，就可得到光纤的脉冲响应 $h(t)$. 图 7.9 是用脉冲比较法测量脉冲展宽的实验装置原理图. 光源采用半导体激光器，检波使用雪崩二极管，然后用同步示波器接收并比较光脉冲信号(见图 7.10)，根据波形求出 $x(t)$ 和 $y(t)$，最后由傅里叶变换求得脉冲响应函数 $h(t)$.

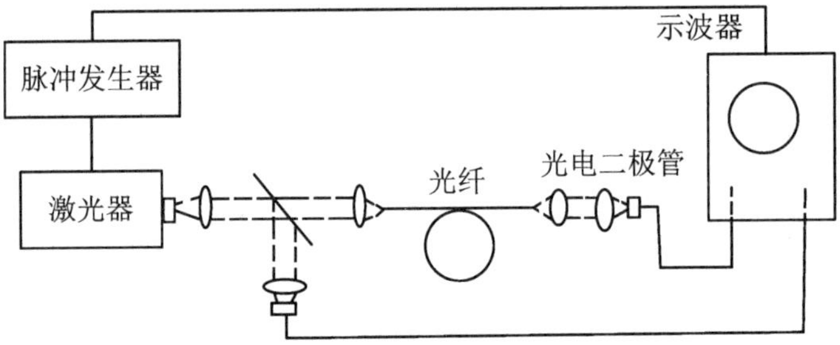

图 7.9　脉冲比较法测量脉冲展宽原理图

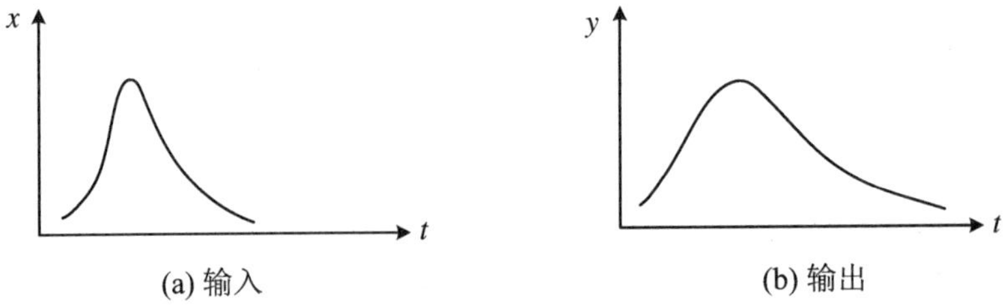

图 7.10　输入、输出脉冲波形

此外，与脉冲比较法测量相似，还有一种调制测量法. 它是利用改变光源的调制频率而测量出相对应的频率响应，由此求出脉冲响应.

7.4.3　多模色散分离测量

上述的测量都是对全色散引起的展宽进行的，为了从全色散中分离出多模色散、波导色散和材料色散，可以用一种双束激光器来测量，如图 7.11 所示．两个激光器所发出的不同波长的激光，经过半透反射镜合成之后，入射到光纤中去，然后用同步示波器来检测．

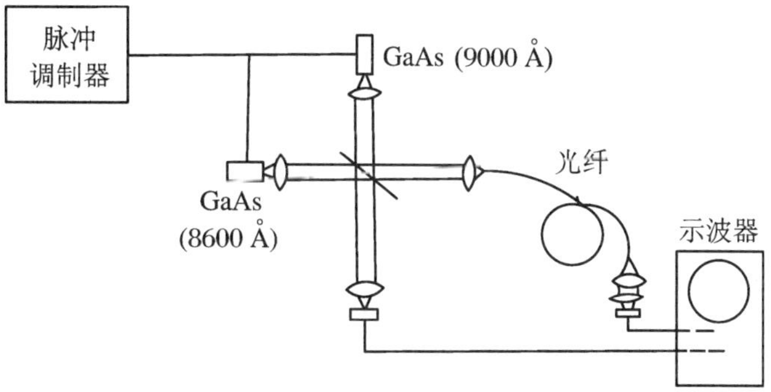

图 7.11　多模色模分离测量原理图

由于波长 λ_1 和 λ_2 的两个脉冲中心的传输时间差 Δt 和多模色散无关，只是由波导色散和材料色散引起，故有

$$\Delta t = \Delta\tau_{\omega} + \Delta\tau_{n} \tag{7.35}$$

由于我们假设所有的光脉冲按时间分布均为高斯型，所以有

$$\Delta\tau_{出}^2 = \Delta\tau_{\lambda}^2 + \Delta\tau_m^2 + (\Delta\tau_{\omega} + \Delta\tau_n)^2 \tag{7.36}$$

在上面这两个式子中，$\Delta\tau_m$，$\Delta\tau_{\omega}$ 和 $\Delta\tau_n$ 分别为多模色散、波导色散和材料色散所形成的脉冲展宽宽度．因此，从式(7.35)和(7.36)，就可以求得多模色散宽度

$$\Delta\tau_m^2 = \Delta\tau_{出}^2 - \Delta\tau_{入}^2 - \Delta t^2 \tag{7.37}$$

图 7.12 是用这种方法测量在示波器上所得脉冲波形的示意图．t_1 是两个发射脉冲中心的时间间隔，t_2 是接收脉冲中心的时间间隔，由于波长 λ_1 和 λ_2 的两个脉冲中心的传输时间差 Δt 为

$$\Delta t = t_2 - t_1 \tag{7.38}$$

由此可以计算出多模色散宽度．

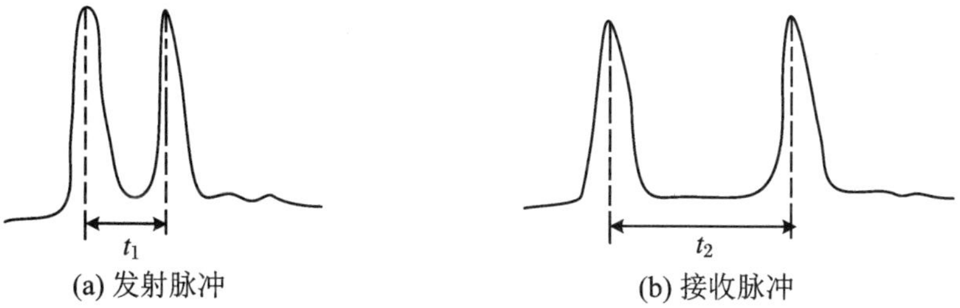

图 7.12　发射和接收的双脉冲波形示意图

7.5 光纤的偏振与双折射

光纤的偏振与双折射特性不仅对光在光纤中的传输有影响,而且对光纤传感技术和光纤中的非线性研究具有十分重要的意义.

理想的单模光纤模式是线偏振的,它的两个基模 $HE_{11}^{(x)}$ 和 $HE_{11}^{(y)}$ 是相互垂直的线偏振模.它们的传播常数相等,故彼此简并($\Delta\beta=0$).在传播过程中,保持彼此相位相同,且线偏振态不变.

实际上,一方面由于光纤本身的不完善性,例如存在横截椭圆度以及残余内应力等引起折射率分布畸变;另一方面由于外场微扰的作用,芯径椭圆度或纤芯折射率会变化.上述这些变化因素会引起单模光纤偏振态的变化.下面利用简单的数学模型来研究单模光纤偏振态的演变过程.

7.5.1 单模光纤的偏振

1. 偏振演变

设单模光纤中,有一个线偏振的入射波 E_0 激励起两个正交的基模 $HE_{11}^{(x)}$ 和 $HE_{11}^{(y)}$,并分别沿着两个特定的主轴 ox、oy 方向振动.它们的横电场幅度 a_x,a_y 由下式表示:

$$\begin{cases} a_x = E_0\cos\alpha \\ a_y = E_0\sin\alpha \end{cases} \tag{7.39}$$

式中,α 是入射波 E_0 与 x 轴的夹角.

考虑这两个基模在光纤传输中的任意 z 处的电场

$$\begin{cases} E_x = a_x\exp[j(\omega t-\beta_x z)] \\ E_x = a_x\exp[j(\omega t-\beta_x z)] \end{cases} \tag{7.40}$$

式中,β_x,β_y 分别为基模 HE_x 和 HE_y 的传播常数.

由于外场的微扰或光纤本身的不完善性,将造成 $\beta_x\neq\beta_y$.设 $\Delta\beta=\beta_x-\beta_y$,则两个模场之比有

$$\frac{E_y}{E_x}=\frac{a_y}{a_x}\exp(\,j\Delta\beta\,z) \tag{7.41}$$

这是一个横偏振的简明表达式.通过对上式的研究可知,两个基模的合成模电矢量的末端轨迹表示了模的偏振态,同时唯一地取决于两个基模的相位差 $\varphi=\Delta\beta z$.显然,相位差 φ 不是一个固定常数,而是传输距离 z 的函数.随着 z 的增加,φ 不断增大,因而合成模的偏振态也不断变化.下面详细分析合成模的以下几种偏振态:

(1) 线偏振模:当相位差 $\varphi=m\pi$,$m=0,\pm1,\pm2,\cdots$时,有

$$\frac{E_y}{E_x}=(-1)^m\frac{a_y}{a_x} \tag{7.42}$$

(2) 右旋正椭圆偏振模:当 $\varphi=(4m+1)\pi/2$,$m=0,\pm1,\pm2,\cdots$时有

$$\frac{E_y}{E_x} = \frac{a_y}{a_x}\exp\left[\frac{\mathrm{j}(4m+1)\pi}{2}\right] = \mathrm{j}\frac{a_y}{a_x} \tag{7.43}$$

如果入射模 E_0 与 x 轴夹角 $\alpha = \pm\pi/4$，则 $a_x = a_y$，这时上面的偏振模变成右旋圆偏振模为

$$\frac{E_y}{E_x} = \mathrm{j} \tag{7.44}$$

(3) 左旋正椭圆偏振模：当 $\varphi = (4m-1)\pi/2$ 时，有

$$\frac{E_y}{E_x} = \frac{a_y}{a_x}\exp\left[\frac{\mathrm{j}(4m-1)\pi}{2}\right] = -\mathrm{j}\frac{a_y}{a_x} \tag{7.45}$$

同时当 $\alpha = \pm\pi/4$ 时，$a_x = a_y$，则变成左旋圆偏振模为

$$\frac{E_y}{E_x} = -\mathrm{j} \tag{7.46}$$

(4) 椭圆偏振模：这是最一般的情况．当相位差 φ 为上述数值以外的任意值，则偏振态由式(7.41)表示

$$\frac{E_y}{E_x} = \frac{a_y}{a_x}\exp(\mathrm{j}\varphi) \tag{7.47}$$

当 φ 为 $2m\pi<\varphi<(2m+1)\pi$ 区间的值，即 $\sin\varphi>0$ 时，合成模为右旋椭圆振模；当 φ 为 $(2m+1)\pi<\varphi<(2m+2)\pi$ 区间的值，即 $\sin\varphi<0$ 时，合成模为左旋椭圆偏振模．

由上述讨论可知，当两个基模的相位 φ 从 0 到 2π 之间变化时，合成模偏振态将按线偏振($\varphi=0$)→右旋椭圆偏振($0<\varphi<\pi$)→线偏振($\varphi=\pi$)→左旋椭圆偏振($\pi<\varphi<2\pi$)→线偏振($\varphi=2\pi$)的顺序，周期性地重复演变．在偏振态的一个重复演变周期内，模式传输所走过的距离 A 定义为拍长．显然，一个拍长 A 的表达式为

$$A = \frac{2\pi}{\Delta\beta} \tag{7.48}$$

从上式可以看出，两个基模传播常数的差别越小，表示正偏振旋转周期的拍长越长．通常的偏振保持单模光纤，其拍长在 10 m 以上．

因此，由于外场的微扰作用或光纤本身的不完善性，原来简并的模式分开了($\Delta\beta\neq0$)，造成上述的偏振演变现象．

2．基模的耦合

以上是从合成模振动矢量的末端轨迹来讨论光纤的偏振演变．下面根据耦合模理论的观点来进一步研究光纤的偏振．

同样，从单模光纤的两个正交的基模 $\mathrm{HE}_{11}^{(x)}$ 和 $\mathrm{HE}_{11}^{(y)}$ 出发，在理想规则波导的条件下，$\beta_x = \beta_y = \beta$，两模之间没有耦合，各自保持相互垂直的线偏振状态．它们的合成场：

$$E = a_x e_x + a_y e_y \tag{7.49}$$

以及

$$\begin{cases} a_x = C_x\exp(-\mathrm{j}\beta_x z) \\ a_y = C_y\exp(-\mathrm{j}\beta_y z) \end{cases} \tag{7.50}$$

式中，C_x，C_y 为模场的幅度系数，均为常数．

如果光纤受外场的微扰作用，则两模式的传播常数发生了变化：$\beta_x\neq\beta_y$，从而两模之间产生了耦合，其耦合方程有

$$
\begin{cases}
\dfrac{\mathrm{d}C_x(z)}{\mathrm{d}z} = -\mathrm{j}k_{xx}C_x(z) - \mathrm{j}k_{xy}C_y(z) \\
\dfrac{\mathrm{d}C_y(z)}{\mathrm{d}z} = -\mathrm{j}k_{yy}C_y(z) - \mathrm{j}k_{yx}C_x(z)
\end{cases}
\tag{7.51}
$$

式中，k_{xy}，k_{yx}为两模式间相互的耦合系数，这里取的是虚数；k_{xx}，k_{yy}是两模的自耦合系数，其中 $k_{xx} = \beta_x \pm k'_{xx}$，$k_{yy} = \beta_y \pm k'_{yy}$，而 k'_{xx}，k'_{yy}分别代表了耦合对各自模式传播常数β_x，β_y的影响.

下面求耦合方程的解.根据两模式的总功率守恒的条件，在假定光纤无损耗时 $k_{xy} = k^*_{yx}$，$k_{yx} = k^*_{xy}$，令 $k^2 = k_{xy}k^*_{xy} = k_{xy}k_{yx}$，$\Delta\beta = k_{xx} - k_{yy}$，$\bar{\beta} = (k_{xx} + k_{yy})/2$，$s = [(\Delta\beta/2)^2 + k^2]^{\frac{1}{2}}$，假设初始条件：当 $z = 0$ 时，入射模 $C_x(0) = 1$，$C_y(0) = 0$，则式(7.51)的解可写成以下形式：

$$
\begin{cases}
C_x(z) = \left[\cos(sz) - \mathrm{j}\dfrac{\Delta\beta}{2s}\sin(sz)\right]\exp(-\mathrm{j}\bar{\beta}z) \\
C_y(z) = -\mathrm{j}\dfrac{k_{yx}}{s}\sin(sz)\exp(-\mathrm{j}\bar{\beta}z)
\end{cases}
\tag{7.52}
$$

上式说明，两个正交的模式将以 $L = \pi/s$ 为周期反复地做能量交换，因此耦合实际上是对模式场幅度的一种调制，但这种耦合本身通常没有使合成模场产生偏振演变，因为两模的幅度变化周期相同.如果在模式功率能实现完全交换的条件下，耦合将合成模成为一个椭圆偏振模.

以上关于单模光纤两个基模耦合过程的讨论，是在极其简化的条件下进行的，比如，把 k_{xx}，k_{yy}和k_{xy}，k_{yx}都看成是常量.然而实际上的问题要比上述情况复杂得多，特别是一些随机扰动因素的影响，例如光纤芯椭圆度的起伏会导致椭圆方位的缓慢变化.而由于折射畸变的影响，使模式传播常数 β_x，β_y 成为一个变化的函数.所有这些因素均会引起模式偏振的随机变化.

另外，在单模光纤的两个正交基模的耦合过程中，由于两个模式的横向电场正交，对耦合没有贡献，因此在各向同性介质的光纤中，耦合系数只依赖于两模的纵向电场分量的贡献了.

此外，在多模光纤中，因为所有的模式都可以参与耦合，情况更为复杂，因而总的合成模场的偏振变化是随机的，与非相干光的偏振态相类似.由此看来，考虑多模光纤的偏振态意义不大.

从上述的讨论中可知，单模光纤偏振态对外场的微扰作用十分敏感，因此，目前有许多偏振态型的光纤传感器是应用这一特性来制作的.

7.5.2 单模光纤的双折射

光的双折射与光的偏振效应同是介质的光学各向异性的两种表现.单模光纤的双折射是指两个基模的传播常数 β 出现差异的现象.显然，通过上面对模式偏振态的讨论可以看出，光的双折射和偏振是相互关联的.双折射的存在会引起偏振态的变化.

在实际的单模光纤的横截面上有两个特定的相互正交的轴，是光纤的双折射轴，例如 x 轴和 y 轴，即通常所说的快轴和慢轴.一个入射的线偏振模 HE_{11} 在单模光纤中将沿着两个双折射轴的方向分解成两个基模 $HE_{11}^{(x)}$ 和 $HE_{11}^{(y)}$.正如前所述在理想单模光纤条件下，这是两个基模正交偏振,而且传播常数相等,故彼此简单成 HE_{11} 模.但如果存在着双折射,则两个双折射轴方向上的折射率 n_x,n_y 将不相同,使这两个基模的传播常数 β_x,β_y 产生了差异 $\Delta\beta$,$\Delta\beta = \beta_x - \beta_y$,从而产生合成模的偏振演变.

表示双折射的方法有多种,最简单的方法是用 $\Delta\beta$ 来表示,也可用参数 B 来表示

$$B = \frac{\Delta\beta}{\beta} = \frac{n_x - n_y}{n} \tag{7.53}$$

式中,n 是单模光纤的折射率($n = n_x \approx n_y$).如果用 B 参数来表示合成模式偏振旋转周期的拍长,则式(7.48)可写成

$$A = \frac{2\pi}{\beta B} \tag{7.54}$$

由于微扰而产生的单模光纤双折射有以下三种情况:

(1) 单模光纤截面椭圆度的双折射:在许多情况下,由于外场的微扰作用会使光纤截面产生非圆度或椭圆度,这样光纤的几何畸变可以等效为介质的介电常数 ε(或折射率 n^2)的畸变 $\Delta\varepsilon$(或 Δn^2).

(2) 单模光纤弯曲的双折射:光纤的弯曲,使纤芯截面有椭圆度,通常用量 e 来表示

$$e = \frac{\mu a}{R} \tag{7.55}$$

式中,R 是光纤弯曲的曲率半径,a 是纤芯半径,μ 是泊松比,对于石英 $\mu = 0.16$;由于光纤弯曲,相对于曲率中心的光纤芯轴的外半部分受拉力,内半部分受压力,造成应变,从而导致折射率的变化,即所谓光弹效应;除了纤芯截面产生椭圆和内应变的原因外,还由于光纤轴弯曲产生的双折射.

(3) 单模光纤扭转的双折射:光纤受到外力作用发生扭转时,则将产生两种效果,即几何形变和光弹效应.扭转几何形变会引起两个基模的耦合产生圆偏振模;扭转的光弹效应是由于扭转力在光纤里产生一个弹性应变场引起的.

7.5.3 偏振型单模光纤

根据实际应用,对单模光纤的偏振态将提出不同的要求.例如在一些场合可能要求光纤具有偏振保持特性,从而要求它有尽可能低的双折射性能,而在另一些场合,则可能要求光纤具有高双折射性能,还有一些情况,则要求光纤必须在绝对单模的条件下工作等等.下面就把几种主要偏振型单模光纤作简单的介绍.

1. 低双折射光纤

由于光纤制作上的不完善性,出现了许多畸变,正如上面所讨论的,如纤芯的椭圆度和内应力等,这些都是引起光纤双折射的主要原因.为了尽可能地减少双折射,应着眼于提高工艺水平,通过提高制作技术以减少内部残余应力和光纤纤芯的椭圆度.对纤芯圆度的要求,通常取决于纤芯直径 $2a$ 的大小和相对折射率差 Δ 值.如果 a 大且 Δ 小,则可以降低对圆度公差的要求

光纤的残余内应力是由纤芯和包层的热膨胀系数不相等所造成的.一般选择包层的热膨胀系数比纤芯的大.由于热膨胀不同,再加上纤芯有椭圆度,使横截面上两个横向坐标方向的应力不同,从而产生光弹性效应并导致双折射,这种类型的双折射比上述椭圆度误差引起的双折射要大得多.因此抑制或消除残余应力是减少双折射的主要问题.降低或消除残余

内应力的方法是采用热膨胀系数相等的材料来做纤芯和包层，使整个光纤从机械性能方面可看成一个整体，而具有均匀相等的应力. 例如，用 GeO_2-SiO_2 材料作纤芯，B_2O_3-SiO_2 材料作包层，芯径 $2a = 4\ \mu m$，内包层直径为 16.5 μm，总直径为 85 μm，纤芯与包层的热膨胀系数相等. 如果归一化频率 $V = 2.4$(当 $\lambda = 0.633\ \mu m$)，$\Delta = 3.4 \times 10^{-3}$，则计算得对应的偏振旋转为 3°/m 左右，椭圆度要求小于 0.06%. 这样可获得一种双折射很低的单模光纤.

此外，还有用互补偿的方法来降低双折射. 例如，利用椭圆度的内应力对产生双折射的作用相反的特点，能实现部分双折射的相互抵消. 不过这时，要求纤芯的热膨胀系数小于包层，才能保证两者作用相反. 再者，纤芯截面椭圆度的双折射可产生线偏振，而光纤扭转的双折射可产生圆偏振，如果两者叠加，也可实现部分抵消作用.

2. 高双折射单模光纤

与上面相反，这里需要的是尽可能高的双折射的光纤. 当光纤双折射很大时，由于两个基模的传播常数之差 $\Delta\beta = \beta_x - \beta_y$ 很大，拍长 $A = 2\pi/\Delta\beta$ 就很小，由微扰产生的耦合作用也就很小，从而在光纤中所激励的某一基模如 $HE_{11}^{(x)}$，可以在较长的距离内保持主导地位，以使偏振态基本恒定不变，这就是这种高双折射光纤的特点.

实现光纤具有高双折射的途径，通常是采用加大纤芯椭圆度和加强光纤的内应力. 椭圆光纤的纤芯截面具有一定的椭圆度 e，可表示为

$$e = \sqrt{1 - \left(\frac{a}{b}\right)^2} \tag{7.56}$$

式中，a，b 分别为椭圆的半短轴和半长轴. 而椭圆光纤的归一化双折射 B 可表示为

$$B = e^2(2\Delta)^2\frac{f(V)}{V} \tag{7.57}$$

式中，V 是归一化频率，$f(V)$是 V 的函数. 由上式可看出，要单纯通过增大椭圆度来提高双折射指标是有限的，况且，相对折射率差 Δ 不能太大. 所以这种方法并不十分理想.

加强光纤内应力是提高双折射的最有效的方法. 前面已经说过内应力所产生的双折射比椭圆度的作用大得多. 增加内应力的方法有多种，其中一种是把光纤预制棒截面做成非轴对称的，比如椭圆的，然后拉制成光纤. 这样得到的光纤具有很强的双折射特性，拍长 A 很短，有人制作出具有以下指标的光纤：$\Delta = 4.5 \times 10^{-3}$，$\lambda = 0.633\ \mu m$，拍长 $A = 0.83$ mm，这种光纤具有圆纤芯，圆内包层和椭圆外包层以及圆外套或椭圆外套.

如图 7.13 所示，强内应力的高双折射光纤除了椭圆芯型、椭圆外包层型、椭圆外套型外，还有熊猫型、蝴蝶型等结构.

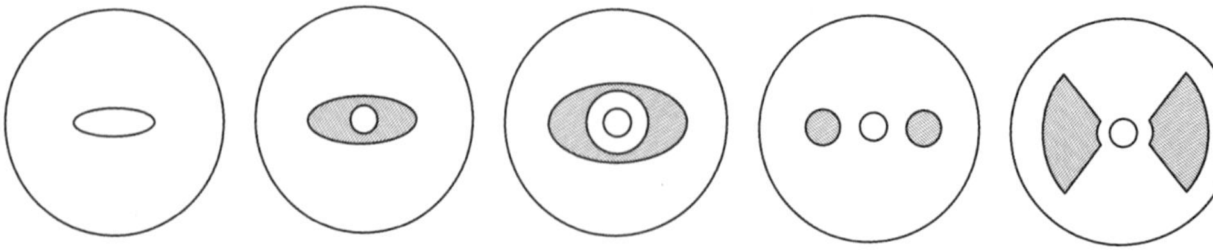

(a) 椭圆纤芯型　(b) 椭圆外包层型　(c) 椭圆外套型　(d) 熊猫型　(e) 蝴蝶结型

图 7.13　高双折射光纤结构

3. 绝对单模光纤

通常的单模光纤具有相互正交的偏振模 $HE_{11}^{(x)}$ 和 $HE_{11}^{(y)}$. 如果想办法把光纤设计成使这

两个偏振基模的传输损耗不相等,以致使其中一个模截止或使两模的消光比达几十个分贝,例如 50 dB,光纤内就只剩下一个偏振模在传输了,这种光纤即是真正的单模光纤.

为了实现两个基模具有不同衰减的目的,必须设法使两模具有不同的截止频率(通常的单模光纤基模没有截止频率).采用的方法是使光纤的内包层的折射率具有最低的折射率.如图 7.14 所示,在轴对称的折射率分布中,加两个折射率"深谷",并满足

$$\int [n(r) - n_2] 2\pi r \mathrm{d}r < 0 \tag{7.58}$$

的关系,其中 n_2 为外包层折射率.这种折射率的分布曲线如 W 字形,是 W 型光纤的一种.在这种光纤中,两基模分别得两个不同的截止频率,即存在 ΔV_c. W 型光纤的具体结构图 7.15 所示,有"边坑"式,"边坠道"式等.

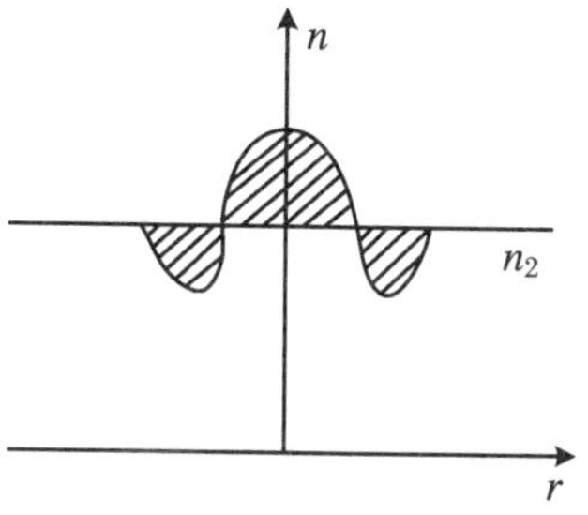

图 7.14　W 型光纤的折射率分布

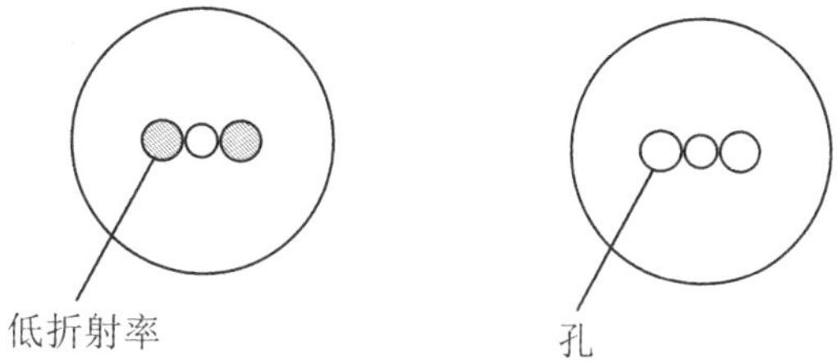

(a) "边坑"式　(b) "边坠道"式

图 7.15　W 型光纤的具体结构

7.6　光纤拍长和偏振模色散测量

对光纤的双折射特性可以沿用对光学双折射晶体的描述方法,但在光纤通信应用中更多地采用拍长来直接描述光纤的双折射,用群时延差描述光纤的偏振模色散,在光纤传感器应用中更多地关心传输的偏振态的变化.这一节仅介绍拍长和偏振模色散的测量.

7.6.1　光纤拍长测量

测量拍长的方法很多,如直接观察法、逐段剪断法、扭转法、偏振度测量法及偏振光时域反射计(POTDR)法.这里仅就最后一种方法做一简单介绍.

POTDR 与普通 OTDR 一样,是一种非破坏性测量,对整段光纤测量其背向散射光的光强信息,而且还可以获得光纤中各点光的偏振信息.对瑞利散射的研究表明,背向散射过程中光的偏振态(两正交分量之间的幅度和位相关系)不变.如果有一线偏振光在 $z = 0$ 处耦合进入单模光纤,则发自光纤中 z 点,背向传输到入射点($z = 0$)的散射光电场可表示为

$$E_b(z) = [i_x a\cos(\omega t - 2\beta_x z) + i_y b\cos(\omega t - 2\beta_y z)]\exp(-\alpha z) \tag{7.59}$$

式中,a,b 是与光纤衰减以及入射线偏振光的偏振方向有关的常数,α 为光纤衰减系数,背向散射光通过偏振分束器反射到检测器 APD 雪崩二极管上,如图 7.16 所示.偏振分束器不仅有分束功能,而且有正交偏振片的功能——只有与入射光偏振方向相互垂直的线偏振光才能反射到 APD 上.这样,APD 上经一个周期平均的光强可表示为

$$I_b(z) = C(a,b)\sin^2(\Delta\beta z)\exp(-2\alpha z) \tag{7.60}$$

式中，$C(a,b)$是由 a 和 b 决定的一个常数，$\Delta\beta = |\beta_x - \beta_y|$. 正弦平方的周期应为 π，即 $\Delta\beta\Delta z = \pi$. Δz 与拍长的关系为

$$\Delta z = \frac{\pi}{\Delta\beta} = \frac{A}{2} \tag{7.61}$$

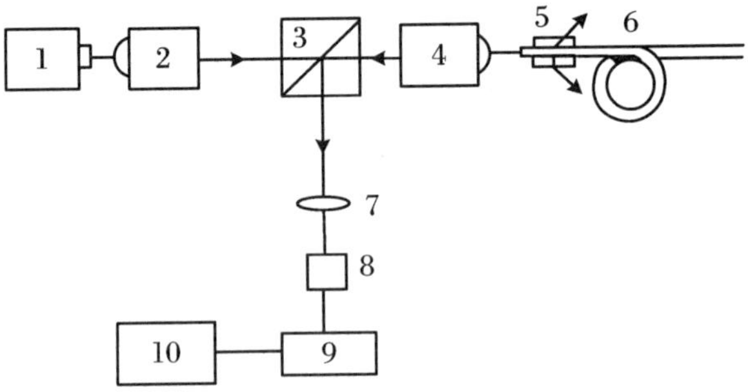

图 7.16　偏振光时域反射计结构框图

1—激光器；2,4—10×显微物镜；3—偏振分束器；5—滤模器；6—待测光纤；
7—透镜；8—Si-APD；9—放大器；10—微计算机.

因而可从背向散射信号强度变化的周期长度 Δz 来确定拍长 A. 图 7.17 是用 POTDR 测量的实例，其中 a 是把光纤绕在半径为 15 cm 的圆筒上测量的. b 是绕在半径为 8 cm 的圆筒上测量的. 由曲线 a 可得到其周期为 $\Delta z \approx 20$ m，$A = 40$ m，$\Delta\beta = 0.157$ rad/m；由曲线 b 可得 $\Delta z = 5.3$ m，$A = 10.6$ m，$\Delta\beta = 0.592$ rad/m. 可见这两种情况下不仅有不同衰减，而且其双折射的情况也不同. 弯曲半径越小(曲线 b)，不仅衰减越大，而且双折射也越大.

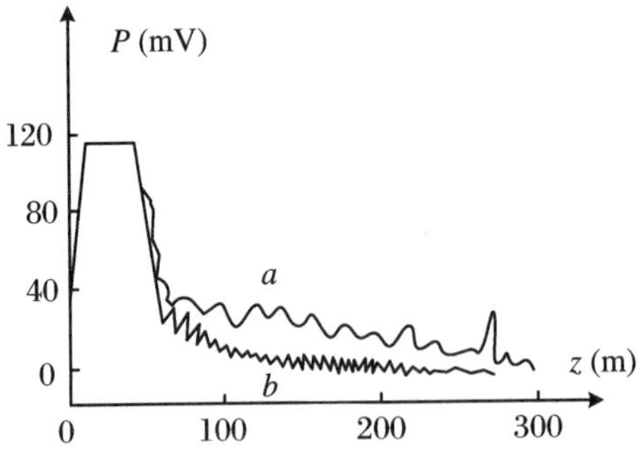

图 7.17　偏振光时域反射计测量曲线

a—单模光纤弯曲半径 $R = 15$ cm；
b—单模光纤弯曲半径 $R = 8$ cm.

用 POTDR 也可以直接测出光纤双折射，不论是光纤本身固有的，还是外界因素引入的双折射均可测量，而且可以测得双折射在光纤各段的分布情况. POTDR 是一种很有用的方法，目前正在设法减小输入脉冲宽度，加宽检测系统带宽，以提高仪器的空间分辨本领，获得更多更准确的偏振特性.

7.6.2　偏振模色散测量

单模光纤中单位长度内两正交偏振模的群延时差称为偏振模色散或偏振色散，记作

$$\tau_p = \tau_x - \tau_y = \frac{d}{d\omega}(\beta_x - \beta_y) = \frac{-\lambda^2}{2\pi c}\frac{d}{d\lambda}(\Delta\beta) \tag{7.62}$$

其中,下标 x, y 表示相应于两个正交偏振轴的参数,τ_x, τ_y 分别是两个正交偏振模的所对应的单位长度的时延值.测量偏振模色散的方法很多,如传输功率法、相移法、干涉法等,这里仅就干涉法做介绍.

图 7.18 是用干涉法测偏振色散的实验装置图,它实际上是一个偏振光迈克尔逊干涉仪,由光源、分束镜和两个全反射棱镜组成.与普通的迈克尔逊干涉仪的不同之处在于在入射光路中放入了一个起偏器Ⅰ和一个 $\lambda/4$ 片,使入射光先成为线偏振光,而后成为圆偏振光.在光路Ⅰ和Ⅱ中分别置入起偏器 2,3 使两路光再成为线偏振光,且偏振方向正交.由于两路光的光程不同,使两正交偏振光具有位相差

$$\delta = \frac{2\pi}{\lambda_0} n_0 (l_{\mathrm{I}} - l_{\mathrm{II}}) \tag{7.63}$$

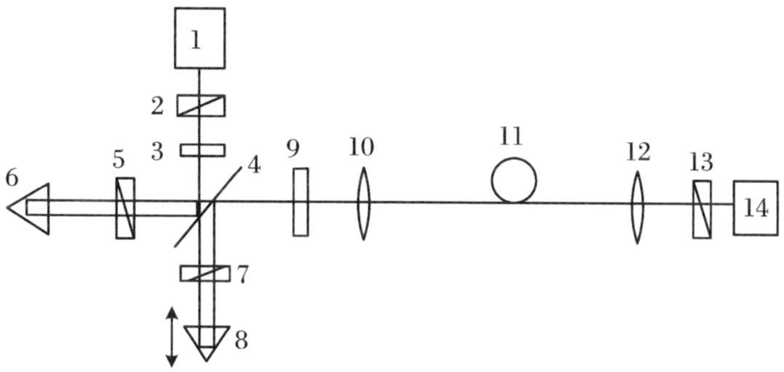

图 7.18　干涉法测量偏振模色散的装置

1—光源;2,5,7—起偏器 1.2.3;3—λ/4 片;4—分束镜;6,8—反射棱镜Ⅰ,Ⅱ;9—λ/2 片;10,12—物镜;11—待测光纤;13—检偏器;14—检测器.

式中,n_0 为空气折射率;l_{I} 和 l_{II} 分别为两路光的路程.当光路中没有待测光纤时,两偏振光经 $\lambda/2$ 片和物镜投射到检偏器上,如果它们的振幅分别为 E_1 和 E_2,在检偏器 A 的偏振轴方向上面分解为两个振幅 E_{A_1} 和 E_{A_2}(图 7.18):

$$E_{A_1} = E_1 \cos\theta \tag{7.64a}$$

$$E_{A_2} = E_2 \sin\theta \tag{7.64b}$$

此时,E_{A_1} 和 E_{A_2} 除式(7.63)给出的位相差之外,还应该再加上由于 A_1 和 A_2 在 A 的偏振轴方向上投影时引入的附加位相差 π,故它们的总位相差 δ_A 为

$$\delta_A = \delta + \pi = \frac{2\pi}{\lambda_0} n_0 (l_{\mathrm{I}} - l_{\mathrm{II}}) + \pi \tag{7.65}$$

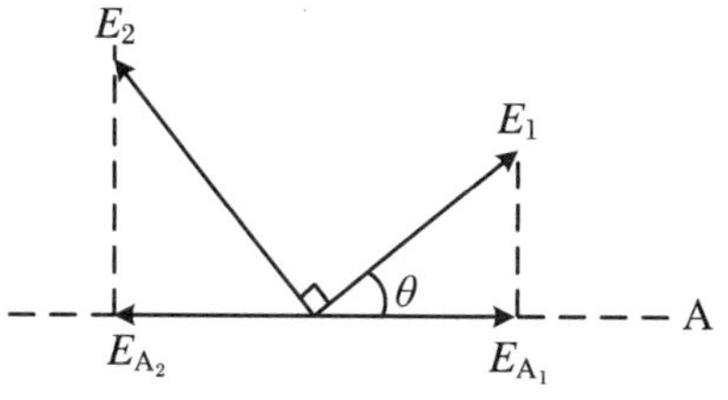

图 7.19　检偏器 A 上两振光的投影

当 δ_A 为 $2m\pi, m=\pm1,\pm2,\pm3,\cdots$ 时，得到干涉最大，检测器接收到最大光功率 I_{max}；当 δ_A 为 $(2m+1)\pi$ 时，得到干涉最小，检测器接收到最小光功率 I_{min}. 用 v 表示对比度. 其定义为

$$v=\frac{I_{max}-I_{min}}{I_{max}+I_{min}} \tag{7.66}$$

如果光路Ⅰ中的棱镜固定，光路Ⅱ中和棱镜可调，则可通过微调棱镜Ⅱ的位置来改变位相差 δ_A，从而观测到 I_{max} 和 I_{min}.

上述讨论都必须满足一个条件，即偏振光的总位相差在光源的相干时间允许的范围之内，否则将不能干涉. 即使满足上述条件，如位相差仍然很大，也会使干涉的对比度下降. 只有当 m 取得很小甚至为零时，即位相相等时，才出现最大对比度. 测量时首先调节棱镜找到对比度 v 的最大位置 l_1，然后在一个小范围内调节棱镜Ⅱ的位置，则可得到一个对比度 v 随棱镜Ⅱ位置变化的关系曲线，如图 7.20 所示. 由曲线可见，实验中光源(半导体激光器)的相干长度约为 800 μm，等价的相干时间约为 2.67 ps.

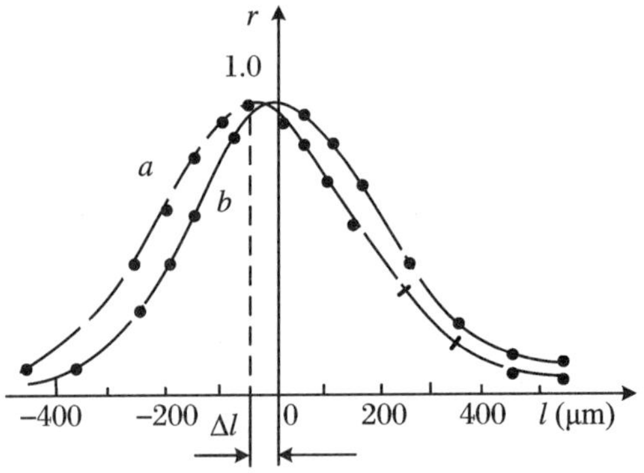

图 7.20 v-l 测量曲线

当引入待测光纤后，转动 $\lambda/2$ 片改变两路偏振光的偏振方向，使它们分别与待测单模光纤的双折射(两正交偏振轴)一致，这时由于光纤引入了一个附加位相差，因而棱镜Ⅱ在原来的位置不再可能获得最大的 v. 重新调整棱镜Ⅱ的位置，找到最大 v 位置 l_2，并得到另一条 v 曲线(见图 7.20 中的曲线 a)，则光纤的偏振色散为

$$\tau_p=2\frac{l_1-l_2}{cL}=2\frac{\Delta l}{cL} \tag{7.67}$$

式中，L 为光纤长度，c 为光速. 由图 7.20 可知，$\Delta l\approx 50$ μm，因而 $\tau_p=0.16$ ps/km.

干涉法是一种直接测量长单模光纤偏振模色散的方法，精度较高. 光源的相干时间越短，v-l 曲线就越窄，顶端越尖，也就越容易准确确定 v 的极值位置，从而提高了精度. 目前的实验精度已达 0.1 ps.

第8章　光纤传感技术

光纤传感技术是伴随着光纤及光通信技术的发展而逐步形成的，是20世纪70年代末发展起来的一门崭新的技术.

在光通信系统中，光纤用作远距离传输光波信号的媒质.但是，在实际光传输过程中，光纤易受外界环境因素的影响，如温度、压力、电场、磁场等环境条件的变化将引起光波量，如光强度、相位、频率、偏振态等变化.因此，人们发现如果能测出光波量的变化，就可以知道导致这些光波量变化的温度、压力、磁场等物理量的大小，于是出现了光纤传感技术.

光纤传感器与传统的各类传感器相比有一系列独特的优点.主要有：灵敏度高、抗电磁干扰、耐腐蚀、电绝缘性好、防爆、光路有可挠曲性，以及便于与计算机相连接，便于与光纤传输系统组成遥测网络等；还有结构简单、体积小、重量轻、耗电少等优点.因此，它一出现，就受到世界各国有关学术界和研究机构的高度重视.在一些工业发达的国家，均投入相当多的人力物力，先后制订发展规划并在这方面开展了深入研究工作.1983年4月在英国伦敦召开了第一届国际光纤传感器会议，后来又分别在原联邦德国、美国和日本召开了国际光纤传感器学术交流会.

光纤传感器一般可分为两大类：一类是功能型传感器，是利用光纤本身的特性把光纤作为敏感元件，所以又叫传感型光纤传感器；另一类是非功能型传感器，利用其他敏感元件感受被测量的变化，光纤仅作为光的传输介质，传输来自远处或难以接近场所的光信号，因此，也称作传光型传感器或混合型传感器.

根据对光进行调制的手段不同，光纤传感器又有强度(振幅)调制、相位调制、频率调制、偏振调制、波长调制等不同工作原理的光纤传感器.

光强度调制型或传光型光纤传感器绝大多数采用多模阶跃光纤或多模梯度折射率光纤；相位调制型和偏振调制型光纤传感器采用单模光纤，如能满足特殊要求的保偏光纤、低双折射光纤、高双折射光纤等.为了获得适宜的灵敏度，也可将普通光纤“增敏”或者“去敏”.

光纤传感器可以探测的物理量很多，包括目前在实验室阶段的研究成果，已实现光纤传感的物理量已近70种.按照被测对象的不同，光纤传感器可以分为位移、压力、温度、流量、速度、加速度、振动、转动、弯曲、应变、磁场、电压、电流以及化学量、生物医学量等各种光纤传感器，其中有的已形成商品，可供实际应用.

8.1 强度调制光纤传感器

光纤传感器中光强度调制的基本原理可简述为:以被测对象所引起的光强度变化,来实现对被测对象的监测和控制.

实现光强调制的方式有很多,通常采用的方法有:① 利用光纤微弯效应.光纤被夹持在两块波纹微弯板之间,温度或压力的变化使波纹微弯发生位移,光纤产生微弯损耗,实现对光强的调制;② 利用被测信号改变光纤对光波的吸收特性来实现光强调制;③ 通过折射率的改变来实现光强强制;④ 在两个相位光纤间通过倏逝波的耦合实现光强调制;⑤ 利用发送光纤和接收光纤作相对横向或纵向运动实现光强调制,这是当被测物理量引起接收光纤位移时,改变接收光强,从而达到光强调制,这是当被测物理量引起接收光纤位移时,改变接收光强,从而达到光强调制的目的.这种位移式光强调制的光纤传感器是一种结构简单,技术较为成熟的光纤传感器.

另外光强度的调制方法可以归纳为内调制和外调制两种.外调制时光纤仅起传光作用,光纤本身特性不改变,调制过程发生在光纤以外的环节,属传光型;内调制的调制过程发生在光纤的内部,是通过光纤本身特性的改变来实现光强度的调制,属功能型.

8.1.1 光强度的外调制技术

外调制技术的调制环节在光纤外部,因而光纤本身只起传光作用.这里光纤分为两部分,分别称为输入光纤和输出光纤,或叫做发送光纤和接收光纤.由于接收光强与接收光纤端面法线方向有关,这样接收光纤端面可以看作接收信号的天线,因此,相应的传感器称为天线型光纤传感器.

图 8.1 所示是用于非接触测量的天线型光纤传感器.在光纤端面附近放有反光物体,从光纤出来的光被反射后,有一部分光再回到光纤.通过测出反射强度,就可以知道物体位置的变化.为了增加光通量,也可以采用光纤束.

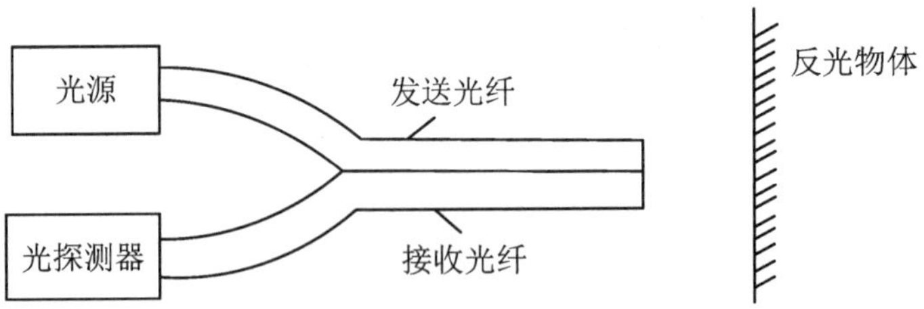

图 8.1 天线型光纤传感器

光源发生的光经透镜耦合进入发送光纤,从发送光纤端面的出射光顶角为 $2\theta = 2(\arcsin N.A.)$ 的锥光,此光束部分被反射回接收光纤.如果反光物体相当于平面镜,如图 8.2 所示,则反射耦合回到光纤的光能与光纤输出光能之比为

$$K = \frac{a^2}{(a + 2z\tan\theta)^2} \tag{8.1}$$

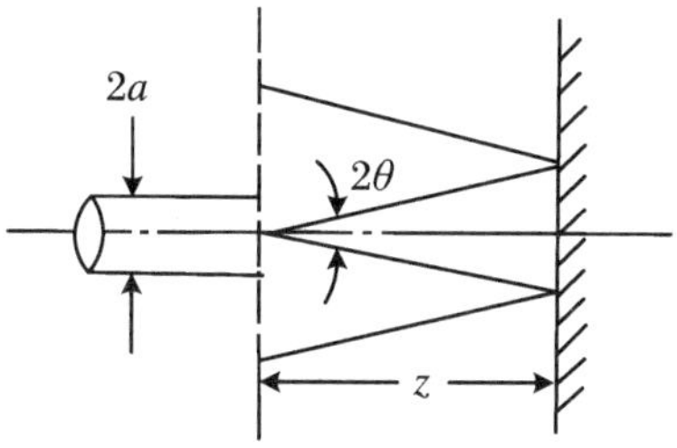

图 8.2　平面反射镜耦合情况

式中，a 是纤芯半径，θ 是出射光束发散角，z 是光纤端面与反射面之间的距离.

实验表明，使用激光光源时，测得的曲线不如非相干光的平滑. 这是由于激光的相干性造成的衍射和干涉花样，使光斑出现杂乱信号. 因此，天线型光强度调制传感器，以采用非相干光源为宜.

如果反射面不是平面，而是有不同曲率半径的凸面时，实验测得的返回光强 I 与测量距离 z 的关系曲线如图 8.3 所示. 曲线初始部分平滑均匀，在 120 μm 的范围内和平面反射镜一样，可以通过光强变化测量位移变化. 当然，光路要调整良好，如果光轴失调，反射器倾斜、偏移，就会对测量结果产生影响.

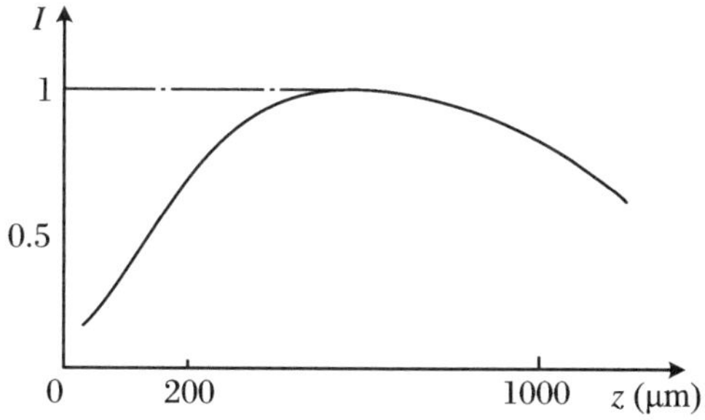

图 8.3　返回光强与测量距离的关系

图 8.4 所示是反射体表面粗糙度 R_{max} 与受光量的关系曲线. 由图可知，表面粗糙度大时，受光量小，但是当表面粗糙度 R_{max} 大于 1 μm 时，受光量基本上不受表面粗糙度的影响.

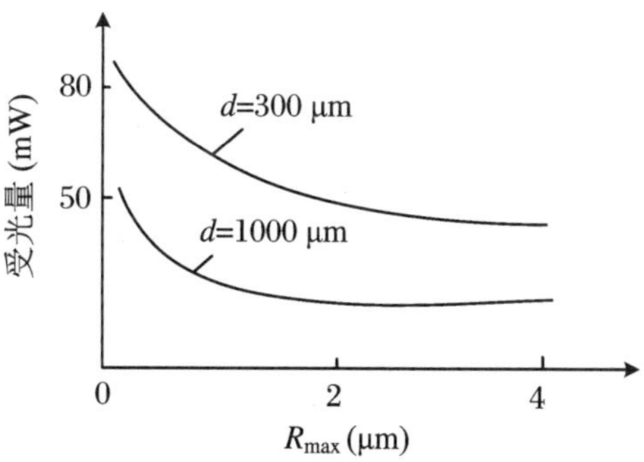

图 8.4　表面粗糙度与受光量的关系

为了正确测量微小面的位置变化，要用光纤对被测面垂直照明，还要在垂直方向接收其反射光.一般很难得到这样严格的光学系统,把两束光纤紧贴在一起,可以形成近似于上述的光学系统.

光强度调制除反射式的以外,还可以采用图 8.5 所示的遮光式.发送光纤与接收光纤对准,光强调制信号加在移动的遮光板上,或直接移动接收光纤,使接收光纤只能收到发送光纤发出的部分光,从而实现光强调制.图 8.5(a)所示为移动光纤式光调制模型,用来测量位移、压力、温度等物理量.这些物理量的变化使接收光纤的轴线相对于发送光纤错开一段距离 x.图 8.5(b)所示是动光闸式光强度调制器.这种结构的优点是可动光闸与光纤系统分开,光纤系统调整好后就固定不动,因而使用可靠.但由于两光纤端面之间的距离增加了,光传输的损耗也增加了.

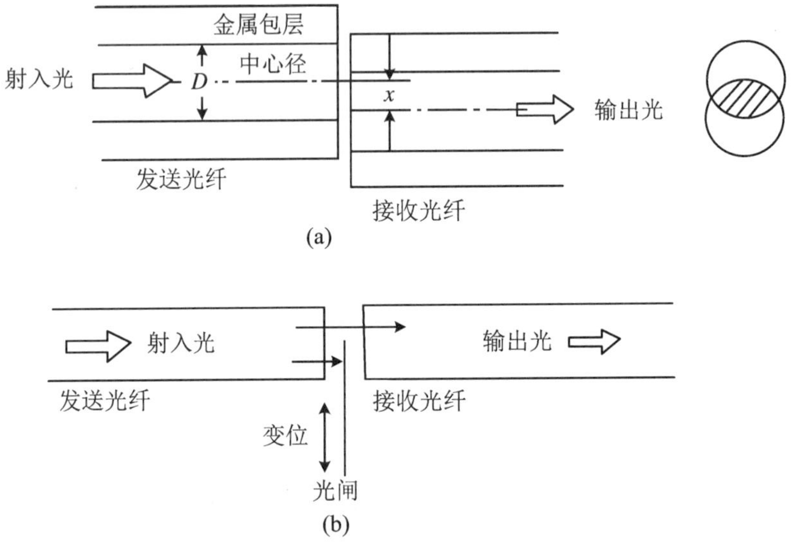

图 8.5　遮光式光强度调制

8.1.2　折射率光强度调制技术

利用折射率不同,包括被测物理量引起传感材料折射的变化进行光强度的调制,也可以利用倏逝波耦合实现光强度调制,当然,还可以利用折射率不同的介质之间的折、反射来实现光强度调制.

一般纤芯和包层材料具有不同折射率温度系数,当温度改度时,纤芯和包层材料的折射率差值就会发生变化,从而改变了传输损耗.如果纤芯和包层的折射率因温度升高而变成相等时,光纤就不再起波导作用.随着温度的变化,传输光强的变化是逐渐的,因此,利用这一原理,可以制成光强度调制式的光纤温度传感器或光纤温度报警器.由于这种传感器所特有的一些优点,如电绝缘性、防爆性和不怕电磁干扰等,它适用于大型电机、变压器的温度监测或煤气、液化天然气罐及火警的报警系统.

倏逝波场出现在全内反射的情况下,如果采取一种办法使倏逝场能以可观的振幅穿过光疏媒质伸展到附近的一个折射率高的光密媒质材料中,这样,能量就能够穿过间隙,这个过程称为受抑全反射.利用这一原理设计成图 8.6 所示的倏逝场光纤传感器.图中 L 表示一对单模或多模光纤的相互作用长度,d 表示纤芯之间的距离.这类传感器包括一对单模或多模光纤.光纤包层被减薄或完全剥去,以便纤芯之间距离减少到这两个光纤的相当小的相互

作用长度 L 足以产生倏逝场耦合.只要两波导是相同的,那么它们间隔的变化就改变了相互之间的耦合功率.若把两波导的相互耦合封闭在折射率(与包层折射率相同)为 n_2 的流质或可塑弹性体中,耦合就能增强,d,L 或 n_2 稍有变化,光探测器的接收光强就有明显变化.据报道,基于该原理制成的水听器已有初步成果.

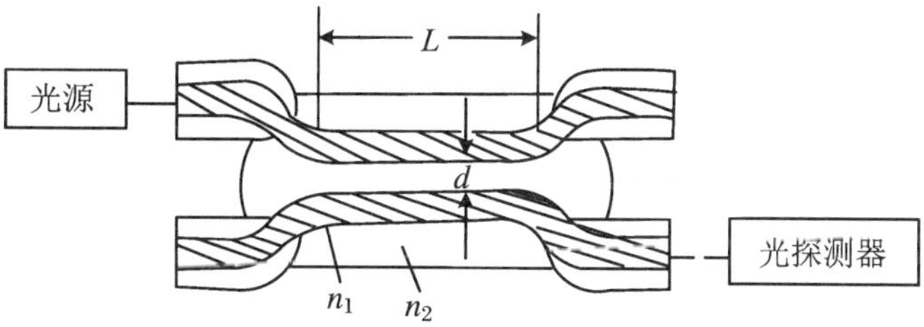

图 8.6　倏逝场光纤传感器

图 8.7 为反射系数式强度型光纤传感器原理图.这类传感器的工作原理是利用光纤反射系数和改变来实现对透射光强的调制.由图 8.7(a)可知,在光纤左端射入纤芯的光,一部分沿这段光纤反射回来,然后由光分束器 M 偏转到光探测器.图 8.7(b)为光纤右端的放大剖视图.在光纤的端部直接抛光出来的 M_1,M_2 小反射镜面是互相搭接的.M_2 反射镜面要镀敷得能全反射.仔细地控制 M_1 反射镜的角度,使得纤芯中的光束能以小于临界角的角度入射,这时纤芯中的光就能部分地透射进与芯端接触的折射率为 n_3 的介质.光波在入射界面上的光强的分配由菲涅耳反射公式给出

$$R_{/\!/} = \left[\frac{n^2\cos\theta - (n^2 - \sin^2\theta)^{\frac{1}{2}}}{n^2\cos\theta + (n^2 - \sin^2\theta)^{\frac{1}{2}}}\right]^2 \tag{8.2}$$

$$R_{\perp} = \left[\frac{\cos\theta - (n^2 - \sin^2\theta)^{\frac{1}{2}}}{\cos\theta + (n^2 - \sin^2\theta)^{\frac{1}{2}}}\right]^2 \tag{8.3}$$

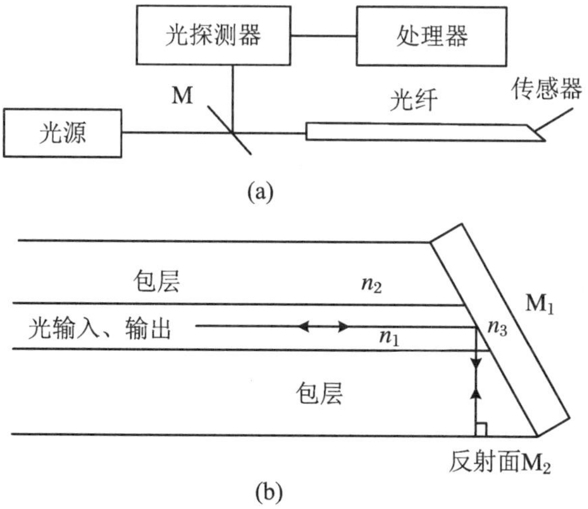

图 8.7　反射系数式强度型光纤传感器

式中,$R_{/\!/}$ 是平行偏振方向的强度反射系数,$R_{\perp}$ 是垂直偏振方向的强度反射系数,n 为 n_3/n_1;θ 为入射光波在界面上的入射角.由反射系数的菲涅耳公式知道,当光波以小于临界角($\theta_c = \arcsin n$)的 θ 角入射到 n_1,n_3 介质的界面上时,若 n_3 介质由于压力或温度的变化

引起 n_3 的微小改变，相应会引起反射系数变化，从而导致反射光强的改变. 利用这一原理，就可以设计压力或温度传感器.

8.1.3 微弯效应光强度调制技术

当垂直于光纤轴线的应力使光纤发生弯曲时，传输光有一部分泄漏到包层中去，这是由于微弯作用导致光纤内发生模式间的耦合，这些耦合模变为辐射模. 微弯调制器就是利用这种微弯效应实现光的强度调制. 图 8.8 表明微弯调制器的原理. 微弯变形器是由夹在两块具有周期性波纹微弯板之间的多模光纤构成. 若波纹的周期间隔 L 满足下式：

$$\Delta\beta = \pm \frac{2\pi}{L} \tag{8.4}$$

时，则相位失配为零，模间耦合达到最佳. 这里 $\Delta\beta$ 是导模和辐射模的传播常数差. 因此，波纹的最佳周期决定于光纤的模式性能. 微弯变形器的位移改变了弯曲处的模振幅，从而产生强度调制. 调制系数可写成

$$\theta = \frac{\mathrm{d}T}{\mathrm{d}x} \cdot \frac{\mathrm{d}x}{\mathrm{d}p} \tag{8.5}$$

式中，T 是光纤的传输系数，x 是板的位移，p 是压力.

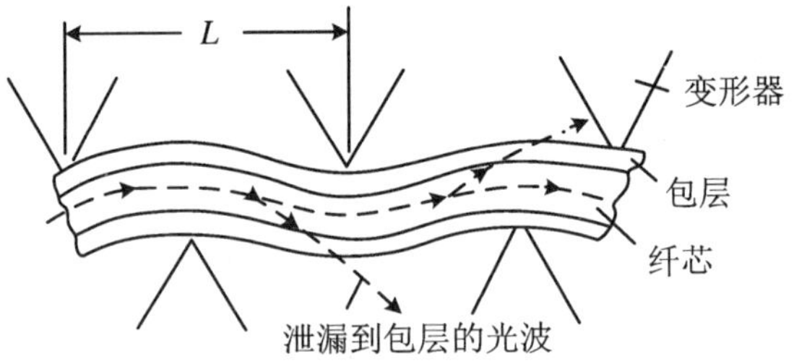

图 8.8 光纤微弯调制器

调制系数决定于两个参数，一是由光纤性能确定的 $\mathrm{d}T/\mathrm{d}x$，它是一个精确的光学参数；二是 $\mathrm{d}x/\mathrm{d}p$，它由微弯传感器的机械设计确定. 为了使光纤传感器最佳化，必须使光学设计的机械设计最佳化，并且把两者统一起来. 如上所述，当产生光纤畸变的波纹周期间隔 L 满足式(8.4)，即空间畸变的波数($2\pi/L$)等于导模和辐射模之间的波数差时，获得最佳耦合，并以此决定微弯传感器的最佳机械设计.

光纤由变形板位移引起微弯变形时，纤芯中的光有一部分泄入包层. 采用适当的方式探测光强，就可以知道位移变化量. 由此，可以制作出温度、压力、振动、应变等传感器. 传感器灵敏度很高，且结构简单、响应速度快.

8.2 相位调制光纤传感器

相位调制是光纤传感器中最基本的传感技术. 光相位调制对环境的变化有极高的灵敏度，因此它能检测微弱信号以及信号电平的微小变化. 据报道，可以检测出小至 10^{-7} rad 的

相位变化.对于波长为 0.83 μm 的光波,意味着光程差约为 10^{-14} m,这相当于一个原子核直径大小.相位调制经常与干涉测量技术并用,构成相位调制干涉型光纤传感器,在这种干涉仪中安装极长的传感光纤,用来提高仪器灵敏度.

8.2.1　光纤干涉仪的结构

相位调制的光纤传感器,其基本传感机理是,通过被测能量场的作用,使能量场中一段敏感的单模光纤内传播的光波发生相位变化,再用干涉测量技术把相位变化转换为振幅变化,从而还原所检测的物理量.

如图 8.9 所示的三种干涉型光纤传感器结构中,以光纤方向耦合器取代了分束器,光纤光程取代了空气光程.在光学干涉仪中,空气受环境温度变化的影响,引起空气折射率扰动及声波干扰.这些影响都可能导致空气光程的变化,反映到干涉测量中将使工作不稳定及精度降低.利用单模光纤作干涉仪的光路,就可以排除这些影响,并且可以克服加强长光路长度对相干长度的严格限制,从而制造出有千米量级光路长度的光纤干涉仪.光纤干涉仪还有塞格纳克型和斐索型,这些我们将在光纤陀螺和自聚焦棒测振传感器的内容中介绍.

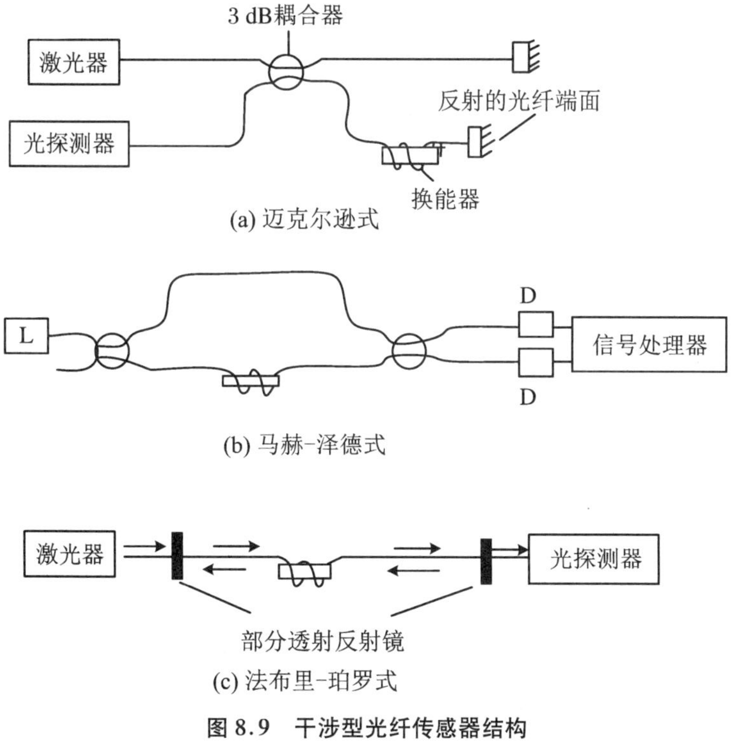

图 8.9　干涉型光纤传感器结构

在相位传感器中都是以敏感光纤作为相位调制元件,敏感光纤置于被测场中,被测场与敏感光纤的相互作用,导致光纤中光相位的变化或光的相位调制.当一真空中波长为 λ_0 的光入射到长为 L 的光纤时,以其入射端面为基准,则出射光的相位为

$$\varphi = \frac{2\pi Ln}{\lambda_0} = k_0 nL \tag{8.6}$$

式中,k_0 是在真空中的传播常数,n 为纤芯折射率,由此可见,纤芯折射率的变化和光纤长度 L 的变化都会导致光相位的变化,即

$$\Delta\varphi = k_0(\Delta nL + \Delta L \cdot n) \tag{8.7}$$

8.2.2 相位型光纤温度传感器

温度变化会产生热胀冷缩效应，考虑在长度为 L 的光纤中传播光波的相位 φ 为

$$\varphi = knL \tag{8.8}$$

式中，n 是光纤的有效折射率，k 是传播常数.若该光纤放置在变化的温度场中，并把温度场变化考虑为作用力 F，那么，作用力 F 将同时影响光纤中的相位变化参量 n 和 L.由于 F 的影响，光纤中光相位响应可由下式表示：

$$\frac{1}{L}\cdot\frac{\mathrm{d}\varphi}{\mathrm{d}F} = k\frac{\mathrm{d}n}{\mathrm{d}F} + kn\frac{1}{L}\cdot\frac{\mathrm{d}L}{\mathrm{d}F} = k\left(\frac{\mathrm{d}n}{\mathrm{d}F} + \frac{n}{L}\cdot\frac{\mathrm{d}L}{\mathrm{d}F}\right) \tag{8.9}$$

式中，$\frac{1}{L}\cdot\frac{\mathrm{d}\varphi}{\mathrm{d}F}$为归一化的光纤中传播模的相位响应.上式中等号右边括号中第一项表示有效折射率变化引起的相位响应；第二项代表光纤几何长度变化引起的相位响应.上式如用温度变化 ΔT 和相位变化 $\Delta\varphi$ 来描述，则可表示为

$$\frac{\Delta\varphi}{\Delta TL} = k\left(\frac{\Delta n}{\Delta T} + \frac{n\cdot\Delta L}{L\cdot\Delta T}\right) \tag{8.10}$$

式中没有计入光纤直径变化对相位变化的影响.由于直径变化引起的光相位变化与长度变化引起的相位变化相比很小，因而可以忽略不计.从数值计算上可以直观地了解温度变化引起的相位变化.例如以氦氖激光器为光源，采用石英玻璃光纤，有关数值为$\frac{1}{L}\frac{\Delta L}{\Delta T}=5\times 10^{-7}/℃$；$\frac{\Delta n}{\Delta T}=10\times10^{-6}/℃$，$n=1.456$；$\lambda=0.6328\times10^{-6}$ m，代入式(8.10)可得

$$\frac{\Delta\varphi}{\Delta T\cdot L} = 107\ \mathrm{rad}/(℃\cdot\mathrm{m}) \tag{8.11}$$

这意味着，在 1 m 长的光纤上温度变化 1 ℃时干涉条纹移动 17.0 条.

由于光纤中光的传播是沿横向振动的，所以只需考虑径向折射率的变化，由此可定义光纤的温度灵敏度的表达式为

$$\frac{\Delta\varphi}{\Delta\varphi T} = \frac{1}{n}\left(\frac{\partial n}{\partial T}\right)_{\rho} + \frac{1}{\Delta T}\left[S_e - \frac{n^2}{2}(P_{11}+P_{12})S_r + P_{12}S_e\right] \tag{8.12}$$

式中，P_{11}，P_{12}是光纤的光弹系数，应变 S_e，S_r 与各层材料的性质有关.

图 8.10 为马赫-泽德温度传感器的结构，是最早用于温度传感的一种光纤干涉仪.由激光器发出的氦氖激光束经分束器，由显微物镜耦合进两根长度基本相同的单模光纤.把两根光纤的输出端会合在一起，则两束光即产生干涉，从而出现了干涉条纹.当测量臂光纤受到温度场的作用后，产生相位移的变化，从而引起干涉条纹的移动.光探测器接收干涉条纹的变化信息，并输入到适当的数据处理系统，即可得到测量结果.马赫-泽德光纤干涉仪的温度灵敏度为

$$\begin{cases}\dfrac{\Delta\varphi}{\varphi\Delta T} = \begin{cases}0.70\times10^{-5}/℃ & (\text{裸光纤})\\ 1.6\times10^{-5}/℃ & (\text{护套光纤})\end{cases}\\ \dfrac{1}{n}\left(\dfrac{\partial n}{\partial T}\right)_{\rho} = 0.68\times10^{-5}/℃\end{cases} \tag{8.13}$$

式中，φ 是干涉仪两个光纤臂的相位移，n 是光纤折射率.

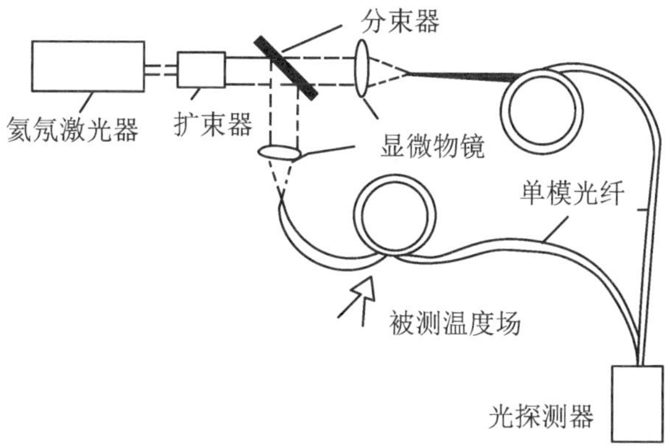

图 8.10　马赫-泽德温度传感器结构

从上面两项可以看出，对于高石英含量的裸光纤，其温度灵敏度几乎完全取决于 $\frac{1}{n}\left(\frac{\partial n}{\partial T}\right)_{\rho}$，这主要是石英的热膨胀系数极小的缘故. 而护套光纤的温度灵敏度比裸光纤大得多，这说明护套层的杨氏模量和膨胀系数对光纤的温度灵敏度有着重要的影响.

图 8.11 所示是法布里-珀罗（F-P）光纤温度传感器的装置结构. 它包括氦氖激光器、起偏器、显微物镜（20×）、压电变换器（PZT）、光探测器、记录仪以及一根 F-P 单模光纤等. F-P 光纤是干涉仪的关键元件. F-P 光纤的一部分绕在加有 50 Hz 正弦电压的 PZT 上，因而光纤的长度受到调制. 只有在产生干涉的各光束通过光纤后出现的相位差 $\Delta\varphi = m\pi$（m 是整数）时，输出才最大，探测器获得周期性的连续脉冲信号. 当外界的被测温度使光纤中的光波相位发生变化时，输出脉冲峰值的位置将发生变化. 为了识别被测温度的增减方向，要求氦氖激光器有两个纵模输出，其频率差为 640 MHz，两模的输出强度比为 5 ∶ 1. 这样，根据对应于两模所输出的两峰的先后顺序，即可判断外界温度的增减方向.

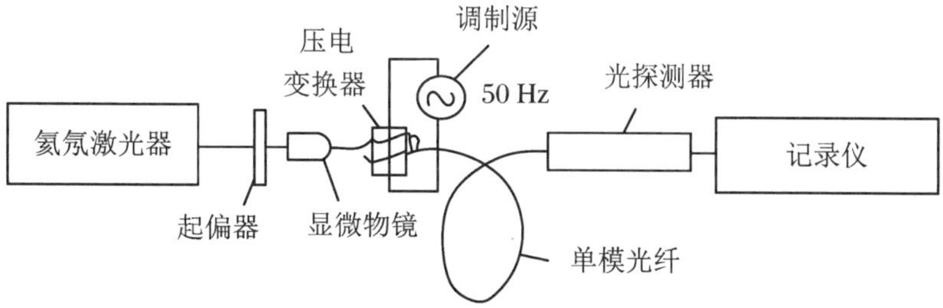

图 8.11　F-P 光纤温度传感器的结构

采用的法布里-珀罗（F-P）光纤，其长度 $l = 24$ cm（反射率 $R = 60\%$），如图 8.12所示，为了消除机械振动的影响，把光纤放入根长为 19 cm，直径为 3 cm 的玻璃管内，旁边放置一个热敏电阻探针用来监视温度. 玻璃管内的 F-P 通过空气对流来感受温度. 如前所述，温度上升或下降的变化，由激光器两模输出峰出现的先后来辨别.

F-P 光纤温度传感器由上述参数决定的温度灵敏度

$$\frac{\Delta\varphi}{\varphi\Delta T} = \begin{cases} 3.0 \times 10^{-5}/℃ & （护套光纤）\\ 0.8 \times 10^{-5}/℃ & （裸光纤）\end{cases} \tag{8.14}$$

其灵敏度要比马赫-泽德光纤温度传感器高.

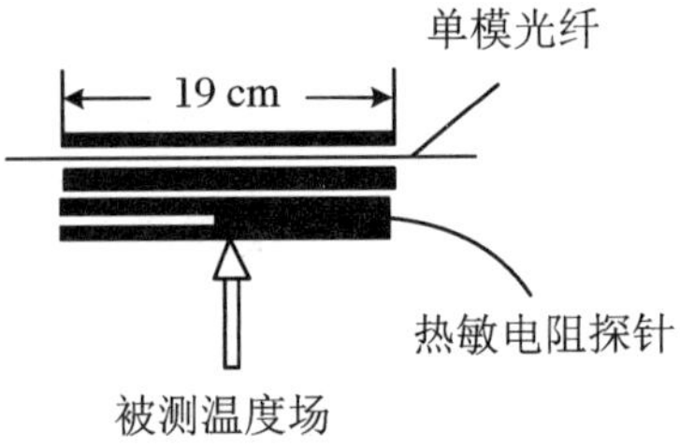

图 8.12　F-P 光纤示意图

8.2.3　斐索型自聚焦光纤测振传感器

斐索型自聚焦光纤传感器是采用一根自聚焦棒构成共路干涉的功能性的光纤传感器，它采用外差检测的方式，能对微小的振动和位移进行精度在 $10^{-3}\lambda$ 量级的高精度测量. 它还能对引起微小振动的压力，引起物体表面形变和涨落的热扰动（温度变化）等物理量进行测量.

斐索型自聚焦光纤传感器的实验装置如图 8.13 所示，由光学系统和电信号检测系统组成，激光器发出的光束经过偏振片 P_1，分束器 BS，耦合进自聚焦光纤棒（GRIN），从自聚焦棒端面 M_2 反射回来的光信号 $U_R = R\mathrm{e}^{\mathrm{j}\varphi_R}$ 作为参考光；通过光纤自聚焦棒，照到被测物体表面 M_3 上，待测物为粘有压电晶体 PZT 的铜片，当在 PZT 上加频率为 f_0 的交变电信号时，物体的振动方程为

$$x = a\sin 2\pi f_0 t \tag{8.15}$$

由物体表面反射的物光信号 $U_0 = O\mathrm{e}^{\mathrm{j}\varphi_O}$ 耦合回自聚焦光纤棒，和参考光一起返回分束器 BS，通过偏振片 P_2、滤波器 F，在光电探测器 PD 表面形成干涉信号

$$\begin{aligned} I &= (U_R + U_O)(U_R^* + U_O^*) \\ &= R^2 + O^2 + 2RO\cos(\varphi_0 - \varphi_R) \end{aligned} \tag{8.16}$$

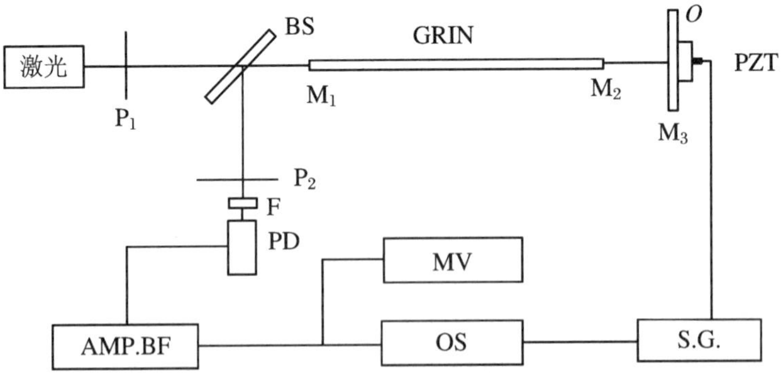

图 8.13　斐索型自聚焦光纤传感器结构

设光电转换效率为 K，其中 K 包含着将光电探测器电流输出转换为电压信号的因素，将电压信号记为 V，则有

$$V = KR^2 + KO^2 + 2KRO\cos(\varphi_O - \varphi_R) \tag{8.17}$$

对共路干涉系统，考虑参考光和物光在光纤中传播时具有相同的相位变化，这样参考光和物光之间的相位差即为物光从光纤后端面 M_2 出射到重新从 M_2 入射多走一段光程所引起的

相位延迟.

当被测物体按式(8.15)振动时,参考光和物光的相位差为

$$\varphi_O - \varphi_R = \frac{2\pi}{\lambda} \cdot 2(l + x) = \frac{4\pi l}{\lambda} + \frac{4\pi a}{\lambda}\sin 2\pi f_0 t \tag{8.18}$$

式中,l 为静态时 M_2 和 M_3 之间的距离.将式(8.18)代入式(8.17)得

$$\begin{aligned} V &= KR^2 + KO^2 + 2KRO\cos\left(\frac{4\pi l}{\lambda} + \frac{4\pi a}{\lambda}\sin 2\pi f_0 t\right) \\ &= KR^2 + KO^2 + 2KRO\cos\frac{4\pi l}{\lambda} \cdot \cos\left(\frac{4\pi a}{\lambda}\sin 2\pi f_0 t\right) \\ &\quad - 2KRO\sin\frac{4\pi l}{\lambda}\sin\left(\frac{4\pi a}{\lambda}\sin 2\pi f_0 t\right) \end{aligned} \tag{8.19}$$

将上式中的后两项用贝塞尔函数展开,并考虑到带通滤波器对电信号的选频作用,对以 f_0 为频率的交变电信号有

$$\Delta V(t)_{f_0} = -4KRO\sin\frac{4\pi l}{\lambda}J_1\left(\frac{4\pi a}{\lambda}\right)\sin 2\pi f_0 t \tag{8.20}$$

调节 M_3 和 M_2 的相对位置,使 $\sin\frac{4\pi l}{\lambda} = \pm 1$,则有

$$\Delta V(t)_{f_0} = 4KROJ_1\left(\frac{4\pi a}{\lambda}\right)\sin 2\pi f_0 t \tag{8.21}$$

式(8.21)就是实现外差测量振动振幅 a 和电信号 $\Delta V(t)_{f_0}$ 之间的关系式.

从式(8.21)中可以得到,当振动振幅 a 逐渐变化时,$\Delta V(t)_{f_0}$ 的峰值也随之变化,并且 $\Delta V(t)_{f_0}$ 的峰值与 a 之间,满足以$\frac{4\pi a}{\lambda}$为变量的一个阶贝塞尔函数的函数关系.当$\frac{4\pi a}{\lambda} = 1.82$,即 $a = 1.82\frac{\lambda}{4\pi}$时,$J_1\left(\frac{4\pi a}{\lambda}\right)$达到第一个极大值,$J_{1\max}\left(\frac{4\pi a}{\lambda}\right) = 0.58$,所以,相应的 $\Delta V(t)_{f_0}$ 的第一极大值 $\Delta V(t)_{f_{0\max}}$ 为

$$\Delta V(t)_{f_{0\max}} = 0.58 \times 4KRO \times \sin 2\pi f_0 t \tag{8.22}$$

又当$\frac{4\pi a}{\lambda} \ll 1.82$时,一阶贝塞尔函数存在极好的近似,$J_1\left(\frac{4\pi a}{\lambda}\right) = \frac{2\pi a}{\lambda}$,这时式(8.22)又可以写成

$$\Delta V(t)_{f_0} = \frac{2\pi a}{\lambda}4KRO \times \sin 2\pi f_0 t \tag{8.23}$$

由式(8.22)和式(8.23)可以得到

$$a = 0.582\frac{\Delta V(t)_{f_0}}{\Delta V(t)_{f_{0\max}}} \times \frac{\lambda}{2\pi} \tag{8.24}$$

这就是小振动振幅的测量公式.图8.13所示的光学系统正交放置的偏振片 P_1 和 P_2 的作用是利用光在介质表面反射时偏振特性的变化和光在多模光纤中传播的偏振特性,消除 M_1 反射光对干涉测量的影响.其中带通滤波器的中心频率与被测振动的频率 f_0 相同.

图8.14是用斐索型光纤自聚焦光纤棒测振传感器进行微小振动振幅测量的理论曲线和实验曲线,实验中使用的自聚焦光纤是掺Li的自聚焦光纤,直径 $\phi = 1.5$ mm,数值孔径 $N.A. = 0.127$,最大孔径角 $\theta_{\max} = 7.3^\circ$,1/4拍长为12.36 mm,总长度为112 mm.采用波长为0.82 μm的半导体激光器驱动压电晶体PZT振动的正弦电压频率 $f_0 = 4$ kHz.图中横坐标为驱动电压 V,纵坐标为信号电压 ΔV;实线是理论曲线是实验实测值.图8.14(a)中 V

从0～150 mV，相应的振动振幅 a 从 0～119 nm. 图 8.14(b)中 V 从 0～1.6 mV，相应的振动振幅 a 从 0～1.22 nm. 在该实验中 $\Delta V(t)_{f_{0\max}}=195$ mV，$\Delta V(t)_{f_{0\min}}=0.42$ mV. 不论从图 8.14(a)还是 8.14(b)均可看出，实验点和理论曲线吻合得很好. 由式(8.24)计算出最小可测量振动振幅 $a_{\min}=0.164$ nm，振动振幅 a 为 0.164～119 nm.

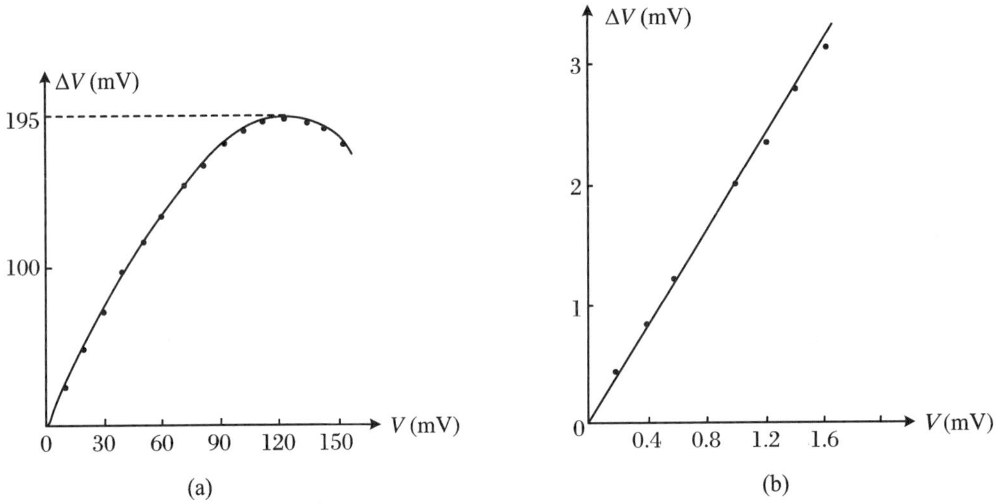

图 8.14　斐索型自聚焦光纤传感器测振曲线

斐索型自聚焦光纤传感器光路中物光与参考光的光程差较小，所以可采用相干长度较短的半导体激光器作光源，这有利于传感器的小型化和仪器化. 由于光纤自聚焦棒既是传光介质又具有成像功能，因此它是一根很好的光学探针. 对于一根具有奇数倍 1/4 拍长的光纤自聚棒，其焦点可达到微米量级. 因此该传感器可以用于测量微小区域的微小振动，这对超精密机床振动、微型机械和传感器，以及光热骚动等研究具有意义.

8.3　频率调制光纤传感器

光纤传感中的强度调制、相位调制、偏振调制等的共同特点是：通过改变光纤本身的内在性能来达到调制的目的，通常称之为内调制. 对于频率调制和波长调制，基本上不是以改变光纤的特性来实现调制. 在这两种调制技术中，光纤往往只是起着传输光信号的作用，而不是作为敏感元件. 但也有例外，如利用光纤的非线性特性，即受激布里渊散射、拉曼散射等效应也可以实现频率调制.

8.3.1　光学多普勒概念

光的频率调制，主要是指光学多普勒现象，即由于观察者的目标的相对运动，观察者接收到光波频率产生变化的现象. 也就是说，当光源频率为 f 的光入射到相对于观察者速度为 v 的运动体上时，从运动体反射到观察者的光的频率变成 f_1，则 f 与 f_1 之间有如下关系：

$$f_1 = \frac{f\left(1 - \frac{v^2}{c^2}\right)^{\frac{1}{2}}}{1 - \frac{v}{c}\cos\theta} \approx f\left(1 + \frac{v}{c}\cos\theta\right) \tag{8.25}$$

式中，c 为真空中光速，θ 是光源到观察者方向与运动方向的夹角.这是相对论多普勒频移的基本公式.但是，通常最关心的还是移动物体所散射的光的频移，而光源和观察者则是相对静止的.对于这种情况，可以当作一个双重多普勒频移来考虑，即先考虑从光源到运动体，然后再考虑从运动体到观察者.

如图 8.15 所示，其中 S 为光源，P 为运动物体，而 Q 是观察者所处的位置.如物体 P 的运动速度为 v，其运动方向与 PS 及 PQ 的夹角为 θ_1 和 θ_2，则从光源 S 发生的频率为 f 的光经过运动物体 P 发生散射，观察者在 Q 处观察.

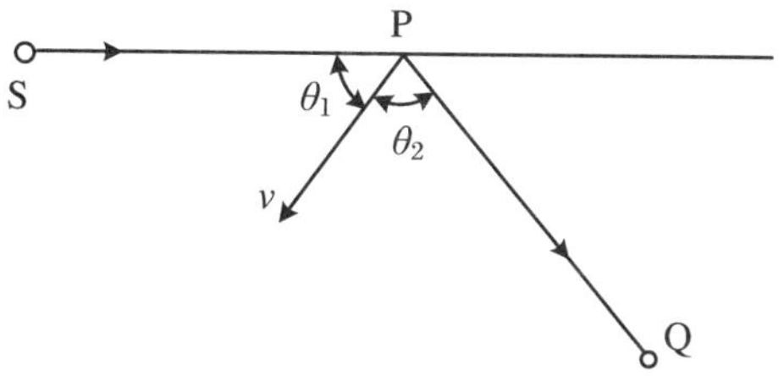

图 8.15　多普勒频移原理图

物体 P 相对于光源 S 运动时，在 P 点处所观察到的光频率 f_1 可由下式表示：

$$f_1 = \frac{f\left[1 - \left(\frac{v}{c}\right)^2\right]^{\frac{1}{2}}}{\left[1 - \left(\frac{v}{c}\right)\cos\theta_1\right]} \tag{8.26}$$

频率 f_1 的光通过物体 P 的散射重新发出来，在 Q 处所观察到的光频率 f_2 由下式表示：

$$f_2 = \frac{f_1\left[1 - \left(\frac{v}{c}\right)^2\right]^{\frac{1}{2}}}{\left[1 - \left(\frac{v}{c}\right)\cos\theta_2\right]} \tag{8.27}$$

这是多普勒频移方程中最有用的形式.

8.3.2　光纤多普勒技术

根据上述多普勒频移原理，采用激光作为光源的测量技术是研究流体流动的有效手段，并获得了广泛的应用.它的主要特点是空间分辨率高和光束不干扰流动，并具有跟踪快速变化的能力.但是在许多特殊场合下，例如在一些密封容器中流体速度的测量和生物系统中流动的研究，普通多普勒测量装置不能安装的情况下，就必须采用光纤来组成具有微型探头的测量系统.

图 8.16 所示是一个典型的激光多普勒光纤测速系统.在这个系统中，线偏振激光沿着光纤入射到测速点 A 上，然后后向散射光与光纤端面的反射或散射光一起沿光纤返回，其中光纤端面的反射或散射光作为参考光使用.同时为了鉴别并消除从发射透镜和光纤端面反射回来的光，在光探测器前边装一块偏振片 P，从而使光探测器只能检测出与原光束偏振方向相垂直的偏振光.于是信号光与参考光一起经光探测器进入频谱分析器处理，最后分析器

指示出测量结果.

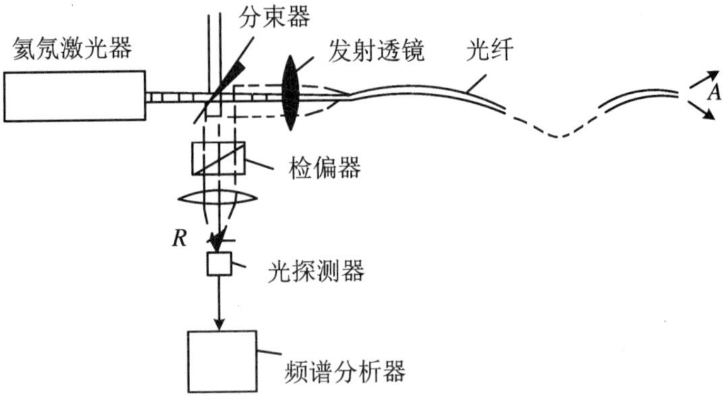

图 8.16　多普勒光纤测速系统

测量系统中从目标返回的信号强弱取决于后向散射光的强度、流体介质内部的损耗、光纤接收面积和数值孔径.介质中的损耗由散射和吸收两方面因素引起,其中散射的一部分形成返回信号.返回信号所占散射光的比例决定于光纤的数值孔径和光纤芯面积.假定采用阶跃光纤,同时在光纤出射光锥内的光功率是均匀分布,如图 8.17 所示,则到达距光纤端面为 z 的平面上的功率 P_z 为

$$P_z = P_0 e^{-\alpha z} \tag{8.28}$$

式中,P_0 是光纤注入流动介质的光功率,α 为衰减系数(m^{-1}).

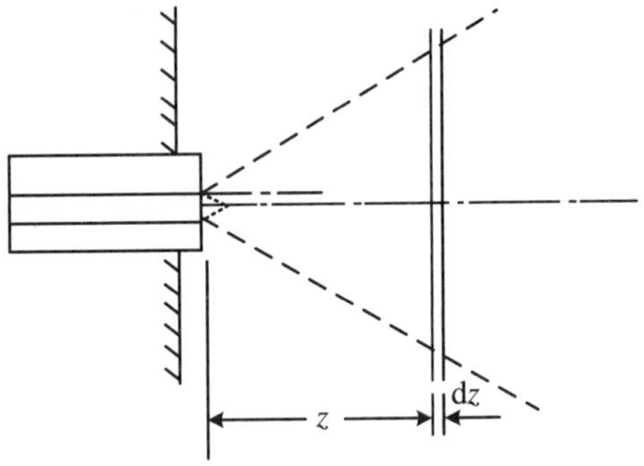

图 8.17　发送光纤出射光锥示意图

z 处的长度元 dz 散射的功率 P 为

$$P_s = P_z e^{-\alpha_s dz} \approx P_z \alpha_s dz \tag{8.29}$$

式中,α_s 为散射衰减系数.

这个功率被散射在整个 4π 的立体角内.如果可以认为这个散射面是一个朗伯光源,则它发生的散射光的亮度分布 $B(\varphi)$将遵循余弦发射定律,即 $B(\varphi) = B\cos\varphi$($B$ 为常数).由此得到这个散射面散射光的功率 P_s 可表示成

$$\begin{aligned} P_s &= 2\pi A_s \int_0^{\frac{\pi}{2}} B(\varphi)\sin\varphi d\varphi \\ &= 2\pi A_s \int_0^{\frac{\pi}{2}} B\cos\varphi\sin\varphi d\varphi = \pi A_s B \end{aligned} \tag{8.30}$$

式中,A_s 是散射面的面积.

另一方面光纤的数值孔径 $N.A. = n_0 \sin\theta_{max}$，其中 θ_{max} 是光纤端面最大的受光角，n_0 是光纤与光源（这里是散射面）之间的介质折射率，在这里就是流动介质的折射率. 于是，如果不考虑损耗，则由这个散射面直接返回光纤的功率 P_{rz} 为

$$\begin{aligned} P_{rz} &= 2\pi A_f \int_0^{\theta_{max}} B(\varphi)\sin\varphi \mathrm{d}\varphi \\ &= 2\pi A_f \int_0^{\theta_{max}} B\cos\varphi\sin\varphi \mathrm{d}\varphi \\ &= \pi A_f B \sin^2\theta_{max} \end{aligned} \tag{8.31}$$

式中，A_f 是光纤芯截面积. 由此可得耦合效率 η：

$$\eta = \frac{P_{rz}}{P_s} = \frac{A_f}{n_0^2 A_s}(N.A.)^2 \tag{8.32}$$

那么，当考虑传输损耗时 P_{rz} 可写成

$$P_{rz} = \frac{A_f}{n_0^2 A_s}(N.A.)^2 P_s \mathrm{e}^{-\alpha z} \tag{8.33}$$

注意到有效的散射面积为 $\pi(z\tan\theta_{max} + a)^2$，其中 a 为纤芯半径，则最后得到总的返回功率 P_r 为

$$P_r = \frac{A_f}{2n_0^2} P_0 \int_0^{\infty} \frac{\mathrm{e}^{-2\alpha z}\alpha_s \mathrm{d}z}{\pi(z\tan\theta_{max} + a)^2} \tag{8.34}$$

实验证明，光纤多普勒探头是检测透明介质中散射体运动的非常灵敏的探测器. 但是由于它的结构特性决定了它的能量有限，只能穿透几个毫米以内的深度，所以这种装置只适用于微小流量范围的介质流动的测量. 光纤多普勒探头典型的应用是在医学上对血液流动的测量.

8.4　波长调制光纤传感器

光纤传感器中的颜色调制，主要是利用传感探头的光频谱特性随外界物理量变化的性质来实现的，例如，利用钴盐的热色效应作成温度传感元件，它的光吸收频谱严格地随温度而变化；利用专用光纤中热点本身产生黑体热辐射现象来测量温度；利用对 pH 值的监视来进行化学分析；等等.

8.4.1　光纤颜色探测

利用光频谱特性做成的传感探头可以测量温度. 图 8.18 所示为一种利用黑体辐射效应的光纤颜色探头结构. 它不需要外加光源而是简单地由探头尖端（黑体腔）收集黑体的光谱辐射，然后通过光纤把这种宽频带的辐射传送到分光仪或滤光片，根据普朗克提出的辐射亮度与波长的关系随温度变化的公式，通过双波长或单波长检测就能测出黑体的温度. 根据上述原理可以利用这种探头做成光测高温计，运用在 250～650 ℃ 的温度范围内. 这种探头的测温下限决定于其探测灵敏度的大小，而测温上限受探头材料的测温下限决定于其探测灵敏度的大小，而测温上限受探头材料的限制.

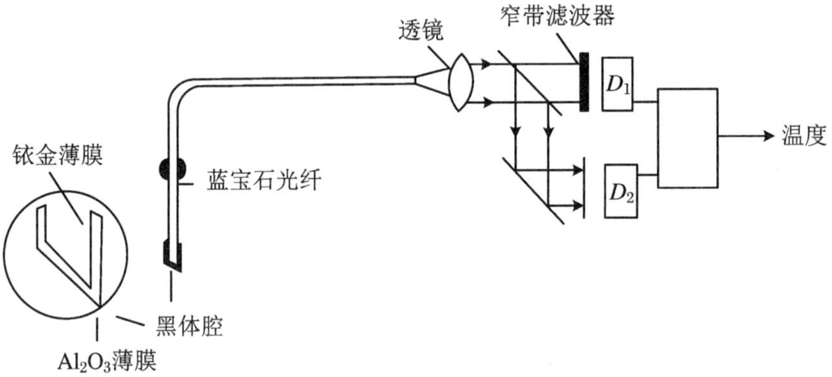

图 8.18　光纤颜色黑体探头结构

8.4.2　光纤法布里-珀罗滤光技术

根据光学原理,假设有一束平行光以 θ 角斜入射到法布里-珀罗标准具上,则当波长 $\lambda_0 = \lambda_0^{(m)}$ 时,透射光或反射光的强度达到极大值.其中

$$\lambda_0^{(m)} = \frac{2n'd\cos\theta}{m - \frac{\varphi}{2\pi}}, \quad m = 1,2,\cdots \tag{8.35}$$

式中,d 是法布里-珀罗标准具厚度,n'是标准具平行板内的介质折射率,φ 是反射光的相位跃变.这样,标准具就成了一个有多个透射带(或反射带)的滤光器,而每个透射带将对应一个干涉序 m.当法布里-珀罗标准具的两级之间的光学厚度只有几个二分之一的可见光波长时,则只有低于干涉序的透射带(或反射带)出现.显然从式(8.35)可以看出,当外界物理因素使标准具的厚度 d 或介质折射率 n'改变时,透射带或反射带的波长 $\lambda_0^{(m)}$ 将会随之而改变.利用这一原理,可制成法布里-珀罗颜色探头.

图 8.19 所示是一种带有微型计算机的光谱调制传感器.由光源发出白光,光由大芯径光纤送入法布里-珀罗标准具传感探头,然后由光纤收集反射光进入棱镜分光计,通过分光,

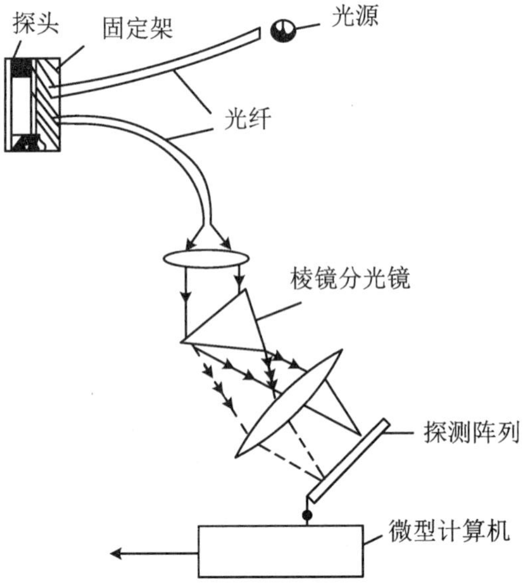

图 8.19　光谱调制传感器

在 CCD 探测阵列上检测到不同波长的光强度，光强信息输入到微型计算机，经处理后得到测量结果．一旦被测物理量发生变化，法布里-珀罗标准具的间隔厚度就会随之变化，从而引起了反射带峰值所对应的波长移动，微型计算机通过程序的运行把变化结果表示出来．

8.4.3　光纤 pH 探测技术

这种技术是利用化学指示剂对被测溶液的颜色反应来测量溶液 pH 值的．根据这种原理可以制成光纤 pH 探头．图 8.20 所示是光纤 pH 探头的一种典型结构．探头是一个可渗透的薄膜容器，容器内装入直径 5～10 μm 的聚丙酸酯小球，用指示剂(例如红酚)将小球染色．由于指示剂的透明度在红色区域对 pH 值非常敏感，在绿色区域却与 pH 值无关．这样，当白光由光纤导入浸泡在被测溶液中的 pH 探头后，经过用红酚染色的聚丙酸酯小球的散射，得出反映溶液 pH 值的光信号，光信号由光纤导出，进入旋转的双色滤光器，从而使红光和绿光交替地投射到光电二极管探测器上，通过信号处理系统把这两种颜色的光强信号的比值测量出来，测量结果直接反映被测溶液的 pH 值．

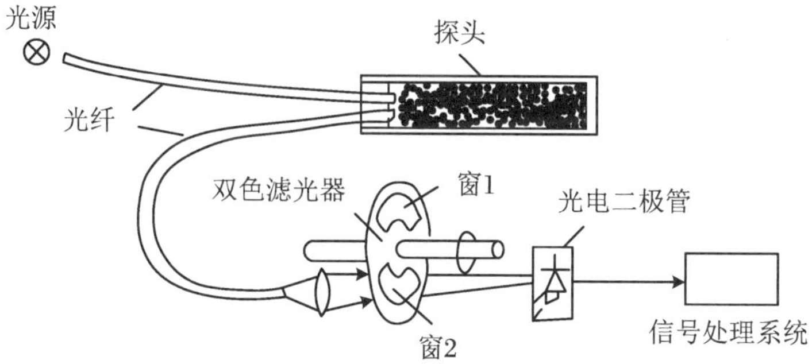

图 8.20　光纤 pH 探头结构

窗 1 透过 558 nm 绿色光，窗 2 透过 600 nm 红色光．

上述光纤 pH 探头光源的光探测器有足够高的温度稳定性，以保证测量精度．这种探头可用于测量血液的 pH 值，pH 值在 7～7.4 的范围内仪器具有 0.01 的分辨率．可以看出，采用不同的化学指示剂，即可测量不同 pH 值范围的溶液．

光纤颜色探测技术除了上述三种之外，还可以应用其他原理来实现，例如用磷光、荧光现象等制作光纤温度探头．这些光纤的光谱区域常在可见光和紫外光范围．对于红外区域，普通的传输光纤的透过率特性差，会引起很高的损耗，因而要求有特殊的透红外的光纤．

一般来说，光纤颜色探测技术的关键问题是光源和频率分析器的良好性能，这对于传感系统的稳定性和分辨率起着决定性的影响．大多数的颜色调制系统中，光源是采用白炽灯或汞弧灯．频谱分析器一般采用棱镜分光、光栅分光、干涉滤光、染料滤光等方式．这些光源、分光计以及光探测器的性能常常是不稳定的．所以，通常必须经过校准处理，同时采用测量相对比值的方式以补偿上述因素的变化对测量的影响，因此常测取两个以上波长的光强信号．

目前光纤颜色探测技术主要应用在医学和化学等领域．

8.5 偏振态调制

利用外界因素改变光的偏振特性，通常检测光的偏振态的变化（即偏振面的旋转）来检测各种物理量，称为偏振态调制. 在光纤传感器中，偏振态调制主要基于人工旋光现象和人工双折射，如法拉第磁光效应、克尔电光效应以及光弹效应等.

8.5.1 法拉第磁光效应

法拉第磁光效应表明，在磁场作用下，偏振光的振动面将发生旋转，光矢量旋转的角度 θ 与在物质中通过的距离 L、磁感应强度 B 成正比，即

$$\theta = V_d LB \tag{8.36}$$

式中，V_d 为物质的费尔德常数.

菲涅尔认为，磁光效应可以解释为进入物质的线偏振光为左旋圆偏振光和右旋圆偏振光的组合. 如果线偏振光的矢量入射时沿旋光物质的水平方向，利用琼斯矢量表示法，单位振幅的水平偏振入射光波可以表示为

$$\begin{bmatrix}0\\1\end{bmatrix} = \frac{1}{2}\begin{bmatrix}1\\\mathrm{j}\end{bmatrix} + \frac{1}{2}\begin{bmatrix}1\\-\mathrm{j}\end{bmatrix}$$

式中，$\begin{bmatrix}1\\\mathrm{j}\end{bmatrix}$为左旋圆偏振光的琼斯表达式；$\begin{bmatrix}1\\-\mathrm{j}\end{bmatrix}$为右旋圆偏振光的琼斯表达式.

由于左旋圆偏振光和右旋圆偏振光在旋光物质中传播速度不同，因而折射率不同，它们的波数分别为

$$k_L = \frac{n_L 2\pi}{\lambda} \tag{8.38}$$

$$k_R = \frac{n_R 2\pi}{\lambda} \tag{8.39}$$

式中，n_L 和 n_R 分别为左旋和右旋偏振光的折射率，λ 是光在真空中的波长.

两个圆偏振光在物质中沿 z 轴（光轴）传播 L 距离后，出射光波为

$$\boldsymbol{E}_{\text{out}} = \frac{1}{2}\begin{bmatrix}1\\\mathrm{j}\end{bmatrix}\mathrm{e}^{\mathrm{j}k_L L} + \frac{1}{2}\begin{bmatrix}1\\-\mathrm{j}\end{bmatrix}\mathrm{e}^{\mathrm{j}k_R L} \tag{8.40}$$

式(8.40)可改为

$$\boldsymbol{E}_{\text{out}} = \frac{1}{2}\mathrm{e}^{\mathrm{j}(k_R+k_L)\frac{L}{2}}\left\{\begin{bmatrix}1\\\mathrm{j}\end{bmatrix}\mathrm{e}^{-\mathrm{j}(k_R-k_L)\frac{L}{2}} + \begin{bmatrix}1\\-\mathrm{j}\end{bmatrix}\mathrm{e}^{\mathrm{j}(k_R-K_L)\frac{L}{2}}\right\} \tag{8.41}$$

令

$$\psi = \frac{1}{2}(k_R + k_L) \tag{8.42}$$

$$\theta = \frac{1}{2}(k_R - k_L)L \tag{8.43}$$

出射光波的琼斯矢量可以写为

$$E_{out} = e^{j\psi}\begin{bmatrix} \frac{1}{2}(e^{j\theta} + e^{-j\theta}) \\ -\frac{1}{2}j(e^{j\theta} - e^{-j\theta}) \end{bmatrix} = e^{j\psi}\begin{bmatrix} \cos\theta \\ \sin\theta \end{bmatrix} \tag{8.44}$$

式(8.44)表明,出射光波相对于入射光波转过 θ 角.由式(8.38)、式(8.39)、式(8.43)有

$$\theta = (n_R - n_L)\frac{\pi L}{\lambda} \tag{8.45}$$

如果右旋圆偏振光传播快,$n_L > n_R$,则 $\theta < 0$,即光矢量是沿顺时针方向旋转的;如果左旋圆偏振光传播快,$n_R > n_L$,则 $\theta > 0$,即光矢量是沿逆时针方向旋转的.

根据式(8.36)可以制成光纤磁传感器.如果在长直导线上绕有 N 圈光纤,如图 8.21 所示,则有

$$\theta = V_d NI \tag{8.46}$$

式中,V_d 为费尔德常数,I 为导线中通过的电流.利用(8.46)可以制成光纤电流传感器.

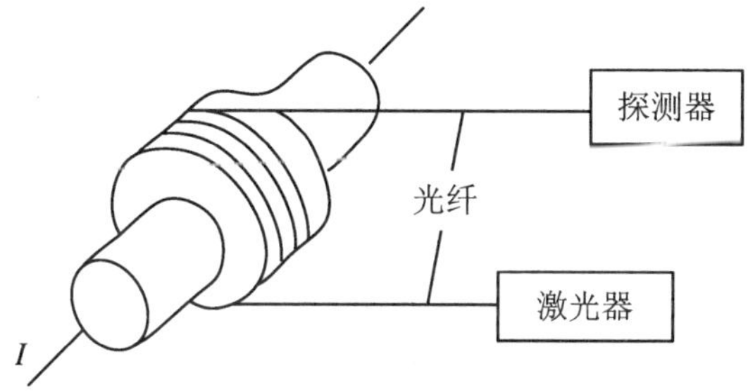

图 8.21　光纤电流传感示意图

8.5.2　克尔电光效应

克尔效应是一种二阶(平方)电光效应.

$$\Delta n = n_o - n_e = K\lambda E^2 \tag{8.47}$$

式中,Δn 为 o 光与 e 光的折射率差,n_o 为 o 光折射率;n_e 为 e 光折射率;K 为克尔常数;E 为外电场强度;λ 为光波在真空中的波长.

当线偏振光沿着与电场垂直的方向通过克尔盒时,分解为两束线偏振光:一束的光矢量与电场垂直,为式(8.47)对应 o 光矢量;另一束的光矢量与电场垂直,为式(8.47)中对应的 e 光矢量,则式(8.47)可写为

$$\Delta n = n_{/\!/} - n_{\perp} = K\lambda E^2 \tag{8.48}$$

这两束折射率不同的线偏光通过克尔盒后产生的光程差为

$$\Delta = (n_o - n_e)L = K\lambda L\left(\frac{V}{d}\right)^2 \tag{8.49}$$

式中,V 为外电压;L 为光在克尔盒中的光程长度;d 为电场两极间距离,则对应的相位差为

$$\Delta\varphi = \frac{2\pi}{\lambda}(n_o - n_e)L = 2\pi LK\left(\frac{V}{d}\right)^2 \tag{8.50}$$

如果检偏器与起偏器正交,而且与电场方向呈 45°角,则出射光波的光强为

$$I = I_0\sin^2\frac{\Delta\varphi}{2} = I_0\sin^2\left[\pi LK\left(\frac{V}{d}\right)^2\right] \tag{8.51}$$

利用克尔效应可以构成光纤电压传感器.

8.5.3 光弹效应

光弹效应或者称为应力双折射,其原理如图 8.22 所示.沿 MN 方向存在压力或张力时,则 MN 方向的折射率和其他方向不同.设对应 MN 方向上的偏振光的折射率为 n_e;对应垂直 MN 方向上偏振光的折射率为 n_o,这时,折射率的变化与外加压强 p 的关系为

$$\Delta n = n_o - n_e = kp \tag{8.52}$$

式中,k 为物质的压强光学系数.

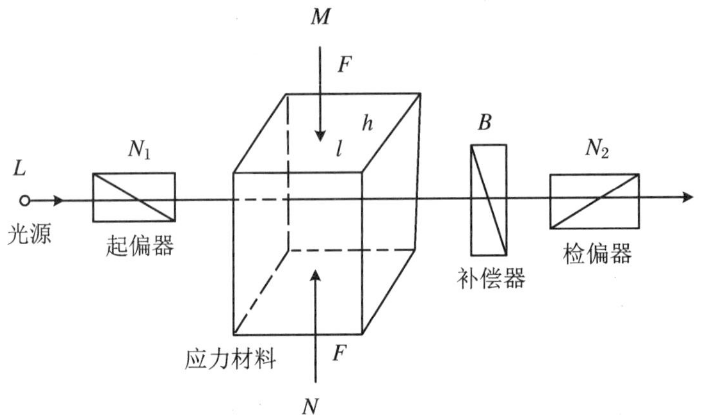

图 8.22 光弹效应原理图

若光波通过物质厚度为 l,则产生光程差为

$$\Delta = (n_o - n_e)l = kpl \tag{8.53}$$

由此引起的相位差为

$$\Delta\varphi = \frac{2\pi}{\lambda}(n_o - n_e)l = \frac{2\pi kpl}{\lambda} \tag{8.54}$$

此时出射光强为

$$I = I_o \sin^2\left(\frac{\pi kpl}{\lambda}\right) \tag{8.55}$$

利用物质的光弹效应可以构成压力、声、振动、位移等光纤传感器.

8.5.4 双折射对光纤传感器的影响

前面讨论用人工旋转光现象和人工双折射构成光纤传感器时,没有涉及光纤自身的线性双折射的影响,光纤自身的双折射由于内部残余应力和芯径不对称性以及外部弯曲、各种外应力和外电磁场的原因而客观存在,对偏振态调制影响很大,严重时甚至完全淹没人为偏振态调制作用,即使采用极低双折射的保有偏光纤,在弯曲时也将存在弯曲双折射的影响.因此,讨论光纤自身双折射的影响对光纤传感器的实用化显得特别重要.

考虑光纤自身存在双折射时,磁光效应除存在圆双折射外,还存在线性双折射.A. M. Smith 利用琼斯矢量表示法,给出了输入光矢量与输入光矢量之间的数学描述

$$\begin{bmatrix} E_x \\ E_y \end{bmatrix}_z = \begin{bmatrix} A & -B \\ B & A^* \end{bmatrix} \begin{bmatrix} E_x \\ E_y \end{bmatrix}_0 \tag{8.56}$$

式中

$$A = \cos\left(\frac{\varphi}{2}\right) + \mathrm{j}\cos x\sin\left(\frac{\varphi}{2}\right) \tag{8.57}$$

$$B = \sin x\sin\left(\frac{\varphi}{2}\right) \tag{8.58}$$

$$\left(\frac{\varphi}{2}\right)^2 = \left(\frac{\delta}{2}\right)^2 + \theta^2 \tag{8.59}$$

$$\sin x = \frac{\theta}{2\varphi} \tag{8.60}$$

$$\cos x = \frac{\delta}{\varphi} \tag{8.61}$$

$\begin{bmatrix} E_x \\ E_y \end{bmatrix}_0$ 为输入矢量，$\begin{bmatrix} E_x \\ E_y \end{bmatrix}_z$ 为输出光矢量. δ 值反映了光纤自身双折射的影响；θ 值反映了旋光的作用. 如果令 $\delta = 0$，即不考虑光纤自身的双折射，式(8.56)将变为

$$\begin{bmatrix} E_x \\ E_y \end{bmatrix}_z = \begin{bmatrix} \cos\theta & -\sin\theta \\ \sin\theta & \cos\theta \end{bmatrix} \begin{bmatrix} E_x \\ E_y \end{bmatrix}_0 \tag{8.62}$$

当入射光矢量沿水平 E_x 方向时，输出光矢量

$$\begin{bmatrix} E_x \\ E_y \end{bmatrix}_z = \begin{bmatrix} \cos\theta & -\sin\theta \\ \sin\theta & \cos\theta \end{bmatrix} \begin{bmatrix} 1 \\ 0 \end{bmatrix} = \begin{bmatrix} \cos\theta \\ \sin\theta \end{bmatrix} \tag{8.63}$$

回到式(8.44)单独考虑磁光效应的结果.

如果人工磁光效应不存在，$\theta = 0$，式(8.56)将变为

$$\begin{aligned} \begin{bmatrix} E_x \\ E_y \end{bmatrix}_z &= \begin{bmatrix} \cos\left(\frac{\delta}{2}\right) + \mathrm{j}\sin\left(\frac{\delta}{2}\right) & 0 \\ 0 & \cos\left(\frac{\delta}{2}\right) - \mathrm{j}\sin\left(\frac{\delta}{2}\right) \end{bmatrix} \begin{bmatrix} E_x \\ E_y \end{bmatrix}_0 \\ &= \begin{bmatrix} \mathrm{e}^{\mathrm{j}\frac{\delta}{2}} & 0 \\ 0 & \mathrm{e}^{-\mathrm{j}\frac{\delta}{2}} \end{bmatrix} \begin{bmatrix} E_x \\ E_y \end{bmatrix}_0 \end{aligned} \tag{8.64}$$

光纤自身双折射使 E_x 与 E_y 之间产生 δ 的延迟.

如果在光纤的中心部分受到一纵向磁场的作用(图 8.23)，输入的偏振光为

$$\begin{bmatrix} E_x \\ E_y \end{bmatrix}_0 = \begin{bmatrix} 0 \\ E_0\mathrm{e}^{\mathrm{j}\omega t} \end{bmatrix} \tag{8.65}$$

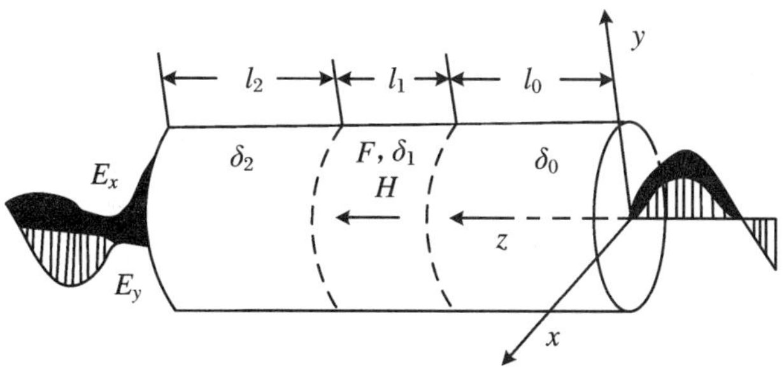

图 8.23　纵向磁场对光纤的作用

输出的偏振光为

$$\begin{bmatrix} E_x \\ E_y \end{bmatrix}_z = \begin{bmatrix} e^{j\frac{\delta_2}{2}} & 0 \\ 0 & e^{-j\frac{\delta_2}{2}} \end{bmatrix} \begin{bmatrix} A & -B \\ B & A^* \end{bmatrix} \begin{bmatrix} e^{j\frac{\delta_0}{2}} & 0 \\ 0 & e^{-j\frac{\delta_0}{2}} \end{bmatrix} \begin{bmatrix} 0 \\ E_0 e^{j\omega t} \end{bmatrix} \tag{8.66}$$

式中，δ_2 为光纤长度为 L_2 的相位延迟；δ_0 为光纤长度为 L_0 的相位延迟；A,B 适用于光纤 L_1 段.因此，在采用偏振态调制器原理构成的实用光纤传感器中，为了克服光纤自身双折射的影响，需采用超低双折射光纤，使固有双折射的影响减到最小.对于弯曲和外应力引起的双折射，需在探头制作时作一些特殊处理，如德国巴帕和汉斯提出的减少弯曲双折射和应力椭圆双折射方法能使总的残余双折射减到极小.

8.6 光纤陀螺

惯性导航是确定飞机、导弹和宇宙飞行器飞行姿态的一项重要技术.最初的导航仪器是机械式转动陀螺仪.激光的问世、光电子技术的发展以及低耗单模光纤的制作成功，促进了光纤陀螺仪的研制和应用.目前光纤陀螺仪的实验系统分辨率已远远超过地球的自转速率（7.5×10^{-5} rad/s），而性能更高、体积更小的光纤陀螺仪也正在研制中.

光纤陀螺仪是一种测量转动速度（角速度或旋转率）的光纤转动传感器.下面将分别讨论光纤陀螺仪的工作原理——塞格纳克效应，以及光纤陀螺仪中的相位检测等有关问题.

8.6.1 塞格纳克效应

光纤陀螺仪工作的物理机制是基于塞格纳克效应的，光纤塞格纳克干涉仪是构成光纤陀螺仪的基础.塞格纳克效应可描述为，当一环形光路相对于惯性空间有一转动（绕垂直于光路平面的轴转动）时，顺时针及逆时针方向的光路将产生一非互易的光程差（或相位差），它和环形光路的旋转率 Ω 有一定关系.通过测量干涉光强的变化，就可以求得旋转率 Ω 及其变化.图 8.24(a)所示的圆形环路中的光纤是长度为 L 的单模光纤.光纤圆形环路的半径为 R，光纤圆环中的光纤是长度为 L 的单模光纤.光纤圆形环路的半径为 R，光纤圆形环路以 Ω 旋转率旋转.为了分析简便，可认为环路中的两束相反传输的光是在真空中进行传输.光束经过 Δt 时间后，沿环路行进一周，则 $\Delta t = L/c$（c 为真空中的光速）.在 Δt 时间内，入射到闭合环路中的光移动 $\Omega R\Delta t$ 的距离（图 8.24(b)），这时两反向传输光束间的相对光程差为

$$\Delta l = \Delta l_+ - \Delta l_- = \Omega R(\Delta t_+ - \Delta t_-)\alpha \tag{8.67}$$

式中，$\Delta t_+ = -\Delta t_-$.对于在介质中传输的光波，由于介质的折射率 $n\neq1$，所以改变了环路中光传输的速度（$v = c/n$）.考虑到转动和介质折射率的影响，这时环路中的两光束的传输速度分别为

$$v_+ = \frac{c}{n} + \Omega R\alpha \tag{8.68}$$

$$v_- = \frac{c}{n} - \Omega R\alpha \tag{8.69}$$

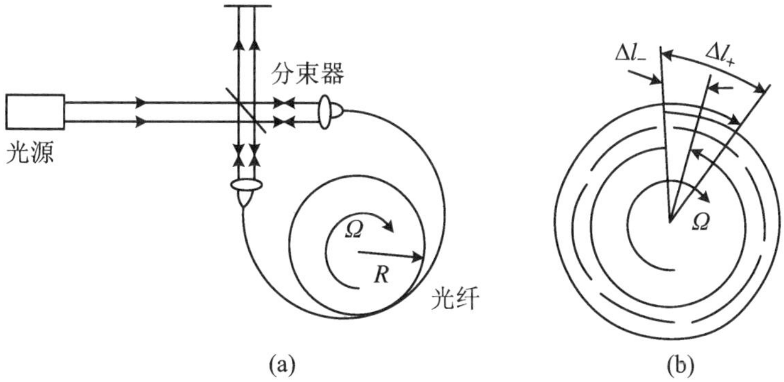

图 8.24　塞格纳克效应

式中，α 称为牵引系数. α 与介质折射率 n 的关系为

$$\alpha = 1 - \frac{1}{n^2} \tag{8.70}$$

因此得到塞格纳克相移表达式

$$2\varphi = \frac{8\pi N A \Omega}{\lambda_0 c} n^2 (1 - \alpha) \tag{8.71}$$

真空环路中的塞格纳克相移为

$$2\varphi = \frac{8\pi N A \Omega}{\lambda_0 c} \tag{8.72}$$

式中，N 是光纤环的匝数，A 是光路包围的面积. 典型的实验性光纤陀螺仪所用的光纤，直径大约为 100 μm，环路光纤长度为 500 m，可获得 10^{-5} rad 的塞格纳克相移.

光纤陀螺仪的相移检测还存在一些实际问题. 首先，它是工作在常规的零光程差况态，它的灵敏度随着旋转率 Ω 趋于零而趋近零，这是因为被测光强的变化正比于 $\cos^2 \varphi$. 因此，要在低旋转率下获得高灵敏度，必须使塞格纳克干涉仪在最大灵敏度处工作，即在相位正交点工作（正交点为图 8.25 中 B 点）. 这可以在两束反向传输光之间引入一个 $\pi/2$ 的单向相移偏置来实现正交点工作状态.

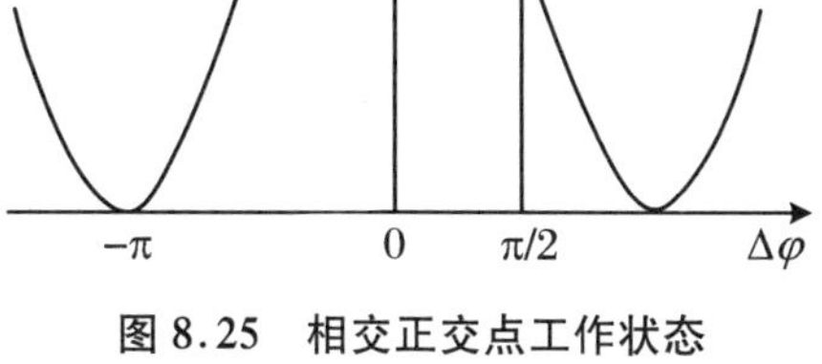

图 8.25　相交正交点工作状态

8.6.2 光纤陀螺中的相位调制

根据塞格纳克相移和旋转率的关系式(8.71)和式(8.72),采用干涉测量方法可以获得相移值,继而求得旋转率.假设在光纤陀螺仪环路中以相反方向传输的两束相干光波分别为 $A_1\sin\omega t$ 和 $A_2\sin(\omega t+\theta)$,其中,ω 是光波的角频率,θ 是两束光波之间的相位差,A_1,A_2 分别为两束光波的振幅.当它们产生干涉时,干涉光强可表示为

$$I=[A_1\sin\omega t+A_2\sin(\omega t+\theta)]^2 \tag{8.73}$$

若利用相应时间常数为 τ 的探测器检测干涉光强,则探测器上得到的光强为

$$I_{\rm d}=\frac{1}{\tau}\int_t^{t+\tau}I(t)\,{\rm d}t \tag{8.74}$$

展开式(8.74),并考虑到 $\tau\gg\frac{1}{\omega}$,且认为 θ 在周期 τ 内几乎不变化时,则

$$I_{\rm d}=A_1^2+A_2^2+2A_1A_2\cos\theta \tag{8.75}$$

若要求两束光波的振幅满足 $A_1=A_2=A$,以及引入一个固定的相位偏置 $\pi/2$,这时两束光的相位差为

$$\theta=\frac{\pi}{2}+2\varphi \tag{8.76}$$

探测到的光强相应为

$$I_{\rm d}=2A^2(1-\sin 2\varphi) \tag{8.77}$$

式(8.77)描述了探测到的光强于相位差的函数关系.

光纤陀螺仪中的相移检测技术有许多种,一般采用法拉第旋转器引入 $\pi/2$ 相位差,可以是静态相位差也可以是交替地正、负变化的相位差.图 8.26 是带有法拉第旋转器的光纤陀螺仪,BS_1,BS_2 是两个分束器,法拉第旋转器放置在光纤环路的一端,使它只对顺时针方向的光波有延迟作用,因而就改变了绕光纤环路传播的两束光波之间的相对相位.但是静态的偏置存在一些缺点,比如,光源强度的微小的变化也会等效为相位的变化,静态的 $\pi/2$ 相位偏置也会变为旋转率的读数.因此,这种静态偏置的方法不能满足高分辨率测量的要求.

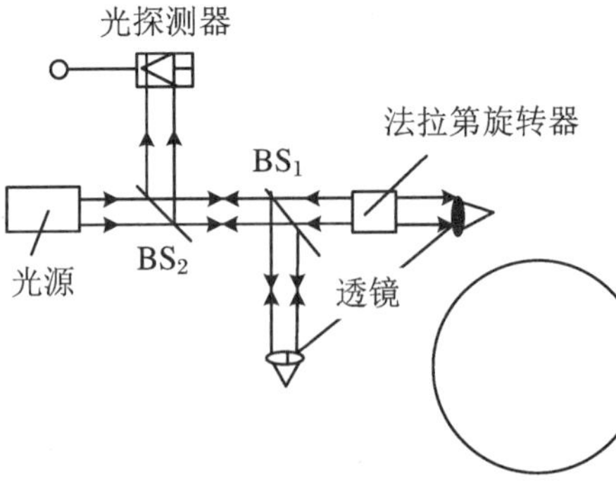

图 8.26 带有法拉第旋转器的光纤陀螺

得用一个交替的偏置,引入 $\pm\pi/2$ 相位差,使工作点在 A,B 之间交换,在顺时针方向传播的光被延迟 $\pi/2$,在逆时针方向传播的光不被延迟,于是产生了塞格纳克相移,并得到一个矩形波的输出,其输出振幅与塞格纳克相移有关,而旋转方向由相位(0 或 π)给出.

图 8.27 表示出工作点 A,B 交替变换的情况.设未加偏置时探测器的输出光强

$$I_{\mathrm{d}} \propto 1 + \cos 2\varphi \tag{8.78}$$

加上 ± π/2 相位偏置后，探测器的输出光强

$$I_{\mathrm{d}} \propto \left[1 + \cos\left(\frac{\pi}{2} + 2\varphi\right)\right] = 1 - \sin 2\varphi, \quad 2nT \leqslant t < (2n+1)T \tag{8.79}$$

$$I_{\mathrm{d}} \propto \left[1 + \cos\left(-\frac{\pi}{2} + 2\varphi\right)\right] = 1 + \sin 2\varphi, \quad (2n+1)T \leqslant t < 2(n+1)T \tag{8.80}$$

检测相移的方法还有外差法和相位零示技术. 它们对于克服漂移和热效应有一定好处.

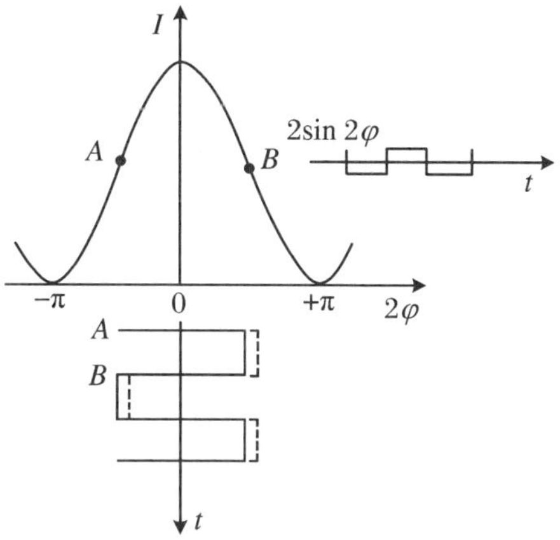

图 8.27　工作点 A，B 的交替变换

对光纤陀螺灵敏度极限的理论估计是基于对探测器量子噪声的因素. 当然，从目前的实验结果看还有许多其他的噪声，但是随着技术的进展，光纤的损耗已越来越小，这表明灵敏度极限决定于量子噪声的因素是有根据的，噪声所具有的光能是可以测量的，它与光子平均值的平方根成比例，只有当相应的光强变化大于这种量子噪声时，塞格纳克相移才可能测量出来. 这就是，当干涉仪在最大灵敏度下工作时，最小的可测塞格纳克相移是

$$2\varphi = \frac{\Delta I}{I_0} = \frac{1}{\sqrt{n_{\mathrm{ph}}}} \tag{8.81}$$

式中，n_{ph} 是光子的平均值，由此可以写出陀螺的随机漂移 θ_{drift}

$$\theta_{\mathrm{drift}} = \frac{25\lambda c}{\pi LR}\left(10^{-\alpha L/10}\right)^{-\frac{1}{2}}\left(\frac{P\lambda}{hc}\right)^{-\frac{1}{2}} (\mathrm{rad/h^{\frac{1}{2}}}) \tag{8.82}$$

式中，L 和 R 分别为光纤长度和环的半径；α 是光纤的损耗，单位是 dB/km；h 是普朗克常数；P 是注入光纤环的边率. 在上式中，其他一些损耗如耦合损耗的插入损耗等都忽略了.

但是迄今为止，所有的实验结果都远低于理论值，能达到的水平为 0.1°～1°/h. 这样的灵敏度值已经可以在低灵敏度要求的场合下应用，在军事上已用于战术导弹制导及飞行器导航等. 最近，大量的研究已发现有许多种噪声来源限制了光纤陀螺的灵敏度. 这些噪声来源包括：两相反传播光路上的非互易效应，例如法拉第磁光效应，光纤的双折射以及温度和压力梯度随时间的变化等引起的噪声和不稳定. 为了使微小转动时获得最大的灵敏度，需要在相反传播的两光束之间引入非互易的稳定的 π/2 相移，这一相位偏置的任何不稳定性都是噪声的重要来源. 光源发射光束的偏振和幅值的不稳定性；光纤中光束在传播过程产生的背向散射以及在连接或耦合处的反射；背向散射光功率反馈到激光器产生的微扰、动态范围和码速超过了器件的最佳工作区等因素也会引起噪声.

针对这些可能出现的噪声源，人们对激光器、探测系统、光纤以及各种光纤或波导器件，如方向耦合器、偏振转换器、位相调制器、起偏器和检偏器等的设计和性能做了许多研究，因而获得了很大的改进，致使光纤陀螺实验室样机的灵敏度差不多比最早的提高了近三个数量级，最近的实验结果显示其灵敏度提高到 0.1 °/h 量程. 这一新的光纤陀螺是改进了的全光纤结构，如图 8.28 所示，其中耦合器、相位调制器和传感线圈都是由同一种高双折射的偏振保持的单模光纤做成. 所用的光源是超发光二极管 SLD. 光纤具有 3.8 dB/km 的损耗，双折射拍长为 3.4 mm. 光纤耦合器产生 49%～51%的分束，插入损耗为 0.2 dB. 位相调制器是将光纤绕在压电材料的圆棒上形成，光纤线圈直径为 32 cm，光纤长为 430 m. 探测器是硅二极管.

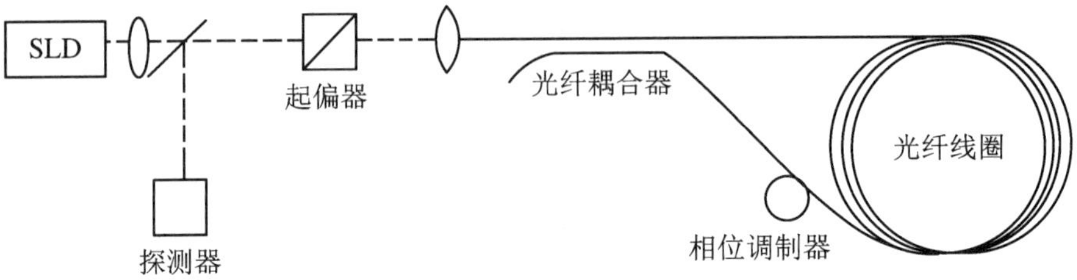

图 8.28　全光纤陀螺结构

目前，在光纤陀螺研究方面，人们继续在为提高灵敏度和稳定性而努力，研究的重点是改善激光器的性能，采用偏振保持的单模光纤，选用最佳的探测系统和实现光路的集成化.

第9章　光 纤 器 件

9.1　光纤激光器及放大器的结构和发展

光纤激光器及放大器是一种新颖的有源光纤器件.属于这类器件的大体上有三类:第一类是利用光纤的非线性效应,例如利用受激拉曼散射效应制作的光纤拉曼激光器与放大器;第二类是利用晶体光纤,例如利用YAG,BSO等晶体光纤作激活介质制作的光纤激光器与放大器;第三类则是利用掺杂光纤(包括对石英玻璃光纤、卤化物光纤及晶体光纤等的掺杂),例如光纤掺杂稀土离子即可使之被激活,进而制成掺杂的光纤激光器与放大器.利用特制的光纤包层,借助其中倏逝波导致的激光放大也应归属于此类.

在这三类器件中,掺杂光纤,尤其是稀土掺杂石英玻璃光纤制作的激光器与放大器,发展极为迅速.究其原因,主要是因为这种激光器与放大器的工作波长可覆盖光纤通信的最佳窗口,并有望很快在光通信领域得到广泛应用,因此备受青睐.鉴于此情况,本章重点讨论这类器件.

9.1.1　光纤激光器的基本结构和特点

光纤激光器的基本结构与一般激光器的大体相同,也是由激光介质与谐振腔组成的,如图9.1所示,前者在泵浦作用下吸收泵光波长的光子,并产生粒子数反转,成为激活介质,因而具有了激光放大能力;后者则提供适宜的正反馈,以形成激光振荡.在光纤激光器的情况下,掺杂光纤即为激光介质,由于光纤又是光的导波介质,在单模状态下泵浦光与激光可充分耦合,致使转换效率相当高,加之光纤的几何形状具有很低的体积/表面积比,散热快,损耗小,因此这种激光器的激光阈值相当低.这是光纤激光器的第一个优点.图9.1所示的谐振腔是由两个介质镜构成的,实际上可将介质膜直接镀在光纤端面上,也可以采用定向耦合器方式构成谐振腔,加之光纤具有可挠性,因此光纤激光器可设计得相当小巧灵活,这是光纤激光器的第二优点.作为激光介质的掺杂光纤,掺杂稀土离子(如Nd^{3+},Er^{3+}等)和承受掺杂的基质(如硅化物玻璃、卤化物玻璃光纤等)具有相当多的可调参数和选择性,因此可获得激光输出的谱线相当多,其中最引人关注的波长是光纤通信窗口的1.55 μm和中红外通信窗口的2～3 μm等.加之玻璃光纤的荧光谱相当宽,插入适当的波长选择器等即可得到很宽的调谐范围(已达到80 nm以上)和相当好的单色性(已达2 MHz),这是光纤激光

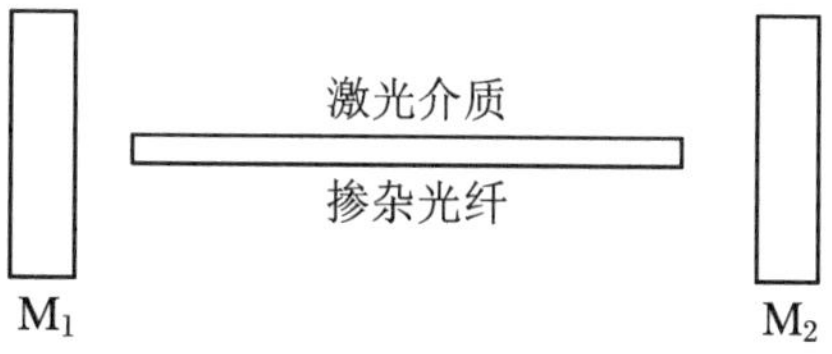

图9.1　光纤激光谐振腔

器的第三个优点.纵观上述三个优点,就不难理解,为什么人们对光纤激光器寄予极大的研究热情和希望.

9.1.2 光纤放大器的结构形式和发展

光纤放大器与激光器的实质性区别在于无反馈环路,即无谐振腔结构.根据实际应用,光纤放大器有三种结构形式,如图 9.2 所示.其中(a)是作为激光功率放大的结构形式;(b)是作为全光中继器使用的结构形式;(c)则是作为光前放置放大器使用的结构形式.在这些结构形式中均使用了光纤定向耦合器,以便使泵浦功率恰当地注入掺杂光纤之中,因此要求耦合器在泵浦光波长上有很高的耦合效率,而在信号光波长上有很低的耦合效率.根据泵浦光在输入端还是在输出端更容易被滤除,来确定耦合器的耦合方向是同向的还是反向的.未掺杂的传输光纤和掺杂的放大光纤其最佳芯径值无须相同,对于前者,我们主要考虑它的波导色散的要求,对于后者则主要致力于设法使泵浦光和信号光模场得到最大交叠,以便充分交换能量.

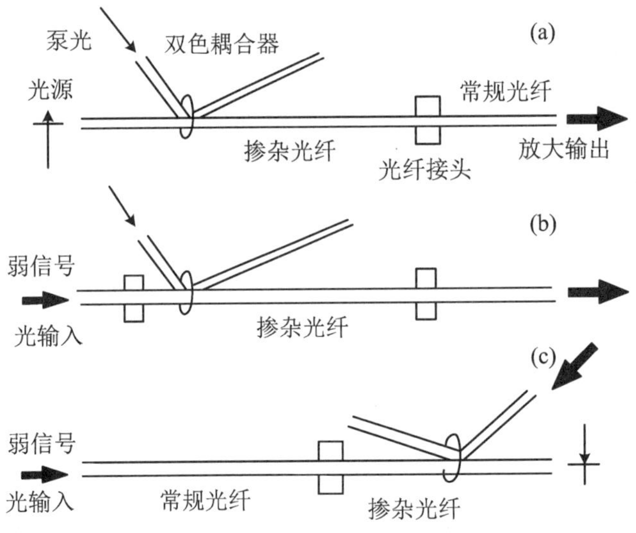

图 9.2 光纤放大器结构

在上述三种结构模式中,全光中继器的发展前景最引人注目.在现行的光纤通信系统中,为了扩展通信距离,均需使用庞大且较为昂贵的光-电-光中继系统,在光转换为电,然后再由电转换为光的过程中难免有信息遗失和差错.而使用光纤放大器作中继器则无须这种转换,因此不但结构简单造价低廉,而且具有很高的可靠性.

早在 1963 年法国的斯尼基尔首次提出光纤激光与放大的概念,并使用多组分玻璃光纤进行了尝试,其后还有一些人进行过类似的研究工作.因为当时光纤的损耗,半导体激光器在室温下工作产生的问题等尚未得到解决,光纤通信尚处于探索阶段,因此光纤激光器与放大器的研究不可能有实质性的进展,这种情况持续到 20 世纪 70 年代初.特别是在 1975 年以后,单模低损耗光纤及光纤耦合技术进入实用化,大功率半导体激光器研制成功等为有源光纤器件的研究打下坚实的基础.1985 年英国南安普顿大学研制出掺铒石英光纤,1986 年报道了第一个掺铒光纤放大器,它的放大波长正好处于光通信的第三个窗口,具有高增益、低噪声、偏振不敏感等一系列突出的优点,成为延长光纤通信信号的传输距离的最成功的方法之一.10年来,掺铒光纤放大器的研究进展十分迅速,现已进入实用阶段,并已有封装的掺铒光纤放大器商品出售;分别用作通信系统的光功率放大、光中继放大、光前置放大,以及光孤子脉冲放大;其系统应用的实验也广泛展开,在直接检测、相干检测、CATV,以及分配网络和孤子传输等方面都有大量的系统实验报道.由于目前大部分应用的光纤通信系统都在1300 nm波长处,人们又研究了掺钕和掺镨的1300 nm光纤放大器,且认为最有希望的途径是采用掺镨光纤.

9.2 稀土掺杂光纤的光谱

9.2.1 稀土元素及其离子

光纤掺杂稀土元素可成为激光介质,因此了解稀土元素及其离子的一些情况是必要的.稀土或称镧系元素一共有15个,它们在元素周期表中占据倒数第2行的位置,排首为La(镧,原子序数为57),排尾为Lu(镥,原子序数为71),全部稀土原子具有相同的外电子结构$5s^2 5p^6 6s^2$,即满壳层,所有的电子结构形式在图9.3中给出.图中[Xe]代表元素氙的结构,它含5s和5p电子.在4f壳层内占据的电子数决定着元素的光学性质.

稀土元素的电离通常以形成三价状态的形式发生,例如Nd^{3+},Er^{3+}等,它们均逸出2个6s和1个4f电子.由于剩下的4f电子受到屏蔽作用,因此它们的荧光与吸收波长不易受外场的影响.

^{57}La	镧	$[Xe]\ 6s^2 5d$
^{58}Ce	铈	$[Xe]\ 6s^2 4f\,5d$
^{59}Pr	镨	$[Xe]\ 6s^2 4f^3$
^{60}Nd	钕	$[Xe]\ 6s^2 4f^4$
^{61}Pm	钷	$[Xe]\ 6s^2 4f^5$
^{62}Sm	钐	$[Xe]\ 6s^2 4f^6$
^{63}Eu	铕	$[Xe]\ 6s^2 4f^7$
^{64}Gd	钆	$[Xe]\ 6s^2 4f^7 5d$
^{65}Tb	铽	$[Xe]\ 6s^2 4f^9$
^{66}Dy	镝	$[Xe]\ 6s^2 4f^{10}$
^{67}Ho	钬	$[Xe]\ 6s^2 4f^{11}$
^{68}Er	铒	$[Xe]\ 6s^2 4f^{12}$
^{69}Tm	铥	$[Xe]\ 6s^2 4f^{13}$
^{70}Yb	镱	$[Xe]\ 6s^2 4f^{14}$
^{71}Lu	镥	$[Xe]\ 6s^2 4f^{11} 5d$

图9.3 稀土元素

9.2.2 掺杂光纤基质材料的影响

对于掺杂光纤激光器与放大器来说,光纤基质材料是玻璃,玻璃基质的掺杂,实际上是稀土离子通常作为网格改体存在或填隙于玻璃网格中.玻璃基质对稀土离子的光谱能级施加两种影响:其一是导致斯塔克分裂,能级中存在的任何简并都因基质原子键引起的电场非均匀分布的影响而退简并,因此对于给定的电子跃迁,其光谱显示出某些亚结构;其二是导致能级展宽,展宽的机制有声子展宽和基质电场扰动展宽.前者是因能级间跃迁时伴有声子产生或湮灭一类能量交换引起的,声子的能量与温度有关,温度降低时声子数减少,因而光谱变窄.声子展宽作用对所有稀土离子都是相同的,所以这种展宽是均匀的,而第二种展宽是基质电场引起的,这种作用对各稀土离子因远近不同,所以相应的展宽是非均匀的.显然,这种展宽与温度无关.

光谱展宽的性质与幅度对于光纤激光器来说是非常重要的.对于给定的泵浦功率,激光增益反比于谱宽,因此,一般来说,稀土元素因受益于参与吸收和发射的电子的被部分屏蔽的作用，所以它较之于无屏蔽作用的过渡元素更易产生好的激光. 展宽的性质，即均匀或非均匀展宽，将对激光的增益饱和程度(因而对激阀值)及激光光谱结构产生某些影响. 展宽机制与玻璃组分有关，另外 SiO_2 基质对 380～770 nm 谱区掺 Er^{3+} 光纤吸收谱和 900～1100 nm 区域的掺 Nd^{3+} 光纤的吸收谱起很大的作用.

9.2.3 稀土离子掺杂浓度

对于光纤激光器来说，存在一最佳掺杂浓度. 浓度过低或过高均不利于产生激光. 如果掺杂过低，在掺杂离子总有效数少于入射光子的部位，基态上的离子可能被耗尽，信号放大则受限制于可被利于的离子数；如果掺杂过高，则会出现两个问题：其一是所谓浓度抑制问题. 在高掺杂时相邻稀土离子之间即出现非辐射交叉弛豫，因此致使激光上能级的有效粒子减少；另一个问题是，高掺杂将导致玻璃基体上出现结晶现象，这对激光的形成也是不利的. 显然，可以掺入玻璃基体又不致使其结晶的稀土离子浓度与玻璃系有关. 至今的实验表明，对于光纤激光器的掺杂光纤，其最佳掺杂均为几百个 ppm 的浓度. 这一数字目前只能通过实验确定.

9.2.4 激发态吸收

这里所谓激发态吸收(ESA)主要指：处于激光上能态的电子吸收泵浦光子后进入更高的激发态，随后通过某种非辐射弛豫过程进入一中间能态，最后重新回到激光上能态. 显然这种 ESA 过程削减了泵浦功率，为了获得同样大小的激光输出，若存在 ESA 则需要更高的泵浦功率. 以下我们将看到，ESA 是限制掺 Er^{3+} 光纤激光器和放大器增益的主要因素. 对掺铒光纤器件也有严重影响. ESA 作为有害因素，人们正在提出一些有实际意义的解决方法.

9.2.5 玻璃中稀土离子的光谱

由于掺 Nd^{3+} 和掺 Er^{3+} 的光纤激光器与放大器对光纤通信等有重要意义，因此我们这里重点分析讨论 Nd^{3+}，Er^{3+} 掺杂的有关情况. 图 9.4 是稀土金属离子的能级图.

图 9.5 分别给出了玻璃基体[成分是 $94.5SiO_2 \cdot 5.0GeO_2 \cdot 0.5P_2O_5$]内掺杂 Nd 和 Er 离子的荧光谱及吸收谱. 从图中可以看出，玻璃中的 Nd 离子在 0.8 μm 和 0.90 μm 处有吸收，后者吸收强度稍弱些，实际上在短波长范围内还有一些很强的吸收峰，这些没有在图 9.5 中标出. Nd 的荧光带对应的中心波长分别在 0.90 μm，1.06 μm 和 1.32 μm 处，其中 1.06 μm 处的荧光带最强. 一个重要的特征是，在 0.9 μm 处吸收谱光与荧光谱重叠，这意味着在这波长上产生的激光必定是三能级系统. Er 的吸收带分别在 0.81 μm，0.98 μm 和 1.48 μm 处. 这里有两点值得注意：其一是 0.81 μm 处有吸收带，这表明铒的掺杂光纤激光器可以使用该波长的半导体激光器泵浦，另一点是 1.48 μm 处吸收带与荧光带交叠，这意味着在这个重要波长上产生的激光是三能级系统.

按常规电子能级的光谱命名，Nd 离子和 Er 离子中的电子能级图可以用图 9.6 来表示. 其中与图 9.6 对应的重要跃迁有

Nd^{3+} 的吸收：

$$\text{从基态}\ ^4I_{9/2} \begin{cases} \rightarrow\ ^2H_{9/2}\ \text{和}\ ^4F_{5/2} & (0.80\ \mu m) \\ \rightarrow\ ^4F_{3/2} & (0.90\ \mu m) \end{cases}$$

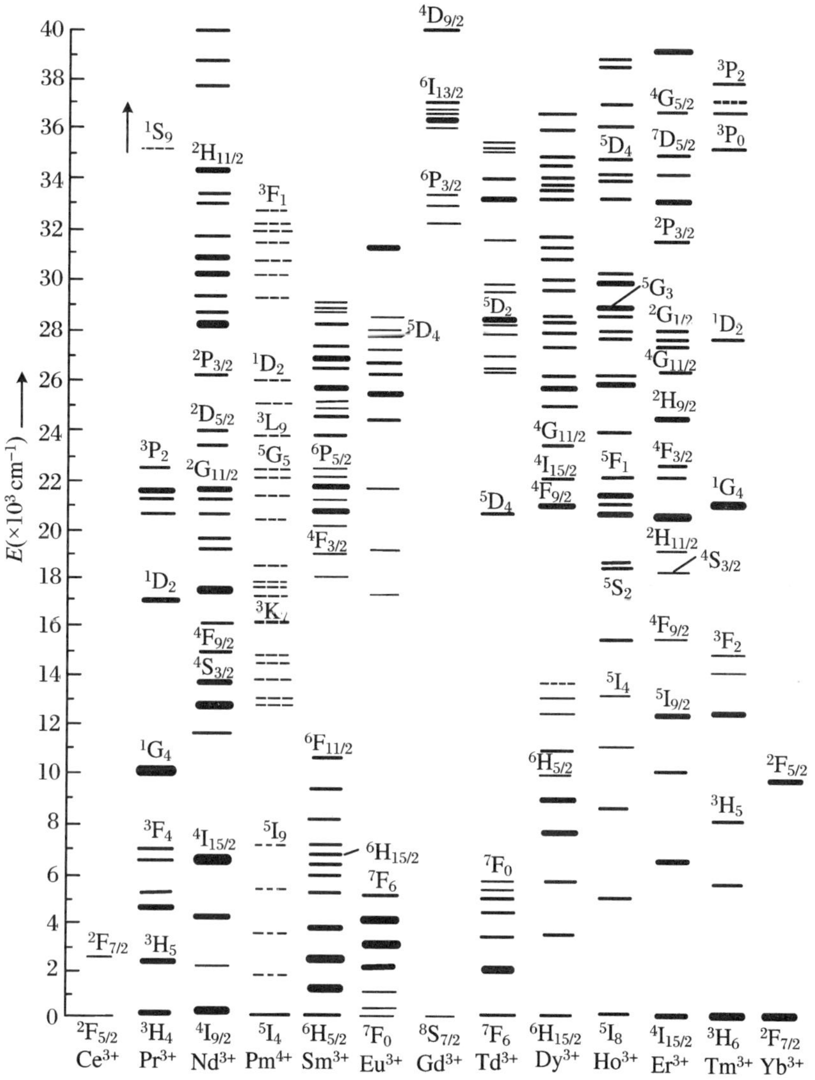

图 9.4　稀土金属离子的能级图

Nd^{3+}的荧光：

$$从激发态\,^4F_{3/2}\begin{cases}\rightarrow {}^4I_{9/2} & (0.90\ \mu m)\\ \rightarrow {}^4I_{11/2} & (1.06\ \mu m)\\ \rightarrow {}^4I_{13/2} & (1.35\ \mu m)\end{cases}$$

Er^{3+}的吸收：

$$从基态\,^4F_{15/2}\begin{cases}\rightarrow {}^4I_{9/2} & (0.81\ \mu m)\\ \rightarrow {}^4I_{11/2} & (0.98\ \mu m)\\ \rightarrow {}^4I_{13/2} & (1.48\ \mu m)\end{cases}$$

Er^{3+}的荧光：

$$从激发\,^4I_{13/2}\rightarrow {}^4I_{15/2}\quad (1.55\ \mu m)$$

产生激发和激发光放大的原则是，在其吸收带对应的波长上提供必要的泵浦，在其荧光谱对应的波长上提供形成增益和振荡的条件.

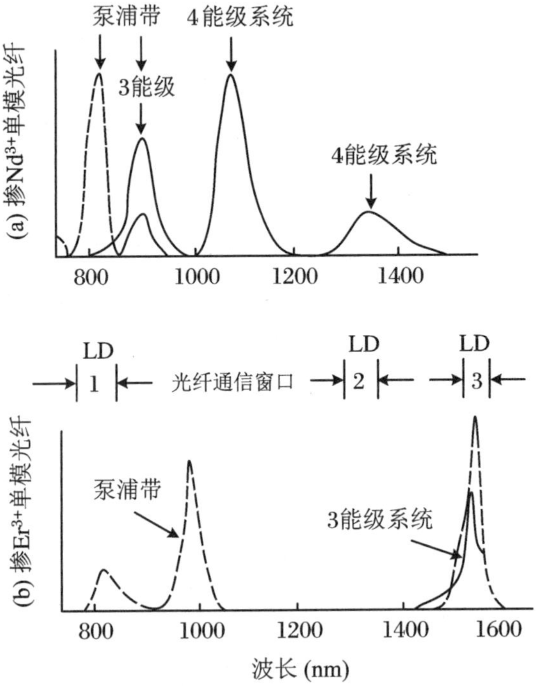

图 9.5　掺 Nd^{3+} 和掺 Er^{3+} 光纤的荧光谱及吸收谱

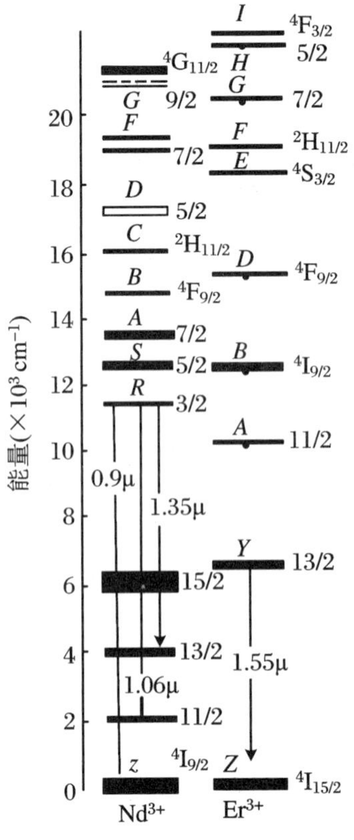

图 9.6　Nd^{3+} 和 Er^{3+} 中的电子能级图

以上的叙述都属于石英玻璃基质情况.实际上还可以变化基质种类或成分,以促进掺杂离子所处环境发生改变,进而使光谱产生变化,即吸收和荧光的峰值位置(中心波长)和相对高度产生相应的改变.这样,我们可人为地选择适宜的泵浦波长,并在有实际意义的波长上产生激光放大.在这点上充分显示出光纤激光器和放大器具有得天独厚的优越性.

9.3　稀土掺杂光纤激光与放大过程

9.3.1　光的吸收与发射

当光通过稀土掺杂光纤介质时其部分光子将被介质吸收,这些光子的能量促使介质的电子跃迁到激发态,其后处于激发态的电子可以通过辐射或非辐射弛豫过程将能量释放出来,并随之回到基态.其中辐射过程有两类:一类是自发辐射,一类是受激辐射.后者是一种同频率、同相位的辐射,可以形成相干性极好的激光,因此可以说,激光发射是一种在比例上受激辐射远远超过自发辐射的物理过程.为了使这过程持续发生,必须造成"粒子数反转",因此要求:第一,参与过程的能级应超过两个;第二,应有泵浦源提供能量,而且在数值上要超过激光上能级的能量,或者说泵浦光子的波长应短于激光光子的波长.由于存在这些条件,所以激光过程有明显的阈值.当泵浦低于阈值时只能出现自发辐射过程,不会出现激光.上述内容的细节在许多文献有详尽叙述,这里不作深入讨论.

9.3.2　四能级和三能级的光纤激光过程

关于四能级和三能级的激光原理由图9.7示出,泵浦(短波长高能光子)使电子从基态跃迁到高能态 E_4^4 或 E_3^3,然后通过非辐射弛豫过程跃迁到激光上能级(E_4^3 或 E_3^2),当电子进一步从激光上能级跃迁到激光下能级(E_4^2 或 E_3^1)时,即出现激光过程.四能级与三能级的区别是很重要的,从图9.7不难看出,前者的激光下能级不是基态,而后者则是基态.因此要实现激光上、下能级的"粒子数反转",后者较前者需要更多的泵浦光子,或者说三能级系统较之四能级系统有更高的阈值,进而还可以推出以下结果:在不计光纤损耗的情况下,作为光

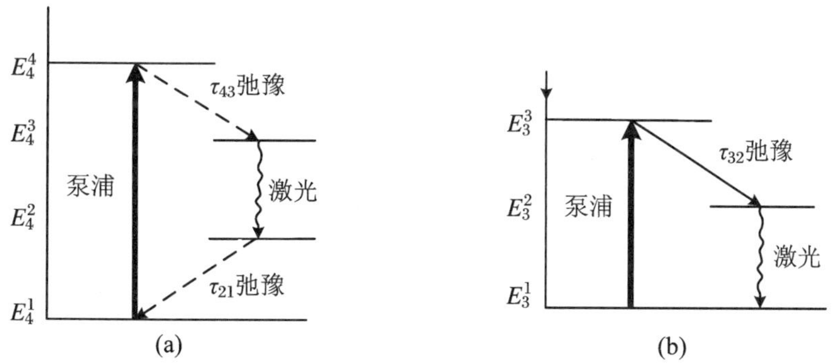

图9.7　四能级和三能级的激光原理

纤激光器来说，四能级系统的激光阈值应与光纤长度成正比；而对于三能级来说则不是这样，考虑到光纤对激光光子的再吸收，自然应该存在一最佳光纤长度，在这个长度上方可出现最低的激光阈值.

9.3.3 三能级光纤激光放大理论

对于光纤激光器与放大器的理论分析应基于激光理论与光纤理论的结合，这方面最好的例子是关于三能级光纤激光放大理论.

三能级的激光系统中，当泵浦光光子和掺杂离子碰撞时将一定数目的基态 E_3^1 粒子激发至能级较高的激发态 E_3^3 上，由于粒子在激发态 E_3^3 上的寿命很短(一般在 $10^{-11}\sim10^{-8}$s)，激活的粒子很快以无辐射跃迁方式转移到亚稳态 E_3^2 上(E_3^2 寿命 τ_f 一般在 ms 量级)，在 E_3^2 和 E_3^1 间形成了粒子数反转，激光的过程正是 E_3^2 和 E_3^1 能级之间受激跃迁的结果. 因此可以将三能级系统简化为二能级考虑，如图 9.8 所示. 二能极系统中 N_1，N_2 分别为态 E_3^1 或 E_3^2 上粒子分布数，ν_p，ν_s 分别为泵浦光和信号光频率，W_pN_1 代表由于泵浦过程而使 E_3^1 上粒子数减少的速率，其中作用项 W_p代表一个正比于泵浦光光子数的量；$A_{21}N_2$是代表由于自发辐射使 E_3^1 上粒子数增加的速率，A_{21} 是 E_3^2 能级粒子寿命的倒数，即 $A_{21}=1/\tau_f$；项 $W_{21}N_2$ 和 $W_{12}N_1$ 分别代表受激发射和受激吸收过程，根据爱因斯坦理论 $W_{12}=W_{21}=W$ 正比于激光光场中的光子数. 正是以上四个过程维持了 E_3^1 和 E_3^2 能级之间粒子跃迁从而产生激光，所以三能级速率方程为

$$W(N_2-N_1)+A_{21}N_2-W_pN_1=\frac{\partial}{\partial t}N_1=-\frac{\partial}{\partial t}N_2 \tag{9.1}$$

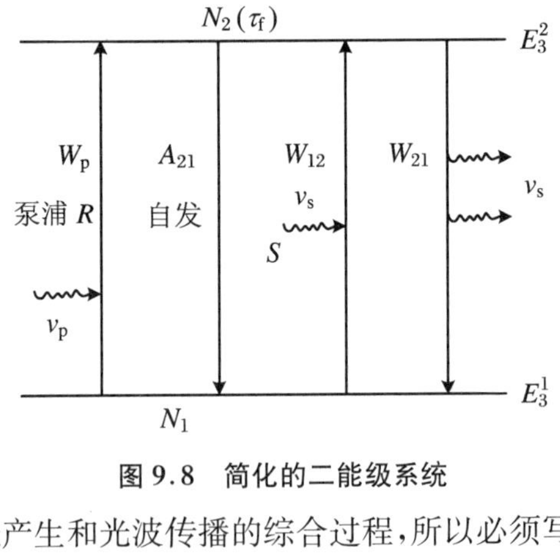

图 9.8 简化的二能级系统

由于光纤放大是激光产生和光波传播的综合过程，所以必须写出速率方程的局域形态，为此引入以下变量：泵浦光光子数密度 $R(r,t)$，激光(即信号光)光子数密度 $S(r,t)$，掺杂粒子数密度 $n_t(r)$，下能级粒子数密度 $n_1(r,t)$，上能级粒子数密度 $n_2(r,t)$. 这里 $n_1+n_2=n_t$，反转粒子数密度 $n(r,t)=n_2-n_1$，泵浦光同掺杂离子作用截面 σ_p 及泵浦光光速 c_p，信号光同掺杂离子作用截面 σ_s 及信号光光速 c_s(r 是空间位置矢量). 由于泵浦光和信号光在光纤中传输的色散，$c_p\neq c_s$. 至此写出光纤放大器中泵浦光和信号光沿轴向传输时的局域速率方程(碰撞理论)

$$c_s\sigma_sSn+\frac{n_2}{\tau_f}-c_p\sigma_pRn_1=\frac{\partial n_1}{\partial t}=-\frac{\partial n_2}{\partial t} \tag{9.2}$$

在信号光的泵浦光均为连续波情况下经过一段时间光纤进入稳态$\left(\frac{\partial}{\partial t}=0\right)$,速率方程为

$$c_s\sigma_s Sn+\frac{n_2}{\tau_f}=c_p\sigma_p Rn_1 \tag{9.3}$$

光在光纤中的传输包括激光产生和介质损耗过程,后者是指除了跃迁量子吸收以外的一切吸收损失,遵从比尔定律故可用吸收系数描述,激光过程对泵浦光传输而言是吸收过程,对信号光则视粒子数反转情况而定.

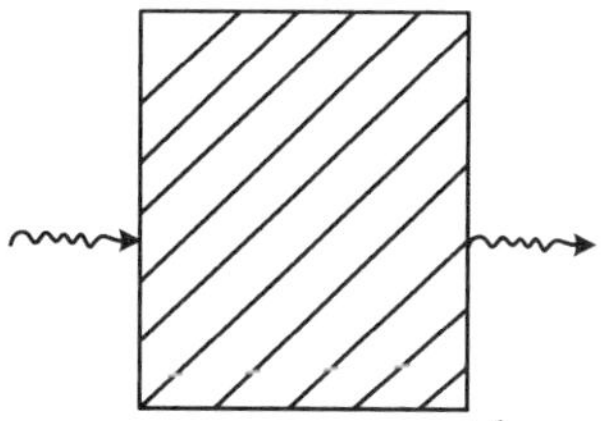

图9.9 光子密度在一段光纤的局域变化

如图9.9所示,以信号光为例我们取dz一小段光纤来看信号光光子密度$S(r,t)$的局域变化率$\frac{\partial S}{\partial t}$为

$$\frac{\partial S}{\partial t}=\left(\frac{\partial S}{\partial t}\right)_1+\left(\frac{\partial S}{\partial t}\right)_2+\left(\frac{\partial S}{\partial t}\right)_3 \tag{9.4}$$

其中,$(\partial S/\partial t)_1$是指激光产生而引起的$\partial S/\partial t$,在三能级系统中$(\partial S/\partial t)_1=c_s\sigma_s nS$,$(\partial S/\partial t)_2$项是光在介质中损耗对$\partial S/\partial t$的贡献,遵从比尔定律$(\partial S/\partial t)_2=-\gamma_s c_s S$,$(\partial S/\partial t)_3$项是由光子在$z$端和$z+\mathrm{d}z$端通量差引起的:

$$\left(\frac{\partial S}{\partial t}\right)_3=\frac{c_s S(t,z)-c_s S(t,z+\mathrm{d}z)}{\mathrm{d}z}=-c_s\frac{\partial S}{\partial z} \tag{9.5}$$

考虑以上三个过程最后有

$$\left(\frac{1}{c_s}\frac{\partial}{\partial t}+\frac{\partial}{\partial z}\right)S=\sigma_s nS-\gamma_s S \tag{9.6}$$

对泵浦光也有类似的关系(同向泵浦)

$$\left(\frac{1}{c_p}\frac{\partial}{\partial t}+\frac{\partial}{\partial z}\right)R=-\sigma_p n_1 R-\gamma_p R \tag{9.7}$$

这里γ_s,γ_p分别是信号光、泵浦光的比尔吸收系数.

在连续波稳态时$\left(\frac{\partial}{\partial t}=0\right)$我们可得稳态传输方程

$$\begin{cases}\dfrac{\partial R}{\partial z}=-\sigma_p n_1 R-\gamma_p R & (9.8\mathrm{a})\\[2mm] \dfrac{\partial S}{\partial z}=\sigma_s nS-\gamma_s S & (9.8\mathrm{b})\end{cases}$$

从几何光学观点来看,由于各种方向(模式)的光线反射和相互干涉,光纤对横模起着一种“组织”作用,可近似认为光功率横向分布与坐标z无关,这样我们可以引入两个归一化分布函数f和g,其定义如下(其中P_p和P_s分别为泵浦光和信号光的光功率):

$$R(x,y,z,t)=\frac{P_p(z,t)}{h\nu_p c_p}\cdot f(x,y) \tag{9.9}$$

$$S(x,y,z,t)=\frac{P_s(z,t)}{h\nu_s c_s}\cdot g(x,y) \tag{9.10}$$

f和g满足归一化条件$\iint f(x,y)\mathrm{d}x\mathrm{d}y=\iint g(x,y)\mathrm{d}x\mathrm{d}y=1$,在柱坐标下改写为

$$R=\frac{P_p}{h\nu_p c_p}f(r,\theta) \tag{9.11}$$

$$S = \frac{P_s}{h\nu_s c_s} g(r) \tag{9.12}$$

其中，$f(r,\theta)$，$g(r)$反映光纤中的模式特征，对于阶跃型光纤，它们分别表示为

$$f(r,\theta) = \begin{cases} J_l^{\,2}\left(\dfrac{Ur}{a}\right)\cos^2 l\theta, & r < a \\ \left(\dfrac{J_l(U)}{K_l(W)}\right)^2 K_l^2\left(\dfrac{Wr}{a}\right)\cos^2 l\theta, & r > a \end{cases} \tag{9.13}$$

$$g(r) = \begin{cases} J_0^{\,2}\left(\dfrac{Ur}{a}\right), & r < a \\ \left(\dfrac{J_0(U)}{K_0(W)}\right)^2 K_0^2\left(\dfrac{Wr}{a}\right), & r > a \end{cases} \tag{9.14}$$

其中，a 为纤芯半径，U，W 为光纤横向归一化传播常数. 对掺杂离子径向也有分布

$$n_t(r,\theta,z) = N_0 n(r) \qquad \text{(已假设纵向均匀)}$$

$n(r)$ 满足归一化条件$\int_0^\infty n(r) r\mathrm{d}r = 1$，$N_0$ 是量纲为 m^{-1} 的特征量. 下面我们引入光强函数

$$\begin{cases} I_p = h\nu_p c_p R, \quad P_p = \iint I_p \mathrm{d}x\mathrm{d}y \\ I_s = h\nu_s c_s S, \quad P_s = \iint I_s \mathrm{d}x\mathrm{d}y \end{cases} \tag{9.15}$$

根据上述讨论可将用于讨论稳态下光纤激光和放大的基本方程归纳如下：

$$\begin{cases} \text{速率方程：} c_s\sigma_s nS + \dfrac{n_2}{\tau_f} = c_p\sigma_p n_1 R \\ \begin{matrix}\text{传输方程：}\\ \text{(光子守恒)}\end{matrix} \begin{cases} -\dfrac{\partial R}{\partial z} = \sigma_p n_1 R + \gamma_p R \\ \dfrac{\partial S}{\partial z} = \sigma_s nS - \gamma_s S \end{cases} \\ \text{粒子数方程：} \begin{cases} n_2 + n_1 = n_t \\ n_2 - n_1 = n \end{cases} \end{cases} \tag{9.16}$$

化简上面诸式解得

$$\begin{cases} -\dfrac{\partial R}{\partial z} = \sigma_p R \dfrac{c_s\sigma_s\tau_f S + 1}{2c_s\sigma_s\tau_f S + c_p\sigma_p\tau_f R + 1} n_t + \gamma_p R \\ \dfrac{\partial S}{\partial z} = \sigma_s S \dfrac{c_p\sigma_p\tau_f R - 1}{2c_s\sigma_s\tau_f S + c_p\sigma_p\tau_f R + 1} n_t - \gamma_s S \\ n = \dfrac{c_p\sigma_p\tau_f R - 1}{2c_s\sigma_s\tau_f S + c_p\sigma_p\tau_f R + 1} n_t \\ n_1 = \dfrac{c_s\sigma_s\tau_f S + 1}{2c_s\sigma_s\tau_f S + c_p\sigma_p\tau_f R_1 + 1} n_t \\ n_2 = \dfrac{c_s\sigma_s\tau_f S + c_p\sigma_p\tau_f R}{2c_s\sigma_s\tau_f S + c_p\sigma_p\tau_f R + 1} n_t \end{cases} \tag{9.17}$$

以上即是对光子密度的耦合放大方程及粒子分布的方程. 为了得到关于光强的耦合放大方程，先定义饱和光强 I_{po}和 I_{so}以及两无量纲数 A 和B：

$$\begin{cases} I_{po} = \dfrac{h\nu_p}{\tau_f \sigma_p} \\ I_{so} = \dfrac{h\nu_s}{\tau_f \sigma_s} \end{cases}, \quad \begin{cases} A = \dfrac{I_p}{I_{po}} \\ B = \dfrac{I_s}{I_{so}} \end{cases} \tag{9.18}$$

严格地说 I_{po}应称为阈值.下面是光强的耦合放大方程：

$$\begin{cases} -\dfrac{\partial A}{\partial z} = (\sigma_p n_t)\dfrac{B+1}{2B+A+1} \cdot A + \gamma_p A \\ \dfrac{\partial B}{\partial z} = (\sigma_s n_t)\dfrac{A-1}{2B+A+1} \cdot B - \gamma_s B \end{cases} \tag{9.19}$$

这里假设泵浦光和信号是单横模，将式(9.11)和式(9.12)代入光子数密度耦合放大方程(9.17)并对横截面作积分 $\int_0^\infty \int_0^{2\pi} r\mathrm{d}r\mathrm{d}\theta$，得

$$\begin{cases} \dfrac{-\mathrm{d}P_p}{P_p \mathrm{d}z} = (\sigma_p N_0)\displaystyle\int_0^\infty \int_0^{2\pi} r\mathrm{d}r\mathrm{d}\theta \\ \quad \cdot \left[\dfrac{\sigma_s (h\nu_s)^{-1} P_s g(r,\theta) + \tau_f^{-1}}{2\sigma_s (h\nu_s)^{-1} P_s g(r,\theta) + \sigma_p (h\nu_p)^{-1} f(r,\theta) + \tau_f^{-1}}\right] \\ \quad \cdot f(r,\theta) \cdot n(r) + \gamma_p \\ \dfrac{\mathrm{d}P_s}{P_s \mathrm{d}z} = (\sigma_s N_0)\displaystyle\int_0^\infty \int_0^{2\pi} r\mathrm{d}r\mathrm{d}\theta \\ \quad \cdot \left[\dfrac{\sigma_p (h\nu_s)^{-1} P_p f(r,\theta) - \tau_f^{-1}}{2\sigma_p (h\nu_s)^{-1} P_s g(r,\theta) + \sigma_p (h\nu_p)^{-1} f(r,\theta) + \tau_f^{-1}}\right] \\ \quad \cdot g(r,\theta) \cdot n(r) - \gamma_s \end{cases} \tag{9.20}$$

此即光功率的耦合放大方程.仿照光强方程和讨论引入饱和光功率 P_{po}和 P_{so}以及无量纲数 α 和β：

$$\begin{cases} P_{po} = I_{po}\sigma \\ P_{so} = I_{so}\sigma \end{cases}, \quad \begin{cases} \alpha = \dfrac{P_p}{P_{po}} \\ \beta = \dfrac{P_s}{P_{so}} \end{cases} \tag{9.21}$$

这里 $\sigma = \pi\alpha^2$是总面积，光功率方程可以化为

$$\begin{cases} -\dfrac{1}{\alpha}\dfrac{\mathrm{d}\alpha}{\mathrm{d}z} = \left(\dfrac{\sigma_p}{\sigma}\right) N_0 J_p(\alpha,\beta) + \gamma_p \\ \dfrac{1}{\beta}\dfrac{\mathrm{d}\beta}{\mathrm{d}z} = \left(\dfrac{\sigma_s}{\sigma}\right) N_0 J_s(\alpha,\beta) - \gamma_s \end{cases} \tag{9.22}$$

其中，J_p，J_s 是两个复合积分

$$\begin{cases} J_p(\alpha,\beta) = \displaystyle\int_0^\infty \int_0^{2\pi} r\mathrm{d}r\mathrm{d}\theta \dfrac{\beta\sigma g(r,\theta)+1}{2\beta\sigma g(r,\theta) + \alpha\sigma f(r,\theta) + 1}\sigma f(r,\theta) n(r) \\ J_s(\alpha,\beta) = \displaystyle\int_0^\infty \int_0^{2\pi} r\mathrm{d}r\mathrm{d}\theta \dfrac{\alpha\sigma f(r,\theta)-1}{2\beta\sigma g(r,\theta) + \alpha\sigma f(r,\theta) + 1}\sigma g(r,\theta) n(r) \end{cases} \tag{9.23}$$

这样一个繁杂的积分方程没有解析解，一般只能依赖计算机求得数值解.

从方程(9.22)可以看出，由于泵浦光初值(刚进光纤时)较大，故 $J_s(\alpha,\beta)$是正的，且$(\sigma_s/\sigma)N_0 J_s(\alpha,\beta) > \gamma_s$，即此时信号光 β 得到放大，随着 z 增加，泵浦功率随之减弱，当$(\sigma_s/\sigma)N_0 J_s(\alpha,\beta) = \gamma_s$ 时，信号光进入了负增益(即衰减)阶段.换言之，存在一个最佳的长

度，信号光在此具有一个最大增益.从方程知，即使 $\gamma_s=0$，随 α 减少至$J_s(\alpha,\beta)=0$ 时也会使信号从放大过渡到衰减，γ_s 的存在减小了最佳长度.

为了进一步探讨方程(9.22)的特性，我们令 $f(r,\theta)=g(r,\theta)=1$，$\gamma_p=\gamma_s=0$，即抛弃横模特性且忽略介质吸收，即得

$$\begin{cases}\dfrac{-1}{\alpha}\dfrac{d\alpha}{dz}=\left(\dfrac{\sigma_p}{\sigma}\right)N_0\dfrac{\beta+1}{2\beta+\alpha+1}\\[2ex]\dfrac{1}{\beta}\dfrac{d\beta}{dz}=\left(\dfrac{\sigma_s}{\sigma}\right)N_0\dfrac{\alpha-1}{2\beta+\alpha+1}\end{cases}\tag{9.24}$$

这样简化并非毫无意义，可以验证上面的方程组和光强方程.

在光纤输入端泵浦光很大信号光很小时，可认为 $\alpha\gg1$，$\beta\ll1$，则方程组(9.24)变为

$$\begin{cases}-\dfrac{d\alpha}{dz}\approx\left(\dfrac{\sigma_p}{\sigma}\right)N_0\\[2ex]\dfrac{d\beta}{dz}\approx\left(\dfrac{\sigma_p}{\sigma}\right)N_0\beta\end{cases}\tag{9.25}$$

可见开始时泵浦光线性衰减信号光指数上升，当 α 衰减至 1 时，信号光 β 饱和，此时

$$\begin{cases}-\dfrac{d\alpha}{dz}=\dfrac{1}{2}\left(\dfrac{\sigma_p}{\sigma}\right)N_0\alpha\\[2ex]\dfrac{d\beta}{dz}=0\end{cases}\tag{9.26}$$

可认为，$\beta\gg\alpha$ 时，泵浦光指数衰减.当 α 衰减至很小时($\alpha\ll1$)，β 虽已进入负增长阶段但仍很大时，有

$$\begin{cases}-\dfrac{d\alpha}{dz}=\dfrac{1}{2}\sigma_p\sigma^{-1}N_0\alpha\\[2ex]\dfrac{d\beta}{dz}=-\dfrac{1}{2}\sigma_s\sigma^{-1}N_0\end{cases}\tag{9.27}$$

即泵浦光指数衰减信号光线性下降.由于存在横模分布和介质损耗，实际情况要比上述情况复杂些，但曲线走向基本上是一致的.图 9.10 是 $\lambda_s=1.53\ \mu m$ 的信号光 $P_s(z=0)=15\ \mu W$ 输入时分别在 $\lambda_p=514.5$ nm 的泵浦光 $P_p(z=0)$为 20 μW，55 μW，100 μW 的情况下计算出

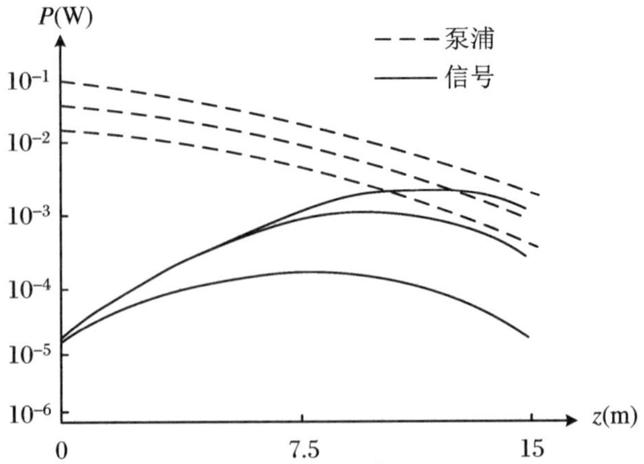

图 9.10　泵浦光、信号光随光纤长度变化的曲线

泵浦光和信号随坐标 z 的变化曲线. 数值结果表明:在一定光纤长度下,信号光随泵浦光输入而增大;在一定泵浦水平下存在一个最佳长度使信号光增益最大,最佳长度随泵浦光输入提高而增大,泵浦光随 z 变化总是呈递减趋势,在一定长度和泵浦水平下信号光增益随信号光输入增大而减少呈"饱和"现象.

总的来说,由于掺杂光纤激光器与放大器的影响因素多,且较为复杂,因此目前尚难以形成成熟的理论,研究工作有待于进一步深化.

9.4 光纤激光技术

到目前为止,0.90 μm,1.06 μm 和 1.35 μm 的波长的掺 Nd^{3+} 光纤激光器和1.55 μm波长的掺 Er^{3+} 光纤激光器均已成功地进行了实验,有些并已经实用化;光纤激光调谐,光纤激光线宽压缩以及光纤激光调 Q 和锁模等激光技术均得到广泛研究,并且取得了一系列可喜的成绩;重金属掺杂氟化物光纤(如波长在中红外波段的掺钬、掺钬氟化锆光纤)激光器也取得明显的进展. 下面我们首先介绍光纤激光器的谐振腔结构,然后叙述各种光纤激光技术.

9.4.1 光纤激光器的谐振腔

1. F-P 腔

如图 9.1 所示,激光谐振腔是由一对平行安置的介质镜构成,这就是简单的F-P腔结构. 当然,这对介质镜(一个是全反射,一个是部分反射或透射镜)也可以直接镀在光纤的两个端面上. 这样使结构和调整均大为简化. 光束通过腔体,谐振时透射输出强度高而反射输出强度低;反之非谐振时透射输出强度低而反射输出强度高. 当腔长为光波波长的二分之一整数倍,且谐振频率间隔为自由光谱区(FSR)时就会出现谐振. 谐振频率间隔 $\Delta\nu$ 是光子在腔内往返运行时间的倒数,因此有

$$\Delta\nu = \frac{c}{2nL} \tag{9.28}$$

其中,c 为光速,L 为腔长,n 为光纤折射率. F-P 腔的一个重要特征是谐振储能,这样,腔内激光介质(即掺杂光纤)可建立起"粒子反转",因而具有了增益能力. 激光首先发生在满足谐振条件的频率上. 由于激活的光纤介质有很宽的增益轮廓,因而产生的激光是多谱线的,光谱线间距即为 $\Delta\nu$. 整个具有净增益的光谱区域是由"粒子数反转"放大作用超过吸收、散射等损耗作用的频率区域决定的.

在激光波长上介质镜的最佳反射率与激光介质的增益大小有关,在低增益系统,应该是95%或稍高些,而对于高增益系统,为使激光输出功率达到最大值,最佳反射率则可为70%,甚至更低一些.

2. 光纤环形谐振腔

这是不需要介质镜的谐振结构,如图 9.11 所示. 其中(b)为等价的体型光器件,以便用来和激光技术中的环形腔进行比较. 不难看出,光纤环形谐振腔的核心部分是光纤定向耦合器. 光纤定向耦合器的制作和工作原理已在很多文献中有过介绍. 这里主要应用它的相干分

束特性.耦合器的两臂(图中的3,4点)连接在一起,构成了光在其中的传播的循环行程.耦合器起到了“介质镜”的反馈作用,并形成了一环形谐振腔,腔的精细度与耦合器的分束比有关.要求精细度高则选择低的分束比,精细度越高,腔内储能也越高.如同F-P腔激光器,精细度的增加是通过减小斜率效率来降低阈值的.

图9.11 光纤环形谐振腔

光环形腔的强度透射系数为

$$T = (1-\gamma)\exp(-2\alpha L) \tag{9.29}$$

式中,γ 是定向耦合器的插入损耗,α 是光纤的振幅衰减系数,L 是光环形腔的长度.光纤环形腔的精细度可以如下表示:

$$F = \frac{\pi}{2\sin^{-1}\left[\dfrac{1-\sqrt{KT}}{\sqrt{2(1-\sqrt{KT})}}\right]} \tag{9.30}$$

这里,K 是光纤定向耦合器的强度耦合系数.

由于光纤环形激光腔是行波腔,不同于前面所述F-P驻波腔,它的激光纵模的频率间隔为

$$\Delta v = \frac{c}{nL} \tag{9.31}$$

这里,n 和 L 分别为掺杂光纤的折射率和环形腔长.

第一个光纤环形激光器是用掺钕光纤制成的,根据稳态下理想四能级系统的激光速率方程和光纤模式理论,可以导出掺钕光纤环形激光器的阈值泵浦功率和斜率效率的表达式

$$P_{\text{th}} = \frac{hv_{\text{p}}\pi a_{\text{c}}^2}{\tau_f\sigma_{\text{s}}}\,\frac{1-T_{\text{s}}}{\gamma_{\text{p}}} \tag{9.32}$$

$$\eta_{\text{s}} = \eta_{\text{p}}\frac{1-K_{\text{s}}}{1-T_{\text{s}}}\,\frac{hv_{\text{s}}}{hv_{\text{p}}} \tag{9.33}$$

这里,σ_{s} 是受激发射截面,τ_{f} 是激光上能级离子寿命,γ_{p} 是泵浦光在腔内的损耗,a_{c} 是光纤芯半径,η_{p} 是泵浦光的量子效率.

掺钕光纤的主要吸收带正好在商用半导体激光器波段800 μm左右,在选定掺钕光纤的掺杂元素种类后,掺钕光纤环形激光器存在一个最佳泵浦波长.图9.12和图9.13的曲线是用国产掺钕光纤制成的光纤环形激光器进行实验获得的,光纤芯径为6.64 μm,截止波长为1.19 μm,腔长为4 m.图9.12表明从800~840 nm波长范围内对该掺钕环形激光器来说,最佳泵浦波长在830 nm左右,对800~815 nm的泵浦波段,环形激光器激光输出非常低.用830 nm波长来泵浦掺钕光纤环形激光器得到的激光特性输出曲线如图9.13所示.在该泵浦波长上掺钕光纤环形激光器的阈值是5 mW,斜率效率为24%,当泵浦功率为29 mW时,最大输出为5.8 mW,中心发射波长为1089 nm;当泵浦波长为825 nm时,掺钕光纤环形激

光器的阈值和斜率效率分别为5.5 mW和16.9%;当泵浦波长为835 nm时,掺钕光纤环形激光器的阈值和斜率效率分别为5.7 mW和16.3%.这说明同一个掺钕光纤环形激光器,处于最佳泵浦波长时阈值最低,斜率最高.另外,当温度改变时,掺钕光纤环形激光器的阈值、斜率效率和纵模随之变化.

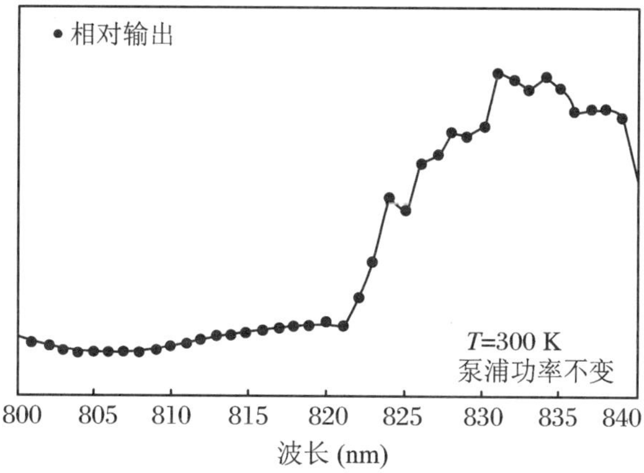

图9.12 掺钕光纤环形激光器输出与泵浦波长的关系曲线

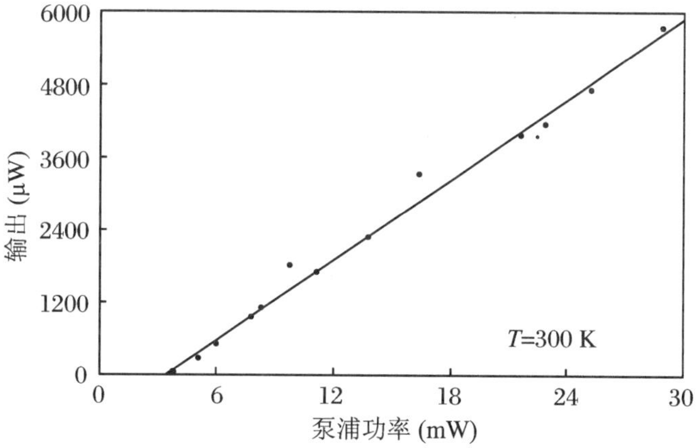

图9.13 830 nm泵浦波长上掺钕光纤环形激光器特性曲线

3. 光纤环路反射器及其谐振腔结构

这种腔体的结构如图9.14所示,其中(b)是与之等价的普通光器件结构图.这种结构是狄奥特首次提出的,其后被多人采用.光纤环与环形谐振腔类似,也是使用了光纤定向耦合器.但环形谐振腔具有谐振储能特征,而光纤环则是一种非谐振的干涉计.经光纤输入端进入光纤环的光,分为两束光,它们分别沿光纤环顺时针方向传播和逆时针方向传播,光纤环的输出是顺时针光场和逆时针光场的相干叠加,所以这种结构是干涉型的.光可以经过光纤环另一端输出,也可以经过光纤环输入端作为反方向传播的输出光离去,它们分别为透射光和反射光.可以证明:如果输入光功率为P_{in},耦合器的分束比为K,在不计耦合器损耗时透射与反射的光功率输出则分别为

$$P_t = (1-2K)^2 P_{in} \tag{9.34a}$$

$$P_r = 4K(1-K)P_{in} \tag{9.34b}$$

图 9.14　光纤环形反射器

显然有 $P_t + P_r = P_{in}$，它满足功率守恒规定.还可以看出，当耦合比 $K = 0$ 或 1 时，反射率 $R = P_r/P_{in}$为零，而透射率 $T = P_t/P_r$ 为 1；当 $K = 1/2$ 时，$R = 1$ 而 $T = 0$.

至此我们确认，单个光环可以看作是一个分布型的反射器.如果将两个这样的光纤环连接起来，如图 9.15 所示，那么就构成了一个光纤谐振腔.与上述环形谐振腔一样，它也不需要介质镜.

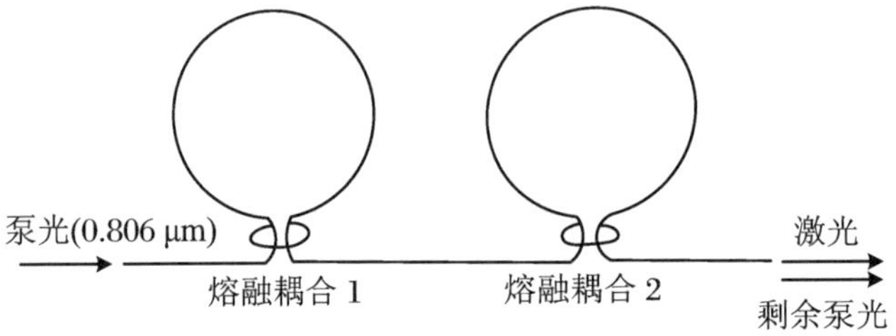

图 9.15　双光纤环谐振腔

米莱完成的实验工作是采用这种双光纤环谐振腔的典型实例.双光纤环是由没有绞接的单一长度掺钕光纤制作的，光纤全长为 4.88 m，耦合器的剩余损耗仅为 0.04 dB，因此方程(9.34a)、方程(9.34b)可近似使用.用 GaAlAs-LD 泵浦($\lambda_p = 0.806\ \mu$m)，阈值功率为 470 μW.

9.4.2　光纤激光器的调谐

激光器运转时，在腔处于最佳状态的谱线上获得激光输出.为了使输出在一定的频谱范围内调谐，需要在腔内插入波长选择器，或直接使用具有波长选择性的反射镜.由于稀土掺杂及各种基质的光纤具有宽荧光谱特性，所以波长选择器以某种方式调谐即可在宽范围内得到相应谱线的激光输出.

使用的第一种调谐方法是将输出镜代以反射式衍射光栅，并插入适当的分束器、准直器等光学元件，如图 9.16 所示.这里准直透镜起着扩束作用，以保证大部分光栅尽可能被利用，从而得到最大的分辨率.这样，转动光栅改变光束与光栅的角度，即可达到选择波长进而达到输出可调谐的目的，显然，这种方法与体形激光器情况完全相同.它的主要缺点是：腔内插入了透镜等光学元件，致使腔内损耗增加，因此阈值明显提高.

这种外光栅反射器调谐方法已用于掺钕和掺铒光纤激光器中.在这两种情况下，泵浦光均为氩离子激光(0.52 μm)，光栅为 600 线/mm，置于激光波长范围的相应角度上.在掺钕光纤激光器的情况下获得的调谐范围为 80 nm.在掺铒光纤激光器的情况下在两个窄带域内(对应于${}^4I_{13/2}\rightarrow{}^4I_{15/2}$跃迁)获得的调谐范围分别为 14 nm 和 11 nm，它们的中心峰值波长分别为 1.536 μm 和 1.550 μm.

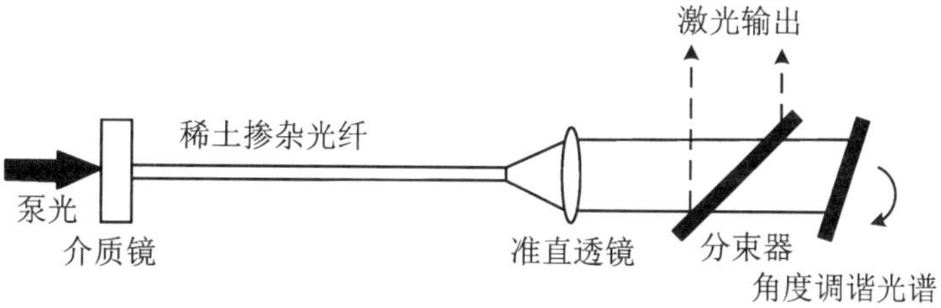

图 9.16 反射式光栅可调谐光纤激光器

另一种调谐方法是使用上面已讨论过的光纤环反射器.由于这种反射器的反射率与耦合比 K 有依赖关系,K 又与通过耦合器的光波波长有关,所以如能通过某种外部手段(例如调节温度)改变 K 值,则输出波长即可得到调谐.这种用于调谐输出波长的光纤环反射器示于图 9.17.耦合区被置于热导封装混合物中,这可以保证很好的热接触,并安装有珀尔帖器件,借以改变耦合区的温度,通过改变温度即可得到相应波长的激光输出.用这种方法调整温度到 60 ℃,得到的调谐范围达 33 nm.

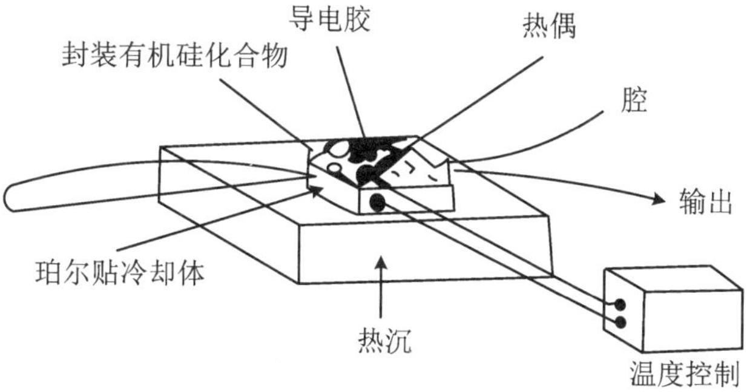

图 9.17 用于调谐输出波长的光纤反射器

9.4.3 光纤激光器的输出线宽压榨

在相干光通信等应用领域要求激光器输出有很高的单色性能,即要求很窄的线宽.用上述调谐方法得到输出线宽典型值在 0.1～1 nm.对于高比特率的光纤传输来说,这个值显然是太宽了.这里我们介绍两种可导致单纵模输出的压缩线宽方法.

1. *光栅反射器方法*

这是一种利用抛光石英块蒸镀光栅反射器来获得极窄线宽输出的有效方法,如图 9.18 所示.首先在石英块中刻槽,将光纤嵌入,石英块的典型尺寸为几个厘米,然后将嵌有光纤的石英块表面抛磨,致使纤芯区域裸露出来,这时将光致抗蚀剂附着在其表面上,并借助扩束激光束交叠产生的波前干涉作用形成光栅,经光致抗蚀剂显影后,在裸露的光纤表面就印上了周期性的掩模,其长度为 1 mm 左右.此后将石英蚀刻,产生浮雕光栅性能,光栅线与光纤的轴线垂直.这种光栅起到了分布反馈反射器的作用,它对窄的波长带产生反射.具有最大反射率的波长由光栅的周期决定,反射的带宽则由光栅的长度和性质决定.

一个具体实例是,用非掺杂光纤制作耦合石英块,其中一尾端与掺铒光纤对接,并构成光纤激光器,泵浦光是波长为 0.65 μm 的染料激光,阈值(吸收)功率为 13 mW,腔长为 2 m,

细度为100，最后得到的输出的激光线宽为0.04 nm，斜率效率为5%，仍为多纵模，即在输出激光轮廓中有80～100个纵模，因此线宽较宽.为了得到最高的相干激光，必须实现单纵模输出.这方面的有实际意义的实例是，用高掺杂光纤制作耦合石英块.当全部腔体长度减少到5.1 cm时，即得到具有2 MHz线宽的单纵模激光输出.这样窄的线宽对于相干光通信来说足够了.

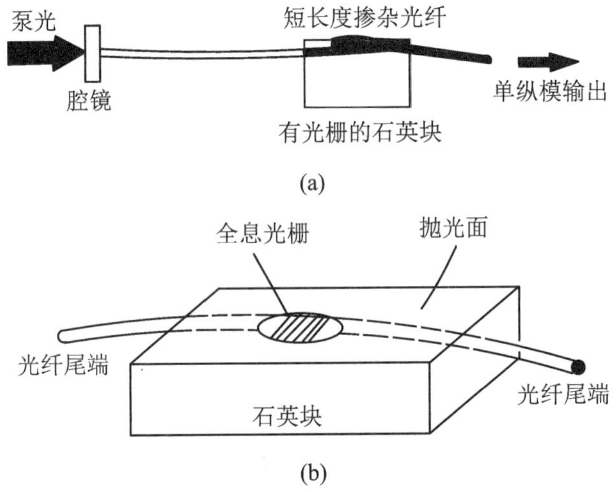

图9.18　光栅反射器

2. 福克斯-史密斯谐振腔方法

图9.19给出这种谐振腔的示意图.如果构成复合腔的两个子腔之间的耦合被消除，我们将可以得到在两个频率"梳"中任一频率的响应输出.在高透射输出之间是一个自由光谱区的间隔.在福克斯-史密斯谐振腔中，这两个频率"梳"将共同决定谐振腔的响应.子腔的长度近似相等，而不是精确相等.实际上它们是两个整数的比值.例如像图9.20给出的那样，两个子腔长度比为4/5，它们各自的响应频率也有类似关系.可以看到，箭头指处即对应于复合腔的响应频率，即在这一点上谐振腔有高的透射率.如果谐振腔是掺杂光纤制作的，并且以超过阈值的功率泵浦，那么同时满足两个子腔频率的纵模将优先产生激光振荡，因此，这种情况下的纵横模间距大大加宽.这时，如将一反射光栅代替腔镜，置于一光纤尾端，单纵模激光则将发生.

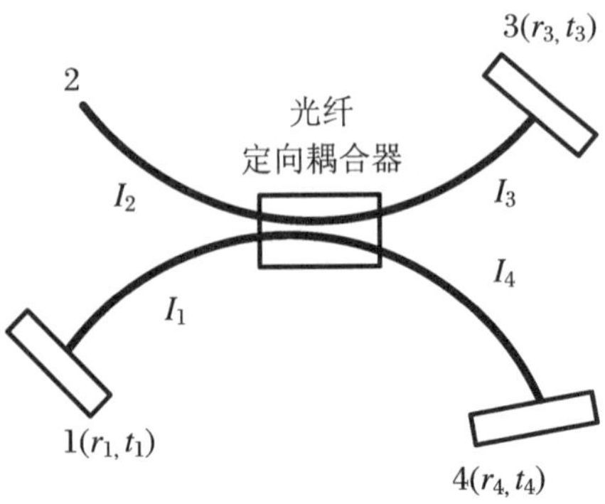

图9.19　福克斯-史密斯谐振腔

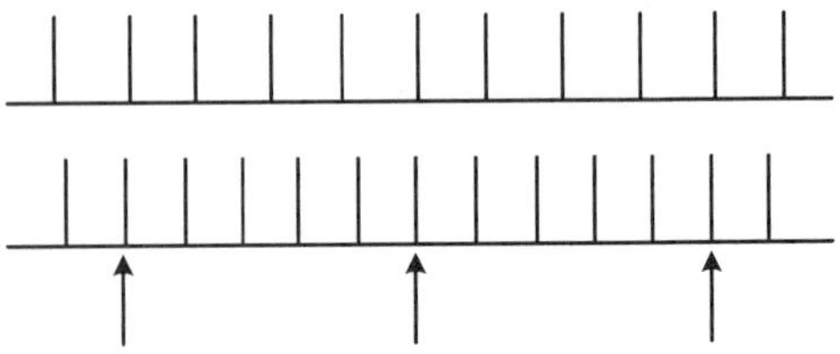

图9.20　复合腔的频率梳

具体实例是，两个子腔腔长分别为80 cm和95 cm，其比值近似为1.2，应用掺铒光纤，泵浦光波长为 0.52 μm 的氩离子激光. 反射光栅是闪烁型的,线数为 1200 线/nm. 当光栅调谐到 1.536 μm 波长输出时,测量到的线宽为 8.5 MHz. 这一结果要比分布反馈式半导体激光器(DFB-LD)好,但宽于外腔 LD 的输出线宽.

9.4.4 光纤激光器的调 Q 与锁模

和其他激光器一样,光纤激光器也可以运转在调 Q 和锁模状态,它们分别给出几十纳秒和几十个皮秒或更窄的光脉冲输出. 图 9.21 是它们的工作原理示意图,当图中光调制器以开关形式工作时,即可得到调 Q 激光输出;如果光调制器按规定的频率以强度或相位调制光束时,则可得到 AM 或 FM 锁模激光输出.

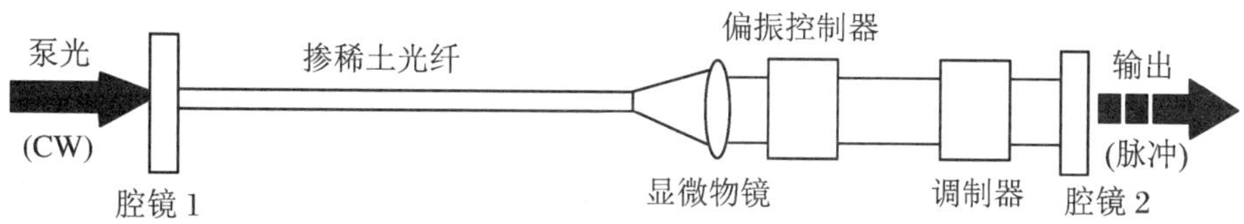

图 9.21 光纤激光器的调 Q 与锁模光路

1. 光纤激光器的调 Q 运转

掺钕光纤激光器和掺铒光纤激光器的调 Q 运转使用的是声光调制开关. 在掺钕光纤激光器情况下,在 1.08 μm 波长上,方波调制,调制度为 40%,调 Q 周期为 5 μs,重复频率为 0.1～1 kHz. 得到的调 Q 脉冲激光输出为:脉宽 200 ns,峰值功率为 8.8 W;在 0.9 μm 波长上,得到的结果为:脉宽 70 ns,峰值功率为几瓦. 在掺铒光纤激光器情况下,在 1.55 μm 波长上,除插入声光调制器外还加上了反射光栅腔镜,因此不但可以调 Q,而且可以调谐. 由此得到的调 Q 脉冲输出为:脉宽 32 ns,峰值功率为 120 W.

简单有效的调 Q 方法是使用机械斩波器替代光调制器,典型报告的脉宽是 450 ns. 尽管脉冲宽度较宽,方法也比较粗糙,但脉冲的消光比是上乘的.

2. 光纤激光器的锁模运转

激光锁模,即纵模锁定是获得超短光脉冲的重要手段. 为了实现纵模锁定,要求调制频率等于模间距或与其成一定的比例关系,因此在技术上有一定的难度. 但已有关于掺钕和掺铒光纤激光器用声光调制器进行锁模的报道.

上述锁模和调 Q 均是通过插入腔内体形器实现的,它与一般激光器锁模和调 Q 没有区别,因此失去了与光纤有关的优越性. 为了解决这个问题,需要发展全光纤锁模激光器. 图 9.22 是一种以全光纤集成的“8”字形的激光器,由 50% 光纤耦合器、铒光纤及泵浦耦合器组成的非线性放大回路(NALM)充当脉冲压缩和增益元件. NALM 经输出耦合器一部分输出,一部分经光隔离后反馈到 NALM 的输入端,而在掺铒光纤中成形. 利用此装置已获得 314 fs($1\ fs = 10^{-15}\ s$)无基底的稳定脉冲,其泵浦功率为 220 mW,泵浦波长为 980 nm.

氟化物玻璃光纤激光器也是一个重要的发展方向,其中掺钬氟化物光纤激光器已可以在 2024 nm 谱线上发射 70 mW 以上激光,掺铥氟化物光纤激光器在 1880 nm 谱线上发射功率为 115 mW. 另外,日本 NTT 公司用掺杂氟化物光纤制成的光纤激光器,在 1300 nm 处产生 1.6 ps 光脉冲.

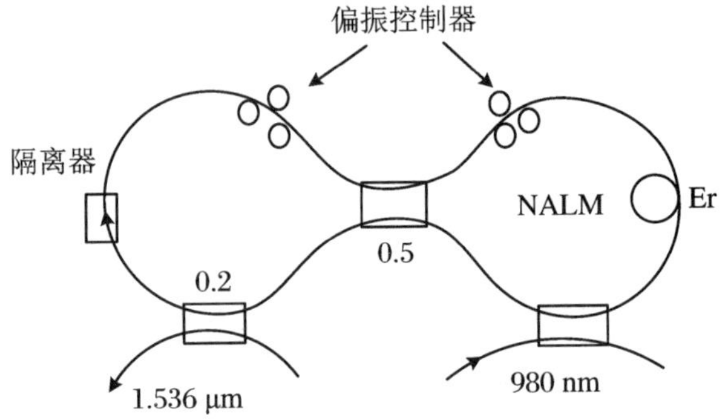

图 9.22 “8”字形激光器示意图

9.5 光纤放大技术

光纤放大器的作用主要有三个方面.首先,它可以在光纤传输期间补充功率损耗,起光纤中继放大作用,解决了由光纤功率损耗导致光信号能量的降低.在通信信号容量距离积方面,光纤放大器的提出引起实质性的变革;其次,在通信模式上,光纤放大器的提出改变了以往的情况,它适用于所有速率和线路码型的传输系统;第三,光纤放大器的信号处理过程只是光信号处理过程,不需要经过光电、电光两次转换,无须区间通信和业务话路.过去的再生中继器需要脉冲限幅、重新定时和整形的电子器件,以及光探测器件和光发射器件,光纤放大器取消了这些不必要的转换,从而获得高效、低廉的系统,使光纤通信系统从庞大的设备中解放出来,有助于全光通信的实现.因此可以说,光纤放大器的出现正引起光通信的革命.下面就根据不同的工作波长和应用对象讨论光纤放大器.

9.5.1 掺铒光纤放大器

掺铒光纤放大器的结构如图 9.23 所示,器模块由掺铒光纤、半导体激光泵浦源、光纤波分复用器和偏振无关型光隔离器构成.待放大的 1.5 μm 信号和 0.98 μm 的泵浦光通过波分复用器(WDM)合波到掺铒光纤中,波分复用器对信号光的耦合率为 99%,对泵浦光的直通率大于 98%,被放大的信号通过光隔离器输出,隔离器作用是消除残存的泵浦光,并防止信号光波长处的散射光造成噪声.该掺铒光纤放大器的模块尺寸仅 40 mm×60 mm×15 mm,掺铒光纤环内径为 14 mm,外径为 18 mm,隔离器的隔离度大约 60 dB;对 1.536 μm 的信号光插入损耗小于 1 dB,在信号波长 1.536 μm 处,最大净增益为 33 dB,电功率消耗为 175 mW,饱和输出功率为 7 dBm.

由三能级光纤放大理论,在稳态情况下,可以求出掺铒光纤放大器的泵浦阈值功率

$$P_{\mathrm{th}} = \frac{h\nu_{\mathrm{p}}A}{\sigma_{\mathrm{p}}\tau_{21}f(r,\theta)} \tag{9.35}$$

这里,A 是有效纤芯面积,σ_{p} 为泵浦吸收截面,τ_{21} 是从能级 2 到能级 1 的自发辐射寿命,$f(r,\theta)$为泵浦光在光纤中的横向强度分布系数.从式(9.35)可以看出光纤放大器的泵浦阈

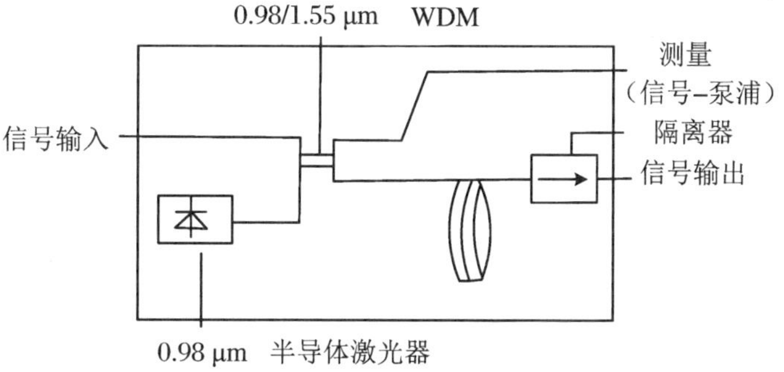

图9.23 掺铒光纤放大器结构示意图

值功率与泵浦光的光子能量 $h\nu_p$ 成正比，与掺铒光纤的泵浦吸收截面 σ_p 成反比.其小信号增益由下式得出

$$G(z)=N_t\sigma_s g(r,\theta)\frac{\dfrac{h\nu_p A}{P_{th}}-\alpha}{\dfrac{P_o(z)}{P_{th}}+1} \tag{9.36}$$

式中，N_t 是掺杂离子密度分布，σ_s 为受激辐射截面，$g(r,\theta)$ 为信号光在光纤中的横向强度分布系数，$\alpha=\sigma_p/\sigma_s$.可以看出，掺铒光纤放大器的增益与掺杂浓度、吸收截面、光纤的几何系数和泵浦光的阈值等因素有关.

作为掺铒光纤放大器的泵浦源，主要是波长为1480 nm，980 nm和807 nm的半导体激光器.目前807 nm是半导体激光器的商用波段，工艺成熟，输出功率大，寿命长，价格便宜，由于存在激发态吸收因而泵浦效率较低，在该波长上泵浦实际意义不大；该波长上泵浦掺铒光纤放大器的最高增益为39 dB左右.980 nm半导体激光器作泵浦源具有增益系数高、噪声低和环境温度稳定性好等优点，该泵浦波长上最高增益系数为11 dB/mW，最大增益一般在40～50 dB，图9.24是用979 nm波长泵浦掺铒光纤放大器的工作特性曲线.1480 nm波长的半导体激光泵浦掺铒光纤放大器，量子效率高、频带宽，但增益系数、噪声和温度稳定性等方面均不如980 nm波长半导体激光器好.

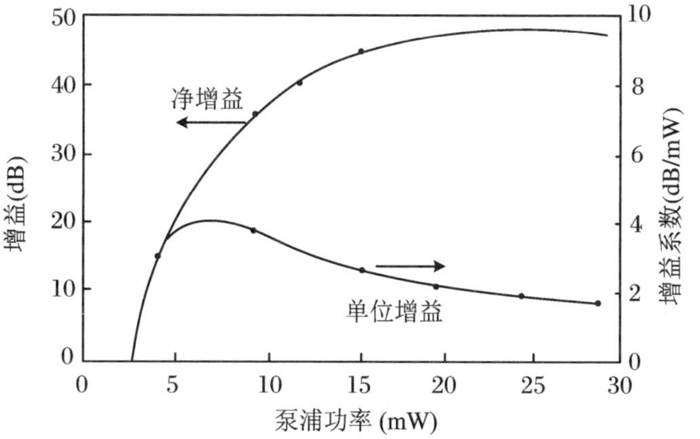

图9.24 979 nm波长泵浦掺铒光纤放大器的工作特性曲线

对掺铒光纤放大器而言，在每个波段有最佳泵浦波长，对该波长的偏离，在相同条件下

会导致增益下降.图 9.25 是 980 nm 波段泵浦掺铒光环放大器的增益随泵浦波长的变化曲线.从图中看以看出,979 nm 是最佳泵浦波长,3 dB 下降的增益带宽为 10 nm.

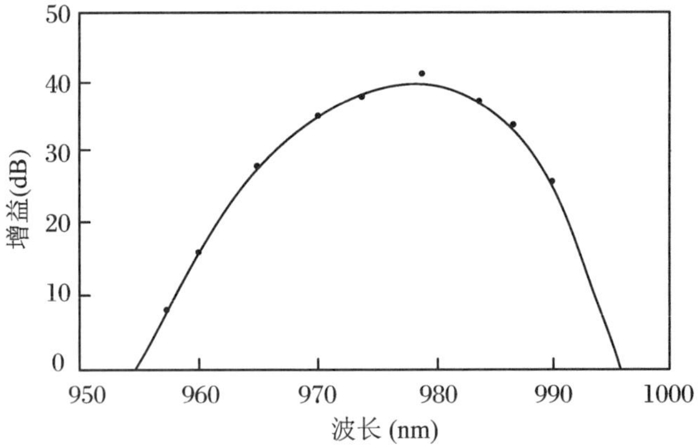

图 9.25　掺铒光纤放大器增益随泵浦波长变化曲线

温度对掺铒光纤放大器的最佳泵浦波长也有影响,图 9.26 分别是常温下和 77 K 下掺铒光纤放大器的增益随泵浦波长的变化曲线.温度降低时最佳泵浦波长蓝移.由于低温下发射和吸收截面变窄,最佳泵浦波长处增益增高.

掺铒光纤放大器的性能受掺铒光纤的参数的影响较大,这些光纤参数包括光纤长度、相对折射率差、芯径、掺杂浓度和截止波长.因此存在一个掺铒光纤放大器的优化设计问题.

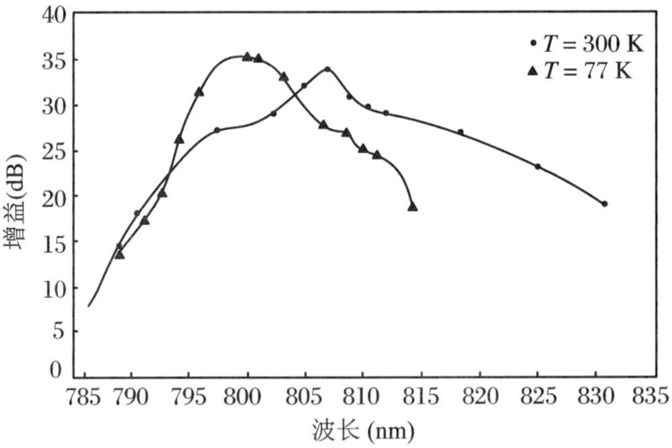

图 9.26　最佳泵浦波长随温度的蓝移

保持掺铒光纤的截止波长,掺铒光纤放大器的增益系数正比于相对折射率差,采用相对折射率差大的掺铒光纤研制的放大器增益系数高.由于掺铒光纤是三能级系统,应考虑到光纤对激光光子的再吸收,存在一最佳光纤长度,在这长度上放大器的阈值最低.最佳光纤长度与掺杂浓度和泵浦值功率有关.

为了使掺铒光纤放大器在更宽的光谱范围内有较好的放大特性,以适应密集频分复用光通信的需要,人们又提出平坦增益型光纤放大器的研究.目前,在 1540～1560 nm 波段上已经达到增益起伏小于 1 dB.980～1480 nm 混合泵浦掺铒光纤放大器在长距离传输中是一种有发展前途的光纤放大器,它结合了 980 nm 泵浦的低噪声和 1480 nm 泵浦的高转换效率而研制的,实现了304 km无差错传输,净增益为31 dB,饱和增益为17 dBm,增益带宽为35 nm.

9.5.2 1.3 μm的光纤放大器

由于目前大多数通信系统都采用1.3 μm波长,如果改用1.55 μm,技术成本十分昂贵,因此1.3 μm波长的光纤放大器将是一种非常有用的器件.除上述特点外,1.3 μm的光纤放大器将以较低成本升级和扩展现有的通信系统.

人们首先用已知钕的1.3 μm跃迁线,但是采用这条谱线将带来许多问题,主要是激发态的吸收,在石英玻璃基质中,它阻止了波长短于1360 nm的增益,这是一种明显的障碍问题,因为光纤系统的标准工作波长为1310 nm,氟化物玻璃基质将受激发态吸收的影响偏移到稍微短的波长上,从而在1310~1370 nm处有增益,在波长1050 nm处放大的自发辐射消耗了较长波长跃迁的能量,因此限制了1320 nm处的增益.另外,理论研究表明,即使没有激发态吸收的情况下,在1310 nm处的小信号增益也是低的.由于这些问题,人们不再把掺钕光纤用于光放大.

现在最有希望的途径是采用掺镨光纤放大器,它的激光谱线在1300 nm处,其激发态吸收在1320 nm,允许氟化物玻璃基质在1330 nm处有增益,这是迄今用于光纤放大器最有希望的波长.然而镨也存在一些缺点:其一,与掺铒光纤放大器相比泵浦效率较低,虽然并不排除有各种合理的增益和功率水平;另外,它要求波长为1007~1017 nm的新泵浦源,因此,镨光纤放大器可工作在1300 nm,但没有工作在1550 nm铒光纤放大器那样好.

9.5.3 光孤子通信的光纤放大器

随着光纤放大器特别是工作于1550 nm波段的掺铒光纤放大器(EDFA)的出现,光孤子通信在长期处于基本原理研讨的情况下,再次引起人们的兴趣和重视.

光孤子通信是一种全新的高速、大容量、低成本的长距离光学通信技术,它被认为是下一代最有发展前途的通信方式.由于光孤子经长距离传输后,其脉冲形状和传播速度都保持不变,所以,它作为信息载体可以大大增加传输距离和信息容量.实验系统已达到的数据率为32 Gb/s×90 km.

在光孤子通信系统中,光纤损耗仍然存在,为增大传输距离,可用低成本的掺铒光纤放大器给光孤子系统补充能量.美国、日本和英国都用光纤回路做实验,回路上均匀配置了许多光纤放大器,信号围绕回路通过若干次,以模拟超远距离传输.日本NTT公司成功地进行了以10 Gb/s速率传输百万公里后无波形变化,达到良好的通信传输效果,这一实验的成功使人类有希望使用海洋光缆进行长距离、大容量光通信.

目前光孤子通信系统的实验报道中,铒光纤放大器大多数用1.48 μm波长半导体激光器作泵浦源,这主要是其工艺成熟之故.由于980 nm波长泵浦的掺铒光纤放大器具有许多优点(增益系数高、噪声地、环境温度稳定性好等),特别是超长距离传输中噪声占有重要的位置,且其总电光转换效率(入纤光功率/驱动电功率)及工艺、寿命和可靠性等方面正在不断改进,因此,980 nm波长半导体激光器泵浦是主要考虑方向.为了降低光纤放大器噪声,进一步降低激发态吸收功率改进放大器特性,对于泵浦方式进行优化是必要的.

近几年来,光纤放大器的发展尤为迅速,它在宽带局域网中的应用已变成现实,在同步网、相干光通信以及量子光通信等领域也发挥着越来越重要的作用.经过许多重要的实验论证后,第一个带光学放大器的海底光缆将开始安装在加勒比海底,以光纤放大器为基础的跨大西洋海底光缆和跨太平洋海底光缆即将铺设.

9.6 光纤 ASE 光源

在足够强的外界激励下,激光工作物质形成粒子数反转,只要工作物质足够长,高能级原子产生的自发辐射光在工作物质中传播时,就不断地受激放大.这种自发辐射的受激放大现象,称为 ASE.产生 ASE 的装置,实际上是无腔激光器.例如常见到的 N_2 激光器即属此例.

稀土掺杂光纤有源器件的光纤工作物质都较长,极易产生 ASE. ASE 在信号功率上输出功率谱密度直接影响光纤放大器的噪声系数的大小,所以在光纤放大器和激光器中应该尽量减少 ASE.另一方面稀土掺杂光纤中产生的 ASE 可以用于研制极为有用的低相干性、高功率、单横模的带宽光源.这种光源在光纤传感系统,如分布式光纤传感器、白光干涉仪、光纤陀螺中得到重要应用.ASE 光源可以减少系统的相干噪声、光纤瑞利散射引起的位相噪声以及光学克尔效应引起的位相漂移.与低相干超辐射发光二极管相比,稀土掺杂光纤的 ASE 光源具有输出谱稳定、受环境影响小,易与单模光纤传感系统耦合等优点.ASE 光源的波长还覆盖了大部分的中红外波段.

ASE 在性质上属于荧光和激光之间,从发光机制来看,它还部分地保留着荧光的特性,此时激发态的原子寿命不仅取决于自发辐射概率,还受该自发辐射引起的受激辐射场的影响.由于自发辐射受激放大产生的光包含了自发辐射以及自发辐射行波放大过程中的受激辐射,所以总的跃迁概率变大,激发态上的原子寿命被缩短.由于激发态寿命的缩短,将导致激励的阈值能量提高,还导致增益系数的降低.

产生自发辐射受激放大的装置既然是一种无腔激光器,所以也存在着阈值.光纤 ASE 源的阈值条件被定义为工作物质的一端自发地辐射出的一个光子恰好在另一端能受激地发射一个光子,光子行进的这段长度叫阈值长度 L_{th}.设在光纤始端自发辐射的光子量为 ϕ,行进至终端时光子数为 $\phi e^{G(\nu)L}$,$G(\nu)$是 ASE 增益,则在 ϕ 个光子先进过程中产生的受激辐射光子数为 $\phi(e^{G(\nu)L}-1)$个,在阈值时,即当 $L=L_{\mathrm{th}}$时,应该有

$$e^{G(\nu)L}-1=1 \tag{9.37}$$

于是

$$L_{\mathrm{th}}=\frac{\ln 2}{G(\nu)} \tag{9.38}$$

当掺杂光纤长度 $L>L_{\mathrm{th}}$时,才有明显的 ASE 产生.

下面我们以 979 nm 波长泵浦的掺铒光纤 ASE 源为例说明光纤 ASE 光源的结构和输出特性.图 9.27 所示的是两种掺铒光纤 ASE 光源的结构.第一种结构(a)是激光耦合进行光纤波分复用器 WDM(1536 nm/980 nm)的直通臂;泵浦掺铒光纤直接获得单程增益;第二种结构(b)是波分复用器的另一臂紧贴一片 1530 nm 波段的全反射介质膜片 M,并在接触处滴上折射率匹配液,形成自发辐射的反馈,获得双程增益.

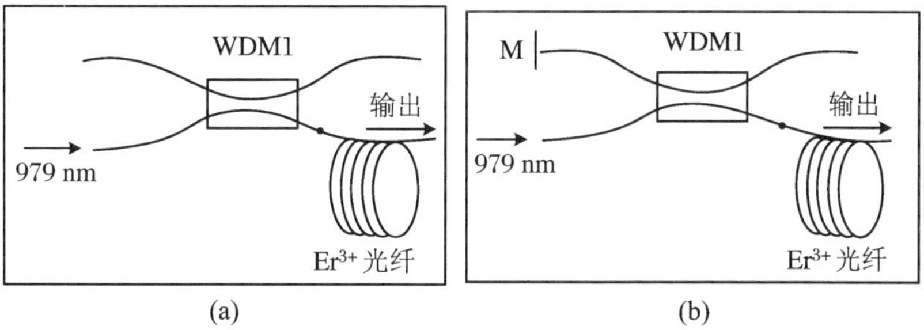

(a) (b)

图 9.27 掺铒光纤 ASE 实验光路

对于光谱较宽的信号光(ASE),只能采用功率谱密度 $S^{\pm}(\nu_s,z)$ 来描述其传播特性,$S^{+}(\nu_s,z)$,$S^{-}(\nu_s,z)$ 分别描述向前和向后传播的 ASE 信号光.这样信号光和泵浦光在稳态下的传输方程为

$$\frac{\partial S^{\pm}(\nu_s,z)}{\partial z}=\pm N_t\Big(\{\sigma_s(\nu_s)a(z)+[1-a(z)]\sigma_a(\nu_s)\}\cdot S^{\pm}(\nu_s,z)g(r,\theta)+2\sigma_s(\nu_s)a(z)h\nu_s\Big)\tag{9.39}$$

$$\frac{\partial P_p(z)}{\partial z}=-N_t\sigma_p[1-a(z)]P_p(z)f(r,\theta)\tag{9.40}$$

这里,$a(z)=N_2/N$,N_2,N_t 分别为亚稳态粒子数和总粒子数密度;σ_s,σ_a 分别是信号光的发射截面和吸收截面,σ_p 为泵浦光的吸收截面.通过用均匀分布的等效带宽 $\Delta\nu_s$ 来简化 ASE 信号光,才能结合三能级的速率方程求出光纤 ASE 光源的输出功率.

掺铒光纤 ASE 源双程输出的光谱如图 9.28 所示.所用掺铒光纤的数值孔径是 0.22,长度为 25.4 m.随着泵浦功率增大,ASE 输出功率增加,输出谱形半宽逐渐变窄.ASE 谱在 1523 nm 和 1538 nm 之间,中心波长位于 1530 nm,因此,掺铒光纤 ASE 是一种很好的宽带光源.图 9.29 是 979 nm 波长的激光泵浦 21 m 长的掺铒光纤 ASE 光源的输出特性曲线,图中实线和虚线分别指单程增益和双程增益时的实验值.随着泵浦功率的增加,ASE 的输出功率程非线性增加,当光纤的泵浦率为 15.5 mW 时,掺铒光纤 ASE 的单程输出为 4 mW,双程输出为 6.5 mW;用 980 nm 波段激光泵浦掺铒光纤时,由于激发态吸收极小,因此量子转换效率高,这里掺铒光纤 ASE 单程输出的转换率达 26%,双程输出的 ASE 的转换效率达 42%.

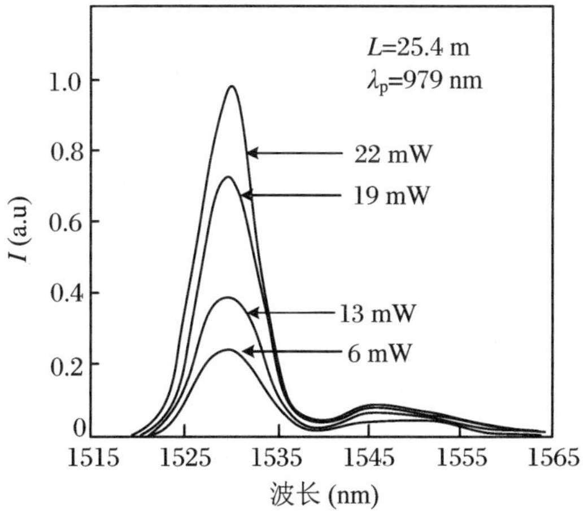

图 9.28 掺铒光纤 ASE 输出光谱

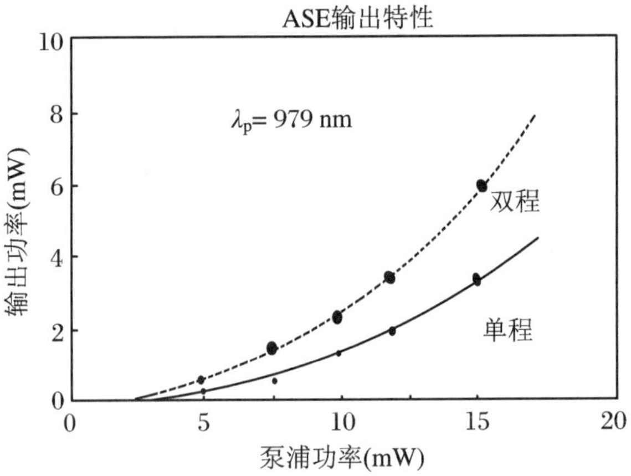

图 9.29 掺铒光纤 ASE 输出特性曲线

9.7 光学频率梳

光学频率梳(optical frequency comb,OFC)指的就是在频谱上由一些排列间隔均匀的频率分量所组成的光谱,简称为光梳.该技术已经成为继超短脉冲激光问世之后激光技术领域又一重大突破.

光频梳系统的每一根光频齿的频率可表示如下:

$$f_n = nf_{\text{rep}} + \delta \tag{9.41}$$

其中,f_{rep}为重复频率,δ 为偏差频率,n 为整数.

图 9.30 是光学频率梳简图.对光梳的研究,通常关注以下指标:

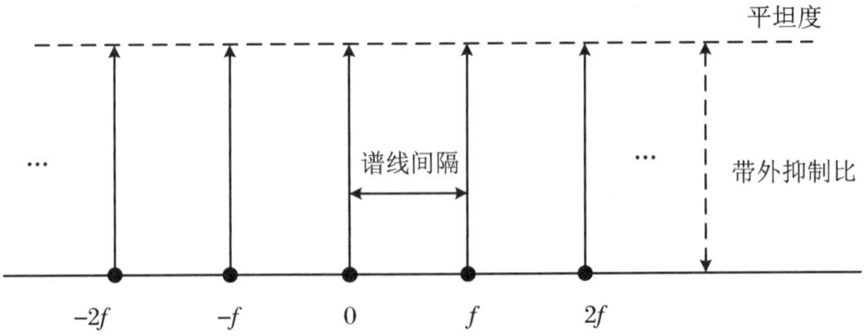

图 9.30 光学频率梳简图

光梳线数(lines):即功率超出其他频率分量且满足应用要求的可用的频率分量的个数,一般情况下,光梳的线数应尽可能地多.

谱线间隔 f(spacing):即光学频率梳当中相邻频率分量之间的频率间隔,由于光梳的应用场景会有所变化,因此光梳的谱线间隔应当具备可调能力.

平坦度 D(flatness):即光学频率梳中有效谱线中的最大功率和最小功率之差,可以表

示为 $D = S_{max} - S_{min}$，一般而言，D 越小越好.

带外抑制比(tone-to-noise)：即光学频率梳中有用的频率分量和其他无用的频率分量的功率差值，一般用 dB 表示. 无用的频率分量往往会在实际应用中对有用分量产生一定的干扰，所以要求有效频率分量与无效频率分量的差值越大越好，即带外抑制比要足够大.

因此，对于光学频率梳的产生技术而言，如何使生成的光梳线数尽可能多、谱线的间隔可以调整、谱线尽可能平坦以及带外抑制比尽可能高，成为目前光梳研究的重点.

产生光梳的关键首先是实现稳定的超短脉冲输出，其次是实现对该超短脉冲序列在时域及频域的精密控制，即对超短脉冲的载波包络相位和激光脉冲重复频率的控制. 早期的光梳光源都是基于传统的钛宝石飞秒激光器构建而成的. 美国天体物理联合实验室 J. Hall 教授等首次参考 f-2f 技术实现了载波包络相位稳定的钛宝石锁模激光器，这标志着飞秒光学频率梳的诞生. 目前，普遍用到的光梳的生成方法可以分为以下四大类：

第一类是模式锁定激光器法. 这种方法通过锁模激光器产生光学频率梳，得到的光梳带宽较大，稳定性较高，但只能通过调整激光器的腔体长度来改变光梳的频谱间隔，而且生成的光梳是多纵模的，激光器本身的稳定性难以保证.

第二类是非线性效应法. 这种方法利用非线性介质，基于光学四波混频和自相位调制等技术，对光学频率梳的谱线进行扩展，实现光梳带宽的展宽，且光梳的中心频率可以方便地进行调整. 但其缺点也很明显，那就是梳线的功率产生较大的波动，造成光梳平坦度降低.

第三类是微谐振腔法. 这类方法的优点是利于系统的集成化，并且稳定性较高，但局限性在于设计复杂，成本居高不下.

第四类电光调制器法. 这种方法优势在于可以灵活地调整光学频率梳的中心频率，同时可以控制谱线间隔，而且平坦度也相对较高. 虽然这种方法结构简单，易于操作和实现，但受制于电光调制器的调制带宽，光梳的带宽不大，而且得到的光梳线数较少，带外抑制比也不高.

光频率梳最早应用在频率测量以及精密光谱学领域. 德国慕尼黑大学的汉什教授最早提出了利用激光脉冲进行光频率测量的构想. 在 1978 年，汉什教授的科研团队利用皮秒激光器产生了频带宽度为 500 GHz 的光频梳信号，并利用该光频梳测定了 4d 态的钠原子的精细结构. 20 世纪 90 年代，汉什教授与美国科罗拉多大学的霍尔教授合作，尝试将飞秒激光器的重复频率与铯原子钟锁定，使得光频梳每个梳齿的精度达到了 10^{-15} 的不确定度. 两位教授也凭借该项研究获得了 2005 年的诺贝尔物理学奖. 目前，世界上采用的时钟标准都是基于微波原子钟，时钟精度可以达到 10^{-15} 量级. 微波频率工作在 GHz 量级，而光频率在 THz 量级. 因此，用光钟替代现有的微波原子钟，从而得到更高精度的时钟，作为一种新的设想被提出，并且其理论计算精度可达 10^{-18}. 在可见及近红外波段的光梳只能用于有限的原子离子族跃迁光谱测量，对于更多其他族的跃迁谱线则需要紫外波段的光梳或者阿秒光钟来进行测量. 阿秒光钟不仅可以用于观察化学反应中分子和原子的运动，而且可以捕捉到电子从原子或离子脱离的过程.

光梳相当于一个光学频率综合发生器，是迄今为止最有效地进行绝对光学频率测量的工具，可将铯原子微波频标与光频标准确而简单地联系起来，为发展高分辨率、高精度、高准确性的频率标准提供了载体，也为精密光谱、天文物理、量子操控等科学研究方向提供了较为理想的研究工具，逐渐被运用于光学频率精密测量、原子离子跃迁能级的测量、远程信号时钟同步与卫星导航等领域中.

光学频率梳另一个重要的应用领域是天文学观测，探索地外文明. 研究宇宙膨胀、发现类地行星的关键技术是精确测量微小的光学频率变化，利用光学频率梳高稳定的梳齿和宽范围的光谱，作为高分辨天文光谱仪的定标光源，可以达到的多普勒光谱位移测量精度为 1 cm/s，而传统波长定标技术目前能达到的最好的值是 60 cm/s.

在光通信领域，光学频率梳即可作为多波长脉冲的生成基础，还可以用来生成任意光学波形. 光学频率梳可以作为光源，代替数十个激光二极管传输数据，从而降低设备及维护成本. 随着光纤通信系统容量的不断增长，更多、更密集的波长被应用于 WDM 和 DWDM 中. 这样就需要使用大量的激光器来产生不同长度的激光来作为载波. 但由于工艺和技术原因，每个激光器的特性无法做到完全一致，这使得系统的稳定性下降；同时，大量激光器的应用也提高了系统的设计成本，增加了系统复杂度. 针对这一问题，以光频率梳为基础的多载波光源应运而生. 多载波光源通过各种手段，能够同时获得多个不同波长的激光，使得各波长的光的性能差异降低，提高了系统的稳定性，降低了系统的复杂程度，增加了系统方案的可行性. 由于其频率特性固定，除了作为光源，在光纤通信及信号处理等方面也有巨大的潜力. 通过在频域控制光学频率梳的某些参数，还可以控制时域波型. 通过光学频率梳可以得到一种可以部分重叠地排列在一起的脉冲波形，称为“奈奎斯特脉冲(Nyquist pulses)”，2013 年 12 月，瑞士洛桑联邦理工学院的两位科学家利用光学频率梳得到了几乎完美的奈奎斯特脉冲，由此使光脉冲的传输速度有着数量级的提升. 除此之外，基于光梳的全光下变频，克服了传统下变频的不足，具有巨大的应用前景.

9.8 光敏光纤光栅

光纤光栅作为光纤中的一种新型光学器件，是在光纤中建立起一种空间折射率周期性分布，使光在其中传播时传播路径得以改变和控制. 建立光栅的技术主要有两种：一种是如图 9.18 所示的方法，剥去光纤的包层，利用离子束刻蚀在纤芯上建立光栅结构，这种办法工序多，工艺复杂，成功率不高，目前已逐渐被另一种新技术所取代. 即利用掺杂光纤的光敏性，当在光纤纤芯中少量掺杂一些锗、铈或铕等元素后，光纤芯对特定波长的光有强烈吸收，从而使芯的折射率分布发生改变，形成光栅. 利用光敏光纤直接建光栅. 光纤的包层可以制成对所选的诱导激光透明，也可以将包层剥去或在拉制过程中裹包层以前诱导产生光栅，再裹包层.

9.8.1 掺杂光纤光敏性机理

到目前为止，掺杂光纤光敏性的物理机理还没有完全清楚，就现在的认识水平而言，掺杂光纤光敏性源于掺杂物质与 SiO_2 混合时形成的结构缺陷. 对其提出的理论模型有：

1. 双光子吸收漂白模型

在研究 488 nm 的光致掺锗光纤的光敏性问题中，提出了双光子吸收漂白模型. 在 GeO_2 和 SiO_2 混合过程中形成了缺陷. 研究表明以 $mW/\mu m^2$ 量级的光强度足以使 Ce-Si 键破裂释放出电子，这些电子在相邻锗的晶格位置上再被俘获，形成了色心 Ge(1)和 Ge(2)，488 nm 的光通过双光子吸收使得 GeO_2 在 242 nm 的吸收带漂白，这个过程的复杂电子移动就形成了某些波段折射率变化，其折射率增量可由 Kramer-Kroning 关系推导出来.

2．色心模型

双光子吸收漂白模型实际上也是建立在色心模型的基础上的，但它没有详尽地研究色心的吸收光谱.

Ge 掺杂光纤中形成的色心 Ge(1)和 Ge(2)的吸收中心在紫外波段，这就是导致了 Ge 掺杂光纤在紫外区的吸收光谱. Atkins 等人用 248 nm 波长的光使 242 nm 的吸收带漂白，而在 195 nm 处发现一个新的强吸收峰. 研究认为，占优势的色心吸收峰应该在 195 nm，对 195 nm 的吸收带的分析表明，这正是 Ge 掺杂光纤紫外光写入相位光栅中折射变化的原因. 实验还证明，在 900 ℃加热可使光诱导变化反转，在光纤写入光栅和高温清除后，光栅的光敏性没有实质性变化，这些研究都证明了色心模型的合理性.

3．双势能陷阱模型

为了解释在 Ge 掺杂光纤中写入相位光栅的动力学机制，Chong 等人建立了一种双势能陷阱模型，如图 9.31 所示. E_{01} 是 Ge-Si 键的初始光能间隙，E_{02} 为 Ge 缺陷的光能间隙. 在光的辐照下，单光子、双光子或多光子吸收过程，使 Ge-Si 键破裂，产生色心 Ge(1)和 Ge(2)，已经知道色心 Ge(2)的能量间隙比 Ge-Si 键大. 所以 Ge(2)是光致结构变化的光漂白中心，而 Ge(1)起光暗化作用，在双势能陷阱模型的基础上，用速率方程方法，可以分析相位光栅成栅的动力学机制.

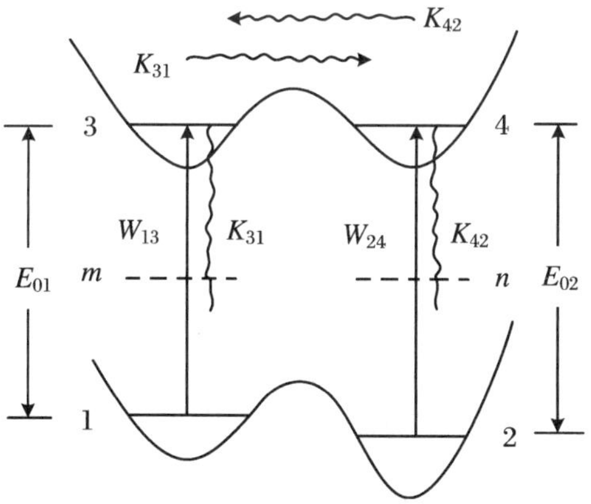

图 9.31　双势能阱模型

4．载氢技术的理论

实验已证明，用高压载氢技术，可将光诱导折射率的变化提高近两个数量级. Maki Inai 等人提出一种 H_2 与 Ge 掺杂光纤相互作用的模型.

光纤经载氢技术处理后形成 Ge-H，Si－OH，Ge-OH 和 Si-H 改变了光纤的吸收光谱，用 Kramers-Korning 关系可得到折射率的变化量. 这里，H_2 起到促进紫外线与 Ge 造成的缺陷起反应的作用，导致光诱导折射率变化大幅度提高.

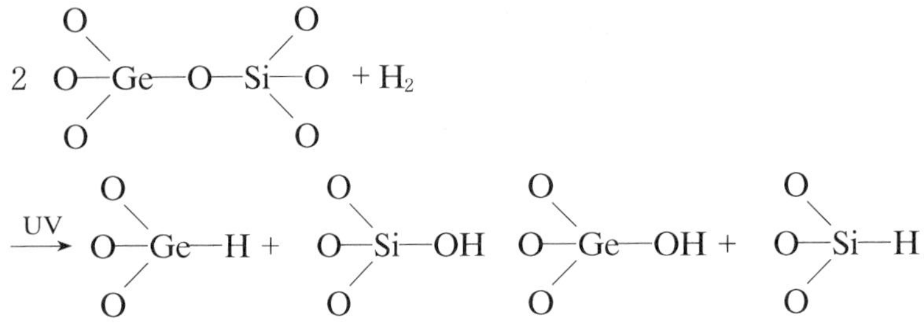

9.8.2 光敏光纤布拉格光栅的形成原理

现在经常使用的一种制造光纤光栅的方法,是将单模光纤的芯层暴露在两束相互干涉的紫外光所产生的干涉条纹上,如图 9.32 所示.

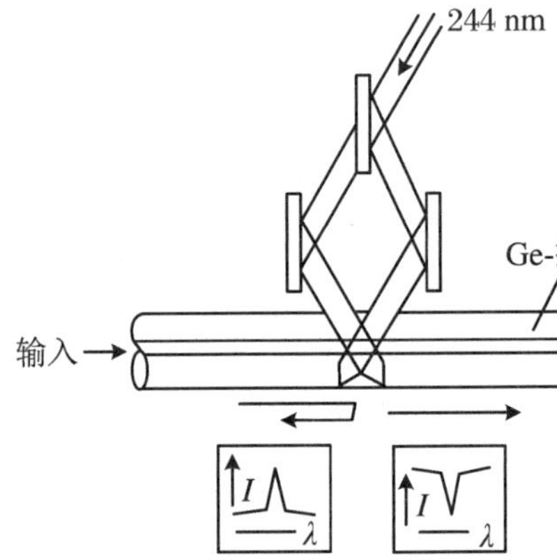

图 9.32 刻写光敏光纤光栅光路图

刻写时必须将光纤成品的保护层剥去,因为保护层不能透过紫外光.通常,包层区域对于紫外光刻写波长几乎完全透明的,而芯层中却由于锗或其他掺杂物的存在,对紫外光强烈的吸收.所以,只有芯层具有感光性,我们可以假设光栅条纹只在芯区中存在,芯层中每一点的折射率改变为 Δn,其中 Δn 是紫外光能流密度 F 的函数

$$\Delta n(r,\phi,z) = \begin{cases} \Delta n_s \cdot g[F(r,\phi,z)], & r \leqslant r_{co}, |z| \leqslant \dfrac{L}{2} \\ 0, & r > r_{co}, |z| > \dfrac{L}{2} \end{cases} \tag{9.42}$$

其中

$$F(r,\phi,z) = F_0(r,\phi,z)[1 + M\cos(Kz + \phi(z))]$$

Δn_s 是光诱导折射率变化饱和值,L 是光栅的长度,M 是调制度($0 \leqslant M \leqslant 1$),$\Lambda = 2\pi/K$ 是紫外光干涉条纹的周期.如果光栅是线性调制的,调制的相位 φ 会随着 z 而缓慢变化.F_0 与空间参数的函数关系是由于紫外光刻面的变化,以及由于紫外光在穿过芯层时由于吸收而产生的损耗而引起的.函数 $g(F)$ 是芯层对紫外光能流密度的响应,$g(0) = 0$,$g(\infty) = 1$.此函数依赖于许多参数的变化,如光纤的组成成分和紫外光波长等.我们可以将(9.42)式的光诱导折射率变化写成傅里叶级数的形式

$$\Delta n(r,\phi,z) = \Delta n_{av} + \sum_{i=1}^{\infty} \Delta n_i(r,\phi,z)\cos[iKz + i\phi(z)] \tag{9.43}$$

其中

$$\Delta n_{\mathrm{av}} = \frac{\Delta n_s}{\Lambda}\int_z^{z+\Lambda} g[F(r,\phi,z')]\mathrm{d}z'$$

$$\Delta n_i(r,\phi,z) = \frac{2\Delta n_s}{\Lambda}\int_z^{z+\Lambda} g[F(r,\phi,z')]\cos[iKz' + i\varphi(z')]\mathrm{d}z$$

这里 Δn_{av}是平均折射率变化,Δn_i 是折射率调制的第i 次谐波的幅度,这两个参数都随 z 的变化而缓慢变化,在大多数情况下,我们只对傅里叶级数的前两项感兴趣,所以将折射率变化简化为

$$\Delta n_i(r,\phi,z) = \Delta n_{\mathrm{av}}(r,\phi,z) + \Delta n_1(r,\phi,z)\cos[Kz + \phi(z)] \tag{9.44}$$

在耦合波模型中,我们将光栅的折射率变化视为一种微扰,这种微扰将折射率未变时光纤中的模式耦合起来.由于光纤光栅的折射率变化很小.用这种理论分析方法是非常精确的.假设:① 光纤中的场可以表示为标量场,② 模式振幅的包络只随 z 缓慢变化.这两种假设与实际非常接近,在分析中不会引入大的误差.在光栅中,前向模式与后向模式会发生耦合,忽略后向模式之间的耦合以及后向模式与前向其他模式之间的耦合,光纤中的场可以表示为

$$E(r,\phi,z) = f_1(z)\mathrm{e}^{\mathrm{j}(\beta_1+\delta\beta_1)z}\psi_1(r,\phi) + \sum_i b_i(z)\mathrm{e}^{-\mathrm{j}(\beta_i+\delta\beta_i)z}\psi_i(r,\phi) \tag{9.45}$$

其中,f_1 和 b_i 是前向和后向传播模式的幅度,而 ψ_i 是未受扰光纤的归一化模场分布.模式数 i 代表径向阶数 l 和轴向阶数 m 的不同组合,参数 $\delta\beta_i$ 是由平均折射率变化 Δn_{av}而引起的模式 i 的传播常数的变化.

在弱导近似下可求出耦合波方程组

$$\begin{cases} f_1' = \mathrm{j}\sum_i K_{1i}\mathrm{e}^{-\mathrm{j}z(\theta_i+\delta\theta_i)}b_i \\ b_n' = -\mathrm{j}K_{n1}\mathrm{e}^{\mathrm{j}z(\theta_n+\delta\theta_n)}f_1 \end{cases} \tag{9.46}$$

其中,$K_{1i} = K\cdot\delta n_{1i}$,$\theta_i = \beta_1 + \beta_i - K$,$\delta\theta_i = \delta\beta_1 + \delta\beta_i - \phi'(z)$

$$\delta n_{1i} = \frac{\int_0^{2\pi}\int_0^{r_{\mathrm{co}}}\psi_1(r,\phi)\psi_i{}^*(r,\theta)\cdot\Delta n_1(r,\phi,z)r\mathrm{d}r\mathrm{d}\phi}{\int_{A\infty}|\psi|^2\mathrm{d}A}$$

在均匀光栅条件下,参数 K_n 和 $\delta\theta_n$ 在光栅范围内是常数,那么可以得出耦合波方程的解析解,如果进一步假设只有一个后向模,振幅为 $b_n(z)$,则式(9.45)的解为

$$\begin{cases} f_1(z) = f_+\mathrm{e}^{\mathrm{j}\alpha_+ z} + f_-\mathrm{e}^{\mathrm{j}\alpha_- z} \\ b_n(z) = b_+\mathrm{e}^{-\mathrm{j}\alpha_+ z} + b_-\mathrm{e}^{-\mathrm{j}\alpha_- z} \end{cases} \tag{9.47}$$

其中各参数的定义为

$$\begin{cases} \theta_n = \beta_1 + \delta\beta_1 + \beta_n + \delta\beta_n - K \\ \alpha_\pm = \pm\sqrt{\theta_n^2/4 - K_n^2} - \theta_n/2 \\ f_\pm = \dfrac{\alpha_\mp}{\alpha_\mp\mathrm{e}^{\mathrm{j}\alpha_\pm L} - \alpha_\pm\mathrm{e}^{-\mathrm{j}\theta_n L}} \\ b_\pm = \dfrac{K_n\mathrm{e}^{\mathrm{j}\theta_n L}}{\alpha_\pm\mathrm{e}^{-\mathrm{j}\alpha_\pm L} - \alpha_\mp} = \dfrac{\alpha_\mp}{K_n}f_\mp \end{cases} \tag{9.48}$$

联立式(9.45)、式(9.47)和式(9.48),可以写出在光纤光栅任何一处的光场的解析表达式.

式(9.47)的前向部分波的传播常数为

$$\beta_{f_\pm} = \beta_1 + \delta\beta_1 + \alpha_\pm \tag{9.49}$$

定义无方向参数 $\delta_n = \theta_n/(2K_n)$，可以将(9.49)式变为

$$\frac{\beta_{f_\pm} - K/2}{K_n} = \pm\sqrt{\delta_n{}^2 - 1} \tag{9.50}$$

由式(9.50)画出的色散关系图 9.33 图中，$-1<\delta_n<1$ 的区域被称为禁止带，在这个范围内光场在光栅中是衰减的. 在禁止带的中心($\delta_n = 0$)的波长是布拉格波长，也就是前向模和后向传播的模被光栅完全共振耦合. 在中心这一点，传播常数的虚部也就最大，也就是衰减率最大. 布拉格波长 λ_B 由下式给出：

$$\lambda_B = 2n_{av}\Lambda \tag{9.51}$$

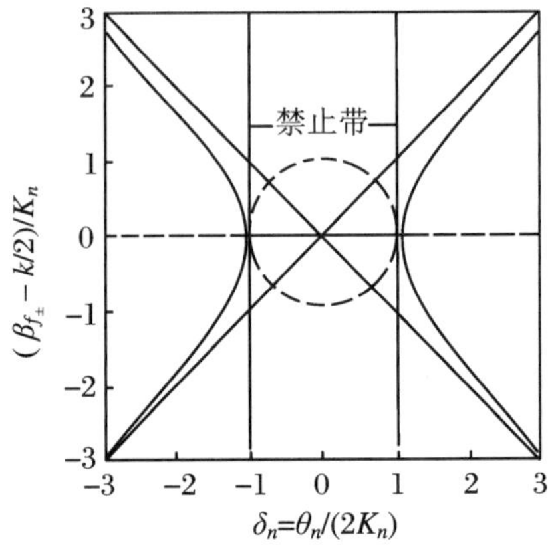

图 9.33　光栅在布拉格条件附近的色散曲线

其中，$n_{av} = (\beta_1 + \delta\beta_1 + \beta_n + \delta\beta_n)/(2K)$ 是两个模式的平均有效折射率，如果波长 λ 满足 $|\lambda - \lambda_B| \ll \lambda_B$，则相位差参数可近似表示为

$$\theta_n \approx \frac{-4\pi n_{av}}{\lambda_B^2}(\lambda - \lambda_B), \quad \delta \approx \frac{-2n_{av}}{\delta_n\lambda_B}(\lambda - \lambda_B) \tag{9.52}$$

在远离布拉格波长的区域里，前向模和后向模的传播常数都趋向于 $\beta_1 + \delta\beta_1$，如图 9.32 对角线所示，这意味着此时光栅类似于均匀介质.

式(9.46)中，$b_n(z)$ 在 $z = -L/2$ 处的值决定了由光栅反射的光场的振幅和相位，用 $b_n(-L/2)/f_1(-L/2)$ 可以得出振幅的反射率，其功率反射率由下式决定：

$$R = \left|\frac{b_n(-L/2)}{f_1(-L/2)}\right|^2 = \frac{1}{1 + (K_nL\,\mathrm{sinc}(K_nL\sqrt{\delta^2 - 1}))^{-2}} \tag{9.53}$$

反射的相位为

$$\theta = \arctan\left[\frac{\sqrt{\delta^2 - 1}\cot(K_nL\sqrt{\delta^2 - 1})}{\delta}\right] \tag{9.54}$$

从式(9.53)可以计算出反射光栅相对于入射光的群延迟：

$$\frac{\tau_n}{\tau_G} = \frac{\delta^2 - \sin c(2K_nL\sqrt{\delta^2 - 1})}{2\delta^2 - 1 - \cos(2K_nL\sqrt{\delta^2 - 1})} \tag{9.55}$$

其中，$\tau_G = 2n_{av}L/c$，是光在长度为 L 的非色散介质中走一个来回的延迟. 在布拉格波长时，$\delta = 0$，反射率达到最大

$$R_0 = \tanh^2(K_nL) \tag{9.56}$$

此时群延迟最小

$$\frac{\tau_0}{\tau_G} = \frac{\tanh(K_n L)}{2K_n L} \tag{9.57}$$

图9.34是利用式(9.52)和式(9.54)计算的均匀光纤光栅的光谱图. 光栅的长度为5 mm,布拉格波长 λ_B 等于1550 nm,有效折射率调制 δ_n 为 1.5×10^{-4}. 随着 δ_n 的增大,最大反射率也不断增大,光栅的带宽也增大. 每个光栅的最高反射率由式(9.55)给出,主瓣的宽度与被入射光照的光栅条纹数成反比. 光谱中的旁瓣是由于光栅两边的突变边缘而形成的法布里-珀罗腔共振引起的. 对于光栅而言,折射率调制越大,则在 $z=\pm L/2$ 边缘的不连续性越强,所以旁瓣也就越高. 理论上,光栅的带宽 $\Delta\lambda$,可以通过解方程 $R(\Delta\lambda/2) - R_0/2$ 来求得. 但这方程没有精确的解析解,一般使用泰勒级数展开的方法来求近似解. 表9.1包括了光栅的最大反射率、带宽、有效带宽和最小延迟. 其中有效带宽的定义为

$$\Delta\lambda_{\text{eff}} = \int_0^\infty R(\lambda)\,d\lambda \tag{9.58}$$

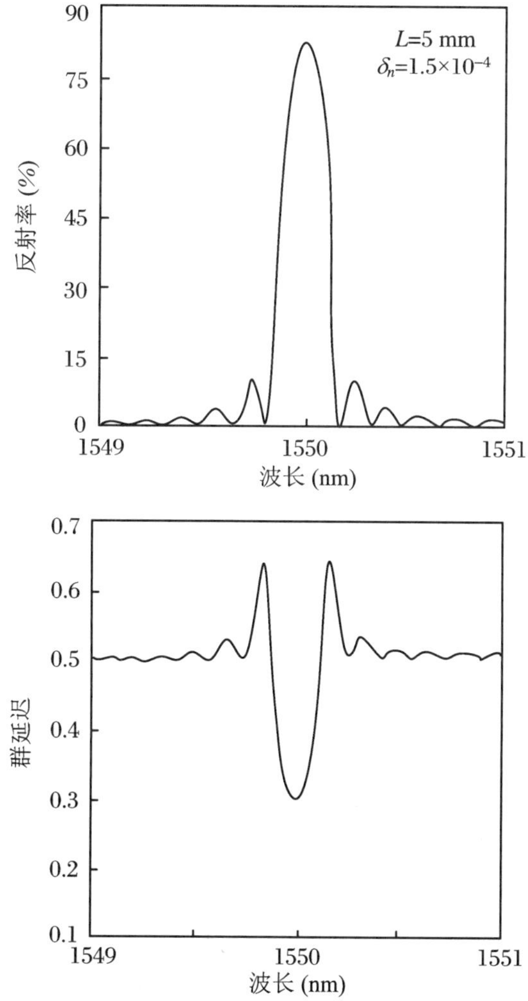

图9.34 光纤光栅光谱图

表 9.1 均匀光纤光栅的主要参数的近似表达式

光栅强度	R_0	$\Delta\lambda$	$\Delta\lambda_{\text{eff}}$	τ_0/τ_G
$KL<0.38$ ($R_0<13\%$)	$(KL)^2$	$\dfrac{0.44\lambda_B^2}{n_{av}L}$	$\dfrac{\pi^2\delta n^2 L}{2n_{av}}$	$\dfrac{1}{2}-\dfrac{k^2L^2}{6}$
$0.38<KL<2.3$ ($13\%<R_0<96\%$)	—	$\dfrac{0.44\lambda_B^2}{n_{av}L}\sqrt{1+0.7(KL)^2}$	$1.1R_0\Delta\lambda$	—
$2.3<KL<8.0$ ($R_0>96\%$)	$1-4e^{-2KL}$	$\dfrac{\delta_n\lambda_B}{n_{av}}\sqrt{1+\dfrac{\pi^2}{(KL)^2}\left[1-\dfrac{2.4}{KL}+\dfrac{3.4}{(KL)^2}\right]}$	$1.3R_0\Delta\lambda$	$\dfrac{1}{2KL}$
$KL>8.0$ ($R_0\approx100\%$)	1	$\dfrac{\delta_n\lambda_B}{n_{av}}$	$1.5\dfrac{\delta_n\lambda_B}{n_{av}}$	$\dfrac{1}{2KL}$

9.8.3 多模光纤光栅

多模光纤中的模式可以用线极化波 $\cos(m\varphi)$ 或 $\sin(m\varphi)$ 来表示.对于表达式带有 $\cos(m\varphi)$ 的模场我们习惯上称为偶模,而对于表达式中带有 $\sin(m\varphi)$ 的模场我们习惯上称为奇模.其模场表达式为

$$\mathrm{LP}_{mn}(r,\varphi,z)=J_m(Ur)\begin{cases}\sin(m\varphi)\\ \cos(m\varphi)\end{cases},\quad r<a \tag{9.59}$$

$$\mathrm{LP}_{mn}(r,\varphi,z)=\frac{J_m(Wr)}{K_m(Wa)}K_m(Wr)\begin{cases}\sin(m\varphi)\\ \cos(m\varphi)\end{cases},\quad r>a \tag{9.60}$$

图 9.35 分别为几种线偏模的偶模和奇模的模场分布情况(在此特别要注意坐标系的选择,选择不同的坐标系,偶模和奇模的形式不同),习惯上我们在 LP 的下标或上标分别用 e 或 o 来表示偶模或奇模.

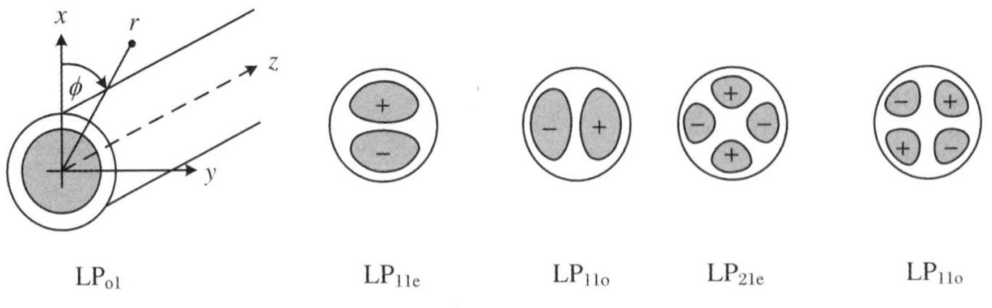

图 9.35 光纤中奇模和偶模的光场分布

光纤光栅可以看作是一个波长滤波器件,满足布拉格波长的模式将反射回去,前面我们讲的光纤光栅是在单模光纤上刻写的,其只有一个反射峰.若在多模光纤上刻写光纤光栅,基模和高阶模式分别满足其相位匹配条件,因此多模光纤光栅有多个谐振峰.图 9.36 是典型的多模光纤光栅的反射谱,此光纤的归一化频率 $V=7.45$,它包括 LP_{01},LP_{11},LP_{21},LP_{02} 以及 LP_{31} 5 种模式,它们分别对应不同的反射波长.由此我们可以看出光纤光栅不仅是一个模式选择器件,同时它还是波长选择器件.

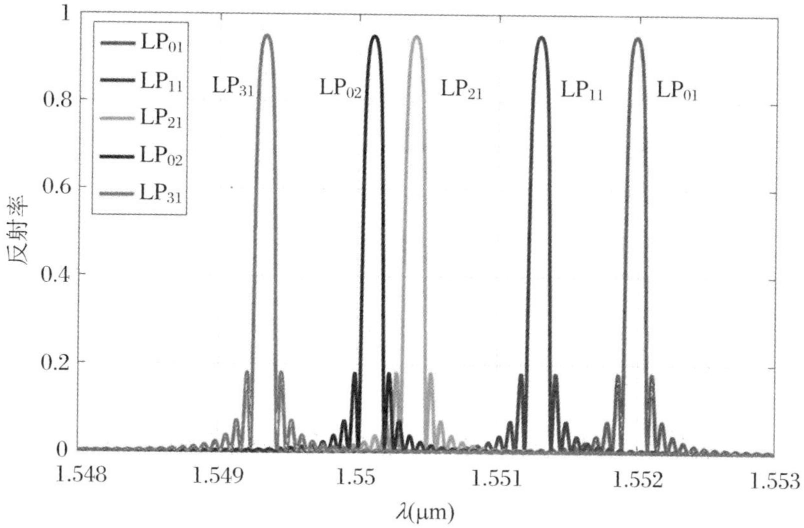

图 9.36　多模光纤光栅的反射谱

由前面分析,我们知道光纤中不同模式间满足正交关系,因此理想情况下不同模式间不能发生耦合,以少模光纤光栅为例(少模光纤是指除基模外,光纤中还支持一阶模的传输),其反射谱如图 9.37(a)所示,两个反射峰分别对应基模自耦合峰和一阶模自耦合峰.但在光纤光栅的实际刻写过程中大都采用单面紫外曝光刻写的方式,此时还会在横向引入折射率非对称调制,光栅折射率的变化与入射紫外光的强度成正比,并随曝光的时间的增加呈指数上升.光纤光栅的折射率分布满足:在曝光一侧的一定区域内,折射率调制达到饱和;在饱和区域外,折射率变化随距离的增大而逐渐减小,光栅横截面上折射率分布可表示为

$$\Delta n(x,y)=\begin{cases}A\alpha, & l(x,y)\leqslant\delta\\ A\alpha\exp\{-\alpha[l(x,y)-\delta]\}, & l(x,y)\geqslant\delta\end{cases}\tag{9.61}$$

其中,α 与材料的吸收因子有关,其大小决定了折射率分布的非对称性;A 反应材料的光敏特性;两者乘积 $A\alpha$ 表示纤芯与包层交界面处光致折射率改变的最大值.$l(x,y)$表示任意点与纤芯被曝光一侧的距离,若紫外光沿 X 方向照射,则 $l(x,y)=x+\sqrt{\rho^2-y^2}$,$\rho$ 为纤芯半径,δ 为饱和长度.

基于线偏模理论,由布拉格光栅的位相匹配条件,此时横向非对称的少模光纤光栅中不同模式间将发生耦合,此时除了基模跟一阶模的反射谱外,还包括两者之间的互耦合,其反射谱如图 9.37(b)所示.其中中间一条谱线是基模跟一阶模的互耦合,而互耦合峰满足的布拉格条件为

$$\lambda=(n_{\text{eff},01}+n_{\text{eff},11})\Lambda_{\text{FBG}}\tag{9.62}$$

9.8.4 光纤光栅在光通信系统中的应用

光纤光栅问世以来,由于其良好的选频反射特性、稳定的性能以及丰富的功能,已经成为一种有望得到广泛应用的新型光纤器件.由于光纤光栅是在一般光纤上进行制作,所以其具有插入损耗低的优点.在未来的光通信系统中光栅及其构成的器件将可能出现在光通信系统的每一个环节,从光源,波分复用系统的光波分插复用,光纤的色散补偿,光纤放大器,到各种不同的光纤滤波器都可以找到光纤光栅的应用.有权威人士预言:在未来的光通信系

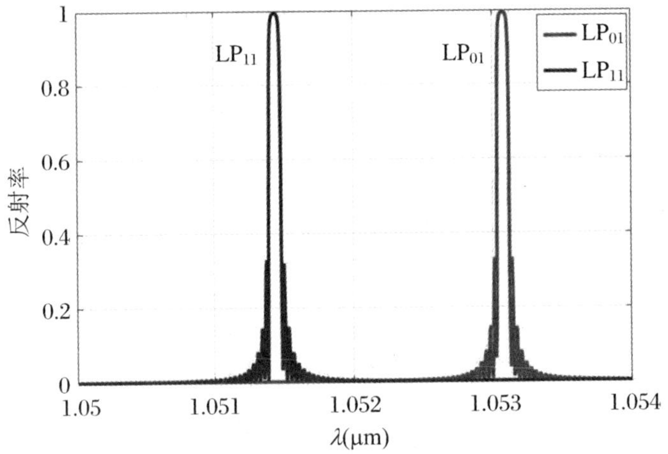

(a) 均匀刻写的少模光纤光栅的反射谱

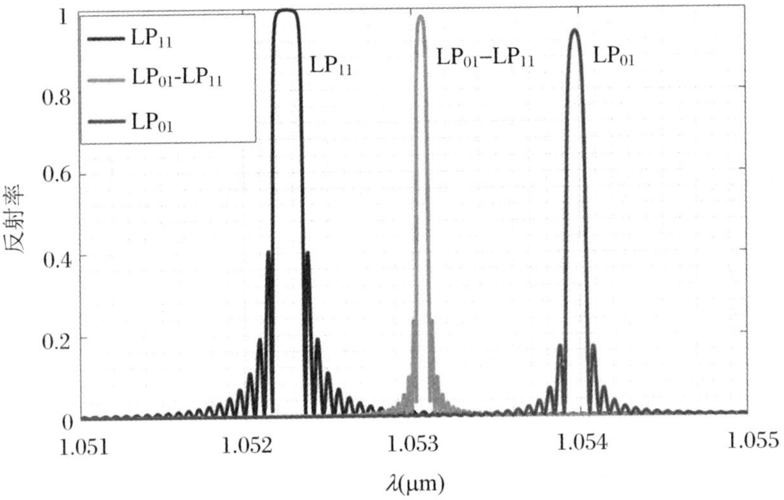

(b) 单面刻写的少模光纤光栅的反射谱

图 9.37　少模光纤光栅的反射谱

统中,如果没有光纤光栅就如同在传统光学中没有反射镜一样,令人难以置信,光纤光栅的出现迫使人们不得不重新考虑光通信系统中的每一个环节的设计.因此光纤光栅将很可能成为未来光通信系统不可缺少的关键技术之一.

1. 固定或可调谐滤波器

光纤光栅具有良好的滤波特性,通过变化光栅区的参数可以得到不同反射率,不同带宽的滤波特性的光纤滤波器.通过设计光栅区的结构可以得到带阻或带通特性的滤波器.

由于光纤具有良好的抗拉性,一般用机械或热效应来对光纤的周期进行调制,可以实现几个纳米范围的调谐的变化.

光纤光栅的一个基本特征是选频反射,但是在实际应用系统中更多的是需要传输型的带通光滤波器,如作为波分多路系统的解复用滤波器.一个最简单的办法是将光纤光栅与光纤环形器相结合,输入光经环形器进入光纤光栅,被反射后由环形器输出端输出构成传输型滤波器.另外,普通或啁啾型的光纤光栅制作后用二次曝光的方法,在光栅区形成相移,而在光纤光栅的反射峰上开出一个透射窗口.还可以在光纤上写入两个啁啾型的光纤光栅作为反射镜来构成一维的光纤 F-P 滤波器.

2. 光纤光栅半导体外腔激光器(FBG-ECL)

把光纤光栅作为外腔反射镜耦合到半导体激光器的一端,激光的波长就由光纤光栅的特性决定.

在高速大容量的光通信系统中,动态单纵模的激光光源是关键的部件,一般采用分布反馈 DFB 半导体激光器.但是 DFB 激光器的制作工艺复杂,成本较高.由于半导体材料的折射率随注入载流子浓度变化很大,在高速调制下,输出光脉冲存在较大的啁啾,不利于高速码传输.同时半导体的折射率随温度的变化也较大,需要对器件作温控,才能保证输出波长稳定.在 WDB 系统中,要求波长位置以及不同信道之间的波长间隔准确.目前已采用单片集成工艺研制多个 DFB 集成的列阵,但工艺难度很高.

光纤光栅外激光器将有利于克服 DFB 激光器上述的缺点和难题.它是一种混合集成的 DBR 激光器,具有良好的动态单模特性.由于它的色散元件做在光纤上,所以它不受注入载流子的影响,而且随温度变化的温度特性极好.光纤光栅的布拉格波长的可控性和重复性远远比半导体芯片容易实现.而且光纤光栅外腔激光器直接以光纤光栅的光纤与系统光纤相连作为输出方式,不同波长的 FBG-ECL 可通过合波器构成多信道 WDM 的发射光源.

FBG-ECL 对本身结构中的半导体激光器的要求也比较低,因此成本要比 DFB 激光器低得多.已有试验证明,在较高的调制速率下(大于 1 GHz)FBG-ECL 没有明显的啁啾.采用啁啾的光纤光栅作为半导体激光器的外腔反馈就可以构成光孤子源,可望在未来的光孤子通信中得到应用.如在半导体激光器的一端镀上增透膜,通过对光纤光栅拉伸力的改变造成光栅周期的变化,从而还构成可调谐的激光器.另外,用掺铒光纤放大器泵浦源的半导体激光的输出波长的精确度也有相当高的要求,因为固体泵浦源的半导体激光的输出波长的精确度也有相当高的要求,因为固体和掺铒光纤的吸收线非常窄,为了提高泵浦效率,必须使泵浦源的激光谱线落入吸收谱范围内,采用外腔激光器可以较好地满足这种要求.

3. 光纤激光器和光纤放大器

在光纤激光器中,光纤光栅与光纤的天然兼容性得到了较好的发挥.以往光纤激光器要在光纤两端抛光,镀膜在工艺上是非常困难的,不容易实用化,而采用光纤光栅则很容易接入光纤,甚至在多掺杂光纤(掺锗铒或铒钇)上直接写入光栅,在两个光纤光栅之间构成谐振腔,用 980 nm 或 1480 nm 泵浦激光激发,铒离子就会产生增益放大.

光纤激光器具有线宽窄、功率高、低噪声的特点,单模输出的功率可达 10 mW 以上,并且线宽可做到小于 2.5 kHz,远远好于线宽 10 MHz 的 DFB 半导体激光器.在光纤放大器增益区的两端还接入与泵浦光波长一致的光栅,使光纤光栅的反射带宽覆盖整个系统泵浦光带宽.由于光纤光栅的选频作用,谐振腔只能反馈某一特定波长的光.

光纤光栅对反射波段外的光的透射损失可以做得极小,可以使泵浦光反射回增益区,同时对放大的光毫无损失,从而提高了泵浦的效率.同样,光纤光栅也可用于掺铒光纤放大器中,使泵浦光反射回放大器的增益区,提高放大器的增益效率.光纤激光器中同样可以用光纤光栅来提高泵浦光效率的作用.

4. 光纤色散补偿器件

随着光纤通信速率的提高,原有普通单模光纤在 1.55 μm 处具有色散 17 ps/(km · nm),这成为制约通信容量进一步提高的重要原因.现在虽然可以采用色散位移光纤(DSF)来解决这个色散的问题，但是进一步的研究发现，在 1.55 μm 波段的波分多路系统中，采用零色散的色散位移光纤将导致严重的四波混频(FWM)现象，因而解决色散的问题还得采用另外的方法.一种方案是采用所谓的色散管理的方法，在普通的正色散的光纤之间插入一段段的负色散光纤使系统的总色散为零，在将铺设的线路中可以有效地采用这种方法，但在原有的线路中需加入额外的负色散光纤来补偿.由于光纤的负色散不可能做得很大，所用来补偿的光纤的长度将较大，从而给系统带来额外的损耗.采用啁啾型的光纤光栅来补偿现有光纤的色散是一种较好的方法，在每经过一段色散的光纤后插入光纤光栅型的色散补偿器，具有插入损耗低、体积小、成本低的优点.最近已有报道，在非色散位移光纤上，每 400 km 用 10 cm 长的啁啾光纤光栅进行补偿之后，系统能够进行 10 Gb/s 的传输.

啁啾光纤光栅的光栅周期沿光纤轴向略有变化，从而使不同波长的光在不同地方发生反射，补偿在传输过程中的损耗.假定输入光脉冲是一个啁啾光脉冲，它的前沿部分光波波长较长，它的后沿部分波长较短.当啁啾光脉冲通过光纤环形器进入啁啾光栅时，由于长波长的反射点较远，短波长的反射点较近，所以光脉冲的前沿要走的距离比其后沿要走的距离要长，其结果是光脉冲的前后沿彼此相互靠近.只要啁啾设计得当，便能获得理想的脉冲压缩效果.光纤啁啾光栅作为色散元件的另一个优点是，可以方便地通过调换光纤接入方向来改变色散正负.因此根据输入光脉冲的特性和对其处理要求，可以方便地选择色散正负来满足要求.因而啁啾光纤光栅也可用在光脉冲压缩、脉冲整形等方面.

5. 掺铒光纤放大器的增益均衡

掺铒光纤放大器(EDFA)在光纤通信中的作用非常重要.由于 EDFA 的增益带宽几乎可以覆盖 1550 nm 窗口，因此在 WDM 系统中可以对复用的许多个波长同时放大.但是由于 EDFA 的增益在整个波段内是不均衡的，造成波分多路系统中各路的光信号强弱不一，从而影响实际传输效果.解决这一问题的方法之一是在放大之后，进行增益的调整，在增益相对较高的波段引入一定的损耗，使增益降低到合适的水平.如果利用光纤光栅的透射特性，通过一定的设计使光纤栅具有与增益特性相对应的透射损耗特性，对信号过强的信道加上一定的反射，使之成为 EDFA 的增益均衡滤波器，这样就使经过光纤光栅后的各信道的强度基本一样，从而实现增益均衡的功能.

6. 光纤光栅全光分插复用器(OW-ADM)

在波分多路光通信系统中，在光纤网中每一节点上下的信息量大大增加，传统的光电转换-电子分插-电光转换的分插(Add/Drop)方式由于受到电子器件速率瓶颈的限制，将越来越不能满足高速通信的需要，光通信系统急需一种全新的分插方式，其功能是只让本节点上下的光波信号进行光电转换，而其他波长的信号则穿过节点不做任何处理，这就是全光波分多路分插复用器(Optical Wave/Drop Multiplexer).可以采用不同的结构来实现以下功能：① 耦合器型分插复用器；② 光纤光栅与环形器结构；③ 光纤光栅 M-Z 结构.

第 10 章　光纤中的非线性效应

10.1　光纤中的非线性转换效率

光脉冲在介质内的传播过程中，当光场强度不很大时，通常表现为线性行为，这时介质的折射率可视为常数. 但是当光场强度较大时，特别是超短脉冲耦合到光纤中后，其峰值功率密度极高，在光纤中具有很长的相互作用长度，并获得紧凑的波导结构约束，非线性转换效率可以大大提高. 从下面的简单分析我们就可以知道为什么在光纤中比较容易获得非线性光学效应.

对于体材料，激光束是通过透镜聚焦增加作用区的光强，聚焦区愈小，作用光强愈强. 对于一个给定的光功率 P，聚焦的光束半径为 w_0 的高斯光束

$$I \cdot L = \frac{P}{\pi w_0^2} \cdot \frac{\pi w_0^2}{\lambda} = \frac{P}{\lambda} \tag{10.1}$$

这里，I 是单位面积上的光功率，L 是相互作用长度，对于高斯光束来说就是它的焦深. 从上式可以看出乘积 $I \cdot L$ 保持常数. 当将激光束耦合进光纤时，若要在光纤长度上维持相同的聚焦强度，有

$$I \cdot L = \frac{P}{\pi w_0^2} \cdot L \tag{10.2}$$

这里，w_0 近似是纤芯的半径，L 是光纤的长度. 在实际情况下，光纤的损耗限制了在光纤里相互作用的有效长度. 考虑到光纤中的损耗时，采用有效长度 L_{eff} 来代替替式(10.2)中的 L：

$$L_{\mathrm{eff}} = \int_0^L \mathrm{e}^{-\alpha l}\mathrm{d}l = \frac{1}{\alpha}(1 - \mathrm{e}^{-\alpha L}) \tag{10.3}$$

式中，α 为光纤的吸收系数. 对于足够长的光纤，$L_{\mathrm{eff}} \approx 1/\alpha$. 因此，在一根光纤中强度与长度的乘积可以近似用下式表示

$$I \cdot L_{\mathrm{eff}} = \frac{P}{\pi w_0^2} \cdot \frac{1}{\alpha} \tag{10.4}$$

由式(10.1)和式(10.4)比较，就可以得到放大因子

$$G = \frac{\lambda}{\pi w_0^2 \alpha} \tag{10.5}$$

例如，一根单模光纤纤芯半径是 2 μm，损耗是 $2.5 \times 10^{-5}\ \mathrm{cm}^{-1}$，在可见光谱区域这根光纤给出的非线性增强因子大于 10^7. 这样原先需要兆瓦功率才能观察到的非线性现象，现在只要 1 W 的功率. 据报道，利用光纤进行受激布里渊散射实验泵浦光功率的阈值已低于 1 mW；在光纤中提高非线性转换率的例子是一根 2 cm 长的单模铌酸锂光纤获得 0.53 μm 的倍

频光的理论效率每毫瓦约 1%,比块状材料中的转换效率大三个数量级. 另外,峰值功率为 $10^3\sim10^4$ W/cm^2 的超短脉冲耦合到芯径为 10 μm 的光纤中,其峰值功率密度高达 $10^9\sim10^{10}$ W/cm^2,如果将放大后的超短脉冲输入到光纤中,其功率密度可达 $10^{15}\sim10^{16}$ W/cm^2,由于超短脉冲间隔比脉冲宽度本身长 10^6 倍,以及光纤的吸收系数极小,因此产生极小热效应,避免了高功率对光纤的破坏. 由此看来,结合超短脉冲激光对光纤非线性光学效应进行研究非常有利.

10.2 光纤中的克尔效应

作为一般的考虑,介质中表示电感应强度的矢量 $\boldsymbol{D}$ 与电场强度 $\boldsymbol{E}$ 关系的方程中,电极化强度 $\boldsymbol{P}$ 的非线性项不能省略.

$$\boldsymbol{D} = \varepsilon_0\boldsymbol{E} + \boldsymbol{P} \tag{10.6}$$

$$\boldsymbol{P} = (\chi^{(1)}\boldsymbol{E} + \chi^{(2)}\boldsymbol{EE} + \chi^{(3)}\boldsymbol{EEE} + \cdots)\varepsilon_0 \tag{10.7}$$

式中,$\chi^{(1)}$,$\chi^{(2)}$,$\chi^{(3)}$分别为介质的一阶(线性)、二阶(非线性)、三阶(非线性)电极化系数. 一般情况下,它们都是张量的形式. 一般来说,单晶光纤既保留了材料的性质又具有波导的几何形状,能够适于二阶相互作用,如谐波发生、混频参量振荡和电-光调制. 而对于普通玻璃基的单模光纤来说,具有中心对称性的材料 $\chi^{(2)}=0$,一般只能维持三阶非线性相互作用,在光纤中的极化强度可以近似地表示为

$$\boldsymbol{P} = (\chi^{(1)}\boldsymbol{E} + \chi^{(3)}\boldsymbol{E}^2\boldsymbol{E})\varepsilon_0 \tag{10.8}$$

将式(10.8)代入式(10.6),得到

$$\boldsymbol{D} = (\varepsilon_0\varepsilon_r + \varepsilon_2\boldsymbol{E}^2)\boldsymbol{E} \tag{10.9}$$

或者

$$\boldsymbol{D} = \varepsilon\boldsymbol{E} \tag{10.10}$$

式中,$\varepsilon=\varepsilon_0\varepsilon_r+\varepsilon_2\boldsymbol{E}^2$,$\varepsilon_r=1+\chi^{(1)}$,$\varepsilon_2=\chi^{(3)}\varepsilon_0$. ε_2 为非线性介电常数. 按介质折射率的定义,有

$$n = \sqrt{\varepsilon} \approx n_0 + n_2\boldsymbol{E}^2 \tag{10.11}$$

式中,n_0 为通常的介质折射率系数,n_2 为非线性折射系数,由它构成非线性折射率中的光强相关部分. n_2 一般不随频率变化,对于光纤芯及包层有基本相同的值,大约为 10^{-16} cm^2/W 数量级. 虽然 n_2 值很小,但由于光纤中的光波约束在极小截面的纤芯中传播,所以光场相当强,且因光纤可以很长,故光纤中的非线性光学效应相当明显.

光学的克尔效应涉及材料折射率随光场强度 $E^2(t)$而变化,折射率的变化 $\Delta n(t)$由下式给出:

$$\Delta n(t) = n_2E^2(t) \tag{10.12}$$

这里,n_2 是介质的光学克尔系数. 偏振光通过克尔效应的物质光场会产生双折射,由此可以作为产生超短脉冲的开关. 实验装置如图 10.1 所示,线偏振光脉冲 λ_p 通过单模光纤产生双折射,光纤的半径是 2.36 μm,有效相互作用长度 L_{eff} 为 276 cm. 在光纤的入射端,线偏振探测波 λ_s 的偏振方向与泵浦波 λ_p 的偏振方向成 45°. 在没有泵浦波的情况下,光纤输出端的

正交检偏器将阻止探测波通过.泵浦光引起的双折射,将使探测波的平行和垂直分量的折射率发生不同的变化,在光纤输出端引起探测波偏振态的改变.探测波经过检偏器的输出光强

$$I_{1\text{out}} \propto \sin^2\left(\frac{\Delta\varphi}{2}\right) \tag{10.13}$$

其中

$$\Delta\varphi(t) = 2\pi\left(\frac{L}{\lambda_s}\right)n_2 E_p^2(t) \tag{10.14}$$

这里,L 是光纤内相互作用的长度,E_p 是泵浦光的振幅.这种光克尔开关可以使输入脉宽为 500 ns 的光脉冲变成脉宽小于皮秒的脉冲串.

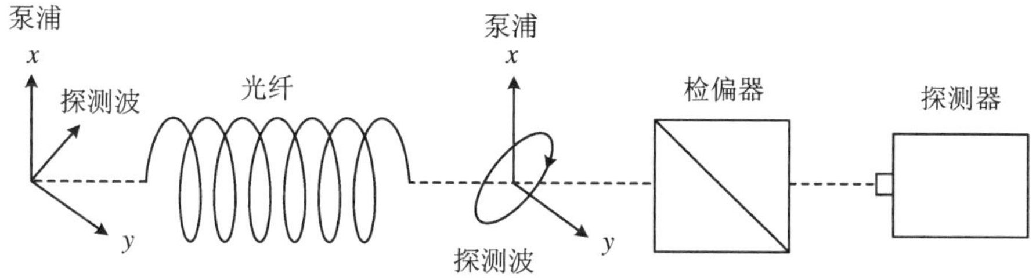

图 10.1　光纤中克尔效应实验装置

10.3　光纤中的自相位调制和方波自成形

通常,将光纤模的波矢量写作 $k = \omega n_{\text{eff}}/c$, n_{eff} 为光纤的有效折射率,其线性部分与频率有关,非线性部分对有效折射率的影响,可取为 $n_2 I = n_2 E^2$ 对光纤截面的平均

$$n_{\text{eff}} = n_{\text{off}} + \frac{n_2 P}{A_{\text{eff}}} \tag{10.15}$$

式中,$P = \int I \mathrm{d}A$, $A_{\text{eff}} = P^2 / \int I^2 \mathrm{d}A$. I 为光强度,n_{eff} 为有效折射率的线性部分,A_{eff} 为光纤的有效截面. A_{eff} 与光纤芯几何截面积之比在 1～2 之间. n_{off} 的大小在纤芯折射率与包层折射率之间.

只考虑线性效应的时候,波矢 k 是频率的函数.假设光纤中没有损耗,也没有增益,我们可以将波矢在某个中心频率附近展开

$$k(\omega) = k_0 + \frac{\partial k}{\partial \omega}(\omega - \omega_0) + \frac{1}{2}\frac{\partial^2 k}{\partial \omega^2}(\omega - \omega_0)^2 + \cdots \tag{10.16}$$

略去高次项,或将高次项作微扰处理,群速倒数的表达式为

$$v_g^{-1} = \frac{\partial k}{\partial \omega} = \frac{1}{c}\left(n + \omega\frac{\mathrm{d}n}{\mathrm{d}\omega}\right) \tag{10.17}$$

式中,k' 是频率为 ω_0 的群速,k'' 为频率色散常数.光纤中通常用到的色散参数 D 与 k'' 的关系是

$$D = \frac{\partial}{\partial \lambda}(v_g^{-1}) = -\frac{2\pi c}{\lambda^2}k'' \tag{10.18}$$

这说明，群速色散是线性系统中脉冲展宽的原因.

由于光纤中与光强度相关的非线性效应不可忽略，在方程中必须增加与光强度相关的项，即

$$k(\omega,P) = k_0 + k'(\omega - \omega_0) + \frac{1}{2}k''(\omega - \omega_0)^2 + k_2 P \tag{10.19}$$

方程(10.19)比较完整地描写了光在光纤中的传输过程.由于没有考虑吸收和增益的情况，k_0，k''及k_2等常数均为实数.在略去高次项的情况下，k_2的表达式为

$$k_2 = \frac{\omega_0 n_2}{cA_{\text{eff}}} \tag{10.20}$$

由式(10.19)与式(10.15)，可得到式(10.20).式(10.19)中最后两项，在压缩脉冲与形成孤子时有同等的重要性.即线性展宽与非线性展宽的两种效应，如果符号相反，光脉冲将获得压缩；而产生孤子的条件是最后两项之和为零.$k_2 P$表示光纤中由于光强度相关折射率效应产生的影响，即自相位调制.在讨论用单模光纤产生稳定可重复的自相位调制时可以不考虑自聚焦这一类复杂的非线性过程，光强为$I(t)$的光通过长度为L的光纤传输后产生的相移是

$$\Delta\varphi(t) = \frac{2\pi}{\lambda}n_2 LI(t) \tag{10.21}$$

脉冲的不同部位对应于不同的相移，此即自相位调制(SPM).调制的脉冲如图10.2(a)所示.考虑到光纤中的损耗时，应采用有效长度L_{eff}来替代式(10.21)中的L.

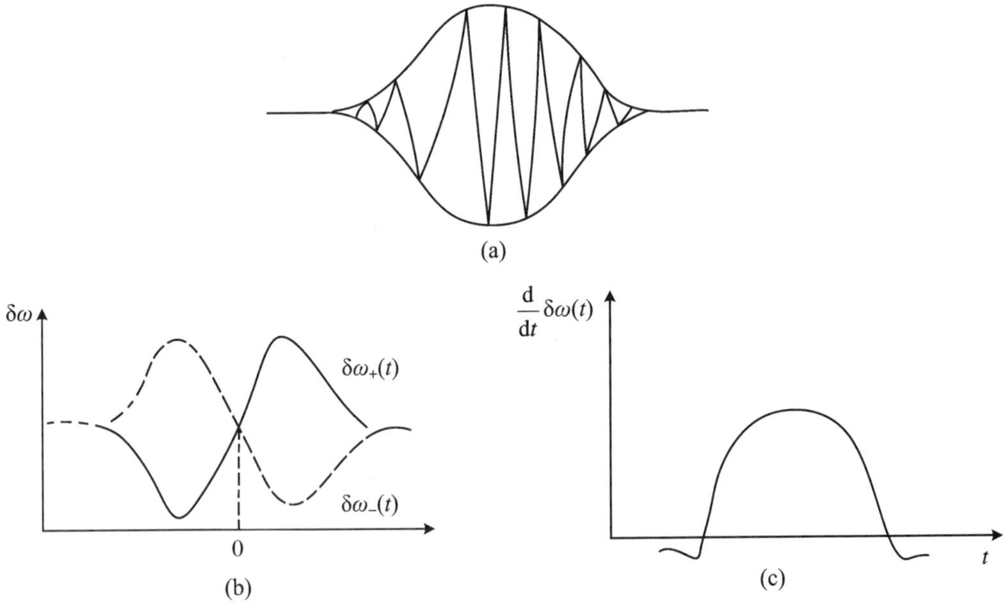

图10.2　自位相调制、频率调制和啁啾

对应的频率改变量$\delta\omega$也为时间的函数：

$$\delta\omega(t) = -\frac{\partial}{\partial t}\Delta\varphi(t) \sim -\frac{\partial}{\partial t}I(t) \tag{10.22}$$

式(10.22)给出的函数称为频率调制.图10.2(b)为光强度及其相对应频率调制随时间t变化的情况.$\delta\omega_+(t)$表示$n_2>0$；对于$n_2<0$，则可得到$\delta\omega_-(t)$，它与$\delta\omega_+(t)$对于时间轴是

对称的，如虚线所示. 对于由式(10.22)给出的频率调制进行求导，可得到啁啾的表示式

$$\frac{\mathrm{d}}{\mathrm{d}t}\delta\omega(t) \sim -\frac{\mathrm{d}^2}{\mathrm{d}t^2}I(t) \tag{10.23}$$

其对应的时间关系由图 10.2(c)所示. 可见，在 $n_2>0$ 的情况下，脉冲的前沿和后沿对应着负啁啾，即 $\frac{\mathrm{d}}{\mathrm{d}t}\delta\omega(t)<0$，而脉冲的中间部分对应着正啁啾，即 $\frac{\mathrm{d}}{\mathrm{d}t}\delta\omega(t)>0$. 如果光纤对于其中心频率 ω_0 具有正色散特性，即 $\frac{\mathrm{d}v_g}{\mathrm{d}\lambda}>0$，那么脉冲的前沿和后沿部分将逐渐被压缩，而中间部分逐渐被展宽. 这样，不管原来脉冲波形是什么形状，它将逐渐成形为方波. 图 10.3 给出了光波脉冲在纤维中方波自成形的过程. 这种方波自成形过程的快慢决定于自相位位移量 $\Delta\varphi(t)$ 的大小，即决定于超短光脉冲的峰值功率密度和非线性折射率 n_2. 理论和实验都已证实，对于通常参数的超短脉冲，峰值功率在 $10\sim10^2$ W，方波自成形过程在几十米长的光纤中已经完成. 对于峰值功率为 10^3 W 的超短脉冲，这个过程可在几米内完成. 对于脉冲宽度短至几十飞秒的光脉冲，该过程可在十几厘米内完成.

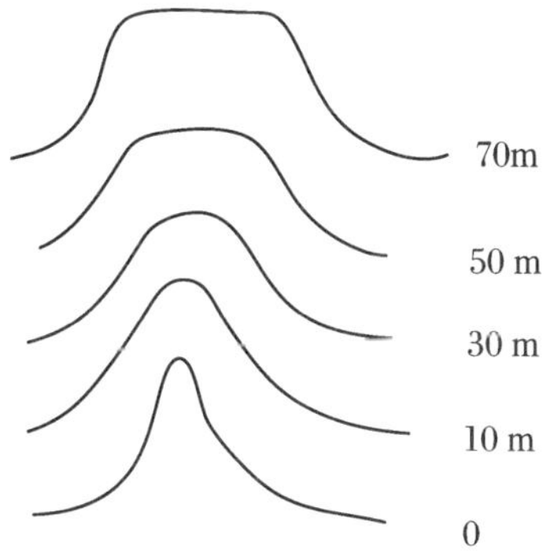

图 10.3　光脉冲在光纤中方波自成形

这种方波形成后的超短光脉冲对于非线性光学的研究是很重要的，因为它提供了一个光场强度不随时间变化的持续时间极短的强光光源. 另外，该方波超短光脉冲对于高速率光通信也具有潜在的应用前景.

在光纤中传播一段距离 L 后，对具有相应调制 $\Delta\varphi(t)$ 的光场进行傅里叶变换

$$F(\omega) = \frac{1}{2\pi}\int E(t)\mathrm{e}^{\mathrm{i}B(t)}\mathrm{e}^{-\mathrm{i}(\omega-\omega_0)t}\mathrm{d}t \tag{10.24}$$

可得到自相位调制后的光谱分布，其分布依赖于相应调制量 $\Delta\varphi(t)$，即依赖于超短光脉冲的峰值功率. 实验所得的光谱图如图 10.4 所示，图上所标数值为超短光脉冲通过纤芯直径为 3.35 μm、长度为 99 m 的光纤后所对应的最大相位位移，该相位位移与输入光脉冲的峰值功率成正比. 由式(10.22)和式(10.23)可以看出，一个功率密度极高的 CW 光场在介质中只产生自相位调制而不产生频率调制；但一个超短脉冲激光场在介质中不仅产生自相位调制，而且产生频率调制，脉冲宽度越窄，这种频率调制效应越显著. 这种频率调制的结果是脉冲光场所携带的谱带宽度越来越宽.

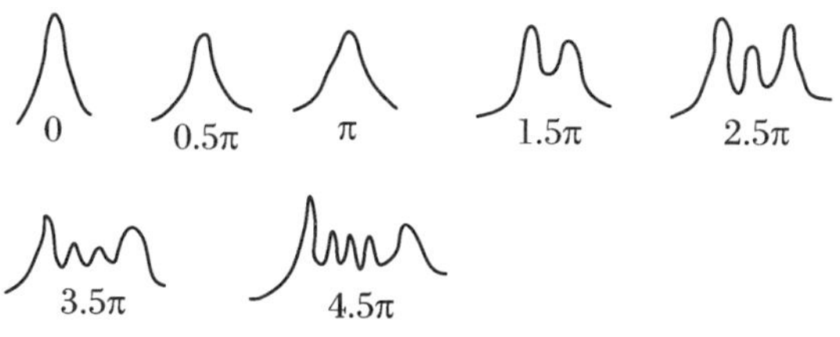

图 10.4　脉冲的强度谱

10.4 光脉冲在光纤中的压缩

非线性效应产生的啁啾，是用群速色散来压缩在光纤中传输的脉冲的物理基础. 作为例子，考虑高斯型脉冲 $I(t)=I_{p}e^{-2(t/T)^2}$，由式(10.22)得到

$$\Delta\varphi(t)=\frac{2\pi}{\lambda}n_2 LI_{p}e^{-2(t/T)^2} \tag{10.25}$$

$$\delta\omega(t)=-\frac{\partial}{\partial t}\Delta\varphi(t)=Bte^{-2(t/T)^2} \tag{10.26}$$

式中，$B=\dfrac{8\pi n_2 LI_{p}}{\lambda T^2}$. 所以，即使是零色散光纤，传输脉冲也会因为非线性效应而展宽. 式(10.26)中，当 $t>0$ 时，$\delta\omega>0$；当 $t<0$ 时，$\delta\omega<0$. 在脉冲的中心部位，即 $t=0$ 附近，啁啾是接近线性的，这部分脉冲能得到充分压缩. 近代光纤技术已使我们能对光纤中的群速色散进行一些修正或改动，使得我们可以对用来压缩脉冲和形成孤子的光纤进行设计，并制得不同零色散点的光纤. 图 10.5 是一个例子. 图中 a 为熔融石英光纤，或称普通光纤，其色散与体材料熔融石英相近. 图中 b 为色散移动了的光纤，色散为零的 λ_0 的位置，与普通光纤相比，是移动了. 由图可知，当 $\lambda>\lambda_0$ 时，$D>0$，为负群速色散；而 $\lambda<\lambda_0$ 时，$D<0$ 为正群速色散.

当群速色散为负时$\left(\dfrac{\partial v_{g}}{\partial\lambda}<0\right)$，群速随频率增加而增加. 对于啁啾脉冲，脉冲前部的频率低，群速小，而后部的频率高，群速大. 这样，脉冲后部加速向前部又产生延迟，使得脉冲自己向中区压缩. 如果超前量和延迟量正好使得脉冲前部与后部互相重叠，就能得到带宽限制的最短脉冲. 当这种压缩作用与 k'' 产生的扩展相平衡时，就形成基本孤子，或称为一阶孤子. 若非线性压缩大于色散扩展，则可能出现高阶孤子，使脉冲进一步变窄，如图 10.6 所示. 但是，出现次峰，形成脉座. 这种脉冲压缩过程，是两种相反过程的综合. 所以，对于一给定光纤，存在一个阈值功率，高于此阈值，才能产生明显的压缩和形成孤子.

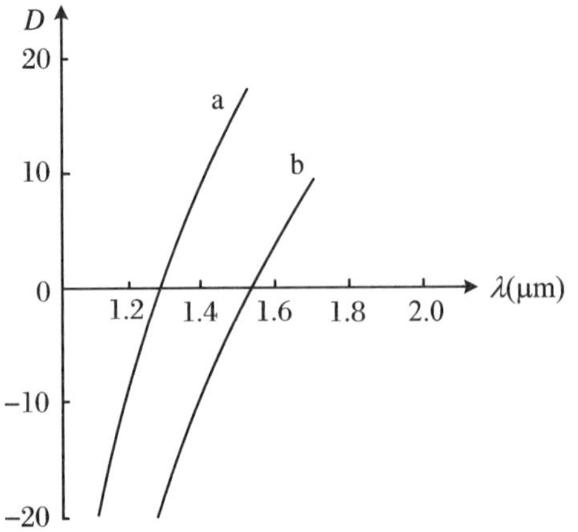

图 10.5 光纤的色散曲线

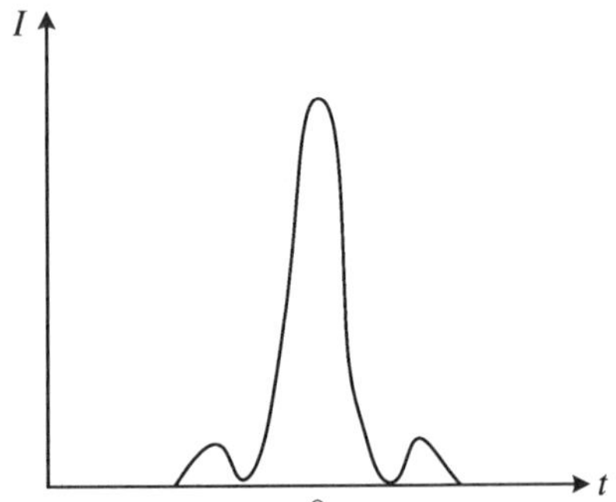

图 10.6 非线性压缩后的脉冲

在群速色散为正的区域$\left(\frac{\partial v_g}{\partial \lambda}>0\right)$，啁啾脉冲将展宽，同时，也使啁啾线性化. 在光纤后附加一个延迟线，也能实现脉冲压缩，而且压缩脉冲波形更好. 在正群速色散区产生脉冲压缩及形成孤子，也存在一个阈值能量.

以下介绍几种光纤压缩的具体例子.

(1) 光纤-光栅对、光纤压缩

如上所述，利用近代光纤制造技术移动或修正光纤的色散曲线，我们可以制得两种不同零色散点的光纤，使得入射光在一种光纤中处于正群速色散区，而在另一种光纤中处于负群速色散区. 利用正群速色散光纤与光栅对的组合可得到波形较好的压缩脉冲，再经过负群速色散光纤的压缩得到很高的压缩比. 图10.7为实验装置示意图. 利用这类装置得到高阶孤子，总压缩比达到2727倍. 实验参数如下：第一级压缩是一段200 m长的色散位移光纤($\lambda_0=1.5\ \mu$m)及一对按往返式光路设计安装的光栅(1200线/mm)，第二段光纤为19.5 m长，$\lambda_0=1.275\ \mu$m，在1.32 μm处的色散参数$D=5$ ps/(nm·km)，损耗小于0.5 dB/km.

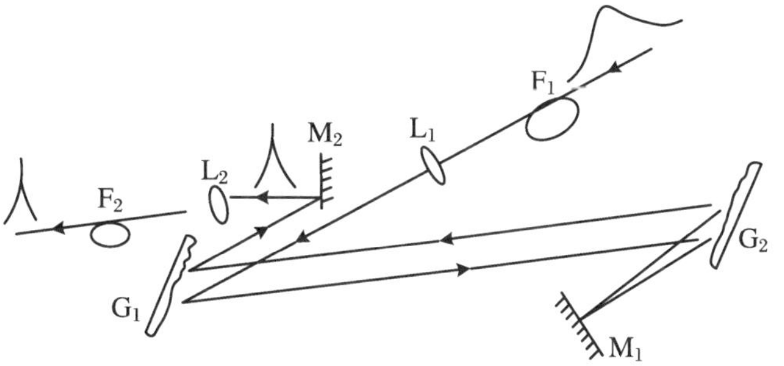

图10.7　光纤-光栅对、光纤压缩示意图

波长为1.32 μm的锁模Nd：YAG激光器输出平均功率为1.5 W，脉宽为90 ps的光脉冲，经过光纤F_1，光栅G_1，G_2压缩后，得脉宽为1.5 ps、平均功率为370 mW、峰值功率为2.2 kW的脉冲. 此脉冲经过第二段光纤F_2的压缩后得到高阶孤子. 最短脉冲为33 fs，峰值功率达1.5×10^4 W. 但是狭窄部分仅占孤子能量的40%.

(2) 全光纤压缩

啁啾脉冲通过正群速色散光纤后脉冲展宽，同时啁啾线性化，这有利于脉冲的压缩. 压缩的方法是附加色散延迟线，例如上面提到的光栅对. Cotter等人提出直接用光纤来形成这种色散延迟线. K. J. Blow等人第一次从实验上获得了用光纤作色散延迟线的全光纤光脉冲压缩.

用正色散光纤与负色散光纤直接对接起来形成的这种全光纤压缩有很多优点. 第一，它可以是集成化的，省去了大量精细的光路调整工作，从而大大节省了时间，操作起来也非常方便. 第二，压缩脉冲的形状比较好，因而可以有较高的脉冲重复频率. 第三是光可以直接用光纤传输到应用地点，中途不需接入其他任何光学元件. 因为，光纤可以作为脉冲成形元件，同时，它又可以作为脉冲的输出元件.

图10.8为全光纤脉冲压缩装置. 连续锁模Nd：YAG激光器产生的峰值功率为14 W脉宽为130 ps的脉冲经过衰减器后，耦合进入单模光纤F_1及F_2. F_1及F_2的长度及色散参数分别为$L_1=2$ km，$D_1=-20$ ps/(nm·km)；$L_2=8$ km，$D_2=5$ ps/(nm·km)，工作波长$\lambda=1.32\ \mu$m. 光截面积为41 μm^2. 压缩后的脉冲，脉宽为50 ps. 但它并不是用这种方法得到

的最短脉冲.

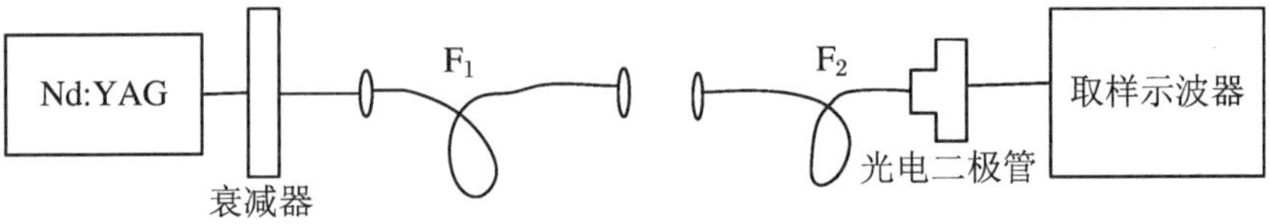

图 10.8　全光纤脉冲压缩装置

10.5　非线性薛定谔方程

对上述实验及其物理图像作出定量解释的是非线性薛定谔方程(NLS 方程).

设单模光纤的长度坐标为 z,则沿 z 方向传输的光脉冲可以用正比于电场强度的无量纲波函数 $\hat{u}(z,t)$来描写.在光纤中传输的功率由下式给出:

$$P = P_c |u|^2 \tag{10.27}$$

式中,P_c 为常数.在中心频率 ω_0 附近,波函数

$$u(z,t) = \hat{u}\exp(j\omega_0 t - jk_0 z) \tag{10.28}$$

而

$$\hat{u} = u_0\exp(jkz - j\omega t) \tag{10.29}$$

那么,u 满足的、能产生 $k(\omega,P)$的非线性展开式(10.19)的波动方程

$$-j\frac{\partial u}{\partial z} = jk'\frac{\partial u}{\partial t} - \frac{1}{2}k''\frac{\partial^2 u}{\partial t^2} + k_2 P_c |u|^2 u \tag{10.30}$$

即为 NLS 方程.

作变换

$$\begin{cases} s = \dfrac{t - k'z}{t_c} \\ \xi = \dfrac{z}{z_c} \end{cases} \tag{10.31}$$

这些时间、距离、功率的单位量 t_c, z_c, P_c 满足下面的关系:

$$\begin{cases} -\dfrac{{t_c}^2}{z_c} = k'' \\ (z_c P_c)^{-1} = k_2 \end{cases} \tag{10.32}$$

则方程(10.30)变成无量纲的 NLS 方程

$$-j\frac{\partial u}{\partial \xi} = \frac{1}{2}\frac{\partial^2 u}{\partial \xi^2} + |u|^2 u \tag{10.33a}$$

式(10.33a)右边第一项对应于群速色散,第二项对应于自相位调制,它是由 $|u|^2$ 产生的.在这里来考虑损耗和增益的情况.

考虑到小的增益或损耗时,可在式(10.33)中增加一项 $-j(a_{eff}/2)u$,a_{eff}代表单位长度上能量的增加或损耗.有增益时取正号,有损耗时取负号.作代换 $\Gamma = az_0/z$,于是得到考虑

了增益与损耗的无量纲的 NLS 方程

$$-\mathrm{j}\frac{\partial u}{\partial \xi} = \frac{1}{2}\frac{\partial^2 u}{\partial \xi^2} + |u|^2 u - \mathrm{j}\Gamma_u \tag{10.33b}$$

下面讨论无增益、无损耗的情况.式(10.33)的一个著名结果就是基本孤子解

$$u(\xi, s) = \mathrm{sech}(s)\mathrm{e}^{\mathrm{j}\xi/2} \tag{10.34}$$

对于这种双曲正割型的脉冲,它的脉宽由 $\mathrm{sech}^2(t/t_c) = \frac{1}{2}$ 得

$$\frac{\tau}{t_c} = 2\cosh^{-1}\sqrt{2} = 1.7627 \tag{10.35}$$

由式(10.18)、式(10.32)、式(10.35),得到

$$z_c = 0.322\,\frac{2\pi c}{\lambda^2}\,\frac{\tau^2}{|D|} \tag{10.36}$$

此时,脉冲的峰值功率 $P_1 = P_c\,|u_{\max}|^2 = P_c$,由式(10.20)、式(10.32)、式(10.36),得到

$$P_1 = \left[\frac{0.776\lambda^2}{\pi^2 c n_2}\right]\frac{|D|A_{\mathrm{eff}}}{\tau^2} = \frac{A_{\mathrm{eff}}}{2\pi n_2}\,\frac{\lambda}{z_c} \tag{10.37}$$

P_1 就是产生脉冲压缩的阈值.NLS 方程可以用逆散射方法求解.对于双曲正割型的输入

$$u(0, s) = N\mathrm{sech}(s) \tag{10.38}$$

当 N 为整数时,具有稳态孤子解,可以转换为求解 $2N$ 个代数联立方程式.对于 $N=2$,有解析解

$$u_2(\xi, s) = \frac{4\mathrm{e}^{\mathrm{j}\xi/2}[\cosh(3s) + 3\mathrm{e}^{\mathrm{j}4\xi}\cosh(s)]}{[\cosh(4s) + 4\cosh(2s) + 3\cos(4\xi)]} \tag{10.39}$$

对于 $N=1$ 的一阶孤子,$P_1(\xi, s)$是 $\mathrm{sech}(s)$,是不随距离 z 而变化的.而对于 $N=2$ 的 2 阶孤子,$P_2(\xi, s)$是随距离 z 而变化的,但是,它是 z 的周期函数,其周期 $\xi = \pi/2$,即

$$z_0 = \frac{\pi}{2}z_c = 0.322\,\frac{\pi^2 c}{\lambda^2}\,\frac{\tau^2}{|D|} \tag{10.40}$$

对于其他高阶孤子,也有这样的周期.孤子的阶数可以这样来估计

$$N = \sqrt{\frac{P}{P_1}} \tag{10.41}$$

图 10.9 给出理论计算的 $N=2,3$ 的孤子在光纤中传播的情况.二阶孤子的第一个窄峰出现在 1/2 周期处.对于不同阶的孤子出现第一个窄峰的位置是不同的.三阶孤子的第一个窄峰出现在大约 1/4 周期处.第一个窄峰出现的位置,随 N 的增大而向输入端移动.二阶孤子最窄脉宽为输入脉宽的 23%.不同阶的孤子的最窄脉宽也不同.对于高阶孤子的传输,选择合适的光纤长度是很重要的.N 比较大时,脉冲在一个周期内的变化是很复杂的,对应最佳压缩的光纤长度比较短,容易引起较大偏差.

单光纤孤子压缩时,在激光器选定之后,输入脉宽 τ_0 就确定了.利用式(10.37)算出阈值 P_1.选择好合适的阶数 N 之后,根据式(10.41)估计所需之功率,并把输入功率调到这一阶的功率.对于光纤-光栅对、光纤组合的两极压缩情况,应注意最佳光纤长度 L_{opt} 还与光谱宽度有关.在那部分所举的例子中,由其参数可以算出 $z_0 = 246$ m,$P_1 = 4.16$ W;对于 587 W 的输入应产生 12 阶孤子,最佳光纤长度应是 7.8 m($z/z_0 = 0.031$),但实际却是 19.5m($z/z_0 = 0.079$)为最佳值.因为,对于前者,啁啾脉冲光谱较窄.

在零色散区附近,应考虑高阶色散效应.甚至在零色散点,色散也非真正为零.考虑到高阶色散,也能形成孤子.

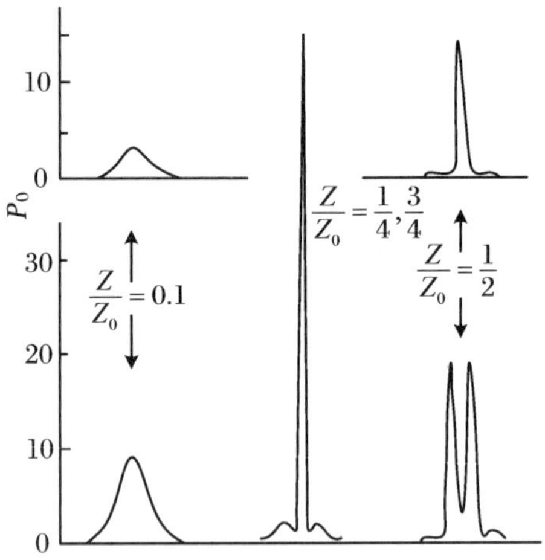

图 10.9 理论计算的 $N=2,3$ 的孤子在光纤中的传播

10.6 孤子激光器

鉴于精确控制宽度及形状的光脉冲，在光通信、光计算、超高速现象研究、原子及分子光谱中很有用，人们在努力获得超短光脉冲的同时，一直在寻求控制脉冲波形的方法. 大多数锁模激光器，由于受某些难于控制的因素，特别是频率畴调制的影响，很难得到精确控制宽度及形状的短脉冲. 在用光纤-光栅对压缩脉冲时，也出现脉座、次峰、拖尾等不规则形状. 各种改进波形的方法提供了某种类似于“补偿”的方法，依然比较复杂. 而孤子激光器是更为可靠的，比较简单的产生脉宽可控，形状确定的光脉冲的方法. 它的出现，从一开始就受到广泛注意，通过选择长度，就能有控制地产生皮秒、亚皮秒甚至飞秒的光秒冲，而且脉冲的形状是相当精确的 sech^2 形.

孤子激光器工作原理如图 10.10 所示. 光源是色心激光器，用连续锁模 Nd：YAG 激光器同步泵浦锁模色心晶体 X，当泵浦在 $\lambda=1.06\ \mu\mathrm{m}$ 时，色心激光器在 $1.4\sim1.6\ \mu\mathrm{m}$ 间可调. 图中，M_1 至 M_3 为全反射镜，反射镜 M_0 略有透射，用作耦合及输出. 通过选择光纤的长度及调整反射 M_0 的位置，使光在光纤臂（附加腔）的往复光程为色心激光腔（主腔）的往复光程的整数倍，以使光纤返回的脉冲与主腔振荡脉冲重合. 主腔内加双折射板 B，用作调谐元件及带通滤波器，以抑制增益带宽内无增益形成的次结构. 全反射镜 M_3 的作用使原来对激光器工作无关的光纤，变为激光器反馈回路的一部分，从而控制、确定激光器的输出波型. 所以，反馈回路中的光纤又叫控制光纤. 激光脉冲经光纤压缩后反馈回激光腔产生受激放大，放大后的脉冲经过压缩后再反馈，直至形成孤子. 这是一个自洽过程. 达到稳态后，脉冲在腔内运转一周回到原处时，应与原来状态完全相同. 从而对于高阶孤子，应有 $2L=Mz_0$，L 为光纤长度，z_0 为孤子周期，M 为正整数. 实验中得到 $M=1$. 由式(10.40)可以得出孤子激光器的输出脉宽为

$$\tau = \left(0.63\frac{\lambda^2|D|L}{c}\right)^{\frac{1}{2}} \tag{10.42}$$

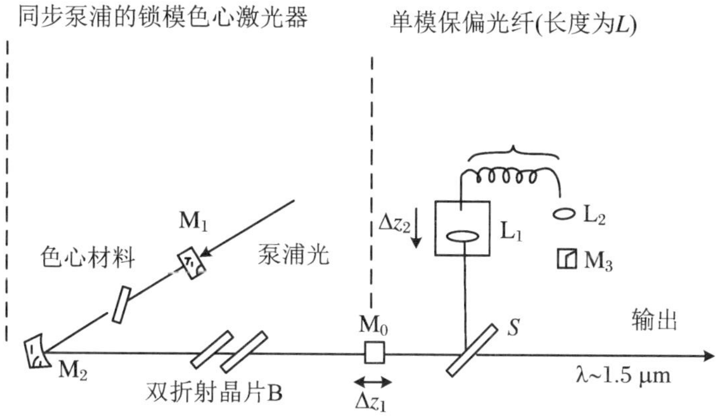

图 10.10　孤子激光器工作原理

即在高阶孤子运转的情况下，输出脉冲完全由光纤性质和长度决定. 可以用改变光纤长度的办法来改变脉宽. 这一点在其他类型的激光器中则很难做到. 对于一阶孤子，没有周期性的变化，脉宽与峰值功率 P_1 通过式(10.37)联系起来，脉宽与孤子周期无关

$$\tau = \left(\frac{0.776\lambda^3|D|A_{\text{eff}}}{\pi^2 cn_2 P_1}\right)^{\frac{1}{2}} \tag{10.43}$$

所以，只需调节耦合到光纤中的功率 P 就可以调脉宽，这当然是很方便的. 但是，在具体的孤子激光器的实验中，至今只观察到 2 阶孤子.

光纤长度确定之后，孤子周期 z_0 也就确定了，对应孤子的脉宽也就确定了. 对于给定长度 L，可由式(10.42)算出孤子脉宽 τ，并由式(10.37)、式(10.41)算出基阶孤子及高阶孤子在光纤中的峰值功率 P_1 及 P_N. 为了满足功率条件，例如，可以调整耦合系数 η，使输入脉冲在光纤中的峰值功率 $\hat{P}=0.88\eta\bar{P}T/\tau$ 等于 P_2，就可以得到 2 阶孤子的稳定运转. T 为脉冲周期. 主腔调整精度要求高($\pm 1\ \mu$m)，但对于光纤臂的调整精度要求低一些，容限是毫米量级，并与光纤长度成正比. 对于波长的微小飘移，激光器有一种自校准作用. 反之，通过附加腔 Δz_2 的变动也能微调波长，对于 P 的调整容限约为 10%.

孤子激光器与光纤压缩脉冲形成孤子相比较，一个明显的优点是，它输出准确的 sech^2 型脉冲，不存在脉座. 由式(10.42)可知，L 减短可以减少 τ，但 L 不能无限制地缩短. 首先，短光纤不易弯曲成弓形而把两端放入匹配液中. 其次是光纤中脉冲峰值能量与脉宽成反比. 对于 $\tau \approx 130$ fs，所需的能量已接近最大可提供的能量. 改变光纤参数 D，能有所改进. 一种平坦色散型光纤，在 $\lambda_0=1.366$ 及 $\lambda_0=1.617$ 有两处零色散点. 形成孤子并不需要有两个零色散点，但两个零色散点使色散变得均匀了. 在 $\lambda=1.5\ \mu$m 处，$D=2.2$ ps/(km · nm). 采用 $L=40$ cm 的光纤，得到 60 fs 的孤子激光输出. 若在其后再加一段 $L'=z_0/2$ 的光纤，可压缩得到 14 fs 的超短光脉冲. 实际测得为 19 fs. 这是在这个波长目前得到的最短脉冲，其长度不到此波长光波振动的 4 个周期. 若再缩短光纤长度，则孤子激光工作变得不稳定. 脉宽的极限可能与高阶色散及非线性项有关.

另一种孤子激光器是光纤拉曼孤子激光器(FRASL). 从外形看，FRASL 类似于光脉冲的全光纤压缩，但是，实际上有本质的不同. 光纤拉曼孤子激光器产生的孤子是泵浦光在光纤中产生受激拉曼散射时线性过程及非线性过程对拉曼散射光共同作用的结果.群速色散由交叉相位调制(XPM)所补偿,自相位调制只起很小的作用.它的增益来自分布的受激拉曼散射,即它是正在受到压缩的脉冲产生的受激辐射,往返放大达到的共振态,而不是像前面讲的孤子激光器那样,由色心激光器集中供给增益.它只需使用光纤,由此带来的优越性是明显的.它省去了很多光学元件,可以有集成化系统,不需繁杂精细的调节.

FRASL是光纤拉曼激光器发展的沿续.最初研制的拉曼激光器主要是用来产生近红外可调谐光辐射,主要用作光纤的测量系统.至今已发展了多种结构形式的光纤拉曼激光器.在这种系统中拉曼激光输出脉宽与泵浦脉宽大致相等.光纤拉曼激光产生压缩脉冲,形成孤子已不是近几年的事.1987年就有科学家报道了用Nd∶YAG激光泵浦的光纤拉曼孤子激光器.

10.7 受激散射非线性效应

10.7.1 受激拉曼散射

受激拉曼散射是介质在强大的电磁场作用下,所呈现的非线性效应,例如,在很强的光波的激励下,产生了新的频率或引起输入频率的迁移,并诱发出介质的散射作用.

根据现代量子理论,拉曼散射可看作是分子振动所引起的光调制,使入射光频分离,从而在散射光谱中出现了上、下边带.量子效应使某一入射光子可能发生散射,产生出一个声子和一个所谓"斯托克斯"光子,因而形成了散射光谱的上、下边带,上边带称反斯托克斯线(其频率高于激励频率),下边带称斯托克斯线.

由于光散射主要来自介质的所有常态模式,所以各向同性玻璃的拉曼带比具有偏振态的晶体介质要宽得多.

如果微弱的斯托克斯信号和反斯托克斯信号和泵浦激光一起入射,则斯托克斯信号将被放大,而反斯托克斯信号则被吸收,可用下面公式来描述:

$$\begin{cases} p_s(L) = p_s(0)\exp(GI_0L) \\ p_a(L) = p_a(0)\exp(-GI_0L) \end{cases} \tag{10.44}$$

而

$$G = \frac{\sigma_0(\Delta f)\lambda_s^3}{c^2 h\varepsilon} \tag{10.45}$$

上两式中,p_s是斯托克斯信号强度;p_a为反斯托克斯信号强度;I_0为泵浦激光强度;c是真空中的光速;h为普朗克常数;ε是介电常数;λ_s为斯托克斯信号在真空中的波长;Δf是光频移;$\sigma_0(\Delta f)$是与频移有关的光纤横截面;L是产生散射的有效作用长度,对平面波来说,即是样品长度.在光纤中,L与光纤长度及线性吸收有关.

由式(10.45)可知,拉曼线的强放大作用可通过用高光强和短作用长度或者用低光强和长作用长度来配合实现.横截面$\sigma_0(\Delta f)$值随频率f^4变化,所以拉曼增益随频率成线性变化.

式(10.44)是在一定的简化条件下建立的.首先假设拉曼增益和两条光束的方向无关,特别是在玻璃中可以这样假设,因为对拉曼激活频带来说,声子波矢与声子频率无关.同时,在光纤中,只限制在正向和反向相互作用的共线方向上,并假设泵浦激光的带宽比拉曼增益线宽窄得多.另外在式(10.44)中,还假定斯托克斯线的放大没有明显地消耗泵浦激光的能量.

在光纤中,由于线性吸收的存在,泵激功率沿着光纤逐渐减少.因此,在输入端附近的拉曼增益将较大.考虑这种增益递减的现象,上述公式中的有效作用长度 L 可根据实际光纤长度 l 和考虑线性吸收 α_s 的影响后得出

$$L = \frac{1 - \exp(-\alpha l)}{\alpha_s} \tag{10.46}$$

光强 I_0 等于光纤的入射光功率除以有效纤芯面积.有效芯面积决定于模式多少以及泵浦激光和斯托克斯模式之间径向分布的重叠程度.光纤的这种模式重叠将使拉曼增益减少,可用模场分布的重叠积分来描述这种拉曼增益.

设模式场的形式为

$$\boldsymbol{E} = \psi(r,\theta)\boldsymbol{E}_{ei} \tag{10.47}$$

则光纤中的有效光强表示为

$$I_0 = P_c \frac{\int_0^{2\pi}\int_0^{\infty} \psi_1^2 \psi_2^2 r \mathrm{d}r \mathrm{d}\theta}{\int_0^{2\pi}\int_0^{\infty} \psi_1^2 r \mathrm{d}r \mathrm{d}\theta \int_0^{2\pi}\int_0^{\infty} \psi_2^2 r \mathrm{d}r \mathrm{d}\theta} = \frac{P_0}{A_e} \tag{10.48}$$

式中,A_e 为有效面积,它与光纤的纤芯面积相当接近.

通常,多模光纤的有效面积 A_e 取芯面积.单模光纤的 A_e 则随归一化频率 V 值而变化.当 V 为1.5,2.0,2.5和3.0时,A_e 与芯面积之比分别为2.43,1.47,1.10,0.93.可以看出 V 值较低时,这个比值较大.如果 LP_{01} 模用一个高斯波来近似,即

$$\psi_1^2(r,\theta) = \psi_2^2(r,\theta) = \exp\frac{-r^2}{d^2} \tag{10.49}$$

式中,r 是径向宗量,d 是光强度等于1/e时光纤截面上的径向值.这时有效面积即为 $2\pi d^2$.如果用高斯波来表示阶跃光纤的模式光强时,则有效面积可增大10%～15%.对于实际的多模光纤,可认为泵浦激光和斯托克斯线的光强在整个芯子上是均匀分布的,这样,有效面积即为芯面积.

在式(10.44)中,假设了泵浦激光和斯托克斯线都具有同样的线偏振态.理想的单模光纤保持线偏振 LP_{01} 模.但实际上,多数的单模光纤中偏振态是变化的,只是高双折射光纤在长度短时才近似认为是保持偏振的.因此,通常应把式(10.44)计算出来的拉曼增益除以2.在多模光纤中,不保持偏振,这样实际拉曼增益也要比式(10.44)给出的值减少二分之一.

在式(10.44)中,增益的计算适用于连续的泵浦激光或斯托克斯线.如果泵浦激光和斯托克斯线完全分离,则将没有拉曼增益产生.因而这分离距离就决定出式(10.46)中的最大作用长度,这可能比实际的光纤长度短得多.在单模光纤中,由于材料色散往往比波导色散严重,所以在泵浦激光频率 f 附近,两个分离间隔为 δt 的脉冲传播时间为

$$\delta t = \left(\frac{L}{c}\right)\left(\frac{\delta f}{f}\right) D(\lambda) \tag{10.50}$$

式中,L 是光纤长度,$D(\lambda)$ 为色散,$D(\lambda) = \frac{\lambda^2 \mathrm{d}^2 n}{\mathrm{d}\lambda^2}$.

例如，在 30 cm 长的 SiO_2 芯光纤中，波长 600 nm 的 1 ps 的泵浦激光脉冲与 1 ps 的斯托克斯脉冲将分离 10 nm. 这种分离作用将引起长短光纤间的实际拉曼增益的差别.

向后拉曼增益应当和向前拉曼增益相同. 但这两种增益有一定的区别，例如，向前的斯托克斯线最大不会超过泵激功率，而向后的斯托克斯线则由于总是碰上新泵激的能量，因而有可能提取泵浦激光的全部能量，并产生一个较窄的脉冲.

10.7.2 受激布里渊散射

布里渊散射和拉曼散射类似，都是由于泵浦激光的作用而在光纤中所产生的非线性效应. 由于入射光的激励而发生的散射，产生了一个声学声子和一个新的光子. 它和拉曼散射的不同之处，在于拉曼散射的声子是高频光学声子. 布里渊散射的频率随散射角而变化，是因为声波频率随声波波长而变化. 这种散射的频移只发生在向后方向，而向前方向没有.

布里渊散射的频移 δf_s 与纵向声波的速度 v_s 及泵浦激光的真空波长 λ 有关. 如果假定泵激波长和频移波长近似相等，则

$$\Delta f_s = \frac{2nv_s}{\lambda} \tag{10.51}$$

式中，n 是光纤折射率.

在玻璃中，布里渊散射的增益大两个数量级，但拉曼散射却往往是主要过程，这是因为泵浦激光线宽要比布里渊的线宽大得多，泵激效果随着布里渊线宽同泵激线宽比的增大而减少. 在玻璃中，布里渊散射线宽一般在 100 MHz 左右.

当泵激线宽 δf_p 比布里渊线宽 δf_B 小得多的时候，布里渊增益可写成

$$G_{B0} = \frac{2\pi n^7 P_{12}}{c\lambda^2 \rho v_s \delta f_B} \tag{10.52}$$

式中，ρ 为介质密度，P_{12} 为光弹系数，c 是真空中的光速. 对于波长为 535.5 nm 的泵浦激光，可计算得在熔融石英（SiO_2）中的布里渊频移为 32.25 GHz，而增益系数 $G_{B0} = 4.5\times10^{-9}$ cm/W. 布里渊线宽为 134 MHz，$P_{12} = 0.271$. 由上式可看出，增益 G_{B0} 几乎与频率无关，这是因为布里渊频移 Δf_s 随泵激频率作线性变化，而线宽 δf_B 同声子频率的平方正比.

如果泵激线宽 δf_p 比布里渊线宽 δf_B 大得多，即 $\delta f_p \gg \delta f_B$ 时，则增益

$$G_B \approx G_{B0} \frac{\Delta f_B}{\Delta f_p} \tag{10.53}$$

另外，在长波长时，增益将按 $1/\lambda^2$ 减少.

由于布里渊增益很大，所以在线宽很窄的激光泵浦下只有布里渊散射产生.

布里渊散射的重叠积和式(10.48)所表示的相同，而散射信号的周期特性可通过光纤的振荡情况来进行研究. 例如，后向的布里渊波的形成，导致了光纤输入端附近泵浦激光的耗尽，这本身又将减少光纤内的增益，直到光纤中耗尽区不复存在为止，所造成的振荡时间为 $2nl/c$，即光纤的来回渡越时间.

布里渊散射的阈值功率是按单模光纤和多模光纤连续被激励的条件来计算的，其表达式为

$$P_c = \frac{2lA_e}{G_{B0}L} \tag{10.54}$$

对于 3.2 μm 芯径的单模光纤，可计算得 $P_c = 1$ mW，而对于 50 μm 芯径的多模光纤，则 $P_c =$ 440 mW.

如同拉曼散射一样，布里渊散射的增益计算是假定模式为线偏振态的条件下进行的．而实际的单模和多模光纤均不满足此条件，因而增益的计算值均按乘以 50%来修正．

10.8　光纤中的四波混频

光纤中的四波混频过程是一种三阶电极化率 $\chi^{(3)}$ 参与的参量过程，涉及 4 个光波相互作用．当多个频率的光波以较大的功率在光纤中同时传输时，由于光纤中非线性效应的存在能有效地产生新的频率，光波之间会产生能量交换．

假定 4 个频率分别为 $\omega_1,\omega_2,\omega_3,\omega_4$的光波的横向分布和光纤损耗基本相同，光纤内准连续四波混频的传输方程为

$$\frac{\mathrm{d}A_1}{\mathrm{d}z}=\mathrm{j}\gamma_1\Big[\Big(|A_1|^2+2\sum\nolimits_{k\neq 1}|A_k|^2\Big)A_1+2A_3A_4A_2^*\,\mathrm{e}^{-\mathrm{j}\Delta kz}\Big]\mathrm{e}^{-\alpha z} \tag{10.55}$$

$$\frac{\mathrm{d}A_2}{\mathrm{d}z}=\mathrm{j}\gamma_2\Big[\Big(|A_2|^2+2\sum\nolimits_{k\neq 2}|A_k|^2\Big)A_2+2A_3A_4A_1^*\,\mathrm{e}^{-\mathrm{j}\Delta kz}\Big]\mathrm{e}^{-\alpha z} \tag{10.56}$$

$$\frac{\mathrm{d}A_3}{\mathrm{d}z}=\mathrm{j}\gamma_3\Big[\Big(|A_3|^2+2\sum\nolimits_{k\neq 3}|A_k|^2\Big)A_3+2A_1A_2A_4^*\,\mathrm{e}^{-\mathrm{j}\Delta kz}\Big]\mathrm{e}^{-\alpha z} \tag{10.57}$$

$$\frac{\mathrm{d}A_4}{\mathrm{d}z}=\mathrm{j}\gamma_4\Big[\Big(|A_4|^2+2\sum\nolimits_{k\neq 4}|A_k|^2\Big)A_4+2A_1A_2A_3^*\,\mathrm{e}^{-\mathrm{j}\Delta kz}\Big]\mathrm{e}^{-\alpha z} \tag{10.58}$$

式中，$\gamma_i=n_2\omega_i/(cA_{\mathrm{eff}})$，$i=1,2,3,4$，相位失配因子为

$$\Delta k=k_1+k_2-k_3-k_4 \tag{10.59}$$

式(10.55)～式(10.58)最一般地描述了光纤中准连续光波的四波混频效应，其中也包括了自相位调制和交叉相位调制．

在四波混频的许多实际应用中，常常存在$|A_3|,|A_4|\ll|A_1|,|A_2|$的情形，也经常有输入光中没有 ω_4频率分量的情形．这时，在光纤中注入 ω_1和 ω_2光常常是为了对 ω_3信号光进行放大，或用于信号光的波长转换，将信号光从 ω_3转换至 ω_4．

为了满足四波混频相位匹配条件的要求，各频率分量均应位于零色散波长附近．同时为了简化分析，通常在方程中忽略光纤损耗．由于$|A_3|,|A_4|\ll|A_1|,|A_2|$，因此式(10.55)和式(10.56)中可以忽略四波混频项及$|A_3|^2$和$|A_4|^2$项，$|A_1|$和$|A_2|$的传输将只与自相位调制和交叉相位调制效应有关，其解为

$$A_1=\sqrt{|A_1|^2}\,\mathrm{e}^{-\mathrm{j}\gamma_1(|A_1|^2+2|A_2|^2)z} \tag{10.60}$$

$$A_2=\sqrt{|A_2|^2}\,\mathrm{e}^{-\mathrm{j}\gamma_2(|A_2|^2+2|A_1|^2)z} \tag{10.61}$$

在频率间隔不大的情况下，可认为各频率上的非线性系数近似相等，均用 γ 表示，式(10.57)和式(10.58)变为

$$\frac{\mathrm{d}A_3}{\mathrm{d}z}=2\mathrm{j}\gamma[(|A_1|^2+|A_2|^2)A_3+A_1A_2A_4^*\,\mathrm{e}^{-\mathrm{j}\Delta\beta z}] \tag{10.62}$$

$$\frac{\mathrm{d}A_4}{\mathrm{d}z}=2\mathrm{j}\gamma[(|A_1|^2+|A_2|^2)A_4+A_1A_2A_3^*\,\mathrm{e}^{-\mathrm{j}\Delta\beta z}] \tag{10.63}$$

其中，$\Delta\beta=\Delta k+3\gamma(|A_1|^2+|A_2|^2)$．

如果考虑来自泵浦光的非线性相位调制作用的影响，严格的四波混频相位匹配条件应为 $\Delta k = -\gamma(|A_1|^2 + |A_2|^2)$，四波混频作用将使信号光和空闲光得到最快的增长，四波混频具有最大的效率.

在利用四波混频进行信号光的波长转换时，输入端只有泵浦光和信号光 ω_3，并且在整个四波混频作用过程中，$|A_4| \ll |A_3| \ll |A_1|, |A_2|$. 混频信号的频率 ω_4满足

$$\omega_4 = \omega_1 + \omega_2 - \omega_3 \tag{10.64}$$

四波混频现象对光通信系统的传输性能影响很大. 特别是在 WDM 系统中，当信道间隔非常小时，可能有相当大的信道功率通过四波混频的参量过程转换到新的频率光波中去. 这种能量的转换不仅导致信道功率的衰减，而且会引起信道之间的干扰，降低了系统的传输性能.

第 11 章　半导体光发射器件

11.1　半导体发光二极管

半导体发光二极管(LED)的材料为半导体,结构为 PN 结,是一类发射波长覆盖可见光—红外—远红外的二极管.其结构比较简单,工作稳定、价格便宜、使用方便,是至今世界上应用最多、产量最大的光电产品.无论是计算机、家用电器、照明、显示,还是广告牌、通信、夜视、汽车、光纤陀螺等领域,都广泛采用发光二极管.

发光二极管可按其材料、结构、发光颜色、发光强度、发光面特征、功能、应用等分类,种类繁多,为各种应用提供了宽广的选择性和极大的灵活性.发光二极管的发光颜色有红、橙、绿、蓝、双色、三色等多种,当然还有近红外和红外等不可见的发光管,然而我们常说的颜色是指那些可见的颜色.依据芯片的材料、外延层、掺杂杂质,可大致估计出发光二极管的颜色、波长等基本特性.例如掺 ZnO 的 GaP 发红光,掺 N 的 GaP 发绿光,GaN 发蓝光.LED 封装种类很多,有环氧树脂全包封、金属底座环氧封装、陶瓷底座环氧封装和玻璃封装等.采用不同的表面封装,会有不同的效果,如半球状有会聚光的作用;如果按照发光面特征进行分类,可分圆形、方形、矩形面发光管,侧向发光管,微型发光管等多种.在光发射器件中,通常以发光强度来描述发光管的性能,其单位是坎德拉(cd)定义为:波长为 550 nm 的单色光源发光时,若其在某一方向上辐射强度为 1/681 W/sr(瓦/球面度)则称此单色光源在该方向上的发光强度为 1 坎德拉,发光强度小于 10 毫坎德拉(mcd)为普通亮度发光二极管,10～100 mcd 为高亮度发光二极管,100 mcd 以上的称超高亮度发光二极管.LED 广泛应用于指示灯、照明灯、数码显示器和短距离光通信光源等方面.

11.1.1　半导体的能带结构与跃迁

由于晶体中的原子紧密相间,各原子相应的一些外层电子的运动轨道将发生不同程度的交叠,其结果是这些电子发生不同程度的共有化运动,即不再为个别原子所有,而是为晶体中相应的原子所共有.电子共有化运动的结果,使与轨道对应的能级分裂为能带,半导体晶体由于原子间的相互作用使能级分裂,离散的能级形成一系列的能带.当光与半导体发生作用时,会产生载流子在不同能带之间的转变,从而引发自发发射,受激吸收以及受激发射等物理过程,利用这些物理过程,即可制成相关的半导体器件.

1. 半导体的能带结构

半导体的能带由三部分组成:价带、导带与禁带,如图 11.1 所示.晶体中原子内层电子能级相对应的能带被电子所填满的能带称为价带.在绝对零度下,价带被全部电子所占据,

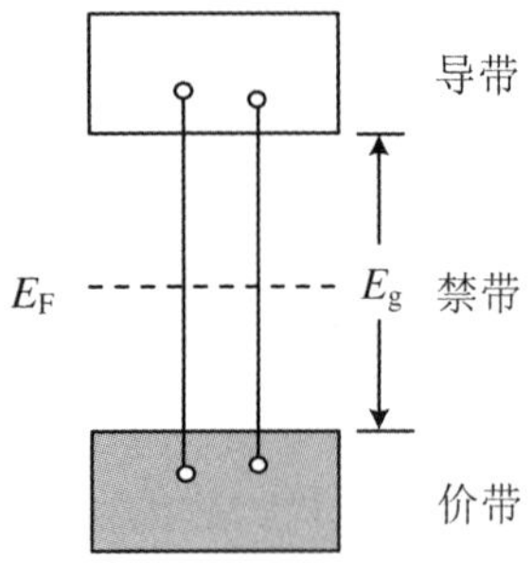

图 11.1　半导体晶体能带示意图

因此价带又称为满带. 价带以上未被电子填满或者是空的能带,称为导带. 价带与导带之间不允许电子存在的状态,称为禁带. 最低的导带与最高价带之间的距离即为禁带宽度,用 E_g 表示. E_g 的大小决定了晶体的性质. 一般而言,$E_g>2$ eV 的晶体呈现绝缘体性质,$E_g\approx 0$ 的晶体呈现金属性质,而 $0<E_g<2$ eV 时,晶体呈现半导体的性质. 当然,最新的研究表明,一些材料例如 AlAs,GaN,ZnO 等,虽然其禁带宽度都大于 2 eV,但仍然显示出半导体的性质.

在绝对零度,半导体也是绝缘体. 根据泡利原理,每个能级只能容纳 2 个电子,具有 N 个能级的能带,只能容纳 $2N$ 个电子,电子在填充能带时总是先从下层填起. 内层电子所对应的能带都是被电子填满的. 在一定温度下,总有一定数量的电子从满带激发到导带,在满带中留下电子空位(空穴)而在导带中出现相应数量的电子. 这些载流子(电子、空穴)在电场的作用下的漂移运动会产生传导电流.

在能量(E)与动量(K)的坐标下,半导体能带如图 11.2 所示. 如果导带底与价带顶对应着同一 K 值,在光场作用下,电子在两个能带极值之间的跃迁不需要其他粒子的参与,其动量与能量都是守恒的,因而称为直接带隙半导体,其跃迁概率也是最大的. 与此相反,如果导带底与价带顶不对应同一 K 值,电子在两个能带极值之间的跃迁除了光子外,必须还要有声子参与,才能保持跃迁过程中动量及能量的守恒,因为称为间接带隙半导体,其跃迁概率是比较小的. 因此,半导体发光二极管、半导体激光器、半导体放大器以及高量子效率的半导体光电二极管一般均采用直接带隙半导体材料.

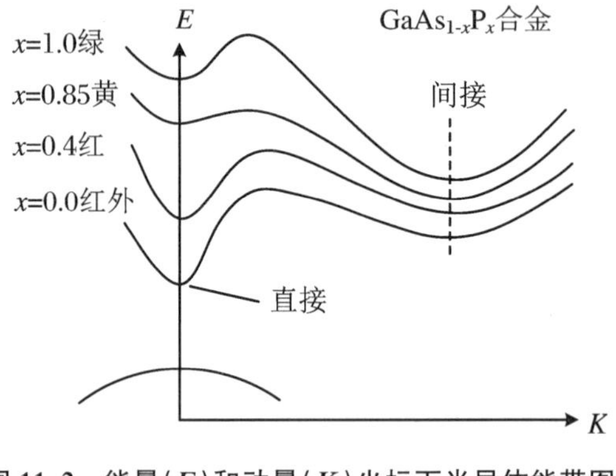

图 11.2　能量(E)和动量(K)坐标下半导体能带图

2. 半导体的载流子

在热运动或其他外界激发下,价带电子激发跃迁至导带,这时导带有了电子,价带有了空穴,电子和空穴统称为载流子. 电子是费米子,在能带中能级上的分布服从费米-狄拉克统计分布. 当半导体处在绝对温度为 T 的热平衡状态时,能量为 E 的量子态为电子所占据的概率为

$$f(E)=\frac{1}{\exp\left(\frac{E-E_F}{kT}\right)+1} \tag{11.1}$$

式中，k 为波耳兹曼常数，费米能级 E_F 是半导体能级的一个特征参量，并非实在的能级，它由基质材料掺杂浓度和温度决定，反映电子在能级上的分布情况. 对于本征半导体，费米能级在禁带宽度的中间位置.

3. 半导体的类型

纯净的不含杂质的半导体称为本征半导体，其导带中电子浓度与价带中空穴浓度是相等的，导电能力差. 采用掺杂技术可以改变导电类型及载流子浓度，从而改变半导体的性能. 对于掺有施主杂质的 N 型半导体，在导带下面形成了杂质能级，使导带中电子浓度远大于价带中的空穴浓度，由于杂质的电离能很小，往往可以获得比本征半导体高 1～2 个数量级的电子浓度. 对于掺有受主杂质的 P 型半导体，在价带上面形成了受主杂质能级，使得价带的空穴浓度远大于导带的电子浓度. 往往将前一种掺杂的半导体称为电子型半导体或者 N 型半导体，而将后一种掺杂的半导体称为空穴型半导体或者 P 型半导体.

4. 能带弯曲与 PN 结的形成

半导体材料加入施主杂质，成为 N 型材料，加入受主杂质，成为 P 型材料. 在 P 型和 N 型的交界处形成 PN 结. 由于载流子浓度的不同而产生扩散，直至不同的费米能级处于相等位置，这时，能带产生弯曲，形成 PN 结势垒(即内建电场)，如图 11.3 所示. 价带中的能级 $E<E_F$，导带中的能级 $E>E_F$.

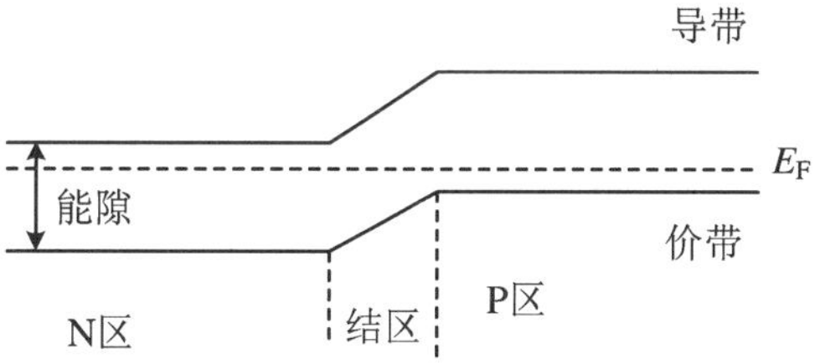

图 11.3　半导体 PN 结价带导带示意图

PN 结接触面处有一个耗尽层，形成势垒阻碍电子和空穴的扩散. 当在 PN 结施加正向电压时，势垒高度会降低，耗尽层减薄，能量较大的电子从 N 区经过 PN 结注入 P 区，空穴从 P 区经过 PN 结注入 N 区，这一现象称为“载流子注入”，如图 11.4 所示. 这些注入 PN 结附近的非平衡电子和空穴将会发生复合，同时以光的形式辐射出多余的能量. 辐射复合可以发生在导带与价带之间，也可以发生在杂质能级上. 根据材料能带结构的不同，将带间复合分成直接带间跃迁和间接带间跃迁.

5. 能带之间的跃迁

当半导体与光子相互作用时，载流子的跃迁形式主要有以下几种：

(1) 自发辐射：通过电子注入的方式使得半导体导带获得并积累一定浓度的电子，这些电子将自发地与价带中的空穴复合，以光辐射的形式释放等于或者大于禁带宽度的能量. 利用自发发射可以制成半导体发光二极管.

(2) 受激吸收：在外场光子能量 $h\nu \geqslant E_g$ 的情况下，价带电子吸收光子能量而跃入导带，并分别在价带及导带中产生空穴与电子. 通过探测受激吸收产生的光生载流子在外电路形成的电流，可以制成半导体探测器.

(3) 受激发射：在外场光子的作用下，处在导带的电子跃迁至价带与空穴复合，同时辐射出与外场光子相同频率、相同偏振方向及相同相位的光子. 利用受激发射可以制成半导体

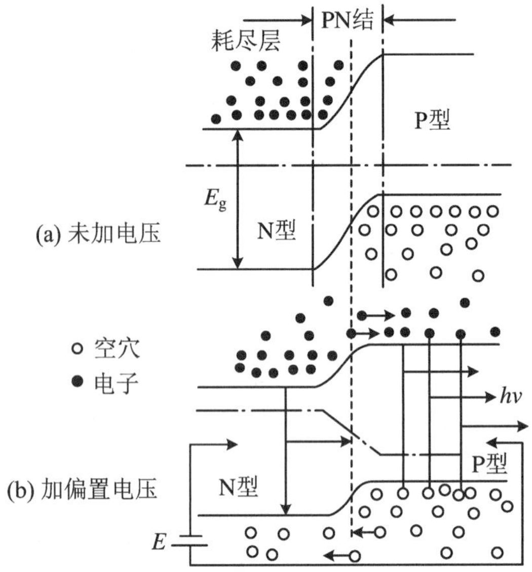

图 11.4　PN 结载流子注入电致发光原理

激光器.

6. 半导体中的光发射

半导体中的光发射通常起因于载流子的复合.当半导体 PN 结加有正向电压时,势垒下降,发生"载流子注入".这些注入 PN 结附近的非平衡电子和空穴将发生复合,从而发射出某种波长的光子.由于电子与空穴复合即表示电子从导带落入价带.从而光子能量基本等于禁带宽度.

$$\lambda = \frac{hc}{E_g} = \frac{1.2398}{E_g} \quad (\mu m/eV) \tag{11.2}$$

通过改变禁带宽度 E_g 便可改变发光二极管发光的颜色.例如,带隙为 1.4 eV 的 GaAs,其发射光谱位于红外波段的 900 nm 左右.为了获得可见光波段的红光,带隙应升至 1.9 eV.采用 $GaAs_{1-x}P_x$ 合金材料替代 GaAs,即可获得更宽的带隙.当 $x=1$ 时,GaP 带隙 $E_g=2.3$ eV,发射波长处在绿光波段;当 $x=0.85$ 时,发射波长处在黄光波段;当 $x=0.4$ 时,发射波长处在红光波段.

11.1.2　发光二极管基本结构与特性

发光二极管具有以下特点:

(1) LED 使用低压电源,供电电压在 6~24 V,所以它是一个比使用高压电源更安全的光源,特别适用于公共场所.

(2) LED 光源效能高,消耗能量较同光效的白炽灯减少 80%.其适用性很强,每个单元 LED 小片是 3~5 mm 的正方形,所以可以制备成各种形状的器件,并且适合易变环境.

(3) LED 响应时间快,白炽灯的响应时间为 ms 级,LED 灯为 ns 级.

(4) LED 灯无有害金属汞,对环境没有污染,使用寿命长.

(5) LED 波长范围丰富,光谱宽度窄,改变 LED 电流可以变色,还可以方便地通过化学修饰方法,调整发光二极管的能带结构和带隙,实现红、黄、绿、蓝、橙多色发光.

LED 在生活、生产以及科研中得到广泛的应用.

1. 发光二极管的结构

发光二极管的结构多样，以满足不同的应用要求. 从发光方向看，有面发射(图 11.5)和边发射(图 11.6)二极管两种. 从封装上看，有半球形、扁形以及同光纤耦合的带尾纤 TO 型等多种. 从 PN 结结构看，有 GaP 之类的普通二极管，结构简单，也有复杂的如单异质和双异质结构.

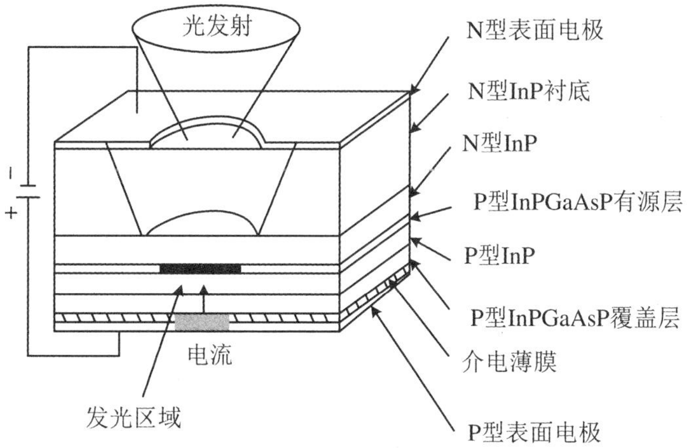

图 11.5　PN 结面发射二极管

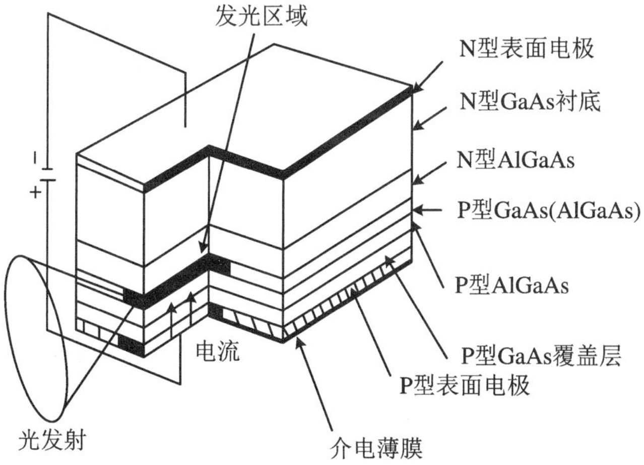

图 11.6　PN 结边发射二极管

2. 发光二极管的基本特征

发光二极管为半导体光电子器件，其基本特征包括电学特性、光学特性和光电转换特性.

(1) 发光强度 I_v：指发光二极管在正向工作电流驱动下发出的光强. 普通发光二极管的发光强度较小，常用单位为毫坎德拉.

(2) 发光光谱特性：半导体中参与电子-空穴复合的能带有一定宽度，这造成发光管的发射光谱较宽，通常光谱半宽度为 30～100 nm.

(3) 温度特性：半导体对温度非常敏感，无论发光波长还是发光强度都随温度变化而变化，升温引起红移，同时升温使载流子分布变宽，发光光谱变宽.

(4) 发光效率 η 和出光效率 η_{out}. 发光效率:半导体的体内复合产生的光子数同注入的电子-空穴对数之比,采用直接带隙半导体可获得较高的发光效率.出光效率:通过减少内部吸收,增大表面透过率等方法,可以增加出光效率.

3. 发光二极管的正向伏安特性

LED 的正向伏安特性与普通二极管大致相同.图 11.7 是 $GaAs_{1-x}P_x$ LED 的伏安特性图,LED 正向开启后其正向电流 i 与电压 u 的关系是 $i = I_0\exp\left(\frac{eu}{mkT}\right)$.

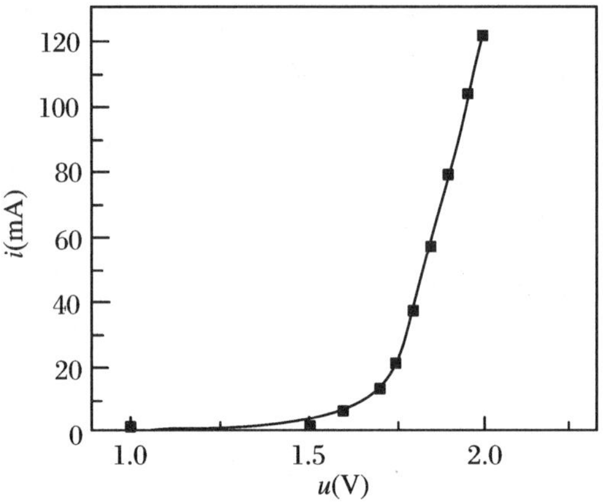

图 11.7　$GaAs_{1-x}P_x$ LED 的伏安特性图

在宽禁带半导体中,当 $i<0.1$ mA 时,复合的空间电流起主要作用,此时 $m=2$;电流增大,扩散电流占优势时 $m=1$.开启电压与材料有关,对于 GaAs 是 1.0 V,$GaAs_{1-x}P_x$ 和 $GaAs_{1-x}Al_xAs$ 大致是 1.5 V;发红光的 GaP 是 1.8 V,发绿光的 GaP 是 2.0 V.反向击穿电压一般都在 −5 V 以上.

4. 发光二极管亮度与电流的关系

在自发辐射情况下,若复合区载流子辐射寿命和注入载流子浓度无关,则亮度 L 应与扩散电流 i_d 成正比即:$L\propto i_d$.但由于存在非辐射复合以及隧道电流,亮度与电流的关系一般为 $L\propto i_d{}^m$:在低电流密度下,$m=1.3\sim1.5$;在高电流密度下,扩散电流起支配作用,$m=1$. $GaAs_{1-x}P_x$, $Ga_{1-x}Al_xAs$ 和发绿光的 GaP 亮度在高电流密度下仍近似地正比于电流密度,不易饱和,适用于脉冲下使用.

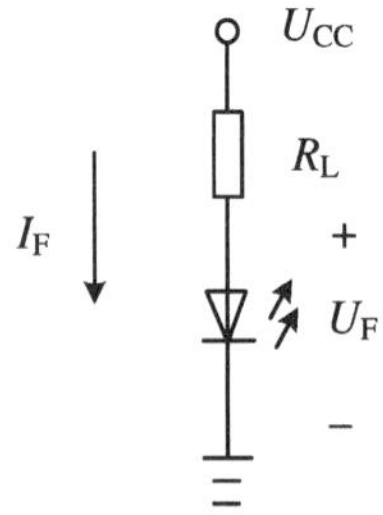

图 11.8　LED 基本直流电路

5. 发光二极管的驱动

LED 基本直流电路如图 11.8 所示.

在工作过程中电流不得超过规定的极限值,因此应在电路中加阻值 $R_L=(U_{CC}-U_F)/I_F$ 的限流电阻 R_L.其中 U_{CC} 为电源电压,U_F 和 I_F 分别为管子的正向电压和正向电流,可在相关的产品参数表中查得.一般说来,GaAs 的电流选用 20 mA,GaP 的电流选用 10 mA,便可达到足够的亮度.

11.1.3 半导体白光照明

有三种方法产生半导体白光照明,第一种是"多晶型",即将红、绿、蓝发光 LED 混色而产生白光,甚至再加上黄光以提高显色性;第二种是利用 UV(紫外光)LED 配以红、绿、蓝荧光粉，以紫外光激发荧光粉发光混色产生白光；第三种就是以蓝光LED加上黄色荧光粉来产生白光.

1. 传统照明简介

几千年来，人们一直依靠日光、月光和火光进行照明，直到1879年爱迪生发明第一只白炽灯，真正意义上的现代文明才得以开始.一百多年来，照明灯具飞速发展，白炽灯、气体放电灯和各种不同类型的灯具把城市和乡村照耀得五光十色，但在我们应用的各种灯具中有80%～90%的电力转化成热能被白白消耗掉.

白炽灯、荧光灯的发光特点：

(1) 白炽灯属于热光源，钨丝发光色温为2850 K.缺点：能源浪费(绝大多数是红外辐射).发光效率<15 lm/W，最根本的是无法达到白日的色温(6500 K).优点：价格便宜(0.5元/klm)，发光单元可达千流明以上.

(2) 荧光灯属于冷光源，是由汞蒸气放电产生的紫外线(266 nm)激发磷光物(荧光粉)生成的一系列可见光合成发光.缺点：寿命短(<10000 h)，因此成本较高，汞蒸气会带来的安全问题.优点：价格适中(2.00元/klm).高的发光效率(>80 lm/W)和高的光通量.最重要的是通过三色的混合可获得任意色温.

2. 半导体照明的发展前景

美国每年大约使用3万亿千瓦时的电力，其中的20%(约6000亿千瓦时)的电力用于发光照明.白炽灯/卤素灯用去40%的电力却仅能产生15%的光源，荧光灯/高压放电灯用60%电力产生了85%的光源.1999年，照明界提出了开发21世纪新光源的宏伟目标，要求新光源高效节能，绿色环保和显色性好.美国HP公司的Haitz等人提出了半导体将在照明领域进行一场革命，到2020年半导体照明光源的效率达到200 lm/W，超过其他光源，能满足新光源的要求.实现这一目标的实际意义是可以减少用于照明的全球电量的50%，即减少全球总电耗的10%.全球节电每年达1000亿美元，相应的照明灯具1000亿美元(其中相应的光源200亿美元)，还可免去超过125 GW的发电容量，节省开支500亿美元，合计节支2500亿美元，并可减少二氧化碳、二氧化硫等污染废气3.5万亿吨.

半导体照明是21世纪最具发展前景的高技术领域之一.半导体照明光源具有高效、节能、环保、长寿命、抗震、抗冲击、易维护等显著特点，LED仅使用传统照明1/10的电力，具有目前照明灯具10倍以上的寿命(>10年)，被认为是最有可能进入普通照明领域的一种新型固态冷光源.是人类照明史上继白炽灯、荧光灯之后的又一次革命.

美国启动了"下一代照明光源计划"，10年投资5亿美元.日本已投资50亿日元实施"21世纪光计划".欧洲正在开展名为"彩虹计划"的固态白光发展计划，由欧盟补助基金给予全力资助.韩国启动了"GaN光半导体"开发计划.中国则以科技部牵头，信息产业部、建设部等共同发起，于2003年6月19日成立了跨部门、跨行业、跨地区的"国家半导体照明工程"协调领导小组，由科技部拨专款作为引导经费，大力推进半导体照明事业发展，并决定充分给予政策支持.利用我国发展这一高新产业的优势，抓紧进行部署，加快建立产业标准，形成自主知识产权，在全球范围内整合资源，加快打造产业链.

中国使用的电力中的12%的电力用于发光照明.2010年，我国发电量达到4.1万亿千瓦时，2020年为3.5万亿千瓦时，照明用电量约5550亿千瓦时(2010年)和5250亿千瓦时(2020年).如果50%采用半导体照明，将达到照明节电40%，即年节电2100亿千瓦时的目的，其效果相当于再建2.5座"三峡电力工程(总投资2000亿元人民币)".实现这个目标可节省2亿吨原煤，减少2700万吨废气及尘渣排放量，将对我国国民经济的可持续发展产生重要的影响！

11.2　半导体激光器特性

由于PN结半导体激光器体积小、结构简单且性能可靠，在集成光路和光纤信号传输应用中是一种极好的光源. 现从基本结构来叙述半导体激光器的性能，并对其工作特性给予定量分析.

11.2.1　光学模和光谱特性

激光二极管端面部分反射的光反馈导致建立单个或多个光学纵模. 由于它类似于法布里-珀罗干涉仪的平行镜面，激光器的端面也常称为法布里-珀罗面. 当电流通过半导体激光器时，自发辐射和受激辐射形成粒子数反转而产生光. 由于法布里-珀罗面的反射，部分光子多次来回通过粒子数反转区，因受激辐射而优先倍增. 在严格垂直于法布里-珀罗面的粒子数反转层平面内传输的光子，留在粒子数反转层中的概率最大，它们由于受激辐射而倍增. 若给定注入电流，当达到稳态时，建立起光学模(或其他模). 其他模也有可能出现，它对应于光子从激光器的侧面反射，但在实际器件中，可以使侧面变粗糙或用其他等效的技术来抑制这些不希望出现的模. 激光模的辐射也必须具有同一频率和位相，以避免干涉相消.

当平行面之间距离为半波长的整数倍时，在激光二极管内形成驻波. 模数 m 可由半波长的数值得出，即

$$m = \frac{2Ln}{\lambda} \tag{11.3}$$

式中，L 为两端面之间的距离，n 是激光介质的折射率，λ 是辐射光在真空中的波长. 模的间隔由 $\frac{\mathrm{d}m}{\mathrm{d}\lambda}$ 确定. 考虑到半导体激光器的辐射光波长接近于其带隙所对应的波长，n 随波长变化很快，于是

$$\frac{\mathrm{d}m}{\mathrm{d}\lambda} = -\frac{2Ln}{\lambda^2} + \frac{2L}{\lambda}\frac{\mathrm{d}n}{\mathrm{d}\lambda}$$

对应 $\mathrm{d}m = -1$ 模的间隔 $\mathrm{d}\lambda$ 为

$$\mathrm{d}\lambda = \frac{\lambda^2}{2L\left(n - \lambda\frac{\mathrm{d}n}{\mathrm{d}\lambda}\right)} \tag{11.4}$$

取 $\mathrm{d}m = -1$ 是因为值减少1对应于法布里-珀罗端面之间少一个半波长，即波长 λ 增加.

激光二极管典型的模光谱示于图11.9. 通常同时存在几个纵模，其波长接近于自发辐射的峰值波长. GaAs激光器模间隔的典型值为 $\mathrm{d}\lambda \approx 0.3$ nm. 为了实现单模工作，必须改进激光器结构，抑制主模以外的所有其他模.

低温下，半导体激光器的纵模结构比较清晰，但是在室温下工作时，发射光谱变得复杂，出现“丝状发光”现象，而且激光的峰值波长也向长波移动. 实验证明，低温时，波长增长率约

为 0.046 nm/K；接近室温时，波长增长率则约为 0.26 nm/K. 峰值波长在 77K 时为 0.84 μm，在 300 K 时为 0.902 μm. 图 11.10 给出了上述温度范围内几种激光器的光子能量随温度变化的实验曲线. 从图中还可看出，上述变化与禁带宽度随温度变化的规律相符.

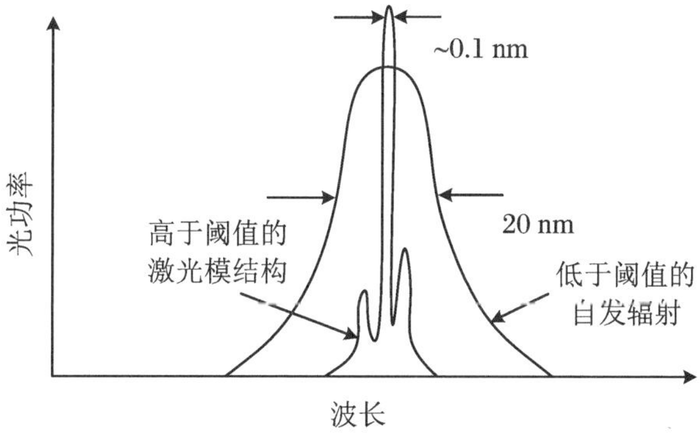

图 11.9　激光二极管的发射光谱

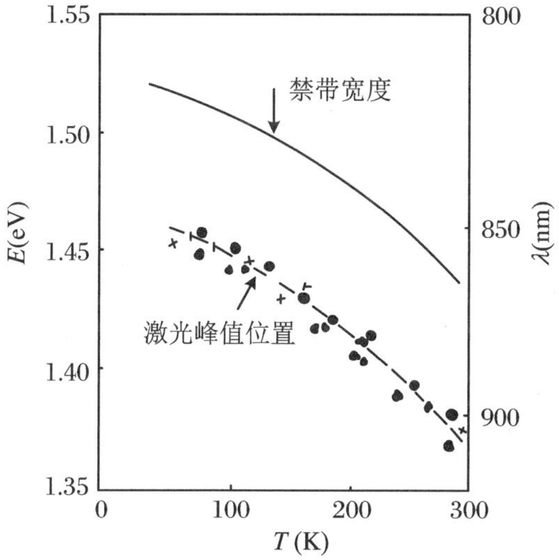

图 11.10　激光峰值波长随温度变化曲线

激光光谱随温度的变化关系可由式(11.3)导出. 将此式对温度 T 求导

$$\frac{\mathrm{d}\lambda}{\mathrm{d}T}=\frac{2n}{m}\frac{\mathrm{d}L}{\mathrm{d}T}+\frac{2L}{m}\left(\frac{\partial n}{\partial T}\right)_{\lambda}+\frac{2L}{m}\left(\frac{\partial n}{\partial \lambda}\right)_{T}\left(\frac{\mathrm{d}\lambda}{\mathrm{d}T}\right)$$

经移项整理后得到

$$\frac{\mathrm{d}\lambda}{\mathrm{d}T}=\frac{\dfrac{\lambda}{L}\cdot\dfrac{\partial L}{\partial T}+\dfrac{\lambda}{n}\left(\dfrac{\partial n}{\partial T}\right)_{\lambda}}{1-\dfrac{\lambda}{n}\left(\dfrac{\partial n}{\partial \lambda}\right)_{T}}$$

对于多数半导体激光器，$\dfrac{1}{L}\dfrac{\mathrm{d}L}{\mathrm{d}T}$(热膨胀系数)的数量级为 10^{-6}/K，可忽略不计，于是上式可改为

$$\frac{1}{\lambda}\frac{\mathrm{d}\lambda}{\mathrm{d}T}=\frac{\frac{1}{n}\left(\frac{\partial n}{\partial T}\right)_{\lambda}}{\left(1-\frac{\lambda}{n}\left(\frac{\partial n}{\partial \lambda}\right)_{T}\right)} \tag{11.5}$$

根据此式，并利用麦耳培(Marple)折射率数据，可计算出波长 λ 随 T 的变化.

合并式(11.4)和式(11.5)，便可得出以纵模间隔表示的折射率随温度的变化率公式：

$$\left(\frac{\partial n}{\partial T}\right)_{\lambda}=\frac{\lambda}{2L\Delta\lambda}\frac{\mathrm{d}\lambda}{\mathrm{d}T} \tag{11.6}$$

将波长 λ 转换成频率 v，则由式(11.4)和式(11.5)得

$$\Delta v=\frac{c}{2nL\left(1+\frac{v}{n}\cdot\frac{\partial n}{\partial v}\right)} \tag{11.7}$$

$$-\frac{\partial v}{\partial T}=\frac{v\left(\frac{\partial n}{\partial T}\right)_{v}}{n\left[1+\frac{v}{n}\left(\frac{\partial n}{\partial v}\right)_{T}\right]} \tag{11.8}$$

还有 $(\partial n/\partial T)_v=-(\partial n/\partial v)_T(\mathrm{d}v/\mathrm{d}T)_n$ 的关系，如果仅仅由于吸收边位移而引起折射率 n 的变化，就得到

$$\left(\frac{\partial n}{\partial T}\right)_{v}=-\left(\frac{\partial n}{\partial v}\right)_{T}\cdot\frac{1}{h}\left(\frac{\mathrm{d}E_{\mathrm{g}}}{\mathrm{d}T}\right) \tag{11.9}$$

因此，利用式(11.7)～式(11.9)就可找出禁带宽度 E_{g}、激光频率 v 和相邻纵模间隔三者之间的一种简单关系

$$\frac{\mathrm{d}(hv)}{\mathrm{d}T}=\left(1-\frac{2Ln\Delta v}{c}\right)\frac{\mathrm{d}E_{\mathrm{g}}}{\mathrm{d}T} \tag{11.10}$$

用 Δv 和 $\mathrm{d}E_{\mathrm{g}}/\mathrm{d}T$ 的实测值，便可从上式预测出半导体激光频率随温度变化的规律. 图 11.10 所示的实验用激光器，其施主浓度为 $2\times10^{18}\ \mathrm{cm}^{-3}$. 由图可见，器件发射的光子能量在 77～300 K 范围内都比纯 GaAs 材料的禁带宽度小 0.07 eV.

11.2.2 辐射场和偏振态

半导体激光器的谐振腔具有介质波导的结构，所以在谐振腔中传播的光以模的形式存在，每个模都有自己的传播常数 β_m 和横向电场分布，这些模就构成了半导体激光器的横模. 横模经端面出射后形成辐射场，辐射场的角分布沿平行和垂直于截面方向分别称为侧横场和正横场.

辐射场的角分布和谐振腔的几何尺寸密切相关，谐振腔横向尺寸越小，辐射场发散角越大. 由于谐振腔平行于结平面方向的宽度大于垂直于结平面方向厚度，所以侧横场发散角小于正横场的发散角，如图 11.11 所示. 侧横场发散角可近似表示为 $\theta\approx\lambda/W$，W 表示谐振腔宽度. 谐振腔的厚度 d 通常只有 1 μm 左右，与波长同量级，所以正横场发散角较大，一般为 30°～40°. 辐射场的发散角还与谐振腔长度成反比，而激光二极管谐振腔长度一般只有几百微米，所以其远场发散角远远大于气体激光器和晶体激光器的远场发散角.

实际上，半导体激光二极管相当于一个如图 11.12 所示的矩形波导腔. 光波在腔内的六个面反射形成驻波，光强有一定的稳定分布. 沿谐振腔轴向(z 方向)的光强分布为纵模，垂直于该方向的分布为横模. 横模中垂直于结平面的 x 方向的光强分布为垂直横模，平行于结

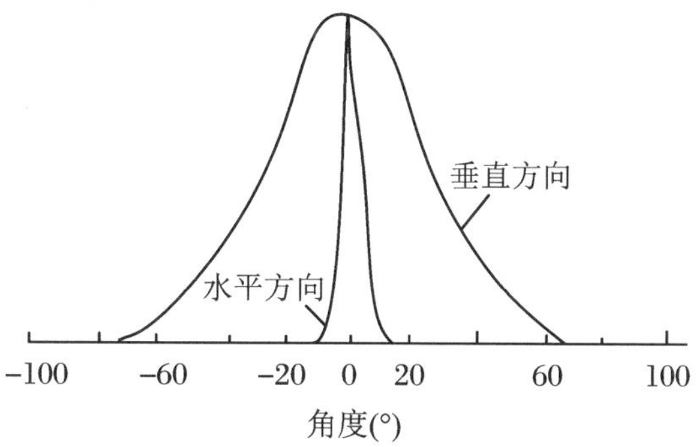

图 11.11　激光束发散角分布

平面的 y 方向的光强分布为水平横模. 类似于气体激光器，一般用一个纵模参数和两个横模参数来描述其光强分布. 激光器束发散角分布决定于横模分布.

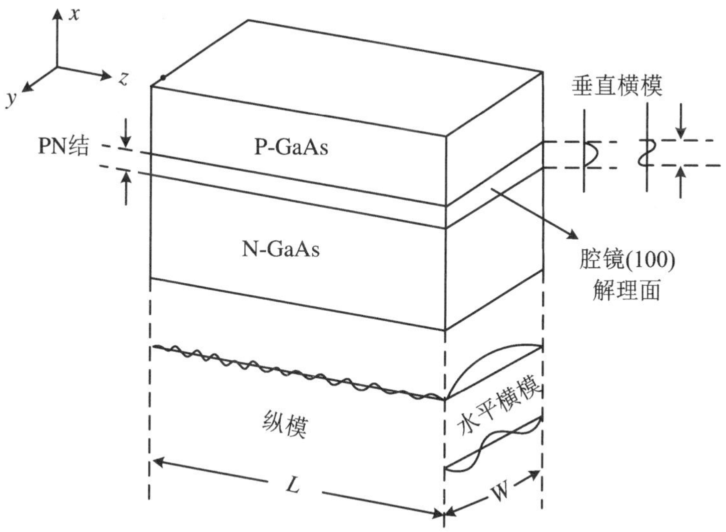

图 11.12　半导体激光器模式分布示意图

一般情况是上述波导腔的 x，y，z 方向驻波的组合，能产生各种各样的模. 实际的器件中，由于结构的不完整性，模式极为复杂，常出现多模振荡，随着注入电流的增大还出现“跳模”现象. 但是，应用中常要求单模输出，一般半导体激光器的模式难以控制，需从结构、形状等方面改进，如采用“条形结构”便可改善对横模的控制.

上述半导体激光器的宽度比有源层的厚度大得多，因此光限制仅在一个横向方向，也就是在垂直于结平面的方向实现. 如果限制激光器的宽度为窄条形，一般条宽为 5～25 μm，则器件的特性就改变. 由于横截面减小，阈值电流降低. 若条宽为 10 μm 左右(或更小)，则横向限制可导致半导体激光器在 TE_0 基模工作.

半导体激光束发散角的各向异性，在光纤通信中也必须认真予以考虑. 为了提高激光器与光纤的耦合效率，需用椭圆微透镜仔细调节，方能使激光最大限度地注入光纤，以提高耦合效率. 我们曾利用电子束扫描和深紫外光刻波带的一级衍射波与三级衍射波干涉，来制作平面全息椭圆透镜，这种方法对调整全息透镜的焦距、直径和相对孔径具有较大的灵活性，该椭圆透镜使半导体激光束的扁椭圆光斑会聚成一点.

在干涉计量中使用半导体激光器主要应考虑其时间相干性，我们曾用双频光栅法测出TOLD100型可见光多模半导体激光器的光谱包络半宽度为0.63 nm，它的相干长度较短，仅适用于剪切干涉仪. 对于一般干涉计量，则应采用单纵模半导体激光器. 由于半导体激光器体积小、光电转换效率高和寿命长，它已广泛应用于全息、散斑、泰伯干涉仪等干涉计量以及各种光学测量仪器中.

半导体激光器谐振腔端面一般是晶体的解理面. 对于常用的GaAs异质结激光器，GaAs晶体对于TE模需要的阈值增益低，TE模首先产生受激辐射，反过来又抑制了TM模. 另一方面，形成半导体激光器谐振腔的波导层一般都很薄，这一层越薄对偏振方向垂直于波导层的TM模吸收就越大，这就使得TE模增益大，更容易产生受激辐射. 因此，半导体激光器输出的激光偏振度很高.

11.2.3 激光阈值特性

当激光二极管加正向偏压并导通时，不会立刻出现激光振荡. 小电流时发射光大多数来自自发辐射，光谱线宽在数十纳米量级. 随着激励电流的增大，结区大量粒子数反转，发射更多的光子，自发辐射的光子几乎是各向同性的，其中大多数很快从能实现受激发射的粒子数反转区逸出，于是非相干光不能得到放大. 此外，对于任何给定的带隙和电子与空穴的分布，有一个特定择优能量（波长）比其他能量强. 对于一级效应，这个波长通常对应于材料中发生自发辐射的峰值波长. 随着电流增大建立受激辐射时，光子的择优能量及其取向使辐射谱线宽度变窄，空间发射角变小. 随着受激辐射的建立，光学模的光子密度（强度）增大，导致受激辐射的进一步增强，因此单位时间内消耗更多的电子-空穴对. 由于输入产生的电子-空穴对在能进行自发复合之前就因受激辐射而耗尽，因此，对于任何给定的输入电子-空穴对产生率，自发辐射是受到抑制的. 按照$m=2Ln/\lambda$的相位条件，在光学谐振腔结构中由受激辐射产生的光是相干光，这时器件进入激光振荡状态.

当电流超过阈值时，会出现从非受激辐射到受激辐射的突变. 实际上能够观察到超过阈值电流时激光的突然发生，只要观察在光功率对激励电流曲线上斜率的急速突变，这是由于激光作用过程本身具有较高量子效率的缘故. 激光的输出特性曲线如图11.13所示，发射光谱线从原来较宽的自发辐射曲线突变到包含几个窄的模的受激辐射曲线，如图11.14所示. 随着注入电流增加，受激辐射的纵模向长波方向平移，并且当电流增加到某一值时，出现模

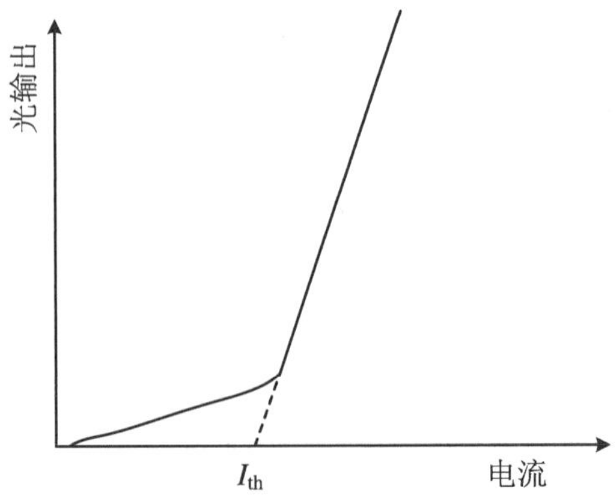

图11.13 半导体激光器输出功率与注入电流的关系

的跃变，主纵模转移到另外的模上，这是模式竞争的结果．根据定量分析，激光的阈值对应于：由受激辐射所增加的激光模光子数（单位时间）正好等于由散射、吸收或激光器的发射所损耗的光子数（单位时间）．用表达振荡器的术语来说，器件闭合回路的增益等于 1．据此，可将阈值电流作为材料和结构参数的函数导出一个表达式．

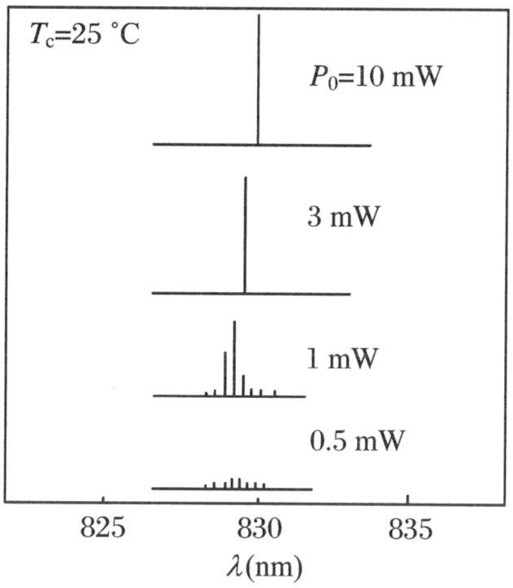

图 11.14　半导体激光器纵模与输出功率关系

激光器发射的光主要在垂直于法布里-珀罗面的方向上．光强（光子密度）横向空间分布如图 11.15 所示．由于衍射，光子的分布会扩展或延伸到结两边的非有源（非反转）区，于是，光发射层的厚度 D 大于有源层（或粒子数反转层）的厚度 d．例如 GaAs 激光二极管 $d \approx 1\ \mu m$，$D \approx 10 \mu m$．从理想的空间能量分布图可见，在任一给定时刻，激光模中存在的总光子数仅 d/D 部分处于在有源区中，并可由受激辐射产生附加的光子，这种效应降低了器件的有效增益．下面推导产生激光所需电流密度的定量表达式．设谐振腔端面功率反射系数为 R，腔内的损耗系数为 α（包括所有类型的光损耗），增益系数为 g．对于振荡，应有

$$R \cdot \exp\left[\left(g\frac{d}{D} - \alpha\right)2L\right] \geqslant 1 \tag{11.11}$$

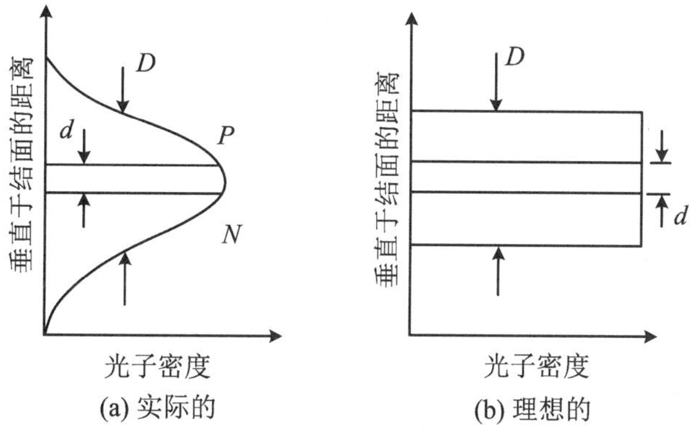

图 11.15　半导体激光器中能量的横向空间分布

则振荡阈值条件为

$$g\frac{d}{D} = \alpha + \frac{1}{2L}\ln\frac{1}{R} \tag{11.12}$$

增益系数 g 与注入的电流密度J 有关,其关系式为

$$g = \frac{\eta_{in}\lambda^2 J}{8\pi e n^2 d\Delta\nu} \tag{11.13}$$

式中,η_{in}为内量子效率,$\Delta\nu$ 为自发辐射线宽,e 为电子电荷,其他参数意义同前.则注入的阈值电流密度为

$$J_{th} = \frac{8\pi e n^2 \Delta\nu D}{\eta_{in}\lambda^2}\left(\alpha + \frac{1}{2L}\ln\frac{1}{R}\right) \tag{11.14}$$

须注意,激光器在端面处的光输出须作为一项损耗计入,这可由$\frac{1}{2L}\ln\frac{1}{R}$项来说明.因端面发射功率而导致损耗可能不是显而易见的,但如果把透射系数 $T=1-R$ 带入,并把 $\ln\frac{1}{1-T}$ 展开成级数,可得

$$\frac{1}{2L}\ln\left(\frac{1}{R}\right) = \frac{1}{2L}\ln\left(\frac{1}{1-T}\right) = \frac{1}{2L}\left(T - \frac{T^2}{2} + \frac{T^3}{3} - \frac{T^4}{4} + \cdots\right)$$

略去 T 的高次项,得

$$\frac{1}{2L}\ln\frac{1}{R} \approx \frac{T}{2L} \tag{11.15}$$

式中,T/L 表示端面透射系数T 在整个长度内取平均值而得到的损耗系数单位为 cm^{-1}.因为 T 的典型值为0.6(对于GaAs),略去 T^2 和更高次项不能得到精确的结果,这在定量计算中是不可取的.然而,这个例子的目的是定性说明$\frac{1}{2L}\ln\frac{1}{R}$项的意义,它是从激光器发射的光子每单位长度的平均损耗.

由式(11.14)可见,光子从粒子数反转区向外扩展到周围的无源区,引起阈值电流密度显著增加.这个事实表明,应设计 $d/D=1$ 的激光二极管,以获得最佳的性能,这涉及"场限制"半导体激光器.

11.2.4 输出功率和效率

激光二极管总的输出功率和效率的表示式导出方法如下.首先,考虑在一个小的(增量)距离 Δz 内的损耗,取一级近似,此距离内的功率损耗是

$$P_a = P - P\exp(-\alpha\Delta z) \approx P - P(1-\alpha\Delta z) = \alpha P\Delta z$$

或者

$$dP_a = \alpha P dz \tag{11.16}$$

则在长度 $2L$ 内的吸收功率是

$$P_a = \alpha\int_0^{2L} P dz \tag{11.17}$$

类似地,一个双程产生的功率为

$$P_g = g\frac{d}{D}\int_0^{2L} P dz \tag{11.18}$$

则内部功率效率 η 为

$$\eta = \frac{P_g - P_a}{P_g} = \frac{g\frac{d}{D} - \alpha}{g\frac{d}{D}} \tag{11.19}$$

将阈值条件式(11.12)代入上式，得

$$\eta = \frac{\frac{1}{2L}\ln\frac{1}{R}}{\alpha + \frac{1}{2L}\ln\frac{1}{R}} \tag{11.20}$$

于是输出功率为

$$P_{out} = \eta P_{in} = \eta\left(\frac{J}{e}\eta_{in}LWh\nu\right) \tag{11.21}$$

式中，P_{in}是激光器内部产生的光功率，L 为长度，W 是宽度，ν 是激光频率. 将式(11.20)代入上式得

$$P_{out} = \frac{\frac{1}{2L}\ln\frac{1}{R}}{\alpha + \frac{1}{2L}\ln\frac{1}{R}} \cdot \frac{J\eta_{in}}{e}LWh\nu \tag{11.22}$$

式中，P_{out}是指两个端面的输出功率. 于是，包括串联电阻效应在内的器件总功率的效率为

$$\eta_{tot} = \frac{P_{out}}{P_{in} + (JLW)^2 R_s} \tag{11.23}$$

如果二极管的串联电阻 R_s 可忽略，则上式可简化为

$$\eta_{tot} = \frac{\frac{1}{2L}\ln\frac{1}{R}}{\alpha + \frac{1}{2L}\ln\frac{1}{R}} \cdot \eta_{in} \tag{11.24}$$

这些功率和效率公式是在达到阈值和阈值以上时成立的. 若电流密度低于阈值(即振荡开始以前)，则式(11.12)不能成立，表示式中只能采用 g，D，d 和α，而不能用 L，P 和α 表示. 半导体激光器的效率随温度上升而下降，这是因为温度上升，首先是损耗系数 α 增加，其次是量子效率 η_{in}降低. 产生后一种效应是由于：当温度升高时，热激发使电子和空穴的能量分布扩展到较宽范围，若给定任一注入电流，具有适当能量间隔与对受激辐射起作用的电子-空穴对就较少. 这两个等价效应造成产生激光所需阈值电流密度增加. 显然，若输入电流密度给定，输出功率随着温度的增加而下降.

11.2.5　时间响应特性

这里的"时间响应"是指半导体激光器发光随注入电流而变化的快慢程度. 它决定于注入的非平衡载流子寿命 τ_s，是半导体调制特性的一个重要参数.

由于激光器工作物质 GaAs 是直接跃迁材料，非平衡载流子复合很快，因此，器件发光相对于注入电流的时间响应也很快. τ_s 的测量一般有两种方法：

(1) 若令激光器连续或脉冲工作的阈值电流密度为 J_{th}，不外加直流偏压而直接加以脉冲宽度为 τ 的电流脉冲时的阈值电流密度为J_{thp}，由下式：

$$\frac{J_{thp}}{J_{th}} = \frac{\tau_s}{\tau} \tag{11.25}$$

很容易求出 τ_s. 有人曾在 110 K 以下，测得 $\tau_s = 20 \sim 30$ ns，估计室温下为 4～10 ns.

(2) 在激光器上加上呈阶梯状变化的电流密度 J，利用输出激光产生的弛豫振荡频率 f_r 和电流 J 之间的关系来确定 τ_s，即有

$$f_{\mathrm{r}} = \frac{1}{2\pi}\left[\frac{\left(\frac{J}{J_{\mathrm{th}}} - 1\right)}{\tau_{\mathrm{s}}\tau_{\varphi}}\right]^{\frac{1}{2}} \tag{11.26}$$

式中，τ_{φ} 为光子的寿命，由下式决定：

$$\tau_{\varphi} = \frac{n}{c}\left(\alpha + \frac{1}{2L}\ln\frac{1}{R_1 R_2}\right) \tag{11.27}$$

式中，n 为介质的折射率，c 为真空中光速，R_1 和 R_2 分别为谐振腔两个端面的反射率. 由上式求得 τ_{φ}，再由式(11.26)所得曲线 f_{r}-$(J/J_{\mathrm{th}}-1)^{\frac{1}{2}}$ 的斜率，便可求出 τ_{s} 的值为 2～3 ns.

由此可见，激光器的响应时间，在室温下只有数纳秒. 产生激光振荡时，受激复合更会缩短非平衡流子寿命. 用于激光通信的 GaAs 激光器，能获得尽早的时间响应是特别重要的. 目前，把幅度调制(AM)作为半导体激光的通信方式，就是对注入电流进行直接调制而达到调幅的目的. 因为 τ_{s} 只有数纳秒，所以直接调制的理论上限达近千兆赫兹的调制频率，这是优于其他激光器的特点.

11.2.6 可靠性

激光二极管的关键特性之一是其可靠性，它对系统影响甚大. 从激光二极管的电流密度和光场强度的性质来看，激光二极管受到很强的应力，其工作特性随着使用时间增加而逐步退化，甚至在某些条件下会突然失效.

1. 突然失效

当激光二极管的光功率密度在小镜面处超过某临界值时，会突然失效. 接近小镜面中心是光场强度最大的地方，一般首先在这里产生机械损伤，如形成凹坑和凸出物. 不同激光器有不同的损伤阈值功率密度，超过它就会突然失效. 同质结激光器的典型损伤阈值功率密度在 300 K 时是 6～8 mW/cm^2. 光功率超过某一阈值时，异质结激光器也会出现突然失效，每微米条宽的损伤阈值为 2～4 mW.

当然，只要使激光器在低于损伤阈值下工作，就可避免突然损坏. 但是，由于仅持续几微秒的瞬态尖峰就足以毁坏激光器，因此在连续工作时必须消除瞬间尖峰，而在脉冲应用中必须避免瞬时扰动. 此外，滤波电源必须足以吸收线路上产生的各种随机瞬态尖峰.

2. 缓变退化

随着激光器工作时间的增长，器件的阈值电流密度增大，微分量子效率下降. 这种缓变退化问题在早期的激光二极管中是很严重的，致使器件的寿命仅 1～100 h，甚至因此认为不可能制得实用可靠的器件. 经过几年分析和消除大部分退化机理实践，现在制造的半导体激光器，预期寿命可达 10^6 h.

激光二极管的缓变退化起因于器件有源区形成的缺陷，它成为非辐射复合中心. 这些缺陷确切的成因机理尚不能确定，但已探索出不少可能的机理，例如：杂质原子在位错处的沉积、由产生的位错减轻键合而感生的应力、受应变材料中的光生缺陷以及光增强缺陷的扩散. 随着退化的进展，缺陷就变得更加明显，成为暗线缺陷. 这是一种三维位错的网状物，在产生激光时，其大小和数量均将增长在激光器中最初出现的缺陷和受玷污的原子处. 因此，要制成长寿命的激光器，主要是在晶体生长过程中高度仔细. 已发现退化最小的 $Ga_xAl_{1-x}As$ 二极管，其有源区的 x 在 0.05～0.1 之间. 由于位错趋于从衬底向外延层传播，故选择位错密度低的衬底是重要的.

如果严格认真注意制造过程的各环节，包括适当选择衬底、生长外延层工艺应非常清洁、小心控制接触的金属化和键合等，则能得到寿命极长的激光二极管.对这些器件做加速老化试验，得到类推的寿命约 10^6 h.

11.3 同质结和异质结激光器

1962 年问世的半导体激光器是同质结的，由于它在室温下的阈值电流密度高达 10^4 A/cm^2 量级，故只能在液氮温度下才能连续工作，因而毫无实用价值.1967 年用液相外延生长出结晶良好、晶格匹配的 $Ga_{1-x}Al_xAs$/GaAs 异质结，并很快研制出单异质结半导体激光器，其室温下的阈值电流密度比同质结激光器降低一个数量级(8.6×10^3 A/cm^2)，但仍然很高的阈值电流密度使它只能在室温下脉冲工作.1970 年出现的双异质结半导体激光器再次使室温下的阈值电流密度大幅度降低，几乎又比单异质结半导体激光器降低了一个数量级，从而实现了半导体激光器在室温下连续工作，开创了激光在光纤通信、光信息处理领域的新纪元.

11.3.1 同质结半导体激光器

同质结半导体激光器是由于其 PN 结采用同种半导体材料制成而得名的.最早出现的同质结激光器是将高浓度受主杂质扩散进已重掺杂的 N 型 GaAs 半导体中生成所需的 PN 结，其结构如图 11.16 所示.在平衡时，PN 结界面出现一个空间电荷区，但在外加电压的作用下，由于 PN 结势垒的降低，就会在 PN 结两侧的 P 区和 N 区分别积累非平衡电子和空穴.因此，同质结激光器的有源区是由空间电荷区及 P 区的电子扩散长度和 N 区的空穴扩散长度所对应的区间所组成的.由于电子有比空穴高的迁移率，所以同质结半导体激光器的有源区偏向 P 区一侧.

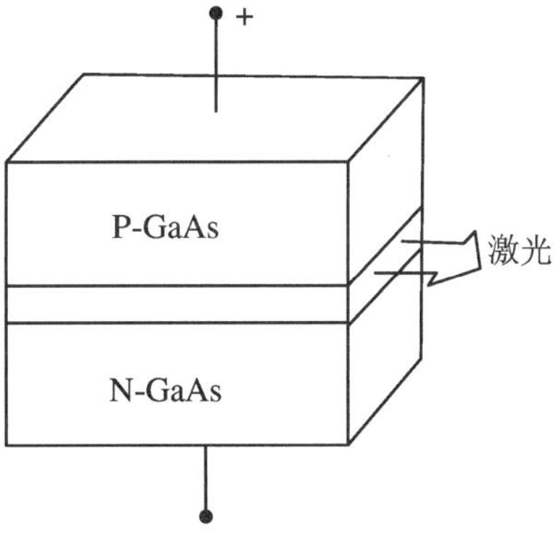

图 11.16 同质结半导体激光器

同质结半导体激光器所遇到的困难是阈值电流密度高且随温度发生剧烈变化.理论分析指出，在低增益下，其阈值电流密度 J_{th} 随温度按 $T^{2/3}$ 变化；在高增益下，这种关系变为线性.然而，实际的 $J_{th}\sim T$ 关系更为剧烈.例如在 30～80 K 之间，理论预期 J_{th} 将增加 4～8 倍，而实际却增加了 50 倍.因此，除基本的增益过程外，尚有其他因素影响同质结半导体激光器的 $J_{th}\sim T$ 特性.

在正向电压下，PN 结的空间电荷区厚度可以减小到忽略不计的程度，因此，同质结激光器有源区的厚度主要由 P 区电子的扩散长度所决定，而它是随温度的增加而增加的.室温时的电子扩散长度可达 5 μm，这自然需要注入较大的载流子浓度来保证在如此厚的有源区内实现粒子数反转.

在较高温度下，沿同质结结平面传播的光波传播特性变坏是室温下同质结半导体激光器阈值电流密度大的又一重要原因.在低温下,结附近存在一个自由电子产生的很小的折射率台阶,并由此引起一个很弱的光波导效应.随着温度升高,本来很小的折射率台阶被削弱,致使更多的光子漏入非激射区而被吸收掉.同时由于 P 型 GaAs 的吸收边比 N 型长,而激射波长又随温度升高而向长波移动,致使更多的光子在 P 区的有源区之外遭受吸收损耗.同质结半导体激光器的带隙、折射率和光场分布示意图如图 11.17(a)所示.

因此,要降低室温下的阈值电流密度以实现室温下连续工作,最重要的是:① 将注入载流子有效地限制在比电子扩散长度小得多的区域内产生受激发射;② 应将所产生的光子在垂直于腔长方向上得到有效限制,使光子在谐振腔内振荡和放大.这些正是异质结激光器得以成功的基础.

11.3.2 单异质结半导体激光器

采用液相外延技术可在 GaAs 衬底上生长 GaAlAs 层,形成 GaAs/GaAlAs 异质结.如果仅在 GaAs 材料的一侧生长 GaAs/GaAlAs 结,而另一侧仍为一般的 GaAs PN 结,此结构称为单异质结,如图 11.17(b)所示.倘若 GaAs 衬底的两侧各生长出 P-GaAlAs 层和 N-GaAlAs 层就构成双异质结,如图 11.17(c)所示.

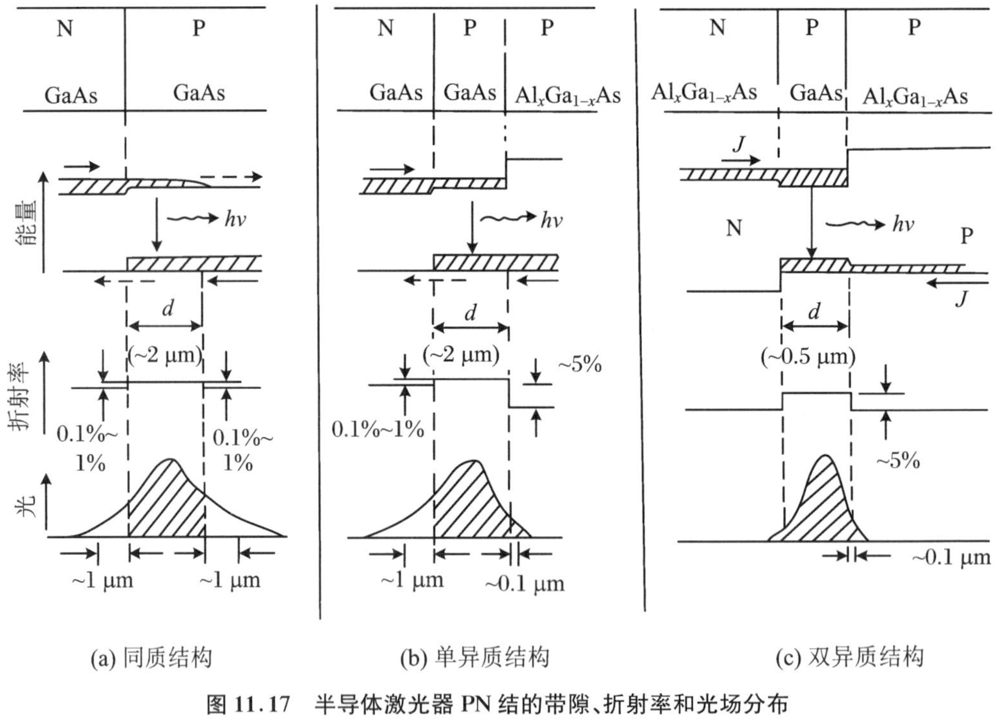

图 11.17 半导体激光器 PN 结的带隙、折射率和光场分布

GaAs/GaAlAs 单质结半导体激光器一般采用液相外延(LPE)技术制备.外延片的制备方法是利用液相外延工艺直接在 N-GaAs 衬底上生长有深层 P-GaAs 和形成异质结的 P-GaAlAs 层;或在载流子浓度为(2～4)×10^{18} cm^{-3}的 N-GaAs 衬底上,于 1000 ℃下生长一层掺有 Zn 的 P-GaAlAs 层,生长过程中 Zn 原子向衬底内部扩散而形成厚度为 2 μm 的 P-GaAs 有源层.图 11.18 为单异质结激光器外延片结构示意图.这里的异质结势垒起了限制载流子的作用.因此,为了有利于对光波的限制,$Ga_{1-x}Al_xAs$ 中组分 x 值可取得大一些,因为折射率随 Al 含量的增加而减小,x 的取值范围为 0.3～0.5.有源层厚度 d 对阈值电流密度J_{th}影响甚大，d 太大会失去对载流子的限制作用；但过小的 d 也会增大损耗，会使阈值电流密度 J_{th}剧增，一般取厚度 $d\approx 2\ \mu m$ 较合适. 在 N-GaAs 衬底中，因载流子浓度高而有利于向有源区的注入，且高载流子浓度的折射率低，能对光波起限制作用. 因此单异质结有源区与两侧的折射率差值不同，构成非对称的平面介质波导. 图 11.17(b)为单异质结激光器的带隙、折射率和光场分布示意图.

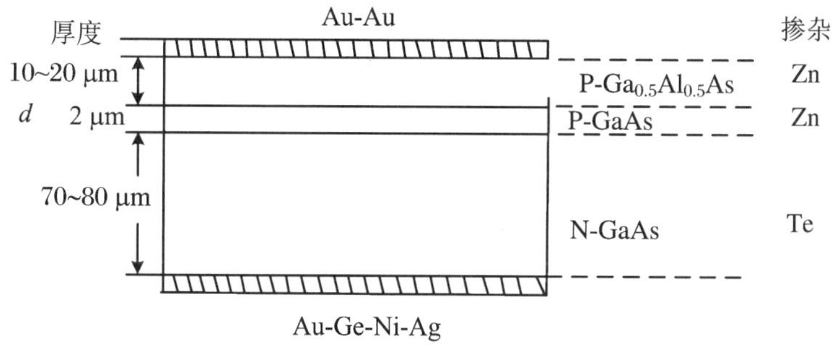

图 11.18　单异质结半导体激光器外延片结构示意图

表 11.1 列出了几种单异质结激光器及其性能.

表 11.1　几种单异质结激光器及其性能

样品号	异　质　结　构	激活区厚度 d(μm)	工作温度 (K)	阈值电流密度 (A/cm²)
1	$N\text{-}GaAs\sim P\text{-}GaAs\sim P\text{-}Ga_{1-x}Al_xAs$	2	300,77	$8.6\times10^3,5\times10^2$
2	$N\text{-}GaAs\sim P\text{-}GaAs\sim P\text{-}Ga_{1-x}Al_xAs$	～2.5	300	$(6\sim9)\times10^3$
3	$N\text{-}GaAs\sim P\text{-}GaAs\sim P\text{-}Ga_{1-x}Al_xAs$	2	300,77	$8\times10^3,9\times10^2$
4	$N\text{-}GaAs\sim P\text{-}GaAs\sim P\text{-}Ga_{1-x}Al_xAs$	1.7	300	1.5×10^4
5	$N\text{-}GaAs\sim P\text{-}GaAs\sim P\text{-}Ga_{1-x}Al_xAs$	1.6	300	8.5×10^3
6	$P^+\text{-}GaAs\sim P\text{-}GaAs\sim N\text{-}Ga_{1-x}Al_xAs$	2	300	$>1\times10^5$
7	$N\text{-}Ga_{1-x}Al_xAs\sim P\text{-}Ga_{1-y}Al_yAs\sim P^+\text{-}Ga_{1-y}Al_yAs$	～2	300,77	$8.3\times10^3,9\times10^2$
8	$N\text{-}GaAs\sim P\text{-}GaAs\sim P\text{-}GaAs_xP_{1-x}$	1	300,77	$1.4\times10^5,2\times10^4$
		>10	300	8×10^4
9	$N\text{-}GaAs_{1-y}P_y\sim P\text{-}GaAs_{1-y}P_y\sim P\text{-}Ga_{1-x}Al_xAs_{1-y}P_y$	1.24	300	6.6×10^4

单异质结激光器与同质结激光器相比，由于有源区中对光和载流子的限制作用，使阈值电流密度下降. 但是单异质结激光器有源层厚度仍较厚，室温下阈值电流密度仍较高，故不适宜于室温下连续工作，常采用脉冲方式工作，可输出较高的脉冲功率. 单异质结激光器结构简单，制备工艺容易，且器件效率又与双异质结器件相差无几，因此直至目前它还是主要应用的器件.

11.3.3 双异质结半导体激光器

单异质结激光器多属脉冲器件,适用于大功率输出的场合.而某些应用如光纤通信和信息处理等,需用室温下连续工作的激光器.由于双异质结激光器有着对光和载流子最完全的限制作用,若再加以良好的散热装置,就能得到低阈值电流密度的室温连续器件,所以其发展极为迅速.图 11.17(c)给出了双异质结激光器的带隙、折射率和光场分布示意图.表 11.2 列出了几种双异质结激光器及其性能.

表 11.2 几种双异质结激光器及其性能

样品号	异 质 结 构	激活区厚度 d (μm)	工作温度 (K)	阈值电流密度 (A/cm^2)
1	$N\text{-}Ga_{1-x}Al_xAs\sim P\text{-}Ga_{1-x}Al_xAs$	2	300	$(4\sim5)\times10^3$
		0.5	300,77	$1\times10^3,3\times10^2$
2	$N\text{-}Ga_{1-x}Al_xAs\sim P\text{-}Ga_{1-x}Al_xAs$	~1	300,380	$2.3\times10^3,7\times10^3$
3	$N\text{-}Ga_{1-x}Al_xAs\sim P\text{-}Ga_{1-x}Al_xAs$	0.5	300	1.5×10^3
4	$N\text{-}Ga_{1-x}Al_xAs\sim P\text{-}Ga_{1-x}Al_xAs$	0.5~2	355	
5	$N\text{-}Ga_{1-x}Al_xAs\sim P\text{-}Ga_{1-y}Al_yAs$	0.3	436	$<1\times10^4$
6	$N\text{-}Ga_{1-x}Al_xAs\sim P\text{-}Ga_{1-y}Al_yAs\sim P\text{-}Ga_{1-x}Al_xAs$	0.8	300,77	$2.5\times10^3,2.7\times10^2$
7	$N\text{-}Ga_{1-x}AlAs\sim P\text{-}Ga_{1-y}Al_yAs\sim P\text{-}Ga_{1-z}Al_zAs(x>y>z)$	2~3	300,700	$4.3\times10^3,\sim6\times10^2$
8	$N\text{-}Ga_{1-x}Al_xAs\sim P\text{-}Ga_{1-y}Al_yAs\sim P\text{-}Ga_{1-z}Al_zAs$	0.6	300	5×10^3 (773 nm)
9	$N\text{-}Ga_{1-y}Al_yAs_{1-x}P_x\sim P\text{-}Ga_{1-y'}Al_{y'}As_{1-x}P_x\sim P\text{-}Ga_{1-y''}Al_{y''}As_{1-x}P_x$	1.25	300	1×10^4

为了降低阈值电流密度,减小热阻以获得室温下连续工作的器件,双异质结激光器一般采用多层结构和条形结构.

1. *多层结构*

多层的 GaAs/GaAlAs 双质结激光器的结构示于图 11.19 中.采用液相外延工艺方法,在 N-GaAs 衬底上依次生长出 $N^+\text{-}Ga_{1-x}Al_xAs$ 层、P-GaAs 层、$P^+\text{-}Ga_{1-x}Al_xAs$ 层和顶层的 P^+-GaAs 层.异质结的 N 侧边界由 $N^+\text{-}Ga_{1-x}Al_xAs\sim N^-$ GaAs 构成,形成限制空穴的高势垒;P 侧边界则由 $P^+\text{-}GaAs\sim P^+\text{-}Ga_{1-x}Al_xAs$ 构成,形成限制电子的高势垒.这种垂直于结平面形成的层状结构称为多层结构,达到了对光和载流子的限制作用.此类器件的有源层厚度 d 较薄,一般为 0.5 μm 左右.

2. *条形结构*

室温下连续工作的双异质结激光器须尽量减小工作电流,改善器件的热阻,提高散热性能.为此,在多层结构基础上发展了如图 11.20 所示的条形结构.也就是在多层结构上,设法将垂直于激光方向的尺寸加以限制,控制其宽度 W,致使产生激光振荡的区域限于外延片中央的细长部分,一般条宽 $W = 10 \sim 30\ \mu m$.

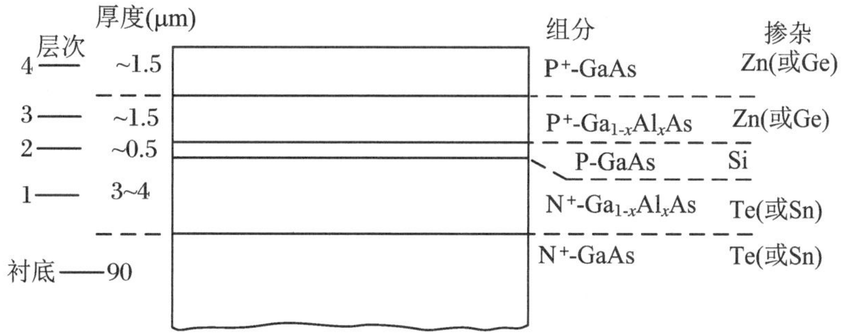

图 11.19　双异质结激光器外延片结构示意图

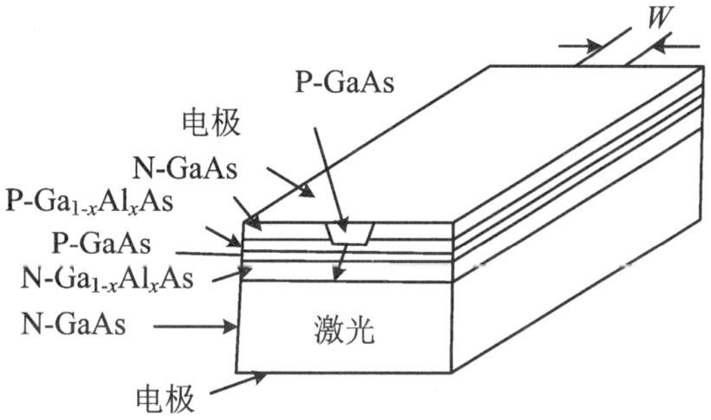

图 11.20　条形结构示意图

条形结构有如下特点:① 工作电流小,发热少;② 与散热装置结合,散热性能好;③ 可改善模式和谱线宽度.但由于条宽受到限制,振荡的区域较小,不宜用于大功率输出.同时,由于载流子向非增益区的扩散和光的吸收,使增益因子有所减小,损耗有些增加,因此阈值电流密度有所增加.条形激光器的形态较多,如图 11.21 所示.现分别加以简述.

(1) 电极条形

它是在图 11.19 的外延片外层 4 上覆盖 SiO_2 层,并光刻 $W = 10 \sim 15\ \mu m$ 的条宽,安上电极制成.由于 SiO_2 的绝缘作用,正向电流基本上被限制在 W 之内.这种结构制作简单,但模式较差.如图 11.21(a)所示.

(2) 台面条形

一般用掩模光刻工艺将图 11.19 所示的外延片腐蚀为 $W = 40 \sim 80\ \mu m$ 的条形,腐蚀到第 3 层,然后在条形以外的区域覆盖上氧化物层,做上电极而成.其特点是阈值电流密度小,但机械性能差,散热也差,并容易产生高次横模.其结构如图 11.21(b)所示.

(3) 质子轰击条形

如图 11.21(c)所示,它是利用高能质子流的轰击改变外延片局部区域的电阻率制成条形的.一般是先用直径为 $12 \sim 20\ \mu m$ 的金丝或钨丝把外延片沿腔轴方向掩蔽起来,再用 300～600 keV 质子流轰击其余部分,致使被轰击部分的电阻率提高两个数量级以上.去除掩蔽物,做上电极就制成了条形器件.制备条形中,若改变质子流的能量,可以控制所形成的高阻层深度,一般每增加 100 keV 能量,深度增加 1 μm.此种条形的特点是注入电流的扩散小,但光的扩散增大了.一般认为以不穿透激活区的浅层轰击效果好.

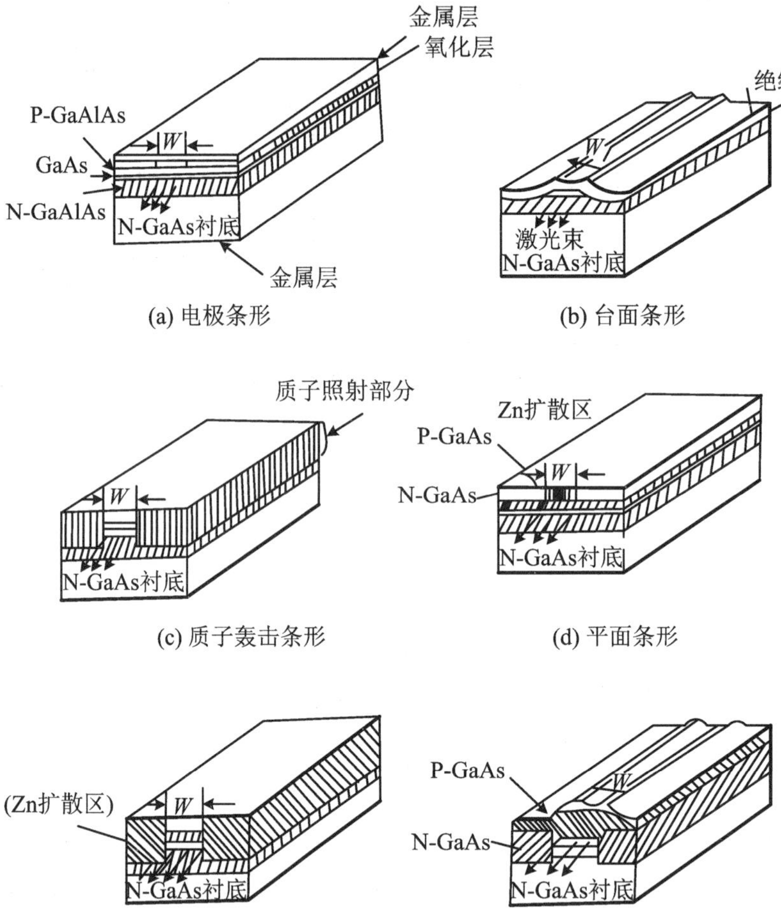

(a) 电极条形　　(b) 台面条形

(c) 质子轰击条形　　(d) 平面条形

(e) 结条形　　(f) 掩埋条形

图 11.21　几种类型的多层-条形双异质结激光器示意图

(4) 平面条形

其特点是将图 11.19 的外延片缓冲层 4 用 N-GaAs 代替，把 Zn 扩散到 $W=5\sim20\ \mu\text{m}$ 的条形区域形成 P-GaAs 区. 当有正向偏压时，电流将主要从条形区通过，这是由于未扩散有 Zn 的部分处于由 N-GaAs 和 P-GaAlAs 所形成的结的反向偏置状态. 其结构如图 11.21(d) 所示，可用成熟的半导体平面工艺制备.

(5) 结条形

一般用掩蔽扩散工艺在宽为 $3\sim45\ \mu\text{m}$ 的条宽两侧扩散 Zn，深度达图 11.19 中外延的层 1 为止. 实际上形成两个结：条形内的 P-GaAs/N-GaAlAs 异质结和条形区外的同质结. 实验表明，当注入器件的总电流较小时，电流主要从势垒较低的异质结通过，这就可以达到限制电流的目的. 这种器件的特点是阈值电流较低，使用方便，但输出功率不太大. 结构如图 11.21(e) 所示.

(6) 掩埋条形

这是利用两次外延工艺，使激活区 P-GaAs 的周围都处于 GaAlAs 的范围之中，如图 11.21(f) 所示. 可以制备出很窄的条宽 $W\approx1\ \mu\text{m}$，而不使 J_{th} 升高多少. 这种条形的特点是，阈值电流可低至 15 mA 左右，且因 $d\approx W$，容易获得较好的单横模振荡. 但外延工艺复杂，功率也较小.

目前,室温连续工作的双异质结激光器的寿命已长达 10 万小时以上,输出功率可达数百毫瓦,外微分量子效率 $\eta_D \approx 40\% \sim 60\%$,功率效率可达 20%以上.器件的响应时间达数纳秒,在光纤通信中用 PCM 调制时,其信息率已达 800 Mbit/s.

11.3.4　长波长半导体激光器

前面已详细地介绍了 GaAs/GaAlAs 系异质结激光器,它是光纤通信和大气通信的重要来源,发射 0.84～0.9 μm 波长的激光,已实用和商品化.随着光纤传输系统发展的需要,为了与超低损耗光纤匹配,已相继研制成功激射波长为 1.1～1.3 μm和 1.5～1.6 μm 的长波长激光器.长波长激光器用作光纤通信光源,可以大大增长通信的中继距离和提高系统的性能,特别适宜于作长距离传输系统的光源.目前对波长等于 0.9 μm 的长波长激光器的研究也较成熟,作为室温连续工作的长波长激光器有 InGaAsP/InP 激光器、GaAsSb/GaAlAsSb 激光器和 InGaAs/GaInP 激光器.

InGaAsP/InP 双异质结外延片的剖面如图 11.22 所示.利用四元合金 $In_{1-x}Ga_xAs_yP_{1-y}$ 作有源层的激光工作物质,四元合金材料与 InP 构成异质结,发射 1.02～1.6 μm(视四元合金组分而定)波长的激光.图 11.23 是一种 InGaAsP/InP 双异质结激光器输出功率与输入电流的关系曲线.

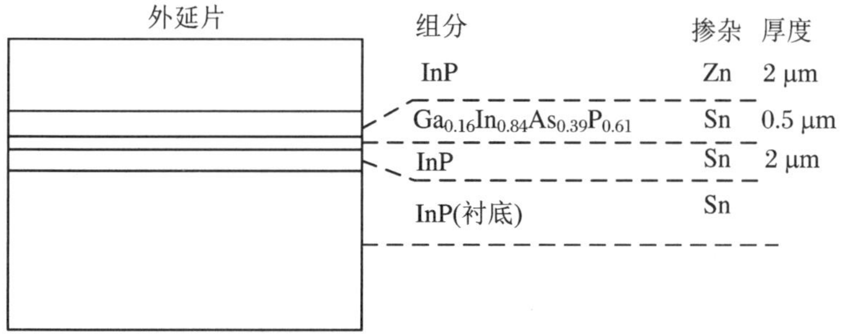

图 11.22　InGaAsP/InP 双异质结外延的剖面图

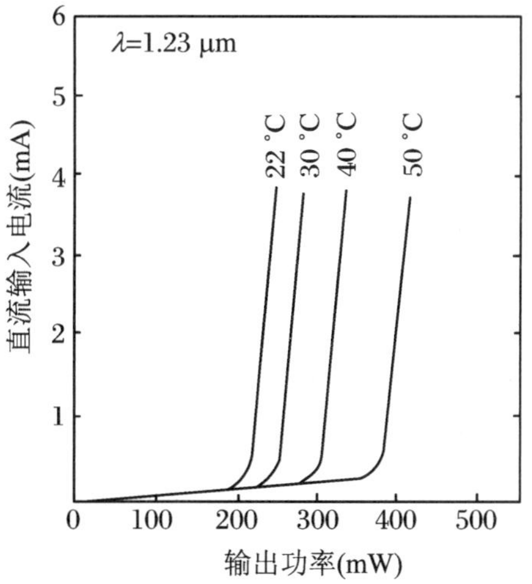

图 11.23　InGaAsP/InP 双异质结激光器输出功率与输入电流的关系

图 11.24 是两种条形 InGaAsP/InP 双异质结激光器的结构. 图 11.24(a)示出的是自对准结构,采用 N-InGaAsP"抗导"区实现载流子限定和光限定. 这种器件能在 1.3 μm 波长的基横模式下稳定工作,直至温度 72 ℃均已实现连续工作. 图 11.24(b)示出的是 1.55 μm 波长的脊形波导双异质结激光器,器件能在基横模式下工作. 1.55 μm 波长使这种激光器成为低损耗、长距离、单模光纤通信系统的一种有吸引力的光源.

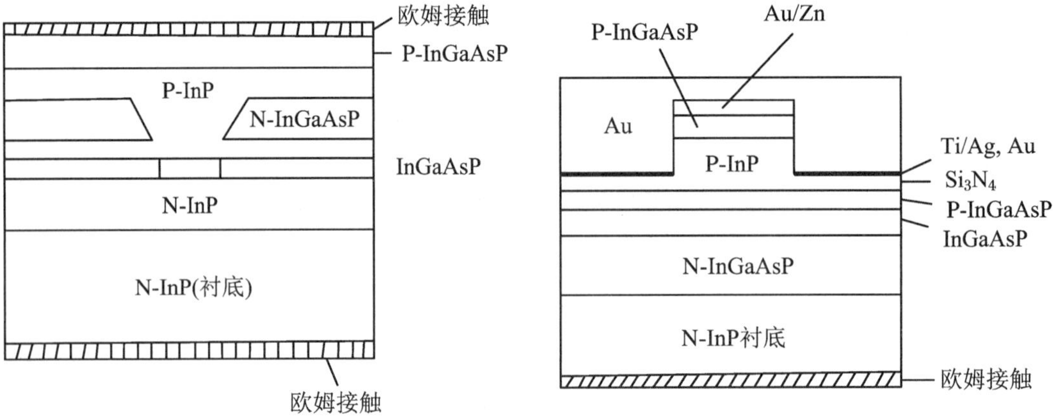

(a) 自对准结构双异质激光器　　(b) 脊形波导结构激光器

图 11.24　条形 InGaAsP/InP 激光器的结构

11.4　分布反馈式半导体激光器

分布反馈(DFB)式半导体激光器是伴随光纤通信和集成光路的发展而出现的. 它与其他器件的最大差别是,激光振荡是由周期结构(或衍射光栅)形成光耦合提供的,不再由解理面构成的谐振腔来提供反馈. 优点是易于获得单模单频输出,容易与光纤、调制器等耦合,特别适宜作集成光路的光源.

11.4.1　激光器结构与制备

DFB 双异质结 GaAs/GaAlAs 激光器及其外延片剖面,如图 11.25(a)和(b)所示. 与普通的 GaAs/GaAlAs 激光器最大差别是,在激活层 GaAs 内制备上如图 11.25(c)所示的周期性波纹结构. 理论与实践表明,当激活区介质的增益与光栅波纹深度满足一定要求时,即可输出激光,激光波长与光栅周期间也存在一定的关系.

DFB 激光器的波纹光栅结构在外延生长的 P-GaAs 激活区之后,再用化学腐蚀法将层厚由原来的 1.5 μm 腐蚀到 0.5～1.3 μm,然后用氩离子激光进行全息照相,用离子刻蚀法制成周期为 341.6 nm,深度约为 90 nm 的波纹周期结构,并将器件做成条宽 $W = 50$ μm 的条形结构.

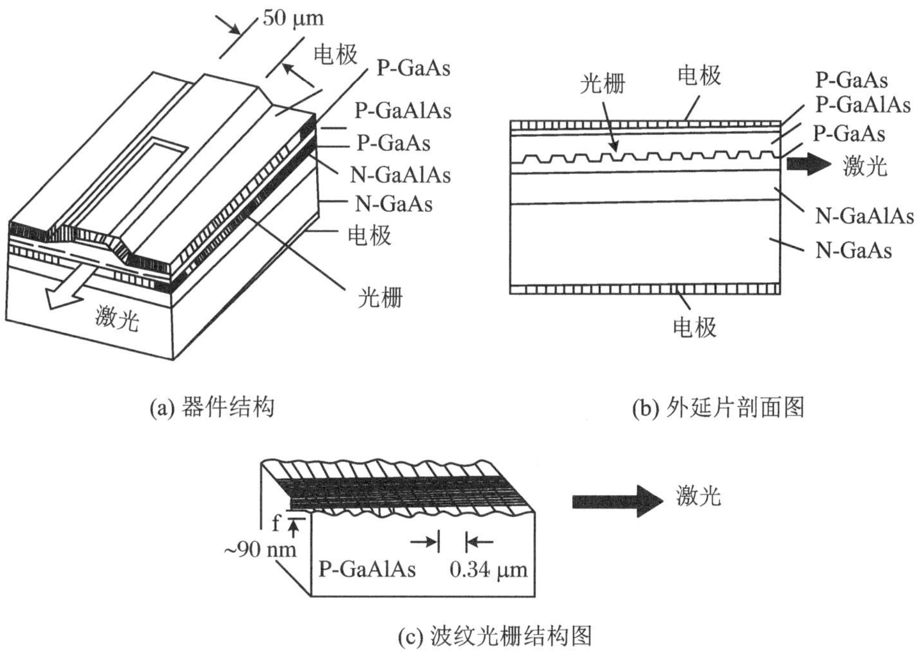

图 11.25　分布反馈式 GaAs/GaAlAs 双异质结激光器结构示意图

11.4.2　DFB 激光器的基本原理

利用波纹光栅实现光振荡的基本原理就是“布拉格反射原理”. 我们从晶体的 X 射线布拉格反射出发，来分析和导出 DFB 激光器中实现光振荡所需的条件.

图 11.26 是典型的布拉格衍射示意图. 平行线表示晶体的一簇晶面，面间距为 d. 设光线以布拉格角 θ_B 射向这族晶面，并以 θ_B 角反射，经晶面簇反射的光束将发生干涉. 产生相长干涉的条件是逐个反射面反射的光程差必须为波长的整数倍，即满足如下关系：

$$2d\sin\theta_B = m\lambda,\quad m = 1,2,3,\cdots \tag{11.28}$$

式中，λ 为介质中的光波长.

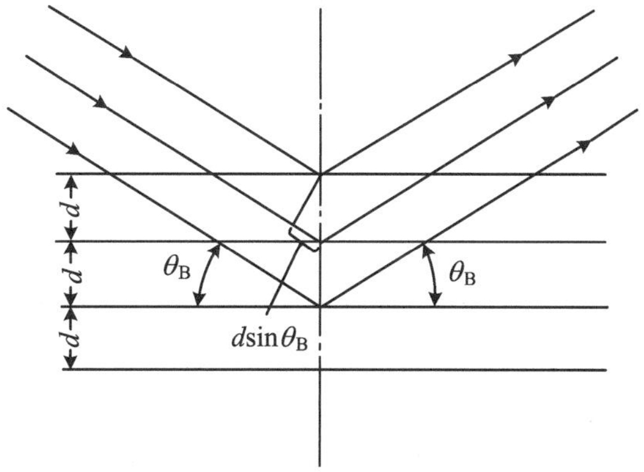

图 11.26　晶体的 X 射线示意图

从晶体的布拉格反射与激光器的分布反射对比中不难看出，DFB 激光器的周期波纹光栅类似于晶体的晶面簇.而对于激光器来说，入射光与光栅垂直，即入射角 $\theta_B = 90^\circ$.入射光受到大量光栅栅条的反射，此时，栅条间入射光与反射光的方向恰好相反.满足一定条件时，反射光将发生相长干涉.这个条件就是在式(11.28)中将 d 换成光栅周期Λ，并以 $\theta_B = 90^\circ$代入.由此得到分布反馈条件为

$$\lambda_0 = \frac{2\bar{n}\Lambda}{m}, \quad m = 1,2,3,\cdots \tag{11.29}$$

式中采用了 $\lambda = \lambda_0/\bar{n}$ 的关系，$\bar{n}$ 为有源层折射率，λ_0 为真空中的光波长.上式表明，当波纹光栅周期一定时，只有该式确定的那些特定波长的光才会受到强烈反射，从而提供光反馈.在 $\bar{n}$ 和λ_0 都确定的情况下，$m=1$ 所对应的光栅周期为 Λ 的光栅，称为一级光栅；$m=3$ 所对应的光栅称为三级光栅.在 DFB 激光器中很少采用二级光栅，因为垂直于二级光栅平面方向上将出现强烈的辐射损耗，使 DFB 激光器性能很差.

由式(11.29)有

$$\Lambda = \frac{m\lambda_0}{2\bar{n}} \tag{11.30}$$

波纹光栅周期 Λ 的大小与m 成正比.由于一级光栅的 Λ 值过小，制备困难，因此一般采用三级光栅.

11.4.3 DFB 激光器的特性

分布反馈激光器具有独特的性能和优点，其性能常优于反射端面激光器.

1. 波长选择性

反射端面激光器的光发射波长，由增益谱和激光器纵模特性共同确定.当注入电流远远超过阈值电流时，往往激励若干纵模，要得出单模振荡非常困难.DFB 激光器的发射波长虽然受到激光器增益谱的影响，但主要由光栅周期 Λ 决定.m 阶和$m+1$ 阶模之间的间隔一般比激光器的增益谱宽度要大得多，以致只有一个激射模能获得足够的增益.因此 DFB 激光器很容易实现单纵模工作.改变 DFB 激光器中的光栅周期 Λ，可在一定范围内有控制地选择激光器的发射波长.

因 DFB 激光器在预定波长上很容易获得单模输出，故适用于集成光路的频率多路复用.例如在单片衬底上集成六个 GaAs DFB 激光器，耦合入单个波导，选择每个激光器的光栅周期，使其波长间隔约为 2 nm，制成了用于光纤通信的六路复用的集成光路发射机.

2. 发射光的线宽窄

发射谱线的宽度由激光器的增益谱和腔体选模特性的卷积确定.因为光栅比反射端面有更好的波长选择性，所以 DFB 激光器的发射谱线宽度要小得多.普通反射端面激光器的单模线宽为 0.1～0.2 nm，DFB 激光器的线宽在 0.05～0.08 nm的范围内，这对光纤通信非常重要，因为调制带宽主要受激光线宽的限制.

3. 稳定性好

发射波长随 PN 结结温的变化是反射端面激光器中一个严重问题，一般漂移值为 0.3～0.4 nm/℃.这种漂移对光纤通信系统十分不利，因为光纤通信系统中使用窄带滤光器减小背景光强来提高信噪比，接近 1 nm 的漂移就可能把光束波长移到滤光器的通带以外.

DFB 激光器的波长稳定性好，这是因为光栅有助于锁定在给定的波长上，其温度漂移约为 0.08 nm/℃.

11.4.4 分布布拉格反射式激光器

图 11.27 所示是分布布拉格反射式(DBR)激光器示意图.它与 DFB 激光器基本相同,不同的是 DBR 激光器在两端使用两个布拉格光栅,光栅在激励有源区(反转区)外面.这样,不仅避免了由于光栅制作过程中的晶格损伤引起的非辐射复合,而且在有源区外面放置两个光栅镜面,可以单独制作以获得激光器单端输出.

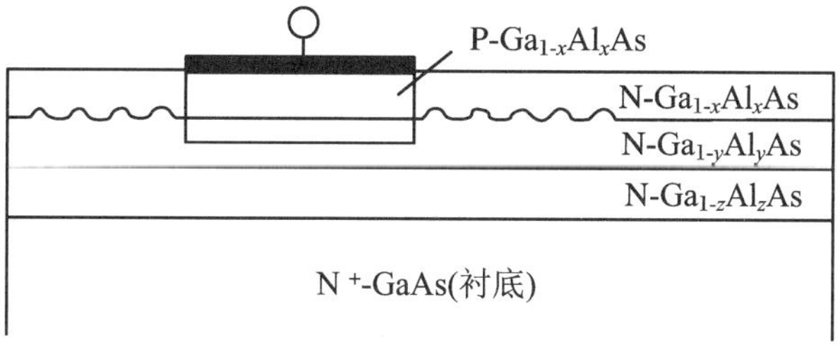

图 11.27　分布布拉格反射式激光器

DBR 激光器中,由于有源区和波纹光栅分开,因而损耗减少,提高了发光效率,降低了阈值电流,从而实现温室连续工作.此类激光器的优点是,不仅易于控制纵模,可获得单频输出,同时还不需要谐振腔结构的反射镜,因此有利于与其他光电子器件耦合.例如,直接将输出的激光耦合到光纤或调制器中,不致造成光能的大量损失,故耦合效率极高.不同的光栅结构还可以得到不同波长的激光,能实现在同一基片上制备多个不同波长的激光器.最近,采用液相外延和分子束外延技术成功地制成了 DBR 激光器,室温连续工作的阈值电流密度已降到 $10^2 \sim 10^3$ A/cm^2.这类器件的研制,必将为单片光电子集成电路发展提供最有利的条件.

11.5　量子阱半导体激光器

自从 1969 年提出超晶格概念以来,半导体超晶格量子阱结构的研究,已成为半导体学科极其重要的前沿领域,开拓了新的十分重要的应用前景.它把固体电子器件、光电子器件推入了一个全新的发展阶段.

下面就超晶格量子阱结构中量子阱激光器的原理作简单介绍.

11.5.1 超晶格材料的晶体结构

超晶格材料是 20 世纪 70 年代开始出现的一种人工制备的材料,它是由不同的超薄层半导体材料周期性排列而形成的,如图 11.28 所示.组成超晶格材料的每一薄层厚度小于电子平均自由层(几十纳米),相邻两薄层间形成突变结构.

根据制备超晶格的相邻两薄层半导体材料的差别,可将超晶格材料分为组分型、掺杂型和应变型三大类.组分型超晶格的相邻两层材料的组分不同,典型的如 GaAs/GaAlAs 超晶格.掺杂型超晶格的相邻两层材料组分相同,但通过控制不同的掺杂使这两层材料具有不同的导电性能，如 N-GaAs/P-GaAs. 组成上述两种超晶格材料的晶格常数是相同或相近的，即保持晶格匹配. 如果用两种晶格不匹配的材料组成超晶格，两层材料的界面处会出现由于晶格畸变引起的应变场，这种超晶格称为应变型超晶格，例如 InAs/GaSb 组成的超晶格. 目前对前两类超晶格研究较多，应变型超晶格的研究最近几年来也取得了较大的进展.

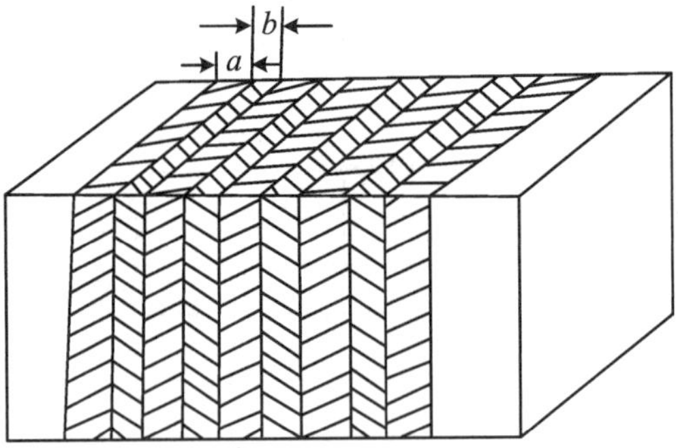

图 11.28　超晶格示意图

在图 11.28 的结构中，出现由不同材料周期性排列而引起的周期性势场，其周期等于材料重复周期，这一周期远远大于晶格的排列周期，所以超晶格中人工形成的势场周期一般大于晶格势场的周期，这就是“超晶格”名称的来源.

超晶格材料的工艺主要是超薄层半导体外延生长技术，特别是分子束外延（MBE）、金属有机物化学气相沉积（MOCVD）、化学束外延（CBE）等生长技术.

11.5.2　能带中的量子阱结构

在 GaAs/GaAlAs 超晶格中，GaAs 是一窄带半导体，禁带宽度为 1.4 eV；GaAlAs 的禁带宽度随 Al 的组分增加而增加，对于 $Ga_{0.6}Al_{0.4}As$，禁带宽度为 1.9 eV. 本征的 GaAS 和 GaAlAs 材料在组成超晶格前后的能带情况如图 11.29(a)所示. 由于 GaAs 和 GaAlAs 界面处形成突变结构，所以当每一层厚度都很薄时，在 GaAs 层内出现了势阱（导带中出现了电子势阱，价带中为空穴势阱），如图 11.29(b)所示.

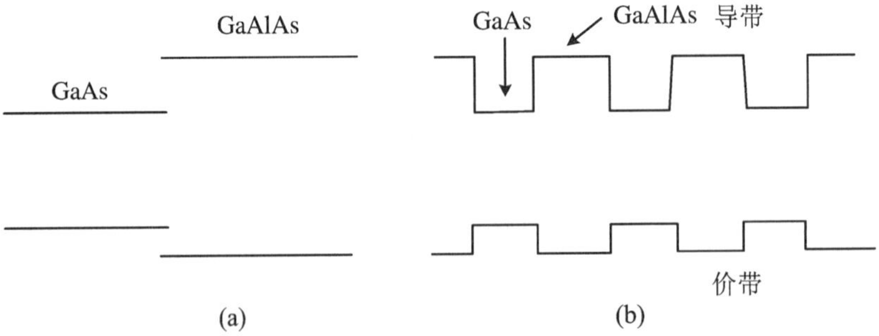

图 11.29　GaAs/GaAlAs 超晶格的能带(a)和势场(b)

对于掺杂型超晶格，相邻两层材料相同，具有相同的禁带宽度，但由于导带类型不同而出现能带中的势阱和势垒；同时，掺杂引起界面处能带的弯曲结构形成.

超晶格周期势场的形状取决于组成超晶格的材料的性质、层厚及掺杂浓度等，通过选择和控制这些参数，可以人工制备出各种形式的周期势场.

11.5.3　量子阱中的电子态

超晶格材料在导带和价带中出现电子和空穴的势阱，如果势阱的宽度比深度小得多，那么落在势阱中的电子(或空穴)就会出现量子效应.我们把这样的势阱结构称为量子阱.目前研究得比较多、比较成熟的是 GaAs/GaAlAs 超晶格，以下的情况均以这种超晶格为例.

1. 单量子阱中的电子能态

如果超晶格中只有一层势阱层，周围基质构成势垒，或者虽有多层势阱，但两势阱之间的势垒层很厚，这种结构就称为单量子阱.图 11.30 为 GaAs/GaAlAs 导带的单量子阱结构.实际上单量子阱就是量子力学中常用的一维方势阱.

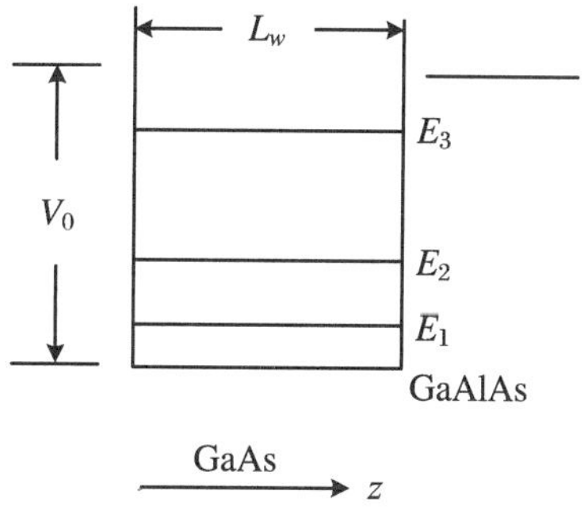

图 11.30　单量子阱电子态

根据量子力学的基本原理，落在单量子阱中的电子满足薛定谔方程：

$$-\frac{\hbar^2}{2m^*}\frac{\mathrm{d}^2\psi}{\mathrm{d}z^2}+V_0\psi=E\psi \qquad (11.31)$$

式中，V_0 为结区势垒，$\hbar$为约化普朗克常量.解方程得到沿 z 方向的能量本征值为

$$E_z=\frac{\hbar^2}{2m^*}\left(\frac{N\pi}{L_W}\right)^2,\quad N=1,2,\cdots \qquad (11.32)$$

在垂直于 z 方向的势阱平面内，电子能量 E_t 为

$$E_t=\frac{\hbar^2}{2m^*}(k_x^2+k_y^2) \qquad (11.33)$$

其中，k_x 和 k_y 为电子在 x 和 y 方向的波矢.

从上述结果可看到：单量子阱中的电子沿 z 方向具有量子化能量，因此沿 z 方向不能自由运动；而在平行于量子阱层面方向，电子的能级是连续的，可以自由运动.我们把这种只能在某个平面内自由运动的体系称为二维电子体系.

图 11.30 中给出了电子在单量子阱中的量子化能级 $E_1,E_2,E_3\cdots$，分别表示量子化能级距导带底(势阱底)的能量.从式(11.32)得出，量子化能级间距反比于量子势宽度的平方.量子阱宽度 L_W 越窄，量子化效应越显著.当 L_W 宽到一定程度，量子化效应将消失，这一宽度一般为几十纳米.

2. 双重量子阱

如果两个势阱间势垒 L_b 很窄，一个势阱中的电子会通过势垒贯穿进入另一个势阱.由于两个势阱中的电子的相互作用，造成量子化能级的劈裂，原来的每一个能级都被分裂成两个能级.如图 11.31 所示.

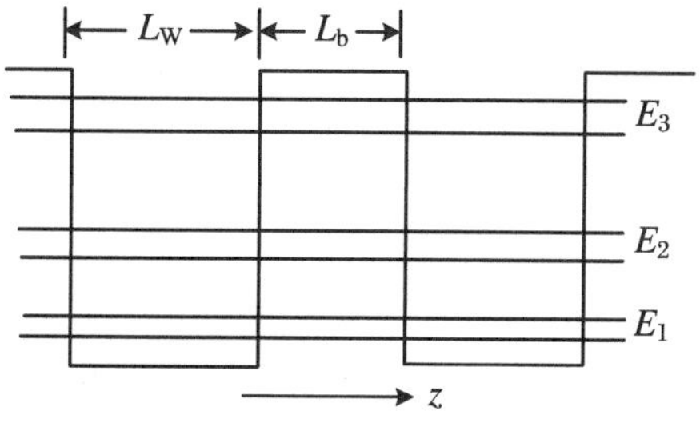

图 11.31　双量子阱中的电子态示意图

3. 多重量子阱

从对双量子阱的分析可以导出，随着量子阱个数的增加，能级劈裂的数目成比例增加，当量子阱个数趋于无穷多时，单量子阱中的单个量子化能级必然扩展成能带，如图 11.32 所示. 这就在原来的导带中形成许多子带，子带之间有禁带. 基态对应的子带最窄，越往上子带越宽，子带间的能量间隔也越大.

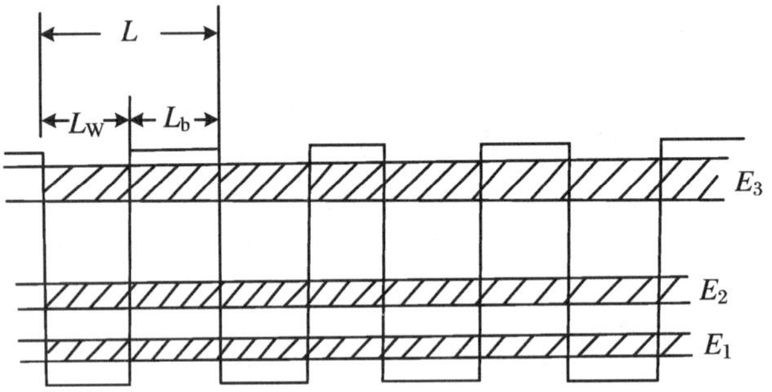

图 11.32　多量子阱中电子态示意图

上述情况很容易和半导体结构对应起来. 设半导体的晶格常数为 a，由晶格形成的周期势场的周期为 a，从而得到在 K 空间中能量分布的布里渊区边界是 $\pm\pi/a$. 在多重量子阱中，人工势场的周期 $L = L_W + L_b$，在 K 空间形成微布里渊区，大小为 $\pm\pi/L$. 由于 $L > a$，所以原来的布里渊区被分割为许多微布里渊区，这些微布里渊区确定了超晶格子能带的结构.

在多层量子阱结构中，电子除了可以沿量子阱平面自由运动，也可以在子带内沿 z 方向运动，所以也把它称为三维电子体系，但和块状半导体材料的三维电子体系不同.

11.5.4　量子阱半导体激光器

在光电子学领域内，材料的光电特性是和电子能态密切相关的. 而超晶格是一种人工材料，可以通过选择材料、改变量子阱或势垒的厚度以及控制掺杂手段获得不同的电子态结构，因而能够人为地设计材料，使之具有预期的能带结构，这就形成了所谓的“能带工程”. 此外，量子阱具有限制电子的空间位置的作用，设计几何形状不同的量子阱，可以将电子限制在所需要的空间位置上. 这一工程被称为“波函数工程”，运用这种方法可以获得体材料所无法实现的功能. 由于上述原因，超晶格材料在光电子学领域的应用具有巨大的潜力.

超晶格材料本身就是突变的异质结结构，因而用超晶格材料制备的量子阱激光器，具有突变异质结激光器的所有优点. 超晶格中异质结的突变程度和晶格完整性都较体材料异质结的要好. 不仅如此，超晶格材料还可实现一些体材料中不能实现的异质结.

从物理特性上讲，用超晶格制备的量子阱激光器还具有如下一些优点：

1. 改变激光波长

量子阱激光器的受激辐射来自导带中的基态电子和价带中基态空穴的复合，导带和价带中基态间的能级差(有效禁带宽度)随势阱宽度而变化，减小势阱宽度可获得短波长激光发射，如图 11.33 所示.

在掺杂型 P-GaAs/N-GaAs 超晶格中，电子和空穴的势阱在不同层内，如图 11.34 所示，受激跃迁发生在相邻两层之间. 当外加偏压改变之后，势阱变化如图中虚线所示，这样，有效禁带宽度随之而变，引起激光波长的变化. 因此，通过改变偏压可改变输出波长，从而达到调谐目的.

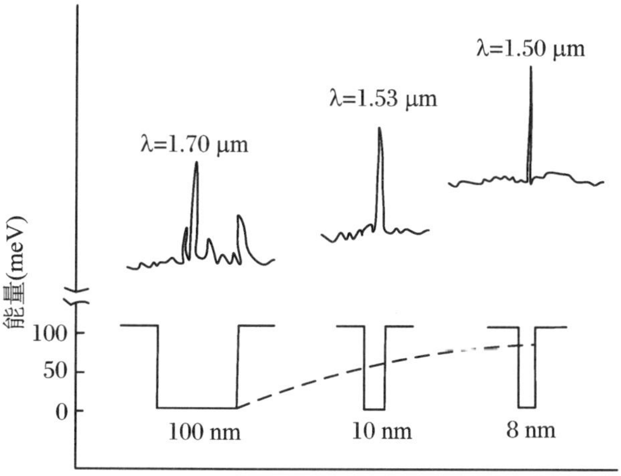

图 11.33　激光波长随势阱宽度的变化

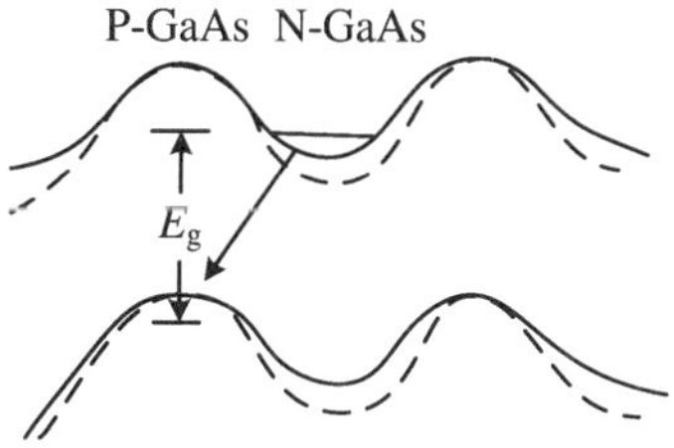

图 11.34　激光波长的调谐

2. 阈值电流小

超晶格中的子能带结构,使得允许带中单位能量间隔内的粒子密度较高,因而达到粒子数反转所需的阈值电流小.目前量子阱激光器的阈值电流已小于 250 A/cm^2.

3. 提高了温度稳定性

在一般的双异质结激光器中,由于态密度有连续的分布,所以温度的变化造成载流子分布的扩展,使得激光波长变化,同时阈值电流也升高.而在量子阱激光器中,由于子能带之间存在禁带,因此当温度在一定范围内变化时,不可能引起载流子分布的扩展,从而大大提高了激光器工作的稳定性.

4. 高频调制的单模性

量子阱激光器由于其阶梯状的态密度分布,在高频调制时出射光保持良好的单模性.而一般的双异质结激光器在高频调制时出现多模性质.

5. 提高效率

在多量子阱激光器中,产生受激辐射的吸收和产生自发辐射的吸收之间出现跃变,也就是说光场中的光子绝大部分都被用来激发受激辐射,因而量子阱激光器的效率大大高于普通双异质结激光器的效率.

11.6　面发射半导体激光器

面发射半导体激光器是半导体激光器的另一种基本结构,它的输出光不同于普通半导体激光器的沿着结平面方向,而是从垂直于结平面的表面发射.

面发射半导体激光器的结构主要有 45°镜输出结构、分布光栅输出结构和垂直腔结构三种.在前两种结构中,仅仅利用输出方式的变化,将原来沿结平面方向输出的光束被 45°镜或者分布光栅反射,改变为垂直于结平面的方向输出,因此既难以获得无像散的高质量光束,又因腔长限制而难以获得二维阵列的激光输出.

垂直腔面发射激光器(VCSEL)是指激光腔的方向垂直于半导体芯片的衬底,其结构如图 11.35 所示.由高、低折射率介质交替生长形成布拉格反射器,在上、下两个布拉格反射器之间连续生长单个或多个量子阱有源区.有源层的厚度即为谐振腔的腔长.上部布拉格反射器的顶部镀金属反射层,使其具有尽可能接近 1 的反射率.激光束经过下部布拉格反射器后经透明的衬底输出.

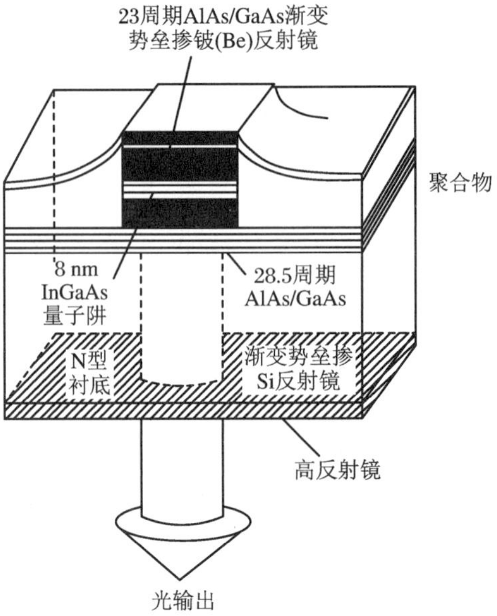

图 11.35　VCSEL 结构示意图

需要说明的是,由于有源层很薄,不仅要求工作介质的增益系数很高,而且谐振腔的反射率也要高,才能获得短腔长低阈值的激光振荡.因此,必须使用分子束外延(MBE)、金属有机化合物化学气相沉积(MOCVD)等方法控制膜厚,并制成量子阱材料及分布布拉格反射器(DBR),才可能实现垂直腔面发射激光器.

11.6.1　布拉格反射器的设计

高反射率布拉格反射器可由高折射率($\bar{n}_H$)和低折射率($\bar{n}_L$)两种介质材料交替生长 $\lambda/4$ 厚度的多层介质膜制成,所得到的场反射系数为

$$r_{2P+1} = \left[\frac{\bar{n}_0 - \frac{\bar{n}_H^2}{\bar{n}_s}\left(\frac{\bar{n}_H}{\bar{n}_L}\right)^{2P}}{\bar{n}_0 + \frac{\bar{n}_H^2}{\bar{n}_s}\left(\frac{\bar{n}_H}{\bar{n}_L}\right)^{2P}}\right]^2 \tag{11.34}$$

式中,$\bar{n}_0$,$\bar{n}_s$ 分别为入射端介质、衬底的折射率;指数 P 为高和低折射率膜层对的数目.$\bar{n}_H$,$\bar{n}_L$ 的差值越大,则达到所需反射率(例如 $R>99\%$)的 P 值就越小.但 $\bar{n}_H$ 与 $\bar{n}_L$ 差值过大,又会造成各薄层间晶格失配过大,难以得到生长质量好、损耗小的布拉格反射器.

然而,由如此多层的高、低折射率交替生长的半导体薄膜所形成的布拉格反射器,虽不是量子阱结构(因 $\lambda/4$ 的膜厚对电子来说相当于块状晶体),但仍类似于超晶格那样,各薄层的带隙周期性地交替变化.由此构成的一系列势垒必然会增加垂直腔面发射激光器的工作

电压和串联电阻.因此减小串联电阻,是多年来垂直腔面发射激光器研究的热点之一.目前,串联电阻已从 20 世纪 80 年代中期的数千欧降至 40 Ω 以下.

11.6.2　腔结构

激光器谐振腔的设计包括腔型的选择与腔长的优化等,其目的之一是希望有源介质获得尽可能大的模体积.在布拉格反射器谐振腔确定后,腔长的优化是一个重要问题.激光器工作时,在包含有源介质在内的布拉格反射器谐振腔内将形成稳定的驻波场.首先有源层应与驻波中心峰值强度对应的 $\lambda/(4\bar{n})$ 范围内有最大的重叠.其次,在 $\lambda/(4\bar{n})$ 的厚度内生长多量子阱结构,有利于获得大的功率输出.

垂直腔面发射激光器与边发射激光器相比,具有很多明显的优点:

(1) 谐振腔由多层介质膜组成,有较高的光损伤阈值以及高的反射率,大大降低了腔的损耗,可实现极低阈值电流(亚毫安量级)工作.

(2) 激光器是单片外延生长形成的,可以高密度地形成二维阵列,芯片成本低,便于对生长材料质量的检查与筛选,也容易模块化和封装.

(3) 腔长短(约为 10 nm),容易实现动态单纵模工作.

(4) 输出为圆对称无像散光束,无须整形即可实现与普通圆透镜或者经类透镜处理的光纤之间的高效耦合.

11.7　高功率半导体激光器

高功率半导体激光器主要是指连续输出功率在数瓦以上的器件.这类器件作为一种新型的激光光源,效率很高,且波长可以对准光增益介质的吸收带,具有较高的电光转换效率(40%左右)和可靠的工作稳定性及紧凑的体积和简单的驱动要求,在泵浦固体激光器、工业加工、医疗、信息及军事领域具有极其广泛的应用前景.

从 20 世纪 70 年代末开始,半导体激光器明显向着两个方向发展:一类是以传递信息为目的的信息型激光器,另一类是以提高光功率为目的的功率型激光器.一般双异质结半导体激光器虽然可以在室温下连续工作,但其输出的功率一般只能满足光纤通信的需要,进一步提高输出功率受到过高阈值电流与工作电流密度的限制.大功率半导体激光在超晶格与量子阱技术及器件结构的日益成熟的情况下获得了迅速的发展,这是由于量子阱半导体激光器具有高微分增益和量子效率、低阈值电流密度,以及良好的温度特性.

由于输出功率的增加,大功率半导体激光器有着与许多小功率半导体激光器不同的特性和性能要求:

(1) 大功率半导体激光器具有更高的工作电流,因此承受着更大的热耗散功率,需要严格考虑其散热条件.否则,会由于内部过热产生缺陷及加速位错繁殖,器件寿命减小甚至失效.一般应采取半导体制冷器进行散热.对于连续波输出功率或脉冲功率达数百瓦的大功率半导体激光器,还需采用微通道强制水冷等措施.

(2) 在高功率输出的情况下,作为谐振腔镜的自然解理面将承受很高的功率密度.特别是有源区材料含铝的器件(如 GaAlAs/GaAs),铝的氧化会加速腔面的破坏.为了解决这一问题,一方面适当加大有源区的宽度,以获得大的腔面面积,从而使其功率密度小于损伤阈值;或者采用无 Al 成分的激光材料(如 InGaAsP/GaAs)以提高损伤阈值.另一方面对谐振腔的反射率作优化设计,前端面增透,后端面增反($R>95\%$).光学薄膜不仅对解理面有一定的保护作用,同时适当的腔镜反射率可使高功率激光器在最佳效率下工作.

一般可采用以下手段提高半导体激光器的输出功率:在平行和垂直于结的方向上,增加激光发射面,即采用大光腔的结构,同时引入对高阶模式的损耗,以消除高阶模式;使用无吸收的腔反射镜;使用激光阵列或者非稳腔结构以增加模式体积.

11.7.1 大光腔高功率半导体激光器

与通常的半导体激光器相比较,大光腔结构具有大的发射孔径.采用侧向折射率限制的宽发射面激光器可以得到很好的纵向和横向模式,从而获得高功率、高亮度的激光输出.

1. *增大发射孔径的方法*

为了增大发射孔径,主要采用以下方法:

(1) 加大有源区的宽度.对于 GaAlAs/GaAs 材料体系,发射波长为 808 nm,在有源区厚度为 1 μm 的条件下,其宽度在 100~500 μm 范围内变化时,激光器发射功率几乎随宽度增加而线性增加.例如,SDL 公司的有源区厚度为 1 μm 的连续波输出分别为 1 W,2 W,3 W 及 4 W 的半导体激光器,其有源区宽度分别为 100 μm,200 μm,370 μm 和 500 μm.

(2) 增加有源层的有效厚度.对于 GaAlAs/GaAs 激光器,可以采用图 11.36 所示的两种办法来实现.如图 11.36(a)所示,对双异质结激光器,在包层及有源层折射差 Δn_r 为常数的情况下,当有源层厚度从常规的 0.2 μm 减小到 0.03 μm 时,其横向模式的光斑尺寸近似增加 3 倍,从而有效地降低了横截面上的功率密度.如图 11.36(b)所示,增加外延生长的附加包层作为导波层,其折射率处在有源层及 N 型 AlGaAs 折射率之间,厚度 D 在 1.0~1.5 μm 之间.这时模式的光束宽度不仅与有源层厚度 d 有关,还和附加包层厚度 D 有关,在 $d=0.1$ μm 时,有效光束宽度实际可达到 1.5 μm 左右.

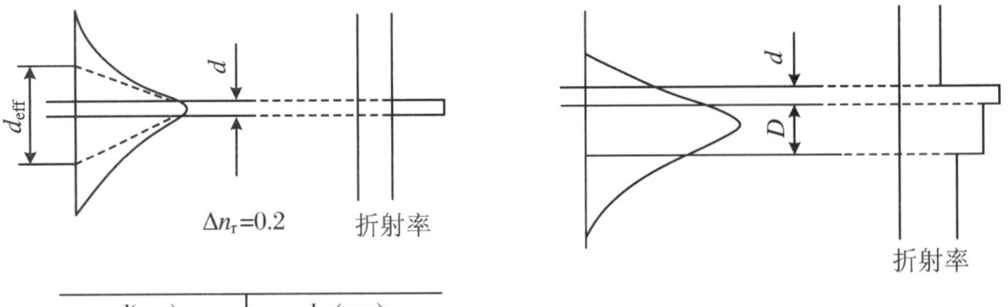

d(μm)	d_{eff}(μm)
0.03	1.75
0.05	1.00
0.20	0.60
0.70	1.00

d=0.1 μm, D=1.0~1.5 μm } D_{eff}=1~1.5 μm

(a) DH结构　　(b) 大光腔结构

图 11.36　增加有源层有效厚度的办法

2. 获得大的光斑尺寸的方法

为了获得大的光斑尺寸以降低功率密度，主要采用量子阱脊形波导（QWR）、双脊结构（TRS）、隐埋双脊结构（BTRS）、电流限制压缩双异质结大光腔（CC-CDH-LOC）等. 图 11.37 给出了部分结构示意图.

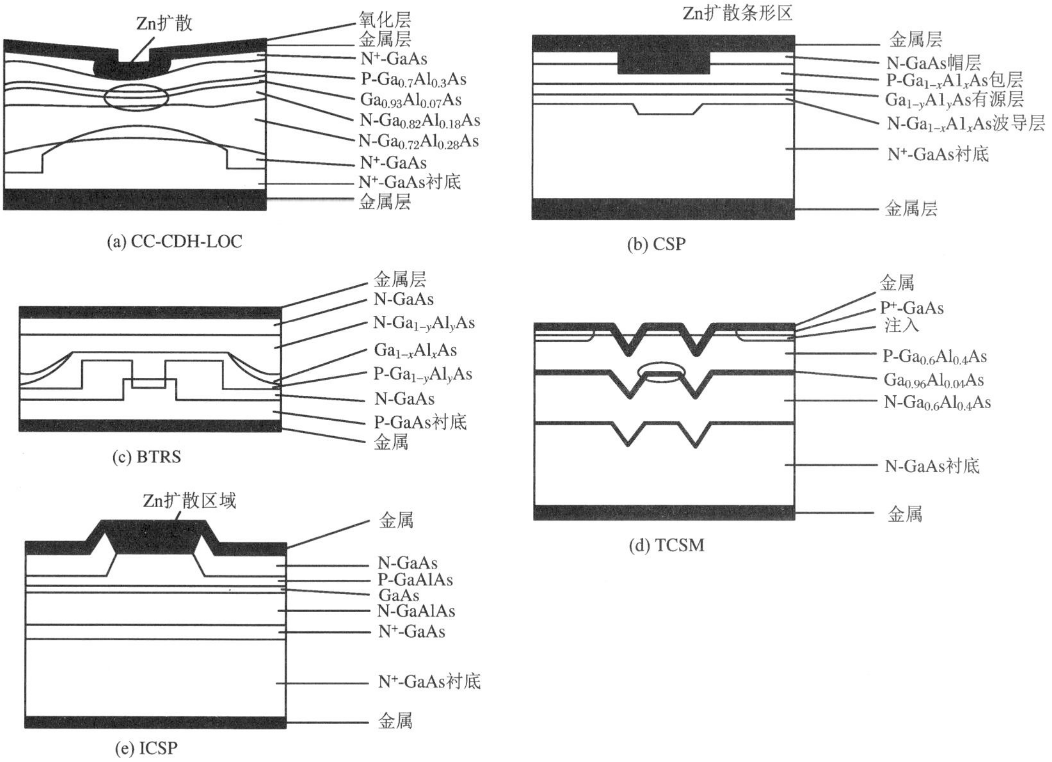

图 11.37　几种重要的高功率激光器

CC-CDH-LOC 如图 11.37(a)所示. 凸透镜形状的有源层（$Ga_{0.93}Al_{0.07}As$）生长在凹透镜形状的导波层（$Ga_{0.72}Al_{0.28}As$）上，采用 Zn 的深层扩散及窄的氧化层改善了电流限制. 上述结构构成了“反波导”特性以及大的光斑尺寸. 漏泄模式波导抑制了高阶模式，利用这种结构可以获得 50～70 mA 的连续波阈值电流，单模运转（占空比为 50%）时获得 60 mW 的输出，最大的连续波输出为 165 mW，能量转换效率达 35%.

沟道衬底平面结构（CSP）如图 11.37(b)所示，是在沟道衬底上使用液相外延技术制作的. 覆盖沟道衬底的电流条形要比沟道宽，以保证流过沟道电流的均匀性. 沟道中心与边缘吸收系数 α 相差较大，加上折射率的改变，能够有效地控制侧向模式. 适当控制有源层及 N 型包层的厚度，可以获得吸收系数差 $\Delta\alpha \approx 1000\ \mathrm{cm}^{-1}$ 及 $n_r \approx 10^{-2}$，阈值电流为 55～70 mA，横向远场相对较窄. 有研究已获得超过 150 mW 的连续波输出.

双脊结构（BTRS）如图 11.37(c)所示，有源层厚度为 40 nm，可获得基模连续波功率为 200 mW，单纵模连续波功率为 100 mW，最大可用功率为 115 mW，阈值电流为 80～120 mA. 其关键之处在于获得超薄（＜100 nm）的有源层厚度，以及该厚度的高度均匀性. 任何很小的有源层厚度的非均匀性都会降低输出功率及侧向模式的稳定性.

双沟道衬底台型结构（TCSM）如图 11.37(d)所示，它是使用 MOCDV 技术在化学刻蚀的双沟道上生长的双异质结.光学导波作用是有源层的弯曲形成的.这种结构可获得 40 mW 的单空间模式输出以及单纵横 65 mW 输出.

倒沟道衬底平面结构(ICSP)如图 11.37(e)所示.在 50%占空比情况下获得了 150 mW 的输出以及连续波 100 mW 的输出.

几种结构下高功率半导体激光器的输出特性如图 11.38 所示.

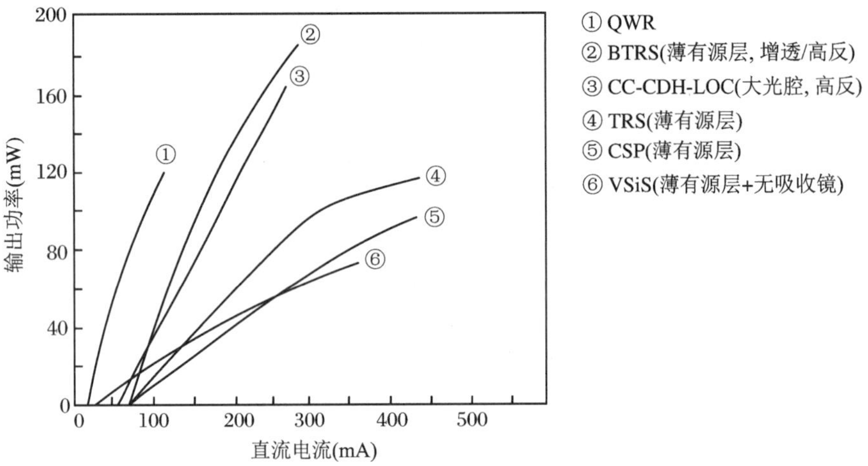

图 11.38　高功率半导体激光器性能

3. 模式稳定的大功率半导体激光器概述

模式稳定的大功率(GaAlAs/GaAs)激光器采用薄有源层或者大光腔以减小发射面功率密度;使用电流限制以提高电流利用率;低-高反射膜层可以使镜面上的光强得到降低,另外还可以采用量子阱设计和长的腔长.这些都是获得大功率 GaAlAs/GaAs 激光良好性能的有效措施.

大功率长波长(1.3 μm,1.48 μm,1.55 μm)激光器主要使用 GaInAsP/InP 材料.该类双沟道平面隐埋异质结(DC-PBH)和隐埋新月型(BC)结构是对称的,需要两步液相外延进行制作.

在 1.5～1.55 μm 波长上,主要采用多量子阱脊形波导结构,使用 5 个厚度为 6 nm 的 InGaAs 量子阱,阱之间用 10 nm 厚度的 GaInAsP 分隔,最外两个稍厚的 GaInAsP,形成限制异质结波导,获得了连续波 170 mW 的输出.利用应变多量子阱隐埋异质结激光器,获得了超过 200 mW 的输出.高功率应变层量子阱激光一般都采用量子阱脊形波导的结构.

对于高功率半导体激光器,其热效应是必须考虑的问题.针对 GaInAsP/InP 窄条 PH 激光器热性能的研究得到以下结果:有源层厚度为 0.15 μm 时可获得最大输出功率;使用 P 型衬底要比 N 型衬底获得高出 25%～60%的输出功率,这主要是因为 P 型衬底上外延层具有较小的电阻;使用金刚石热沉的半导体激光器比使用硅热沉获得高出 60%的功率,这是因为金刚石的热传导率(22 W/(℃ · cm))比硅(1.3 W/(℃ · cm))高得多;使用长的腔长(700 μm)可比常规腔长(300 μm)获得高出 100%的输出功率,这是因为长腔长结构可以降低阈值电流密度以及热阻.

11.7.2　列阵激光器

延长半导体激光器的使用寿命,提高半导体激光器的可靠性,增大半导体激光器的输出功率一直是人们在半导体激光器研究中不懈努力追求的目标．但由于单管的有源区体积小，输出功率受限于腔面灾变性失效，一般单个的 P-N 结半导体激光器的输出能量是几、几十或几百 mW 量级，最好的也不过几瓦．仅仅靠改变单个半导体激光器的结构来提高输出功率是极其有限的．因此要产生 10 W 以上的连续输出功率只能采取锁相列阵结构．对列阵的主要要求是其光谱要对准应用目标的吸收峰，输出功率要大，热阻和串联电阻要低及寿命长等．从 20 世纪 80 年代开始，人们对二极管激光列阵展开了研究，进入 90 年代后，用于激光加工以及泵浦固体激光器等众多领域的高功率半导体激光器阵列成为研究的热点之一．

在同一衬底上单片集成并列的多个激光发射单元（每个单元相当于一个半导体激光器），就形成一维或二维列阵激光器．在各辐射单元之间的光场相互耦合，彼此的相位严格锁定．结果其输出功率既优于各发射单元发射面积之和所对应的宽发射面的情况，也优于各发射单元输出功率的总和．

两种基本的锁相列阵激光器结构（即增益波导和折射率波导结构）如图 11.39（a）和（b）所示．它们通过各单元之间光场的耦合实现彼此之间的相位锁定．

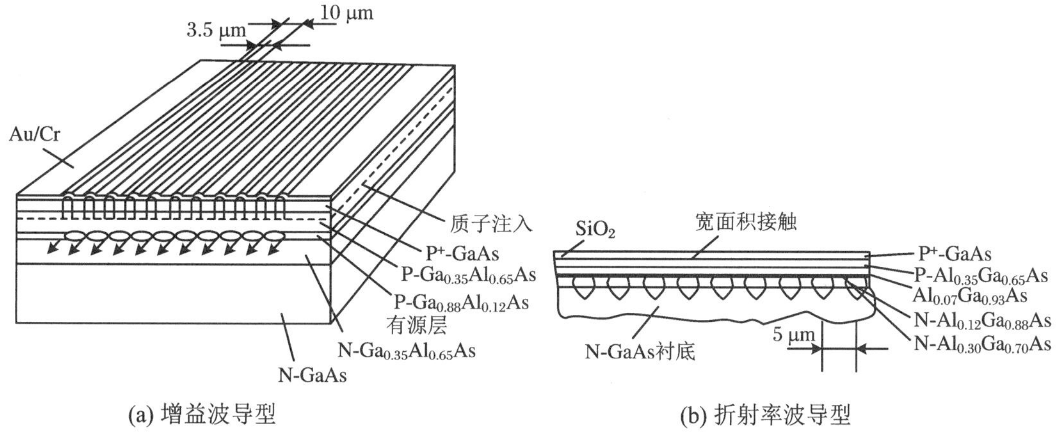

图 11.39　列阵半导体激光器

1．辐射单元之间光场耦合光学

即使是采用光场限制能力强的侧向折射率波导（采取侧向折射率波导有较好的载流子限制能力，可得到低的阈值电流），仍不可避免地有部分光场从有源区漏泄，只要适当选择各辐射单元之间的距离，就可使各单元之间的光场发生有效的耦合．

各单元之间的光场有四种基本耦合类型：倏逝场耦合、Y 结耦合、衍射耦合和漏波耦合．如图 11.40 所示，可将这几种光场耦合形式归结为“串联耦合”与“并联耦合”两大类，它们的耦合特点及激光器输出特性列于表 11.3 中．所谓串联耦合是指光场耦合只发生在相邻的两个激光辐射单元之间，而不波及其他单元，因而是一种弱的相干耦合．它缺乏好的振荡模式和均匀的光强分布，因而难以得到好的光束质量与高的功率效率．然而，并联耦合属于强耦合，每一辐射单元与其他辐射单元间发生同样的耦合，其输出光束有较好的相干性、较好的模式鉴别特性和均匀的近场分布，可以得到具有衍射极限的高功率单模光束．

在列阵激光器中，有源区与波导区周期地交错，折射率也呈周期分布．上述倏逝波与漏波的区别在于：当增益区与列阵的高折射率区对应时，是在低折射区出现倏逝波；若增益区为列阵的低折射率区，则在其两旁的高折射率区形成漏波，这与一般的光波导情况相反，故称反波导,这属于并联耦合.

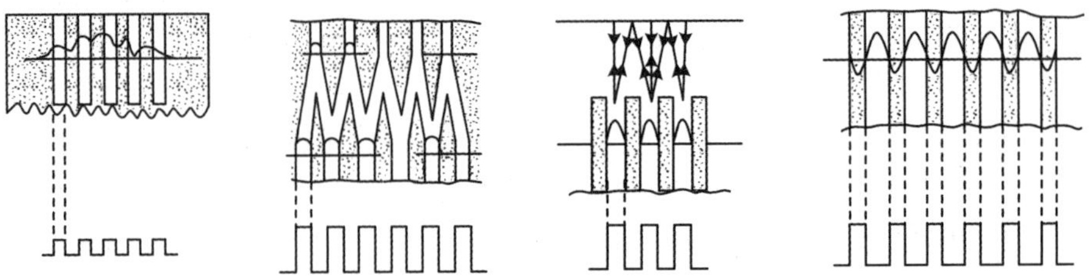

(a) 倏逝场　　(b) Y结　　(c) 衍射　　(d) 漏波

图 11.40　列阵激光器中各单元的几种光场耦合

表 11.3　几种类型折射率波导锁相列阵激光器比较

耦合类型	整个元件间的耦合	光模限制	工作	最大功率(W)	
				DL①	窄带
倏逝场	串	强	多模	0.04	0.2　3×DL
倏逝场	并	弱	不稳定②	0.05	0.2　3×DL
Y结	串	强	多模	0.05	0.4　5×DL
衍射	串	强	多模		0.1　3×DL
漏波	并	强	单模	2.1	5　7×DL

注:① 衍射极限;② 受热或载流子引起的折射率变化影响严重.

2. 列阵激光器中各辐射单元之间的相位锁定

根据光波的叠加原理,当两束光具有相同的频率、偏振和固定的相位关系时,则发生干涉,合成光强不是这两束光强的简单叠加,相干增强时合成光强大于它们的光强之和.当它们相位差为 2π 的整数倍时,则两束光完全相干,其合成光强达到最大.基于这一点,要求列阵激光器各单元之间有强的耦合,它们之间的相位或相位差要锁定到一个最佳点,这是列阵激光器高效工作的关键.

许多技术用来产生锁模作用.一是激光列阵的增益耦合,即激光辐射单元之间光学增益的耦合.这种耦合增加了列阵基模(所有辐射单元同相的模式)的增益,产生锁模作用.二是在 Y 耦合结中使用干涉技术.在每个 Y 结处,同相位的模式相干相加,而不同相的模式干涉后相消.而 Y 结之后的波导仅能传输列阵基模,从而抑制了其他模式,达到锁相的目的.

为了进一步增加输出功率,还可以采取面阵(二维列阵)激光结构.美国 LLNL(Lawrence Livermore National Laboratory)在 2001 年就已经实现了实用的 100 kW 输出堆叠阵.

垂直腔表面发射列阵激光器比端面发射列阵激光器显示出更多的优越性,更易实现二维锁模列阵,其功率密度可达 1 kW/cm^2,这是高功率半导体激光器的发展方向.

第 12 章　光电探测器

光电探测器是一类把光辐射信号转变为电信号的器件，其工作原理是基于光辐射与物质的相互作用所产生的光电效应.光电效应有多种，根据是否发射电子，光电效应分为内光电效应和外光电效应.内光电效应又包括光电导效应、光生伏特(光伏)效应、光子牵引效应和光磁电效应等.

半导体光电探测器则是利用半导体的内光电效应制成的光电转换器件.这也是本章讨论的重点.

半导体光电探测器的中类很多.根据器件工作的物理过程，它可分为光电导型、光伏型、光子牵引型和光磁电型等，分别利用半导体的光电导、光伏、光子牵引和光磁电效应.

按照器件的构造，半导体光电探测器可分为均质型和结型两种.均质型半导体光电探测器多利用光电导效应和光磁电效应，最典型的器件是光敏电阻.结型半导体光电探测器按结的种类不同，又可分为 PN 结型、PIN 型、异质结型和肖特基势垒型等，它们多做成光电池、光电二极管和多极管.

12.1　光电探测器的性能和噪声

许多光电系统都是根据光电探测器的性能来进行设计的.探测器的性能由几个主要性能参数决定.为了使探测器之间在性能上能相互比较，这些性能参数有公认的规定条件.下面是几个主要的性能参数.

1. 响应度

探测器的输出信号电压 V_s(或电流 i_s)与入射光功率 P_i 之比，也就是单位入射光功率作用下探测器的输出信号电压称为响应度.即

$$\mathscr{R}_v = \frac{V_s}{P_i} \quad 或 \quad \mathscr{R}_i = \frac{i_s}{P_i} \tag{12.1}$$

$\mathscr{R}_v$ 的单位为 V/W，$\mathscr{R}_i$ 的单位为 A/W.有时，探测器的响应度也称为灵敏度.

2. 光谱响应

探测器在单位光功率的单色光照射下所得到的输出电压 $V_{s\lambda}$ 或输出电流 $i_{s\lambda}$ 称为探测器的光谱响应度.即

$$\mathscr{R}_{v\lambda} = \frac{V_{s\lambda}}{P_{i\lambda}} \quad 或 \quad \mathscr{R}_{i\lambda} = \frac{i_{s\lambda}}{P_{i\lambda}} \tag{12.2}$$

$\mathscr{R}_{v\lambda}$(或 $\mathscr{R}_{i\lambda}$)随波长 λ 的变化关系称为探测器的光谱响应.实际应用中由于相对光谱响应曲线容易测得,所以常用相对光谱响应来表示.峰值一半处的波长范围定义为探测器的光谱响应宽度.

3. 噪声等效功率 NEP 和探测度 D

若入射到探测器上的光功率是按某一频率变化的,当探测器输出信号电压的有效值 V_s 等于噪声均方根电压值 V_n 时,所对应的入射光功率称为噪声等效功率 NEP 为

$$\mathrm{NEP} = \frac{P_i}{V_s/V_n} = \frac{V_n}{\mathscr{R}_v} \tag{12.3}$$

式中,V_i/V_n 称为信号噪声比,P_i 是入射在探测器上的光功率.

噪声等效功率愈小,探测器性能愈好.但是 NEP 这个参数不适于作为探测器探测能力的指标,它不符合人们的习惯.所以通常用 NEP 的倒数(即探测度)作为探测器探测能力的指标,探测度 D 为

$$D = \frac{1}{\mathrm{NEP}} = \frac{\mathscr{R}_v}{V_n} \tag{12.4}$$

D 的单位是 W^{-1}.

4. 量子效率

光电探测器吸收光子产生光电子,光电子形成光电流.光电流 I_p 的大小与入射光功率 P_i 成正比,即

$$I_p = \alpha P_i = \frac{\eta e}{h\nu} P_i \tag{12.5}$$

式中,$\alpha = \eta e/(h\nu)$,称为探测器的光电转换因子,其数值等于具有能量为 $h\nu$ 的一个光子在探测器中所能产生具有电量为 e 的光电子的数量,其中的比率因子 η 即称为量子效率.由式(12.5)可得 η 的表达式

$$\eta = \frac{I_p/e}{P_i/h\nu} \tag{12.6}$$

式中,分子 I_p/e 表示单位时间内光子所激励的光电子数;分母 $P_i/(h\nu)$ 表示单位时间内入射到探测器表面的光子数.因此,量子效率 η 实际上代表入射到探测器的光子数所能产生的光电子的数目.显然量子效率越大越好.

5. 时间常数和频率响应

当照射探测器的光功率突然由 0 增加到某一值时,即给予阶跃输入,光电探测器的瞬间输出电流总不能完全跟随输入变化.同样在光照突然停止时也是这样.这就是探测器的惰性,通常用时间常数 τ 来衡量探测器的惰性.

在阶跃输入光功率的条件下,光电探测器输出电流 i_s 为

$$i_s(t) = i_\infty\left[1 - \exp\left(-\frac{t}{\tau}\right)\right] \tag{12.7}$$

$i_s(t)$ 上升到稳态值(i_∞)的 0.63 倍时的时间(即 $t = \tau$)称为探测器的时间常数.

由于探测器存在惰性,当用一定振幅的正弦调制光照射探测器时,若调制频率很低,则响应度与调制频率无关;若频率很高,响应度就随频率升高而降低.探测器的响应度随入射光调制频率的变化特性称为探测器的频率响应.多数探测器的响应度与调制频率的关系为

$$\mathscr{R}(f) = \frac{\mathscr{R}_0}{(1 + 4\pi^2 f^2 \tau^2)^{\frac{1}{2}}} \tag{12.8}$$

式中，$\mathscr{R}_0$ 为调制频率 $f=0$ 时的响应度，f 为调制频率.

当 $\mathscr{R}(f)/\mathscr{R}_0=0.707$ 时，$\tau=1/(2\pi f^*)$，f^* 相当于探测器的截止频率. 探测器时间常数 τ 决定了探测器频率响应的带宽. 频率响应如图 12.1 所示.

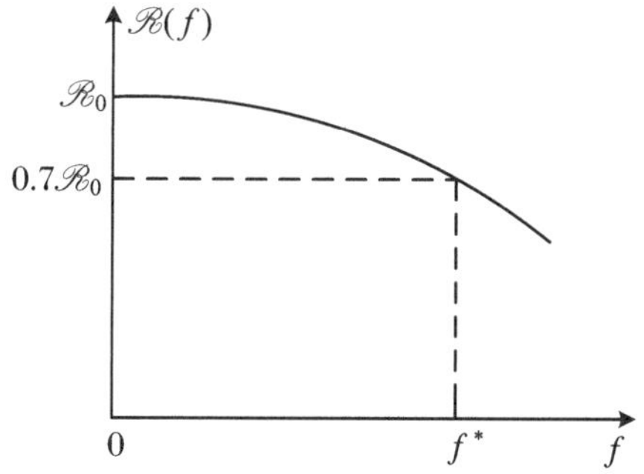

图 12.1　频率响应

6. 线性度

线性度是指探测器的输出光电流（或光电压）与输入光功率呈线性变化的程度和范围. 一般来说，在弱光照射时探测器输出光电流都能在较大范围内与输入光功率呈线性关系，在强光照射时就趋于平方根关系.

12.1.2　光电探测器的噪声

噪声是一个复杂的问题. 不同的探测器有不同的噪声源，工作条件不同，呈现的噪声特性也不同. 这里只直接引用其基本结论而不探讨关于噪声的一般统计理论，简要说明光电探测器中主要的噪声来源及其特性.

探测器在完成光电转化过程中，不但给出表征被测对象的电压、电流信号，同时还有伴随着无用噪声的电压、电流信号，这是一种起伏噪声，其大小决定了探测器的探测能力.

我们以起伏噪声电压 $u_n(t)$ 为例来说明计量起伏噪声大小的方法. 噪声电压的波形如图 12.2 所示. 由图可见，噪声电压的瞬时振幅和相位随时间呈无规则的变化，瞬时值的平均值 $\overline{u_n(t)}=0$，所以用 $\overline{u_n(t)}$ 无法计量噪声电压的大小. 然而噪声电压的均方值 $\overline{u_n^2}$（即瞬时值平方后再平均）则是完全确定的，而且有明确的物理意义（$\overline{u_n^2}$ 表示单位电阻上所消耗的噪声平均功率），可用功率电表测量出来，因此，噪声电压的大小可用其均方值 $\overline{u_n^2}$ 来计量. 显然，噪声电压的均方根值 $\sqrt{\overline{u_n^2}}$ 同样也有完全确定的数值，用正弦交流电表可近似（因为噪声电压并不服从正弦变化）测量，通常称为起伏噪声电压的有效值.

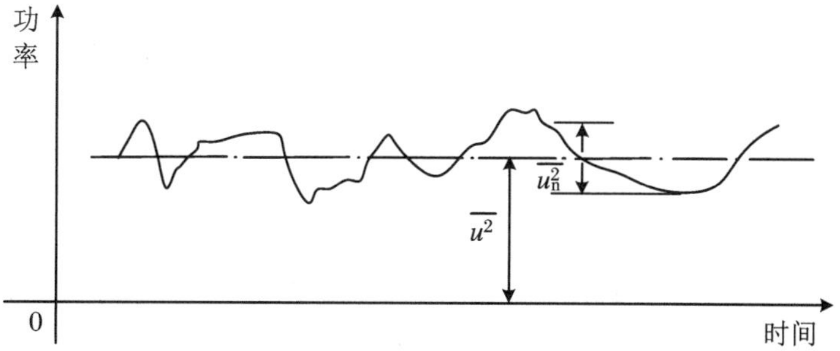

图 12.2　随机起伏

产生探测器起伏噪声电压的因素很多，且这些因素又彼此无关．这些独立的起伏过程产生不同的起伏噪声电压，故总的起伏噪声电压的均方值等于各种独立起伏噪声电压均方值之和，即$\overline{u_n^2}=\overline{u_{n1}^2}+\overline{u_{n2}^2}+\cdots$，$\sqrt{\overline{u_n^2}}=\sqrt{\overline{u_{n1}^2}+\overline{u_{n2}^2}+\cdots}$．起伏噪声电流可按同样方法处理．为了书写方便，在下面讨论中我们将均方值$\overline{u_n^2}$（或$\overline{i_n^2}$）写成 V_n^2（或 I_n^2），将有效值$\sqrt{\overline{u_n^2}}$（或$\sqrt{\overline{i_n^2}}$）写成 V_n（或 I_n）．

光探测器均方噪声电流可以用下式表示：

$$I_n^2=\overline{[i(t)-\bar{i}]^2}=\frac{1}{T}\int_{-\frac{T}{2}}^{\frac{T}{2}}[i(t)-\bar{i}]^2\mathrm{d}t=\frac{1}{T}\int_{-\frac{T}{2}}^{\frac{T}{2}}i_n^2(t)\mathrm{d}t \tag{12.9}$$

式中，T 为时间．有效 I_n 和 V_n 通常称为噪声电流或噪声电压．

光电探测器噪声产生的原因，主要为热噪声、暗电流噪声、散粒噪声及低频噪声等．分别讨论如下．

1．热噪声

热噪声存在于任何导体和半导体中，它来源于电阻内部自由电子或电荷载流子的不规则热运动．所有探测器都具有内电阻，故都具有热噪声．热噪声电压、电流的均方值分别由下式决定：

$$V_{nT}^2=4kTR\Delta f \tag{12.10a}$$

$$I_{nT}^2=\frac{4kT\Delta f}{R} \tag{12.10b}$$

式中，R 为探测器内阻或等效电阻，T 为探测温度（K），k 为波尔兹曼常数（1.38×10^{-23} J/K），Δf 为测量仪器的带宽（简称电子带宽）．

从以上各式可以看出：① 热噪声与温度 T 成正比，所以降低探测器工作温度可以减小热噪声；② 热噪声与测量仪器的电子带宽 Δf 成正比，而与频率无关，这表明热噪声的频谱无限宽，噪声功率谱密度（$4kTR$）是常数，类比白光是各种频率光的合成，故热噪声亦称“白噪声”；③ 热噪声电压随 R 增大而增大，热噪声电流则随 R 增大而减小，故可推断出一个电阻所能输出最大噪声功率（亦称额定噪声功率）$P_n=kT\Delta f$ 与电阻无关；④ 热噪声与电阻中是否有电流流过无关．

2．暗电流噪声

当探测器接入电路后，即使没有任何外来光照射（即全暗条件下），由于热电子发射、场致发射或半导体中晶格热振动所激发出来的载流子，也会有电流输出，这种电流称为暗电流．暗电流是随机起伏的，由此而引起的噪声叫做暗电流噪声．如果暗电流的平均值是 I_d，则暗电流噪声可表示为

$$I_n^2=2eI_d\Delta f \tag{12.11a}$$

$$V_n^2=2eI_dR^2\Delta f \tag{12.11b}$$

式中，e 为电子电荷，R 为探测器等效电阻，Δf 为电子带宽．

由上式可见，暗电流噪声与暗电流平均值成正比，暗电流愈大，噪声愈大．因此只要设法减少暗电流，即可使噪声减少．暗电流噪声也与 Δf 成正比，故也是白噪声．

3．散粒噪声

这是一种电子或光生载流子的粒子性所引起的噪声．例如光电子发射探测器在光照射下，即使平均的光辐射强度保持不变，光阴极每一时刻所发射出的光电子数总是围绕一个统计平均值随机起伏．这种无规则起伏导致输出电流中含有的噪声，称为散粒噪声．

对于内光电效应探测器，由于光生载流子(电子-空穴对)的产生和复合过程的随机性，每一瞬时通过PN结的载流子数总有微小的不规则起伏，从而使探测器的输出电流因之随机起伏.这也是一种散粒噪声，称为产生-复合噪声.

如果流过探测器的平均电流是 I_0，与暗电流噪声相同，散粒噪声也可表示为

$$I_{\mathrm{n}}^2 = 2eG^2 I_0 \Delta f \tag{12.12a}$$

$$V_{\mathrm{n}}^2 = 2eG^2 I_0 R^2 \Delta f \tag{12.12b}$$

式中，G 为探测器的电流内增益，其余符号同前.

4. 低频噪声

几乎在所有探测器中都存在这种噪声.由于这种噪声主要表现在大约1000 Hz以下的低频区域，且与调制频率成反比，所以称为低频噪声.其产生原因目前尚不清楚，但发现半导体表面有缺陷或不均匀时该噪声影响很大，故亦称表面噪声.噪声电流为

$$I_{\mathrm{n}}^2 = AI^{\alpha} \Delta f / f^{\beta} \tag{12.13}$$

式中，A 为比例系数；I 为流过探测器的电流；f 为调制频率；Δf 为电子带宽；$\alpha \approx 2$，$\beta = 0.8 \sim 1.5$，通常近似取 $\beta = 1$.一般来说，只要限制低频端调制频率，这种噪声即可防止.

12.2 光电导探测器

半导体材料吸收入射光辐射中的光子，使材料中产生附加的自由电子和自由空穴，即产生了光生载流子，从而使半导体的电导率发生变化，这种现象称为电导效应.利用电导效应制作的光电探测器称为光电导探测器.

12.2.1 光电导探测器的工作原理

对于本征半导体，在无光照时，由于热激发只有少数电子从价带跃迁至导带，这时半导体的电导率很低，并定义为

$$\sigma_0 = e(n_0 \mu_{\mathrm{n}} + p_0 \mu_{\mathrm{p}}) \tag{12.14}$$

式中，n_0 和 p_0 分别为无光照时电子和空穴的浓度，μ_{n} 和 μ_{p} 分别为电子和空穴的迁移率，σ_0 一般称为半导体材料的暗电导.

当光入射到本征半导体材料上时，半导体价带中的电子吸收光子后跃迁至导带，产生电子-空穴对，从而使半导体的电导率增大.电导率增量

$$\Delta\sigma = e(\Delta n \mu_{\mathrm{n}} + \Delta p \mu_{\mathrm{p}}) \tag{12.15}$$

称为光电导.式中，Δn 和 Δp 分别是电子和空穴浓度的增量，即光生载流子浓度.

为了实现电子从价带跃迁至导带，入射光子的能量必须不低于本征半导体的禁带宽度 E_{g}，即要求

$$h\nu = \frac{hc}{\lambda} = \frac{1.24}{\lambda} \geqslant E_{\mathrm{g}} \quad (\mathrm{eV}) \tag{12.16}$$

式中，ν 和 λ 分别为入射光的频率和波长，h 为普朗克常数.由上式可写出本征半导体的长波极限波长(或称截止波长)λ_{c} 为

$$\lambda_c = \frac{1.24}{E_g} \quad (\mu m) \tag{12.17}$$

选择 E_g 不同的半导体材料可制成长波限不同的光电导探测器.

对于非本征半导体(即存在杂质能级),入射光作用下的电导率增量可表示为

$$\begin{aligned} \Delta\sigma_n &= e\Delta n\mu_n \quad (\text{N 型}) \\ \Delta\sigma_p &= e\Delta p\mu_p \quad (\text{P 型}) \end{aligned} \tag{12.18}$$

非本征半导体的长波限为

$$\lambda_c = \frac{hc}{E_i} = \frac{1.24}{E_i} \ (\mu m) \tag{12.19}$$

式中,E_i 为杂质电离能(eV).通常 E_i 远小于禁带宽度 E_g,所以非本征光电导的长波限远大于本征半导体的长波限.

图 12.3 为光电导探测器的简单模型.设模型为 N 型材料(与 P 型材料的分析完全相同).图中 V_A 为外加偏压,R_L 为负载电阻,L,W,d 分别表示样品模型的几何尺寸.若光功率 P 沿 x 方向均匀入射,光电导材料吸收系数为 α,则入射光功率在材料内部沿 x 方向的变化为

$$P(x) = P\exp(-\alpha x) \tag{12.20}$$

式中,P 为 $x=0$ 处的入射功率.考虑到光功率随入射深度 x 的变化,若用 $n(x)$ 表示在 x 处光生载流子浓度,则产生的光电子在外加电场作用下的漂移电流密度 $J(x)$ 为

$$J(x) = en(x)\mu \tag{12.21}$$

式中,$\mu = \mu_n E = \mu_n V_A/L$,为光生载流子在外加电场 E 作用下的漂移速度.

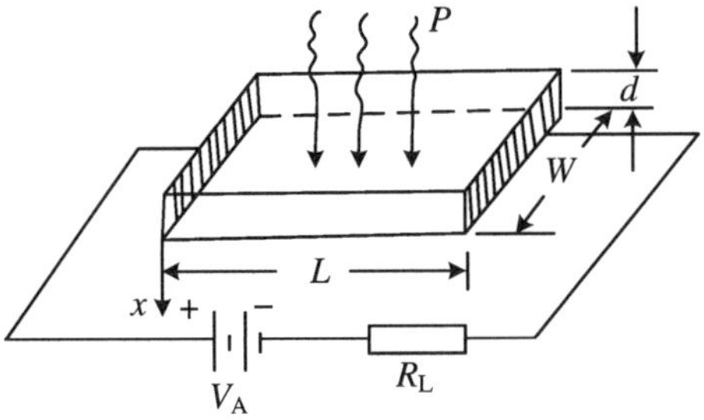

图 12.3　光电导探测器模型

相应的,探测器收集极上的光电流平均值为

$$i_p = \int_A J(x)\mathrm{d}A \tag{12.22}$$

式中,$A = Wd$,为探测器电极面积.结合式(12.21)和式(12.22),则光电流平均值为

$$i_p = We\mu\int_0^d n(x)\mathrm{d}x \tag{12.23}$$

$n(x)$与半导体中光生载流子在电场作用下的产生率与复合率有关.如果非平衡流子的平均寿命为 τ_0,则复合率为 $n(x)/\tau_0$,产生率为$\dfrac{\alpha P(x)}{h\nu WL}$,在稳态条件下产生率与复合率相等,即

$$\frac{\alpha P(x)}{WLh\nu} = \frac{n(x)}{\tau_0} \tag{12.24}$$

由此求出光生载流子浓度 $n(x)$为

$$n(x) = \frac{\alpha P(x)}{h\nu}\frac{\tau_0}{WL} = \frac{\alpha P\tau_0}{h\nu WL}\exp(-\alpha x) \tag{12.25}$$

则得到光电导探测器输出的平均光电流

$$i_p = \frac{\alpha P\tau_0\mu e}{h\nu L}\int_0^d \exp(-\alpha x)\mathrm{d}x \tag{12.26}$$

根据式(12.25),我们可以求得入射光功率 P 全部吸收所对应的探测器体内的平均光生载流子浓度为

$$n_0 = \frac{P\tau_0}{WLdh\nu} \tag{12.27}$$

将上式代入式(12.23)可得到入射光功率全部吸收产生的光电流 i_{p0},即

$$i_{p0} = \frac{eP\tau_0\mu}{h\nu L} \tag{12.28}$$

根据量子效率 η 的定义

$$\eta = \frac{i_p}{i_{p0}} = \alpha\int_0^d \exp(-\alpha x)\mathrm{d}x \tag{12.29}$$

将式(12.29)代入式(12.26),求得光电流为

$$i_p = \frac{e\eta}{h\nu}P\left(\frac{\mu\tau_0}{L}\right) \tag{12.30}$$

在外电场作用下,载流子在电极间的渡越时间 $\tau_d = \dfrac{L}{\mu}$,则式(12.30)可写为

$$i_p = \frac{e\eta P}{h\nu}\cdot\frac{\tau_0}{\tau_d} \tag{12.31}$$

令 $G = \tau_0/\tau_d$,即得

$$i_p = G\frac{e\eta}{h\nu}P \tag{12.32}$$

式中,G 为光电导探测器的内增益,它等于载流子平均寿命 τ_0 与载流子渡越时间 τ_d 之比,即表示一个光生载流子对探测器外回路电流的有效贡献.光电导增益 G 是光电导探测器所特有的一个参数.为了提高 G 值,应在制造探测器时选用平均寿命长、迁移率大的半导体材料,探测器的电极做成梳状结构以减小极间距离,实际使用时加大外加偏压 V_A,当以上参数选用适当时,G 值可达 10^3 量级.

12.2.2　光电探测器的性能参数

1. 响应度

根据响应度的定义,由式(12.32)可以直接写出光电导探测器的电流和电压响应度

$$\mathscr{R}_i = \frac{e\eta}{h\nu}G$$

$$\mathscr{R}_v = \frac{e\eta}{h\nu}GR_d \tag{12.33}$$

式中,光电导增益 $G = V_A\mu_n\tau_0/L^2$,R_d 为光电导的等效电阻.显而易见,响应与所加偏压 V_A 和载流子平均寿命有关.为了获得较大的响应度,在实际使用探测器时,可提高外加偏压,但是,随着外加偏压的升高,通过器件的电流所产生的焦耳热将增加,这将受到器件所能承受的最大功耗的限制.光电导探测器响应度还与探测器光敏面积有关.当入射功率一定

时，光敏面越大，单位体积内光吸收越小，光生载流子产生率越小，响应度会下降.

2. 光谱特性

光电导探测器属于选择性探测器.图 12.4 表示了几种常用本征光电导材料的光谱响应曲线.由图可以看出，峰值响应一般位于中波段，而无论向长波或短波方向，响应度都会降低.长波段响应度下降是因为光子能量不够，因而量子效率不高；短波段响应度下降是因为光子能量太大，多数在表面被吸收，而表面的载流子复合率很高，寿命降低致使短波部分响应度明显降低.所以不同的光电导探测器对光谱响应不同，并非光子能量越大越好.

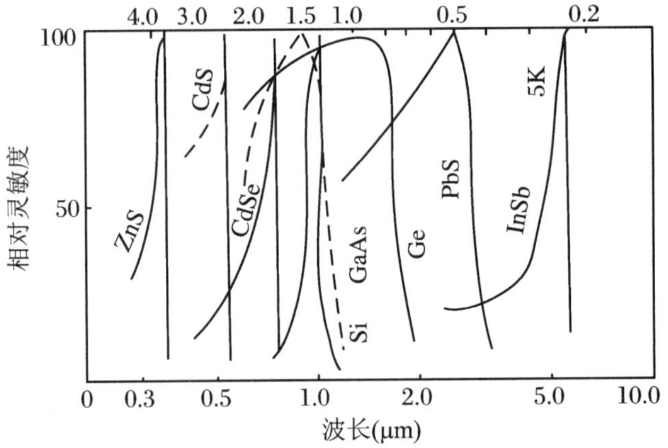

图 12.4 一些本征光电导探测器的光谱响应

3. 噪声特性

光电导探测器主要有三种噪声源：热噪声（$\overline{i_{nT}^2}$）、产生-复合噪声（$\overline{i_{n,g\text{-}r}^2}$）和 $1/f$ 噪声（$\overline{i_{nf}^2}$）.总的均方噪声电流为

$$\begin{aligned}\overline{i_n^2} &= \overline{i_{nT}^2} + \overline{i_{n,g\text{-}r}^2} + \overline{i_{nf}^2} \\ &= \frac{4kT\Delta f}{R} + 4eGI_s\Delta f + A\frac{I_s^\alpha}{f^\beta}\Delta f \end{aligned} \tag{12.34}$$

为了减小光电导的噪声，使用时通常将探测器冷却、屏蔽和加滤光片.

4. 比探测度 D^*

在红外光电导探测器中，最常用的性能参数为比探测度 D^*. D^* 定义为

$$D^* = \frac{(S\Delta f)^{\frac{1}{2}}}{\text{NEP}} \tag{12.35}$$

式中，S 为探测器的表面积，Δf 为带宽，NEP 为噪声等效功率.在测试性能时，因辐射源可能是黑体，也可能是单色源，同时 D^* 与调制频率和带宽有关，为避免混淆，常采用 $D^*(\lambda, f, \Delta f)$ 或者 $D^*(T, f, \Delta f)$ 形式表示，其中 λ 代表单色光的波长（μm），T 表示黑体的温度，Δf 为带宽（一般为 1 Hz）.常常把 D^* 随波长的变化简写成 D_λ^*.

一些光电导探测器和光电二极管的 $D^* = f(\lambda)$ 曲线绘于图 12.5.图中还给出了背景温度为 77 K 和 300 K 的理想 D^* 曲线.所谓理想的 D^* 值是探测器的噪声远小于背景辐射时的 D^*，也就是改进探测器所能达到的极限情况.光电导探测器广泛地应用于红外探测，特别是几微米以上波段的红外探测，在这一波段内至今还没有发现令人满意的其他探测技术.

5. 响应时间和频率响应

光电导探测器受光照射时，光生载流子的产生-复合需要一定的时间才能达到平衡，载流子浓度才可达到稳定值. 若光照停止，光生载流子并不立即下降至零，而是经过一定时间才趋于零. 这种现象称为弛豫现象. 光照射到光电导材料上后建立稳定的光生载流子所需要的时间，或者停止光照后光生载流子浓度下降为零时所需要的时间称为光电导的响应时间. 响应时间的长短反映了光电导惰性的大小. 在忽略外电路时间常数的影响时，响应时间等于光生载流子的平均寿命 τ_0. 由公式 $f_c = 1/(2\pi\tau_0)$ 可求出光电导探测器的频率响应截止频率 f_c，多数光电导探测器在 0～1 MHz 的频率范围内具有平坦的频率响应.

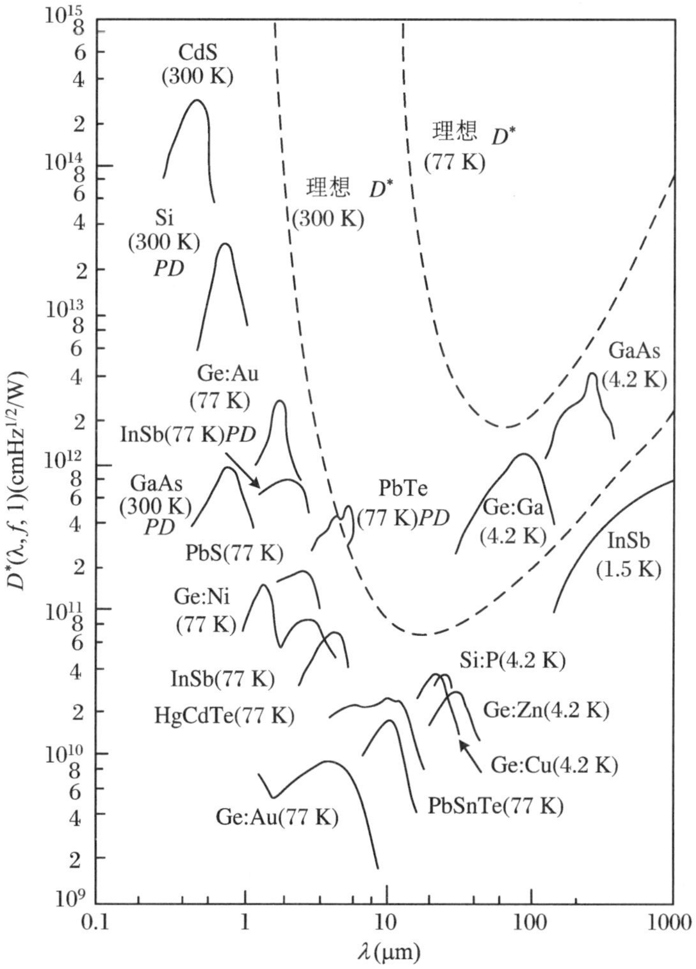

图 12.5　一些光电导探测器和光电二极管的 $D^* = f(\lambda)$ 曲线

虚线是在 77 K 和 300 K 时理论上的理想 D^* 值.

12.2.3　典型的光电导探测器

目前用作光电导探测器的材料主要有硅、锗、Ⅱ～Ⅵ族和Ⅲ～Ⅴ族化合物，此外还有一些有机光电导材料. 光电导探测器在可见光波段常称为光敏电阻. 目前典型的光电导探测器有以下几类.

1. 锗和硅

本征锗和硅是最常用的光电导材料.但是它们的长波限较短,分别为 1.7 μm 和 1.1 μm.峰值比探测率分别为 $1\times10^{13}\ \mathrm{cmHz}^{\frac{1}{2}}/\mathrm{W}$(琼斯)和 $5\times10^{10}\ \mathrm{cmHz}^{\frac{1}{2}}/\mathrm{W}$,可以在室温下使用.锗是重要的可见光和近红外光电探测材料,硅是重要的可见光探测材料.

2. 硫化镉(CdS)

CdS 是在可见光区使用极广泛的光电导材料.它通常呈单晶型,其响应波段为 0.3～0.52 μm,响应时间只有几个毫秒.对于 $1\times0.5\ \mathrm{cm}^2$ 的单晶硫化镉薄片,其灵敏度可达 0.1 A/lm. CdS 主要用于光敏电阻型器件,缺点是受单晶大小的限制,因而光敏面积较小,而且具有后效作用,使用前应在暗室中搁置一段时间.

多晶 CdS 的光敏面积可以做得比较大,光谱响应范围可达 0.3～0.8 μm,在 10 V 偏压和 50 lx 光照下,输出光电流可达 10 mA.它的缺点是响应时间长达 1 s.

3. 硒化镉(CdSe)

CdSe 的光谱响应范围为 0.3～0.9 μm,其峰值响应波长位于 0.67 μm. CdSe 与 CdS 相比,响应时间较快,在强光下灵敏度相差不大,但在弱光下要比 CdS 低得多.

4. 硫化铅(PbS)

PbS 是较早采用的一种红外光电导材料,它主要以多晶形式存在. PbS 具有相当高的响应度和探测率.其光谱响应随工作温度而变化,在温室下响应波长为 1～3.5 μm,峰值波长为 2.4 μm,峰值探测率 $D_\lambda^*=1.5\times10^{11}$ 琼斯.在 195 K(干冰温度)下,长波限可达 4 μm,峰值波长为 2.8 μm,探测率可提高一个数量级.在 77 K(液氮温度)下工作时,长波限可达 4.5 μm,峰值波长为 3.2 μm.近来拉制的单晶 PbS 在 77 K 下作光电导探测器应用时,$D_\lambda^*=6\times10^{10}$ 琼斯.

PbS 的主要缺点是响应时间长,在室温下为 100～300 μs,在 77 K 时甚至长达几十毫秒.单晶 PbS 的响应时间可以缩短到 32 μs 以下.

5. 硒化铅(PbSe)

PbSe 在室温下工作时,长波限可达 4.5 μm,在 195 K 下工作时长波限为 5.2 μm,在 77 K 下工作时长波限可延伸到 6 μm.室温下 PbSe 的 $D_\lambda^*=2\times10^{10}$ 琼斯,响应时间为 2 μs;在 195 K 下 $D_\lambda^*=5\times10^{10}$ 琼斯,响应时间约为 30 μs.

PbSe 的一个特点是,可以在高温下工作,如在 100 ℃下,D_λ^* 仍可达 8×10^8 琼斯.

6. 锑化铟(InSb)

InSb 主要被用于探测大气窗口 3～5 μm 的红外辐射. InSd 在室温下工作时,长波限可达 7.5 μm,峰值波长在 6 μm 处,$D_\lambda^*=1.2\times10^9$ 琼斯,响应时间约为 2×10^{-7} s;在 77 K 下工作时,长波限为 5.4 μm,峰值波长为 5 μm,$D_\lambda^*=4.3\times10^{10}$ 琼斯.

7. 碲镉汞(HgCdTe)

随着激光通信、遥感、测距等应用技术的发展,对 1～3 μm,3～5 μm,8～14 μm 三个大气窗口的开拓和利用越来越显得重要.由于 HgCdTe 材料根据组分的变化,可以制作适宜不同窗口的探测器,所以 HgCdTe 探测器受到特别重视,成为目前光电探测器中研究最多、发展最快的器件之一.

HgCdTe 是Ⅱ～Ⅵ族化合物.它是采用半导体合金法,将 CdTe 和 HgTe 混合成合金系统.其中 CdTe 是半导体,禁带宽度 E_g 为 1.6 eV. HgTe 为半金属,禁带宽度 E_g 为 −1.5 eV.这两种物质的混合固液体 $\mathrm{Hg}_{1-x}\mathrm{Cd}_x\mathrm{Te}$ 的禁带宽度随组份 x 和温度 T 而变化,当 x 较小时,

可用经验公式表示为

$$E_g = 1.59x - 0.25 + 5.33 \times 10^{-4} T(1 - 0.28x) \tag{12.36}$$

上式表明，当器件温度 T 一定时，E_g 与 x 呈现线性关系. 改变两种化合物的组分 x，就可以改变混合固溶体的禁带宽度，从而改变探测器的光谱响应范围. 常选用的组分 x 及工作温度 T 有以下几种：

（1）$x = 0.2$，工作温度为 77 K，光谱响应范围为 8～14 μm，其 D_λ^* 可达 10^{10} 琼斯量级.

（2）$x = 0.28$，$T = 300$ K 或 195 K，光谱响应范围为 3～5 μm. 对于室温工作的探测器，D_λ^* 可达 10^{10} 琼斯. 当工作温度下降至 195 K 或 77 K 时，可使峰值波长延长，并使 D_λ^* 提高 1～2 个量级.

（3）$x = 0.39$，室温下工作，光谱范围为 1～3 μm，$D_\lambda^* = 3 \times 10^{11}$ 琼斯.

光电导 HgCdTe 探测器具有内增益 G 较大（可达 50～100）、响应率高、响应频带宽（零到几兆赫兹）、并易与前置放大器相连接等优点，特别是它能工作在 8～14 μm 这个大气窗口，是目前红外探测系统中最有发展前途的器件.

8. 碲锡铅（PbSnTe）

$Pb_{1-x}Sn_xTe$ 是 PbTe 和 SnTe 的连续固溶体和 $Hg_{1-x}Cd_xTe$ 类似，改变 Sn 的含量可以改变其禁带宽度. 实用的 PbSnTe 探测器组分 x 有 0.17 和 0.2 两种，常工作于液氮温度 77 K，光谱响应范围为 3～10 μm 或 3～14 μm，D_λ^* 在 10^8～10^9 琼斯之间，性能比 HgCdTe 稍差.

12.3 光伏探测器

利用光生伏特效应制成的光电探测器称为光伏探测器，简称 PV 探测器. 这类探测器是由对光照敏感的"结"构成的，因此按结的种类不同，可分为 PN 结型、PIN 结型、异质结型和金属-半导体结型（肖特基势垒型）四种. 按照使用要求不同，光伏探测器可分为两类，一类是作为能源的光电池，另一类是主要作为光信号变换的光伏探测器，如硅和锗光电二极管、PIN 光电二极管、雪崩光电二极管、光电三极管等. 本节首先阐述光伏探测器的工作原理，然后分别介绍几种常用的光伏探测器.

12.3.1 光伏探测器的工作原理

1. 光生伏特效应

在光的照射下，半导体 PN 结中的原子因吸收光子而受到激发. 如果光子的能量大于禁带宽度，则在 PN 结及其附近产生电子-空穴对. 这些非平衡载流子只要能运动到 PN 结的边界，就立即被 PN 结的内建电场所分离，空穴被拉向 P 区，电子则被拉向 N 区. 结果在 N 区边界将积累非平衡电子，P 区边界积累非平衡空穴，产生一个与平衡 PN 结内建电场方向相反的光生电场，于是在 P 区和 N 区间建立了光生电动势. 这种光照无偏置的 PN 结产生光生电动势的现象称为光生伏特效应，简称光伏（PV）效应.

由于光照产生的载流子各自向相反的方向运动，结果在 PN 结内部形成自 N 区向 P 区

的光生电流 I_p，它与漂移电流方向相同，与扩散电流方向相反．同时，由于光照使 PN 结两端产生光生电动势，相当于在 PN 两端加正向电压 V_p，如图 12.6 所示，使 PN 结势垒由 eV_D 降为 $eV_D - eV_p$．这个正向电压使 P 区空穴和 N 区电子向对方扩散，形成正向注入电流，这个正向电流表示为

$$I_+ = I_s\left[\exp\left(\frac{eV_p}{kT}\right) - 1\right] \tag{12.37}$$

式中，I_s 为 PN 结反向饱和电流，k 为玻耳兹曼常数，T 为绝对温度，V_p 为光生电压，I_+ 的方向为 P 区流向 N 区．

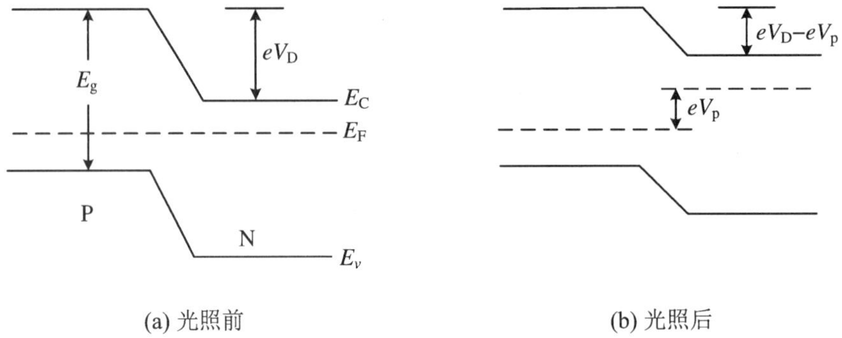

图 12.6　光照前后 PN 结的能带结构

与光电导效应相反，光伏效应是一种少数载流子过程．少数载流子的寿命通常短于多数载流子的寿命，当少数载流子被复合掉时，光伏信号就终止了．由于这个原因，基于光伏效应的光电探测器通常比用相同材料制成的光电导探测器的响应更快．

2．光照下理想 PN 结的伏安特性

当光伏探测器受到光照射时，流过 PN 结的光电流 I_p 和光生电压作用下 PN 结的正向电流 I_+，两者电流方向相反，因此流经 PN 结外电路的总电流 I 为

$$I = I_p - I_+ = I_p - I_s\left[\exp\left(\frac{eV_p}{kT}\right) - 1\right] \tag{12.38}$$

PN 结受光照后，在内建电场作用下通过结区的光生载流子在外回路形成光电流，其大小与吸收的光功率有关．在没有电流内增益时，功率为 p 的入射光产生的光电流 $I_p = [e\eta/(h\nu)]p$．

图 12.7 表示光照 PN 结的伏安特性．图中第一象限为 PN 结加正偏压状态，此时暗电流 I_D 远大于光生电流，作为光探测器工作在这个区域是没有意义的．在第三象限中，PN 结处于反偏压状态，这时暗电流 $I_D = I_s$（反向饱和电流），其数值很小，远小于光生电流，故光伏探测器输出回路中的总电流 $I \approx I_p$．光伏探测器多工作于这个区域，通常也称工作于这个区域的光伏探测器为光电导工作模式．在第四象限中，外加偏压为零，流过探测器的电流仍为反向电流，但随着光功率的不同，探测器的输出电流与电压出现明显的非线性．这时光伏探测器的输出电压即是探测器外电路负载电阻 R_L 上的电压，通常称这种工作模式为光伏工作模式．

由式(12.38)可以求出光伏器件的输出电压：

$$V_p = \frac{kT}{e}\ln\left(\frac{I_p - I}{I_s} + 1\right) \tag{12.39}$$

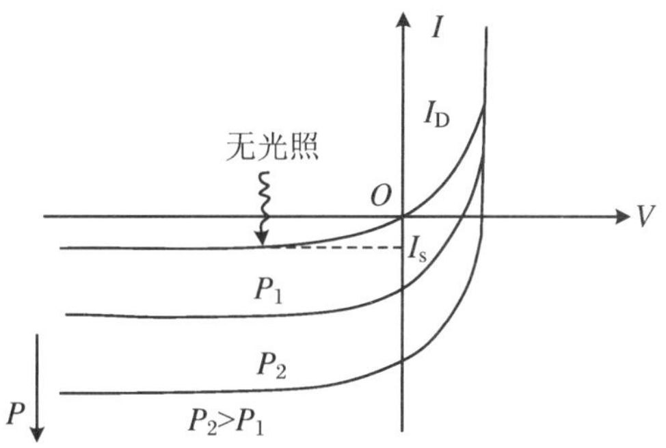

图 12.7　光照 PN 结的伏安特性

在 PN 结开路情况下(即负载电阻 $R_L \to \infty$),探测器输出电压即为开路电压 V_{oc}.这时流经外回路负载 R_L 的总电流 $I=0$,光电流 I_p 等于正向电流 I_+.开路电压 V_{oc}的表达式为

$$V_{oc} = \frac{kT}{e}\ln\left(\frac{I_p}{I_s}+1\right) \tag{12.40}$$

若将 PN 结短路(即 $V_p=0$),则正向电流 $I_+=0$,求得短路电流 I_{sc}为

$$I_{sc} = I_p = \frac{e\eta}{h\nu}P \tag{12.41}$$

V_{oc}和 I_{sc}是光伏探测器的两个重要参量,其数值可以直接从图 12.7 在电压和电流轴上的截距求得.由式(12.40)和式(12.41)可见,I_{sc}随光强线性变化,而 V_{oc}则随光强按对数规律变化.必须指出,V_{oc}并不随光强无限地增大,其最大值不能超过 PN 结的势垒高度 V_D.

12.3.2　光电池

光电池是把光能转换为电能的器件,也称为赋能元件,它可作为光电信号的探测.制造光电池的材料有硅、硒、锗、砷化镓、氧化亚铜和硫化镉等,其中以硅光电池应用最广泛.它具有高效率、宽光谱响应、高稳定性和耐高能辐射等优点,因此受到人们的重视.其次,硒光电池应用也较多,因为硒光电池的光谱响应曲线和人眼的光谱光视效率曲线很相近,所以在一些和人的视觉有关的光学仪器中,在测量与控制中多用硒光电池.下面重点介绍硅光电池.

1. *硅光电池结构*

一个大面积的 PN 结,做好上下电极的接触引线便构成一个光电池.硅光电池按光敏面和衬底材料的不同分为两种系列:2DR 型和 2CR 型.2DR 型是以 N 型硅为光敏面,以 P 型硅为衬底,2CR 型则相反.加在光敏面上的电极一般称为上电极或前极,加在衬底上的电极称为下电极或后极.图 12.8 为 2DR 型硅光电池的结构示意图.前极一般多做成梳齿状,这样可以减小光生载流子的复合,从而提高能量转换效率,减小串联电阻.为了减少对入射光的反射,光敏面上蒸镀一层减反射膜.

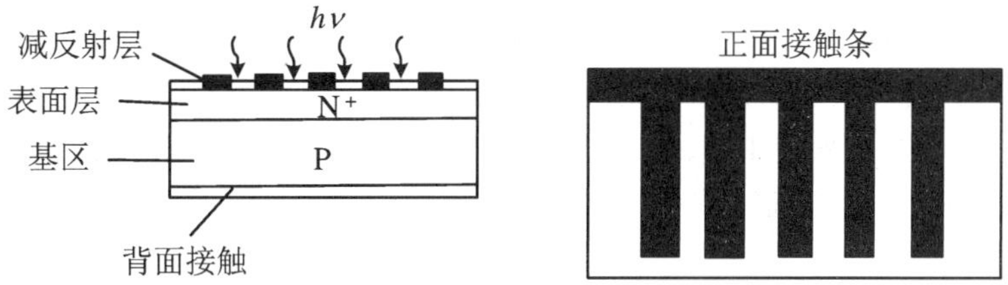

图 12.8　2DR 型硅光电池的结构示意图

硅光电池除了图 12.8 所示的典型结构形式外，还有一些特殊的结构形式，如阵列式、象限式、楔环型等.

2. 硅光电池的特性

硅光电池的伏安特性及负载特性如图 12.9 所示，该图对应于图 12.7 的第四象限. 由图可知，垂直轴是短路($R_L=0$)的负载线，水平轴则对应于开路($R_L=\infty$)的负载线. 当 R_L 为某一定值时，负载线为从坐标原点出发的斜率为 $1/R_L$ 的射线(例如图中的射线 OA). 光电池的工作特性与负载线的取值关系很大. 当光电池用作探测器时，要求输出特性具有线性关系，这时器件应工作于伏安特性转弯处的左侧，对应于图中 OA 的左侧，此时输出电流与光强呈线性关系. 当负载电阻较大时，输出线性较差，但可得到较大的输出电压. 当光电池作为赋能元件(太阳能电池)时，对线性要求不高，而要求输出功率尽可能大. 对于不同光强，伏安特性弯曲点位置各不相同，故要求获得最大输出功率所需要的最佳负载也不相同. 图 12.10 表示不同入射光功率与最佳负载 R_{opt} 的关系. 随着入射光功率由弱变强，最佳负载由大变小. 为了得到较大的输出功率，也往往采用多个光电池的串、并联组合运用.

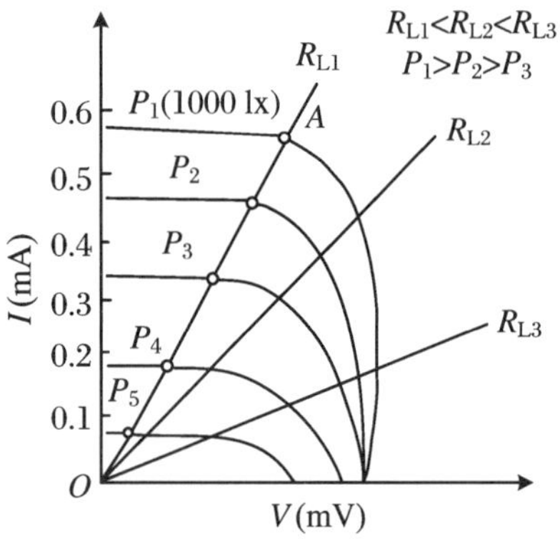

图 12.9　硅光电池的伏安特性及负载特性

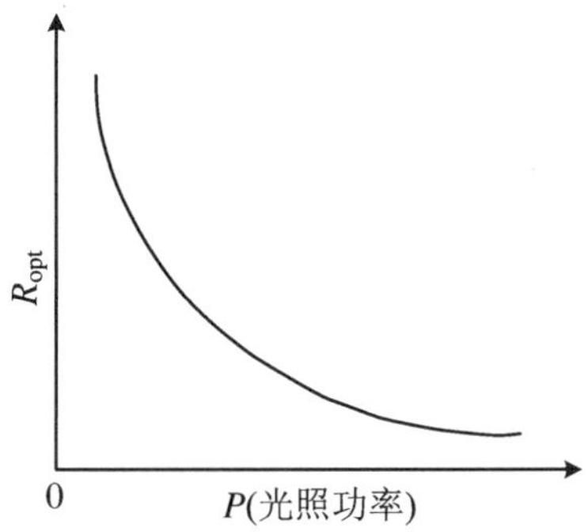

图 12.10　最佳负载 R_{opt} 与光功率关系曲线

光电池的光谱特性主要由所用材料和制造工艺所决定. 结深为 1 μm 的普通硅光电池，光谱响应范围为 400～1150 nm，峰值波长在 850 nm 附近，和色温 2856 K 的钨丝灯光源、GaAs 激光器的发光波长很接近. 为了在可见光范围内有较好的灵敏度，又研制出一种硅蓝光电池，其光谱响应峰值波长在 600 nm 附近.

光电池的响应频率一般不太高，硅光电池的最高截止频率仅为几十千赫兹. 其频率响应不高的主要原因是：光敏面一般较大，故极间电容较大，使电路时间常数较大；其次是光电池内阻随着光照功率而变化，当光功率较小时，相应的内阻较大，频率特性变差，此外光电池的工作频率还受负载电阻 R_L 的限制.

12.3.3　光电二极管

光电二极管的工作原理同光电池一样，都是基于 PN 结的光伏效应工作的，它与光电池相比较，其主要特点是结区面积小，通常工作于反偏置状态. 因此，内建电场很强，结区较宽，结电容小，所以频率特性比光电池好，但光电流比光电池的小，一般多在微安级. 这类器件可采用硅、锗、砷化铟、砷化镓、碲镉汞等材料制作，但目前应用最多的还是硅光电二极管.

1. PN 结光电二极管

PN 结型光电二极管与普通半导体二极管一样，都有一个 PN 结，具有单向导电性能，只是作为光敏器件，它在外形和结构方面有自己的特点.

PN 结硅光电二极管可分为 2DU 型和 2CU 型两种，分别如图 12.11 和图 12.12 所示. 2DU 型和 2CU 型光电二极管的主要区别是光敏面和衬底所用的材料不同. 2DU 型光电二极管的光敏面为 N 型硅，衬底为 P 型硅，而 2CU 型恰恰相反. 从外形看，这两种管子的电极数不同，2CU 型管子只有前后两个电极，而 2DU 型管子除有前后极外还有一个环极. 设环极的目的是减小表面漏电流，降低噪声，提高探测极限力.

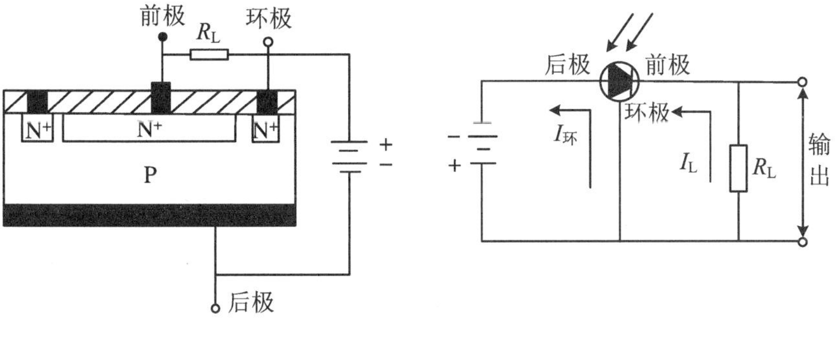

图 12.11　2DU 光电二极管结构与电路

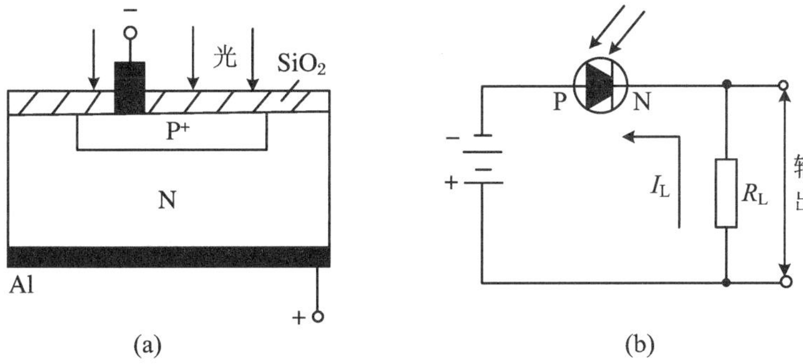

图 12.12　2CU 光电二极管结构与电路

PN 结光电二极管的封装采用平面镜或聚焦透镜作入射窗口. 采用透镜有聚光作用，有利于提高灵敏度. 由于聚焦位置与入射光方向有关，所以能够减少杂散背景光的干扰，但也引起灵敏度随入射方向而变化. 所以在实际使用中入射光的对准是值得注意的问题. 采用平面镜作窗口，虽然没有对准问题，但要受背景杂散光的干扰. 在具体使用时，视系统的要求而定.

2. PIN 光电二极管

通常，PN 结型光电二极管的响应时间只能达到 10^{-7}s. 对于光纤系统的光探测器，往往要求响应时间小于 10^{-8}s，这样，PN 结型不能满足要求，而 PIN 结型光电二极管是为满足这一要求而研制的.

PIN 光电二极管又称快速光电二极管，与 PN 结光电二极管相比它具有更快的响应时间，并使光谱响应范围向长波方向移动，其峰值波长可移至 1.04～1.06 μm，与 YAG 激光器的发射波长相对应.

图 12.13 为 PIN 管的结构示意图，它是由 P 型半导体和 N 型半导体之间夹一层本征半导体构成的. 因为本征半导体近似于介质，这就相当于增大了 PN 结两个电层之间的距离，使结电容变小. 其次，P 型和 N 型半导体中耗尽层的宽度是随反向电压增加而加宽的，则结电容也要变得很小. 由于 I 层的存在，而 P 区一般做得很薄，入射光子只能在 I 层内被吸收，反向偏压主要集中在 I 区，形成高电场区，I 区的光生载流子在强电场作用下加速运动，所以载流子渡越时间非常短. 这样，便减小了电路时间常数，从而改善了光电二极管的频率响应. 同时 I 层的引入加大了耗尽区，展宽了光电转换的有效工作区域，从而使灵敏度得以提高.

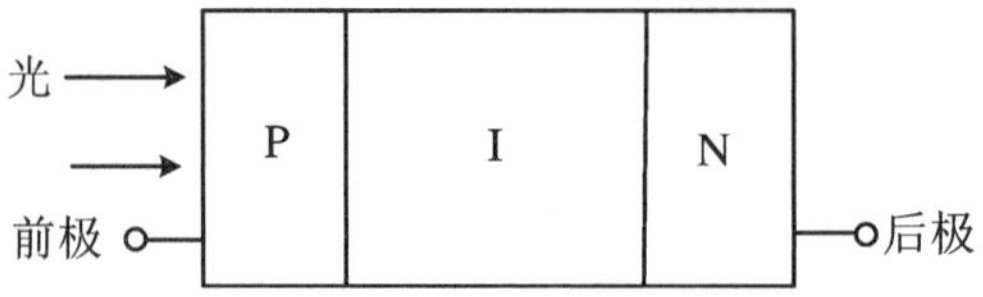

图 12.13　PIN 管结构示意图

为了使用方便和更好地发挥光电二极管在系统中的最佳性能，设计和制作 PIN-FET 微型组件是发展的趋势. 这种器件是一个包含 PIN 管与高输入阻抗的场效应管(FET)前置放大器形成的组合件，其中所有引线长度及杂散电容都做得非常小. 由于电容小，输入阻抗高，可以大大降低热噪声. 这种组件还具有供电电压低、工作十分稳定的特点. PIN 管的上述优点，使它在光通信、光雷达以及其他要求快速光电控制系统中得到非常广泛的应用.

3. 雪崩光电二极管(APD)

由于普通光电二极管产生的电流微弱，进行放大和处理时会引入放大器噪声. 为了克服这种缺点，有必要加大光电二极管的输出电流，由此产生了雪崩型光电二极管. 雪崩光电二极管是利用光生载流子在高电场区内的雪崩效应而获得光电流增益的，具有灵敏度高、响应快等优点.

APD 的雪崩倍增过程是：当光电二极管的 PN 结加上相当大的反向偏压时，在耗尽层内将产生一个很强的电场，它足以使强电场区漂移的光生载流子获得充分的动能，通过与晶格原子碰撞将产生新的载流子. 新的载流子在运动过程中又可能与原子碰撞再一次产生新的载流子. 如此反复，形成雪崩式的载流子倍增.

APD 一般在略低于反向击穿电压值的反偏压下工作. 在无光照时，PN 结不会发生雪崩倍增效应. 但结区一旦有光照射，激发出的光生载流子就被临界强电场加速而导致雪崩倍增. 如反向偏压大于反向击穿电压时，光电流的增益可达 10^6，即发生“自持雪崩倍增”. 这时出现的散粒噪声可增大到放大器的噪声水平，以致使器件无法使用.

APD 的内增益通常用光电倍增系数 M_{ph} 表示. M_{ph} 定义为倍增光电流 I_{ph} 与不发生倍增效应时光电流 I_{ph0} 之比，即

$$M_{ph} = \frac{I_{ph}}{I_{ph0}} = \frac{1}{1 - \left(\frac{V}{V_B}\right)^n} \tag{12.42}$$

式中，V_B 为反向击穿电压，V 为外加反向电压，n 为调整参数，它与半导体材料、器件结构和入射光波长有关，对于硅，$n = 1.5 \sim 4$，锗的 $n = 2.5 \sim 8$.

由上式可看出，当 V 接近 V_B 时，M_{ph} 将趋于无穷大，这时暗电流和噪声也会急剧上升，因此，实际使用时反向偏压要合理选取. 图 12.14 给出了 APD 反向偏压与光电流倍增系数及暗电流的关系曲线.

雪崩光电二极管在光纤通信、激光测距及光纤传感等系统中得到了广泛应用.由于具有内增益,大大降低了前置放大器的要求.但 APD 管需要上百伏的工作电压,影响了它的推广使用.此外 APD 的性能与入射光功率有关.通常当入射光功率在 1 nW 至几个微瓦时,倍增电流与入射光具有较好的线性关系.但入射光功率过大时,倍增系数 M_{ph} 反而会降低,从而引起光电流的畸变.因此,在实际探测系统中,当入射光功率较小时,多采用 APD,此时雪崩增益引起的噪声贡献不大.相反,在入射光功率较大时,雪崩增益引起的噪声贡献占主要优势,并可能带来光电流失真,采用 APD 带来的好处不大,此时采用 PIN 管更为恰当.

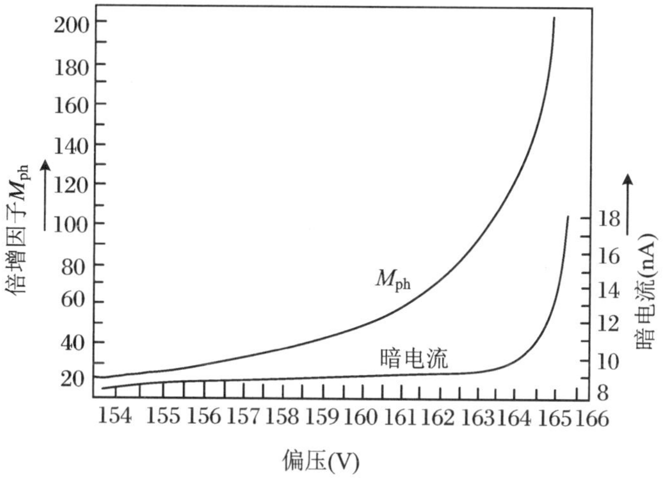

图 12.14　APD 偏压与倍增系数和暗电流的关系曲线

4. 光电二极管的性能

光电二极管的主要参数和性能包括:伏安特性、暗电流、光电流、光谱响应特性、光电灵敏度、调制频率响应和噪声特性.

(1) 伏安特性

光电二极管一般在反向偏压下工作.无光照时的暗电流 I_D 就是二极管的反向饱和电流 I_s,有光照时产生的光电流 I_p 与 I_s 同方向.不同光功率下光电二极管的伏安特性曲线如图 12.15 所示,它与图 12.7 中第三象限特性相对应,这时横轴的正方向代表 PN 结的反向偏压方向,纵轴方向表示 PN 结的反向电流方向.

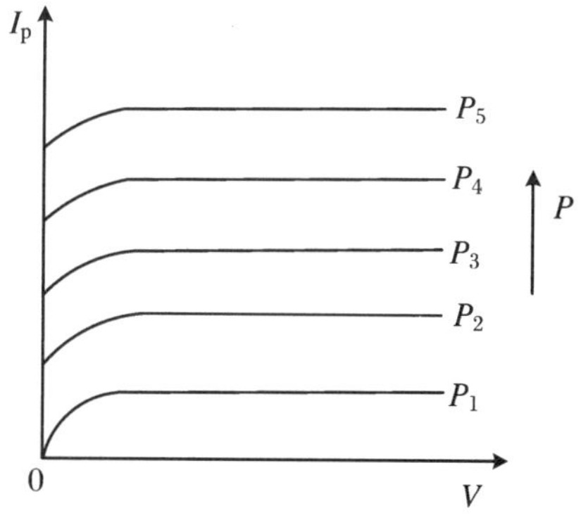

图 12.15　光电二极管的伏安特性

由图可见,在低反偏压下光电流随电压变化非常敏感,曲线有弯曲.这是由于反偏压增加使耗尽层加宽,结电场增强,这对于结区光的吸收率及光生载流子的收集效率影响很大.当反偏压进一步增加时,光生载流子的收集已达到极限,光电流趋于饱和,特性曲线近似于平直,而且在低照度部分比较均匀.利用光电二极管作线性测量时,主要是用特性曲线平直、均匀的这部分.通过选取适当的负载电阻,可得到较大的线性输出范围.

(2) 暗电流

光电二极管的暗电流为反向饱和电流、复合电流、表面漏电流和热电流之和.暗电流小的管子性能稳定、噪声低、检测弱信号能力强. 通常,PN 结型光电二极管在 50 V 反向偏压下,暗电流小于 100 nA;PIN 型和雪崩型光电二极管在 15 V 反向偏压下,暗电流小于 10 nA.

(3) 光电流

光电流 I_p 主要受光照度的影响,它与光照度的关系为

$$I_p \propto E^{\nu} \tag{12.43}$$

式中,E 为光照度,$\nu = 1 \pm 0.05$. 光电流基本上随照度增强而线性增大. 一般来说,光电二极管的光电流越大越好,商品化硅光电二极管的光电流为几十微安.

(4) 光谱响应特性

光子能量的大小与光波长有光,波长越长则光子所具有的能量越小. 对于不同波长的入射光,只有能量大于半导体材料禁带宽度的光子才能激发出光生载流子. 因此,光电二极管对光的响应存在最长波长极限,称为长波限. 硅光电二极管的长波限约为 1.1 μm. 同样,光谱响应也存在短波限. 因为短波长的吸收系数很大($10^5\ \mathrm{cm}^{-1}$),光辐射在非常靠近表面处就被吸收了,而表面对载流子复合作用很强,阻碍光生载流子的输出,因此光电流很小. 硅的短波限为 0.4 μm,锗的短波限约为 0.3 μm. 图 12.16 为硅和锗光电二极管的光谱响应曲线. 硅光电二极管的峰值波长为 0.9 μm,与光纤的短波长窗口相对应. 如果在长波长窗口,硅光电二极管的光电灵敏度便急剧下降,因此必须采用锗光电二极管,但锗管的热噪声特性不好,有可能被 InGaAsP 或 GaAlSb 雪崩管取代.

(5) 光电灵敏度

在给定波长的入射光照射下,输入单位功率时,光电二极管输出的光电流值称为光电灵敏度,可用下式估算:

$$S = \frac{\eta e \lambda}{hc} \tag{12.44}$$

因此,S 主要取决于量子效率 η. 不同类型光电二极管的 η 值不同. 当入射光波长为 0.9 μm 时,对于 PN 结型光电二极管,$\eta > 50\%$,$S \geqslant 0.4\ \mu\mathrm{A}/\mu\mathrm{W}$. 对于雪崩管,无倍增时 $\eta \geqslant 20\%$,$S \approx 0.15\ \mu\mathrm{A}/\mu\mathrm{W}$;有倍增时,$S$ 高于 $10\ \mu\mathrm{A}/\mu\mathrm{W}$.

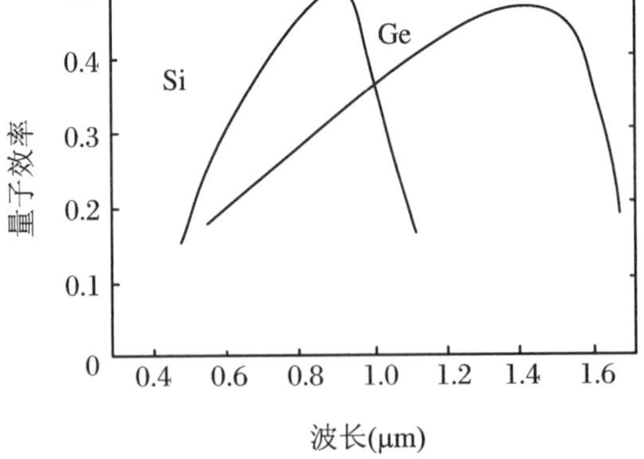

图 12.16　硅和锗光电二极管量子效率与波长的关系

(6) 噪声特性

表征光电二极管噪声水平的主要参数是信噪比(S/N)和噪声等效功率(NEP). PN 结型

和 PIN 结型光电二极管的主要噪声是暗电流引起的散粒噪声，一般 PIN 结型硅光电二极管的暗电流比 PN 结型光电二极管的暗电流低 1～2 个数量级. 在实用中，光电二极管总是和接收设备一起使用，相对于接收设备的噪声电平来说，管子本身的噪声是比较小的. APD 的主要噪声源是光电流引起的散粒噪声，它的噪声比较大.

12.3.4　光电三极管

利用雪崩效应可获得具有电流内增益的 APD，而利用一般晶体管电流放大原理，可得到另一种具有电流内增益的光伏探测器，即光电三极管. 光电三极管是用 Si 或 Ge 单晶制成的晶体管，分 NPN 和 PNP 两种结构形式. 用硅材料制作时，NPN 结构为 3DU 型，PNP 结构为 3CU. 它不仅能和光电二极管一样，把入射光信号变成光电流信号输出，同时还能把光电流进行放大. 下面以 3DU 型光电三极管为例说明它的结构、工作原理与主要特性.

1. 光电三极管的结构与原理

3DU 型光电三极管是以 P 型硅为基极的三极管，如图 12.17(a)所示. 为了适应光敏器件的要求，光敏面集电结(bc 结)面积比一般晶体管大，发射结(be 结)面积做得较小. 工作时，各电极所加的电压与普通晶体管相同，即要保证集电结反偏置，发射结正偏置. 和光电二极管原理相同，当入射光照到集电结时，承受反偏压的集电结中产生光电流 I_p，相当于外界向基极注入一个控制电流 $I_b = I_p$. 因为发射结是正偏置，发射极便有大量电子经基极流向集电极，总的集电极电流为

$$I_c = I_p + \beta I_p = (1+\beta) I_p \tag{12.45}$$

式中，β 为电流增益系数. 由此可见，光电三极管的集电结是光电变换部分，同时，集电极、基极和发射极构成一个有放大作用的晶体管. 所以原理上可把光电三极管看成是一个由光电二极管与普通晶体管结合而成的组合件，如图 12.17(b)所示.

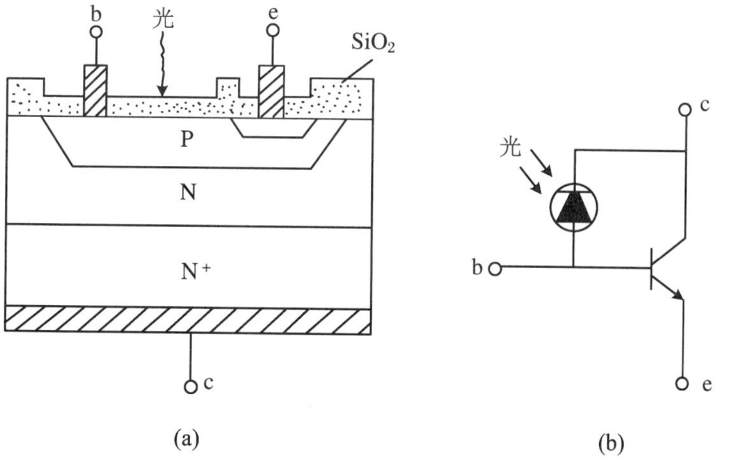

图 12.17　3DU 型光电三极管结构和简化原理图

为适应不同用途的需求，光电三极管具有如图 12.18 所示的三种类型. 由于光电三极管是利用光来控制集电极电流的，所以在基极上既可设置引线进行电控制，也可以不设，完全由光来控制. 图 12.18(a)为无基极引线的光电三极管，外形与光电二极管相似，这种管子应用最广. 图 12.18(b)和普通三极管一样具有三个极，它具有容易实现温度补偿，能以电信号与光电信号混合工作形式进行增益控制，从而使工作点稳定、响应时间缩短以及可以作记忆

元件用等优点.图 12.18(c)是按照达林顿接法构成的复合型光电三极管,可增大输出光电流.

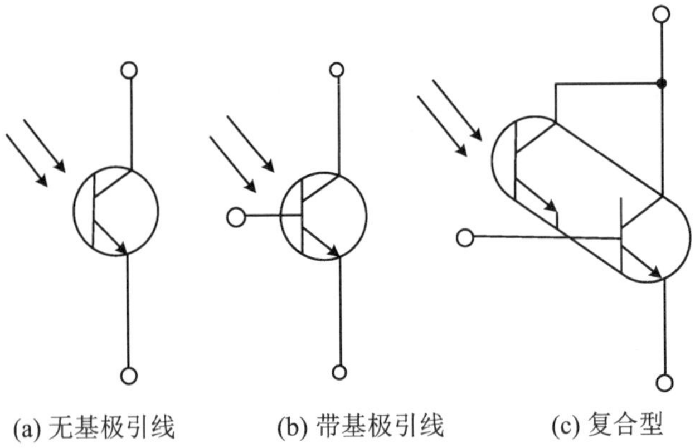

图 12.18 光电三极管的三种类型

2. 主要参数及特性

光电三极管的主要参数包括:最高工作电压、暗电流、光电流、最大功耗、响应时间和光谱响应范围等.特性包括:输出特性、光谱响应特性、频率特性、温度特性和噪声特性等.其中响应时间、光谱响应范围与特性等意义上与光电二极管相同;频率特性、温度特性、噪声特性的意义与一般晶体三极管相同.

(1) 输出特性

光电三极管的输出特性如图 12.19 所示.该特性的形式与一般晶体三极管的特性相同,两者之间的实质差别在于参变量不同.晶体三极管的参变量是基极电流,光电三极管的参变量是入射光的照度.

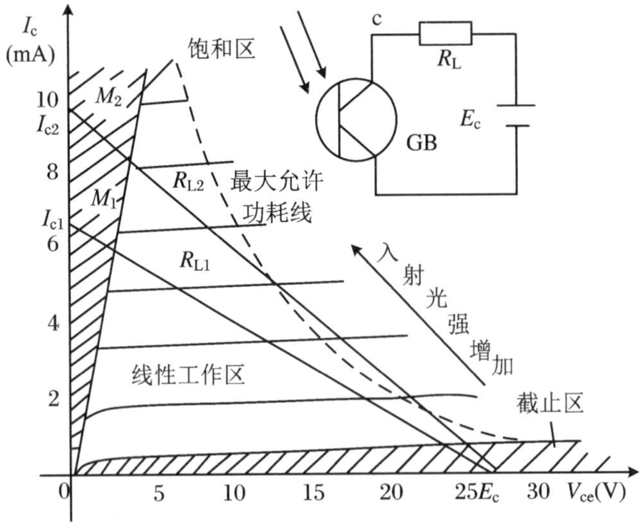

图 12.19 光电三极管的输出特性

光电二极管在很宽的入射光照射范围内($10^{-3} \sim 10^{-10}$ lx)都具有线性的光电流－照度特性,而光电三极管输出特性的线性度却较差,只在照度适中时有一个线性区.

（2）最高工作电压 V_{ceo}

在无光照条件下，e 极和 c 极之间漏电流不超过规定值（如 0.3 μA）时，e 极和 c 极之间所允许加的最高工作电压称为光电三极管的最高工作电压，记为 V_{eco}. 3DU 系列的硅光电三极管的 V_{eco} 值有 10 V，30 V，50 V 三种. 一般硅光电三极管的 V_{eco} 都在 50 V 以下.

（3）暗电流 I_{ceo}

在无光照条件下，当 e 极和 c 极之间有一定电压 V_{ec} 时，e 极和 c 极之间的漏电流称为光电三极管的暗电流. 实质上，暗电流 I_{ceo} 就是反向饱和电流，其值很小，一般都小于 0.3 μA，但它对温度变化很敏感，随着温度的升高，硅、锗光电三极管的暗电流将按指数规律增大.

（4）光电流 I_c

在加有一定工作电压条件下，受到一定光照射时的集电极电流称为光电三极管的光电流. 光电二极管的光电流一般只有几微安到几百微安，而光电三极管的光电流一般可为几毫安到几十毫安.

（5）最大允许功耗 P_{cm}

由于光电三极管的集电结存在电阻，光电流流过时必然会产生功率消耗. 光电三极管在其结温等于最高允许值 T_{jm} 并保持不变时所消耗的功率，称为光电三极管的最大允许功耗. 最大允许功耗应满足

$$P_{cm} \geqslant I_c V_{ce} \tag{12.46}$$

在选取光电三极管的负载时，应注意不要使功耗超出最大允许功耗，以免烧坏管子.

（6）响应时间

光电二极管的响应时间在 100 ns 以下，PIN 结型和雪崩型的还要小，而光电三极管的响应时间长达 5～10 μs，复合型光电三极管的响应时间还要更长. 因此，在调制光信号和光脉冲下工作时，必须慎重选择管型. 只有工作频率低于 200～300 kHz 时，才能选用光电三极管.

12.4　CCD 阵列探测器

CCD 是电荷耦合器件（charge coupled device）的简称. CCD 从发明到现在已近半个世纪，其应用已涉及信号处理、数字存储、图像传感等领域的滤波、存储器、成像系统的光敏器件，其中图像传感是其最为成功的应用领域，这取决于它与传统的真空成像器件相比具有光谱响应宽（从 X 射线到红外光）、灵敏度高、线性好、动态范围大、体积小、重量轻、功耗低等优点.

CCD 阵列按照其光敏单元的排列方式不同可分为线型阵列和面型阵列两类. 下面先介绍 CCD 的结构、原理和性能，然后讲述 CCD 线型阵列和面型阵列.

12.4.1　CCD 结构

构成 CCD 的基本单元是 MOS 电容器. 一系列彼此非常靠近的 MOS 电容用同一半导体衬底制成，衬底可以用 P 型或 N 型材料，上面覆有均匀、连续的氧化层，在氧化层表面排

列互相绝缘且距离极小的金属化电极(或称栅极).因此,一个 CCD 的基本结构包括转移电极结构、转移沟道结构、信号输入结构、信号输出结构和信号检测结构,可参见图 12.20 中的三相 CCD 结构.

CCD 的转移电极相数有二相、三相和四相等.对于单层金属化电极结构,为保证电荷的定向转移,驱动脉冲至少需要三相,因此采用三相 CCD 较方便.二相 CCD 驱动脉冲比较简单,信号电荷转移时间比较短,芯片面积也较小,但容纳的信号电荷量小.四相 CCD 时钟驱动电路较复杂,一般适合于时钟频率很高的场合.

转移沟道分为表面沟道和体内沟道.表面沟道的优点是信号电荷离界面较近,在相同栅压下势阱能容纳的电荷较多;但由于信号电荷只能在贴近界面的极薄衬底层内运动,而界面处存在陷阱,从而降低了转移速度和转移效率.体内沟道形式可克服这一缺点,但其制造困难、成品率低、造价高,目前还较少应用.

CCD 电荷注入的方法有电注入和光注入两种.在光纤系统和摄像器中采用光注入.光注入又有三种方式:① 在每个单元的中心电极下开一个小孔,入射光直接照在硅片下部;② 硅衬底做得很薄,光从背后入射;③ 光从正面入射,经过不透明电极之间的间隙进入器件,或采用多晶硅透明电极使光直接入射.

CCD 输出结构是将 CCD 传输和处理的信号电荷变换为电流或电压信号输出.

信号检测结构分为电流输出、选通电荷积分器、相关双取样和浮置栅放大器等几种.电流输出方法的最大缺点是前置放大器在芯片外面,因而有较大的寄生电容.选通电荷积分器方法将前置放大器集成在 CCD 芯片上,克服了寄生电容的问题,但复位噪声较大.为了降低复位噪声,提出了相关采样方法,它是利用相邻两次复位脉冲在输出端引起的噪声是相关的原理设计具体电路的.浮栅放大器方法适用于电荷转移过程中需要多次检测的系统中.由于浮置栅不与信号电荷直接接触,也没有确定的直流通路接地,因此在进行检测时电荷包完全不受影响,故可以进行多次检测.由于浮置栅放大器读出方法是非破坏性的,可以沿 CCD 沟通设置若干级浮置栅放大器对同一个电荷包进行多次检测.若将这些放大器的输出以适当的时间关系相加,则信噪比提高倍数为放大器级数的平方根.在实用 CCD 中,常采用这种分布浮置栅放大器方法.

12.4.2 CCD 的工作原理

CCD 以电荷作为信号,它的基本功能是信号电荷的产生、存储和转移.

1. CCD 的存储原理

图 12.20 为一个三相 CCD 结构截面.当电极(ϕ_1,ϕ_2,ϕ_3)加正向电压时(衬底接地),P 型硅衬底中的多数载流子(空穴)受到排斥而离开 Si-SiO_2 界面,留下一个耗尽区,如图中阴影部分所示.较高的正偏压(图中 ϕ_2 电极上的电压)使耗尽区向 P 型硅衬底扩展得较深.通常把这种最深的耗尽区称为势阱.

当表面存在势阱时,如果有信号电子来到势阱及其附近,在电场力的作用下,它们便聚集在表面而落入势阱,势阱将电荷存储起来.随着电子进入势阱,耗尽区将减薄.势阱的容量即容纳电子的多少,取决于势阱的深浅,其值随栅极电压值变化.

如果没有信号电荷,耗尽区及其附近区域中的少数载流子将逐渐填满势阱.由这种少数载流子填充势阱时形成的电流称为 CCD 的暗电流.

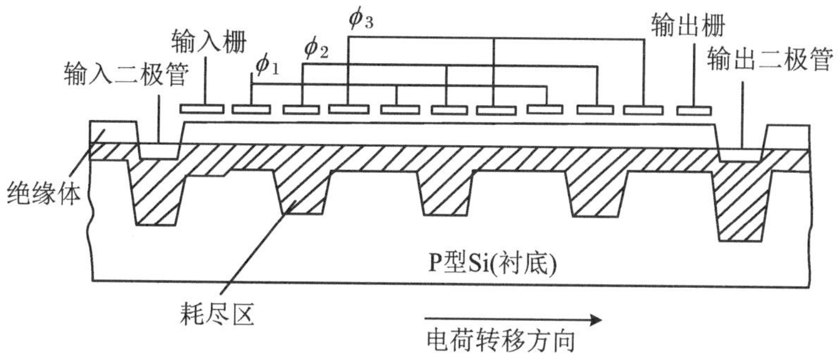

图 12.20　三相 CCD 结构截面图

2. 电荷转移原理

由于 CCD 的金属化电极彼此绝缘，且相隔距离极小，这就保证相邻势阱耦合和电荷转移. 下面分析电荷由一个栅极下面转移到相邻栅极下面的过程.

图 12.21 表明用三相时钟转移电荷的过程. 三相时钟电压随时间变化波形如图 12.22 所示.

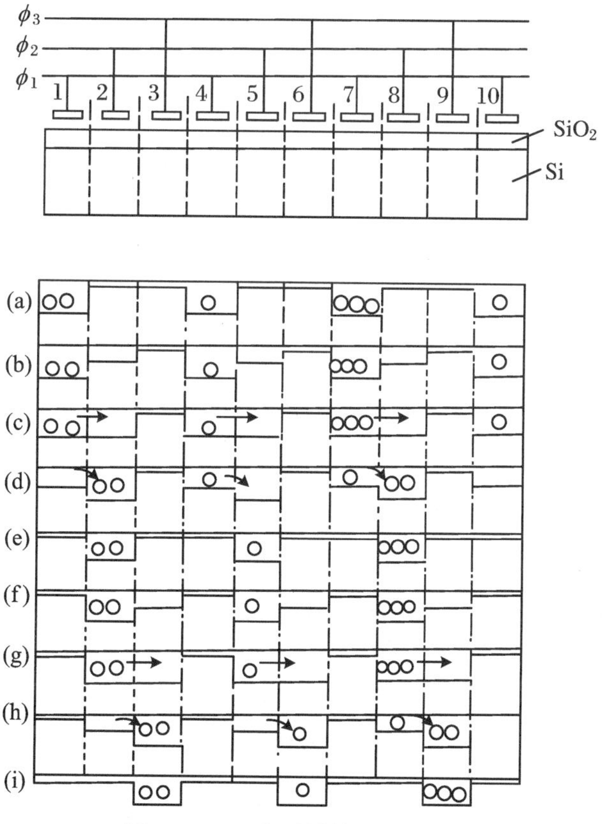

图 12.21　三相时钟转移电荷过程

$t = t_1$ 时，ϕ_1 相电压高，ϕ_1 相上的电极 1,4,7,…下存有信号电荷. 例如图 12.21(a)中电极 1 下面存有两个电子，电极 4 和 7 下面分别存有一个和三个电子.

$t = t_2$ 时，ϕ_1 相仍处于高电压，但 ϕ_2 的电压也在升高，连接在 ϕ_2 相的 2,5,8,…电极下

耗尽区加深，如图 12.21(b)所示.

$t=t_3$ 时，ϕ_1 和 ϕ_2 相都处于高电压，电极 1,2,4,5,7,8,…下的耗尽区深度相同，原存储在电极 1,4,7,…下的信号电荷可能向相邻耗尽区移动，如图 12.21(c)所示.

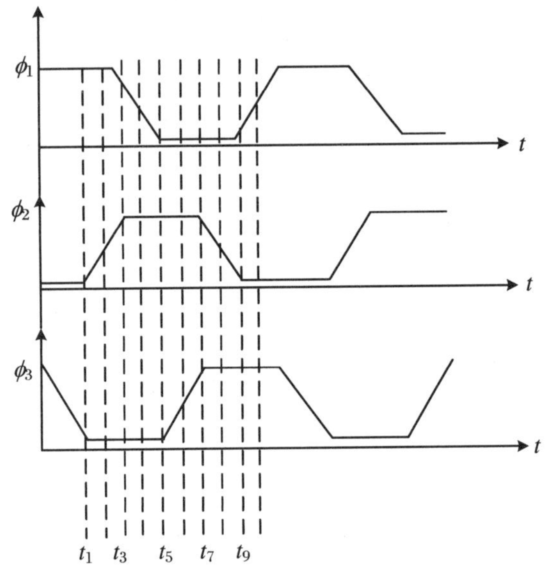

图 12.22 三相时钟电压随时间变化波形

$t=t_4$ 时，ϕ_1 相电压开始下降，电极 1,4,7,…下的耗尽区变浅，而 ϕ_2 相电压仍处于高电压，这就使信号电子向 ϕ_2 相的电极 2,5,8,…下的耗尽区移动，如图 12.21(d)所示.

$t=t_5$ 时，仅 ϕ_2 相处于高电压，信号电荷全部转移到电极 2,5,8,…的耗尽区，完成了信号电荷的转移，如图 12.21(e)所示.

类似地，到了 $t=t_9$ 时，信号电荷全部转移到 ϕ_3 相电极 3,6,9,…对应的耗尽区，过程如图 12.21(f)～(i)所示.继续下去，就可将信号电荷从一端转移到另一端.

这种三相彼此有一定相位差的时钟脉冲能使相邻电极下耗尽区在某些时刻相通，实现电荷的耦合.这是 CCD 的主要特征，也是“耦合”一词的含义.实现电荷转移的驱动脉冲还有二相和四相脉冲.

3. 光信号注入

CCD 的电荷注入方式有电信号注入和光信号注入两种.在光纤系统中，CCD 接收的是由光纤传来的光信号，即采用光注入 CCD.

当光照射到 CCD 时，在栅极附近的耗尽区吸收光子产生电子-空穴对.这时，在栅极电压作用下，多数载流子(空穴)流入衬底，少数载流子(电子)被收集在势阱中，形成信号电荷存储起来.这样，能量高于半导体禁带宽度的那些光子，可用来建立正比于光强的存储电荷.

光注入方式有三种，实用中常采用正面照射方式和背面照射方式.正面照射时，光子从栅极向透明的 SiO_2 绝缘层进入 CCD 的耗尽区.背面照射时，光从衬底射入，这时须将衬底减薄，以便于光透射.

4. CCD 的电荷输出

CCD 的电荷输出方式视 CCD 的输出结构而定.图 12.23 为电流输出结构原理图，它包括一个输出极 OG，一个输出二极管 OD.信号电荷经过转移后直接到达强反偏的输出二极管，芯片外的电流放大器为检测电路的前置放大器.

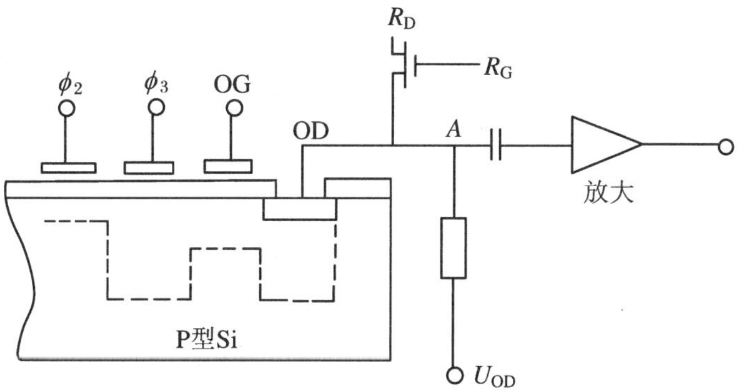

图 12.23　电流输出结构原理图

图 12.24 为浮置栅放大器输出结构原理图. T_2 为放大器，它的栅极不是直接与信号电荷的转移沟道相连接，而是与沟道上面的浮置栅相连接. 当信号电荷转移到浮置栅下面的沟道时，在浮置栅上感应出镜像电荷，以此控制 T_2 的栅电位，达到信号的检测和放大，这种结构能实现电荷在转移过程中的非破坏性检测.

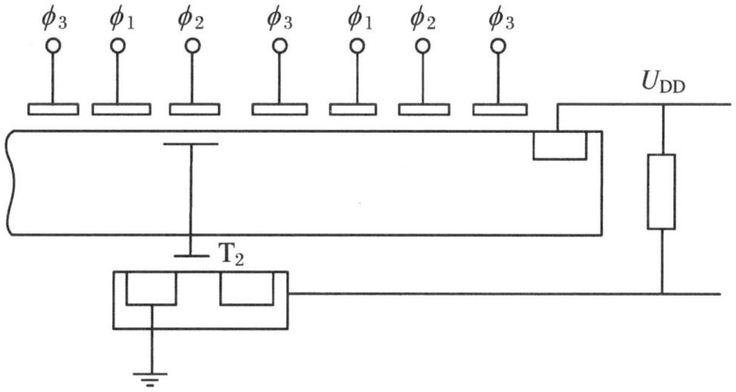

图 12.24　浮置栅放大器输出结构原理图

12.4.3　CCD 的特性参数

1. 转移效率 η 和转移损失率 ε

电荷转移效率是表征 CCD 性能的主要参数. 定义每一次转移后，到达下一个势阱中的电荷量与原来电荷量之比为转移效率

$$\eta = \frac{Q(0) - Q(t)}{Q(0)} \tag{12.47}$$

式中，$Q(0)$为 $t=0$ 时刻注入某电极下的电荷，$Q(t)$为 t 时刻由于某种原因没有被转移的电荷.

转移损失率定义为

$$\varepsilon = \frac{Q(t)}{Q(0)} \tag{12.48}$$

则转移效率和损失率的关系为

$$\eta = 1 - \varepsilon \tag{12.49}$$

由于电荷在转移过程中总有损失，因此，CCD 是一种无增益器件. 经过 n 次转移后，剩下的电荷 $Q(n)$ 为

$$Q(n) = Q(0)\eta^n \tag{12.50}$$

影响电荷转移效率的主要因素是界面对电荷的俘获，形成陷阱俘获损失. 采用偏置电荷（或称胖零电荷）预先填充陷阱，陷阱将与信号电荷处于动态平衡，而不会造成转移损失.

2. 存储时间和暗电流

CCD 始终工作在非平衡状态，加在各个转移电极上的电压使其下面半导体表面层处于深耗尽状态. 这时，CCD 各个 MOS 电容可以存储电荷. 但是深耗尽状态并非一稳态，即使没有信号电荷自外部注入，深耗尽势阱也会被内部产生的电荷逐渐填满，表面也就从深耗尽状态过渡到反型状态. 因此 CCD 不能长久贮存电荷. CCD 中的 MOS 电容器在没有外部信号注入情况下，由耗尽层向反型状态过渡的时间称为存储时间. 存储时间是 CCD 最大存储时间的一个量度.

CCD 存储时间主要由产生暗电流的几个主要因素决定，例如体内复合中心的热、表面态的热、本征跃迁过程的热以及耗尽区边界的热蔽扩散等产生的暗电流.

暗电流除了决定 CCD 的存储时间外，还与 CCD 的其他特性有关系，如噪声、最低工作频率等. 暗电流越小越好.

3. 工作频率

CCD 的工作频率与时钟脉冲频率、转移损失和暗电流有关.

CCD 工作频率上限主要取决于时钟脉冲频率. 当工作频率升高时，若电荷本身从一个电极转移到另一个电极需要的时间 t_1 跟不上驱动脉冲的变化，将会使转移效率大大下降. 对于三相 CCD，驱动脉冲频率的上限为

$$f_{\max} \leqslant \frac{1}{3t_1} \tag{12.51}$$

CCD 工作频率的下限由暗电流决定. 为了避免暗电流的干扰，信号电荷从一个电极转移到另一个电极所用的时间 t_2 必须小于少数载流子的寿命 τ，即 $t_2 < \tau$. 对于三相 CCD，其最低工作频率为

$$f_{\min} > \frac{1}{3\tau} \tag{12.52}$$

4. 噪声

CCD 中存在的噪声源主要是转移噪声、输入噪声、输出噪声和暗电流噪声.

转移噪声主要是由于信号电荷包沿 CCD 中沟道转移时，每次都有一小部分电荷残留下来，而电荷转移和损失的过程是一种随机过程，于是转移中的电荷包也会随机涨落，造成噪声.

输入噪声主要取决于信号电荷注入方式. 对于光注入的情况，输入噪声由光子流的散粒噪声决定.

输出噪声取决于不同的检测方式. 采用浮置栅放大器输出时，噪声较低. 分布浮置栅放大器的输出噪声最低.

暗电流噪声主要是载流子的热运动产生的白噪声和暗电流尖峰. 降低温度是减小暗电流的有效途径，对 CCD 芯片进行冷却将会降低暗电流噪声.

12.4.4　CCD 阵列探测器

CCD 阵列探测器(CCD 摄像器件)是 CCD 的实用产品.它将二维光学图像信号转变成一维的视频信号输出.

CCD 阵列分为两大类:线型 CCD 阵列和面型 CCD 阵列.两者都需要用光学成像系统将景物图像成像在 CCD 的光敏面上,每一光敏单元上的图像光强信号被转变为少数载流子的密度信号存储于光敏单元(MOS 电容)中,然后再转移到 CCD 的移位寄存器中,在驱动脉冲的作用下顺序地移出器件,成为视频信号.

1. 线型 CCD 阵列

图 12.25 为线型 CCD 阵列的结构图.在 CCD 线阵列中,光敏区与转移区是分开的.光敏区一般采用掺杂多晶硅-二氧化硅-硅 MOS 结构,用厚氧化物分隔成一个个光敏单元.转移区是 CCD 移位寄存器,上面常覆盖一层铝,以便把光遮掉.光敏单元线阵与移位寄存器并行排列.光敏单元与转移单元一一相对,两者中间用转移控制栅控制,光敏单元用光栅控制.

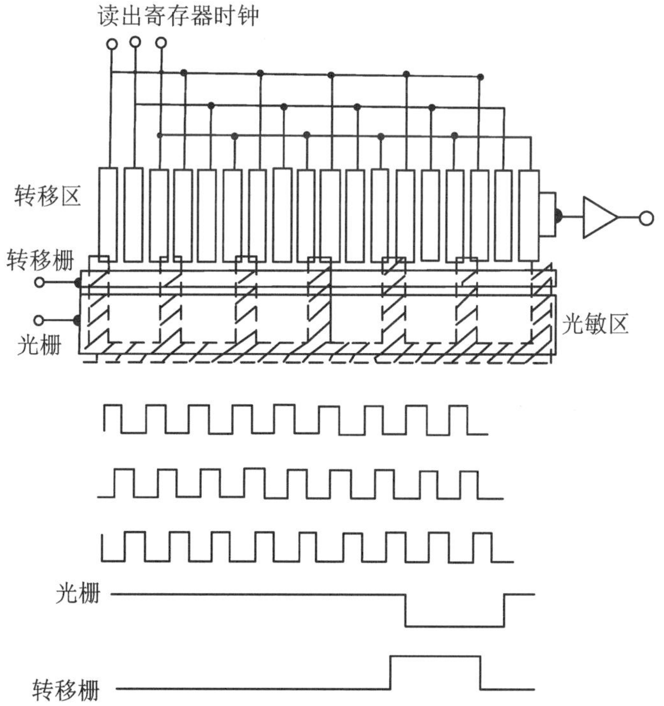

图 12.25　线型 CCD 阵列结构图

当各电荷包在时钟脉冲驱动下沿移位寄存器向输出端转移时,转移控制栅关闭,光栅打开,光敏单元进入下一电荷存储期.

图 12.26 为国产 DL40 型 CCD256 单元线阵列探测器结构框图.器件中心是 1～256 单元光敏阵列,光敏元中心距离为 15 μm,光敏元的有效面积为 $10\times20\ \mu m^2$,光敏元阵列是由 P^+ 沟阻区隔离开的一个个表面 MOS 电容阵列.光敏元的最大电荷容量为

$$Q = C_{ox}V_pA \tag{12.53}$$

式中,C_{ox}是单位面积薄栅氧化层电容,V_p 是光栅电压,A 是光敏元的有效面积.调节光栅电

压，可控制光敏元的最大电荷容量.

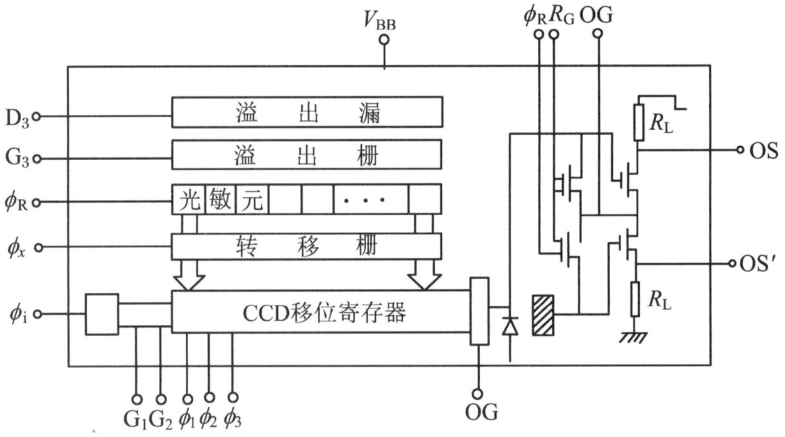

图 12.26　国产 DL40 型 CCD256 单元线阵列探测器结构框图

光敏元阵列的下面是转移栅.工作时，在转移栅上加一个占空周期很短的脉冲，其作用相当于一个控制门，控制光积分时间.转移栅的下面是一个表面沟三相 CCD 移位寄存器，它由三相对称脉冲进行操作.CCD 移位寄存器左边是输入 G_1，G_2 和输入扩散二极管，用来注入胖零电荷和测量电荷转移效率.移位寄存器的右边是一个输出栅和一个栅电荷检测器.

光敏元阵列的上方是一个溢出栅 G_3 和溢出漏 D_3，它们的作用是排除掉强光照射下产生的过剩载流子.

DL40 型器件用六个脉冲驱动，如图 12.27 所示.ϕ_x 为转移栅脉冲，加在转移栅上，用于控制转移栅的导通和截止；ϕ_1，ϕ_2，ϕ_3 为传输脉冲，加在 CCD 移位寄存器的三相时钟电极上，用于控制寄存器中电荷的定向运动；ϕ_R 是复位脉冲，加在双栅复位 MOSFET 的一个复位栅上，用于控制复位 MOSFET 的导通和截止；ϕ_i 加到输入扩散二极管，用于注入胖零和测量转移效率；其他电极均加直流电压.

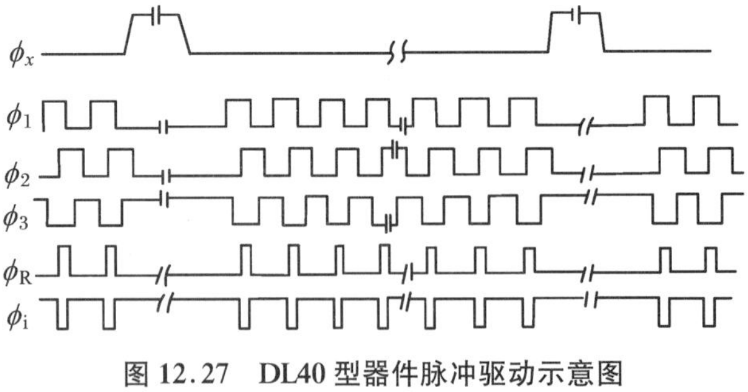

图 12.27　DL40 型器件脉冲驱动示意图

CCD 线阵列的另一种结构是双线结构.双线结构有两个移位寄存器，它们平行地配置在光敏区的两侧.光敏区用 S 形沟阻扩散分割成两组光敏单元，呈叉指状.在光栅和转移栅的配合控制下，这两组光敏单元中积累起来的电荷包在积分结束后分别进入左右两侧的移位寄存器，利用二相或四相时钟脉冲两个移位寄存器读出来，在输出端合并.

与单线结构相比，双线结构的分辨率加倍，国产 DL42 型 CCD1728 阵列就是双线结构.

2. 面型 CCD 阵列

面型 CCD 阵列的光敏单元呈二维矩阵排列，组成光敏区. 由于传输方式不同，它分为帧传输和行间传输两种结构.

帧传输结构包括三部分：光敏区、暂存区和读出寄存器，如图 12.28 所示. 图中，光敏区由并行排列的若干电荷耦合沟道组成，各沟道用沟阻隔开，水平电极条横贯各沟道. 假设有 m 个转移沟道，每沟道有 n 个光敏单元，则光敏区共有 $m\times n$ 个单元.

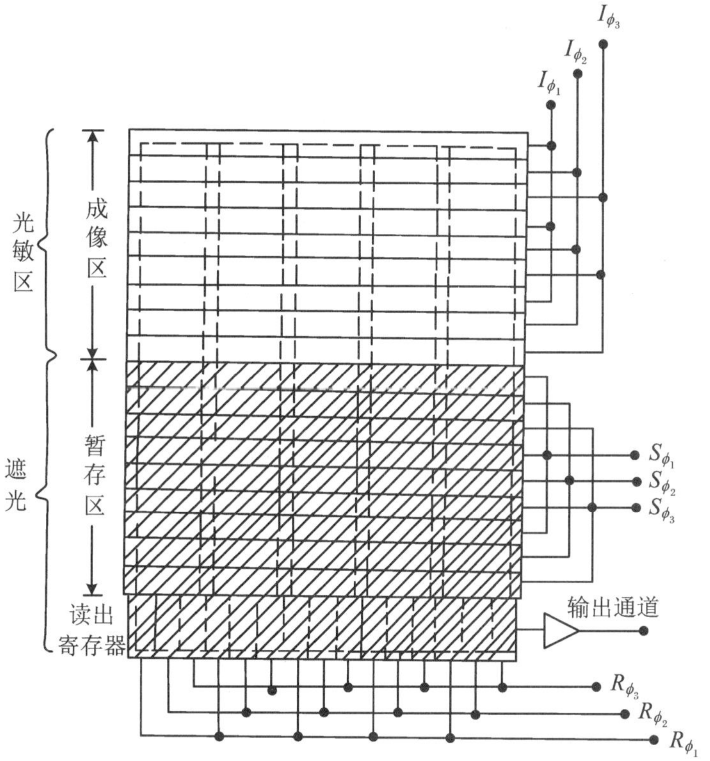

图 12.28　帧传输结构

暂存区结构与光敏区相同，只是用金属覆盖遮光. 暂存区的作用是消除光学拖影，改善因信号输出的占空比小引起的图像闪烁，便于与后面的显示器匹配.

帧传输结构一般采用三相脉冲驱动.

行间传输结构的示意图如图 12.29 所示. 图中光敏单元呈二维排列，每列光敏单元的右侧是一个垂直移位寄存器，其单元数等于垂直移位寄存器个数.

在转移控制栅的控制下，光敏单元存储的电荷一次转移到起暂存作用的垂直移位寄存器，接着，这些电荷垂直向下转移，通过水平移位寄存器读出.

帧传输和行间传输两种结构都在实用的 CCD 阵列探测器中发挥作用. 不论采用哪一种结构，都能制成高性能的 CCD 面阵列探测器.

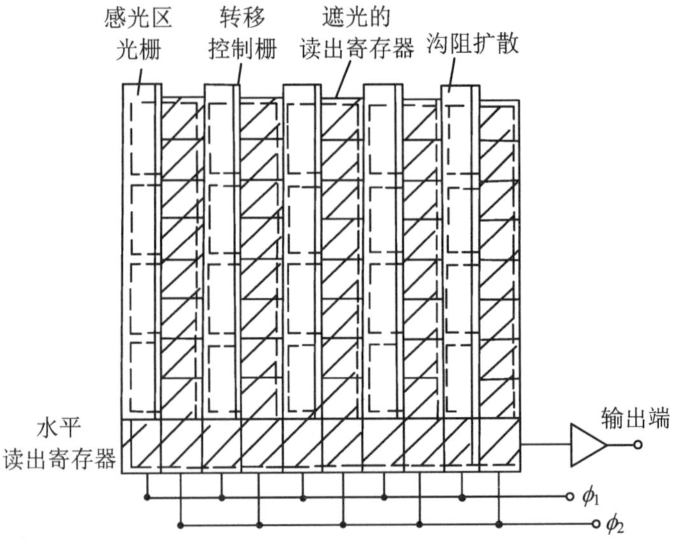

图 12.29　行间传输结构示意图

12.5　光热探测器

光热探测器运用了物体吸收光辐射能量而产生热效应的原理.光能作用在热探测器上，发生光热转换，热能增大，导致吸收体的物理、机械性能变化，如温度、体积、电阻、热电动势等，通过测量这些变化可确定光能量或光功率的大小，这类器件统称为光热探测器.其原理图如图 12.30 所示.

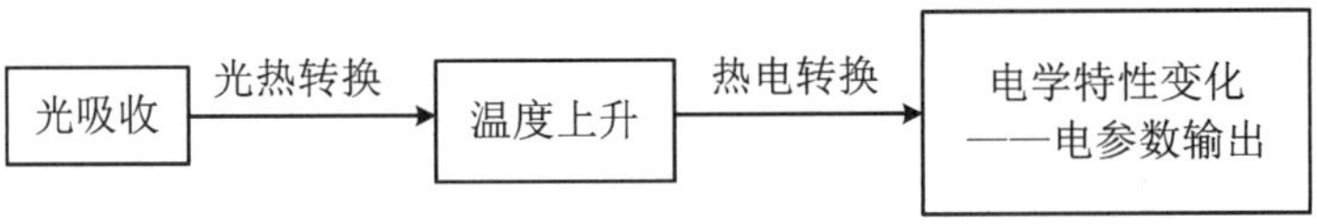

图 12.30　光热探测器原理图

它的功能就是测出所引发的热能量的大小.

光热探测器和光子探测器最主要的区别，在于对辐射的响应形式不同，光子探测器是测出对于光子数的吸收速率，而光热探测器是测出对于能量的吸收速率.

光热探测器按工作方式可分为三大类：热敏电阻型、热电偶或热电堆型、热释电型.热敏电阻型是利用电阻对温度敏感性的探测器；热电偶(热电堆)型是利用温差电效应的探测器；热释电型是利用晶体的热释电效应的探测器.

光热探测器的特点是：

(1) 无波长选择性，对所有波长的光辐射有大致相同的探测灵敏度；

(2) 大多数光热探测器可工作在室温条件下；

(3) 响应速度较慢.由于热惯性大，所以响应速度比光子探测器低，探测灵敏度也比光子探测器低 1～2 个数量级.

12.5.1　热敏电阻探测器

热敏电阻是利用辐射引起的升温而制成的探测器，由多种温度系数大的材料制成．因为电阻率依赖于温度，测出电阻率的变化也就等于测出了所吸收的能量，所以也称它为测辐射热计．按物理特性可分为三类：负温度系数热敏电阻(NTC)；正温度系数热敏电阻(PTC)；临界温度系数热敏电阻(CTR)．负温度系数热敏电阻是一般应用时最灵敏的温度传感器．

1．热敏电阻的材料

热敏电阻有金属制作的和半导体制作的两种．金属热敏电阻的灵敏面材料多为金、镍、铋等薄膜．电阻温度系数多为正值，绝对值比半导体的小．电阻值与温度的关系基本上是线性的，耐高温能力较强，所以多用于温度的模拟测量．半导体热敏电阻的灵敏面材料多为金属氧化物，例如氧化锰、氧化镍、氧化钴等．其电阻温度系数多为负值，绝对值比金属热敏电阻的大10余倍．电阻值与温度的关系是非线性的，耐高温能力较差，所以多用于辐射探测，如防盗报警、防火系统、热辐射体搜索和跟踪等．

2．热敏电阻的结构

热敏电阻的灵敏面是一层由金属或半导体热敏材料制成的厚约0.01 mm的薄片电阻，粘在一个导热能力高的绝缘衬底上，电阻体两端蒸镀金属电极以便与外电路连接，衬底又粘在一金属散热器上(热容很大、导热性良好的金属)．使用热特性不同的衬底，可使探测器的时间常数由1 ms变到50 ms．因为热敏材料本身不是很好的吸收体，为了提高吸收系数，灵敏面表面都要进行黑化．

3．热敏电阻的工作原理

热敏电阻工作的物理过程是吸收辐射、产生温升，从而引起材料电导率的变化．

对于金属热敏电阻，可定性地解释为，因其内部有大量的自由电子，在能带结构上无禁带，吸收辐射产生温升后，自由电子浓度的增加是微不足道的．相反，因晶格振动的加剧，却妨碍了电子的自由运动，从而，其电阻温度系数是正值，而且绝对值比半导体热敏电阻的电阻温度系数小．

对于半导体热敏电阻，吸收辐射后，材料中电子的动能和晶格的振动能都有所增加．因此，其中部分电子能够从价带跃迁到导带成为自由电子，从而使电阻减小．因而其电阻温度为负值，而且绝对值比金属热敏电阻的大10余倍，所以热敏电阻探测器多为半导体材料制作，很少采用贵重的金属．

4．热敏电阻的特性参数

(1) 电阻-温度特性

热敏电阻的电阻－温度特性是指实际阻值与电阻温度之间的依赖关系，这是它的基本特性之一．

热敏电阻器的实际阻值 R_T 与自身温度 T 的关系有正温度系数与负温度系数两种，分别表示为：正温度系数的热敏电阻 $R_T=R_0\mathrm{e}^{AT}$；负温度系数的热敏电阻 $R_T=R_\infty\mathrm{e}^{B/T}$．

由热敏电阻的阻值公式可分别求出正、负温度系数的热敏电阻的温度系数 α．α 表示温度变化1℃时，热电阻实际阻值的相对变化为

$$\alpha=\frac{1}{R_T}\cdot\frac{\mathrm{d}R_T}{\mathrm{d}T}\tag{12.54}$$

对于正温度系数的热敏电阻：$\alpha=A$ 是常数；负温度系数的热敏电阻：$\alpha=(1/R_T)\cdot(\mathrm{d}R_T/$

$dT)=-B/T^2$ 随温度 T 变化很大，并且与材料常数 B 成正比.

(2) 热敏电阻阻值变化量

已知热敏电阻温度系数 α 后，当热敏电阻接收入射辐射后温度变化 ΔT，则阻值变化量为

$$\Delta R = \alpha\Delta T \cdot R \tag{12.55}$$

式中，R 为温度为 T 时的电阻值，上式只有在 ΔT 不大时才能成立.

(3) 电压响应率

工作时，如果有入射辐射，则热敏电阻将因温升而产生一微量变化 dR_T，于是所产生的信号电压为

$$U_s = i dR_T \tag{12.56}$$

式中，i 为电流.如果入射辐射使元件产生的温升为 ΔT，而元件的电阻温度系数 $\alpha=(1/R_T)\cdot(dR_T/dT)$，则可得

$$U_s = i\alpha R_T\Delta T \tag{12.57}$$

热敏电阻的电压响应率为

$$R_\nu = \frac{i\alpha R_T\eta}{(G^2+\omega^2 C_H^{\ 2})^{1/2}} \tag{12.58}$$

由上式可知，要使热敏电阻的电压响应率大，电流 i、电阻温度系数 α、热敏电阻 R_T、吸收系数 η 都要大，而热导 G、热辐射的交变频率 ω、热容 C_H 都要小，但这些量是受诸因素制约的，只能折中选取，不能任意增减.

限制热敏电阻最小可探测功率的主要因素，是与元件电阻有关的约翰逊噪声和与辐射吸收、发射有关的温度噪声.在室温下，热敏电阻的噪声等效功率可达 $10^{-9}\sim10^{-6}$ W/Hz$^{1/2}$；在制冷到液氦温度(3 K)时，可达 $10^{-14}\sim10^{-13}$ W/Hz$^{1/2}$.

5. 热敏电阻的伏-安特性

如图 12.31 所示，热敏电阻的阻值是所加电压的函数.所以，热敏电阻器实际上是一个非线性元件.低压和小电流时，热敏电阻耗散的功率小，热效应可以忽略不计，因此，动态阻值(电压对电流的变化率)是不变的，这时的热敏电阻就是线性元件如图 12.31 曲线左边部分.然而，当电流增大时，耗散功率增加，并产生焦耳热.热敏电阻器温度上升后，阻值降低.最后，动态阻值随电流的增加而下降通过零点成为负值.在这负值区内，热敏电阻器两端的电压差随电流的增加而降低.所以，须采取镇流电阻器，否则，热敏电阻器在负值区内会被烧毁.

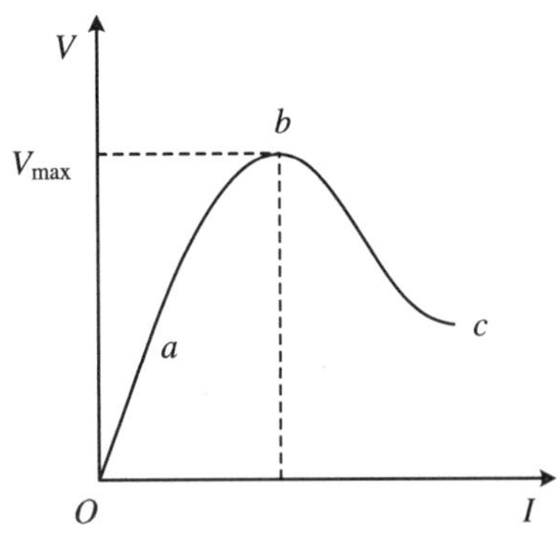

图 12.31 热敏电阻伏安特性曲线

6. 热敏电阻的优缺点

热敏电阻优点：电阻温度系数较金属热电阻大，其绝对值大 4～9 倍；电阻率大，故可制成极小尺寸的感温元件，适用于快速测量；构造简单，可以根据不同要求制成各种适用的形状，如珠形、杆形、圆形、垫圈形和薄片形等多种形式；机械性能好，使用寿命长.

热敏电阻的缺点：复现性和互换性差.与显示仪表配套成测温仪表时几乎全要单独标定刻度.目前使用的热敏电阻其测温上限还不太高，在 300 ℃以下.

12.5.2　热电偶(热电堆)探测器

热电偶也叫温差电偶，是最早出现的一种热电探测器件．至今仍在光谱、光度探测仪器中得到广泛的应用．尤其在高、低温的温度探测领域的应用是其他探测器件无法取代的．

热电偶的基本原理是基于温差电第一效应——泽贝克效应(Seebeck effect)．两种不同材料或材料相同而逸出功不同的物体，当它们构成回路时，如果两个接触点的温度不同，回路中就会产生温差电动势．这一电动势的大小和方向与该接点处两种不同的导体材料的性质和两接点处的温差有关，与温度的上升量成正比．只要两触点间的温差不变，温差电动势将得到保持．因此，测量出电动势也就可以监测温度．

按结构，热电偶可以分为两大类：一类是用金属丝、条状等实体材料，如银和铋、锰和铜镍合金、铜和铜镍合金等制成的实体热电偶；另一类则是用真空沉积技术和光刻技术制成的薄膜温差电偶．后一类器件的性能更好．

许多个热电偶串联起来即成为热电偶堆．

1．热电偶的工作原理

热电偶由两种具有不同温差电动势的材料(可以是金属，也可以是半导体)构成热容量很小的接点．温差电偶接收辐射的一端称为热端，另一端成为冷端．为了提高吸收系数，在热端都装有涂黑的金箔．

(1) 半导体材料构成的温差电偶

如图 12.32 所示，用涂黑的金箔将 N 型半导体和 P 型半导体连在一起构成热结，热端接收辐射产生温升，半导体中载流子动能增加，使多数载流子从热端向冷端扩散，其结果是 P 型材料热端带负电，冷端带正电；而 N 型材料情况正好相反．从而产生温差电势，在回路中产生电流．

(2) 金属材料构成的温差电偶

如图 12.33 所示，金属 A 和 B 组成回路时，若两金属连接点的温度存在着差异(一端高而另一端低)，则产生电位差 ΔE，在回路中会有电流产生．回路电流 $I=\Delta E/R$，其中 R 称为回路电阻．

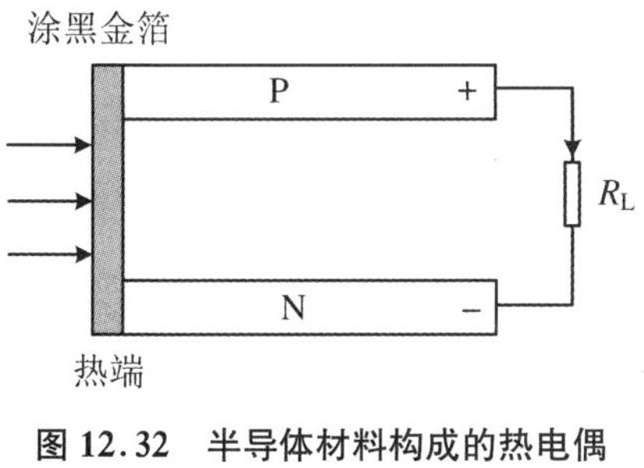

图 12.32　半导体材料构成的热电偶

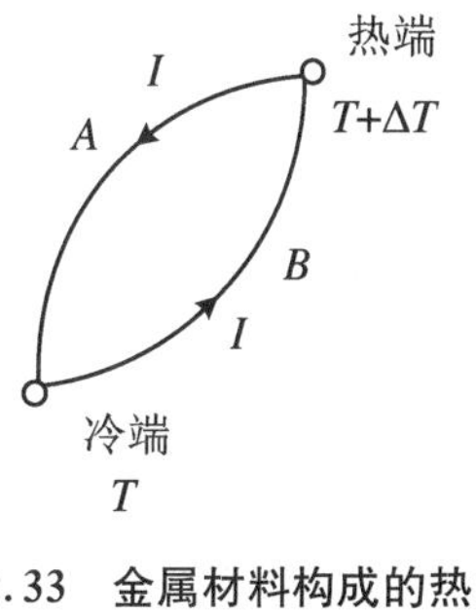

图 12.33　金属材料构成的热电偶

2．热电偶的基本参数

(1) 温差电势率

当冷端开路时，开路电压为

$$U_{oc} = M\Delta T \tag{12.59}$$

式中，M 为比例系数，称泽贝克常数，也称温差电势率，单位为 V/℃；ΔT 为温度增量．通常半导体材料构成的热电偶的温差电势率比金属材料的温差电势率高(铋和锑温差电势率为 100 μV/℃,而半导体热电偶可达 500 μV/℃)

(2) 灵敏度

因为温差电动势 G 与材料性质和环境有关,为了使 G 较小,提高灵敏度,并使工作稳定,常把温差电偶放在真空的外壳里.真空温差电偶的主要参量有灵敏度(也叫响应率)R、响应时间常数 τ_T、噪声等效功率 NEP、探测率 D^*.

温差电偶的响应率为

$$R = \frac{U_L}{\Phi} \tag{12.60}$$

式中,U_L 为冷端负载上所产生的电压降,Φ 为入射于探测器的辐射通量.

要使温差电偶的响应率高,应选用温差电势大的材料,并增大吸收系数.同时,内阻、热导要小.在交变情况下,调制频率低的响应率比调制频率高时的响应率高.减小调制频率 ω 和时间常数 τ_T 都有利于提高响应率,可是 ω 与 τ_T 是矛盾的,所以,响应率与带宽之积为一常数的结论对于温差电偶也成立.

(3) 响应时间

热电偶的响应时间常数多为 ms 量级,一般为几毫秒到几十毫秒,带宽较窄.所以,温差电偶多用于测量恒定的辐射或低频辐射.只有少数时间常数小的器件才适用于测量中、高频辐射.在 BeO 衬底上制造 Bi-Ag 结构的热电偶有望得到更快的时间响应,响应时间可达到或超过 10^{-7} s.

(4) 最小可探测功率

热电偶的最小可探测功率 NEP 取决于探测器的噪声,它主要由热噪声和温度起伏噪声,电流噪声几乎被忽略.半导体热电偶的最小可探测功率 NEP 一般为 10^{-11} W 左右.

温差电偶的热容量小.为了减小热传导的损失并提高探测率,一般都安装在有透红外窗口的真空管内.

3. 热电堆(温差电堆)探测器

由许多个薄膜型温差电偶串联而成的结构叫温差电堆,或热电堆.工作结点(热端)和参考结点(冷端)装在同一密封室内,处于相同温度.但参考结点与被测辐射隔离,使辐射只投射到工作结点上.因此,环境温度的变化对探测器性能影响不大.热电堆(温差电堆)由于采用了多级结点,故其响应率大于单个的温差电偶.但另一方面,它的响应时间也长了.

由于薄膜技术的发展,人们已经能够制作出价格低廉的热电堆,可以制成各种复杂的阵列,而且性能可靠.例如锑铋蒸镀薄膜的温差电堆其性能虽然比某些热电探测器件低,但它坚固,容易制作,既可以制成单个元件,也可以制成>100 个单元的探测器阵列.因此,它的应用很广泛,已成功地应用于某些航天仪器,包括星际航行仪器中.

由半导体材料制成的温差电堆的缺点是:一般都很脆弱,容易破碎,使用时应避免振动.其次是额定功率小,入射辐射不能很强,应避免通过较大的电流,一般多为微安级.检验时,不宜使用欧姆表测量,以免表内电源烧毁元件中的金箔.再次是,保存时不要使输出端短路,以防电火花等电磁干扰产生的感应电流烧毁元件.此外,工作时环境温度应≤60 ℃.

热电探测器件最小可探测功率的主要限制因素是温度噪声.理想的热电探测器件,其噪声等效功率为 10^{-11} W 数量级;而温差电堆,常温、理想情况下噪声等效功率达 10^{-9} W 数量级.

温差电堆主要用于辐射能的测量,标定各类光源,或作为各种辐射度量的比较标准,以及用作红外分光光度计或红外光谱仪的辐射接收元件等.

第 13 章　光的存储与显示

13.1　光 盘 存 储

信息存储是信息技术的关键技术之一，也是现今 IT 产业中发展最为迅速、应用最为广泛的热点之一. 21 世纪是光子信息的时代，光信息存储技术将获得进一步的发展和应用. 光存储技术，也被称为激光存储技术，是磁记录之后兴起的重要信息存储技术. 近年来，光存储不论是在商业性规模生产上还是在科学技术的发展上都取得了长足的进步，并逐步发展壮大，形成了独立的高科技产业. 光信息存储，以光盘存储技术为代表，主要涵盖了两个核心过程——记录、读取. 信息的记录利用了激光良好的单色性和相干性，通过带有信息的激光聚焦在微光斑区域，使区域内物质发生光学性质的改变，从而实现信息的记录. 读取过程则利用了低功率的激光对信道进行扫描，根据信息记录位置与空白区域光学性质的差异进行区分，最后对激光信号进行解调，实现光信息到数字化信息的转换. 目前来看，光盘具有记录密度高、存储空间大的优势，从而成为了光存储的主流媒介.

13.1.1　光盘存储原理

光盘存储的基本原理是，利用具有高相干性和单色性的激光，汇聚到光衍射极限的斑点上，使得微光斑区域的存储物质的性质发生变化，进而使得该区域内的光学性质与周围物质具有明显的差异. 利用调制激光载入要存储的信息就能实现信息的写入；利用另一束激光检测信号，经过解调实现信息的读取.

光盘有许多的种类，比如从结构上看有 CD，DVD，BD(blue ray disk)等，它们的工作原理是一致的，但在信息储量上有着显著的差异. 在光盘的制作过程中，激光的光斑大小决定了光盘的记录密度，光斑越小，记录密度越大，信息的存储量也就越大. 我们知道，波长 λ 和物镜的数值孔径 $N.A.$ 决定了激光的光斑大小. 假设激光光斑为圆形，直径为 d，则

$$d = \frac{1.22\lambda}{N.A.} \tag{13.1}$$

因此，光盘中记录的信息密度为 $(N.A./\lambda)^2$，通过选择短波长的激光或者提高数值孔径就能够使得光斑缩小，提高信息存储密度. 然而事实上，这种方法在实现高密度的存储过程中会带来非常大的技术难度，很快在发展到 BD 存储时就到达了技术极限. 于是，这又迫使人们发展出许多更先进的技术来实现光盘的超大容量存储，比如使用更小的记录标志、更小的

道间距、更高效的编码方式等.

13.1.2 光盘存储分类及读写技术

1. 只读型存储光盘

只读型存储光盘主要有 CD,DVD,VCD,CD-ROM 和 DVD-ROM,它们的读写原理是类似的.光盘中的信息通过存储系统预先刻写在其中.存储系统的原理如图 13.1 所示.

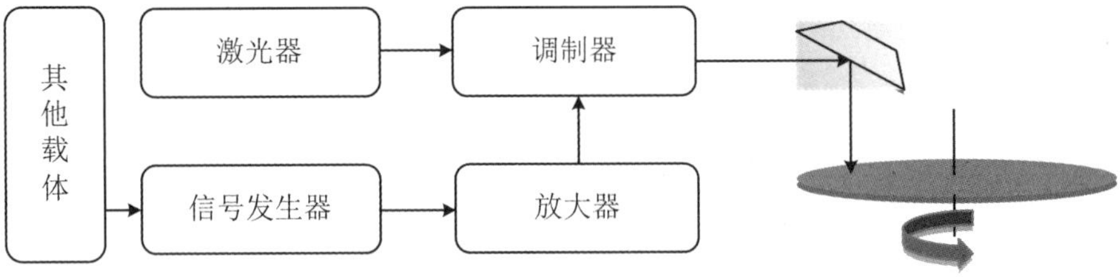

图 13.1 只读型光盘存储原理图

将其他信息记录载体上的信息依次通过信号发生器、放大器,再利用电光调制器将信号加载到激光中.从调制器出射的激光经过聚焦系统,被缩小成直径大约 1 μm 的光斑.正如前文所述,高能量密度的激光光束使得存储介质的表面发生物理或化学变化,从而最终实现光学性质的二值化改变.

只读型光盘的读取原理如图 13.2 所示.当激光束落在凹坑底部的光束由于坑面深度为 $\lambda/4$,所以反射光与入射光的相位差为 $\lambda/2$.由干涉理论可知,相干光束相位差为 $\lambda/2$ 时接收平面上为暗条纹.所以当激光全部照在台面上时反射光为亮条纹,当部分光照射到坑面时,反射光为暗条纹.光盘中的坑面呈螺线型排布在介质表面,这样一来,当光盘以固定角速度转动,读数头匀速径向平动时,就可以在反射端接收到一串明暗相间的光学信号,将其转换成电信号,并定义高电平为 1、低电平为 0,于是得到了信息的二进制编码,实现了信息的读取.

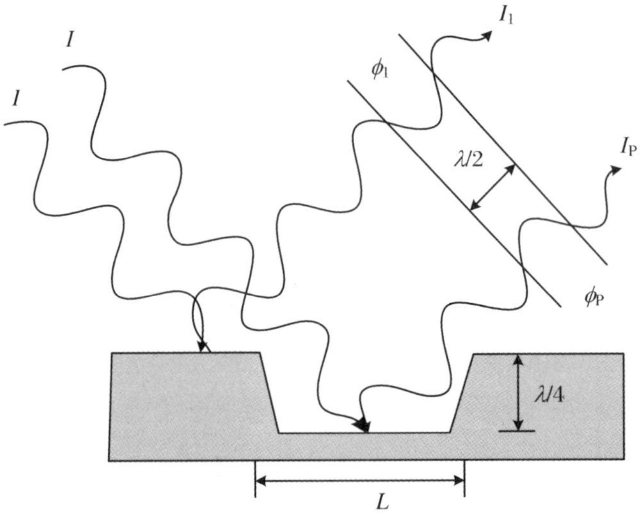

图 13.2 汇聚光在光盘坑面和台面上读出原理示意图

图 13.3 表示的是只读型光盘的读出系统，半导体激光器产生的圆形激光通过偏振分束器，被分成两束偏振方向垂直的线偏光. 当透射的线偏光通过与偏振方向成 45°的 1/4 波片后将变成圆偏光，被聚集物镜汇聚后射到光盘表面. 光线在光盘表面被反射再次通过 1/4 波片又由圆偏光变回线偏光，但是偏振方向与之前正好垂直，所以无法再次通过分束器 1，而被反射，最终被探测器转换成电信号输出.

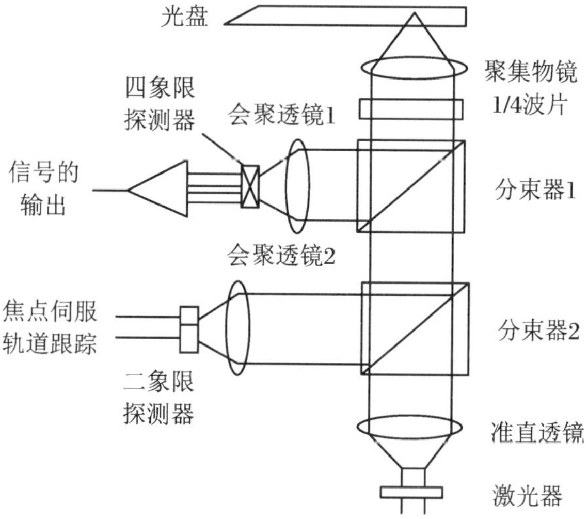

图 13.3　只读型光盘读出系统

经过调制的激光以不同功率密度聚焦在涂有光刻胶的玻璃基盘上，经过显影、金属化、电铸等步骤后制作成母盘. 传统制法的具体流程如图 13.4 所示.

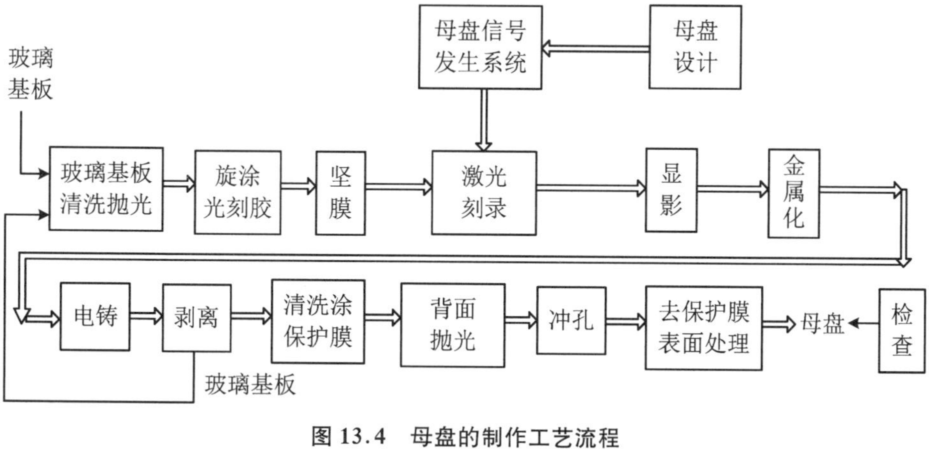

图 13.4　母盘的制作工艺流程

玻璃基板甩胶：对玻璃基板进行精密的研磨抛光，清洗之后得到表面光洁，规格统一的玻璃基板，然后再在其表面滴上光刻胶，放入匀速转动的离心机，使得光刻胶均匀的涂覆在玻璃板表面，最后放入烘箱中烘干，得到与基板紧密附着的光刻胶膜.

激光刻录：利用激光将调制好的信息按照与读取时类似的方式写入，在胶面上形成一条螺旋形的信道.

显影刻蚀：图 13.5 中采用的是正性光刻胶，所以曝光部分在显影后脱落，于是形成了一连串螺线形的平台与凹坑，这就是一张携带了信息的玻璃基板.

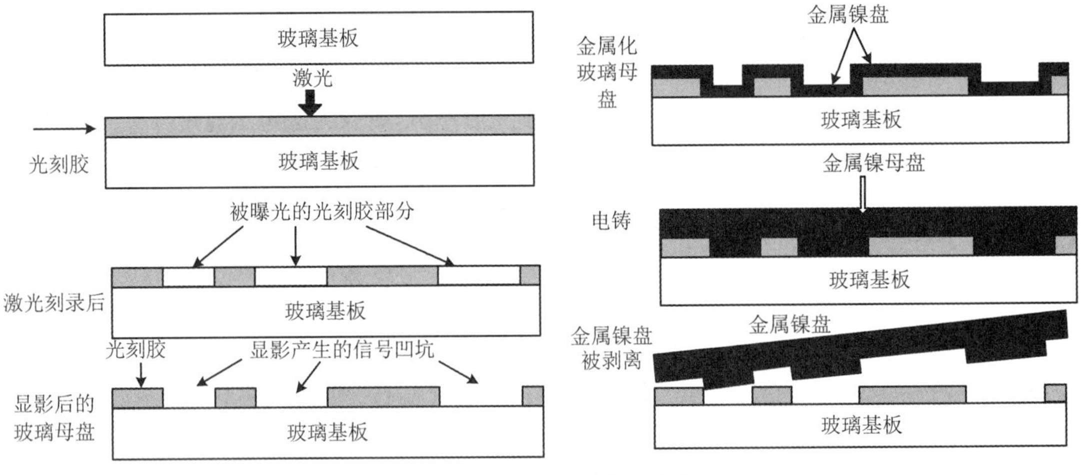

图 13.5　母盘制作的主要步骤

电铸:首先在玻璃基板上喷涂银层,作为电铸时的电极,同时也可以提高最终母盘表面的反射率.然后再用电解法进行电铸,当得到一定厚度的镍盘后,将金属盘与玻璃盘分离,金属盘就是我们制备得到的母盘.

2. 可擦重写光盘

可擦重写光盘主要分为两类:磁光可擦重写型光盘,相变可擦重写型光盘.这类光盘的出现,大大减少了使用光盘进行存储的成本,提高了光盘的重复利用率,极大地扩展了光盘的应用范围.

(1) 磁光可擦重写型光盘

磁光存储的基本原理是利用热磁效应来改变微小区域内的磁化矢量取向.对于磁光存储材料,有两个特征温度:居里温度 T_C 和补偿温度 T_{comp}.所以,人们便据此设计出了可擦重写光盘的两种记录方式:居里点记录和补偿点记录.稀土与过渡族金属的合金是铁磁性的,它们分别形成不同极性的亚晶,共同决定了材料最终的磁化强度.磁化强度随着温度的升高而降低.温度超过居里温度 T_C 时,磁化强度为 0,在 T_C 之下存在一个补偿点温度 T_{comp},它既可以大于室温又可以小于室温.如图 13.6 所示,在补偿点,磁矩 M_{TM}和 M_{RE}大小相等符号相反,M_{tot}等于 0,因此磁化强度为 0.

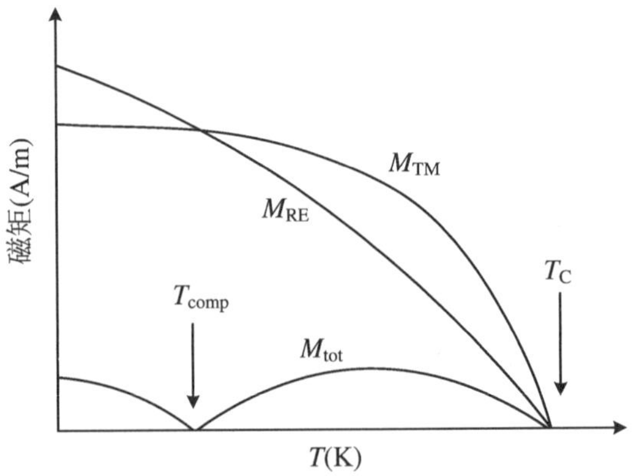

图 13.6　RE-TM 磁矩与温度

① 居里点记录.磁光存储薄膜的磁化矢量垂直于表面，如图 13.7 所示，初始磁化方向一致向上.当一束汇聚激光光束照射到薄膜材料表面时，光斑处的局部温度急剧升高，当超过材料的居里温度时，磁化强度骤降为 0.撤去激光后，光斑位置温度回落，低于 T_C时，感生磁化矢量方向与外加偏置磁场 H_b方向一致，图 13.7(c)所示.因为 H_b 小于材料的矫顽力 H_c，所以外磁场不会改变其他位置的初始磁化矢量方向.这样一来，我们就可以得到一系列二值化的磁化矢量.定义磁化方向向上为“0”，向下为“1”，就实现了对信息的记录.同理，如图 13.7(d)所示，改变偏置磁场方向，使与初始状态方向一致，再次用激光对同一位置进行照射，加温超过 T_C，撤去激光后，该处磁化矢量方向就恢复到了初始状态，也就是实现了信息的擦除.

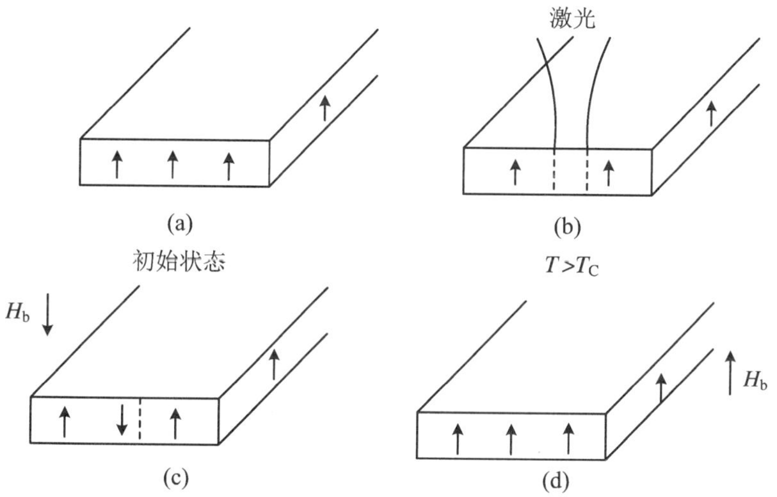

图 13.7　磁光记录(a～c)与擦除(d)过程

② 补偿点记录.由前文可知，在补偿点温度处材料自发磁化强度与居里点一样，也为 0.如图 13.8 所示，因为 $H_c \propto 1/M$，所以当 $M=0$ 时，$H_c \rightarrow \infty$.在 T_{comp}附近矫顽力随温度的变化非常大.温度略低于 T_{comp}时，H_c 急剧下降，若满足 $H_c < H_b$，磁矩就可以上下反转，则同样实现二值化，达到记录二进制信息的目的.

③ 读取技术.通常，我们采用极向克尔效应或法拉第效应两种方式对磁光信息进行读取.极向克尔效应是指，当磁化强度矢量垂直于磁性介质薄膜表面时，一束线偏振光入射到磁性薄膜表面后发生反射，反射光旋转过一个角度 θ_k，$\theta_k \propto M$.那么，如图 13.9 所示，当入射光 I_0在记录面反射后，其偏振面相对于向上和向下的磁化方向，将分别旋转 θ_k 和 $-\theta_k$.如薄膜的反射率为 R，光强可表示为 $I = I_0 R \sin^2(\theta_1 \pm \theta_k)$.其中 θ_1 是偏振片的透振方向.那么，磁化方向不同处的反射光强度差为

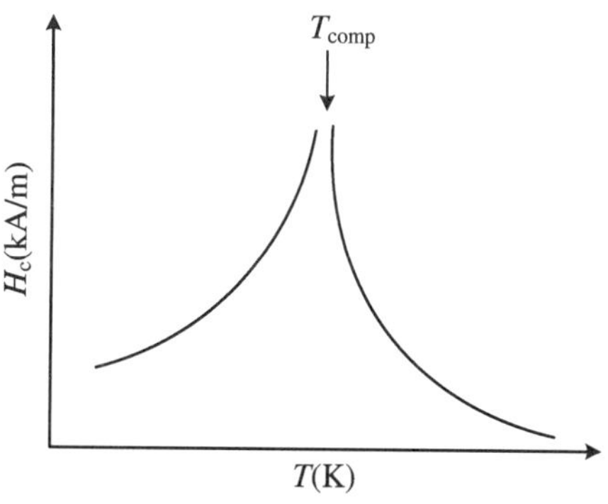

图 13.8　亚铁磁物质的矫顽力与温度关系图

$$\Delta I = I_0 R[\sin^2(\theta_1 + \theta_k) - \sin^2(\theta_1 - \theta_k)] = I_0 \sin(2\theta_1)\sin(2\theta_k) \tag{13.2}$$

可见，当 $\theta_1 = 45^\circ$时，$\Delta I = \Delta I_{max}$.所以，将检偏器的角度设为 45°.那么根据光强的不同就可以

实现对二值化信息的读取.法拉第效应是指一束线偏振光沿着物质的磁化方向透过时,偏振面发生旋转的效应,旋转角度与物质厚度和沿光束前进方向的磁化强度大小成正比.具体的读取方法在这里不再做介绍.

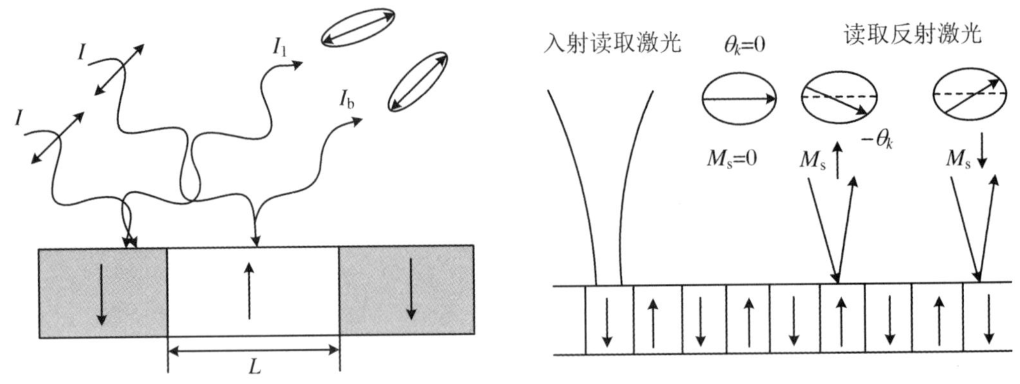

(a) 磁光盘信息读取原理 (b) 利用极向克尔效应读取示意图

图 13.9　利用极向克尔效应读取技术原理

(2) 相变可擦重写型光盘

相变光存储原理:相变材料的初始状态为晶态,它暴露在高功率激光下的瞬间,将变成非晶态,这时,它们的反射率较之前将有明显的变化,从而实现了二值化的信息存储.在存储信息时,选用脉宽为几十至几百纳秒的高功率激光脉冲对相变材料涂层进行照射,光斑微区因介质温度刹那间超过熔点 T_m 而进入液相,之后再经过液相快淬到达玻璃态.

读取和擦除技术:利用一束低功率的激光对光盘表面进行扫描,如图 13.10 所示,由于 $I_1 \neq I_b$,我们就可以得到一系列二进制信号,实现信息的读取.擦除的过程就更为简单了,只需要根据不同的相变材料,选取合适功率的激光和时间,对记录有信息的微区进行照射,就可以将相变材料恢复成初始的晶态,从而实现信息的擦除.

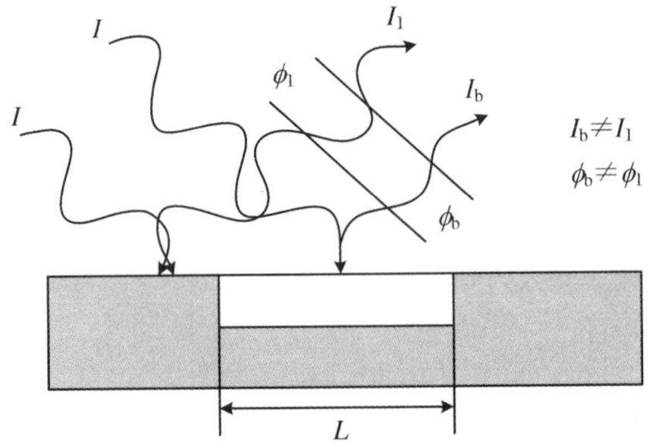

图 13.10　相变读取示意图

记录信息时当激光使相变材料的某小区域迅速升温降温后会形成一个非晶态,类似于“溅火”.而擦除过程需要慢慢降温,类似“退火”.在这个过程中,写入激光脉冲的功率高,工作时间短;擦除激光脉冲的功率低,工作时间长;读取激光的脉冲则要比擦除激光脉冲的功率还要低,这种技术叫做双脉冲重写的读写技术.另一种技术是直接重写的读写技术.我们知道，合金在某个温度加热冷却后，都会变成非晶态，而在更高的温度加热冷却后又将变回晶态. 那么通过控制激光脉冲的功率和工作时间就能实现晶态和非晶态之间的自由转换.

13.2　超高密度光存储

目前来看，光盘具有记录密度高，存储空间大的优势，从而成为了光存储的主流媒介. 随着科技的发展，越来越多的领域有赖于庞大的信息存储. 要提高光盘的存储密度和容量，首先考虑缩小信息记录点的大小，从而使得有限的光盘表面能够容纳更多的信息. 通常，人们采用缩短所用记录激光波长和增大物镜数值孔径的方法来提高光盘的存储密度和容量. 然而，从 CD 一直发展到现在的 BD，再想利用这种方式提高光存储容量变得极其困难，一方面由于激光的波长很难再缩短，另一方面，过高的数值孔径给非球面物镜的制作带来了巨大的难度，因此，为了实现更高的光存储容量，必须从原理上进行新的探索.

正是在这种背景下，全息光存储技术和超高密度光存储技术应运而生. 在全息光存储中可以采用三维代替二维，利用光在空间中的相互不干扰特性实现三维的光存储；采用近场光存储技术代替传统的远场技术，利用光学超衍射极限分辨率的研究成果改进光盘读写系统的性能，打破传统光学衍射极限的光斑尺寸，实现超高密度的信息存储；双光子光存储技术在现有二维光盘的基础上将数据存储扩展到三维空间，保持了现有光盘系统的基本特点，易于操作，其记录容量可以提高 2～4 个数量级，在数字三维光存储技术具有重要的应用前景. 这些技术的实现将使光学存储的容量和存储密度都变得非常可观.

13.2.1　近场光存储技术

克服由于衍射效应引起的分辨率极限问题一直是光学研究中一个比较热门的课题，尤其是在光存储、光学显微分析等领域. 光存储系统中，读写的激光束光斑越小，单张光盘的存储容量就越大. 因此聚焦光斑的压缩问题就显得尤为重要.

目前在这一方面的研究主要集中在使用光学超分辨(optical superresolution)技术上. 光学超分辨就是通过对光学系统的改进来获得超过衍射极限的光斑，从而获得更高密度的光存储.

各种光盘(如 CD，DVD 和蓝光光盘)的驱动器均用包含物镜的光学头进行读、写、擦，并完成聚焦与轨道跟踪伺服控制. 由于物镜离存储介质(或只读式记录坑点)较远(对 CD，DVD 系统一般为毫米级)，远大于激光波长，一般被称为远场记录.

在远场光记录中，记录点的尺寸取决于聚焦光斑的大小. 根据阿贝(Abbe)理论(后来瑞利(Rayleigh)将之归纳为瑞利判据)，聚焦光斑的半径 Δl 与光波长 λ 成正比而与物镜的数值孔径 $N.A.$ 成反比：

$$\Delta l = \frac{0.61\lambda}{2N.A.} \tag{13.3}$$

这里尺寸 Δl 是传统的光学显微镜系统所能分辨的两个物体之间的最小距离. 可以简单估计，即使采用高数值孔径的镜头，常规光学系统不可能分辨比 $\lambda/2$ 更小的物体. 这个最小尺寸的存在是由光波的衍射效应造成的，常常被称为光学衍射极限(或分辨率极限).

在光学衍射极限下，要提高存储的位密度和容量，缩短激光波长和增大物镜的数值孔径是两个主要途径. 目前蓝光光盘系统中采用的是波长为 405 nm 的 GaN 激光器，物镜数值孔径为 0.85，较 DVD 系统(波长 650 nm，数值孔径 0.6)和 CD 系统(波长 780 nm，数值孔径 0.45)有较大改进，5 英寸光盘的单面容量也从 CD 的约 700 MB，DVD 的 4.7 GB，上升到蓝光光盘约 25 GB. 但要进一步开发更短波长的半导体激光器和更大数值孔径的光学头物镜会遇到很大的技术难题，同时也会给光盘盘基、存储材料、光学信号检测等带来许多难以克服的问题. 因此光存储技术的重要发展方向之一是突破光学衍射极限(超越分辨率极限)，以获得更大的记录密度.

近年来发展起来的近场光学显微方法，其成像分辨率突破了光学衍射极限，可以达到纳米甚至亚纳米级，为其应用于高密度光存储打下了基础.

近场光学显微的概念是基于下面的事实：虽然光通过普通的光学显微镜无法聚焦到小于 $\lambda/2$ 的一点，但可设法用一小孔来获得这样的点(光斑). 只要这一小孔的孔径足够小，当入射光束通过小孔径后，其最初始的束径是由该小孔的尺寸决定的，而与波长无关，虽然光通过小孔会迅速衍射到各个方向，但在非常靠近小孔的近场区域，光束的束径将等于小孔的尺寸，如果样品表面被置于这一近场区域内，并利用该近场光点对样品表面进行二维扫描，则通过对表面各点信息的采集处理，样品表面的图像就可以建立. 如果小孔具有亚波长量级的大小，则表面图像将具有亚波长的横向分辨率.

借鉴近场光学显微技术，利用产生于微小孔径出口处很短距离内近场光的能量，在光记录介质上进行写入、读出、擦除操作，使得超过原来光存储器系统衍射极限的高密度记录点可以被记录和分辨，这就是近场光存储. 近场光学突破衍射极限的物理原理是瞬逝场(evanescent field)的产生及其与物质的相互作用，因此广义上，不论是否采用微小孔径，利用瞬逝场的近场作用实现超分辨数据点写入和读取的，都被称作近场光存储.

1. 近场光存储的原理

近场光突破衍射极限的原理是近场光存储的物理基础，在量子物理中共扼动力学变量坐标 $r(x,y,z)$ 和动量 $p(p_x,p_y,p_z)$ 是不能同时确定的，它们在测量中的不确定度 Δr 和 Δp 有下列关系(海森伯测不准原理)：

$$\Delta r \cdot \Delta p \geqslant \frac{h}{2} \tag{13.4}$$

其中，h 为普朗克常数. 同理，动力学变量的分量 $x, p_x; y, p_y; z, p_z$ 的不确定度 $\Delta x, \Delta p_x; \Delta y, \Delta p_y; \Delta z, \Delta p_z$ 也满足测不准关系式，即

$$\Delta x(\Delta y, \Delta z) \cdot \Delta p_x(\Delta p_y, p_z) \geqslant h$$

根据普朗克-爱因斯坦关系式：

$$p = hk \tag{13.5}$$

k 为波矢，则有

$$\Delta x \cdot \Delta k_x \geqslant 1/2 \tag{13.6}$$

从式(13.6)可以看出，同时精确地测量位置和动量等共轭物理量是不可能的，但从该式也可以推知如果对共轭量的其中之一的测量精度不作要求，则另一个共轭物理量的测量精度却是不受限制的，也即是说，测不准原理并没有限制分辨率，突破分辨率 $\lambda/2$ 的衍射极限是完全可能的.

突破分辨率 $\lambda/2$ 的衍射极限条件，作以下相关讨论.

假设波矢 $k(k_x, k_y, k_z)$ 有下列不等式成立（$|k|$ 为 k 的模）：

$$k_x > |k| = k \tag{13.7}$$

同时，设 O 点接收来自 A 和 B 的两束光，并设它们的波长相等，即 $k_1 = k_2 = k$，其夹角为 2θ（图 13.11），则波矢 k_1 和 k_2 在 x 方向的差

$$\Delta k_x = 2k_x = 2k\sin\theta \tag{13.8}$$

当 $\theta = \pi/2$ 时

$$\Delta k_x = \Delta k_{x\cdot\max} = 2k = 4\pi/\lambda \tag{13.9}$$

根据式(13.7)和式(13.8)，有

$$\Delta k_x = 2k_x > 2k \tag{13.10}$$

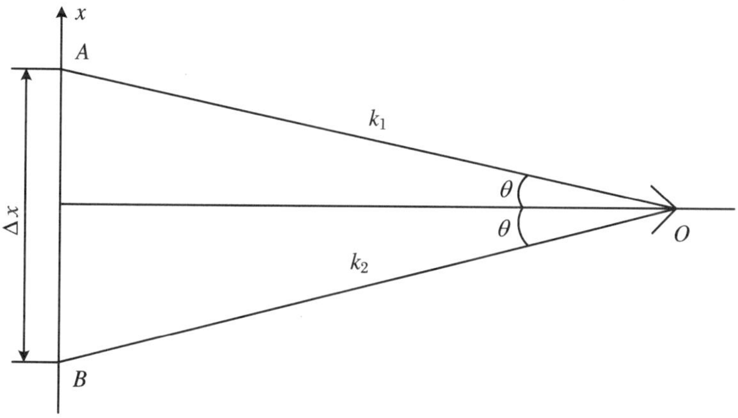

图 13.11　相距为 A、B 两点的分辨问题

从式(13.10)可知，此时的 Δk_x 已大于式(13.9)的 $\Delta k_{x\cdot\max} = 4\pi/\lambda$，根据式(13.6)的测不准原理，有

$$\Delta x < \lambda/(8\pi) \tag{13.11}$$

式(13.11)说明波矢分量 k_x 大于波矢 k 的模 $|k|$ 时，分辨率 $\lambda/2$ 的衍射极限是可以被突破的. 根据波矢 k 的色散关系：$k^2 = k_x^2 + k_y^2 + k_z^2$

$$k_x = \sqrt{k^2 - k_y^2 - k_z^2} \tag{13.12}$$

从上式可以发现，只有 k_y 和 k_z 或其中之一是虚数时，$k_x > |k| = k$ 才有可能成立，更一般地说，波矢 k 是复数时，分辨率的衍射极限才能被突破. 进而可看到，横向分辨率 Δx 突破衍射极限是以纵向波矢 $k_z(k_y)$ 是虚数作为条件的. 在物理上，这个条件意味着对应于 $k_z(k_y)$ 的电磁场是强烈的局域场，即突破衍射极限的超分辨必须以电磁场的高度局域为条件. 设波矢 k 为(k_x, k_y, k_z)，则该波矢的光波场 $u(x, y, z; t)$ 为

$$u(x, y, z; t) = u(x, y, z)\exp[\mathrm{i}(k_x \cdot x + k_y \cdot y - \omega t) - k_z z] \tag{13.13}$$

式(13.13)表明光波场 $u(x, y, z; t)$ 为在物平面 (x, y) 方向上传播和沿 z 方向呈指数衰减的消逝场. 由于沿 z 方向以指数律衰减，消逝场实际上只能存在于邻近 (x, y) 面的近场区，因此又称为近场. 将该近场光用于信息存储对提高光盘存储密度和满足日益增长的信息技术的需要具有重要意义.

2. 近场光存储的技术方案

根据近场光产生方式的不同，近场光存储有多种实现途径，既有光学方法，也可以利用

材料的特性来实现.下面简单地介绍被广泛研究的几种典型的技术方案.

(1) 采用扫描探针的近场光存储

扫描近场光学显微镜(SNOM),也称近场光学显微镜(NSOM),是实现近场光存储的主要执行机构之一.其中常把小孔等生成消逝场的东西称为探针.探针是SNOM中最重要的结构元件,是决定分辨率的主要因素.图13.12列出了具有代表性的几种探针设计方案.图13.13给出了典型的SNOM的结构,其由光源、探针、照明系统、聚光系统、检测器、扫描机构和控制显示系统组成.

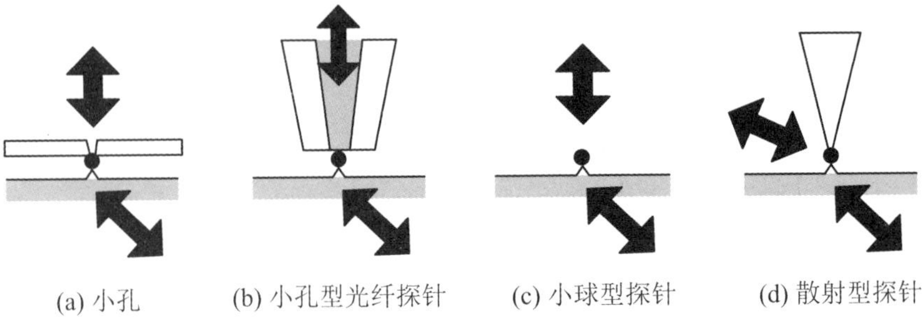

图13.12　近场光学显微镜的探针

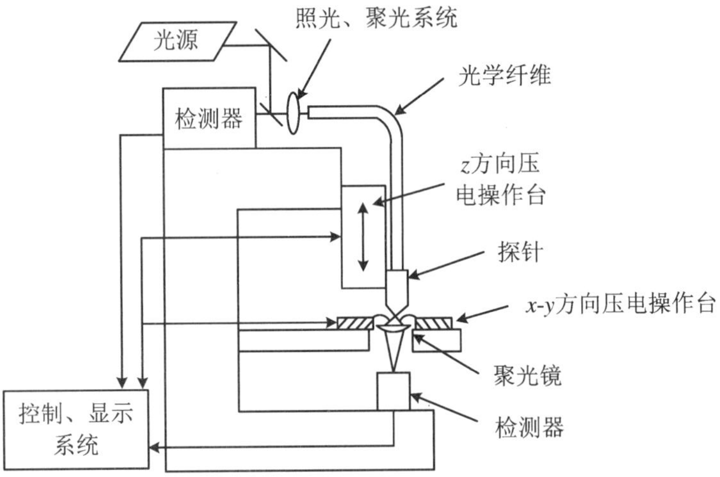

图13.13　近场光学显微镜的结构

一般用镀了金属层的光纤作为探针,用压电陶瓷管来驱动探针的调制和扫描.用物镜来收集反射和透射的光线,因此可以采用反射和透射两种模式操作.由光电倍增管接收信号和CCD相机获得图像,计算机进行数据处理.探针技术以及探针与表面隐失波的耦合是SNOM的核心问题.优化光纤探针的设计和制作、精确控制探针小孔面与记录介质的间距,可以使SNOM达到高的分辨率和探测灵敏度,实现纳米尺度光存储.1992年贝尔(Bell)实验室的Betzig小组用SNOM的光纤探针在磁光介质上实现了近场光记录,获得了直径60 nm的记录点.随后日立(Hitachi)实验室和东京理工学院的科学家也分别用类似的方法在相变介质和有机光色薄膜上进行了存储实验,记录点尺度与贝尔实验室的相当.这种技术方案虽然能实现250 Gb/in^2 以上的超高密度光存储,但也存在着一些缺点,阻碍了它的实用化:① 通过光纤探针后的光能量衰减严重,减弱了读写信号,对激光光源提出了更高要求;

② 探针与记录介质的间距难以控制，反馈系统的响应速度较慢，限制了读写速度的提高；③ 锥尖探针制备困难，且在扫描表面不平滑样品时容易损坏；④ 整个系统复杂、价格昂贵，且难以小型化.

有很多改进技术试图提高它的实用性.借鉴硬盘中的滑板(slider)技术，无须采用反馈控制，能够使高速旋转的介质与滑板之间的距离保持在近场范围.同时采用硅探针阵列可以提高近场光产生效率和读写速率.图 13.14 实现了超分辨高速近场存储，最小记录点尺寸为 110 nm，读出速度 2 Mbit/s(相当于 10×10 探针列阵情况下的 200 Mbitt/s)，信噪比达 10 dB.

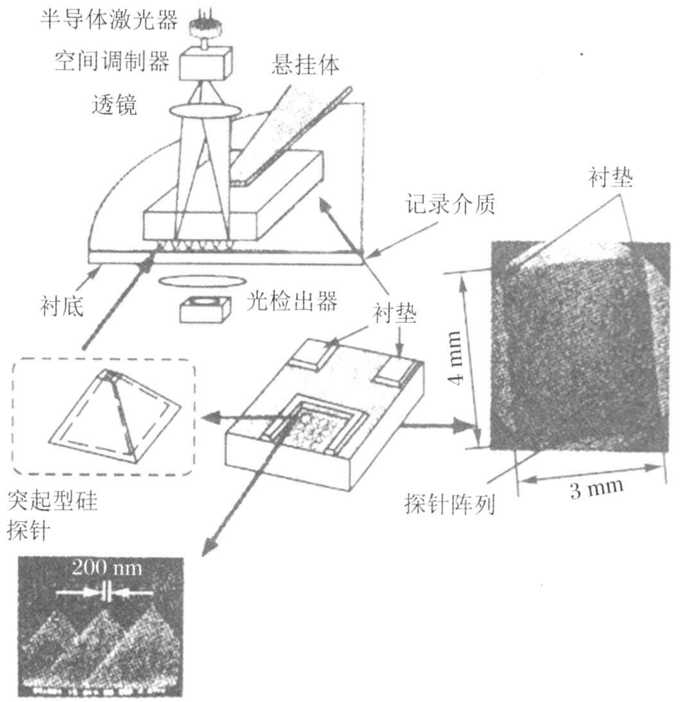

图 13.14　采用硅探针阵列阵滑板的近场光学存储装置

(2) 采用固体浸没透镜的近场光存储

固体浸没透镜(SIL)是一种半球形或超半球形的(齐明)透镜(如图 13.15 所示).SIL 与普通油浸透镜的工作原理类似，都是通过提高物空间的材料折射率来增大透镜的有效数值孔径，但固体浸没透镜由于不和物体直接接触，可以和物体作相对扫描运动，因此更适用于光存储.采用固体浸没透镜的近场光存储是将一个固体浸没透镜插入到光盘读写头的聚焦透镜的下方，并让激光正好会聚到 SIL 的底平面上，这样可以提高光学头的有效数值孔径，减小读写光斑的尺寸.半球形 SIL 可以使光学头的数值孔径提高为 SIL 插入前的 n 倍(n 是 SIL 的折射率)，而超半球形 SIL 的数值孔径可增大为 SIL 插入前的 n^2 倍.包含 SIL 的光学头的数值孔径通常都要大于 1，这时，激光透过 SIL 的底面后将产生隐失波.为使 SIL 有效地发挥作用，SIL 的底面与存储介质之间的间距要保持在近场距离之内.

高折射率 SIL 由于具有大 $N.A.$ 值且体积小、重量轻，适于作为实用化小型飞行头等优点受到广泛关注，特别是在超高密度光磁混合存储(光辅助磁记录、磁读出)系统中被采用.从目前的研究状况来看，SIL 光学飞行头近场存储方案在原理上已经没有重大困难，而且随

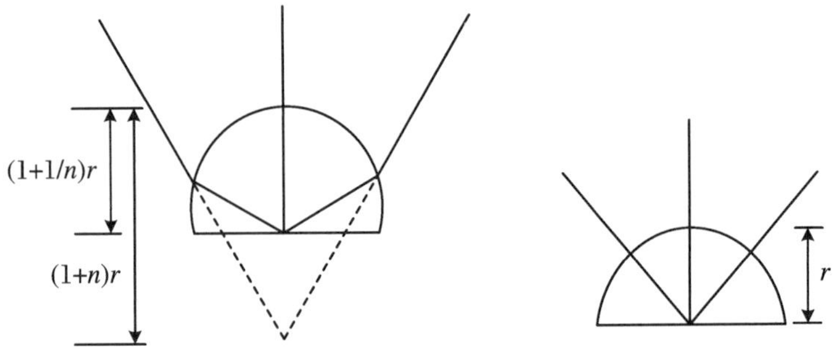

(a) 超半球形结构　　(b) 半球形结构

图 13.15　固体浸没透镜结构示意图

r 为球半径,n 是 SIL 的材料折射率

着微加工技术的发展,一些制造上的难题也会逐步解决.虽然它可能无法达到 SNOM 探针那样高的存储密度,但它克服了 SNOM 探针透射率低、读写缓慢的缺点,而且它与现存的光盘机的兼容性要优于 SNOM 系统.图 13.16 给出了一种接近实用化的 SIL 飞行头磁光存储系统的示意图(Terastor 公司).

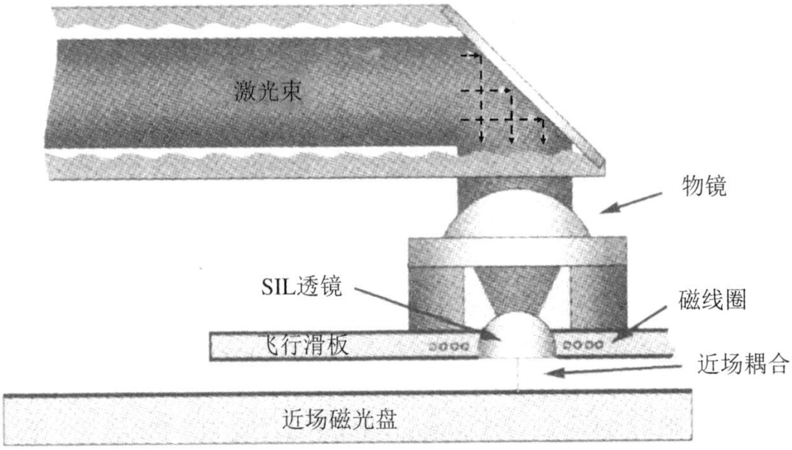

图 13.16　一种接近实用化的 SIL 飞行头磁光存储系统(Terastor 公司)

(3) 采用微小孔径激光器的近场光存储

微小孔径激光器(VSAL)用于近场光存储最初是为了解决光纤探针通光效率低的问题.微小孔径激光器的结构图如图 13.17 所示,它是在激光二极管的镀金属膜表面开一纳米小孔,作为近场照明光源,直接照射到距离为纳米范围的光记录介质上,并形成记录点,实现近场光存储,同时可以兼作探测器,通过反射光的回馈效应,读出记录点的信息.

微小孔径激光器作为近场光存储光源具有如下特点:

① 通光效率高.具有相同小孔尺寸的纳米孔径激光器的输出光功率比一般光纤探针的输出功率可提高 10^4 倍,从而可提高读出信噪比和数据传输速度.

② 集成度高.纳米孔径激光器体积小(典型体积为 750 μm×300 μm×150 μm)、集成度高,有可能发展成新型集成光学头,且可利用现有硬盘飞行磁头和近场光学技术,实现光头近场距离飞行控制.

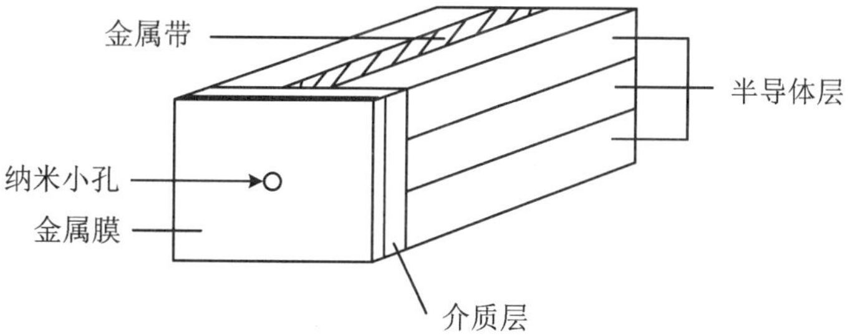

图 13.17　纳米孔径激光器的结构图

③ 便于利用阵列实现多光束并行读写,进一步提高数据传输速度.

为进一步提高光存储密度和数据传输速度,K. Got(日本 Tokai 大学)提出了采用一种微小孔径激光器阵列(垂直腔表面发射激光器阵列,VCSEL 阵列)的方法.这种新的光学系统使用了 VCSEL 阵列作为近场光存储光源,可以实现多光束并行读写.随着纳米孔径设计和加工技术的提高,并进一步结合集成光电子技术和微机电系统技术,可望开发出集成化近场并行光存储系统.然而由于寻址和读写方式的改变,与 VCSEL 阵列光头相匹配的光盘盘片非常复杂,阻碍了该系统的快速发展.

(4) 基于超分辨近场结构的近场光存储

超分辨近场结构(Super-RENS)技术是在传统的超分辨光盘技术和近场光存储技术的基础上发展起来的,由日本国家先进产业科技研究院(AIST)的 J. Tominaga 等于 1998 年首次提出.最初的 Super-RENS 光盘结构如图 13.18 所示,通过在常规相变光盘的相变记录层上加入三明治结构的非线性开关层(SiN/Sb/SiN),可以方便地实现近场光存储.

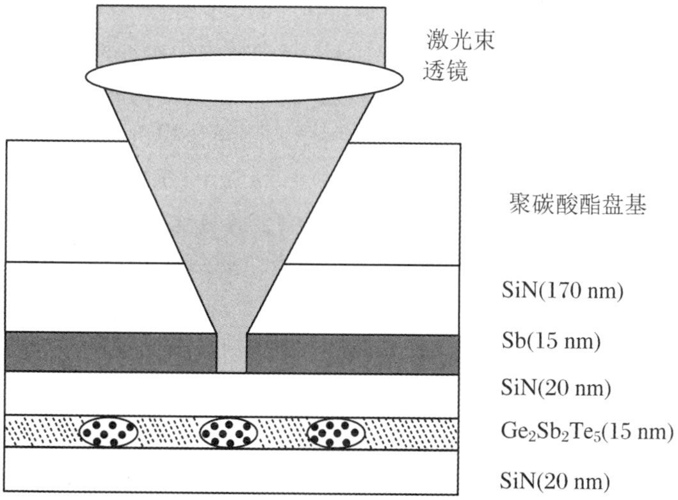

图 13.18　Super-RENS 光盘典型结构之一

超分辨近场结构光盘的工作原理可以类比于光纤探针近场光存储系统来理解(见图 13.19,两者的功能结构非常相似),但与利用光纤锥尖产生小孔不同,Super-RENS 利用非线性薄膜的光热掩模效应产生微小"孔径",而通过此孔径出射的光,透过一层很薄的透明介质层(厚度一般小于 50 nm)入射到记录介质表面,由于孔径与记录介质的距离在近场范围,从而实现近场存储.该孔径相当于一种盘内动态近场光头,而介质层(靠近记录层的下保护层)厚度实际上就是光头的飞行高度,可以精确控制在纳米量级(薄膜厚度在制备过程中可以较精确地控制),从而不需要复杂昂贵的反馈控制系统就巧妙地解决了近场高速扫描中飞行高度(光纤锥尖与记录材料之间的纳米间隙)的控制问题.

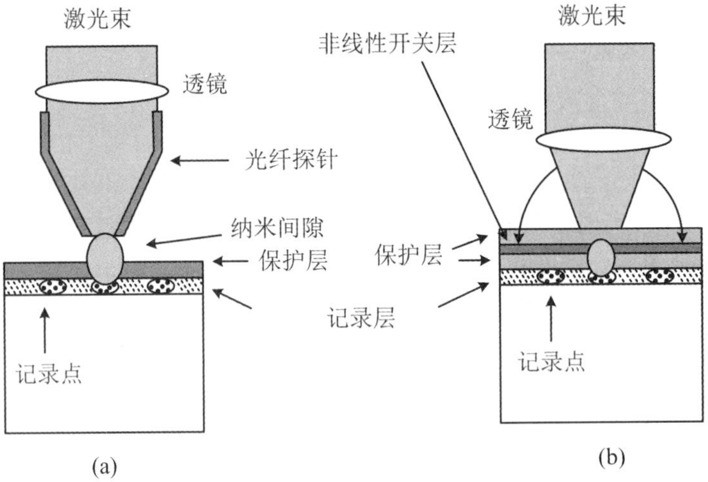

图 13.19　近场超分辨结构和近场探针存储方式的类比

非线性开关薄膜(掩模)上"孔径"的形成被认为是一个瞬态过程:在聚焦脉冲激光作用下,由于激光能量的高斯分布,光斑中心能量高,中心部分的 Sb 首先熔化,光斑边缘能量低 Sb 不能熔化,仍保持原始沉积态,由于熔化态 Sb 透射率高,固态 Sb 透射率低,于是相当于在 Sb 膜上开了一个透光小孔,在激光脉冲结束后 Sb 快速凝固从而关闭小孔.原则上该孔径大小可通过调节激光能量大小和分布来控制,当孔径尺寸小于衍射极限,通过近场作用,可以读写小于衍射极限的记录点.特别要指出的是,与光纤锥尖探针不同,Super-RENS 纳米孔径的通光能力较强,这可能与非线性掩模材料及其纳米薄膜结构的特性有关.

在孔径型 Super-RENS 之后,还发展了散射中心型超分辨近场结构,其工作原理可以类比于散射型探针的近场光学系统来理解.散射中心型 Super-RENS 光盘的结构与孔径型的类似,只不过功能层是贵金属氧化物(后来发展为贵金属氧化物和相变材料的多层膜结构).聚焦脉冲激光可导致小于光斑衍射极限的微区内贵金属氧化物(如 PtO_x,AgO_x)分解为贵金属纳米粒子和氧气(一般伴随有气泡形成),贵金属粒子可以将光散射到离其在近场区域的记录层上从而实现超分辨读写.该填充金属纳米粒子的气泡结构也就是最终的记录点.由于金属纳米粒子在激光作用下会产生强的表面等离子体增强效应,因此该结构可获得比孔径型 Super-RENS 更好的超分辨信号读取特性.根据韩国三星(Samsung)公司和日本 ALST2004 年的报道结果,基于 PtO_x 的改进结构 Super-RENS 光盘,读写尺寸为 50 nm 的记录点,信噪比可达 42.5 dB.

综合比较起来,超分辨近场结构技术无疑是目前最具实用化前景的纳米尺度近场光存储技术之一,不过超分辨近场结构所涉及的物理、化学机理还有待进一步深入研究,从而能够采用简单的材料和膜层结构获得更高的存储密度和信噪比.

13.2.2　光全息存储技术

光全息存储是 20 世纪 60 年代随着激光全息技术的发展而出现的一种大容量高密度的

存储方式.它基于光的干涉和衍射原理,将光波以干涉条纹形式记录到介质当中.全息光存储属于体存储,采用并行写入和读出的方式,所以具有极高的读写速度.可以说,数字化光全息存储将是下一代超高存储密度和超快存取速度海量存储技术的有力竞争者.

1. 光全息存储的基本原理

(1) 全息图

全息照相过程分为两步:一是全息记录;二是波前再现.这就要求我们实现振幅与相位的记录和再现.

首先来看振幅和相位的记录.我们讨论的是相干光,必须同时储存波前的振幅和相位信息.当记录介质仅仅对光强有响应时就必须设法把振幅相位信息转换成强度信息.标准的方法是干涉量度法,即将另外 束振幅、相位已知的光作为参考波,利用它和未知波前的物体光波进行干涉,那么干涉强度必然同时取决于物体光波的振幅和相位.如图 13.20 所示,全息干板 H 上建立笛卡尔坐标,设物光 0 和参考光 R 的复振幅分别为

$$U_0 = A_0(x,y)e^{-j\varphi_0(x,y)} \tag{13.14a}$$

$$U_R = A_R(x,y)e^{-j\varphi_R(x,y)} \tag{13.14b}$$

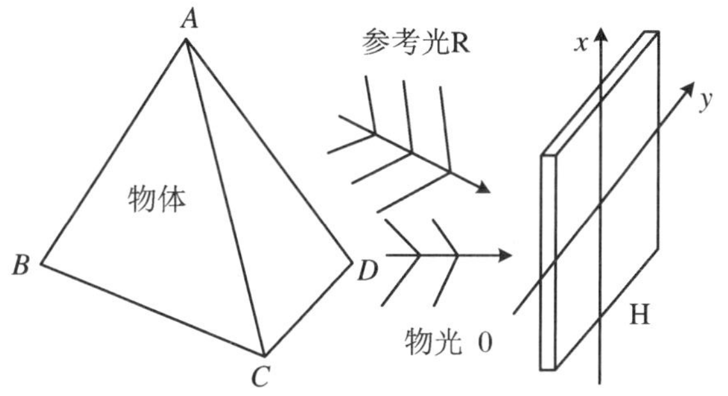

图 13.20　全息图的记录

其中,$A_0(x,y)$,$\varphi_0(x,y)$是物光 0 到达全息干板 H 上的振幅和相位分布,$A_R(x,y)$、$\varphi_R(x,y)$是参考光 R 的振幅和相位分布.干板记录的是干涉光场的强度分布,曝光强度为

$$\begin{aligned} I(x,y) &= |U_0+U_R|^2 = |U_0|^2+|U_R|^2+U_0^*U_R+U_R^*U_0 \\ &= |A_0(x,y)|^2+|A_R(x,y)|^2+2A_0(x,y)A_R(x,y)\cos[\varphi_0(x,y)-\varphi_R(x,y)] \end{aligned} \tag{13.15}$$

其中,前两项仅仅取决于两束光波的强度,而第三项取决于两束光的相对振幅和相位关系.$2A_0(x,y)A_R(x,y)$因子与$|A_0(x,y)|^2+|A_R(x,y)|^2$的比值表示了$(x,y)$点附近干涉条纹的空间可见度,也就是振幅之间的关系;因子$\cos[\varphi_0(x,y)-\varphi_R(x,y)]$则决定了干涉条纹的疏密和取向,也就是反映了物光波的相位分布.这样一来,物光波$U_0(x,y)$的振幅和相位信息都被记录了下来.

接下来,我们来看如何实现波前的再现.波前再现是使记录时被固定在全息干板上的物光波前信息在特殊的条件下复现,构成与原物体光波前完全相同的新的波前继续传播,形成三维立体像的过程.原始波前的再现需要使用一束相干的照明光波$U_b(x,y)$来照射显影后的全息照片.透过全息图的光波为

$$\begin{aligned} U_b(x,y)t(x,y) &= t_bU_b+\beta U_0^*U_0U_b+\beta U_R^*U_bU_0+\beta U_RU_bU_0^* \\ &= U_1+U_2+U_3+U_4 \end{aligned} \tag{13.16}$$

其中，$t(x,y)$是全息干板的振幅透射率函数

$$t(x,y) = t_b + \beta(|U_0|^2 + U_R^* U_0 + U_R U_0^*) \tag{13.17}$$

t_b 是参考光束强度$|U_b|^2$ 造成的均匀透射率，β 是与记录和显影过程有关的透射率常数.若 U_b 与原来参考光 U_R 完全相同，则方程中第三项变为 $U_3(x,y)=\beta|U_R|^2 U_0(x,y)$.假设参考光强度$|U_R|^2$ 是均匀的，$U_3(x,y)$就是原物体光波前的准确再现，只差一个常数因子，如图 13.21(a)所示，$U_3(x,y)$就如同原来物体发出的波，因此，再现时若采用参考波 U_R 照明，就可以把透射分量 $U_3(x,y)$看成原物体的虚像.而如果选用 U_R^*，则现场的第四项变为 $U_4(x,y)=\beta|U_R|^2 U_0^*(x,y)$，正比于原始物光波前的共轭光波，形成原物的实像，如图 13.21(b)所示.

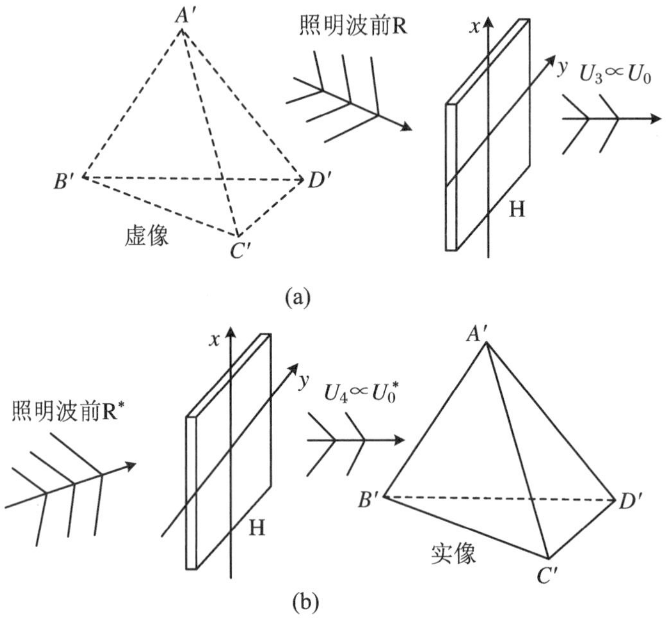

图 13.21　波前的再现

概括地讲，波前记录是将物体表面漫反射的光波与参考光波相干涉，由于两束光的相干性非常高，物光波的全部振幅和相位信息都会按照一定的规律在记录介质上形成复杂的干涉条纹.再现时，由于全息记录介质具有复杂的光栅结构，当利用记录时采用的参考光或者其共轭光照射它时，衍射光以及它们之间的相互干涉就形成与物体光波类似的光波.原始物体的形态就通过这种方式重现出来.波前的记录和重现是全息技术的核心.

(2) 数字全息存储

普通的全息存储中存储的是物体本身的全息图像，类似于一种模拟信号的存储，这种存储方式与其他模拟存储一样，存在一个先天缺陷，就是容易失真.所以，为了避免失真，我们需要先将信息进行编码转换成数字信息再进行存储，这就是我们这里要介绍的数字全息存储.

数字全息信息存储的过程首先是让输入数据经过空间光调制器，将原始数据转化为一个二维信息页，其中携带了物光的振幅和相位信息.然后再将得到的二值化光学信息页作为光全息图制作中的物，将其透过或反射的相干光束作为物光，与参考光束在记录介质表面或体积中相干成像，制备出全息图.很显然，信息的读出就是前文所说的波前再现的过程，就是

利用满足全息光栅布拉格条件的参考光照射全息图，将再现的二值化信息页成像到 CCD 探头的接收面上，在通过判决电路把二值化光学信息恢复成数字信息流输出. 整个过程如图 13.22 所示. 值得注意的是，这里的波前再现必须成实像，否则 CCD 探头将无法探测.

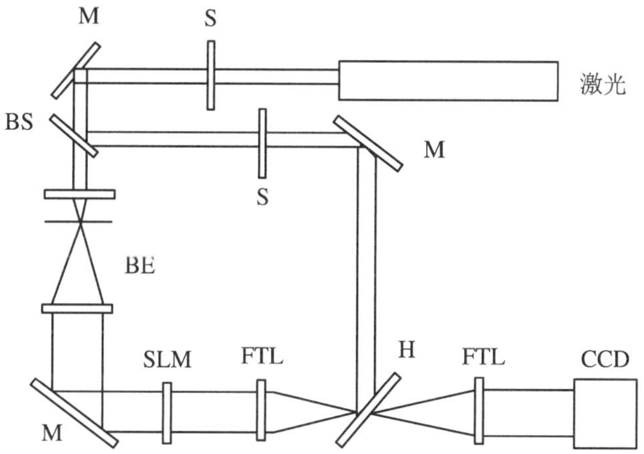

S–快门；BS–分束仪；BE–扩束仪；M–反射镜；
SLM–空间光调制器；FTL–傅里叶变换透镜；
H–全息光盘；CCD–电荷耦合器件摄像机

图 13.22　高密度数字盘状全息存储系统

2. 全息存储的分类

全息存储技术中，记录过程使用的技术有光学记录、计算机模拟、电子/离子刻蚀、模压复制等. 目前最主要的是前两种，对应方法制得的全息图分别称为光学全息图和计算全息图.

根据照明方式的不同，全息图可分为透射型和反射型两种. 若物光和参考光从介质同一侧入射则为透射型，再现时衍射光和照明光分别在全息图两侧；若物光和参考光从介质两侧入射则为反射型，再现时衍射光和照明光在全息图的同一侧.

按照记录介质的厚度，可将全息图分为平面全息图和体全息图，当记录介质的厚度小于记录时的干涉条纹间距时称为平面全息图，当介质厚度大于条纹间距时称为体全息图，记录的是三维干涉图样.

按照全息图记录的信息类型不同，可将其分为振幅型全息图和相位型全息图. 顾名思义，当全息图的复振幅透射系数的振幅透射系数随全息图上位置的变化而变化，但相位不发生改变时，我们称之为振幅型全息图或吸收型全息图；反之，当相位随全息图上位置的变化而变化但振幅透射系数不变时，我们称之为相位型全息图. 这两者也被分别称作振幅型光栅和相位型光栅.

按照光路系统的不同可将全息图分为菲涅尔全息图，物体离记录介质距离较近；夫琅禾费全息图，物体离记录介质距离较远. 当物体通过透镜成像在记录介质上或者其附近时称为像面全息图；当透镜使物光波分布在记录介质平面上产生二维空间傅里叶变换，则记录的是傅里叶变换全息图.

3. 全息存储的特点

① 高存储容量. 高密度数字全息存储可以利用体全息存储的特点，实现三维的信息存

储.体存储密度的理论极限值是 $1/\lambda^3$,在可见光波段约为 10^{10} bit/cm^3.

② 高传输速率和读写速率.全息图采用面向页面的数据存储方式,即数据不是像光盘那样,以串行方式逐点存取,而是以页面的形式记录和恢复.同时,它的寻址速度也非常的迅速,通常人们采用声光、电光或面发射阵列半导体激光等非机械寻址方式,平均数据访问时间降到 ms 量级甚至更低.同时可以进行并行内容寻址,直接输出数据页或图像的光学再现,这能够使得信息检索以后的处理更加灵活.

③ 可实时记录、可擦重写.全息存储因记录介质不同,其记录性质会有差异,如光致聚合物的全息存储一般可实现一次写入多次读出,而光致变色材料和光折变材料等可以实现可擦重写、实时记录.

④ 存储冗余度高.存储冗余度是指存储的信息不被丢失的能力.磁盘、光盘存储为一对一的点存储,当存储介质出现任何与数据单元尺寸相当的损坏都会造成数据的丢失.然而全息存储是以全息图的形式将空间点信息存储于介质内扩展的体积中,介质的缺陷只能引起读出信息的整体减弱,但不会造成数据的丢失.全息存储之所以具有这种优势,本质上说是由于全息存储的高度分散性.根据惠更斯-菲涅尔原理,不论是普通模拟图像中的一个像素还是二值化数据阵列中的一位都可以用分布方式储存在全息图的一个非常大的区域内.正是由于这种分散性特征,即使记录介质中的污点或缺损会造成全息图的部分区域被破坏,在复现过程中,像也不会出现局部的缺失,也就是不会出现信息的缺失.当然,这种分散性与光作用的距离有关,像全息图的分散性最低,傅里叶变换全息图的分散性最高,菲涅尔全息图介于两者之间.正是由于傅里叶变换全息图具有最大的分散性,也就是最大的存储冗余度,因而受到了极大的重视,被用于专门的信息存储系统.

⑤ 对定位容错能力强.这个特点是傅里叶变换记录光路所特有的.根据傅里叶变换的平移特性,全息图空间的位移只会导致傅里叶空间的线性相位倾斜,对像强度分布的位置没有影响.因此,傅里叶全息图对定位的容错能力很强.这个特点对高密度存储极为重要,尤其是对具有高放大率的存储方式.图 13.23 就是一个具有图像放大功能且能再现成实像的全息记录装置光路图,它可用小幅全息图产生很大的像.

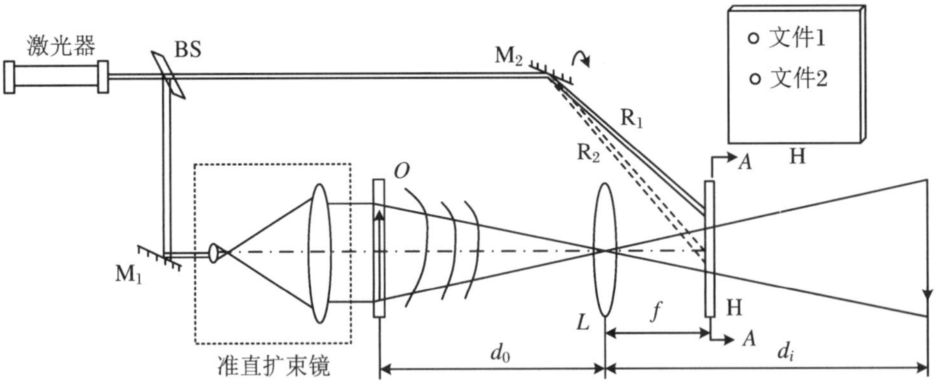

图 13.23　全息信息记录光路

4. 全息记录的复用技术

我们知道数字全息存储实际上记录的是一张张二值化信息页,试想,如果在同一块介质上同时记录有多张这样的信息页,并且能够准确地进行读取而不会相互干扰,势必可以大大提高全息记录介质的存储量和使用效率,能够极大地节约成本和空间.因此,我们需要借用全息记录的复用技术.

角度复用技术:根据布拉格条件,体全息光栅的衍射对于角度具有严格的选择性.通过改变参考光的入射角度,能够在记录介质的相同区域内记录下多张不同的信息页面;同样的在重现的过程中,选取一组与记录时入射角度相同的参考光就能分别对各个页面进行重现,从而实现页面寻址和读出.常用的入射角改变方法有:扫描法,如图 13.24(a)所示,利用旋转反射镜或声光偏转器使参考光的入射角在入射面内连续变化;窗口移动法,如图 13.24(b)所示,使用另一空间光调制参考光束,用只让空间光调制器上一个固定大小但位置按一定顺序移动的窗口透光方法来改变参考光的入射方向.

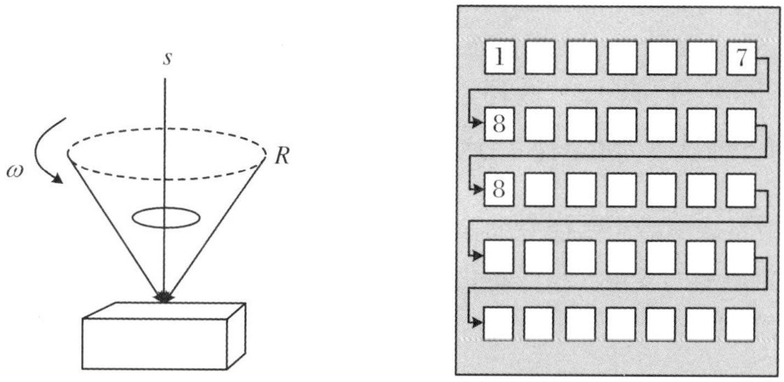

(a) 旋转角度复用　　(b) 移动窗口角度复用

图 13.24　全息记录角度复用技术

波长复用技术:同样以布拉格条件为理论基础,记录时物光和参考光角度都不变,仅仅改变其波长,从而实现在介质同一区域记录很多信息页面的方法.它采用波长变换进行寻址,避免了机械寻址的复杂性和对数据传输速率的限制,并且具有强大的抗噪声干扰性.

相位复用技术:又叫相位编码复用技术,记录过程中不改变光的波长和入射角度,仅对参考光束进行相位调制,各个信息页采用不同的调制后记录在介质的相同区域内.由于全息光栅仅仅对与之对应的参考光有最大的衍射效率而对其他参考光的衍射效率非常低,因此就能实现不同信息页面的分别再现.

空间复用技术:将不同的信息页面记录在介质的不同区域.通常可以通过将存储材料进行分层处理或者针对盘状存储介质使用类似光盘存储的旋转记录方式.

其他复用技术:除了上文介绍的复用方式,通过将这些方式进行组合使用也能带来很好的效果.比如将空间复用和角度复用相结合的空间角度复用技术;将空间复用与波长复用或角度复用相结合的分块全息技术;将波长复用与角度复用相结合的波长角度复用;以及为了与现代数字化信息技术相关设备相兼容而开发的盘状移位复用存储技术等.

5. 数字全息存储器的单元器件及性能评价

(1) 单元器件

简单来看,全息存储过程中记录的是两束相干光形成的干涉图样,因此整个存储系统中使用的单元器件应该大体上与普通全息光路相同.事实上由于全息存储技术的特殊性,它的单元器件必须具有一定的特殊性才能满足这种先进存储技术的要求.总的来说,一个完整的数字全息存储系统主要包括激光器、寻址器、组页器、探测器和记录材料等.下文中我们将对它们分别做一些简要的介绍.

激光器：不论是连续激光器还是脉冲激光器都可以用于全息存储，他们各自具有独特的优势——使用连续激光便于对整个存储系统光路的调整；而使用脉冲激光则使得存储过程对存储系统以及环境振动性能的要求大大降低. 根据前文的叙述，体存储密度的理论极限值是 $1/\lambda^3$，因此，我们也会尽量选用波长较短的激光用作数字全息存储系统的光源. 总的来说，整个系统对于激光器的要求是，准直性好，稳定性高，相干长度长.

寻址器：寻址器就是在全息存储的记录读取以及擦除过程中用来快速定位信息页面的器件. 寻址器的选择因存储系统采用的复用手段而不同，比如对应于相位复用的激光相位调制器；对应波长复用的激光波长调谐器等.

组页器：又叫空间光调制器(SLM)，它用于实现电信号或其他非光学信号到相干光信号的转换. 可以说，SLM 是数字全息存储系统中的核心元件，它先将计算机的二进制信号转化成电信号，然后再转换成"明""暗"两种像素的阵列. 它经过均匀的相干激光照射之后，透射光就被数字数据所调制，形成了我们所需要的物光，与参考光干涉后的条纹最终被存储介质记录下来.

探测器：读取过程中对光学信号的接收装置. 常用的探测器是电荷耦合器件阵列，它将包含了 SLM 数据调制的复现光信号转化成电流信号，再利用计算机经过进一步的处理最终将最初的数据信息还原.

(2) 性能评价

衍射效率是全息图衍射成像光通量与照明光通量的比值. 由于存储过程中使用了复用技术，每一幅全息图都要和其他处于同一位置的全息图共享材料的动态范围，而任何一种材料的动态范围都是有限的，所以某一张全息图的衍射效率过高必定会降低其他全息图的衍射效率. 目前高密度数字全息存储技术要求在满足单张全息图衍射效率不低于 10^{-4} 的同时，尽量使各张全息图的衍射效率相等.

信噪比是衡量数字全息存储质量的一个重要指标. 它定义为 $R_{SN}=I_S/I_N$，其中 I_S 和 I_N 分别是信号和噪声的强度. 二值化信息页面再现时的噪声越大，产生误码的可能性就越高，而带来噪声的因素非常多，主要可分为：系统噪声，包括光学器件的相差、探测器的噪声、电子系统的噪声等；全息图噪声，包括页面内和页面间的串扰噪声等.

存储器的容量和密度不仅受到光学系统和复用技术的限制，也受到所用材料分辨极限的限制，前者的限制我们知道，是 V/λ^3，后者则受到材料空间带宽积的限制. 当然了，实际上的存储容量还与所要求的信噪比和衍射效率有关，它们的关系基本上为容量与衍射效率以及信噪比的 n 次方成反比，$1/2\leqslant n\leqslant 3$ 具体数值视具体材料而定.

数据传输速率对于任何信息存储设备来说都是一个十分重要的参数，对于数字全息存储设备也不例外. 全息存储的数据传输时间由信息记录时间和数据读取时间组成，记录时间包括信息通过组页器的电子传输时间、组页器填充时间、单个信息页面的曝光时间等；读取时间包括各信息页面的寻址时间、探测器响应时间、衍射光在探测器上的积分时间等. 由于记录要比读取耗费更多的时间，全息存储的记录速率要低于读取速率.

13.2.3 双光子光存储技术

1989 年，美国科学家 Rentzepis 提出了用双光子吸收的方法实现三维光存储，存储密度高达 1 Tbits/cm^3. 这种方法主要是在现有二维光盘的基础上将数据存储扩展到三维空间，保持了现有光盘系统的基本特点，易于操作. 与单光子记录相比，双光子存储记录点较小，可提高面存储密度.利用双光子过程可实现多层光存储系统，其记录容量可以提高 2～4 个数量级.

1. 双光子光存储基本原理

双光子吸收就是在强激光场作用下，分子通过一个虚中间态同时吸收两个光子而到达激发态的过程，其跃迁概率与入射光强的平方成正比.与通常的单光子吸收相比，它主要具有两个突出特点：① 由于到达激发态所需的光子能量为单光子吸收所需能量的一半，因此可用红外或近红外激光做光源，提高在吸收材料中的穿透力，实现在材料的深层进行观察；② 由于双光子吸收与入射光强的平方成正比，双光子吸收过程被紧紧地局限在焦点附近的很小区域（体积数量级为 λ^3），如此小的有效作用体积不仅使双光子过程具有极其优越的空间分辨率和空间选择性，而且随后发生的诸如荧光或光化学反应过程都被局限在这个极小的体积范围中，如图 13.25 所示.

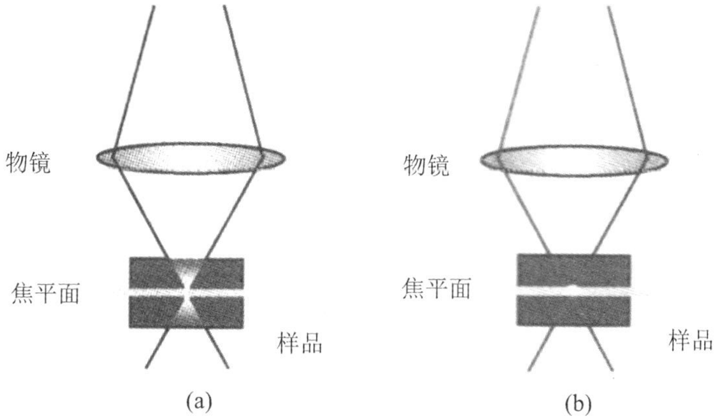

图 13.25　单光子激发与双光子激发原理

在图(a)中在单光子激发机理下，样品中光所经之处皆受到激发；
在图(b)中在双光子激发机理下，仅在光束聚焦断面产生激发.

双光子吸收光存储是利用记录材料在激光作用下，受激点的物理、化学性质发生变化，处于激发态的分子同其他染料分子结合而构成一个稳定的写入态.这个写入态在受到适当波长的读出光束的激发时会发出一个宽带荧光.此时可以通过检侧荧光光谱或其他物理化学性质（如折射率和吸收光谱）的变化而实现信息的读出.

近年来研究表明有机双光子吸收材料在三维数字光存储方面具有重要的应用前景，根据光存储作用机理，有机双光子吸收光存储材料分为：双光子激发光致变色材料、双光子激发光致聚合材料、双光子激发光致氧化材料、双光子激发光致荧光漂白材料及双光子激发光折变材料等.

2. 双光子光存储

(1) 双光子激发光致变色材料

用于双光子三维或多层记录研究的光致变色材料主要有螺吡喃（spirobenzopyran）、并四苯吡啶酮（naphtacenepyridones）、蒽类衍生物（anthracene derivatives）、罗丹明 B（rhodamine B）等.这类材料有两种同分异构体 A 和 B，两者有不同的吸收光谱，记录光和读出光对应不同的吸收系数.记录时，在记录光的作用下通过双光子吸收将同分异构体 A 转化为同分异构体 B. B 对读出光有吸收作用而对记录光没有吸收作用.用这两种同分异构体代表数字“0”和“1”,实现数字式数据存储.

目前在光致变色双光子存储中应用的模型化合物仍然是螺吡喃类.光致变色反应和能级示意如图 13.26 所示.二芳基乙烯衍生物也是一类可用于双光子光致变色三维存储的有机分子.用一种二芳基乙烯衍生物实现 26 层的存储,点间距和层间距分别为 25 μm 和5 μm. 1997 年,Rentzepis 等在光致变色材料上记录 100 层获得成功,从而将存储密度提高了若干个数量级,双光子存储装置和存储图像如图 13.27 所示.

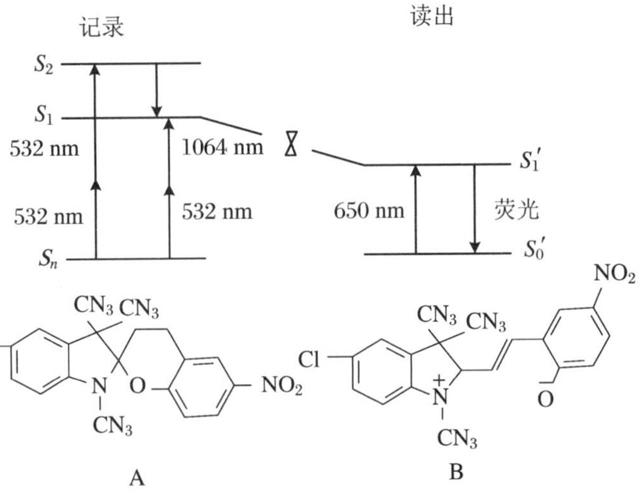

图 13.26　螺吡喃类光存储材料光致变色反应和能级示意图

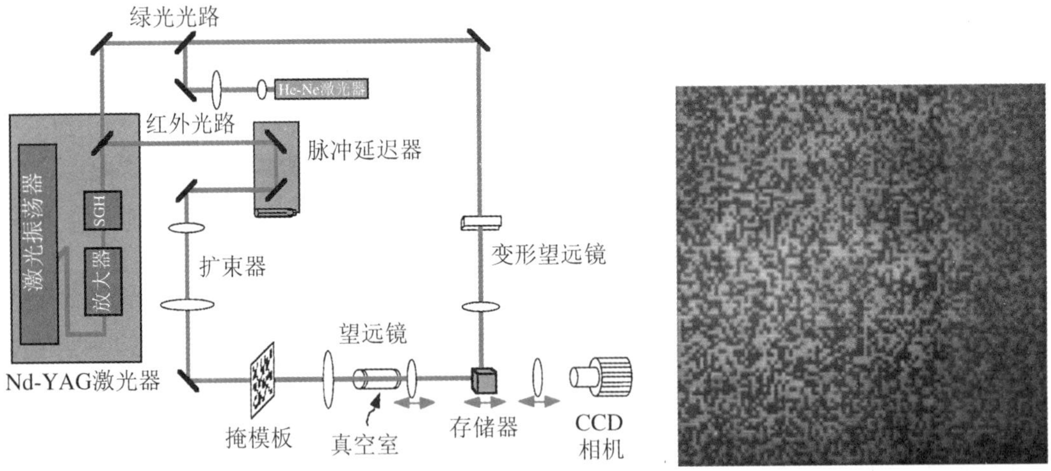

(a) 双光子存储光装置　　　　(b) 典型的存储图像

图 13.27　一种二芳基乙烯衍生物实现 26 层的存储图像

(2) 双光子激发光致聚合材料

双光子吸收分子掺入到交联光聚物体系中,在双光子吸收激发下发生光致聚合作用.聚合部分与未聚合部分产生物理性质上的差异(如折射率或荧光强度),这一差异可用来记录数据.这类体系一般包含有:双光子吸收引发剂、聚合单体、稳定剂、助聚合单体和黏结剂,在双光子吸收作用下,引发剂吸收光给出电子产生活性而使得聚合单体发生聚合. Martineau

等双光子吸收分子(化学结构如图 13.28(Ⅱ)所示)掺入到交联光聚物体系中,在双光子吸收激发下发生光致聚合作用.图 13.29 是以化学结构如图 13.28(Ⅱ)所示的化合物作为双光子吸收分子,在平均功率为 1.26 mW、腰束半径 1.8 μm、速度从 90 μm/s 增至 300 μm/s 的激光作用下发生光致聚合,得到的聚合物线条及其相应的灰度图.

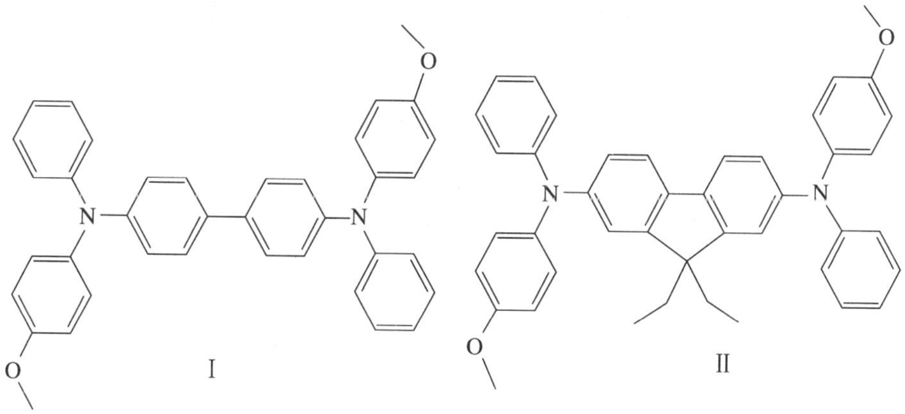

图 13.28　两种双光子吸收分子的化学结

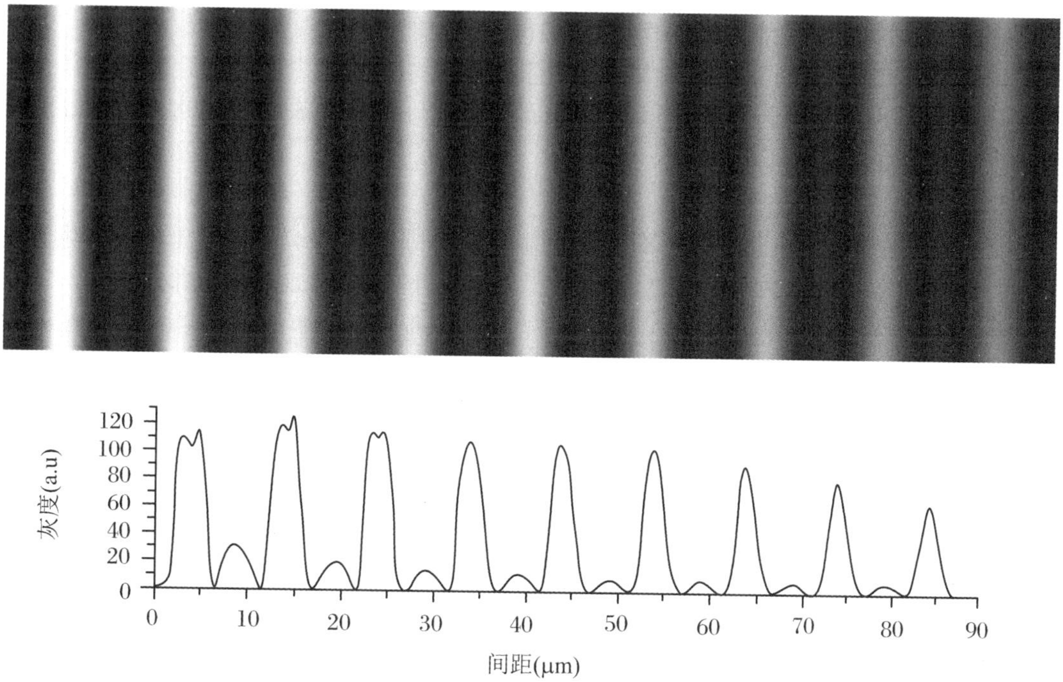

图 13.29　用引发剂Ⅱ制作的聚合线

(3) 双光子激发光致氧化材料

研究证实光氧化 C_{60} 分子可以提高其荧光性质.由于可以通过光氧化来调制荧光的强度并且 C_{60} 具有高的化学稳定性,这使得 C_{60} 可以作为光数据存储的一种记录介质.图 13.30 给出了 C_{60} 掺入到聚苯乙烯的薄膜中的三层存储图像.每个数据点的写入功率为 1 W/cm^2,写入时间 30 s.每点间距大约 10 μm,层间距为 25 μm,每个点的直径大约 2 μm.

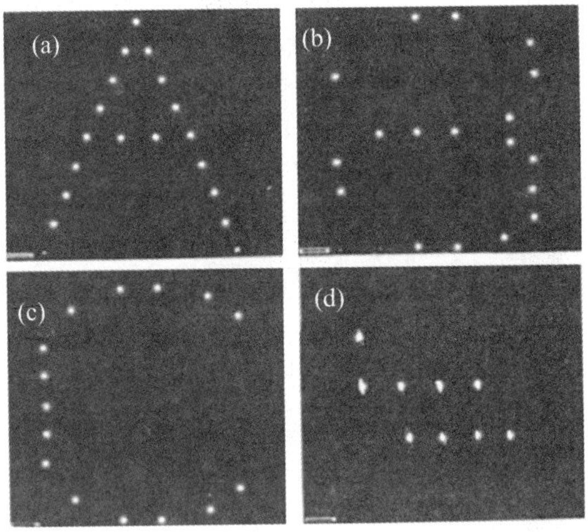

图 13.30　C_{60}掺入到聚苯乙烯的薄膜中的三层存储图像

(a),(b),(c) 分别在第一、二、三层.

(4) 双光子激发光致荧光漂白材料

M. Gu 等报道了在光致漂白聚合物中使用连续波激光光束实现双光子激发进行记录和读出,分别用超短脉冲光和连续波在光致漂白聚合物中进行照片图像的记录.

由于使用连续波进行双光子激发在光致漂白聚合物中实现了记录和读出,这使得多层记录装置由于使用连续激光二极管而得到大大的简化和成本的降低,同时可以获得高的存储密度和大的数据存取速率.

(5) 双光子激发光折变材料

光折变效应源于材料折射率 n 的空间调制.当照射到非线性光学材料上的光发生变化时,物质内部电荷发生非均匀的重新分配,使得物质的折射率发生变化的现象.

研究表明,将光折变聚合物掺入到液晶中能够有效提高折射率的空间调制,以聚甲基丙烯酸甲酯(PMMA)、液晶材料 4-戊基 4-氰基双苯(E49)、光敏材料 TNF 和增塑剂乙基咔唑(ECZ)组成的聚合物为记录介质,在 900 nm 的脉冲激光的照射下,得到三维存储密度 204.8 Gbit/cm^3.

综上所述,双光子光存储技术在数字三维光存储技术具有重要的应用前景,将是当前超大容量、超高速光存储领域的一个重要发展方向.但要使双光子三维光存储材料走向实用化,还需要做大量的研究工作.

13.3　立体显示技术

显示技术发展日新月异,最初照相机所拍摄的图像不过黑白二色,人们对于所观察的景象缺失过多的信息,后来发明彩色照相机,感知色彩信息,以后的彩色摄像机,又让人获得时间信息;而在 20 世纪 90 年代,剑桥大学的 Adelson 等人提出七维信息的概念,他认为空间中完整的物体信息除了物体位置 x,y,z,时间 t 外,还应包括观察者所处的位置(V_x,V_y, V_z),即一幅图像的具体信息应该是由 $P(x,y,z,t,V_x,V_y,V_z)$所表示.这样一幅图就可以由任意方向、任意时刻、任意位置、任意波长进行重建.而立体显示技术就是可以为观察者提供物体(x,y,z,t)信息的显示仪器,而且一些立体显示技术配备了人体跟踪设备,从而可以根据人的位置不同调整图像信息.立体显示技术已成为连接观察者与高维显示之间的桥梁,是目前高清液晶显示和激光显示的前沿发展方向.

立体显示技术主要分为两大类:非全息技术和全息技术.

生物学的研究表明,人之所以产生立体感,感知图像的深度信息主要有以下几种机制:

① 双眼视差.人的双眼具有位置差异,当观察同一物体时,左右眼所观测到物体图像是不完全一样的,这种差异就被称为双眼视差.人之所以有立体感,双眼视差是最主要的原因.

② 移动视差.观察物体时,当人移动自己的位置,将会看到不同的截面,这样就能在人脑中形成立体感,而且移动视差即使是单眼观察,也能形成深度感.

③ 会聚作用.眼睛观察物体时,双眼与物体有着一定的立体角,当人与物体之间的距离发生变化时,这个立体角也将发生变化,会给人以深度暗示,产生立体感,这种深度暗示一般要眼睛离物体比较近时才明显.

④ 肌肉调节作用.当观察物体不同位置时,眼球附近肌肉将会通过拉伸或者收缩眼球从而得以将眼球的焦点定在不同的位置,而大脑通过获取肌肉的变化信息得到物体离眼睛距离的信息,从而获得立体感.

⑤ 记忆作用.人眼观察物体速度一般是每秒 25 帧,就会将快速变化的画面形成连续的图像,而当图像在人眼前显示的速度快于 60 帧时,将会在人脑中留下视觉残留,如果图像序列是物体的不同角度拍摄的,就会形成大脑中的立体景象.

13.3.1　佩戴眼镜的立体显示

佩戴眼镜的各种立体图像的形成主要基于双眼视差的原理,如图 13.31 所示,L、R 代表左右两眼.图 13.31(a)是人眼观察物体的俯视图,图 13.31(b)显示的是左眼观察到的图像,可以看到物点 A 位于 D 的右侧,而图 13.31(c)显示的是右眼观察到的图像,这时物点 A 位于 D 的左侧,当两只眼睛同时观察物点 A 时,就会产生 A 位于 D 前面的感觉.

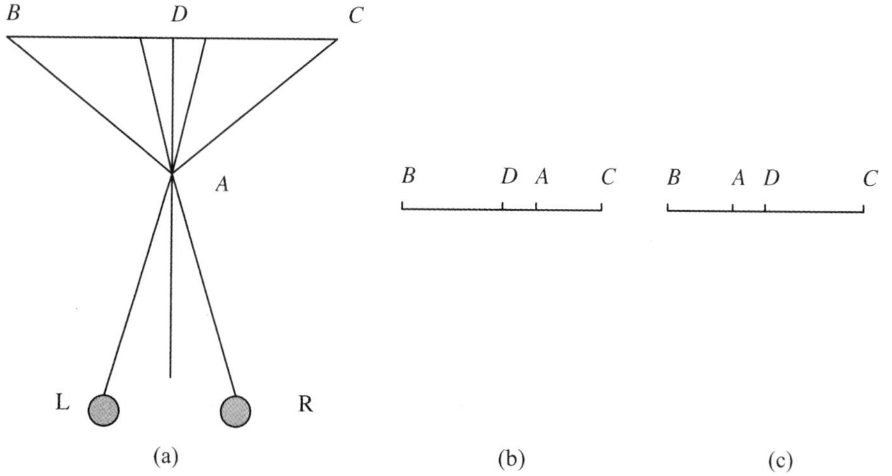

图 13.31　双眼视差图

1. 偏振立体图

由于垂直偏振与水平偏振互为正交,因此将片源分为左眼图和右眼图,并分别用垂直偏振和水平偏振描绘,然后人观察时佩戴偏振眼镜,左右眼就能分别看到不同的图像,从而可以看到立体图像.这种方法获得的立体图具有大视场、大景深、成像质量优良、画面栩栩如生等优点.目前立体电影院主要用的方式就是偏振立体图.中国科学技术大学研究人员提出在LED显示屏上实现偏振型立体显示的技术,可望获得比较好的显示效果和应用前景.

最近提出了单投影机偏振立体显示技术,主要是利用LCOS(微显示技术)原理,如图13.32所示.

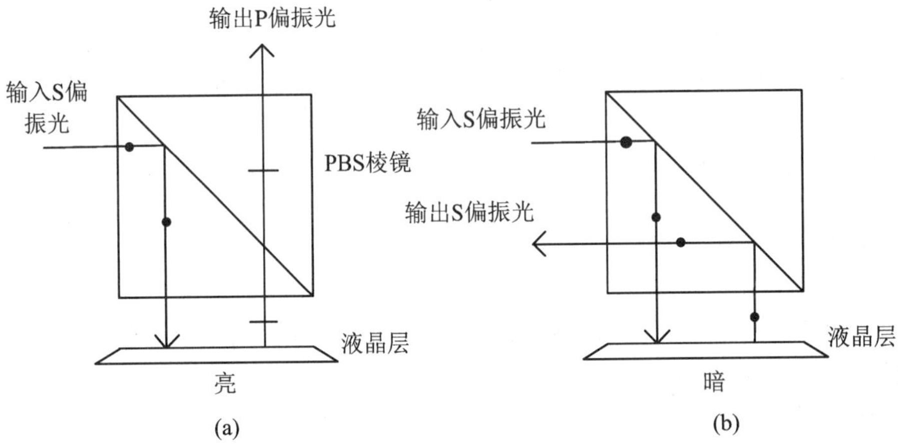

图 13.32 LCOS的显示原理

当液晶层某像素有外加电压时,入射的S偏振光经过液晶层,偏振方向发生扭转,到达底部反射回来,再通过液晶层变为P偏振光,随后直接穿过PBS棱镜,进入投影光路,此时呈现为"亮"态,如图13.32(a)所示.当像素外加电压为零时,入射的S偏振光经过液晶层,偏振方向不发生扭转,到达底部反射回来,依旧为S偏振光,经过PBS棱镜会被反射回原光路,此时呈现为"暗"态,如图13.32(b)所示.利用LCOS反射光的偏振不同的特性,制作出的投影机,可以较完美的实现单投影机偏振技术.它是利用人眼的分辨频率一般为60 Hz,在LCOS出射光路前面放置可变延迟液晶光轴,可以将P偏振转换为S偏振.输入片源以120 Hz的频率输出,而转换开关迅速地切换S和P偏振,人佩戴偏振眼镜,使得左、右眼均以每秒60帧的速度分别接收左、右眼图像,从而获得立体感.现在,国外已经使用该技术制作了液晶显示的产品.其缺点是观察时必须要佩戴一副特制的偏振眼镜,价格比较昂贵,目前还不适于市场推广.

2. 互补色系统

观察者观察两个由互补色绘制的立体图像时,需要戴上一副镜片为互补色的眼镜,观察者的左眼通过红色的镜片看到红色的图像,右眼通过蓝色的镜片看到蓝色的图像,这样在大脑中就形成了一个完整的立体效应的图.这种方法的优点是其简易性,对视场景深无严格要求,但是这种不同色像的分离和复合容易引起色彩失真.中国科学技术大学的研究团队利用这一原理制作了国内首套三维动漫科普丛书《三维世界漫游》包括恐龙世界和海洋世界等,推动了国内图书出版业由平面视读到立体观赏书籍革命性的进展.这不仅降低了立体显示的成本,而且提高了科普效果和视觉冲击力,兼具科学性、艺术性和实效性,同时也有助于培养科普受众的求知欲和创新意识，广受青少年的好评.

3. 其他系统

此外还有反射式和棱镜式立体显示系统，如图 13.33 所示.

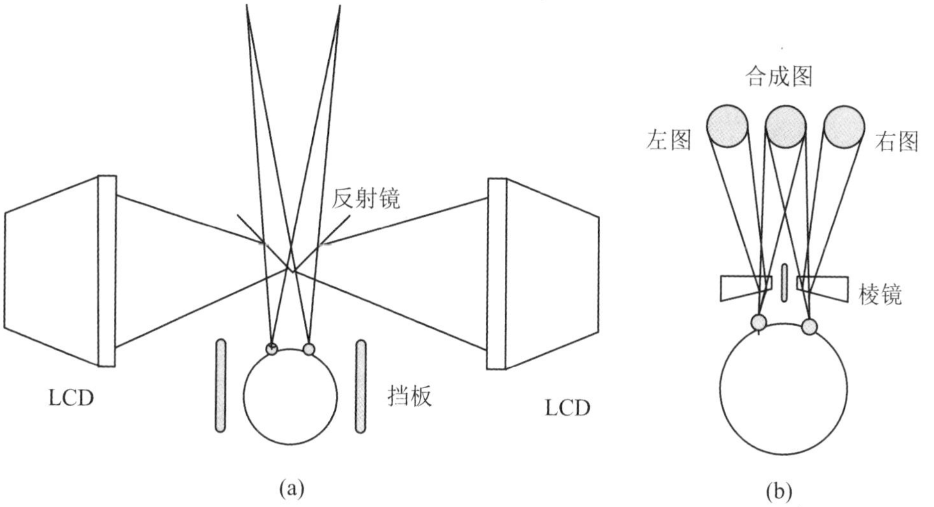

图 13.33　反射式、棱镜式立体显示原理图

反射式系统中观察者观察的是一对互相垂直的反射镜所反射的左、右两端不同的景象. 如图 13.33(a)所示这套系统的优点是观察的图像效果很好，立体感较强；缺点是系统过于庞大，使用并不方便. 棱镜系统原理如图 13.33(b)所示，观察者眼前佩戴一副棱镜眼镜，棱镜通过光线折射将两幅左、右眼视图合成一幅中央视图，这样就能获得立体图像. 优点是片源和眼镜都比较容易制造，缺点则是位置要求相对固定，当观察者位置发生变化时，光线入射角度也将发生变化，观测到的图像无法完美重合，而观察到重影的现象.

13.3.2　裸眼三维显示

裸眼立体显示系统最早是 Ives 在 20 世纪初提出的，基本思想是将要观测图像分为左、右眼图，在图像前面有狭缝挡板遮挡，如图 13.34 所示，在一副准备好的包含左、右眼视区的图像前放置一块垂直的、开着狭缝的挡板，当挡板位置正确时，每个眼只能看到确定的条纹，而别的条纹会被挡板挡住无法看到，从而形成左右视差. 这样双眼观察到不同的图像，脑中将会形成立体景象. 自由立体显示系统都是基于这个原理，利用光栅、棱镜、微透镜等使双眼观察到不同的视图. 但是利用挡板等设施往往会减少观察者所能观察到的光线强度，使得亮度下降，分辨率也是不如正常的电视.

对于光栅狭缝的大小是需要适当选取的，图 13.35 光栅式立体显示光路.

设定坐标系 XY，其中 Y 轴穿过人眼瞳孔连线的中心并与液晶屏垂直. 相邻狭缝中心的平均间距 $\Delta x \approx 2t$，人眼距液晶屏为 H，瞳孔距为 $2b$，设沿着 X 轴正向每两像素为一组，成为第 n 组，$n = 1, 2, 3, \cdots$ 而沿着 X 轴负向 $n = -1, -2, -3, \cdots$ 这样第 n 组中左图像素距坐标原点为 $x_L = (2n - 1/2)t$，右图像素为 $x_R = (2n + 1/2)t$. 若要第 n 组的左、右图分别被左右眼看到，要求狭缝的位置为 (x, y)，而对于位置在 $(-b, H)$ 的左眼，希望狭缝的位置 $x_L = (1 - y/H)[(2n + 1/2)t + b] - b$，而对于坐标位置处于 (b, H) 的右眼，希望狭缝的位置为 $x_R = (1 - y/H)[(2n - 1/2)t - b] + b$，又因为左、右眼用同一光源，所以 $x_R = x_L$，得到(1 −

$y/H)(2b+t)=2b$,一般人瞳孔距为 $2b=60$ mm,液晶像素宽 $t=0.28$ mm 狭缝距图像距离 $y\approx1.3\sim1.6$ mm,适当选择 y,则有 $x=(1-y/H)[(2n+1/2)t+b]-b$,可针对所使用的液晶屏来设计狭缝光栅板.

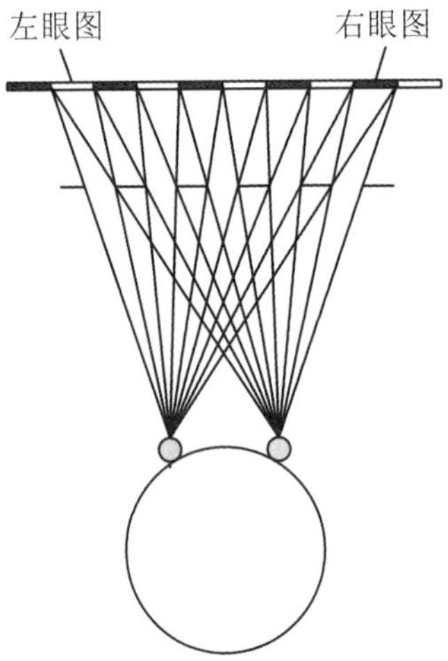

图 13.34 视差光栅技术

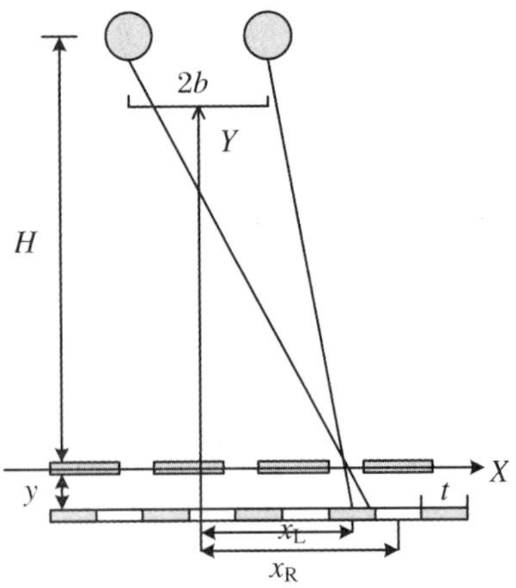

图 13.35 光栅式立体显示光路

1. 视差照明技术

DTI 公司的视差照明技术,如图 13.36 所示.DTI 公司从 20 世纪 80 年代开始研究视差照明立体显示技术,1997 年推出第一款实用的立体液晶显示器.其原理是在 LCD 后形成离散的、极细的照明亮线,将这些亮线以一定的间距分开,观察者的左眼通过 LCD 显示屏的偶像素列能看到亮线,而观察者的右眼通过显示屏的偶像素列是看不到亮线的,反之亦然.因此观察者的左眼只能看到显示屏偶像素列显示的图像,而右眼只能看到显示屏的奇像素列显示的图像,这样观测者就能接收到视差立体图像对,产生深度感知.

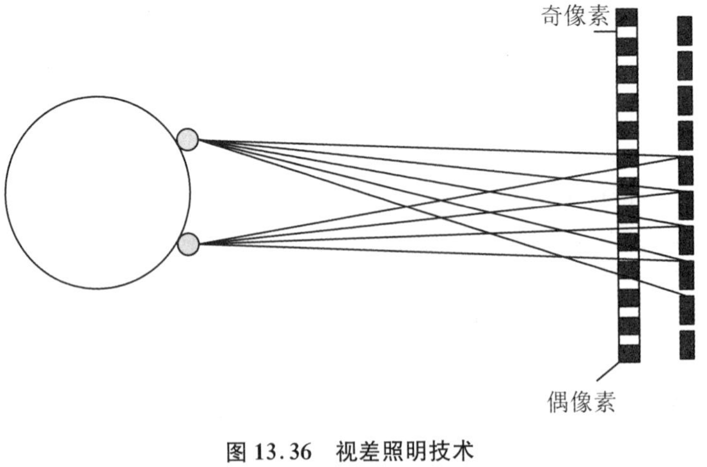

图 13.36 视差照明技术

视差照明亮线的形成,即特制背光板的设计和加工是实现 DTI 的视差照明技术的关键.理想情况下要求照明亮线接近零宽度且精确定位,如果实现微米级甚至纳米级的线光源,那么视差照明立体显示的结构将得以简化,显示效果将得以很大提高.到 2002 年为止,DTI 的视差照明技术有以下实现方法:① 运用多光源,再用透镜聚焦形成很细的亮线;② 运用单或双光源，再用光导(光导的形式有很多)传光、透镜汇聚形成很细的亮线；③ 运用微加工技术制作旋光性不同的狭缝实现很细的亮线；④ 运用液晶光阀的旋光性和偏振片配合形成很细的亮线. 视差照明立体显示技术只能使用透射式的显示源，现在液晶屏最符合条件. 液晶屏的性能指标是对视差照明立体显示技术的主要限制. 目前国内合肥工业大学、四川大学等单位也已研制出利用视差光栅技术的立体显示器，而且设计的光源可以由线光源转换为面光源，从而使得显示器可以在 3D 和 2D 显示模式之间转变. DTI 的视差照明技术作为当前最成熟的自由立体显示技术之一，但长时间观察容易引起眼睛疲劳，而且存在大角度观察的限制，已经很难在技术原理方面有所突破，目前该立体显示屏主要用于各种场合的广告、娱乐，尚不能在立体电视上推广.

2. 视差障碍技术

夏普公司的视差障碍技术的实现方法是使用一个开关液晶屏、一个偏振膜和一个高分子液晶层，利用一个液晶层和一层偏振膜制造出一系列的旋光方向成 90°的垂直条纹，这些条纹宽几十微米，通过这些条纹的光就形成了垂直的细条光栅模式. 夏普公司称之为"视差障碍". 在立体显示模式时，哪只眼睛能看到液晶显示屏上的哪些像素就由这些视差障碍来控制. 应由左眼看到的图像显示在液晶屏上时，不透明的条纹将会遮挡右眼；同理，应由右眼看到的图像显示在液晶屏上时，不透明的条纹会遮挡左眼，如图 13.37(a)所示. 如果把液晶开关关掉，显示器就能成为普通的二维显示器如图 13.37(b)所示.

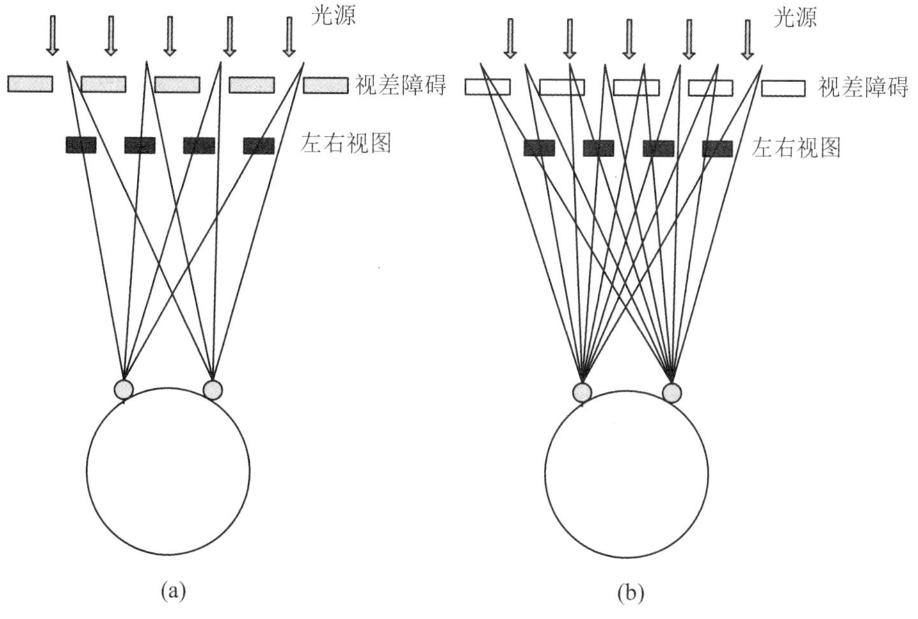

图 13.37　视差障碍技术

3. 微透镜技术

图 13.38 所示为微透镜阵列屏立体显示原理，利用微透镜折射作用实现左、右视差图像分别进入左、右眼实现立体显示. 这种显示装置旋转 90°仍具有立体感，且横向移动视角方向产生不同立体效果，与人眼观察实际景物相似，所以称全方向立体显示. 人的大脑在综合从不同的方位获取同一景物的信息时，其中一个很重要的因素，就是物点光线的入射方向，人眼可根据各物点发射(或反射)到人眼光线的方向，判定该物点的方位及远近. 设微透镜阵列

显示屏上显示的3个图像特征点 A,B,C.

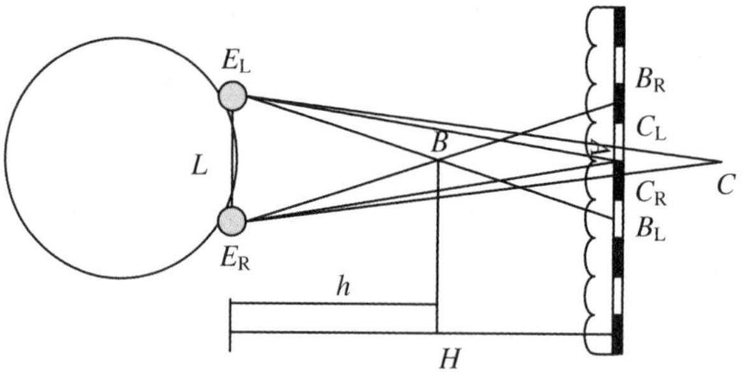

图 13.38　微透镜投射技术示意图

每一个特征点由左、右两个图像对构成同一图像点,在显示屏上分别位于 A_L,A_R,B_L,B_R,C_L,C_R. 由于微透镜的折射作用,使显示屏上的任何一点的光线只能按特定的方位出射. A_L,A_R两点为屏上非常接近的两点,由该点透射进入双眼的光线为 E_LA_L,E_RA_R,人眼凭这两条光线,可判定 A 点在显示屏面上. 对特征相同的 B_L,B_R两点,如 B_L点透射出的光线只能到达左眼,而 B_R点透射出的光线只能到达右眼,人眼凭这两条光线就会形成一种错觉,认为这两点是一个点 B, B 点在屏面上,即形成近景. 同样,如果 C_L点透射出的光线只能到达左眼,而 C_R点透射出的光线只能到达右眼,形成的错觉点 C,C 点在屏面下,即形成远景. 设人的两眼的瞳距为 L,人眼到屏的观看距离为 H,左、右图像对特征点的间距为 p,则根据三角关系不难推导出人眼视觉将左、右图像对融合后形成的景深位置 $h=Hp/(L+p)$,其中,近景特征点交叉,间距 p 取正,远景特征点间距 p 取负. 飞利浦公司对立体显示技术的研究是基于以上的方法并加以改进. 该公司的自由立体液晶显示器是在液晶显示屏的前面加上一层微柱透镜,使液晶屏的像平面位于透镜的焦平面上,如图 13.39 所示.

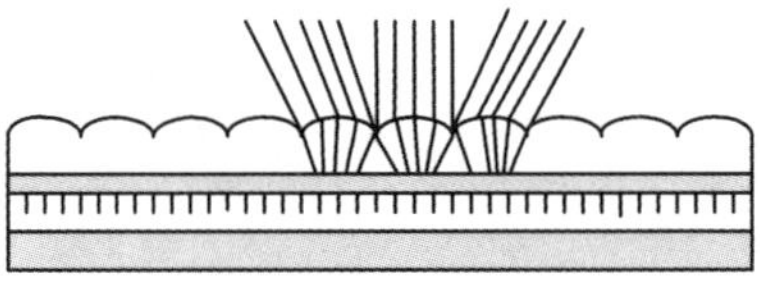

图 13.39　透镜阵列立体显示技术

在每个柱透镜下面的图像的像素被分为几个子像素,这样透镜就能以不同的方向投影每个子像素,双眼从不同的角度观看显示屏,就会看到不同的子像素. 但同时像素间的间隙也被放大了,因此不能简单的叠加子像素. 更好的做法是使一组子像素交叉排列. 飞利浦的另一个改进是让柱透镜与像素列是不平行的,这样是为了使每一组子像素重复投射视区,而不是只投射一组视差图像. 目前国内也纷纷利用透镜阵列制作立体显示器,其中安徽师范大学研究团队利用菲涅尔透镜对柱透镜液晶显示屏进行改进,减小功耗,提高亮度,而且可以改变方向. 而南京大学研究团队又在此基础上增添人眼跟踪装置,可以给在观察区域内任意位置处的观察者提供有效的观察窗口,同时多用户之间没有影响. 此外微透镜技术还可以用于三维的深度信息提取,基本原理是在记录物体信息过程中,3D 物体光线的方向和强度信息被透镜阵列(或针孔阵列)采样并被一个类似于 CCD 或者 CMOS 的 2D 图像传感器来记录. 每个透镜(或针孔)采样的光线信息被变换成拥有各自透视关系的缩小的 2D 图像,称为一个子图.在重建阶段,子图被一个类似液晶显示平板(LCD)的 2D 显示平板显示,来自子图的光线被改变方向以形成一个真实的 3D 图像,如图 13.40 所示,是中国科学技术大学研究团队所做的深度信息的提取图,图 13.40(a)是通过透镜阵列获取的多个子图,图 13.40(b)是合成后的真实的 3D 图像.

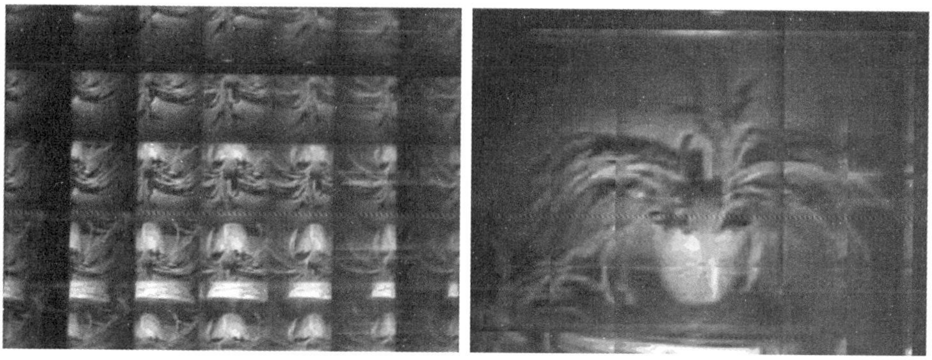

(a) 利用透镜阵列所取的多个子图　　(b) 通过算法将子图合成后的3D图像

图 13.40　利用透镜阵列进行深度信息提取

4. 多视角立体技术

这是剑桥大学研究团队所开发的.他们认为,人之所以能够获得立体感,除了双眼所观察不同视差的图像外,当人移动时,他所观察的图像也会发生变化,这样,两方面的综合作用才使人获得立体感觉.所以他们开发的立体显示器,即是可以让人移动而获得不同视差景象的显示器.如图 13.41 所示,图 13.41(a)中,人观察物体具有立体感觉,这是因为移动时可以看到无限多的图像;而图 13.41(b)中,当使用有限多的窗口放置在人与物之间时,但是人依旧能够获得物体的不同景象,所以仍然能够感受到立体感.所以在图 13.41(c)中,采用多个摄像机在不同的角度拍下景物,然后在对应的窗口显示对应的图像,这样,人观察后可以获得立体感的图像.

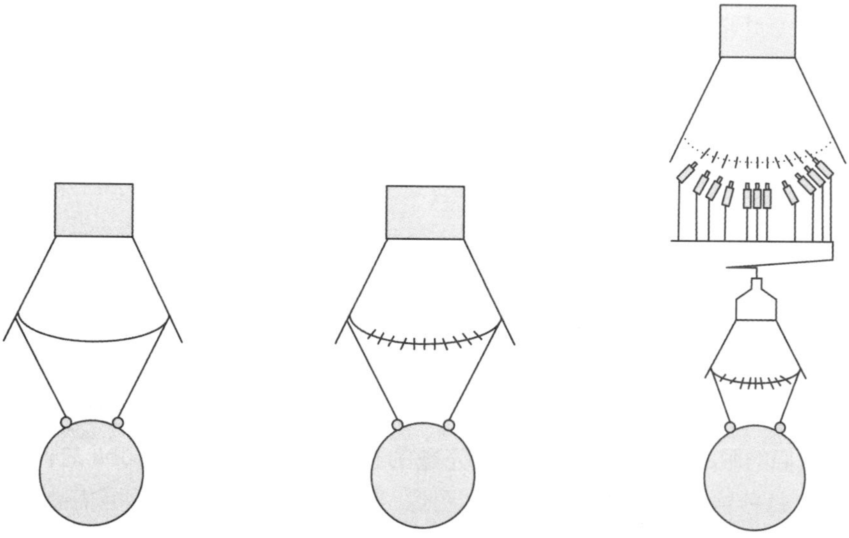

(a)　　(b)　　(c)

图 13.41　多视角立体显示技术

13.3.3 非基于双眼视差的自动立体显示

这部分主要介绍体显示.与双眼视差只有两幅图像分别入射双眼不同,体显示图像众多,主要是利用人眼的视觉残留迅速地展示过去,给观察者留下立体的印象.

1. 扫描体显示

Perspecta 是 Actuality 公司制造的产品,是一个能显示全彩动画图片的玻璃圆顶 3D 显示器.该显示器 20 英寸,用户可以 360°任意角度进行观看,而不需要护目镜.它采用的是一种柱面轴心旋转外加空间投影的结构,如图 13.42 所示,当需要显示一个 3D 物体时,将首先通过软件生成这个物体的 198 张剖面图(沿 Z 轴旋转,平均每旋转 2°,截取一张垂直于 XY 平面的纵向剖面),每张剖面分辨率 798×798 像素,投影屏平均旋转不到 2°,便换一张剖面图投影在屏上,当投影屏高速旋转、多个剖面被轮流高速投影到屏上时,因为人的视觉残留,从而在观察者眼中形成一个可以全方位观察的自然的 3D 物体.

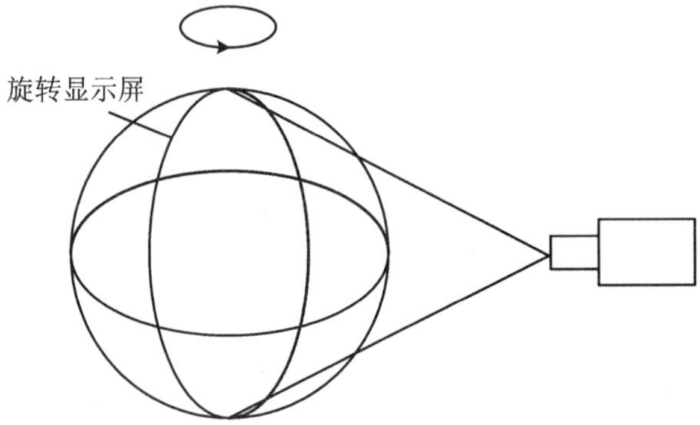

图 13.42 Perspecta 显示示意图

Felix 技术由德国不伦瑞克工业大学的研究团队首先发明,它是一个基于螺旋面的旋转结构,如图 13.43 所示.一个马达带动一个螺旋面高速旋转,然后由 R/G/B 三束激光会聚成一束色度光线经过光学定位系统打在螺旋面上,产生一个彩色亮点,当旋转速度足够快时,螺旋面看上去变得透明了,而这个亮点则仿佛是悬浮在空中一样,成为了一个体像素(空间像素,voxel),多个这样的体像素便能构成一个体直线、体面,直到构成一个 3D 物体.该种技术可以用于激光立体显示.

2. 固态体显示

DepthCube 立体显示装置是 Lightspace 公司制造的产品,它的显示器本身由多层显示屏组成:20 层显示屏沿着 X 轴从前至后排在一起,如图 13.44 所示.它是一种背投立体式显示器,使用了一种高速数字光处理(DLP)投影器,每秒可以投射 1000 张图片片断.这 20 层显示屏都是可以开关的液晶显示屏,就像散射的百叶窗,不管任何时候,只有一层是工作的,其他都是透明的,而图片也只投射到这层工作的显示屏上.如此一来,刷新率可以达到 50 Hz,足够让我们的眼睛认为所看到的就是完整的物体.电脑和 DepthCube 之间的高速数字接口让它可以每秒钟 20 次产生完整的 3D 图像.该系统结构复杂,显示屏需要特制,因此现在依旧主要用于实验.

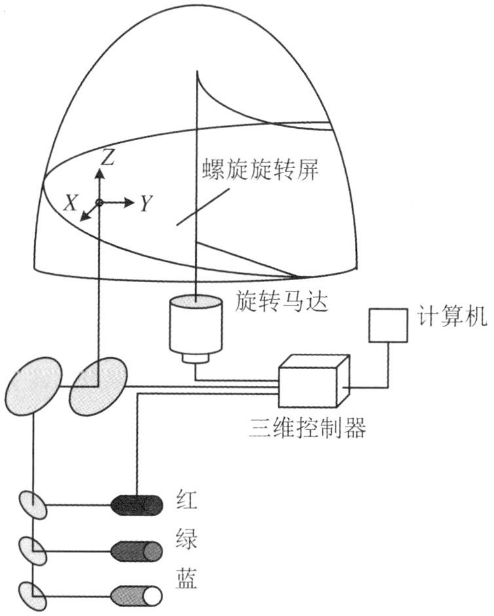

图 13.43　Felix 3D 显示示意图

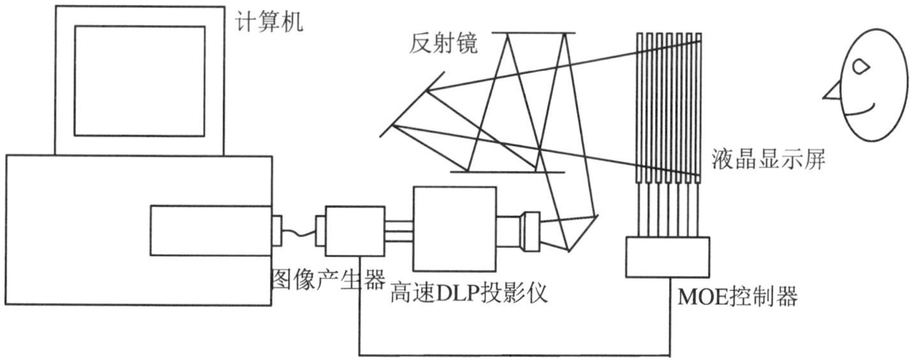

图 13.44　DepthCube 显示示意图

13.3.4　全息立体显示

全息显示技术的问世给真正的立体三维电视带来了希望之光.全息显示与其他立体显示相比,其优越之处不仅仅在于立体三维图像更接近于物体自身,而且还要从人眼对物体深度感在生理上的心理暗示来加以考虑.

全息学自 20 世纪 60 年代激光器问世后得到了迅速的发展.其基本机理是利用光波干涉法同时记录物光波的振幅与相位.由于全息再现象光波保留了原有物光波的全部振幅与相位的信息,故再现象与原物有着完全相同的三维特性.换句话说,人们观看全息像时会得到与观看原物时完全相同的视觉效果,其中包括各种位置视差,这即是全息三维显示的理论依据.从这种意义上来说,全息才是真正的三维图像,而上述的各种由体视对合成的图像充其量仅是准三维图像(并无垂直视差的感觉).20 世纪 80 年代后,激光全息技术的迅速发展,成为一种异军突起的高新技术产业.在激光全息技术中,全息显示技术由于更接近于人们的日常生活而备受关注.它不仅可制出唯妙唯肖的立体三维图片美化人们的生活,还可将其用于证券、商品防伪、商品广告、促销、艺术图片、展览、图书插图与美术装潢、包装、室内装潢、医学、刑侦、物证照相与鉴别、建筑三维成像、科研、教学、信息交流、人像三维摄影及三维立体影视等众多领域，近年来还发展成为宽幅全息包装材料而得到了广泛的应用.

1. 透射式全息显示图像

透射式全息显示图像属于一种最基本的全息显示图像.记录时利用相干光照射物体，物体表面的反射光和散射光到达记录干板后形成物光波；同时引入另一束参考光波（平面光波或球面光波）照射记录干板.对记录干板曝光后便可获得干涉图形，即全息显示图像.再现时，利用与参考光波相同的光波照射记录干板，人眼在透射光中观看全息板，便可在板后原物处观看到与原物完全相同的再现像，此时该像属于虚像.假如利用与参考光波的共轭光波相同的光波照射记录干板，即从记录干板右方射向记录干板而会聚一点的球面光波，则经记录干板衍射后会聚而形成原物的实像.

透射式全息显示图像清晰逼真，景深较大（仅受光波相干长度的限制），观看效果颇佳.但为确保光的相干性，需用激光记录与再现.采用激光也会带来其特有的散斑效应的弊病，即再现像面上附有微小而随机分布的颗粒状结构.

2. 反射式全息显示图像

为克服透射式全息显示图像无法利用普通白光（非相干光）再现的缺陷，人们又发展了反射式全息显示图像.将物体置于全息板的右侧，相干点光源从左方照射全息板.将直接照射至全息板平面上的光作为参考光；而将透过全息板（未经处理过的全息板是透明的）的光射向物体，再由物体反射回全息板的光作为物光，两束光干涉后便形成全息显示图像.由于记录时物光与参考光分别从全息板两侧入射，故全息板上的干涉条纹层大致与全息板平面平行.再现时，利用光源从左方照射全息板，全息板中的各条纹层宛如镜面一样对再现光产生出反射，在反射光中观看全息板便可在原物处观看到再现的图像.

制作反射式全息显示图像时，通常采用较普通透射式全息显示图像更厚的记录介质（厚约 15 μm 的感光乳胶层）.因干涉条纹层基本上与全息板平面平行，介质层内形成多层干涉条纹层，即反射层，故全息板的衍射相当于三维光栅的衍射，必须满足布拉格衍射条件，即仅有某些具有特定波长及角度的光才能形成极大的衍射角.由于具有这种选择性，反射式全息显示图像便可用普通白光扩展光源再现.这是其一大优点，同时亦消除了激光的散斑效应.近年来，该类全息显示图像已广泛应用于小型装饰物的三维显示，并已实现商品化，市面上将其称为“激光宝石”.反射式全息显示图像还可用作壁挂式显示，但制作屏幕较大的反射式全息显示图像技术难度较大；另一缺陷是其景深不太大，距记录介质平面较远处的图像有点模糊不清.

3. 像面式全息显示图像

根据全息学的理论，对于普通透射式全息显示图像而言，当再现光波长与记录时的光波长不同，或再现光源为非理想点光源而有一定的空间扩展时，再现像点将会发生弥散而变得模糊，由上述两种因素造成的像点模糊量皆与像点和全息板的距离成正比.因此，假如记录时让物点落在全息板上或很靠近于全息板，则用普通白光扩展光源再现时，像点的模糊量仍小至可接受的程度.因实际物体难以直接“嵌入”全息板，故人们采用将物体通过透镜成像于全息板的附近，同时引入参考光波与其干涉的办法来记录全息显示图像，这样记录的全息显示图像称为像面全息显示图像，它可用普通白光扩展光源再现.显然，这种全息显示图像的景深也是有限的，距全息板平面越远的像点越模糊不清.

4. 彩虹式全息显示图像

20世纪70年代末，一种新型全息显示图像即彩虹式全息显示图像问世，它可采用白光再现，图像清晰明亮，尤其适用于立体三维显示，备受人们的重视.彩虹式全息显示图像是采用激光记录全息显示图像，用白光照射再现单色图像的一种全息显示技术.其基本特点是在记录系统中适当的位置加入一个狭缝，其作用是限制再现光波，以降低图像的色模糊，从而实现白光再现单色图像.有人曾系统地分析过彩虹式全息显示图像的成像过程.其基本记录方式以一步法为例，物体通过透镜成像于全息板附近，同时光路中设置一个狭缝来限制成像光的孔径.利用白光点光源以共轭方式照射全息板，便会同时再现物像与缝隙的实像.由于全息显示图像的基本作用相当于光栅，在白光照射下具有色散的作用，故不同颜色的狭缝像分布于不同的方位.当人眼从缝隙像左方观看全息板时，通过不同颜色的缝隙像便可观看到该种颜色的物像.当人眼上下移动时，物像会产生出宛如彩虹一样的颜色变化，这也是此种全息显示图像名称的由来.

彩虹式全息显示图像技术的问世给全息显示注入了新的活力，众多研究者对其进行了不断的改进与发展，并在众多领域得到了应用.如将记录时的单缝变为多缝，可使同一角度观看的再现像具有与实物一样的彩色，或对黑白图像进行假彩色编码.因人们对色彩的分辨能力远远超过对灰度级的分辨能力，此种假彩色化法可极大地提高对图像的判读能力.近年来还提出并实现了新型的双孔径彩虹式全息显示图像和大角度环形孔径彩虹式全息显示图像.前一种可在普通白光扩展光源下，将再现象的分辨率大大提高，并能由一体视对平面图像合成无须配戴眼镜观看的立体三维图像.后一种则将单缝孔径变为大直径的环形孔径，从而可实现360°环视的再现像，即在白光照射下，可绕全息板转一周以观看物体所有侧面的再现像.

5. 合成式全息显示图像

合成式全息显示图像是指将一系列由普通拍摄物体的二维底片借助全息方法记录在一块全息软片(或干板)上，再现时实现原物体的准立体三维显示的一种技术.实现再现物体360°环视像的另一种有效方法便是合成式全息显示图像.它可制成圆筒式，亦可制成平面式.这里以旋转物体为例说明合成式全息显示图像的制作技术.显然，假若将物体变为实际场景，则可制作立体电视；假若将转动物体变为一系列连续变化的二维图片，则可制成活动的动画.

这种合成式全息显示图像实际上是彩虹式全息显示图像与合成技术的有机结合.利用这种方法在平面全息板上再现环视或立体活动图像，是极其诱人的.其缺陷是记录过程较为复杂，但随着计算机技术的发展与普及，这一缺陷已不再成为严重的问题.近年来，研制出一套由计算机控制的合成式全息显示图像自动记录系统，并成功地由它制出像质颇佳的360°环视合成式全息显示图像.

在合成式全息显示技术中，有一种可显示被拍摄物体动态过程的角度多路合成式全息显示技术，它是一种电影拍摄与全息拍摄完美结合的技术.它使用电影摄影机进行第一步记录，再在激光照射下用“全自动合成全息拍摄系统”将记录的二维电影片制成全息显示图像，它是一种实现了白光记录和白光再现被记录物动态过程的高层次全息显示技术.纵向多路合成的全息显示图像，由于采用了不同角度的视像进行合成，故称为角度多路合成式全息显示图像.它是一项集电影特技摄影、激光全息、光机电一体化、微机控制及纳米感光材料等高新技术于一体的最新技术.还有另一类纵向多路合成的全息显示图像，它是由对客体不同深度的一系列平面层拍摄的底片合成的.如医学中用X射线断层摄影(CT)或超声波断 层摄影，可得到垂直于人体轴线方向的一系列平面图片．利用全息显示技术将其按原顺序、原间隔制成合成式全息显示图像，再现时则可观看到一系列纵向平行排列的透明平面图像．当这些像的纵向间隔小到一定程度时，观看者便如同观看原物的透明立体三维图像一样．纵向多路合成的全息图像亦可利用计算机技术进行制作．

角度多路合成式全息显示技术具有发展潜力，它可将计算机图像信息处理、光学图像信息处理、纳米感光化学信息处理、影视技术多年来积累的视觉心理学及生理学深度感等方面的经验融合一体，对采集的图像信息进行处理，从而获得优质的三维空间立体影像．观看这种角度多路合成式全息显示立体影像时，无须配戴眼镜等附加装置．它是目前记录并显示伴有活动图像的三维立体影像的最佳方法．随着液晶显示技术及纳米级实时记录介质材料的研制开发，角度多路合成式全息显示技术将会发展成为新一代具有可持续发展的科研项目及值得巨大投入的研究课题．

6．模压式全息显示图像

上述各种全息显示图像的共同缺陷是复制较为烦琐，通常需采用激光源及光学器件，而且每复制一次皆需曝光、显影和定影等过程．为解决这一问题，20 世纪 80 年代开发出一种可像印书一样大批量快速复制的模压式全息显示图像．其制作工艺过程可分为如下三步：

① 记录原版全息显示图像，这种全息显示图像的记录过程类似于彩虹式全息显示图像，但它属于浮雕型，即与光强分布相应的干涉条纹已转变为凹凸型沟槽状分布；

② 制作金属压模，即由原版全息显示图像经电镀和铸模等工序转为金属模板；

③ 压印复制，通常是在透明塑料片上利用金属模板进行热压以得到复制的全息显示图像．

这种模压式全息显示图像既可制成透射式，亦可将其表面镀以高反射率金属膜，使其变成反射式．模压复制技术涉及光刻胶母版制作、电铸及全息模压技术，是全息显示技术中难度最大的一种技术，它属于高层次的全息显示技术．

模压式全息显示图像的最大优点是可大批量生产．一个优质的模板可连续压印一百万次以上，故全息显示图像的成本大为降低．这种全息显示图像的制作现已成为一个颇具规模的产业，其产品广泛应用于防伪商标、各种证卡及艺术性显示等．常见的各种防伪标志便是一种反射式模压彩虹全息显示图像，从不同的角度观看时，其色彩会发生一些变化．将合成式全息显示技术与模压技术有机结合一起，或将制成一种可 360°环视或动画式模压全息显示图像．

7．计算机全息显示图像

最后简单介绍一下近年来发展颇为迅速的计算机全息显示图像（computer generated hologram，CGH）．既然全息显示图像属于一种干涉图样，假如能利用计算机直接产生出这种图样，则无须再采用光学设备实地记录了．这种方法既可完全节省光源及要求相当精密的光路设置，又能模拟实际上并不存在的各种物体，故具有明显的简易性与灵活性．

计算机全息显示图像目前已在图像处理和干涉计量等领域内获得了广泛的应用．它同样亦可应用于立体三维图像显示，仅是成像质量仍需作进一步的改进．值得指出的是将光学与电子学技术有机结合一起，发挥其各自的优势，将是实现立体三维显示的一种有效途径．

目前世界上显示的主流是高清显示和立体显示，科技在迅速发展，人们对于显示的要求也就越来越高．光学方法为三维显示提供了多种技术路线，并实现了很多不同的显示方法．但是由于光学本身自有的局限性，这些方法都有不同的局限性，例如对光源的要求，制作工艺的复杂性、清晰度等．三维显示是显示技术发展的趋势，人们对立体显示的研究，方兴未艾．

习　　题

第2章　平面介质波导

1. 什么是光波导？平面介质光波导中的几类模式各有何特点？

2. 几何光学和物理光学在分析平面介质光波导中光传输时各自的出发点是什么？

3. 采用波动光学观点，导模的截止条件是什么？从这一条件出发利用导模特征方程讨论截止波长和单模传输条件.

4. 一个 GaAs 平面波导，$n_f - n_c \gg n_f - n_s$，若 $n_f = 3.4$，工作波长 $\lambda = 1.15\ \mu m$，膜厚 $d = 3\ \mu m$，则 $n_f - n_s$ 应在什么范围内方能维持单模工作？若把波长 λ 改为 $1.06\ \mu m$，$n_f - n_s$ 应在何范围内方能维持单模？

5. 一个平面波导的 $n_f = 2.0$，$n_s = 1.6$，$n_c = 1.0$，维持单模的模角 θ_1 范围应多大？

6. 一个对称平面波导的波导层厚度为 $3\ \mu m$，折射率 $n_f = 1.5$，这个波导用 He-Ne 激光器激励(波长为 $0.6328\ \mu m$).

① 假设周围的媒质为空气($n_s = n_c = 1.0$)，波导中传输的模式总数是多少？

② 假设周围的媒质 $n_s = n_c = 1.48$，那么可以传输多少个模式？

③ 在上述②情况下，要想传输单模，波导厚度应如何设计？

7. 一个平面介质波导通过在玻璃衬底($n_s = 1.346$)上制作薄膜($n_f = 1.62$)而成，光源是 He-Ne 激光器(波长为 $0.6328\ \mu m$).

① 如果只传输一个模式，需要波导层的最大厚度是多少？

② 如果某个模式的传播常数 $\beta = 1.53 \times 10^5\ cm^{-1}$，那么该模式的反射角 θ_m 为多少？

8. 一个非对称平面波导的参数如下：$n_f = 1.65$，$n_s = 1.52$，$n_c = 1.0$，$h = 1.18\ \mu m$，$\lambda_0 = 0.63\ \mu m$，那么能够允许传输的 TE 模数量是多少？

9. 试解释为什么对称的三层波导比非对称的三层波导更容易做成单模波导.

10. 制备无源波导器件的方法有哪些？简述其中一种方法的工作原理.

11. 外延生长是制备有源波导的一类技术，它包括哪几种类型？各有什么特点？

12. 波导器件上图样的制备方法有哪几种？

13. 波导质量检测主要包括哪些特性参数？简述波导衰减的测量原理.

第3章　光波导的耦合与调制

1. 什么是光耦合器？对平面波导而言有哪几类光耦合器？

2. 分别简述棱镜耦合器和光栅耦合器的基本工作原理.

3. 试解释在棱镜耦合器中要实现耦合，为什么要满足下面的条件：

$$\beta_m = \frac{2\pi n_p}{\lambda_0} \sin \alpha$$

式中，λ_0 为真空中的光波波长，β_m 为波导中第 m 阶导模的传播常数，n_p 为棱镜折射率，α 为入射角. 试从几何关系导出上述方程.

4. 如果一个光栅耦合器用于将 0.85 μm 的光耦合进给定的波导,它还可以用于将1.06 μm 的光耦合进同一波导吗? 解释如何做到.

5. 解释双通道耦合器中光功率从一个波导 100%转移到另一个波导的同步耦合原理.

6. 某 KDP 电光晶体在波长 550 nm 时的电光系数 $r_{63}=5.5\times10^{-12}$ m/V,无外场时的主折射率 n_o为 1.58,外加电场沿着光的传播方向,求其半波电压.

7. 在电光调制器中,为了得到线性调制,在调制器中插入一个 $\lambda/4$ 波片,应如何设置波片的快慢轴方向? 若旋转 $\lambda/4$ 波片,它所提供的直流偏置有何变化?

8. 什么叫声光调制? 它分哪几种类型? 判断的依据是什么?

9. 在折射率 $n=2.2$ 和声速 $v_a=2800$ m/s 的波导材料上制作布拉格型声光调制器/偏转器,光源采用 He-Ne 激光器(波长为 0.6328 μm),若调制器工作在 100 MHz 的声频率处,那么声光换能器的金属叉指之间的间隔(声光作用长度)应为多少? 光束偏转的角度是多少?

10. 试设计一个磁光大电流测试仪,画出其原理图,并说明其工作原理.

第 4 章　集成光学

1. 常见的光分路器有哪些类型? 对于三种 Y 分叉光分路器,当它们有相同的最小曲率半径和高度时,其长度比为多少?

2. 光波导中有哪些滤波的方式? 选择两种详细说明.

3. 无源光波分复用器有哪几种类型? 粗波分复用以什么类型为主? 密集波分复用以什么类型为主?

4. 简述阵列波导光栅的原理.

5. 在光波导中,可以通过哪些途径来设计波导型偏振器件?

6. 什么是光源的直接调制? 什么是光源的外调制?

7. 分别简述采用 MZI 结构和定向耦合型结构的波导调制器工作原理.

8. 对光开关的性能有哪些要求? 光波导开关主要有哪几种形式? 选择一种简述其工作原理.

9. 光衰减器分为哪两类? 其作用是什么?

10. 可调滤波器主要技术参数是什么? 举例说明两种可调谐滤波器结构.

11. 目前波导光放大器的主要方式是什么?

12. 什么是光电集成线路(OEIC)? 举例说明.

13. 平面集成表面等离子体波导的两种基本结构类型是什么?

14. 什么是光子晶体波导? 其导光的基本原理是什么?

第 5 章　普通光纤的基础理论

1. 已知一阶跃光纤芯区和包层折射率分别为 $n_1=1.62$,$n_2=1.52$.

① 试计算光纤的数值孔径 $N.A.$.

② 计算空气中该光纤的最大入射角 θ_{max}.

③ 如果将光纤浸入水中($n_{水}=1.33$),求 θ_{max}.

2. 设阶跃光纤的数值孔径 $N.A.=0.2$,芯径 $a=60$ μm,$\lambda_0=0.9$ μm,计算光纤传输的总模数.

3. 欲设计阶跃单模光纤,其芯折射率为 $n_1=1.5$,$\Delta=0.005$,试分别计算波长为 $\lambda_0=1.3$ μm 和 $\lambda_0=0.6328$ μm 的最大芯径.

4. 设一根光纤的芯的折射率 $n_1=1.532$,包层的折射率 $n_2=1.530$.

① 计算临界角;

② 设一条光线沿轴向传播,另一条光线以临界角入射到包层上,试求轴向光线传播 1 公里后两光线的

滞后;

5. 已知一直圆柱形阶跃光纤,纤芯和包层折射率分别为 $n_1=1.62$,$n_2=1.52$,其芯线直径 $d=10\ \mu\text{m}$,弯曲后的曲率半径 $R=1.0\ \text{cm}$.

① 试计算放在空气中子午光线的最大入射角 θ_M.

② R 值低于多少时,子午光线便不再在内表面上反射?(入射角 $\theta_0=\theta_M$)

③ 对该光纤,要使最大孔径角 θ_M 增大到 90°,则 n_2 最大应等于多少?(设纤芯的折射率保持一定.)

④ 当 $\theta_M=90°$ 时,出射光会不会在光纤的出射端面上发生反射?

6. 已知"习题 5"中的圆柱形阶跃光纤的入射端面有 $\alpha=10°$ 倾角,出射端面仍垂直于轴线.

① 试计算放在空气中光纤的最大入射角 $\theta_{\max}$.

② 要使 $\theta_{\max}=90°$,该光纤的数值孔径 $N.A.$ 至少要多少?这一光线($\theta_M=90°$)会不会在出射端面内发生全反射?

7. 在弱传导近似下,利用公式(5.97)计算 HE_{21} 模和 HE_{31} 模的截止条件,并利用标量模理论解释其物理原因.

8. 使用透镜耦合将光耦合进入单模光纤中,若透镜系统的数值孔径 $N.A.$ 是 0.3,光源波长是 532.8 nm,如果想要单模光纤与透镜系统的数值孔径匹配,则其纤芯最大可以是多少?试从结果讨论其可行性.

9. 一阶跃多模光纤的数值孔径是 0.2,对于 850 nm 的光源其可以传导的模式数约为 1000 个,

① 计算这种光纤的纤芯.

② 对于 1550 nm 波长的光,这种光纤可以传导的模式数有多少?

第 6 章　梯度折射率纤维透镜

1. 梯度折射率光纤的折射率分布满足 $n^2(r)=n^2(0)(1-\alpha^2r^2)$,其中 $\alpha=140\ \text{rad/mm}$,试求当近轴光纤入射时,光纤中光线每传播一周期的长度 L.

2. 已知自聚焦棒轴线折射率为 1.5,周期为 48 mm,用它制造超短焦距透镜作光纤耦合器,求该自聚焦透镜的长度和焦距.

3. 已知一自聚焦光纤棒周期长 60 mm,用它磨制成透镜,该透镜能使入射端面上的物在出射端面上成倒立、放大率为 1 的像,求该自聚焦透镜的最小长度.

4. 如果在 1/4 拍长的两个自聚焦透镜对之间的准直光路中插入法拉第旋光器和两个偏振器,就可以做成光纤隔离器,如习题图 6.1 所示,简要说明其原理.

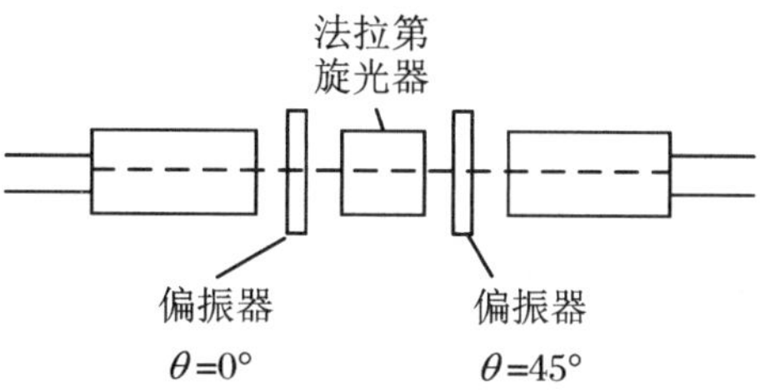

习题图 6.1

5. 利用剪切干涉法测量梯度折射率透镜的像差时,观察面上的干涉条纹与经典杨氏双缝干涉不同,其条纹是不等间距的.试分析其原因,并画出光路图予以说明.

6. 由于微透镜阵列具有光束整形的作用,所以常被用于投影显示的匀光系统中,现有一套微透镜匀光系统如习题图 6.2 所示.

① 利用几何光学的知识分析这套匀光系统的原理,并画出光路图予以说明.

② 假设入射波为波长为 λ 的单色平面波,推导观察面(x_f,z_f)上的光场振幅分布.

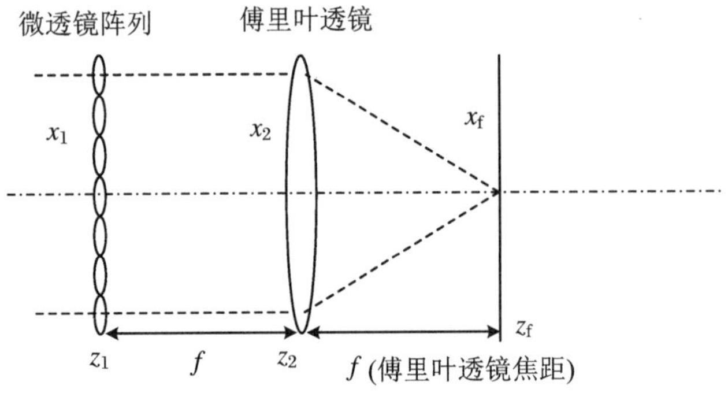

习题图 6.2

第 7 章 光纤的基本特性及测试

1. 将 50 mW 的光注入 300 m 长的光纤中. 如果在另一端接收到的功率为 30 mW, 试问: 每公里光纤的损耗是多少(用 dB/km 表示)? 如果光纤长 5 km, 输出功率将是多少?

2. 用截去法测量光纤在 0.85 μm 波长的损耗. 若用光电接受器测得 2 km 长的光纤输出电压为 2.1 V, 当光纤被截去剩下 3 m 时输出电压增加到 10.5 V, 求每公里该光纤在 0.85 μm 波长上的衰减, 并用公式: 不确定度 $= \pm 0.2/(L_1 - L_2)$ (dB/km) 来估计测量精度.

3. 影响单模光纤色散的因素有哪些? 如何减小单模光纤中的色散?

4. 计算长为 1 km, 纤芯折射率为 1.45, $N.A. = 0.40$ 的多模阶跃折射率光纤传输带宽(只考虑多模色散). 比较多模阶跃光纤和自聚焦光纤的传输带宽大小, 并说明原因.

5. 对于一根 1 km 长的石英光纤, 参考石英的材料色散特性曲线, 在以下条件下计算分析其材料色散:

① 光源使用 LED, 其中心波长为 850 nm, 谱宽为 45 nm, 计算其材料色散引起的群时延差. 若将光源换成激光二极管, 谱宽为 2 nm, 其群时延差又为多少?

② 光源使用中心波长为 1550 nm 的 LED, 谱宽仍然是 45 nm, 计算其材料色散引起的群时延差.

③ 利用上面的结果说明如何尽量减小材料色散.

6. ① 单模光纤在 x-z 平面内弯曲时产生应力双折射, 对于石英光纤有 $\delta n = \Delta n_x - \Delta n_y = -0.133(a/R)^2$, 这里 a 为光纤芯半径, R 为光纤弯曲半径. 若用一个光纤圈构成 1/2 波片, $\lambda = 0.85$ μm, $a = 62.5$ μm 时, R 应为多大? 对于这种弯折型的光纤器件, 设计时应注意什么问题?

② 若使用 POTDR 法对这种光纤圈进行拍长测量, 系统中使用到的偏振分束器作用是什么? 参考光纤中的偏振演变效应, 试设计一套采用逐段剪断法测量光纤拍长的系统.

第 8 章 光纤传感技术

1. 习题图 8.1 所示为一种相位型光纤温度传感器原理图, 从两光纤末端输出的两光波在空间叠加形成明暗相间的杨氏条纹. 当信号臂的温度发生变化时, 输出端两光波的相位差发生改变($\Delta\varphi$)表示, 于是屏上条纹发生移动, 观测条纹移动数便可求得温度的变化量. 如果光源 $\lambda = 6328$ nm, 光纤的折射率 $n = 1.456$, $dn/dT = 10\times10^{-6}$/℃, $\alpha = \Delta L/(L\cdot\Delta T) = 5\times10^{-7}$/℃, 光纤长度 $L = 1$ m. 求对应一个条纹间隔变化时的温度的变化.

2. 全光纤马赫-泽德(M-Z)滤波器通常是由两个 3 dB 耦合器连接而成, 如习题图 8.2 所示, 定向耦合器的传输矩阵为 $\begin{bmatrix} \sqrt{1-C} & -\mathrm{j}\sqrt{C} \\ -\mathrm{j}\sqrt{C} & \sqrt{1-C} \end{bmatrix}$, 光纤段的传输矩阵为 $\begin{bmatrix} \exp(-\mathrm{j}k_0 n l_1) & 0 \\ 0 & \exp(-\mathrm{j}k_0 n l_2) \end{bmatrix}$, 其中, C 为耦合效率(3 dB 相当于 $C = 0.5$), l_1 和 l_2 为中间光纤臂长. 设光场从 1 端输入, 求从 3, 4 端出射的光场振幅透射系数 T_{13} 和 T_{14} 及两相邻透射峰之间的波长差.

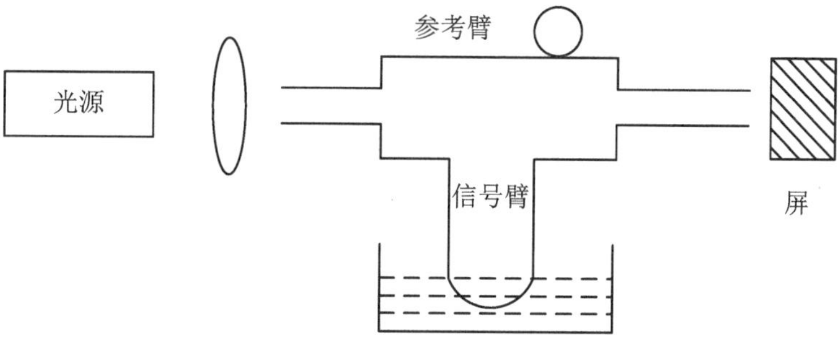

习题图 8.1

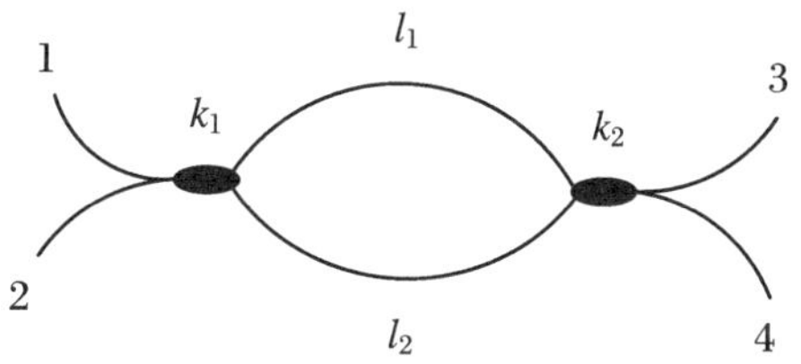

习题图 8.2

3. 斐索自聚焦透镜干涉仪光路如习题图 8.3 所示.

① 讨论偏振片 P_1 和 P_2 的作用.

② 如果振幅为 d_m，角频率为 ω_m 的余弦电压加在压电陶瓷 M_3 上，写出探测器 PD 接收到的调制光强表示式，并说明如何由 PD 信号恢复到 M_3 的振幅.

③ 若入射光为钠光谱的黄双线 589 nm 和 589.6 nm，M_3 运动速度 4 μm/s. 问：电信号的拍频是多少？在低频电路的一个周期中包含有多少个振荡？

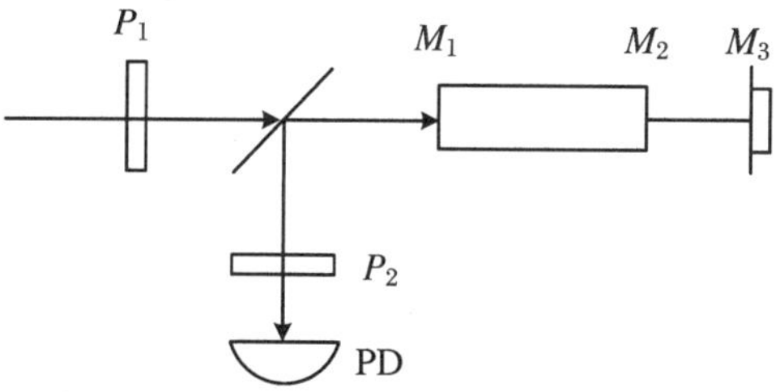

习题图 8.3

第 9 章　光纤器件

1. 请说明光纤激光器的结构，它与光纤放大器的不同，以及光纤激光器和光纤放大器相比于传统器件有哪些优点.

2. 通讯用激光是由掺 Er^{3+} 光纤激光器产生，它是几能级系统？利用能级图说明激光的产生过程（掺 Er^{3+} 光纤激光器的泵浦波长是 980 nm，出射波长是 1550 nm）. 并说明阈值条件的物理意义.

3. 对于以下三种对激光脉冲的要求，分别可以采用哪些方法实现？

① 窄线宽；② 高能量；③ 超短脉冲.

4. 提出三种光纤激光器谐振腔的方案和二种压缩光纤激光器谱线宽度的方案. 画图说明，简述其原理.

5. 思考如何将第 8 章中全光纤马赫-泽德（M-Z）干涉仪的输出特性应用于光纤激光器的调 Q，请设计一套系统并说明其工作原理.

6. 利用光纤中的非线性偏振演变效应，设计出一种被动锁模光纤激光器系统，其系统如习题图 8.4 所示.

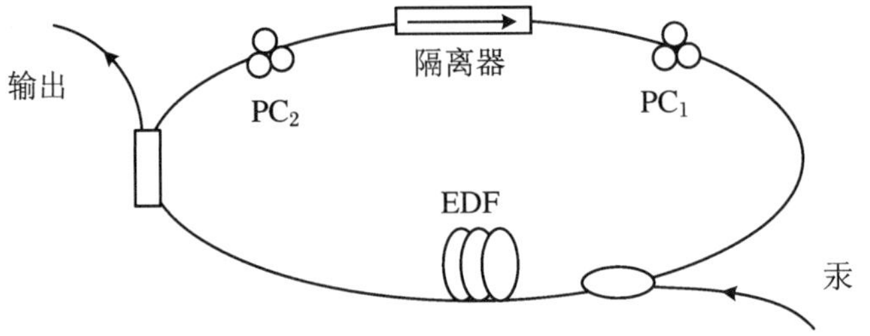

习题图 8.4

PC1 和 PC2 是两块偏振控制器，试利用光纤中的偏振变化解释这种锁模光纤激光器的工作原理.

第 10 章　光纤中的非线性

1. 一根单模光纤芯直径是 4 μm，损耗是 2.5×10^{-5} cm^{-1}，在可见光谱区域（λ 可取 5000 Å），如果用这根光纤观察非线性现象，非线性转换效率要比用体材料时增加多少倍？

2. 波长为 1.06 μm 的 Q 开关 Nd：YAG 激光器产生能量为 1 nJ 且宽度（FWHM）为100 ps 的无啁啾高斯脉冲，在长 1 km，损耗为 3 dB/km 且有效模场面积为 20 μm^2 的光纤中传输，计算光纤传输端的脉冲最大线性相移和频率啁啾.

3. 当 $\beta_2 C<0$ 时，啁啾高斯脉冲在单模光纤中要经过一段初始压缩之后再展宽，请推导最小脉宽和达到最小脉宽时光纤长度的表达式.

4. 拉曼散射和布里渊散射的物理产生机制分别是什么？它们的主要区别有哪些？

5. 利用散射中能量守恒和动量守恒的关系推导布里渊频移的表达式，并解释单模光纤中的 SBS 多为后向散射光的原因.

第 11 章　半导体光发射器件

1. 试说明下列几点：

① 为什么半导体发光二极管的特征发射线宽为几百埃，而半导体激光器的线宽近似于 1 Å.

② 为了得到半导体激光器，其增益机理必须满足的两个基本条件是什么？

③ 半导体激光器输出光的准直性怎样？（给出典型的发散角）.怎样得到较大的准直性？

④ 若没有镜面或任何其他光反馈的部件的光发射器，能够由受激发射产生光吗？这些光相干吗？

⑤ 为什么场限制激光器具有较低的阈值电流和较高的效率？

2. 试比较同质结，SH 和 DH 激光器的工作特性，分析每种类型的优点和缺点.

3. 在讨论耦合问题时，可把 LED 看作朗伯型光源（即均匀的面发光体），试计算 LED 与光纤直接耦合的耦合效率.并与 LD 与光纤直接耦合的耦合效率相比较（计算时光纤的数值孔径取 $N.A.=0.2$，LD 的发散角 $\theta_{\perp}=36^{\circ}$，$\theta_{/\!/}=9^{\circ}$）

4. 短波长 LED 能由材料 $Ga_{1-x}Al_xAs$ 制成.其中 x 表示成分数.这样的材料的带隙能量 E_g（eV）$=1.424+1.266x+0.266x^2$.x 必须满足条件 $0\leqslant x\leqslant0.37$，求这种 LED 能覆盖的波长范围.

5. 半导体二极管激光器的外量子效率定义为 $\eta=\dfrac{N_\nu}{N_e}$，式中，N_ν 是每秒钟发射的频率 n 的光子数，N_e 是每秒钟流入二极管的电子数，假设 I 是输入电流，W 是激光器输出功率，证明：$\eta=\dfrac{e\lambda W}{hcI}$，式中，$h$ 是普朗克常数，c 是光速.

第 12 章　光电探测与接收器

1. 分别为下列激光器选择合适的光电探测器并简要说明原因：

① 激光器测距中半导体激光器(850 nm)；

② 调 Q 脉冲 YAG 激光器(1.06 μm)；

③ 半导体激光器(1.5 μm)；

④ CO_2激光器(10.6 μm).

2. 简述产生光生伏特效应的条件，并比较 PIN，肖特基势垒，雪崩光敏二极管的结构类型及工作特点.

3. 光伏探测器和 CCD 探测器的主要工作原理和区别是什么？CCD 的噪声主要来自哪些方面？

4. 说明内光电效应与外光电效应的差别.

第 13 章　光的存储与显示

1. DVD 系统采用波长为 650 nm 的激光器，物镜数值孔径为 0.6，5 英寸 DVD 光盘的储存容量为 4.7 GB，而目前蓝光光盘系统采用波长为 405 nm 的 GaN 激光器，物镜数值孔径为 0.85. 蓝光光盘的存储容量约为多少？

2. 超高密度光存储有哪些技术？它们的基本原理分别是什么？近场存储的点是如何小于 100 nm、突破衍射分辨极限的？

3. 列举几种裸眼三维显示技术，分别说明它们的优缺点.

4. 偏振眼镜式 3D 显示技术存在的问题有哪些？

参考文献

[1] 李景镇.光学手册[M].西安:陕西科学技术出版社,2010.

[2] 刘颂豪.光子学技术与应用[M].合肥:安徽科学技术出版社,2006.

[3] 秦秉坤,孙雨南.介质光波导及其应用[M].北京:北京理工大学出版社,1991.

[4] 朱京平.光电子技术基础[M].北京:科学出版社,2003.

[5] 王庆有,等.光电技术[M].北京:电子工业出版社,2005.

[6] 马声全,陈贻汗.光电子理论与技术[M].北京:电子工业出版社,2005.

[7] 安毓英,刘继芳,李庆辉,等.光电子技术[M].北京:电子工业出版社,2002.

[8] 叶培大,吴彝尊.光波导技术基本理论[M].北京:人民邮电出版社,1981.

[9] 光导波电子学[M].张伟贤,译.北京:电子工业出版社,1990.

[10] 王君容,薛召南.导波光学[M].北京:国防工业出版社,1982.

[11] 范崇澄,彭吉虎.导波光学[M].北京:北京理工大学出版社,1988.

[12] 彭江得.光电子技术基础[M].北京:清华大学出版社,1988.

[13] 曹庄琪,殷澄.一维波动力学新论[M].上海:上海交通大学出版社,2012.

[14] Wang X P,Yin C,Cao Z Q. Progress in Planar Optical Waveguides[M]. Berlin: Springer,2016.

[15] 陈益新.集成光学[M].上海:上海交通大学出版社,1985.

[16] Maier S A. Plasmonics: Fundamentals and Applications[M]. Berlin:Springer,2007.

[17] Raether H. Surface Plasmons on Smooth and Rough Surfaces and on Gratings[M]. Berlin: Springer,1988.

[18] 刘德森,殷宗敏,祝颂来,等.纤维光学[M].北京:科学出版社,1987.

[19] 廖延彪.光纤光学:原理与应用[M].北京:清华大学出版社,2010.

[20] Snyder A W,Love J D. Optical Waveguide Theory[M]. Berlin: Springer,1984.

[21] Black R J,Gagnon L. Optical Waveguide Modes: Polarization,Coupling,and Symmetry[M].北京:科学出版社,2012.

[22] Okamoto K. Fundamentals of Optical Waveguides[M]. New York:Academic Press,2005.

[23] 张志鹏,Gambling W A.光纤传感器原理[M].北京:中国计量出版社,1991.

[24] 张国顺,何家祥,肖桂香.光纤传感技术[M].北京:水利电力出版社,1988.

[25] 焦明星,冯其波,王鸣,等.激光传感与测量[M].北京:科学出版社,2014.

[26] 饶云江,王义平,朱涛.光纤光栅原理及应用[M].北京:科学出版社,2006.

[27] Agrawal G P. Fiber-Optic Communication Systems[M]. New York:John Wiley & Sons,2010.

[28] Keiser G. Optical Fiber Communication[M]. New York:McGraw Hill,2016.

[29] Andreas O,Kyriacos K. Fiber Bragg Gratings:Fundamentals and Applications in Telecommunications and Sensing[M]. New York:Artech House,1999.

[30] 董孝义.光波电子学[M].天津:南开大学出版社,1987.

[31] 蔡伯荣,王瑞丰,程泽东,等.激光器件[M].长沙:湖南科学技术出版社,1984.
[32] 高中林,汪开源.光电子器件[M].南京:东南大学出版社,1991.
[33] 胡国绛,黄超泽.非线性光纤光学[M].天津:天津大学出版社,1988.
[34] Agrawal G P.非线性光纤光学原理及应用[M].北京:电子工业出版社,2002.
[35] 汪贵华.光电子器件[M]. 北京:国防工业出版,2014.
[36] Li B J,Chua S J. Optical Switches: Materials and Design[M]. London: Woodhead Publishing,2010.
[37] 黄德修.半导体光电子学[M].西安:电子科技大学出版社,1994.
[38] 余金中.半导体电子技术[M].北京:化学工业出版社,2003.
[39] 王琼华.3D 显示技术与器件[M].北京:科学出版社,2011.
[40] 申智源.TFT-LCD 技术:结构、原理及制造技术[M].北京:电子工业出版社,2012.
[40] Wilson J,Hawkes J F B. Optoelectronics: an Introduction[M]. New Jersey: Prentice-Hall,1983.
[41] Wolf H F. Handbook of Fiber Optics: Theory and Application[M]. State of Texas: Garland,1987.